中 国 国 家 标 准 汇 编

2010 年修订-28

中国标准出版社　编

中国质检出版社
中国标准出版社
北　京

图书在版编目（CIP）数据

中国国家标准汇编：2010年修订. 28/中国标准出版社编. —北京：中国标准出版社，2011
ISBN 978-7-5066-6541-4

Ⅰ. ①中…　Ⅱ. ①中…　Ⅲ. ①国家标准-汇编-中国-2010　Ⅳ. ①T-652.1

中国版本图书馆CIP数据核字(2011)第187776号

中国质检出版社
中国标准出版社 出版发行
北京市朝阳区和平里西街甲2号(100013)
北京市西城区三里河北街16号(100045)
网址:www.spc.net.cn
总编室:(010)64275323　发行中心:(010)51780235
读者服务部:(010)68523946
中国标准出版社秦皇岛印刷厂印刷
各地新华书店经销

*

开本 880×1230 1/16　印张 35.75　插页 2　字数 998 千字
2011年12月第一版　2011年12月第一次印刷

*

定价 220.00 元

出 版 说 明

1.《中国国家标准汇编》是一部大型综合性国家标准全集。自1983年起，按国家标准顺序号以精装本、平装本两种装帧形式陆续分册汇编出版。它在一定程度上反映了我国建国以来标准化事业发展的基本情况和主要成就，是各级标准化管理机构，工矿企事业单位，农林牧副渔系统，科研、设计、教学等部门必不可少的工具书。

2.《中国国家标准汇编》收入我国每年正式发布的全部国家标准，分为"制定"卷和"修订"卷两种编辑版本。

"制定"卷收入上一年度我国发布的、新制定的国家标准，顺延前年度标准编号分成若干分册，封面和书脊上注明"20××年制定"字样及分册号，分册号一直连续。各分册中的标准是按照标准编号顺序连续排列的，如有标准顺序号缺号的，除特殊情况注明外，暂为空号。

"修订"卷收入上一年度我国发布的、修订的国家标准，视篇幅分设若干分册，但与"制定"卷分册号无关联，仅在封面和书脊上注明"20××年修订-1，-2，-3，……"字样。"修订"卷各分册中的标准，仍按标准编号顺序排列(但不连续)；如有遗漏的，均在当年最后一分册中补齐。需提请读者注意的是，个别非顺延前年度标准编号的新制定的国家标准没有收入在"制定"卷中，而是收入在"修订"卷中。

读者配套购买《中国国家标准汇编》"制定"卷和"修订"卷则可收齐上一年度我国制定和修订的全部国家标准。

3.由于读者需求的变化，自1996年起，《中国国家标准汇编》仅出版精装本。

4.2010年我国制修订国家标准共2846项。本分册为"2010年修订-28"，收入新制修订的国家标准21项。

中国标准出版社

2011年8月

目　录

ICS 91.100.10
Q 25

中华人民共和国国家标准

GB/T 17431.1—2010
代替 GB/T 17431.1—1998

轻集料及其试验方法
第1部分:轻集料

Lightweight aggregates and its test methods—
Part 1: Lightweight aggregates

2010-09-02 发布　　2011-05-01 实施

中华人民共和国国家质量监督检验检疫总局
中国国家标准化管理委员会　发布

前　言

GB/T 17431《轻集料及其试验方法》分为两个部分：

——第1部分：轻集料；

——第2部分：轻集料试验方法。

本部分为GB/T 17431的第1部分，与EN 13055.1:2002《轻集料　第1部分：混凝土、砂浆和灰浆用轻集料》一致性程度为非等效。

本部分代替GB/T 17431.1—1998《轻集料及其试验方法　第1部分：轻集料》。

本部分与GB/T 17431.1—1998相比主要变化如下：

——修订术语和定义(1998版的第3章，本版的第3章)；

——修订轻粗集料密度等级上限改为1 200 kg/m^3(1998版的3.1，本版的3.1)；

——修订了轻集料的分类(1998版的第4章，本版的第4章)；

——筛分析用筛改为方孔筛，修订颗粒级配表(1998版的5.1.2，本版的5.1.2)；

——增加了公称粒级5 mm～25 mm的颗粒级配(1998版的5.1.2，本版的5.1.2)；

——增加粗细混合轻集料级配的技术指标(本版的5.1.3)；

——取消了匀质性指标(1998版的5.2)；

——取消了产品等级(1998版的4.2、5.3.1、5.3.2和5.5.1，本版的第4章、5.3.1和5.5.1)；

——修订了粒型系数的规定(1998版的5.5.1，本版的5.5.1)；

——增加了轻集料中氯化物含量的技术要求(本版的5.6)；

——修订了泥块含量的技术要求(1998版的5.6，本版的5.6)。

本部分由中国建筑材料联合会提出并归口。

本部分负责起草单位：中国建筑科学研究院、建筑材料工业技术监督研究中心。

本部分参加起草单位：陕西省建筑科学研究设计院、黑龙江省寒地建筑科学研究院、同济大学、辽宁省建设科学研究院、上海市建筑科学研究院、建筑材料工业技术情报研究所、宜昌光大陶粒制品有限公司、宜昌宝珠陶粒开发有限公司、广州华穗陶粒制品有限公司、宁波大自然新型墙材有限公司、北京建邦伟业机械制造有限公司、辽宁方正检测技术有限公司、朗天新型建材有限公司、黑龙江汇丰能源科技开发有限公司、朝阳华龙科建股份有限公司。

本部分主要起草人：丁威、杨斌、陈烈芳、周运灿、刘巽伯、王元、姚利君、杨正宏、宋淑敏、陈斌、李平、杨平、陈炜、仇心金、赵孟奇、杨利民、单星本、王晶、何更新、何桂春、董宝柱、曲明富。

本部分所代替标准的历次版本发布情况为：

——GB/T 17431.1—1998。

轻集料及其试验方法
第1部分:轻集料

1 范围

GB/T 17431的本部分规定了轻集料的术语和定义、分类、要求、试验方法、检验规则和产品合格证、堆放和运输等。

本部分适用于混凝土用的轻集料,主要包括人造轻集料、天然轻集料、工业废渣轻集料。其他类别和用途的轻集料也可参照使用。

2 规范性引用文件

下列文件中的条款通过GB/T 17431的本部分的引用而成为本部分的条款。凡是注日期的引用文件,其随后所有的修改单(不包括勘误的内容)或修订版均不适用于本部分,然而,鼓励根据本部分达成协议的各方研究是否可使用这些文件的最新版本。凡是不注日期的引用文件,其最新版本适用于本部分。

GB 6566 建筑材料放射性核素限量

GB/T 14684—2001 建筑用砂

GB/T 17431.2—2010 轻集料及其试验方法 第2部分:轻集料试验方法

JGJ 51 轻集料混凝土技术规程

3 术语和定义

下列术语和定义适用于GB/T 17431的本部分。

3.1

轻集料 lightweight aggregate

堆积密度不大于1 200 kg/m^3的粗、细集料的总称。

3.2

人造轻集料 artificial lightweight aggregate

采用无机材料经加工制粒、高温焙烧而制成的轻粗集料(陶粒等)及轻细集料(陶砂等)。

3.3

天然轻集料 natural lightweight aggregate

由火山爆发形成的多孔岩石经破碎、筛分而制成的轻集料。如浮石、火山渣等。

3.4

工业废渣轻集料 industrial waste slag lightweight aggregate

由工业副产品或固体废弃物经破碎、筛分而制成的轻集料。

3.5

煤渣 cinder

煤在锅炉内燃烧后的多孔残渣,经破碎、筛分而成的一种工业废渣轻集料。

3.6

自燃煤矸石 spontaneous combustible coal gangue

采煤、选煤过程中排出的煤矸石,经堆积、自燃、破碎、筛分而成的一种工业废渣轻集料。

3.7

超轻集料　superlightweight aggregate

堆积密度不大于 500 kg/m^3 的保温用或结构保温用的轻粗集料。

3.8

高强轻集料　high strength lightweight aggregate

满足本标准表 4 规定的结构用轻粗集料。

4　分类

按形成方式分为：

a)　人造轻集料：轻粗集料(陶粒等)和轻细集料(陶砂等)；

b)　天然轻集料：浮石、火山渣等；

c)　工业废渣轻集料：自燃煤矸石、煤渣等。

5　要求

5.1　颗粒级配

5.1.1　各种轻粗集料和轻细集料的颗粒级配应符合表 1 的要求，但人造轻粗集料的最大粒径不宜大于 19.0 mm。

5.1.2　轻细集料的细度模数宜在 2.3～4.0 范围内。

表 1　颗粒级配

轻集料	级配类别	公称粒级/mm	各号筛的累计筛余(按质量计)/%											
			方孔筛孔径											
			37.5 mm	31.5 mm	26.5 mm	19.0 mm	16.0 mm	9.50 mm	4.75 mm	2.36 mm	1.18 mm	600 μm	300 μm	150 μm
细集料	—	0～5	—	—	—	—	—	0	0～10	0～35	20～60	30～80	65～90	75～100
粗集料	连续粒级	5～40	0～10	—	—	40～60	—	50～85	90～100	95～100	—	—	—	—
		5～31.5	0～5	0～10	—	—	40～75	—	90～100	95～100	—	—	—	—
		5～25	0	0～5	0～10	—	30～70	—	90～100	95～100	—	—	—	—
		5～20	0	0～5	—	0～10	—	40～80	90～100	95～100	—	—	—	—
		5～16	—	—	0	0～5	0～10	20～60	85～100	95～100	—	—	—	—
		5～10	—	—	—	—	0	0～15	80～100	95～100	—	—	—	—
	单粒级	10～16	—	—	—	0	0～15	85～100	90～100	—	—	—	—	—

5.1.3　各种粗细混合轻集料，宜满足下列要求：

a)　2.36 mm 筛上累计筛余为(60±2)%；

b)　筛除 2.36 mm 以下颗粒后，2.36 mm 筛上的颗粒级配满足表 1 中公称粒级 5 mm～10 mm 的颗粒级配的要求。

5.2　密度等级

轻集料密度等级按堆积密度划分，并应符合表 2 的要求。

表 2 密度等级

轻集料种类	密度等级		堆积密度范围/(kg/m³)
	轻粗集料	轻细集料	
人造轻集料 天然轻集料 工业废渣轻集料	200	—	>100,≤200
	300	—	>200,≤300
	400	—	>300,≤400
	500	500	>400,≤500
	600	600	>500,≤600
	700	700	>600,≤700
	800	800	>700,≤800
	900	900	>800,≤900
	1 000	1 000	>900,≤1 000
	1 100	1 100	>1 000,≤1 100
	1 200	1 200	>1 100,≤1 200

5.3 轻粗集料的筒压强度与强度标号

5.3.1 不同密度等级的轻粗集料的筒压强度应不低于表 3 的规定。

表 3 轻粗集料筒压强度

轻粗集料种类	密度等级	筒压强度/MPa
人造轻集料	200	0.2
	300	0.5
	400	1.0
	500	1.5
	600	2.0
	700	3.0
	800	4.0
	900	5.0
天然轻集料 工业废渣轻集料	600	0.8
	700	1.0
	800	1.2
	900	1.5
	1 000	1.5
工业废渣轻集料中的自燃煤矸石	900	3.0
	1 000	3.5
	1 100～1 200	4.0

5.3.2 不同密度等级高强轻粗集料的筒压强度和强度标号应不低于表 4 的规定。

表 4　高强轻粗集料的筒压强度与强度标号

轻粗集料种类	密度等级	筒压强度/ MPa	强度标号
人造轻集料	600	4.0	25
	700	5.0	30
	800	6.0	35
	900	6.5	40

5.4　吸水率与软化系数

5.4.1　不同密度等级粗集料的吸水率应不大于表 5 的规定。

表 5　轻粗集料的吸水率

轻粗集料种类	密度等级	1 h 吸水率/ %
人造轻集料 工业废渣轻集料	200	30
	300	25
	400	20
	500	15
	600～1 200	10
人造轻集料中的粉煤灰陶粒[a]	600～900	20
天然轻集料	600～1 200	—
[a] 系指采用烧结工艺生产的粉煤灰陶粒。		

5.4.2　人造轻粗集料和工业废料轻粗集料的软化系数应不小于 0.8；天然轻粗集料的软化系数应不小于 0.7。

5.4.3　轻细集料的吸水率和软化系数不作规定，报告实测试验结果。

5.5　轻粗集料的粒型系数

不同粒型轻粗集料的粒型系数应符合表 6 的规定。

表 6　轻粗集料的粒型系数

轻粗集料种类	平均粒型系数
人造轻集料	≤2.0
天然轻集料 工业废渣轻集料	不作规定

5.6　有害物质规定

轻集料中有害物质应符合表 7 的规定。

表 7　有害物质规定

项目名称	技术指标
含泥量/%	≤3.0
	结构混凝土用轻集料≤2.0
泥块含量/%	≤1.0
	结构混凝土用轻集料≤0.5

表 7（续）

项目名称	技术指标
煮沸质量损失/%	≤5.0
烧失量/%	≤5.0
	天然轻集料不作规定，用于无筋混凝土的煤渣允许≤18
硫化物和硫酸盐含量（按 SO_3 计）/%	≤1.0
	用于无筋混凝土的自燃煤矸石允许含量≤1.5
有机物含量	不深于标准色；如深于标准色，按 GB/T 17431.2—2010 中 18.6.3 的规定操作，且试验结果不低于 95%。
氯化物（以氯离子含量计）含量/%	≤0.02
放射性	符合 GB 6566 的规定

6 试验方法

6.1 氯化物含量按 GB/T 14684—2001 中 6.11 规定进行。

6.2 放射性按 GB 6566 规定进行。

6.3 其他项目的试验方法按 GB/T 17431.2—2010 规定进行。

7 检验规则

7.1 检验分类

7.1.1 出厂检验

轻粗集料的检验项目为：颗粒级配、堆积密度、粒型系数、筒压强度和吸水率；高强轻粗集料应检测强度标号。

轻细集料的检验项目为：细度模数、堆积密度。

7.1.2 型式检验

轻集料的型式检验包括本部分第 5 章规定的全部项目；放射性检验仅在产品投产或原材料发生变化时进行。在下列情况下应进行型式检验：

a) 新产品投产时；

b) 正常生产时，每半年进行一次；

c) 当原材料或生产工艺变化时；

d) 停产半年以上，恢复生产时。

7.2 组批规则

轻集料按类别、名称、密度等级分批检验与验收。每 400 m^3 为一批。不足 400 m^3 亦按一批计。

7.3 抽样规则

样品的抽样按 GB/T 17431.2—2010 第 4 章的有关规定进行。

7.4 判定规则

7.4.1 判定

各项试验结果均符合本部分第 5 章的相应规定时，则判该批产品合格。

7.4.2 复验

若试验结果中有一项性能不符合本部分的规定，允许从同一批轻集料中加倍取样，对不合格项进行复验。

复验后，若该项试验结果符合本部分的规定，则判该批产品合格；否则，判该批产品为不合格。

8 产品合格证、堆放和运输

8.1 产品出厂时,生产厂应提供质量合格证书,其内容包括:

a) 轻集料类别和密度等级;

b) 生产厂名、地址;

c) 执行标准;

d) 批量及批量编号、生产日期;

e) 合格证编号与发放日期;

f) 检验部门及检验人员签章。

8.2 轻集料应按类别、密度等级和颗粒级配等分别堆放和运输,并应有防雨措施。

8.3 可用车、船散装或袋装运输。运输过程中应避免污染或压碎。

8.4 运输时,应采取措施防止粉尘飞扬和散落。

ICS 91.100.10
Q 25

中华人民共和国国家标准

GB/T 17431.2—2010
代替 GB/T 17431.2—1998

轻集料及其试验方法 第2部分:轻集料试验方法

Lightweight aggregates and its test methods—
Part 2: Test methods for lightweight aggregates

2010-09-26 发布

2011-08-01 实施

中华人民共和国国家质量监督检验检疫总局
中国国家标准化管理委员会 发布

前　言

GB/T 17431《轻集料及其试验方法》分为两个部分：

——第1部分：轻集料；

——第2部分：轻集料试验方法。

本部分为GB/T 17431的第2部分，与EN 13055.1：2002《轻集料　第1部分：混凝土、砂浆和灰浆用轻集料》一致性程度为非等效。

本部分代替GB/T 17431.2—1998《轻集料及其试验方法　第2部分：轻集料试验方法》。

本部分与GB/T 17431.2—1998相比，主要变化如下：

——粗、细轻集料筛分析改为采用方孔筛(1998版的5.2，本版的5.2)；

——修订了堆积密度试验中采用容量筒规格的规定(1998版的6.2，本版的6.2)；

——更正了表观密度计算公式(1998版的7.4，本版的7.4)；

——修订了筒压强度试验中的填充方法(1998版的9.3.2，本版的9.3.2)；

——修订了图解法确定陶粒的强度标号图(1998版的10.7.2，本版的10.4.3)；

——增列了24 h吸水率的测定方法(1998版的11.3.2，本版的11.3.2)；

——取消了匀质性指标的统计检验(1998版的第15章)；

——更正了烧失量计算公式(1998版的18.5，本版的16.5)。

本部分由中国建筑材料联合会提出并归口。

本部分负责起草单位：中国建筑科学研究院、建筑材料工业技术监督研究中心。

本部分参加起草单位：同济大学、陕西省建筑科学研究设计院、黑龙江省寒地建筑科学研究院、辽宁省建设科学研究院、上海市建筑科学研究院、建筑材料工业技术情报研究所、广州华穗陶粒制品有限公司、宜昌宝珠陶粒开发有限公司、宜昌光大陶粒制品有限公司、北京建邦伟业机械制造有限公司、宁波大自然新型墙材有限公司、辽宁方正检测技术有限公司、朗天新型建材有限公司、黑龙江汇丰能源科技开发有限公司、朝阳华龙科建股份有限公司。

本部分主要起草人：丁威、杨斌、刘巽伯、陈烈芳、周运灿、王元、姚利君、杨正宏、宋淑敏、陈斌、陈炜、杨平、李平、赵孟奇、仇心金、杨利民、单星本、王晶、何更新、李攀、董宝柱、曲明富。

本部分所代替标准的历次版本发布情况为：

——GB/T 17431.2—1998。

轻集料及其试验方法
第2部分:轻集料试验方法

1 范围

GB/T 17431 的本部分规定了轻集料试验方法的一般规定、取样、颗粒级配(筛分析)、堆积密度、表观密度、空隙率、筒压强度、强度标号、吸水率、软化系数、粒型系数、含泥量及泥块含量、煮沸质量损失、烧失量、硫化物和硫酸盐含量和有机物含量等试验方法。

本部分适用于混凝土用的轻集料的质量检验。其他类别和用途的轻集料也可参照使用。

2 规范性引用文件

下列文件中的条款通过 GB/T 17431 的本部分的引用而成为本部分的条款。凡是注日期的引用文件,其随后所有的修改单(不包括勘误的内容)或修订版均不适用于本部分,然而,鼓励根据本部分达成协议的各方研究是否可使用这些文件的最新版本。凡是不注日期的引用文件,其最新版本适用于本部分。

GB 6566 建筑材料放射性核素限量

GB/T 6003.1—1997 金属丝编织网试验筛(eqv ISO 3310-1:1990)

GB/T 6003.2—1997 金属穿孔板试验筛(eqv ISO 3310-2:1990)

GB/T 14684—2001 建筑用砂

GB/T 17431.1—2010 轻集料及其试验方法 第1部分:轻集料

3 一般规定

3.1 试验用的轻集料试样,均应在恒温温度为 105 ℃~110 ℃的条件下干燥至恒量。当试样干燥至恒量时,相邻两次称量的时间间隔不得小于 2 h。当相邻两次称量值之差不大于该项试验要求的精度时,则称为恒量值。

3.2 本标准中三氧化硫含量等试验所用的试剂应为分析纯,水为蒸馏水。

3.3 试验应填写相应的试验报告。试验报告的内容一般应包括:

a) 轻集料类别和试验编号;

b) 试验项目;

c) 数据的记录;

d) 试验结果的计算及取值;

e) 结果评定及执行标准编号;

f) 试验日期和试验人员等。

4 取样

4.1 应从每批产品中随机抽取有代表性的试样。

4.2 初次抽取的试样应不少于 10 份,其总料量应多于试验用料量(按表 1)的一倍。

4.3 初次抽取试样应符合下列要求:

a) 生产企业中进行常规检验时,应在通往料仓或料堆的运输机的整个宽度上,在一定的时间间隔内抽取;

b) 对均匀料堆进行取样时，以 400 m^3 为一批，不足一批者亦以一批论。试样可从料堆锥体从上到下的不同部位、不同方向任选 10 个点抽取。但要注意避免抽取离析的及面层的材料；

c) 从袋装料和散装料（车、船）抽取试样时，应从 10 个不同位置和高度（或料袋）中抽取。

4.4 抽取的试样拌合均匀后，按四分法缩减到试验所需的用料量（按表 1）。

表 1 取样数量

序号	试验项目	用料量/L		
		细集料	粗集料	
			D_{max}≤19.0 mm	D_{max}>19.0 mm
1	颗粒级配（筛分析）	2	10	20
2	堆积密度	15	30	40
3	表观密度	—	4	4
4	筒压强度	—	5	5
5	强度标号	—	20	20
6	吸水率	—	4	4
7	软化系数	—	10	10
8	粒型系数	—	2	2
9	含泥量及泥块含量	—	5～7	5～7
10	煮沸质量损失	—	2	4
11	烧失量	1	1	1
12	硫化物及硫酸盐含量	1	1	1
13	有机物含量	6	3～8	4～10
14	氯化物含量	1	1	1
15	放射性	3	3	3

5 颗粒级配（筛分析）

5.1 范围

本方法适用于测定轻集料的颗粒级配及细度模数。

5.2 仪器设备

筛分析试验应采用下列仪器设备：

a) 干燥箱；

b) 台秤：称量粗集料用 10 kg 台秤（感量为 5 g）；称量细集料用 5 kg 的托盘天平（感量为 5 g）；

c) 套筛：应符合 GB/T 6003.1—1997 和 GB/T 6003.2—1997 的方孔筛，孔径为 37.5 mm、31.5 mm、26.5 mm、19.0 mm、16.0 mm、9.50 mm 和 4.75 mm 共计 7 种，并附有筛底和筛盖；筛分细集料的方孔筛孔径为 9.50 mm、4.75 mm、2.36 mm、1.18 mm、600 μm、300 μm 和 150 μm 共计 7 种，并附有筛底和筛盖。套筛直径应为 300 mm；

d) 摇筛机：电动振动筛，振幅为（5±0.1）mm，频率为（50±3）Hz；

e) 搪瓷盘、毛刷和量筒。

5.3 试验步骤

5.3.1 取粗集料 10 L（集料最大粒径小于或等于 19.0 mm 时）或 20 L（集料最大粒径大于 19.0 mm 时），细集料 2 L，置于干燥箱中干燥至恒量。然后，分成二等份，分别称取试样质量。

5.3.2 筛子按孔径从小到大顺序叠置，孔径最小者置于最下层，附上筛底，将一份试样倒入最上层筛里，上加筛盖，顺序过筛。

5.3.3 筛分粗集料，当每号筛上筛余层的厚度大于该试样的最大粒径时，应分两次筛，直至各筛每分钟通过量不超过试样总量的0.1%；超过试样总量的0.1%时，应重新试验。

5.3.4 细集料的筛分可先将套筛用振动摇筛机过筛10 min后，取下，再逐个用手筛，也可直接用手筛，直至每分钟通过量不超过试样总量的0.1%时即可。试样在各号筛上的筛余量均不得超过0.4 L；否则，应将该筛余试样分成两份，再次进行筛分，并以其筛余量之和作为该号筛的筛余量。

5.3.5 称取每号筛的筛余量。所有各筛的分计筛余量和筛底中剩余量的总和，与筛分前的试样总量相比，相差不得超过1%；超过1%时，应重新试验。

5.4 结果计算与评定

5.4.1 计算分计筛余百分率——每号筛上的筛余量除以试样总量的质量百分率，计算精确至0.1%。

5.4.2 计算累计筛余百分率——每号筛上的分计筛余百分率与大于该号筛的各号筛上的分计筛余百分率之和，计算精确至1%。

5.4.3 根据各筛的累计筛余百分率，按GB/T 17431.1—2010表1评定轻集料的颗粒级配。

5.4.4 轻细集料的细度模数按公式(1)计算，计算精确至0.1。

$$M_x = \frac{(A_2 + A_3 + A_4 + A_5 + A_6) - 5A_1}{100 - A_1} \quad \cdots\cdots(1)$$

式中：

M_x——细度模数，计算精确至0.1；

$A_1, A_2, \cdots, A_6$——分别为4.75 mm，2.36 mm，…，150 μm孔径筛上的累计筛余百分率。

5.4.5 以两次测定值的算术平均值作为试验结果。两次测定值所得的细度模数之差大于0.20时，应重新取样进行试验。

6 堆积密度

6.1 范围

本方法适用于测定轻集料在自然堆积状态下单位体积的质量。

6.2 仪器设备

堆积密度试验应采用下列仪器设备：

a) 电子秤：最大称量30 kg(感量为1 g)，也可最大称量60 kg(感量为2 g)；

b) 容量筒：金属制，容积为10 L、5 L，内部尺寸可根据容积大小取直径与高度相等。粗集料用10 L的容量筒；细集料用5 L的容量筒；

c) 干燥箱；

d) 直尺、取样勺或料铲等。

6.3 试验步骤

取粗集料30 L～40 L或细集料15 L～20 L，放入干燥箱内干燥至恒量。分成两份，备用。

用取样勺或料铲将试样从离容器口上方50 mm处(或采用标准漏斗)均匀倒入，让试样自然落下，不得碰撞容量筒。装满后使容量筒口上部试样成锥体，然后用直尺沿容量筒边缘从中心向两边刮平，表面凹陷处用粒径较小的集料填平后，称量。

6.4 结果计算与评定

堆积密度按公式(2)计算，计算精确至1 kg/m³。

$$\rho_{bu} = \frac{(m_t - m_v) \times 1\,000}{V} \quad \cdots\cdots(2)$$

式中：

ρ_{bu}——堆积密度，单位为千克每立方米(kg/m³)，计算精确至1 kg/m³；

m_t——试样和容量筒的总质量，单位为千克(kg)；

m_v——容量筒的质量，单位为千克(kg)；

V——容量筒的容积，单位为升(L)。

以两次测定值的算术平均值作为试验结果。

7 表观密度

7.1 范围

本方法适用于测定轻粗集料颗粒单位体积的质量。

7.2 仪器设备

表观密度试验应采用下列仪器设备：

a) 干燥箱；

b) 托盘天平：最大称量 1 kg(感量为 1 g)；

c) 量筒：容积 1 000 mL；

d) 搪瓷盘：尺寸为 40 cm×30 cm；

e) 取样勺、毛巾和 2.36 mm 筛子。

7.3 试验步骤

7.3.1 取试样 4 L，用筛孔为 2.36 mm 的筛子过筛，取筛余物干燥至恒量，备用。

7.3.2 把干燥后的试样拌匀后，称取 300 g～500 g，(超轻集料取 100 g～150 g)放入量筒浸入水中 1 h(如有颗粒漂浮于水上，应采用带柄的圆形金属板将其压入水中)后取出，倒入 2.36 mm 的筛子上，滤水 1 min～2 min。然后倒在拧干的湿毛巾上，用手握住毛巾两端，使其成为槽形，让集料在毛巾上来回滚动 8 次～10 次后，倒入搪瓷盘里。

7.3.3 将试样倒入 1 000 mL 的量筒中，再注入 500 mL 清水。如有试样漂浮于水上，可用已知体积(V_r)的圆形金属板压入水中，读出量筒的水位(V_t)。

7.4 结果计算与评定

粗集料的颗粒表观密度按公式(3)计算，计算精确至 1 kg/m³。

$$\rho_{ap}=\frac{m\times 1\,000}{V_t-V_r-500} \quad \cdots\cdots\cdots\cdots(3)$$

式中：

ρ_{ap}——粗集料颗粒表观密度，单位为千克每立方米(kg/m³)；

m——烘干试样质量，单位为克(g)；

V_r——圆形金属板的体积，单位为毫升(mL)；

V_t——试样、圆形金属板和水的总体积，单位为毫升(mL)。

以两次测定值的算术平均值作为试验结果。如两次测定值之差大于平均值的 2%时，应重新取样进行试验。

8 空隙率

8.1 在测定粗集料堆积密度和颗粒表观密度的基础上，通过计算，确定轻集料在自然堆积状态下颗粒间的空隙率。

8.2 粗集料空隙率按公式(4)计算，计算精确至 1%。

$$\upsilon=\left(1-\frac{\rho_{bu}}{\rho_{ap}}\right)\times 100 \quad \cdots\cdots\cdots\cdots(4)$$

式中：

υ——空隙率，%；

ρ_{bu}——粗集料的堆积密度，单位为千克每立方米(kg/m³)；

ρ_{ap}——粗集料的颗粒表观密度,单位为千克每立方米(kg/m³)。

9 筒压强度

9.1 范围

本方法适用于用承压筒法测定轻粗集料颗粒的平均相对强度指标。

9.2 仪器设备

筒压强度试验应采用下列仪器设备:

a) 承压筒:由圆柱形筒体[另带筒底,见图1a)]、导向筒[见图1a)]和冲压模[见图1b)]三部分组成;筒体可用无缝钢管制作,有足够刚度,筒体内表面和冲压模底面须经渗碳处理。筒体可拆,并装有把手。冲压模外表面有刻度线,以控制装料高度和压入深度。导向筒用以导向和防止偏心;

b) 压力机:根据筒压强度的大小选择合适吨位的压力机,测定值的大小宜在所选压力机表盘最大读数的20%~80%范围内;

c) 托盘天平:最大称量5 kg(感量5 g);

d) 干燥箱。

单位为毫米

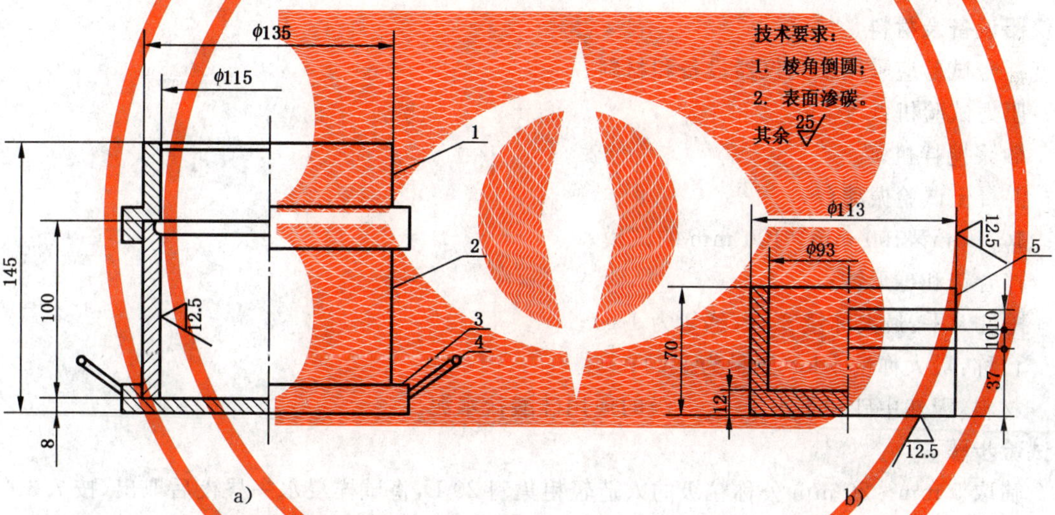

1——导向筒;
2——筒体;
3——筒底;
4——把手;
5——冲压模。

图1 测定轻集料筒压强度的承压筒

9.3 试验步骤

9.3.1 筛取10 mm~20 mm公称粒级(粉煤灰陶粒允许按10 mm~15 mm公称粒级;超轻陶粒按5 mm~10 mm或5 mm~20 mm公称粒级)的试样5 L,其中10 mm~15 mm公称粒级的试样的体积含量应占50%~70%。

9.3.2 按本标准6.3要求用带筒底的承压筒装试样至高出筒口,放在混凝土试验振动台上振动3 s,再装试样至高出筒口,放在振动台上振动5 s,齐筒口刮(或补)平试样。

9.3.3 装上导向筒和冲压模。使冲压模的下刻度线与导向筒的上缘对齐。

把承压筒放在压力机的下压板上,对准压板中心,以每秒300 N~500 N的速度匀速加荷。当冲压模压入深度为20 mm时,记下压力值。

9.4 结果计算与评定

粗集料的筒压强度按公式(5)计算,计算精确至 0.1 MPa。

$$f_a = \frac{p_1 + p_2}{F} \quad \cdots\cdots(5)$$

式中:

f_a——粗集料的筒压强度,单位为兆帕(MPa);

p_1——压入深度为 20 mm 时的压力值,单位为牛顿(N);

p_2——冲压模质量,单位为牛顿(N);

F——承压面积(即冲压模面积 F=10 000 mm^2)。

粗集料的筒压强度以三次测定值的算术平均值作为试验结果。若 3 次测定值中最大值和最小值之差大于平均值的 15%时,应重新取样进行试验。

10 强度标号

10.1 范围

本方法适用于用混凝土试验方法测定人造轻粗集料的强度标号。强度标号划分为 20、25、30、35、40 和 50。

10.2 仪器设备及材料

强度标号试验应采用下列仪器设备和材料:

a) 压力试验机;

b) 砂浆搅拌机;

c) 混凝土试验振动台;

d) 100 mm×100 mm×100 mm 的试模;

e) 拌合铲和球形钵;

f) 托盘天平:最大称量 2 kg(感量为 1 g);

g) 台称:最大称量 5 kg(感量为 5 g);

h) 材料:天然中砂和不小于 42.5 级的通用硅酸盐水泥。

10.3 试验步骤

10.3.1 筛取 5 mm~20 mm 公称粒级的人造轻粗集料 20 L,将试样浸水一昼夜后取出,按 7.3.2 的试验步骤制备成饱和面干试样,然后盖上湿布,备用。称取饱和面干试样 300 g,按 7.3.3 的试验步骤,测定并计算饱和面干人造轻集料的表观密度值。

10.3.2 砂浆制备时,应使砂浆满足成型和易性和强度(7 d 后达到 45 MPa~60 MPa)的要求,在无经验时,砂浆配合比为 1∶1∶(0.4~0.45)(水泥∶砂∶水)。

砂浆量按 20 L 计算,则材料用量可分别按公式(6)、公式(7)和公式(8)计算:

$$m_C = 0.020 \times \rho_m \frac{1}{1+1+(0.40 \sim 0.45)} \quad \cdots\cdots(6)$$

$$m_S = m_C \times 1.0 \quad \cdots\cdots(7)$$

$$m_W = m_C \times (0.40 \sim 0.45) \quad \cdots\cdots(8)$$

式中:

m_C——水泥用量,单位为千克(kg);

m_S——砂用量,单位为千克(kg);

m_W——用水量,单位为千克(kg);

ρ_m——新拌砂浆的表观密度(kg/m^3),若无试验值,可按 2 200 kg/m^3 取值。

先将砂和水泥在砂浆搅拌机中干拌均匀,再加水搅拌成砂浆。

10.3.3 混凝土拌合物制备时，应使混凝土拌合物中人造轻粗集料的绝对体积含量为规定的45%。

每个混凝土拌合物试件的人造轻集料和砂浆应单独称量和拌合，其用量按公式(9)和公式(10)计算：

$$m = n \times V \times \rho_{ap} \qquad (9)$$

$$m_m = (1-n) \times V \times \rho_m \qquad (10)$$

式中：

m——每个混凝土拌合物试件的饱和面干人造轻粗集料用量，单位为千克(kg)；

n——每个混凝土拌合物试件中人造轻粗集料的绝对体积含量，$n=0.45$；

V——试件体积，$V=0.001\ m^3$；

ρ_{ap}——饱和面干人造轻粗集料的表观密度，单位为千克每立方米(kg/m^3)；

m_m——每个混凝土拌合物试件的砂浆用量，单位为千克(kg)。

人造轻粗集料和砂浆在球形钵中用铲拌合成混凝土拌合物。拌合前，球形钵和铲应先用水润湿。拌合时间应不少于2 min。

10.3.4 试件在振动台上成型，共成型(100×100×100)mm的砂浆和混凝土试件各9个，以及预测强度用的伴随砂浆试件3个。当混凝土拌合物试件振实抹光时，允许将多余的砂浆刮去，不准将上浮的人造轻集料剔除。如果振实时，试模内混凝土拌合物的量不够，应填补砂浆。

10.3.5 试件成型一昼夜后拆模，并分成3大组编号。每大组包括3个砂浆和3个混凝土试件各一组。连同3个伴随砂浆试件，一起放入20 ℃～40 ℃水中养护。

10.3.6 试件在水中养护一周以后，先测定伴随砂浆试件的抗压强度。当伴随砂浆试件抗压强度达到45 MPa～60 MPa范围的任意龄期，可进行砂浆和人造轻集料混凝土试件的抗压强度试验。每大组砂浆和混凝土试件应同时进行抗压强度试验。

若伴随砂浆试件的抗压强度低于45 MPa，则所有试件应继续在水中养护，直至砂浆试件的抗压强度达到45 MPa，再进行抗压强度试验。

试验前，应测定人造轻集料混凝土试件的湿表观密度。若一组中3块人造轻集料混凝土试件表观密度的最大值和最小值之差值超过平均值5%时，则此组试件应舍去。

10.4 结果计算

10.4.1 砂浆和人造轻集料混凝土试件立方体抗压强度按公式(11)计算，精确至0.1 MPa。

$$f = \frac{p}{F} \qquad (11)$$

式中：

f——砂浆和人造轻集料混凝土立方体抗压强度，单位为兆帕(MPa)；

p——破坏荷载，单位为牛顿(N)；

F——立方体试件受压面积，单位为平方毫米(mm^2)。

10.4.2 强度值的确定应符合下列规定：

a) 三个试件的算术平均值作为该组的强度值(精确至0.1 MPa)；

b) 三个测值中的最大值或最小值中如有一个与中间值的差值超过中间值的15%时，则把最大和最小值一并舍除，取中间值作为该组试件的抗压强度值；

c) 如果最大值和最小值与中间值的差均超过中间值的15%，则该组试件的试验结果无效。

10.4.3 人造轻粗集料的强度标号用图解法(图2)确定。图2中，根据砂浆抗压强度和对应的人造轻集料混凝土抗压强度，将人造轻集料划分为六个强度标号：20、25、30、35、40和50。

按每个大组试件的砂浆抗压强度和人造轻集料混凝土抗压强度在图中的座标位置，分别确定人造轻粗集料的强度标号。

3大组试验结果中，至少应有2组的强度标号相同，则该强度标号定为该人造轻粗集料的强度标号值。否则应重新进行试验。

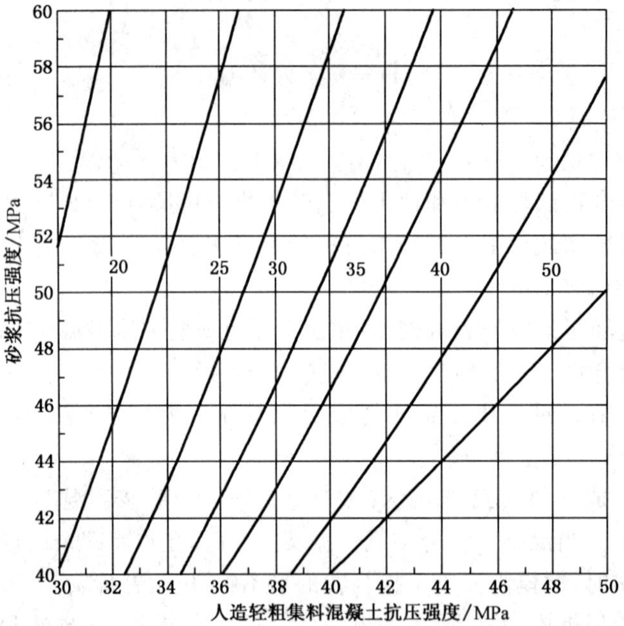

图 2　图解法确定人造轻粗集料(陶粒)强度标号图

11　吸水率

11.1　范围

本方法适用于测定干燥状态轻粗集料 1 h 或 24 h 的吸水率。

11.2　仪器设备

吸水率试验应采用下列仪器设备：

a)　托盘天平：最大称量 1 kg(感量为 1 g)；

b)　干燥箱；

c)　筛子：筛孔为 2.36 mm；

d)　容器、搪瓷盘及毛巾等。

11.3　试验步骤

11.3.1　取试样 4 L，用筛孔为 2.36 mm 的筛子过筛。取筛余物干燥至恒量，备用。

11.3.2　把试样拌合均匀，分成三等份，分别称重，然后放入盛水的容器中。如有颗粒漂浮于水上，应将其压入水中。

试样浸水 1 h 或 24 h 后，按 7.3.2 的方法，将试样制成饱和面干，然后称量。

11.4　结果计算与评定

粗集料吸水率按公式(12)计算，计算精确至 0.1%。

$$w_a = \frac{m_0 - m_1}{m_1} \times 100 \qquad \cdots\cdots(12)$$

式中：

w_a——粗集料 1 h 或 24 h 吸水率，%；

m_0——浸水试样质量，单位为克(g)；

m_1——烘干试样质量，单位为克(g)。

以三次测定值的算术平均值作为试验结果。

12 软化系数

12.1 范围

本方法适用于测定轻粗集料浸水前后的强度变化，以求其软化系数。

12.2 仪器设备

软化系数试验应采用的仪器设备与第11章及第9章所需设备相同。

12.3 试验步骤

12.3.1 取轻集料试样10 L(公称粒级要求与9.3.1相同)，其中5 L按11.3.2浸水制备成饱和面干试样。

12.3.2 按9.3.2和9.3.3分别测定干燥试样和饱和面干试样的筒压强度值。

12.4 计算结果与评定

粗集料的软化系数按公式(13)计算，计算精确至0.01。

$$\Psi = \frac{f_1}{f_0} \tag{13}$$

式中：

Ψ——粗集料的软化系数；

f_0——干燥状态下粗集料的筒压强度值，单位为兆帕(MPa)；

f_1——浸水1 h的饱和面干粗集料筒压强度值，单位为兆帕(MPa)。

饱和面干试样和干燥试样筒压强值试验结果的计算和评定方法与9.4同。

以三次测定值的算术平均值作为试验结果。

13 粒型系数

13.1 范围

本方法适用于测定轻粗集料颗粒的长向最大尺寸与中间截面最小尺寸，以计算其粒型系数。

13.2 仪器设备

粒型系数试验应采用下列仪器设备：

a) 游标卡尺；

b) 容器：容积为1 L。

13.3 试样制备

取试样1 L～2 L，用四分法缩分，随机拣出50粒。

13.4 试验步骤

用游标卡尺量取每个颗粒的长向最大值和中间截面处的最小尺寸，精确至1 mm。

13.5 结果计算与评定

13.5.1 每颗的粒型系数按公式(14)计算，计算精确至0.1。

$$K_e' = \frac{D_{max}}{D_{min}} \tag{14}$$

式中：

K_e'——每颗集料的粒型系数；

D_{max}——粗集料颗粒长向最大尺寸，单位为毫米(mm)；

D_{min}——粗集料颗粒中间截面的最小尺寸，单位为毫米(mm)。

13.5.2 粗集料的平均粒型系数按公式(15)计算：

$$K_e = \frac{\sum_{i=1}^{n} K_{e,i}'}{n} \tag{15}$$

式中：

K_e——粗集料的平均粒型系数；

$K'_{e,i}$——某一颗粒的粒型系数；

n——被测试样的颗粒数，$n=50$。

以两次测定值的算术平均值作为试验结果。

14 含泥量及泥块含量

14.1 含泥量

14.1.1 适用范围

本方法适用于测定轻粗集料中小于 75 μm 的尘屑和泥土含量。

14.1.2 仪器设备

含泥量试验应采用下列仪器设备：

a) 托盘天平：最大称量 2 kg(感量为 1 g)；

b) 干燥箱；

c) 瓷盆、搪瓷盘及冲洗试样时能保持试样不溅出的足够大的容器；

d) 筛子：筛孔尺寸为 9.50 mm、1.18 mm 和 75 μm 的筛子。

14.1.3 试验步骤

14.1.3.1 量取试样 5 L～7 L(注意防止细粉丢失)，干燥至恒量，冷却至室温，备用。

14.1.3.2 称取干燥后的试样 1 000 g～2 000 g 装入瓷盆里，加水将其浸没，静置 12 h，然后搅拌 5 min，使尘屑和泥土与集料颗粒在水中分离。将 9.50 mm、1.18 mm 和 75 μm 筛子叠置(按筛孔由大到小从上往下叠置)，先用水湿润，然后将试样和水一起倒入套筛上，滤去小于 75 μm 的颗粒。用水流冲洗筛上(从最大筛孔的筛子开始)集料，直至筛上剩余物中看不见有泥土，以及冲洗后的水变清澈为止。最后将 75 μm 筛放在水中(使水面略高出筛内颗粒)来回摇动，以充分洗去小于 75 μm 的尘屑。将三个筛上的筛余物，从最小号筛开始一并倒入搪瓷盘，置于干燥箱中干燥至恒量，取出，冷却至室温后，称取试样质量。

14.1.4 结果计算与评定

粗集料的含泥量按公式(16)计算，计算精确至 0.1%。

$$w_{du}=\frac{m_0-m_1}{m_0}\times 100 \qquad \cdots\cdots(16)$$

式中：

w_{du}——粗集料的含泥量，%；

m_0——冲洗前试样的干燥质量，单位为克(g)；

m_1——冲洗并干燥后试样的质量，单位为克(g)。

以两次测定值的算术平均值作为试验结果，如两次测定值的差值大于 0.2%，应重新试验。

14.2 泥块含量

14.2.1 范围

本方法适用于测定轻粗集料中的泥块含量。

14.2.2 仪器设备

泥块含量试验应采用下列仪器设备：

a) 托盘天平，最大称量 1 kg(感量为 1 g)；

b) 台秤：最大称量 5 kg(感量为 5 g)；

c) 筛子：孔径为 2.36 mm 和 4.75 mm 的筛各一个。

14.2.3 试验步骤

按表 1 规定取样，筛去 4.75 mm 以下颗粒后，用四分法缩分至 3 kg 试样量(对超轻陶粒，取试样量为 1.5 kg～2 kg。取两份试样放在干燥箱中干燥至恒量，冷却至室温后，分别称量(m_3)并在容器中摊成薄层，加入水将其浸没。在浸水 24 h 后，把水放出，用手压碎泥块，然后把试样放在 2.36 mm 筛上用水冲洗。保留下来的试样小心地从筛中取出，并在干燥箱中干燥至恒量，冷却至室温，称量(m_4)。

14.2.4 结果计算与评定

泥块含量按公式(17)计算，计算精确至 0.1%。

$$w_{cl} = \frac{m_0 - m_1}{m_0} \times 100 \qquad \cdots\cdots(17)$$

式中：

w_{cl}——泥块含量，%；

m_0——试验前试样的干燥质量，单位为克(g)；

m_1——试验后试样的干燥质量，单位为克(g)。

以两次测定值的算术平均值作为试验结果。两次测定值相差超过 0.2%，应重新取样进行试验。

15 煮沸质量损失

15.1 范围

本方法适用于检验轻粗集料中生石灰等易分解物质对其安定性的影响。

15.2 仪器设备

煮沸质量损失试验应采用下列仪器设备：

a) 托盘天平：最大称量 2 kg(感量为 1 g)；

b) 干燥箱；

c) 粗集料筛分用筛子一套；

d) 带盖带孔容器或自制的孔径不大于 2.36 mm 的金属网；

e) 电炉；

f) 盛水容器：可放装有试样的带盖带孔容器。

15.3 试样制备

取轻粗集料试样 2 L～4 L，用与其公称粒级相应的最大和最小孔径筛子过筛，取公称粒级下限筛上的试样，洗净颗粒表观粘附的碎屑和粉尘，干燥至恒量，分成两份备用。

15.4 试验步骤

将试样装入带孔容器中，再放入盛水的容器中浸泡，容器中的水平面应比带孔容器中的试样高出 20 mm 以上，浸泡 48 h 后再将盛水容器连同装有试样的带孔容器一起放在电炉上煮沸 4 h，然后取出装有试样的带孔容器，干燥至恒量。取出集料，用孔径为试样粒级下限的筛子过筛，并称取筛余试样质量。

15.5 结果计算与评定

煮沸质量损失按公式(18)计算，计算精确至 0.1%。

$$w_f = \frac{m_0 - m_1}{m_0} \times 100 \qquad \cdots\cdots(18)$$

式中：

w_f——煮沸质量损失，%；

m_0——试验前公称粒级下限筛上试样的干燥质量，单位为克(g)；

m_1——试验后公称粒级下限筛上筛余试样的干燥质量，单位为克(g)。

以两次测定值的算术平均值作为试验结果。

16 烧失量

16.1 适用范围

本方法适用于测定轻集料的烧失量。

16.2 仪器设备

烧失量试验应采用下列仪器设备：

a) 干燥箱；

b) 高温炉：最高温度 1 000 ℃～1 200 ℃；

c) 托盘天平：最大称量 2 kg(感量为 1 g)；

d) 分析天平：最大称量 100 g(感量为 0.1 mg)；

e) 干燥器、瓷坩埚、瓷研钵和 75 μm 筛。

16.3 试样制备

取烘干试样 1 L，破碎成最大粒径为 2.36 mm 的颗粒(用轻细集料测定时，不用破碎)，用四分法缩分至 100 g。拌匀后再用四分法缩分至 20 g～25 g。把试样用瓷研钵研磨成粉，使其全部通过 75 μm 的筛子，置烘箱中烘至恒量，然后放入干燥器内，冷却至室温，备用。

16.4 试验步骤

用分析天平称取 1 g 干燥试样，置于已在 950 ℃下烧灼至恒量的瓷坩埚中，放在高温炉内从低温开始逐渐升高温度，在 950 ℃下灼烧 45 min 后，取出，置于干燥器中，冷至室温恒量。再灼烧 20 min，取出，冷却后称量。两次冷却后称量误差小于 0.02%，即为恒量。

16.5 结果计算与评定

轻集料的烧失量，按公式(19)计算，计算精确至 0.02%。

$$w_s = \frac{m_0 - m_1}{m_0} \times 100 \qquad \cdots\cdots(19)$$

式中：

w_s——轻集料的烧失量，%；

m_0——灼烧前试样的干燥质量，单位为克(g)；

m_1——灼烧后试样的质量，单位为克(g)。

以两次测定值的算术平均值作为试验结果。若两次测定值之差大于 0.20%时，应重新取样进行试验。

17 硫化物和硫酸盐含量

17.1 范围

本方法适用于测定轻集料中硫化物和硫酸盐含量(按 SO_3 百分含量计算)。

17.2 仪器设备

硫化物和硫酸盐含量试验应采用下列仪器设备：

a) 干燥箱；

b) 高温炉：最高温度 1 000 ℃～1 200 ℃；

c) 分析天平：最大称量 100 g(感量为 0.1 mg)；

d) 干燥器、瓷坩埚、烧杯、瓷研钵等；

e) 75 μm 筛。

17.3 试剂配制

硫化物和硫酸盐含量试验应进行以下试剂配制：

a) 氨水(1∶1)：将浓氨水与等体积水混合；

b) 盐酸(1∶1):将浓盐酸溶于等体积的水中;

c) 10%(质量分数)的氯化钡溶液:将 10 g 氯化钡溶于 100 mL 水中。若溶液浑浊需过滤后使用;

d) 1%(质量分数)的硝酸银溶液:将 1 g 硝酸银溶于 100 mL 水中,加入 5 mL~10 mL 硝酸,贮存于棕色瓶中;

e) 0.2%(质量分数)甲基红指示剂溶液:将 0.2 g 甲基红溶于 100 mL 95%乙醇中;

f) 0.1%(质量分数)硝酸铵溶液。

17.4 试样制备

试样制备方法同 16.3。

17.5 试验步骤

用分析天平称取 1 g 试样(m),放入 300 mL 的烧杯中,加入 20 mL~30 mL 蒸馏水及 10 mL 的盐酸(1∶1)中,然后将烧杯放在电炉上煮沸,使试样充分分解,再加入蒸馏水稀释至约 150 mL。

将溶液加热至沸,取下,加入 2 滴~3 滴 0.2%甲基红指示剂溶液,在搅拌下滴加氨水(1∶1),至溶液呈黄色。过量滴加 1 滴~2 滴,再稍加煮沸,取下静置片刻,以快速滤纸过滤。用中性热 0.1%硝酸氨溶液充分洗涤至氯根反应消失为止(用硝酸银溶液检验)。滤液及洗涤液收集于 400 mL 的烧杯中。

在上述溶液中滴加盐酸(1∶1)至溶液呈红色,并过量 2 mL,加热浓缩至约 150 mL~200 mL。在煮沸搅拌下滴加 10 mL 浓度为 10%氯化钡溶液,再煮沸数分钟,移至温热处静置 2 h~4 h 或放置过夜。然后用慢速定量滤纸过滤,并用水洗涤至氯根反应消失为止(用硝酸银溶液检验)。将沉淀物和滤纸一并放入已灼烧恒量(m_1)的瓷坩埚内,置电炉上灰化后,在 800 ℃高温炉内灼烧 30 min。取出坩埚,置于干燥器中冷却至室温,称量。如此反复灼烧至恒量(m_2)。

17.6 结果计算与评定

三氧化硫含量按公式(20)计算,计算精确至 0.01%。

$$w_{SO_3} = \frac{(m_2 - m_1) \times 0.343}{m_0} \times 100 \qquad \cdots\cdots(20)$$

式中:

w_{SO_3}——三氧化硫(SO_3)的含量,%;

m_1——灼烧恒重的瓷坩埚质量,单位为克(g);

m_2——灼烧恒重的瓷坩埚和灼烧后沉淀物总质量,单位为克(g);

m_0——试样质量,单位为克(g);

0.343——硫酸钡折算为三氧化硫的换算系数。

以两次测定值的算术平均值作为试验结果。若两次测定值之差大于 0.15%时,应重新取样进行试验。

18 有机物含量

18.1 范围

本标准适用于用比色法测定轻集料中的有机物含量。

18.2 仪器设备

有机物含量试验应采用下列仪器设备:

a) 托盘天平:最大称量 1 kg(感量为 0.5 g);

b) 工业分析天平:最大称量 100 g(感量为 0.01 g);

c) 量筒:容积为 10 mL、100 mL 和 250 mL 及 500 mL 带塞量筒;

d) 筛子:方孔筛边长为 4.75 mm 和 19.0 mm 的筛子;

e) 烧杯、玻璃棒等。

18.3 试剂制备

18.3.1 有机物含量试验用到的试剂有氢氧化钠溶液(氢氧化钠与蒸馏水之质量比为 3∶97)、鞣酸、乙醇等。

18.3.2 标准溶液的制备方法为:取 2 g 鞣酸粉溶解于 98 mL 浓度 10%的乙醇溶液中,即得浓度为 2%的鞣酸溶液,然后取该溶液 10 mL,注入 390 mL 浓度为 3%的氢氧化钠溶液中,加塞后剧烈摇动,静置 24 h 即得标准溶液。

18.4 试样制备

取轻细集料 6 L;粗集料最大粒径小于或等于 19.0 mm 时取 3 L～8 L;粗集料最大粒径大于 19.0 mm 时取 4 L～10 L,轻细集料用 4.75 mm 的筛子,粗集料用 19.0 mm 的筛子过筛。取筛下料,用四分法缩分,轻细集料取约 500 mg,粗集料取约 1 kg,风干后备用。

18.5 试验步骤

18.5.1 向 250 mL 带塞量筒中倒入轻细集料试样至 130 mL 刻度处,再注入浓度为 3%的氢氧化钠溶液,至 200 mL 刻度处,剧烈摇动后静置 24 h。

18.5.2 向 500 mL 带塞量筒中倒入轻粗集料试样至 300 mL 刻度处,再注入浓度为 3%的氢氧化钠溶液至 400 mL 刻度处,剧烈摇动后静置 24 h。

18.5.3 比较试样上部溶液和新配制标准溶液的颜色,盛标准溶液与盛试样的量筒容积一致。

18.6 结果评定

18.6.1 若试样上部的溶液颜色比标准溶液的颜色浅,以此作为试验结果。

18.6.2 如两种溶液的颜色接近,则应将试样和溶液倒入烧杯中,放在温度为 60 ℃～70 ℃的水浴锅中加热 2 h～3 h,然后再与标准液比色。

18.6.3 如溶液的颜色深于标准溶液的颜色,则应按下法作进一步检验:取试样一份,用 3%的氢氧化钠溶液洗出有机杂质,再用清水淘洗干净,直至试样用比色法检验时溶液的颜色浅于标准色。然后,用经淘洗和未淘洗的试样分别以相同的配合比配成和易性基本相同的轻集料混凝土或轻砂水泥砂浆,测定 7 d 和 28 d 的抗压强度,并计算未淘洗的试样制成的混凝土强度或砂浆强度与经淘洗的试样制成的混凝土强度或砂浆强度的比值,作为试验结果。

19 氯化物含量

按 GB/T 14684—2001 中 6.11 规定执行。

20 放射性

按 GB 6566 规定执行。

ICS 77.140.75
H 48

中华人民共和国国家标准

GB/T 17456.2—2010

球墨铸铁管外表面锌涂层
第2部分：带终饰层的富锌涂料涂层

Ductile iron pipes—External zinc coating—
Part 2: Zinc rich paint with finishing layer

(ISO 8179-2:1995, MOD)

2011-01-10 发布 2011-10-01 实施

中华人民共和国国家质量监督检验检疫总局
中国国家标准化管理委员会 发布

前 言

GB/T 17456《球墨铸铁管外表面锌涂层》分为下列两部分：

——第1部分：带终饰层的喷锌涂层

——第2部分：带终饰层的富锌涂料涂层

本部分是GB/T 17456的第2部分。

本部分按照GB/T 1.1—2009给出的规则起草。

本部分使用重新起草法修改采用ISO 8179-2：1995《球墨铸铁管 外表面锌涂层 第2部分：带终饰层的富锌涂料涂层》。

本部分与ISO 8179-2：1995相比在结构上有些调整：将国际标准的4.5移到新增加的第6章的6.1中，增加了6.2，本部分的4.5对应国际标准4.6，其他章条完全对应。

本部分与ISO 8179-2：1995相比存在技术性差异，这些技术性差异涉及的条款已通过在其外侧页边空白位置的垂直单线(|)进行了标示，本部分与ISO 8179-2：1995相比，主要技术性差异如下：

——在规范性引用文件中用采用国际标准的国家标准代替国际标准，同时增加引用了ISO 2808；

——增加了“为了避免起泡，终饰涂层干膜的平均厚度不应超过250 μm”的要求；

——增加了6.2具体规定了终饰涂层的厚度的测定方法。

本部分还做了下列编辑性修改：

——删除了国际标准前言；

——用小数点符号“.”代替符号“,”。

本部分由中国钢铁工业协会提出。

本部分由全国钢标准化技术委员会(SAC/TC 183)归口。

本部分起草单位：新兴铸管股份公司。

本部分主要起草人：李军、李艳宁、董建忠、赵福恩、刘俊峰、叶卫合、朱成亮、李宁、王恩青。

球墨铸铁管外表面锌涂层
第2部分：带终饰层的富锌涂料涂层

1 范围

GB/T 17456 的本部分规定了 GB/T 13295 中球墨铸铁管(以下简称球铁管)外表面富锌涂料涂层以及终饰涂层的技术要求和厚度测定方法。

本部分适用于球铁管外表面带终饰层的富锌涂料涂层。

2 规范性引用文件

下列文件对于本文件的应用是必不可少的。凡是注日期的引用文件，仅注日期的版本适用于本文件。凡是不注日期的引用文件，其最新版本(包括所有的修改单)适用于本文件。

GB/T 13295 水及燃气管道用球墨铸铁管、管件和附件(GB/T 13295—2008，ISO 2531：1998，MOD)

ISO 2808 涂料与光漆 漆膜厚度的测定方法

3 材料

涂层材料为干膜含锌量不低于 85%(质量分数)的无机富锌涂料，终饰涂层材料为沥青涂料或与锌涂层相容的合成树脂涂料。

4 富锌涂料涂层

4.1 球铁管表面状态

球铁管表面应干燥、无灰尘、无任何附着不牢的颗粒或外来物质，如油或脂。

由生产厂决定，在球铁管已氧化的外表面还是在喷砂处理或磨削后的表面喷涂或刷涂富锌涂料。

4.2 涂覆方法

将富锌涂料喷涂或刷涂在球铁管外表面上。

喷涂设备的设计及结构不包含在本部分范围内。

4.3 涂层要求

锌涂层应覆盖球铁管的外表面，无裸露及附着不牢等缺陷。

只要锌涂层的质量符合 4.4 的要求，允许出现螺旋形外观。

由于操作造成的已涂覆锌涂层损伤，只要每平方米面积中累计损伤区域面积不超过 5 cm^2 及单个损伤区域较小的一边的尺寸不超过 5 mm，可认为该涂层质量合格。

较大面积损伤应按 4.5 进行修补。

4.4 涂层质量

按6.1测定的富锌涂料涂层质量的平均值应不小于150 g/m^2，局部最小值应不小于130 g/m^2。

生产者应目视检查每根管涂层的状况及其均匀性，并应按6.1的方法对锌涂层质量进行定期测量。

4.5 涂层的修补

未涂覆到的区域，如被试片遮盖过的区域以及涂层损伤程度超过4.3中的允许范围的区域均应按4.2的方法予以修补。修补后的涂层应符合4.3和4.4的要求。

5 终饰涂层

富锌涂料涂覆后，应选用沥青涂料或与锌涂层相容的合成树脂涂料作为终饰涂层材料。

涂覆终饰涂层的工艺可由生产厂选择，如喷涂或刷涂，终饰涂层应均匀覆盖锌涂层，无裸露斑点或附着不牢现象。

终饰涂层的厚度应按6.2的要求测量。

终饰涂层干膜的平均厚度不应小于70 μm，局部最小厚度不应小于50 μm。

为了避免起泡，终饰涂层干膜的平均厚度不应超过250 μm。

6 试验方法

6.1 富锌涂料涂层质量

富锌涂料涂覆前，沿轴向贴一矩形试片于球铁管外表面上，经涂覆及修剪后该试片的最小尺寸应为以下任一种：

a) 250 mm×100 mm；

b) 500 mm×50 mm。

在涂覆过程中，试片的密度和厚度不应发生变化，在衬底温度下形态稳定，同时作为替代表面进行涂层厚度测量。

富锌涂料涂层平均质量(m)可根据试片喷锌前后的质量差用下列公式计算得出：

$$m=C(m_2-m_1)/A$$

式中：

C ——反映试片表面粗糙度与球铁管表面粗糙度之间差异因素的修正系数，取决于试片材料；

m_1 和 m_2 ——试片涂覆锌层前、后的质量，单位为克(g)，(测量精确度为0.1 g)；

A ——试片面积，单位为平方米(m^2)。

当需要出具报告时，C 值应由生产厂确定并加以说明。

注：对于喷砂钢板或聚酯板，C 值介于1.0～1.2之间(供参考)。

目视检查试片锌涂层的均匀性。若不均匀，应在试片涂层较薄的区域切下50 mm×50 mm的小片，依据上述方法测定锌涂层的局部最小质量。

6.2 终饰涂层的厚度

应通过测量涂覆后的试片间接得到终饰涂层干膜的厚度。

在涂覆终饰涂层前，沿轴向将试片附于球铁管外表面上，经涂覆及修剪后该试片的最小尺寸应为以下任一种：

a） 250 mm×100 mm；

b） 500 mm×50 mm。

在终饰涂层的涂覆过程中，试片的密度和厚度不应发生变化，在衬底温度下形态稳定，同时作为替代表面进行涂层厚度测量。

使用千分尺或与6.1相似的方法测量干膜厚度。

干膜的平均厚度是：

——用千分尺测量试片上均匀分布的十个点或更多个点的读数的平均值（每个读数应减去裸露试片的平均厚度），或

——用终饰涂层的平均质量（通过试片得到）和密度计算得出。

目视检查试片终饰涂层的均匀性。若不均匀，应在试片涂层较薄的区域切下50 mm×50 mm的小片，依据上述方法测定局部最小厚度。局部最小厚度是：

——用千分尺测量50 mm×50 mm小片的表面上均匀分布的4个点的读数的平均值，或

——用终饰涂层的质量（在50 mm×50 mm小片上得到）通过计算得出厚度。

另外，还可以使用合适的测量仪器，如磁性测厚仪，或能显示干、湿厚度相互关系的“湿膜”测厚仪直接在球铁管上测量，也可以使用ISO 2808中的方法进行测量。

注：测量方法由生产厂决定。

ICS 29.240.10
K 43

中华人民共和国国家标准

GB 17467—2010
代替 GB/T 17467—1998

高压/低压预装式变电站

High-voltage/low-voltage prefabricated substation

(IEC 62271-202:2006,High-voltage switchgear and controlgear—Part 202:High-voltage/low-voltage prefabricated substation,MOD)

2010-09-02 发布　　2011-08-01 实施

中华人民共和国国家质量监督检验检疫总局
中国国家标准化管理委员会　发布

前　言

本标准的全部技术内容为强制性。

本标准修改采用 IEC 62271-202:2006《高压开关设备和控制设备　第 202 部分:高压/低压预装式变电站》对 GB/T 17467—1998《高压/低压预装式变电站》进行全面修订。本标准与 IEC 62271-202 的主要差异如下:

——按 GB/T 1.1—2000 的规定,对标准的语言表述和格式做了修改;

——适用的电压范围,高压侧额定电压由 1kV 以上、52 kV 及以下改为 3.6 kV～40.5 kV,并按照 GB/T 11022—1999(或 GB 156)的规定修改其中与额定电压及其系列值相关的内容;

——根据我国的电网实际,适用的频率范围由 60 Hz 及以下改为 50 Hz 及以下,并删除了与 60 Hz 相关的内容;

——删除了国际标准的前言,增加了本标准的前言;

——根据我国的实际情况,增加了型式试验周期的要求(本版的 6.1);

——根据我国的电力使用的实际情况,重新设计了附录 D 中的 D.3。

本标准代替 GB/T 17467—1998《高压/低压预装式变电站》。本标准与 GB/T 17467—1998《高压/低压预装式变电站》相比,主要变化如下:

——增加了"内部电弧级的预装式变电站(IAC)"概念(本版的 3.114),并增加了相关的试验内容(本版的附录 A);

——预装式变电站的外壳级别由三个级别增加到六个(本版的 4.10);

——增加了"电磁兼容性"的相关要求和试验(本版的 5.18 和 6.9);

——增加了对预装式变电站内的元件的要求(本版的 5.105);

——增加了对预装式变电站的主回路中高压和低压连接线承受额定峰值和额定短时耐受电流能力的要求(本版的 6.6);

——增加了第 8 章预装式变电站的选用导则。对额定值的选择,外壳级别的选择,内部电弧级别的选择等提出了相关的要求;

——增加了第 11 章安全性的要求;

——附录 D 按照我国的使用情况,对 D.3 进行了重新设计。

本标准应与 GB/T 11022—1999 一起使用,本标准的章节编号基本与 GB/T 11022—1999 对应,对本标准新增加的内容在同一章节下从 101 开始编号。

本标准的附录 A、附录 B、附录 C 为规范性附录,附录 D、附录 E、附录 F 为资料性附录。

本标准由中国电器工业协会提出。

本标准由全国高压开关设备标准化技术委员会归口(SAC/TC 65)。

本标准由全国高压开关设备标准化技术委员会负责解释。

本标准起草单位:西安高压电器研究所、中国电力科学研究院高压开关研究所、上海电气输配电试验中心有限公司、金华电力开关有限公司、沈阳变压器研究所、天津市电气传动研究所、武汉高压研究院、武汉市武昌电控设备有限公司、深圳电气科学研究所、宁波天安(集团)股份有限公司、汕头正超电气有限公司、上海柘中(集团)有限公司、深圳市深开电器实业有限公司、日升集团有限公司、华仪电器集团有限公司、浙江昌泰电力开关有限公司、天津三源电力设备制造有限公司、常德市天马电器成套设备有限公司、北京华泰变压器有限公司、浙宝电气(杭州)集团有限公司、广州市番禺明珠电器有限责任公司、川开电气有限公司。

本标准主要起草人：李鹏、田恩文、吴鸿雁。

本标准参加起草人：王平、杨陶莉、崔景春、孔祥军、罗时聪、蒋玉明、叶树新、倪红华、章忠国、董振华、陈雪梅、崔静、康应城、邓永辉、肖敏英、陈一卫、申亮、沈祥裕、仲继江、钱琮、刘晓曲、王富敏、郭伟、程元齐、黄汴、潘永成、祝存春、王世化、李小松、董伟、顾德明、冯家祥、何宝振、罗伟、林必宝、姜晓东、胡建新、赵国君、焦安举、陶厚金。

本标准所代替标准的历次版本发布情况为：GB/T 17467—1998。

引　　言

预装式变电站定义为经过型式试验的、用来从高压系统向低压系统或者从低压系统向高压系统输送电能的设备，它包括装在外壳内的变压器、低压和高压开关设备、连接线和辅助设备。这些预装式变电站大多是安装在公众易接近的地点，并应按规定的使用条件保证人身安全。

这意味着除了规定的特性、额定值和相关的试验程序外，要特别注意对人身保护的规定，包括运行人员和一般公众。这种保护由采用做过型式试验的元件以及合理的设计和外壳的结构来保证。预装式变电站的正确设计和性能通过本标准中规定的相关型式试验来验证，包括内部电弧试验。

高压/低压预装式变电站

1 概述

1.1 范围

本标准规定了高压侧交流额定电压3.6 kV～40.5 kV、包含一台或多台变压器、频率50 Hz及以下、安装在公众可接近地点的高压/低压或低压/高压户外预装式变电站的使用条件、额定特性、一般结构要求和试验方法。该变电站是通过电缆连接的，可以从它的内部（进入型）或外部（非进入型）进行操作。

注：对于架空线路的预装式变电站，也可参照本标准。

预装式变电站能够在地面上，或部分或全部在地面下安装。

通常，预装式变电站包括下述主要元件（功能）和部件：

——外壳；

——电力变压器；

——高压开关设备和控制设备；

——低压开关设备和控制设备；

——高压和低压内部连接线；

——辅助设备和回路。

本标准中的相关规定适用于并非上述所有元件都存在的设计（例如，只有电力变压器和低压开关设备和控制设备构成的设施）。

注：非预装式的变电站应满足IEC 61936-1:2002的使用要求。

1.2 规范性引用文件

下列文件中的条款通过本标准的引用而成为本标准的条款。凡是注日期的引用文件，其随后所有的修改单（不包括勘误的内容）或修订版均不适用于本标准，然而，鼓励根据本标准达成协议的各方研究是否可使用这些文件的最新版本。凡是不注日期的引用文件，其最新版本适用于本标准。

GB/T 230.1　金属材料　洛氏硬度试验　第1部分：试验方式（A、B、C、D、E、F、G、H、K、N、T标尺）

GB 1094.1　电力变压器　第1部分：总则（eqv IEC 60076-1）

GB 1094.2　电力变压器　第2部分：温升（eqv IEC 60076-2）

GB 1094.3　电力变压器　第3部分：绝缘水平、绝缘试验和外绝缘空气间隙（IEC 60076-3，MOD）

GB 1094.5　电力变压器　第5部分：承受短路的能力（IEC 60076-5，MOD）

GB/T 1094.7　电力变压器　第7部分：油浸式电力变压器负载导则（IEC 60076-7，MOD）

GB/T 1094.10　电力变压器　第10部分：声级测定（IEC 60076-10，MOD）

GB 1094.11　电力变压器　第11部分：干式变压器（IEC 60076-11，MOD）

GB/T 1408.1　绝缘材料电气强度试验方法　第1部分：工频下试验（IEC 60243-1，IDT）

GB/T 2423（所有部分）　电工电子产品环境试验（IEC 60068，IDT）

GB/T 2900.20—1994　电工术语　高压开关设备（neq IEC 60050）

GB 3906—2006　3.6 kV～40.5 kV交流金属封闭开关设备和控制设备（IEC 62271-200:2003 MOD）

GB 4208—2008　外壳的防护等级（IP代码）（IEC 60529:2001，IDT）

GB/T 4796 电工电子产品环境条件分类 第1部分:环境参数及其严酷程度(IEC 60721-1,IDT)

GB/T 4797.4 电工电子产品自然环境条件 太阳辐射与温度(IEC 60721-2-4,IDT)

GB/T 4797.5 电工电子产品环境条件分类 自然环境条件 降水和风(IEC 60721-2-2,MOD)

GB/T 5464 建筑材料不燃性方法(ISO 1182,IDT)

GB 7251.1—2005 低压成套开关设备和控制设备 第1部分:型式试验和部分型式试验成套设备(IEC 60439-1:1999,IDT)

GB/T 11022—1999 高压开关设备和控制设备标准的共用技术要求(eqv IEC 60694:1996)

GB/T 13540 高压开关设备抗地震性能试验

GB 14048.1 低压开关设备和控制设备 第1部分:总则(IEC 60947-1,MOD)

GB/T 14402 建筑材料及制品的燃烧性能 燃烧热值的测定(ISO 1716,IDT)

GB/T 15166.6—2008 高压交流熔断器 第6部分:用于变压器回路的高压熔断器的熔断件选用导则(IEC 60787:1983,MOD)

GB 16895.21 建筑物电气装置 第4-41部分:安全防护 电击防护(IEC 60364-4-41,IDT)

GB/T 16935.1—2008 低压系统内设备的绝缘配合 第1部分:原理、要求和试验(IEC 60664-1:1997,IDT)

GB/T 17211 干式电力变压器负载导则(eqv IEC 60905)

GB/T 17627.1 低压设备的高电压试验技术 第一部分:定义和试验要求(eqv IEC 61180-1)

GB/T 20138 电器设备外壳对外界机械碰撞的防护等级(IK代码)(IEC 62262,IDT)

IEC/TR 60815 绝缘子关于污秽条件下的选用导则

IEC 61936-1:2002 超过1 kV的电力设施 第1部分:公用规则

IEC 62271-201 额定电压1 kV以上38 kV及以下交流绝缘封闭开关设备和控制设备

ISO/IEC 导则 51:1999 安全方面 标准中涉及安全内容的导则

2 正常和特殊使用条件

2.1 正常使用条件

除非本标准另有规定,预装式变电站应设计成能在符合GB/T 11022—1999的正常户外使用条件下使用。

假定外壳内部满足GB/T 11022—1999的正常户内条件。但是,预装式变电站外壳内部的周围空气温度可能不同于3.111中定义的周围空气温度。

如果变电站内部的周围空气温度高于相关产品标准中对元件规定的限值,可能有必要降低容量,且应按照GB/T 1094.1的规定考虑试验条件。

2.1.1 高压开关设备和控制设备

GB/T 11022—1999适用。

2.1.2 低压开关设备和控制设备

GB 7251.1—2005适用。

2.1.3 变压器

外壳内的变压器在额定电流下,其温升比敞开条件下的要高,可能会超过GB 1094.2或GB 1094.11规定的温度极限。

变压器的使用条件应按安装地点外部的使用条件和外壳级别来确定(见4.10.2)。

预装式变电站的制造厂或用户能够据此计算出变压器可能的使用容量降低值(见附录D)。

2.2 特殊使用条件

当预装式变电站的使用条件和2.1的正常使用条件不同时,采用以下规定。

2.2.1 **海拔**

对下列设备应采取措施。

2.2.1.1 **高压开关设备和控制设备**

对于海拔超过1 000 m的设备，见GB/T 11022—1999。

2.2.1.2 **低压开关设备和控制设备**

对于海拔超过2 000 m的设备，见GB 7251.1—2005。

2.2.1.3 **变压器**

对于海拔超过1 000 m的设备，见GB 1094.3或GB 1094.11。

2.2.2 **污秽**

在外壳内部有外绝缘的情况下，应在考虑了空气中的盐分或者经过通风口进入的而不能被雨水冲洗掉的工业污秽的条件下选择污秽等级。在此类环境下外壳内部的污秽等级可能比外壳外部的污秽等级更苛刻。

对于准备安装在IEC/TR 60815规定的Ⅲ、Ⅳ级污秽环境中的预装式变电站，如果有暴露的绝缘，则应该设计成能够耐受这些污秽。替代的方法是采取措施防止暴露的绝缘表面沉积污秽。

对于处于污秽空气中的预装式变电站，其污秽等级应按下列设备相应标准的规定。

2.2.2.1 **高压开关设备和控制设备**

GB/T 11022—1999的2.2.2适用。

2.2.2.2 **低压开关设备和控制设备**

GB/T 16935.1—2008和GB 7251.1—2005适用。

2.2.2.3 **变压器**

GB 1094.1和GB/T 1094.11没有将污秽作为特殊使用条件。具体的要求由预装式变电站制造厂与用户协商。

2.2.3 **温度**

预装式变电站安装处的周围空气温度超出2.1中为外壳规定的正常使用条件时，其优先选用的温度范围规定如下：

对严寒气候，−50 ℃和+40 ℃。

对酷热气候，−5 ℃和+50 ℃。

3 术语和定义

GB/T 11022—1999的第3章适用，并做如下补充或修改：

3.101

预装式变电站 prefabricated substation

预装的并经过型式试验的成套设备，它包括本标准1.1中述及的元件(功能)及外壳。

3.102

运输单元 transport unit

预装式变电站的一部分，它在装运时不需拆卸。

3.103

外壳 enclosure

预装式变电站的一种部件，它保护变电站免受外部的影响，并为运行人员和一般公众提供规定的防护等级以防止其接近或触及带电部件和触及运动部件。

3.104

隔室 compartment

预装式变电站的一部分，除了内部连接、控制或通风需用的通道外，它是封闭的。

注：隔室可以由其中包含的主要元件来命名，例如分别称为变压器隔室、高压开关设备和控制设备隔室、低压开关设备和控制设备隔室。

3.105

元件 component

预装式变电站中提供一种或几种特定功能的基本部件(例如变压器、高压开关设备和控制设备、低压开关设备和控制设备等)。

3.106

隔板 partition

预装式变电站中将一个隔室和另一个隔室分开的部件。

3.107

主回路 main circuit

预装式变电站内包含全部导电部件用于传送电能的回路。

3.108

辅助和控制回路 auxiliary and control circuit

预装式变电站内包含的全部导电部件(不同于主回路)用于控制、测量、信号、调节、照明等的回路。

3.109

额定值 rated value

一般是由制造厂对预装式变电站规定的运行条件所指定的量值。

[GB/T 2900.20—1994 的 6.1,修改]

3.110

防护等级(IP 代码) degree of protection (IP code)

由外壳提供的、并经标准的试验方法验证的防护程度,用以防止触及危险部件、防止外来物体进入和/或防止水分浸入。

3.111

周围空气温度 ambient air temperature

在规定条件下测定的预装式变电站外壳周围的空气温度。

3.112

外壳级别 class of enclosure

在本标准 2.1 规定的正常使用条件下,变压器在外壳内的温升和同一台变压器在外壳外的温升之差。该变压器的额定值(容量和损耗)相应于预装式变电站的最大额定值。

3.113

变压器的负荷系数 transformer load factor

在恒定的额定电压下变压器能够给出的恒定电流标幺值。

3.114

内部电弧级的预装式变电站 internal arc classified prefabricated substations

通过适当的试验验证的、在内部故障电弧事件下满足对人员防护的规定判据的预装式变电站。

3.114.1

IAC-A 内部电弧级 internal arc classification IAC-A

在预装式变电站的高压侧正常操作期间,对于操作人员提供防护的预装式变电站。

3.114.2

IAC-B 内部电弧级 internal arc classification IAC-B

在预装式变电站的所有侧对于附近的一般公众提供防护的预装式变电站。

3.114.3

IAC-AB 内部电弧级 internal arc classification IAC-AB

对于授权人员和一般公众,均能够提供防护的预装式变电站。

3.115

防止机械撞击的防护等级(IK代码)　degree of protection against mechanical impacts (IK code)

由外壳提供的防止有害机械撞击并经过标准的试验方法验证的设备的保护程度(水平)。

4　额定值

预装式变电站的额定值如下：

a)　额定电压(U_r)；

b)　额定绝缘水平；

c)　额定频率(f_r)；

d)　主回路的额定电流(I_r)；

e)　主回路和接地回路的额定短时耐受电流(I_k)；

f)　主回路和接地回路的额定峰值耐受电流(I_p),适用时；

g)　主回路和接地回路的额定短路持续时间(t_k)；

h)　合分闸装置以及辅助和控制回路的额定电源电压；

i)　合分闸装置以及辅助和控制回路的额定电源频率；

j)　预装式变电站的额定最大容量；

k)　每台变压器的额定容量；

l)　变压器在额定电压和额定电流下的总损耗；

m)　额定外壳级别。

4.1　额定电压

对高压开关设备和控制设备,见GB/T 11022—1999。

对低压开关设备和控制设备,见GB 14048.1和GB 7251.1—2005。

4.2　额定绝缘水平

对高压开关设备和控制设备,见GB/T 11022—1999;对低压开关设备和控制设备,见GB 14048.1和GB 7251.1—2005。

低压开关设备和控制设备的最低额定雷电冲击耐受电压至少应为GB/T 16935.1—2008表1中对Ⅳ类过电压给出的值。根据不同的使用条件,可能需要选取较高的绝缘水平。

4.3　额定频率

对于高压开关设备和控制设备,见GB/T 11022—1999;对于低压开关设备和控制设备,见GB 7251.1—2005。

4.4　额定电流和温升

4.4.1　额定电流

对于高压开关设备和控制设备,见GB/T 11022—1999;对于低压开关设备和控制设备见GB 7251.1—2005。

4.4.2　温升

在不考虑太阳辐射效应的前提下,预装式变电站外壳的可触及部分的最高允许温度不应超过70 ℃(见GB/T 11022—1999表3的项9)。

对于高压开关设备和控制设备,见GB/T 11022—1999。

对于低压开关设备和控制设备,见GB 7251.1—2005。

预装式变电站的某些元件,它们不被GB/T 11022—1999和GB 7251.1—2005的范围所覆盖,遵从专门的规范,应不超过各元件相应标准中规定的最高允许温度和温升极限。

对于高压和低压内部连接线,它的最大允许温升是GB/T 11022—1999和GB 7251.1—2005中规定的适用于触头、连接以及和绝缘材料接触的金属部件的值。对于变压器,应按本标准第2章设计,其负荷系数见附录 D,并参见 GB/T 1094.7 和 GB/T 17211。

4.5 额定短时耐受电流

对于高压开关设备和控制设备,见 GB/T 11022—1999;对于低压开关设备和控制设备,见 GB 7251.1—2005。

接地回路也应规定额定短时耐受电流。该值可以不同于主回路的值。

4.6 额定峰值耐受电流

对于高压开关设备和控制设备,见 GB/T 11022—1999;对于低压开关设备和控制设备,见 GB 7251.1—2005。

接地回路也应规定额定峰值耐受电流。该值可以不同于主回路的值。

注:原则上,主回路的额定短时耐受电流和额定峰值耐受电流不应超过回路中串联连接的最弱元件的相应额定值。但是,对于每个回路和隔室,可以采用限制短路电流的装置,如限流熔断器、电抗器等。

4.7 额定短路持续时间

对于高压开关设备和控制设备,见 GB/T 11022—1999;对于低压开关设备和控制设备,见 GB 7251.1—2005;对于变压器,见 GB 1094.5 和 GB 1094.11。

接地回路也应规定额定短路持续时间。该值可以不同于主回路的值。

4.8 合分闸装置以及辅助和控制回路的额定电源电压

对于高压开关设备和控制设备,见 GB/T 11022—1999;对于低压开关设备和控制设备,见 GB 7251.1—2005。

4.9 合分闸装置以及辅助和控制回路的额定电源频率

对于高压开关设备和控制设备,见 GB/T 11022—1999;对于低压开关设备和控制设备,见 GB 7251.1—2005。

4.10 预装式变电站的额定最大容量和外壳级别

4.10.1 预装式变电站的额定最大容量

预装式变电站的额定最大容量是设计变电站时指定的变压器的最大额定值。

变压器的额定值是 GB 1094.1 或 GB 1094.11 中规定的变压器的额定容量和额定总损耗。

注:根据外壳级别和周围温度条件能将预装式变电站的输出容量限制到小于其额定最大容量。

4.10.2 额定外壳级别

额定外壳级别是与预装式变电站额定最大容量相对应的外壳级别。

额定外壳级别用来决定变压器的负荷系数,使变压器的温度不超过 GB 1094.2 或 GB 1094.11 中给出的并在附录 D 中述及的限值。

有六个额定外壳级别:级别 5、10、15、20、25 和 30,分别对应于 5 K、10 K、15 K、20 K、25 K 和 30 K 变压器的最大温升差值(见图 1 和图 2)。

注:对应于变压器不同的容量和损耗值,制造厂对同一外壳可以指定几个级别。这些附加的级别应按 6.5 进行试验确认(也可见 8.2)。

5 设计和结构

预装式变电站应设计成能够安全地进行正常使用、检查和维护。此外,预装式变电站的设计和制造应能最大程度保证未经授权的人员触及时的人身安全。应注意铰链、通风口的盖板、联锁机构的设计和制造。

5.1 对开关设备和控制设备中液体的要求

对于高压开关设备和控制设备,按 GB/T 11022—1999 中 5.1 的规定。

5.2 对开关设备和控制设备中气体的要求

对于高压开关设备和控制设备,按 GB/T 11022—1999 中 5.2 的规定。

5.3 接地

应提供一个将不属于设备主回路和/或辅助回路的预装式变电站的所有金属部件接地的主接地导体系统。每个元件通过单独的连接线与之相连，该连接线应包含在主接地导体中。

如果外壳的框架、水泥的加强筋是金属螺栓或焊接材料制成的，也可以作为主接地导体系统使用。

附录E给出了接地系统的一些典型示例。

主接地系统的导体应设计成能够在系统的中性点接地条件下耐受额定短时和峰值耐受电流。

在规定的故障条件下，接地导体的电流密度，如用铜导体，当额定短路持续时间为1 s时应不超过200 A/mm^2；当额定短路持续时间为3 s时应不超过125 A/mm^2。但其横截面积不应小于30 mm^2。它的端部应有合适的接线端子，以便和装置的接地系统连接。如果接地导体不是铜导体，则应满足等效的热的和机械应力的要求。

接地系统在可能要通过的电流产生的热和机械应力作用后，其连续性应得到保证。

注：用户应建立定期检查或者在短路电流流经接地系统后检查接地系统所有部件（内部的和外部的）完整性的程序。

连接到接地回路的元件应包括：

——预装式变电站的外壳，如果是金属的；

——高压开关设备和控制设备的外壳，如果是金属的，从其接地端子处连接；

——高压电缆的金属屏蔽及接地导体；

——变压器的箱体或干式变压器的金属框架；

——低压开关设备和控制设备的框架和/或外壳，如果是金属的；

——自控和遥控装置的接地连接。

如果预装式变电站的外壳是金属的，该外壳的盖板、门和其他可触及的金属部件应设计成从其自身到预装式变电站的主接地点能够在承载30 A（直流）时电压降不超过3 V。在预装式变电站的周围提供充分的接地措施，以防止危险的接触电压和跨步电压。

如果预装式变电站的外壳不是金属的，除非存在带电部件和该外壳的盖板、门和其他可触及的金属部件接触的危险，否则没有必要将其和接地回路连接。

5.4 辅助设备

对于预装式变电站内的低压装置（例如照明、辅助电源等），如果适用，见GB 16895.21或GB 7251.1—2005。

5.5 动力操作

对于高压开关设备和控制设备，按GB/T 11022—1999中5.5的规定。

5.6 储能操作

对于高压开关设备和控制设备，按GB/T 11022—1999中5.6的规定。

5.7 不依赖人力的操作

对于高压开关设备和控制设备，按GB/T 11022—1999中5.7的规定。

5.8 脱扣器的操作

对于高压开关设备和控制设备，按GB/T 11022—1999中5.8的规定。

5.9 低压力和高压力闭锁和监视装置

对于高压开关设备和控制设备，按GB/T 11022—1999中5.9的规定。

5.10 铭牌

每台预装式变电站应提供一耐久、清晰、易识别的铭牌，铭牌至少应包括下列内容：

——制造厂名或商标；

——型号；

——外壳级别；

——内部电弧标识，适用时；

——质量(kg)；

——出厂编号；

——本标准的编号；

——制造日期。

5.11 联锁装置

对于高压开关设备和控制设备，按GB/T 11022—1999中5.11的规定。

5.12 位置指示

对于高压开关设备和控制设备，按GB/T 11022—1999中5.12的规定。

5.13 防护等级

5.13.1 防护等级

防止人员触及危险部件以及防止外来物体进入和水分浸入设备的保护是必需的。

预装式变电站外壳的最低防护等级应为GB 4208—2008的IP23D。更高的防护等级可以按GB 4208—2008予以规定。

对于间隔(隔室)型预装式变电站，可以对外壳相应于每个隔室的每一部分确定防护等级。

注：当预装式变电站/隔室的门打开(例如，操作或检查等)时，预装式变电站的防护等级有可能降低。可能需要采取其他预防措施来防止人员触及危险部件，以满足IEC 61936-1:2002的8.1的安全措施。

5.13.2 预装式变电站对机械应力的防护

预装式变电站的外壳应有足够的机械强度，并应耐受以下的负荷和撞击：

a) 顶部负荷：

- 最小值为2 500 N/m^2(竖立负荷或其他负荷)；

如果预装式变电站安装在可能出现更高负荷的地点(例如，位于机动车交通区域的地下变电站，雪负荷等)，则应予以考虑，且适用时，按照国家或地方关于力方面的法规或者用户的技术要求。

- 雪负荷(根据当地气候条件确定)；

b) 外壳上的风负荷：

- 风负荷按GB/T 11022—1999的2.1.2；

c) 在面板、门和通风口上的外部机械撞击：

- 外部机械撞击的撞击能量为20 J，对应的防护等级为GB/T 20138的IK10。

大于该值的意外机械撞击(例如车辆的碰撞)未包含在本标准中，但应予以防止，如果需要，可在预装式变电站外部及周围采取其他措施。

5.13.3 归因于内部缺陷的环境保护

在内部缺陷导致有害液体从设备(例如，变压器的油，开关设备的油)中流出的情况下，应采取措施拦住有害液体以防止土壤污染。

如果将一个或几个收集箱作为外壳的一部分，它们的容积至少应为：

——对于每一个单独的箱体：总的有害液体容积相应于有害液体的收集部件(例如，变压器、开关设备等)；

——对于一个公用箱体：总的有害液体容积相应于最大的有害液体收集部件(例如，变压器、开关设备等)。

5.14 爬电距离

对于高压开关设备和控制设备，按GB/T 11022—1999中5.14的规定。对于低压开关设备和控制设备，按GB 7251.1—2005的7.1.2规定。

5.15 气体和真空的密封

对于高压开关设备和控制设备，按GB/T 11022—1999中5.15的规定。

5.16 **液体的密封**

对于高压开关设备和控制设备，按 GB/T 11022—1999 中 5.16 的规定。

5.17 **易燃性**

按 GB/T 11022—1999 中 5.17 的规定。

5.18 **电磁兼容性(EMC)**

对于高压开关设备和控制设备，GB/T 11022—1999 的 5.18 适用；对于低压开关设备和控制设备，GB 7251.1—2005 的 7.10 适用。

5.101 **内部故障**

满足本标准要求设计的预装式变电站原则上能够防止内部故障的出现。

为了达到此目标，预装式变电站的制造厂应保证正确地制造并通过按照第 7 章进行出厂试验来验证。其次，用户应该根据电网特性、操作程序和运行条件(见第 8 章)进行适当的选择。

如果预装式变电站按照制造厂提供的说明书进行安装、操作和维护，在整个使用寿命期间，出现内部故障的概率应很小，但不能完全忽视。

在预装式变电站中，由缺陷、异常使用条件或误操作造成的故障会引发内部电弧，如果有人员在场，可能会构成危害。故障可能出现在变电站的任一部分。但是，由于低压开关设备和变压器在它们的标准中没有规定内部电弧试验程序，因此，本标准中仅考虑了封闭高压开关设备和控制设备以及高压连接外壳内出现的故障(见 6.102)。

对于没有高压开关设备的预装式变电站的布置，见附录 A.3。

考虑到这种危害，必须区分操作人员和一般公众。操作人员可以在预装式变电站的内部(如果在内部操作)或者在其正面(如果在外部操作)。但是，一般公众可能在任何时间位于预装式变电站的周围。一般公众永远不会处于变电站的内部或者在门打开进行操作(如果在外部操作)时处于距变电站操作侧非常近的位置。这些区域应该考虑成为仅对操作人员限制触及的区域。

可能要求在内部故障情况下对一般公众和/或操作人员提供防护方面设计有效性的证据。这些证据应该通过按照附录 A 对预装式变电站进行的试验获得。成功通过试验的变电站划为 IAC A、IAC-B 或 IAC-AB 类。

在出现内部电弧的情况下，可能存在某些具有毒性的气体。但是，在此情况下预装式变电站的开关室的排风是强制的，因此不会危及操作人员的安全。随后，在重新进入以前必须对小室通风。

设备排出的任何气体的快速扩散将会导致其聚集，因为时间很短，可以忽略，因此不会影响到公众的安全。

5.102 **外壳**

5.102.1 **概述**

外壳应满足下列条件。

——防护等级应符合本标准的 5.13。

——用非导电材料制作的外壳的部件应满足特定的绝缘要求。验证符合性的试验在 6.2.1.3.3 中规定。

——应采取各种措施以免在按制造厂的说明进行运输或装卸时外壳发生变形。

——应提供保证安全运行的设施，例如打开门或在需要时卸下面板来改变变压器的分接头或进行检查。

——预装式变电站的冷却应采用自然通风。

注：预装式变电站采用其他冷却方式(例如强迫冷却)，须经制造厂和用户协商同意。

——允许元件的部分外壳成为变电站外壳的一部分。在这种情况下，本部分应同时满足本标准和元件的相关产品标准的适用要求。

5.102.2 防火性能

在预装式变电站外壳结构中使用的材料应具备下述防止在预装式变电站内部或外部着火时的最低性能水平。

这些材料应该是不可燃的，若使用合成材料，则应符合5.102.2.2。

注1：在防火性能上，只考虑了材料对火的反应。至于耐火性，应按照地方法规由制造厂和用户间协议来考虑。

注2：由于美学方面的原因，可能采用不满足不可燃性试验的表面处理材料。这些材料不应该成为预装式变电站外壳结构的一部分。

5.102.2.1 传统材料

下列材料适用于预装式变电站且认为是不可燃的：

——混凝土；

——金属（钢、铝等）；

——灰泥；

——玻璃纤维或陶瓷棉。

5.102.2.2 合成材料

合成材料应按GB/T 5464和GB/T 14402进行试验。特性应符合表1中给出的最低值。

表1 合成材料特性

特性	要求值	标准
燃烧的PCS净热量/(MJ/kg)	≤3.0	GB/T 14402
温升 T/K	≤50	GB/T 5464
质量损耗 Δm/%	≤50	GB/T 5464
燃烧时间 t_f/s	20	GB/T 5464

5.102.2.3 其他材料

制造厂应证明所使用的材料的不可燃性，它们至少应等效于5.102.2.2。

5.102.3 腐蚀

外壳可以由不同材料（混凝土、金属、合成材料等）制成。如果按照制造厂的说明书进行了维护，外壳材料在其预期的使用寿命期间且在环境条件下（见第2章）应不会劣化。

可以采用附加的涂层或表面处理。

可以采用适用的标准评价这些处理的性能。

GB/T 2423系列标准给出了环境试验程序和试验严酷度方面的信息。

涂层材料和油漆的性能应该由制造厂说明。附录F中给出了附加的信息。

如果外壳是主接地导体系统的一部分，为了保持在其预期的寿命期间的载流能力，应采取措施防止接地回路中元件和接触表面的腐蚀。

5.102.3.1 混凝土

混凝土应该防止水的浸入、炭化、霜冻、氯化物的扩散效应以及化学作用。

适用时可以采用油漆和打底子用的油漆。粘着力、老化（湿热）和抗脱落应予以考虑。

5.102.3.2 金属

应通过采用适当的材料或者对于暴露的表面采用适当的保护涂层来保证防止金属腐蚀。

涂层和油漆的特性为：附着力、老化（湿热）和抗脱落。

可以使用没有防护的不锈钢和铝。

5.102.3.3 合成和复合材料

老化（干热和湿热）和紫外线辐射应予以考虑。此外，这些材料可以通过适当的涂层和油漆来防护。

5.102.4 面板和门

面板和门是外壳的一部分。当它们关上时，应符合对外壳规定的防护等级。当通风口放在面板或门上时，见5.102.5。

根据进入预装式变电站隔室的方式，把面板和门分成两类：

a) 一类是正常操作时需要开启(可移开的面板、门)，开启和移开时不需要工具。除非人员的安全已通过合适的联锁装置来保证，否则，此类面板或门上应装锁。

b) 所有其他的面板、门或顶板。它们应装锁，或在用于正常操作的门打开之前，它们不能被开启或移开。打开或移开它们需要专用工具。

门应能向外打开至少90°，并备有定位装置使它保持在打开位置。地面下安装的预装式变电站要有一个供进出的舱门，为运行人员和行人提供安全保障。该舱门可由一个人操作即可。

当操作人员在预装式变电站内部或者在变电站的外部对设备进行工作时，应有可靠装置锁定舱门防止其关闭。

5.102.5 通风口

通风口的设置或遮护，应使它保持与外壳相同的防护等级(IP代码)和对于机械冲击具有相同的防护等级(IK代码)。

只要IK等级得以保证，通风口可以用金属网或类似材料制作。

5.102.6 隔板

如果有隔板，它的防护等级应按GB 4208—2008予以规定。

5.103 其他规定

5.103.1 关于电缆绝缘试验的规定

为了进行电缆的绝缘试验，高压开关设备和控制设备的高压电缆箱和/或电缆的试验点应提供安全的连接方法。

5.103.2 附件

应有足够的空间存放附件，例如接地装置、操作手柄等。

5.103.3 操作通道

预装式变电站内部的操作通道的宽度应适于进行任何操作和维护。该通道的宽度应为800 mm或更大。预装式变电站内部的开关设备和控制设备的门应朝出口方向关闭，或者是转动的但不应减小通道的宽度。在任一开启位置的门或开关设备和控制设备突出的机械传动装置不应将通道的宽度减小到500 mm以下。

5.103.4 标牌

警告用和载有制造厂使用说明等的标牌，以及按地方标准和法规应设置的标牌，应该是耐久和清晰易读的。

5.104 声发射

预装式变电站的声发射水平应由制造厂和用户商定，可以通过试验来评估外壳对变压器声发射的效应。试验方法应按附录B。

5.105 对元件的要求

所有的元件应符合各自相关的标准。

特别是：

——变压器，按GB 1094.1或GB 1094.11；

——高压开关设备和控制设备，按GB 3906—2006或IEC 62271-201；

——低压开关设备和控制设备，按GB 7251.1—2005。

5.106 金属外壳防腐蚀的要求

在其运行期间，应采取措施防止对设备的腐蚀。外壳的所有螺栓和螺钉部件都应易于拆卸。特别是，因为可能导致丧失密封性，接触的不同材料间的电镀腐蚀应予以考虑。考虑到螺栓和螺钉的腐蚀应保证接地回路的电气连续性。

6 型式试验

6.1 概述

GB/T 11022—1999 的 6.1 适用，并做如下补充。

原则上，型式试验应在一台完整的预装式变电站的各种元件组成的典型结构上进行。预装式变电站中的元件应是按相应的标准通过型式试验的产品(见 5.105)。

应该注意，任何预装式变电站的型式试验参数没有负偏差。

由于元件的类型、额定参数和它们的组合具有多样性，实际上不可能对预装式变电站的所有方案都进行型式试验，所以，型式试验只能在典型的功能单元上进行。任何一种具体布置方案的性能可用可比布置方案的试验数据来验证。

包含有机绝缘材料的预装式变电站，除按下述规定进行试验外，还应按制造厂和用户之间的协议进行补充试验(如果有)。

型式试验的试品应与正式生产产品的图样和技术条件相符合，下列情况下，预装式变电站应进行型式试验：

a) 新试制的产品，应进行全部型式试验；

b) 转厂及异地生产的产品，应进行全部型式试验；

c) 当产品的设计、工艺或生产条件及使用的材料发生重大改变而影响到产品性能时，应做相应的型式试验；

d) 正常生产的产品每隔八年应进行一次绝缘试验、温升试验、接地回路的短时耐受电流和峰值耐受电流试验、功能试验；

e) 不经常生产的产品(停产三年以上)，再次生产时应进行 d)规定的试验；

f) 对系列产品或派生产品，应进行相关的型式试验，部分试验项目可引用相应的有效试验报告。

型式试验和验证项目如下。

——强制的型式试验：

a) 验证预装式变电站绝缘水平的试验(6.2)；

b) 检验预装式变电站中主要元件的温升试验(6.5)；

c) 检验主回路和接地回路承受额定峰值和额定短时耐受电流能力的试验(6.6)；

d) 验证防护等级的试验(6.7)；

e) EMC 试验(6.9)；

f) 验证预装式变电站的外壳耐受机械应力的试验(6.101)；

g) 对于 IAC-A、IAC-B 或者 IAC-AB 类预装式变电站，评估内部故障引起的电弧效应的试验(6.102)；

h) 检验能满意操作的功能试验(6.103)。

——选用的型式试验(制造厂和用户商定)：

i) 验证预装式变电站声级的试验(附录 B)。

型式试验可能使一些部件损坏，妨碍其继续投入使用。因此，用于型式试验的样品在没有制造厂和用户的协议之前不应投入使用。

6.1.1 试验的分组

GB/T 11022—1999 的 6.1.1 适用，并做如下修改：

强制的型式试验[不包括项 e)和项 g)]应最多在四台样品上完成。

6.1.2 确认试品需要的资料

GB/T 11022—1999 的 6.1.2 适用。

6.2 绝缘试验

由于预装式变电站包含的高压开关设备和控制设备、变压器和低压开关设备和控制设备已按相应标准进行了型式试验，本条款只适用于元件间的内部连接线。因此，设备应进行的绝缘试验如下：

——高压开关设备和变压器间的连接；

——变压器和低压开关设备间的连接。

6.2.1 高压连接的试验

6.2.1.1 通用条件

当高压连接是由和通过型式试验的带接地屏蔽的接头相连的高压电缆，或是由和其他型式的端子（该端子在预装式变电站的安装条件下，在高压开关设备和变压器高压侧均已通过型式试验）相连的高压电缆组成时，不需进行绝缘试验。

在所有其他情况下，高压连接线应按 6.2.1.3～6.2.1.5 进行绝缘试验。

绝缘试验可以将变压器用能重现变压器套管的电场结构的复制品代替后进行。

进行试验时，高压连接线通过高压开关设备连接到试验电源。只有串联在电源回路中的开关装置是闭合的，所有其他开关装置都是打开的。

绝缘试验期间，电压限制装置应断开。

电流互感器的二次端子应短路并接地。电压互感器应断开。

6.2.1.2 试验时的周围空气条件

GB/T 11022—1999 的 6.2.1 适用。

6.2.1.3 试验电压的施加

6.2.1.3.1 施加在高压连接上

施加电压时，应将主回路每相的导体依次连接到试验电源的高压端子。主回路和辅助回路的所有其他导体应该连接到框架的接地导体上，并和试验电源的接地端子相连。

6.2.1.3.2 试验电压

GB/T 11022—1999 的 6.2.6 适用。

6.2.1.3.3 对于非导电材料的外壳

在高压开关设备和控制设备与变压器之间的内部连接线的非接地屏蔽的带电部件与外壳的可触及表面之间的绝缘应耐受 6.2.1.4 和 6.2.1.5 规定的试验电压。

为了检验符合性，绝缘材料制造的外壳的可触及表面，应在它可触及的一侧复盖一个圆形或方形的金属箔并与地相连，金属箔的面积应尽可能地大，但不超过 100 cm^2。金属箔应放在对试验最不利的位置。如果对何处最为不利有怀疑，则试验应在不同的位置上重复进行。

高压开关设备和控制设备到变压器间的非接地屏蔽连接线的带电部件与面对它们的外壳的绝缘材料内表面之间的绝缘应耐受 150％预装式变电站的额定电压 1 min。

为了检查符合这一要求，在朝向非接地屏蔽连接线的非导电材料的内表面覆一和地连接的金属泊后，高压开关设备到变压器的非接地屏蔽连接线非导电材料制成的外壳的可触及表面和外壳的非导电材料内表面之间应承受 150％额定电压的工频试验 1 min。

应采用 GB/T 1408.1 中规定的方法进行试验以满足相关的要求。

6.2.1.4 雷电冲击电压试验

高压连接线应按照 GB/T 11022—1999 的规定承受雷电冲击电压试验，并做如下补充。

雷电冲击电压试验时，冲击发生器的接地端子应与预装式变电站外壳的接地导体相连。

6.2.1.5 工频电压耐受试验

高压连接线应在干状态下按照 GB/T 11022—1999 的规定承受 1 min 工频电压耐受试验，并做如下补充。

工频电压试验时，试验变压器的一端应接地并连接到预装式变电站的接地导体上。

6.2.2 低压连接的试验

6.2.2.1 通用条件

当低压连接线的部分或全部被非金属外壳覆盖时，非金属外壳应该用和地相连的圆形或方形金属箔包覆并与地相连，金属箔的面积应尽可能地大，但不应超过 100 cm^2。金属箔应包覆在操作人员可能触及的所有表面上。

试验时，低压连接线通过低压开关设备连接到试验电源上。只有串联在电源回路中的开关装置是闭合的，所有其他的开关装置都打开。

6.2.2.2 雷电冲击电压试验

低压连接线应进行雷电冲击电压试验。如果额定冲击电压试验按本标准的 4.2 来选择，试验电压在 GB/T 16935.1—2008 的表 5 中规定。

限制过电压的设施应断开，试验应按 GB/T 17627.1 进行。

每一极性应施加 1.2/50 μs 冲击电压 3 次，最小间隔时间 1 s。

施加电压时，应将主回路每相的导体依次连接到试验电源的高压端子。主回路和辅助回路的所有其他导体应该连接到接地导体或框架上，并和试验电源的接地端子相连。

试验中不应发生破坏性放电。

6.2.2.3 爬电距离的验证

应测量相间、不同电压的回路的导体间以及带电的和外露的导电部件间的最短爬电距离。对于不同的材料组合和污秽等级，测得的爬电距离应符合 GB/T 16935.1—2008 表 4 的要求。

6.2.3 辅助回路的绝缘试验

GB/T 11022—1999 的 6.2.10 适用。

6.3 无线电干扰电压(r. i. v.)试验

不适用。

6.4 回路电阻的测量

不适用。

6.5 温升试验

本试验的目的是校验预装式变电站外壳设计的正确性，且不缩短变电站内元件的预期寿命。如果没有超过绝缘经过热效应劣化的接受限值，则不会影响它们的预期寿命。根据温升试验的结果，可能有必要对元件降容使用。

试验应证明：变压器在外壳内部的温升超过同一变压器在外壳外部测得的温升的数值，不应大于确定外壳级别的数值，例如，5 K、10 K、15 K、20 K、25 K 或 30 K。见图 1 和图 2。

6.5.1 试验条件

外壳应完整，元件的布置和使用时的一样。门应关上，电缆接口处应按使用条件予以封闭。变压器的容量和损耗应为与 4.10.1 定义的预装式变电站的额定最大容量对应的值。

变压器、高压连接线、低压连接线和低压设备的温升试验应同时进行。

高压开关设备的温升试验不要求。

注 1：通常的实践是高压开关设备在比其额定值低很多的电流(负荷)下运行。考虑到这一点，在大多数情况下，预装式变电站外壳内部运行引起的温度的额外提高不会对高压开关设备要求的载流能力有影响。

温升试验在室内进行，房间的大小、保温或空气情况应保持在室内的周围空气温度低于 40 ℃，且在试验期间，在 1 h 内测得的温度变化不超过 1 K。

环境应无明显的空气流动，受试设备发出的热量产生的空气流动除外。实际上，如果空气速度小于 0.5 m/s，则认为达到了这一条件。

注 2：对于地下安装的预装式变电站，试验可在地面上进行。经验表明，与地下的试验相比，温升的差别不显著。

6.5.2 **试验方法**

6.5.2.1 **电源的连接**

a) 高压侧

变压器和高压开关设备以及其分支(具有正确额定值的熔断器或者断路器)应予以连接,变压器的低压出线端子应予以短路。电源应与高压开关设备的进线端子连接。见图3。

b) 低压侧

低压侧的温升试验应按照GB 7251.1—2005以及下述规定要求进行。

低压开关设备应与变压器隔离,并应尽可能地接近变压器端子。在靠近变压器端子的一个方便的点上将变压器和低压开关设备的连接线短路。试验电流应通过出线施加到低压开关设备。见图3。

6.5.2.2 **试验电流的施加**

a) 高压侧

在其参考温度下,变压器回路应通一足够的电流来产生变压器的总损耗,可以采用GB 1094.2或者GB 1094.11中的方法。

注1:该试验要求在额定电流上增加小百分比的电流流过完整的回路以便补偿变压器的空载损耗。

注2:试验期间,电阻可能随着变压器温度的变化而变化。因此,在整个试验期间试验电源的电流应根据保持产生的损耗恒定等于总的变压器损耗来变化。

b) 低压侧

低压回路应通一受试变压器的额定低压电流。

该电源电流在低压出线中的分配应选择发热方面最不利的情况。

6.5.3 **测量**

6.5.3.1 **周围空气温度的测量**

周围空气温度是预装式变电站周围空气的平均温度(对封闭式变电站,指的是外壳外部的空气温度)。温度应在最后的四分之一试验周期内,至少用四只温度计、热电偶或其他的温度检测装置进行测量。这些测量装置放在载流导体的平均高度上,均匀分布在预装式变电站的四周,距预装式变电站约1 m处。对于地下变电站,这些装置应布置在通风口的中间高度处。温度计或热电偶应防止空气流动和热的不适当的影响。

为了避免温度快速变化引起的指示误差,温度计或热电偶可以放在装有500 mL油的小瓶内。

在最后的四分之一试验周期内,周围空气温度的变化在1 h内不应超过1 K。如试验室因不利的温度条件而无法满足,则可用处在相同条件下的一台相同的但不通电的预装式变电站的温度来代替周围空气温度。这台附加的预装式变电站不应承受不适当的热量。

试验时,周围空气温度应高于+10 ℃,但低于+40 ℃。在周围空气温度的这一范围内试验时,温升值不需修正。

6.5.3.2 **变压器**

应按GB 1094.2测量充液变压器液面温升。应按GB 1094.11测量干式变压器的平均绕组温升。

6.5.3.3 **低压开关设备和控制设备**

应按GB 7251.1—2005测量低压开关设备和控制设备的温升。

如果其他结构与经过试验的结构类似,没有必要重复温升试验,除非低压侧的损耗高于受试的结构,或者有说明表示新的低压开关设备本身可能不在规定的温度限值内运行。

应测量低压连接线及其端子的温度和温升。

应测量电子设备(如果装有的话)安装处的空气温度。

6.5.3.4 **高压开关设备和控制设备**

应测量高压连接线及其端子的温度和温升。

应测量电子设备(如果装有的话)安装处的空气温度。

6.5.4 验收规则

如果满足以下各点,则认为预装式变电站通过了温升试验:

a) 变压器的温升不应超过同一变压器在无外壳时的温升测量值与预装式变电站的外壳级别对应的温升差值之和;

b) 高压连接线及其端子的温升和温度不超过 GB/T 11022—1999 的要求;

c) 低压连接线和低压开关设备的温升和温度不超过 GB 7251.1—2005 的要求;

d) 预装式变电站外壳的温度和温升不超过 GB/T 11022—1999 中关于在正常运行期间可被触及的部件的要求(见 GB/T 11022—1999 的表 3)。

6.6 主回路和接地回路的短时和峰值耐受电流试验

预装式变电站的主回路,高压连接线 GB/T 11022—1999 进行试验,低压连接线按 GB 7251.1—2005 进行试验,接地导体系统按 GB/T 11022—1999 进行试验,并增加下述内容:

不要求对经过型式试验的元件(高压开关设备、变压器、低压开关设备、高压和低压连接线)的主回路和接地回路重复进行型式试验。

试验后,主接地导体和到元件的接地连接线有些变形是允许的,但应保持接地回路的连续性。

通常,如果已经证明设计是充分的,不需要对金属盖板及门和主接地导体的连接进行试验。但是,如有怀疑,应在 30 A(直流)时进行试验,电压降应小于 3 V。

6.7 防护等级检验

6.7.1 IP 代码

5.13.1 中规定的防护等级,应按 GB 4208—2008 规定的要求进行验证。

6.7.2 IK 代码

对外壳可能是薄弱的部位,如门、面板和通风口,应进行机械撞击试验。试验程序见附录 C。

6.8 密封试验

不适用。

6.9 电磁兼容性(EMC)试验

对于高压开关设备和控制设备,GB/T 11022—1999 的 6.9 适用。

对于低压开关设备和控制设备,GB 7251.1—2005 适用。

6.101 验证外壳耐受机械应力的试验

试验程序再现了风压、顶部负载和机械撞击产生的机械应力对外壳的效应。见 5.13.2。

6.101.1 风压

风压对预装式变电站的机械效应可以用计算校核。

6.101.2 顶部负载

预装式变电站的顶部负荷的机械效应可以用计算校核。

6.102 内部电弧试验

这些试验适用于划分为 IAC-A、IAC-B 或 IAC-AB 级的预装式变电站,对应于高压侧出现内部电弧事件时对人员的防护。该试验应按照附录 A 进行。

这些试验涵盖了故障导致电弧出现在预装式变电站内部的高压开关设备和高压连接线且门关闭(IAC-B)或者用于触及高压开关设备的门打开(IAC-A)(见附录 A)的情况。

在特定设计的预装式变电站或其典型的部件上进行的试验的有效性可以扩展至另外一种(见6.1),只要原先的试验更严酷且后面的设计在下述所有方面可以认为与试验过的类似:

——电弧电流和燃弧时间;

——内部电弧产生的气流方向;

——预装式变电站的尺寸和布置;

——外壳、地板和隔板(如果有的话)的结构和强度;

——通风网;

——压力释放装置(如果有的话)的性能。

6.103 功能试验

应该证明能在预装式变电站上完成所有需要的交接、运行和维护工作。

这些工作包括:

——开关设备和控制设备的操作;

——预装式变电站门的机械操作;

——绝缘档板的定位;

——变压器温度和液面的检查;

——电压指示的检查;

——接地装置的连接;

——电缆的试验;

——熔断器的更换,如果适用;

——变压器分接开关的操作;

——通风网的清洁。

如果不同的元件之间有联锁,其功能应该予以试验。

7 出厂试验

出厂试验应在每一台完整的预装式变电站上或在每一个运输单元上、在制造厂内(如果切实可行)进行,以保证产品与进行过型式试验的设备是一致的。

出厂试验和验证项目如下:

——主回路的绝缘试验;

——辅助和控制回路的绝缘试验;

——设计和外观检查;

——接线正确性检查;

——接地连续性试验;

——功能试验;

——现场装配后的试验。

7.1 主回路的绝缘试验

7.1.1 高压连接的试验

按照 GB/T 11022—1999 对高压开关设备及其与变压器之间的高压连接线进行工频电压试验。

变压器按照 GB 1094.1 进行工频耐压试验。

如果预装的高压连接作为变电站的一个分装单独进行出厂试验,则不需要进行工频试验。

7.1.2 低压连接的试验

按 6.2.2 的规定进行。

7.2 辅助和控制回路的绝缘试验

GB/T 11022—1999 的 7.2 适用。

7.3 主回路电阻的测量

不适用。

7.4 密封试验

不适用。

7.5 设计和外观检查

GB/T 11022—1999 的 7.5 适用。

7.101 接线正确性检查

应验证接线与接线图相符。

7.102 接地连续性试验

预装式变电站内任一可能接地的点到变电站的主接地点应在 30 A(DC)电流条件下试验，电压降不应超过 3 V。

7.103 功能试验

应进行功能试验，以保证产品符合 6.103 中所述的要求。

7.104 现场装配后的试验

如果高压连接线的绝缘试验事先在工厂做过，则不需要在现场重复。但是，如果预装式变电站由于运输而部分分装后然后在现场组装，应按 7.101 和 7.102 进行试验，以保证它能正确地运行。

8 预装式变电站的选用导则

预装式变电站可以采用变革的技术和功能要求的各种形式组成。预装式变电站的选择主要涉及到运行设施功能要求的确认以便最好地满足这些要求。

这些要求应考虑到适用的法律和用户的安全规程。

表 2 给出了起草预装式变电站技术要求时需要考虑的因素的摘要。

表 2 预装式变电站的技术要求和额定值摘要

使用条件资料		本标准的章条	参见	用户的要求
周围空气温度：		2	GB/T 11022—1999	
平均	℃			
最低	℃			
最高	℃			
太阳辐射	W/m^2		GB/T 4796	
海拔	M		HV：GB/T 11022—1999 LV：GB 7251.1—2005	
污秽	等级		见附录 G 的项 12	
覆冰	级别		GB/T 11022—1999	
风扬沙			GB/T 4797.5	
风扬雪			GB/T 4797.5	
风	m/s		GB/T 4797.5	
凝露或渗透			GB/T 4797.5	
振动			GB/T 13540	
地震的风险			GB/T 13540	
其他振动的风险			GB/T 4796	
二次系统中感应的电磁干扰			GB/T 11022—1999	
预装式变电站额定值的信息				
高压侧额定电压 低压侧额定电压	kV V	4.1	HV：GB/T 11022—1999 LV： GB 7251.1—2005	

表 2（续）

使用条件资料		本标准的章条	参见	用户的要求
额定电压(高压侧)	kV	4.1	GB 1094.1 GB 1094.11	
额定电压(低压侧)	V	4.1	GB 1094.1 GB 1094.11	
相数		4.1	GB 1094.1 GB 1094.11	
高压侧中性点接地类型 接地故障电流的最大预期值	 kA	4.5	用户	
低压侧中性点接地类型 接地故障电流的最大预期值	 kA	4.5	用户	
预装式变电站的额定最大容量	kVA	4.10.1	GB 1094.1 GB 1094.11	
外壳级别	级别	4.10.2		
声级	dB		GB/T 1094.10	
内部电弧类别 故障电流 持续时间	IAC-A /IAC-B /IAC-AB kA s	5.101		
额定绝缘水平 额定短时工频耐受电压(U_d) 通用值 隔离断口间 额定雷电冲击耐受电压 通用值 隔离断口间	HV/LV kV/V kV/V kV/V kV/V kV/V kV/V	4.2	HV:GB/T 11022—1999 LV:GB 7251.1—2005	
额定频率(f_r)	Hz	4.3	HV:GB/T 11022—1999 LV:GB 7251.1—2005	
额定电流(I_r) 高压开关设备 进线 母线 馈线 高压和变压器之间的连接线 低压开关设备 进线 母线 低压馈线 辅助回路	 A A A A A A A A	4.4	 HV:GB/T 11022—1999 LV:GB 7251.1—2005	

表 2（续）

使用条件资料		本标准的章条	参见	用户的要求
额定短时耐受电流（I_k）		4.5		
高压	kA		GB/T 11022—1999	
低压	kA		GB 7251.1—2005	
接地回路	kA		GB/T 11022—1999	
额定峰值耐受电流（I_p）		4.6		
高压	kA		GB/T 11022—1999	
低压	kA		GB 7251.1—2005	
接地回路	kA		GB/T 11022—1999	
额定短路持续时间（t_k）		4.7		
高压	s		GB/T 11022—1999	
低压	s		GB 7251.1—2005	
变压器	s		GB 1094.5 GB 1094.11	
接地回路	s		GB/T 11022—1999	
合闸和分闸装置以及辅助和控制回路的额定电源电压（U_a）	HV LV	4.8	GB/T 11022—1999 GB 7251.1—2005	
合闸和分闸	V			
指示	V			
控制	V			
合闸和分闸装置以及辅助和控制回路的额定电源频率		4.9		
高压	Hz		GB/T 11022—1999	
低压	Hz		GB 7251.1—2005	

8.1 额定值的选择

对于给定的运行要求，选用预装式变电站时，要按正常负荷条件和故障情况的要求来选择其元件的各个额定值。

最好如本标准建议的，即按系统的特性和它预期的未来发展来选择额定值。额定值的完整列表在第 4 章中给出。其他参数，如当地的大气和气候条件以及在海拔超过 1 000 m 的场所使用，也应予以考虑。

8.2 外壳级别的选择

外壳级别的选择取决于现场的（平均）周围空气温度以及变压器的负荷系数。对某一给定的额定外壳级别，变压器的允许负荷系数取决于变电站安装处的周围空气温度。

附录 D 可以用来确定外壳的级别或变压器的负荷系数。并给出了一些例子验证外壳级别、负荷系数以及周围温度之间的关系和制约。对变动的负荷条件，可按 GB/T 1094.7 或 GB/T 17211 采用一个修正系数。

制造厂根据特定变电站的外壳级别给出的信息是基于具有给定通风网以及其连续施加的最大容量和变压器损耗的变电站的型式试验（符合 6.5）。

该连续的满负荷条件可能要求更苛刻且完全不同于运行中预期的负荷周期。在这种情况下，与为了避免变压器过热而增加的通风要求相比可能不需要很强的通风。

为了减少这种超过要求的任何可能的不理想的负面效应（例如，成本、设备污秽的过大危害等），经过估算预期的运行条件后，用户可以规定一个更高的外壳温度级别，该外壳具有小量的通风且相同的标称容量和损耗。如果最大容量和变压器损耗低于经过型式试验的方案，用户也可以规定更高的温度等级。

这些相对于经过型式试验的结构的偏差/修改应与变电站制造厂协商。

注1：按照GB/T 1094.7的规定，变压器的老化率随着温度的提高而增加。

注2：预装式变电站内部的温升可能影响高压开关设备部件的性能。作为例子，应采用熔断器的选用导则(GB/T 15166.6—2008)。

8.3 内部电弧等级的选择

选择预装式变电站时，应根据对操作人员和一般公众提供可接受的保护水平的目标适当地确定内部电弧的概率。

该保护的取得是通过将风险降低到可接受的水平。按照ISO/IEC导则51:1999，风险是危害出现的概率和危害的严酷度的组合(见ISO/IEC导则51:1999的第5章关于安全性的概念)。

因此，与内部故障导致电弧相关的预装式变电站的选择，应该由风险达到可接受的水平的程序来控制。该程序在ISO/IEC导则51:1999的第6章中规定。该程序基于的假设为用户有降低风险的职责。

作为导则，表3给出了经验证明的最有可能出现故障的部位清单。还给出了故障的可能起因以及降低内部电弧概率的可能措施。在内部电弧情况下，可以采取其他措施对人员提供最高等级的保护。这些措施的目标旨在限制此类事件的外部影响。表4给出了限制内部电弧影响的措施示例。

表3 内部电弧的部位、起因以及降低概率的措施举例

易发生内部电弧的部位 (1)	内部电弧可能发生的原因 (2)	预防措施举例 (3)
电缆室	设计不当	选择合适的尺寸、使用合适的材料。
	错误安装	避免电缆交叉连接；在现场进行质量检查；合适的力矩。
	固体或流体绝缘损坏(缺陷或丧失)	工艺检查和/或现场绝缘试验；定期检查液面(适用时)。
隔离开关、负荷开关、接地开关	误操作	加联锁(见GB 3906—2006的5.11)；延时再分闸；不依赖人力操作；负荷开关和接地开关的关合能力；人员培训。
螺栓连接和触头	腐蚀	使用防腐蚀的涂层和/或油脂；采用电镀；如有可能则加以封闭。
	装配不当	采用适当的方法检查工艺；正确的力矩；足够的联锁措施。
互感器	铁磁谐振	采用适当的回路设计，以避免此类现象的影响。
	电压互感器的低压侧短路	通过适当的措施，如保护盖、低压熔断器，以避免短路。
断路器	维护不足	按规程定期进行维护；人员培训。
所有的部位	工作人员的失误	用遮栏限制人员接近；用绝缘包裹带电部分；人员培训。
	电场作用下的老化	出厂做局部放电试验。
	污染、潮气、灰尘和小动物等的进入	采取措施保证达到规定的使用条件(见第2章)；采用充气隔室。
	过电压	过电压保护；合适的绝缘配合；现场进行绝缘试验。
连接线	绝缘故障	相间、相对地足够的间隙；采用绝缘连接线，优先采用接地屏蔽型。

表 4 限制内部电弧影响的措施举例

通过光、压或热敏探头或者差动母线保护触发的快速故障排除时间
远控操作
压力释放装置，承压外壳(包括门、地板、通风网等)
变压器采用独立的断路器保护或者适当的熔断器与负荷开关的组合来限制允通电流和故障持续时间
气流控制和冷却装置

在内部电弧情况下对人员提供保护的预装式变电站设计的有效性可以通过附录 A 的试验来验证。成功通过试验的预装式变电站划为 IAC-A、IAC-B 或 IAC-AB 内部电弧级变电站。

IAC-A 是用来验证在操作预装式变电站的设备时对操作人员的保护且仅限于授权的人员(A 类可触及性，见 A.2.1)。它适用于从内部操作的变电站(进入型)或者从外部操作高压设备的变电站(非进入型)。

IAC-B 是用来验证对预装式变电站周围的一般公众的保护且未经授权触及变电站的所有侧面(B 类可触及性，见附录 A.2.2)。试验期间，变电站的所有门均关闭。

IAC-AB 是用来验证在操作预装式变电站的设备时对运行人员和变电站周围的一般公众的保护。在这种情况下，变电站按照 IAC-A 和 IAC-B 进行试验。

对于这三个级别，重要的是清楚内部电弧试验与预装式变电站在变压器、高压和低压开关设备的位置和型式方面的特定结构有关。试验的结果取决于变电站中特定开关设备的型式。确定为内部电弧级后限制了变电站内开关设备的自由选择。

如果选用了符合 GB 3906—2006 的具有内部电弧级的开关设备，在验证 IAC-A 或 IAC-B 内部电弧级时，预装式变电站内设备的布置应真实重现原始型式试验的房间模拟(亦可见图 A.4 和图 A.5)。

作为选择预装式变电站的导则，在内部电弧方面，可以采用下述判据：

——在内部电弧引起的风险可以忽略不计的场合：不需要选择 IAC-A、IAC-B 或 IAC-AB 级预装式变电站；

——在与内部电弧引起的风险相关的场合：只能选择 IAC-A、IAC-B 或 IAC-AB 级预装式变电站。

对于第 2 种情况，选择时应该考虑到可预见的故障最大电流和持续时间，与经过型式试验的设备的额定值比较。此外，应遵循制造厂的说明书(见本标准的第 10 章)。

内部电弧事件期间人员的位置至关重要。根据试验布置，制造厂应该指明预装式变电站的哪些部分是可以触及部分且用户应认真遵循说明书。允许人员进入没有设计为可触及的区域可能有导致人员伤害的风险。

内部电弧级给出了在正常运行条件下经过验证的人员保护水平，如附录 A.1 中定义的。它不涉及维护条件下人员的防护以及运行连续性。

8.4 资料

表 2 给出了确定预装式变电站额定值时需要考虑的一些因素的摘要。表 5 给出了预装式变电站的设计与结构方面的要求。

表 5 预装式变电站的设计与结构

预装式变电站的设计与结构信息		本标准的章条	参见	用户的要求
关门状态下外壳的防护等级 低压隔室的防护等级 高压隔室的防护等级 变压器隔室的防护等级		5.13.1	GB 4208—2008	
元件的类型： 高压开关设备 低压开关设备 变压器			用户	
预装式变电站的类型： 从内部操作 从外部操作 地上 局部处于地下 地下			用户	
变压器的额定值 容量 负载损耗 P_{cu} 空载损耗 P_0 空载电流 I_0 短路阻抗 温升 绝缘	 kVA W W A % K 	4.10.1	GB 1094.1 GB 1094.11 GB 1094.2 GB 1094.3	
外壳的材料		5.102.2.1		
外壳的表面处理		5.102.3		
机械撞击能量	J	5.13.2	GB/T 20138	
由施加的机械力： 顶部的雪负荷 顶部负荷 风压	 N/m^2 N/m^2 N/m^2	5.13.2	GB/T 11022—1999	
尺寸和质量		9.2		
最大高度 最大宽度 总高度 地面上的长度 地面上的宽度 地面上的高度 每个运输单元的质量 预装式变电站的总质量	mm mm mm mm mm mm kg kg			

9 与询问单、标书和订单一起提供的资料

本章列出了能够使用户对预装式变电站进行适当的查询和供货方提供足够的标书所需要的信息。

9.1 与询问单和订单一起提供的资料

在查询或订购预装式变电站时，应提供所有设备和服务的范围。包括与供方合作的培训、技术和布置方案以及要求。查询方应提供下列资料：

a) 系统的特点

系统的标称电压、频率以及系统中性点接地类型。

b) 使用条件

最低和最高的周围空气温度；偏离正常使用条件或影响设备正常运行的任何情况，例如：海拔超过 1 000 m，快速的温度变化，风沙和风雪，在水蒸气、潮气、烟雾、爆炸性气体、过量的尘埃或盐分（例如由车辆或工业污染引起的）下的过度暴露；地震或其他由外部的原因引起的振动均应提供。

c) 预装式变电站的特点和电气性能：

1) 高压侧和低压侧额定电压；
2) 预装式变电站的额定最大容量；
3) 额定频率；
4) 额定绝缘水平；
5) 额定短路时耐受电流；
6) 额定短路持续时间；
7) 额定峰值耐受电流；
8) 元件（高压及低压开关设备和控制设备、变压器、连接线）的额定值；
9) 相数；
10) 元件的型式（例如空气或气体绝缘的开关设备和控制设备，充液变压器）；
11) 外壳级别；
12) 回路接线图；
13) 包括高压和低压开关设备，预装式变电站的外壳及其隔板（如果有的话）的防护等级；
14) 预装式变电站在地下、部分在地下或在地面安装；
15) 从内部或外部操作；
16) 外壳的材料和表面处理；
17) 机械应力（例如雪负荷、顶部负荷、风压等）；
18) 最大允许尺寸和影响预装式变电站布置（总体布置）的特殊要求；
19) 根据所采用的高压和低压系统中性点接地类型或者适用于接地回路的短路电流额定值所确定的最大预期接地故障电流值；
20) 内部电弧级（如果适用）的试验电流（kA）和持续时间（s）；
21) 所有特殊的设计布置，如接地回路的方案（见附录 E）；如果适用，外壳作为接地系统一部分的应用准则（见 5.3）；连锁装置、标签的类型等。

除了以上各项，查询方应说明所有可能影响投标和订货的条件，例如：特殊的安装条件（例如靠近周围的墙壁、预埋在壳体内的、影响通风的元件等）、外部的高压连接线的位置、地方的防火和噪声控制法规以及预期的寿命。如果需要特殊的型式试验，应提供相关资料。

9.2 与标书一起提供的资料

制造厂应给出下列资料（包括说明书和图样）：

a) 9.1 的项 b）和项 c）中列举的额定值和性能；

b) 要求提供的型式试验证书或报告的清单，如果适用，还包括 IAC-A、IAC-B 或 IAC-AB 级内部电弧试验选择的判据；

c) 结构特征，例如：

1) 各个运输单元的质量；

2) 预装式变电站的总质量；

3) 预装式变电站的外形尺寸和布置(总体布置)；

4) 变压器的最大允许尺寸；

5) 外部连接线的布置说明；

6) 运输和安装要求；

7) 运行和维护的说明；

8) 元件相关标准要求的信息；

9) 预装式变电站周围推荐的最小距离；

10) 滞留油的箱体(如果有的话)的容积。

d) 要求用户采购的推荐的备件清单；

e) 外壳材料以及适用时表面处理或涂层的特性和在规定的环境条件下评估它们性能所进行的试验；

f) 预装式变电站符合本标准的声明。

10 运输、安装、运行、维护和寿命终了规程

预装式变电站或其运输单元的运输、储存和安装以及使用时的运行和维护，必须按照制造厂的说明书进行。

因此，制造厂应提供关于预装式变电站的运输、储存、安装、运行和维护的说明书。关于运输和储存的说明书，应在交货前某一方便的时间给出，而关于安装、运行和维护的说明书则最迟应在交货前给出。

不同元件的相关标准规定了有关运输、安装、运行和维护的特殊规则，如果适用，它们应包括在预装式变电站的总的说明书内。

下面给出的资料，可以补充到预装式变电站制造厂提供的极重要的附加说明书中。

10.1 运输、储存和安装时的条件

如果在订单中规定的使用条件在运输、储存和安装过程中不能得到保证，制造厂和用户之间应就此达成一项特别的协议。特别是，如果通电前所处的环境条件，外壳不能提供适当的保护，应给出防止绝缘过度吸潮或受到不可消除的污染的说明。

为了避免运输过程中预知的振动和冲击造成损伤，可能需要给出指导和/或提供特别的措施以保护元件(开关设备和电力变压器)的安全。

10.2 安装

对每种型式的预装式变电站，制造厂提供的说明书至少应包括以下各点。

10.2.1 开箱和起吊

每个运输单元的质量应由制造厂声明，且最好应标在该运输单元上。

应该配备能够起吊每个单元的运输质量的足够的起吊架。

说明书应该清楚地规定安全起吊预装式变电站的优选方法以及如果不适用于连续户外使用的起吊架的拆除。

10.2.2 组装

当预装式变电站不能完全组装起来运输时，所有的运输单元应该清楚地加以标记，并应提供这些单元的组装图。

10.2.3 安装

制造厂应提供全部必需的资料，以便完成现场的准备工作，例如：

——挖掘土方工作的要求；

——外部的接地端子以及等电位螺栓(如果需要时)；

——电缆入口的位置；

——和外部雨水排泄管路的连接，如有的话，包括管道的尺寸和布置。

10.2.4 最后的安装检查

在安装和连接之后，对预装式变电站检查和试验的说明书至少应包括推荐在现场进行的试验清单。

10.3 运行

除了每个元件的使用说明书外，制造厂应提供以下的补充资料，以便用户能够充分理解涉及的主要原理：

——预装式变电站安全特性的说明，出于安全的目的而提供的特种设施和工具的清单以及它们的使用说明；

——通风设施、联锁和挂锁的操作。

10.4 维护

制造厂应出版一本维护手册，至少包括以下资料：

——按相关标准的要求给出主要元件完整的维护说明；

——外壳的维护说明，如有的话，包括维护的频度和程序。

10.5 寿命终了时的拆卸、回收以及处理

制造厂应提供允许最终用户对寿命终了的预装式变电站进行拆卸、回收以及处理的相关资料。这些资料应考虑到对工人和环境的保护。

11 安全

仅当预装式变电站按照制造厂的说明安装和运行时，才能对操作人员和一般公众提供规定的保护水平。其次，用户可以建立安装和运行的特定程序。

元件的安全方面由相关的产品标准规定，对于高压设备为 GB/T 11022—1999。

本标准的下述条款描述了针对各种危害对运行人员和一般公众提供防护的附加特性。

11.1 电气方面

——接地(非直接接触)(见 5.3)；

——IP 代码(直接接触)(见 5.13)。

11.2 机械方面

——机械应力(见 5.13.2)。

11.3 热的方面

——可触及部件的最高温度(见 6.5.4 的项 d))、可燃性(见 5.102.2)。

11.4 内部电弧方面

——内部故障(见 5.101)。

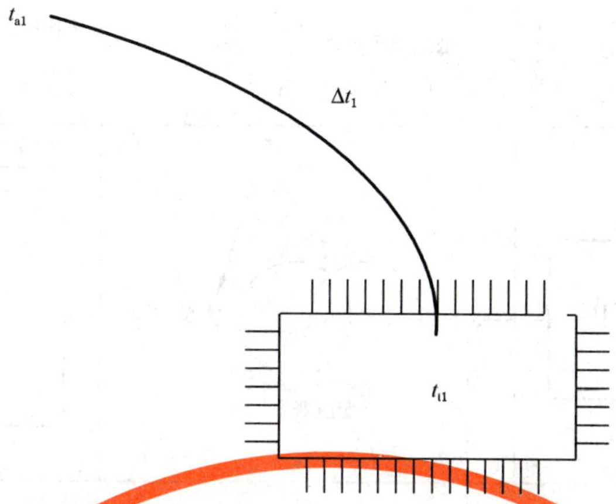

$$\Delta t_1 = t_{t1} - t_{a1}$$

图中：

t_{a1}——实验室的周围空气温度；

t_{t1}——按 GB 1094.2 和 GB 1094.11 测得的变压器温度；

Δt_1——变压器在外壳外面的温升。

图 1　在周围空气中变压器温升 Δt_1 的测量(见 6.5)

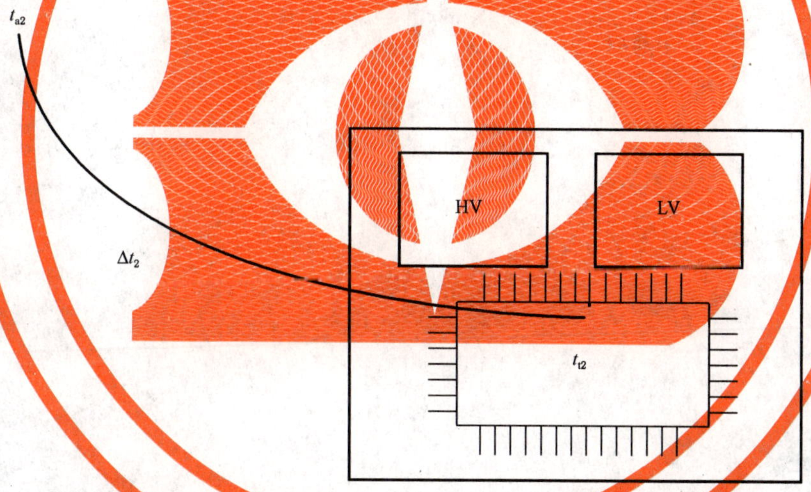

$$\Delta t_2 = t_{t2} - t_{a2}$$

图中：

t_{a2}——实验室的周围空气温度；

t_{t2}——按 GB 1094.2 和 GB 1094.11 测得的变压器温度；

Δt_2——变压器在外壳内部的温升。

接受准则：$\Delta t = \Delta t_2 - \Delta t_1$；

级别 5：$\Delta t \leqslant 5$ K；

级别 10：$\Delta t \leqslant 10$ K；

级别 15：$\Delta t \leqslant 15$ K；

级别 20：$\Delta t \leqslant 20$ K；

级别 25：$\Delta t \leqslant 25$ K；

级别 30：$\Delta t \leqslant 30$ K。

图 2　在外壳中变压器温升 Δt_2 的测量(见 6.5)

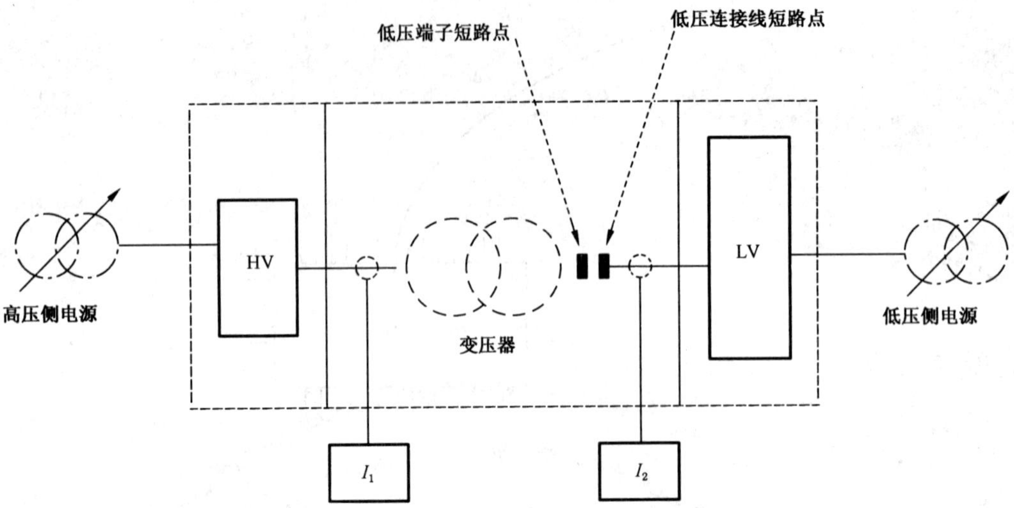

I_1——产生变压器总的额定损耗的电流；

I_2——变压器的低压侧额定电流。

图 3　温升试验接线图(见 6.5.2)

附　录　A
（规范性附录）
预装式变电站内部故障电弧试验方法

A.1　引言

本附录适用于 IAC-A、IAC-B 和 IAC-AB 级预装式变电站。

本分类的目的是在内部电弧事件中对于正常运行的预装式变电站进行操作的人员且其高压开关设备和控制设备处于相关标准中规定的正常运行状态(IAC-A)以及变电站的门关闭时其附近的人员(IAC-B)提供防护的试验水平。

注：本标准仅涉及到内部电弧出现在高压侧的情况，包括高压连接线(例如，高压开关设备和电力变压器之间)。

变压器和低压开关设备内的内部电弧没有予以考虑(见 5.101 关于该条除外的解释)。

预装式变电站可在多处出现内部电弧并伴随着各种物理现象。例如，在变电站内部空气中或在高压开关设备外壳内的其他绝缘流体中产生的电弧，它析出的能量将导致内部的过压力和局部的过热，对变电站的外壳造成机械的和热的应力。此外，内部的材料可能受热分解，产生气体或蒸汽，它们可能被泄放于变电站的内部，随后泄放到变电站外壳的外部。

IAC 级内部电弧允许作用在面板、门、观察窗等部件上的过压力。也考虑到电弧或外壳上的弧根的热效应以及喷射出的灼热气体和流动微粒的热效应，但不应损坏在正常运行条件下不可触及的内部隔板和活门。

下面描述的内部电弧试验是为了验证内部电弧情况下在人员保护方面设计的有效性。它不包括可能造成危害的全部效应，例如故障后可能存在的具有潜在毒性的气体。

内部电弧后火灾传播到可(易)燃材料或者变电站附近的设备的危害不包括在本试验中。

A.2　内部电弧的分类

在内部电弧情况下，考虑了三类防护。

A.2.1　IAC-A 级预装式变电站

按照本标准的 3.114.1 的 A 类可触及性，这些变电站对于在其内部或变电站正面进行正常操作的人员防护满足规定的判据。

为了验证对于操作人员的防护，根据其操作模式(从内部或外部操作)，必须区别两种类型的变电站：

a)　从内部操作的变电站

授权的人员在变电站内部且门打开。

b)　从外部操作的变电站

授权的人员在变电站的高压侧操作且门打开。

A.2.2　IAC-B 级预装式变电站

这些变电站对于变电站附近的一般公众的防护满足规定的判据。

为了确定该类变电站，未经授权的可触及性(按照本标准的 3.114.2 的 B 类可触及性)考虑了变电站的所有侧面且门关闭，而不论变电站的操作模式(从内部或者外部操作)。

A.2.3　IAC-AB 级预装式变电站

这些变电站对于操作人员和一般公众的防护均能满足规定的判据。

为了确定该类变电站，这些变电站应该满足 A.2.1 和 A.2.2 的要求，且试验电流和持续时间相同。

A.3 试验的选择

划分为IAC-A和IAC-B级的预装式变电站，应该承受两个不同的试验系列，一次对于高压开关设备，另一次对高压连接线。划分为IAC-AB级的变电站，应该承受IAC-A和IAC-B的试验系列。

高压开关设备的试验程序和试验次数取决于该高压开关设备是否具有符合GB 3906—2006的IAC类别。

连接线的试验程序和试验次数取决于变电站中变压器的保护类型和连接线的类型。

高压完全绝缘且接地屏蔽的连接线不需要进行内部电弧试验。

对于要求的试验，图A.4、A.5、A.6和图A.7给出了试验选择的原则以及需要进行的试验类型和相应的次数。

对于没有高压开关设备但由高压电缆直接连接到变压器套管的预装式变电站，试验应按下述进行：

——在敞开的空气中连接的情况下，应进行三相试验；

——在插入式绝缘连接的情况下，按照GB 3906—2006的A.5.2进行单相或者两相试验。

在由带有熔断器的装置替代高压开关设备的情况下，应在带有熔断器的装置的馈线侧进行三相试验。

A.4 试验布置

A.4.1 概述

应遵循下述几点：

——试验应在事先没有承受电弧的预装式变电站或者其代表性的部分上进行，或者，如果经受过电弧，但其状态不影响试验结果。

——变电站应装配完整。只要和原始元件具有相同的体积和外部材料，允许采用内部元件的模拟品。

——如果变电站需要和地相连，则应在提供的接地端子上连接。

A.4.2 房间模拟

为了验证在预装式变电站内部对操作人员提供防护的内部电弧试验应该采用具有变电站外壳的试品进行。如果可行，对于大型的变电站，只要不低于在气流方向、外壳强度和压力释放装置方面的条件，试验可以在模拟操作区域的房间内进行。只要它们和运行时一样安装，可以采用所有其他的元件或者它们有效的模拟品。

预装式变电站设计为户外设施。因此，为了验证对于变电站外部提供的防护等级的内部电弧试验不需要进行变电站周围的房间模拟。但是，如果怀疑变电站周围的地面对变电站的性能有影响，可能需要进行地面模拟。

如果制造厂声明变电站的设计要求连接电缆的通道和/或所有其他抽排内部电弧期间产生的气体的排泄管道，则制造厂应明确其横截面尺寸和位置。试验应在能够模拟这些排泄管道的条件下进行。

特别地，该要求对于有效的IAC类在其说明书中应该清楚地予以规定。

A.4.3 指示器(用来确定气体的热效应)

A.4.3.1 概述

指示器是一些黑色的棉布片，布置时不要让它们的切边朝向试验单元。

对于A类可触及性，应该采用黑色的窗帘布(棉纤维制品，单位面积质量约为150 g/m^2)作指示器。对于B类可触及性，应该采用黑色的棉麻细布(单位面积质量约为40 g/m^2)作指示器。

应当注意保证垂直指示器不能相互点燃。这可以通过将它们固定在钢板制成的、两个深度为$30_{-3}^{\ 0}$ mm安装框上(见图A.1)来实现。

对于水平指示器，应注意飞出的粒子不应累积。这可以通过将它们安装在框架上来实现(见图A.2)。

指示器的尺寸约为 $150\times150\left(\begin{smallmatrix}+15\\0\end{smallmatrix}\right)$(mm)。

A.4.3.2 指示器的布置

指示器应布置在高度 2 m 及以下的检查板上、垂直于预装式变电站的所有可触及侧、朝向气体可能喷出的所有各点(例如,接缝、观察窗、门)。

在考虑了从受试表面以最大 45°角逸出热气体的可能性后,安装架的长度应该大于相应的受试区域。这意味着,只要变电站的布置和试验的布置不会限制这一延伸,对于 B 类可触及性,安装架的两端均应长出试品 100 mm;对于 A 类可触及性两端均应长出试品 300 mm。

注 1:在所有情况下,垂直安装的指示器到试品的距离是从外壳的表面量起,不考虑凸出的元件(例如,手柄、电器的框架等等)。如果试品的表面不规则,指示器的位置应尽可能实际地模拟操作人员和一般公众在设备前可能站立的位置,按照可触及性的类别布置在上述位置。

a) 验证对操作人员的防护水平。A 类可触及性(限制的可触及性)

如果对于从内部操作的变电站(A.2.1a))的高压开关设备内部进行内部电弧试验,指示器的布置应按照 GB 3906—2006 的附录 A 的 A 类可触及性的要求。

注 2:通常,对于敞开在空气中的导体和连接,某些种类的隔板或障板提供了"不可触及"的条件。

如果对于从外部操作的变电站(A.2.1b))的高压开关设备内部进行内部电弧试验,指示器应布置在距离开关设备 300 mm 的操作侧(门打开)的前面。如果高压开关设备的前面有超过 300 mm 位于变电站内部,指示器应位于门关闭的位置。指示器还应水平布置在地面 2 m 以上覆盖距离高压开关设备 300 mm 到 800 mm 的整个区域,见图 A.3a。指示器应均匀分布在检查板上,覆盖 40%～50%的区域。

如果对高压连接线进行内部电弧试验,指示器应位于距离在正常操作条件下操作人员可能出现的最近位置 300 mm 的所有可触及侧。

b) 验证对一般公众的防护水平。B 类可触及性(无限制的可触及性)

应该采用黑色的棉麻细布(单位面积质量约为 40 g/m^2)作指示器。如果没有对变电站进行操作,所有的盖板和门应和正常运行条件一样关闭并锁定。

指示器应垂直布置在高度为 2 m 及以下预装式变电站的所有可触及侧。如果变电站的实际高度小于 1.9 m,垂直指示器应该安装高于试品 100 mm 的高度(见图 A.3b)。

指示器应均匀分布在检查板上,覆盖 40%～50%的区域。

指示器到变电站的距离应为 100 mm±5 mm。

如果预装式变电站的高度超过 2 m,也应如图 A.3b 的规定在地面上布置水平指示器,并覆盖距离预装式变电站 100 mm 和 800 mm 之间的整个区域。

如果变电站的高度小于 2 m,指示器应安装在检查板上位于变电站的顶部并朝向气体可能逸出的所有各点(例如,接缝)。此外,如果通风口和压力释放装置作为顶部设计的一部分,位于检查板上的指示器应朝向开口处并相距 100 mm。

对于低于 800 mm 的变电站,其整个顶部应封闭。

A.5 起弧点

涉及到高压开关设备内部故障的内部电弧试验应该按照 GB 3906—2006 的附录 A 对于 IAC 级金属封闭开关设备的要求进行,包括起弧点。

涉及到高压连接线故障的情况,或者,还不能按照 GB 3906—2006 划分为 IAC 类的高压开关设备,如果适用,应按照 GB 3906—2006 附录 A 的相关规定进行试验。

起弧点应该位于距离电源最远的可触及点。送电的方向应该和运行中正常的预期能量流动方向一致。

A.6 外施的电压和电流

GB 3906—2006 的 A.4 适用。

A.7 试验程序

GB 3906—2006 的 A.5 适用。

A.8 接受准则

A.8.1 IAC-A 级预装式变电站

如果满足下述要求，变电站可划分为 IAC-A 级。

——高压开关设备的每次内部电弧试验后满足 GB 3906—2006 的附录 A 的 A.6 中的 5 个判据，列于图 A.4 中；

注：如果变电站的设计包括地板下用来收集排出气体的空间，应该从站在地板上面的操作人员安全的角度出发评估该地板的性能。

——如果适用(见图 A.6)，高压连接线经过试验后应满足下列判据。

判据 1：高压连接线的隔板、障板或外壳(如果有的话)没有移动或超过指示器位置的进一步变形。

判据 2：没有单个质量超过 60 g 的小件射出。

注：60 g 的数值来源于 GB 3906—2006。如果 GB 3906—2006 在此方面进行了修改，本标准应采用新的数值。

判据 3：电弧的燃烧没有在高压连接线外包的可触及侧造成孔洞，如果该侧是完全封闭的。

判据 4：因火焰或热气体的效应指示器没有点燃。

有可能在试验期间指示器开始燃烧，如果有证据能够说明是由喷出的粒子而不是热气体导致的燃烧，则评估判据可以认为已经满足。试验室可以采用高速摄影机、录像和任何其他合适的方法获得照片来建立证据。

燃烧的油漆或粘着剂点燃指示器也应排除在外。

判据 5：如果高压连接线受接地外壳的保护，那么外壳和其接地点仍保持连接。

A.8.2 IAC-B 级预装式变电站

如果对于高压开关设备以及高压连接线(如果适用)分别经过图 A.5 和图 A.7 列出的试验后能够满足下述判据，变电站可划分为 IAC-B 级。

判据 1：正确锁定的变电站的盖板和门没有打开。只要在任何一侧没有部件达到指示器的位置，变形是可以接受的。试验后变电站不必符合它的 IP 代码。

判据 2：在规定的试验时间内没有出现外壳的碎片。

可以接受单个质量直到 60 g 的小件射出。

注：60 g 的数值来源于 GB 3906—2006。如果 GB 3906—2006 在此方面进行了修改，本标准应采用新的数值。

判据 3：电弧的燃烧没有在顶部和高度直到 2 m 的可触及侧面造成孔洞。

判据 4：因热气体的效应指示器没有点燃。

有可能在试验期间指示器开始燃烧，如果有证据能够说明是由喷出的粒子而不是热气体导致的燃烧，则评估判据可以认为已经满足。试验室可以采用高速摄影机、录像和任何其他合适的方法获得照片来建立证据。

燃烧的油漆或粘着剂点燃指示器也应排除在外。

判据 5：外壳和其接地点仍保持连接。外观检查通常足以判定这一符合性。如有怀疑，应检查接地连接的连续性。

A.8.3 IAC-AB 级预装式变电站

满足本标准的 A.8.1 和 A.8.2 要求的变电站可以划分为 IAC-AB 级。

A.9 试验报告

试验报告中应给出如下的资料：

——变电站的额定值和描述，在图样中标明主要的尺寸、与机械强度相关的细节、压力释放帘板的布置以及把高压开关设备和控制设备固定到地板和/或墙壁上的方法；
——试验连接线的布置；
——内部电弧引燃的位置（点）和方法；
——试验布置图（试品和指示器安装架）；
——外施的电压和频率；
——对预期或试验电流：
a） 在最初三个半波内的交流分量有效值；
b） 最大峰值；
c） 实际试验持续时间内交流分量的平均值；
d） 试验持续时间。
——表示电流和电压的示波图；
——试验结果的评价，包括按照 A.8 进行观察的记录；
——试验前和试验后，受试样品的照片；
——其他相关意见；
——管道（如果用来排放气体）的布置。

A.10 内部电弧级标识

在 IAC-A、IAC-B 或者 IAC-AB 级按照 6.102 和本附录经过试验证明的情况下，预装式变电站可按下述标识。

概述：

——IAC（内部电弧级的开始）。

外壳的等级：

——A（如果证明了对于操作人员的防护）；
——B（如果证明了对一般公众的防护）；
——AB（如果证明了对操作人员和一般公众的防护）。

试验的额定值：

——以 kA 表示的试验电流有效值，以 s 表示的持续时间。

举例：

一台故障电流为 16 kA（有效值），持续时间 0.5 s 且对于操作人员进行防护（A.2.1）试验的预装式变电站：

标识：IAC-A-16 kA-0.5 s。

一台故障电流为 12.5 kA，持续时间 1 s 且对一般公众进行防护（A.2.2）试验的预装式变电站：

标识：IAC-B-12.5 kA-1 s。

尺寸为毫米

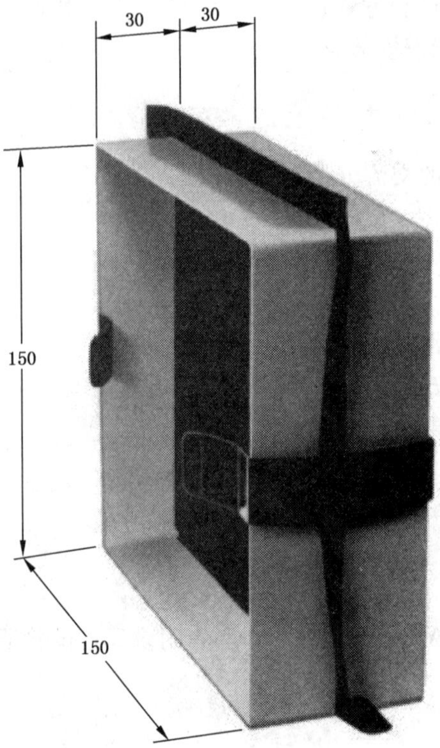

图 A.1 垂直指示器的安装框架

图 A.2 水平指示器

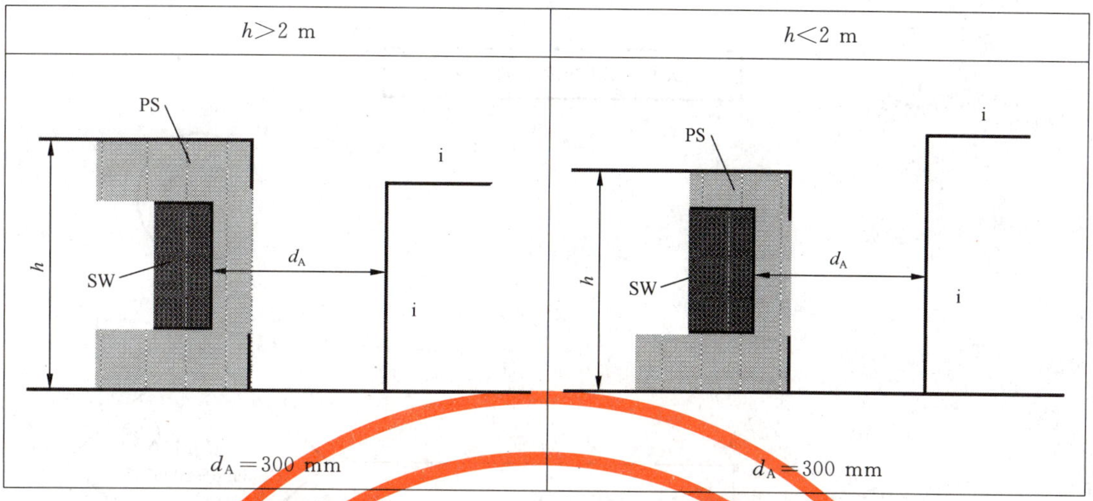

注：对于验证从内部操作的预装式变电站内操作人员的防护的布置应遵循 GB 3906—2006 的附录 A。

a）从外部操作的预装式变电站的开门侧前面操作人员的防护

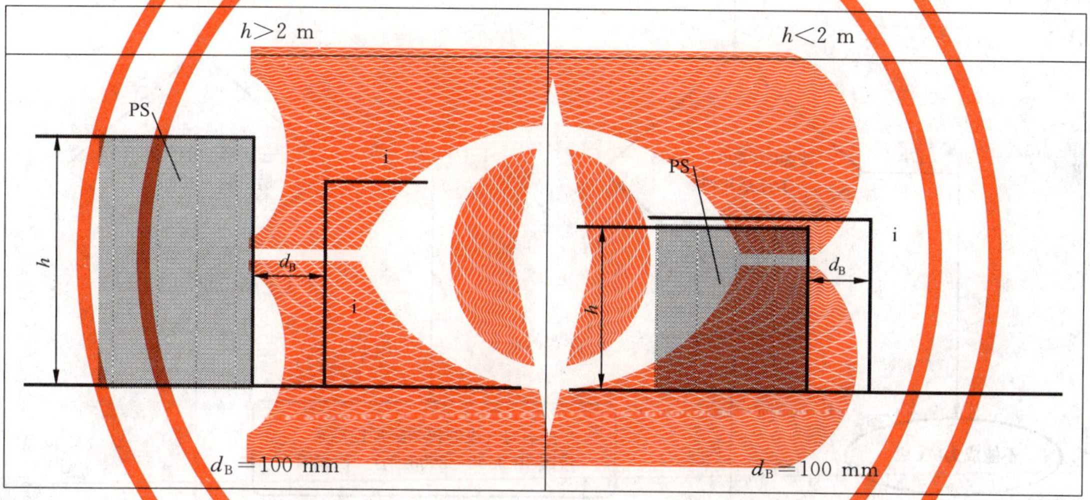

b）门关闭时预装式变电站周围一般公众的防护

图中：

i——指示器的位置；

h——预装式变电站的高度；

d_A——指示器到开关设备和控制设备的水平距离；

d_B——指示器到预装式变电站的水平距离；

SW——高压开关设备和控制设备；

PS——预装式变电站。

图 A.3　指示器的布置

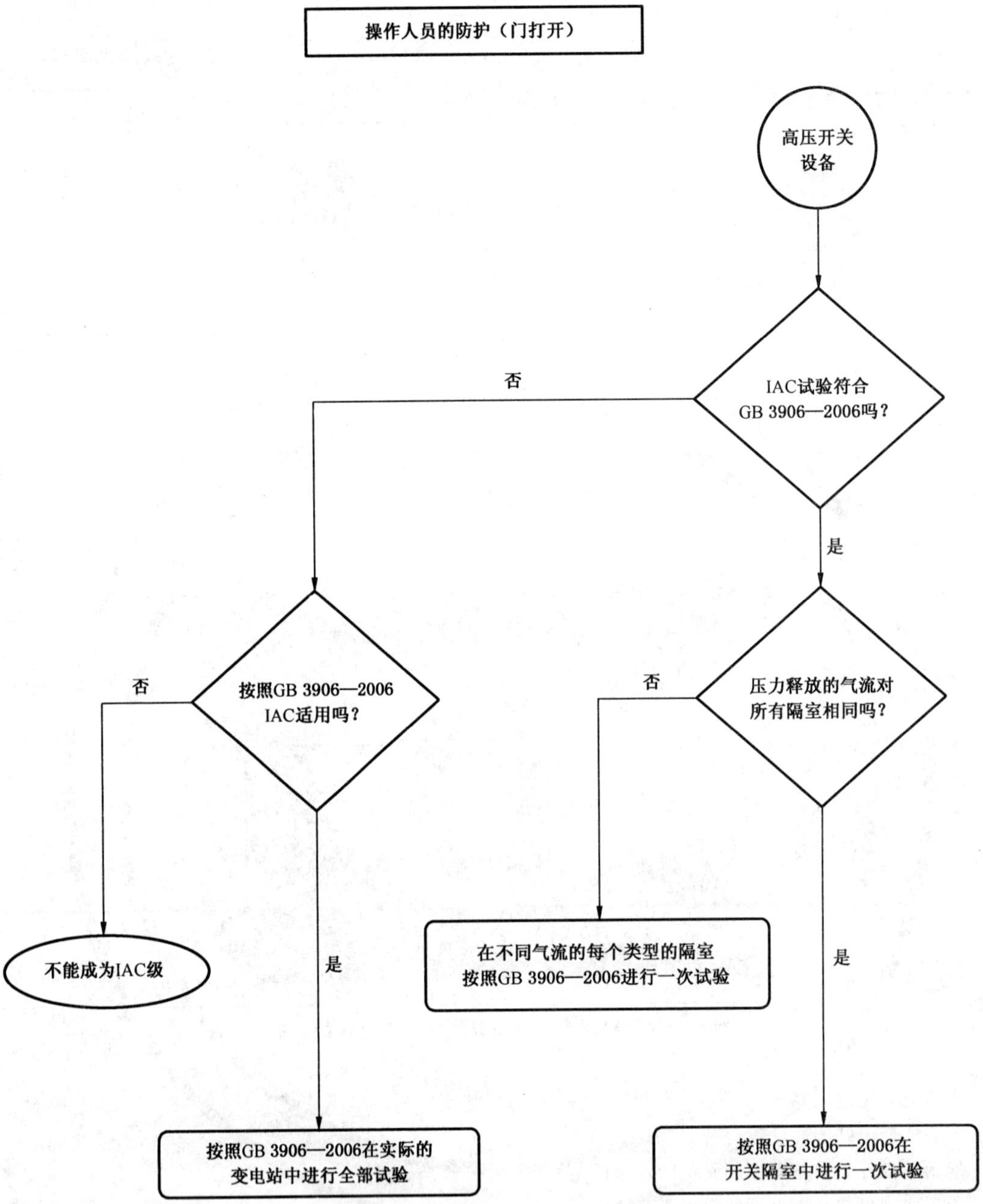

图 A.4 IAC-A 级高压开关设备试验的选择

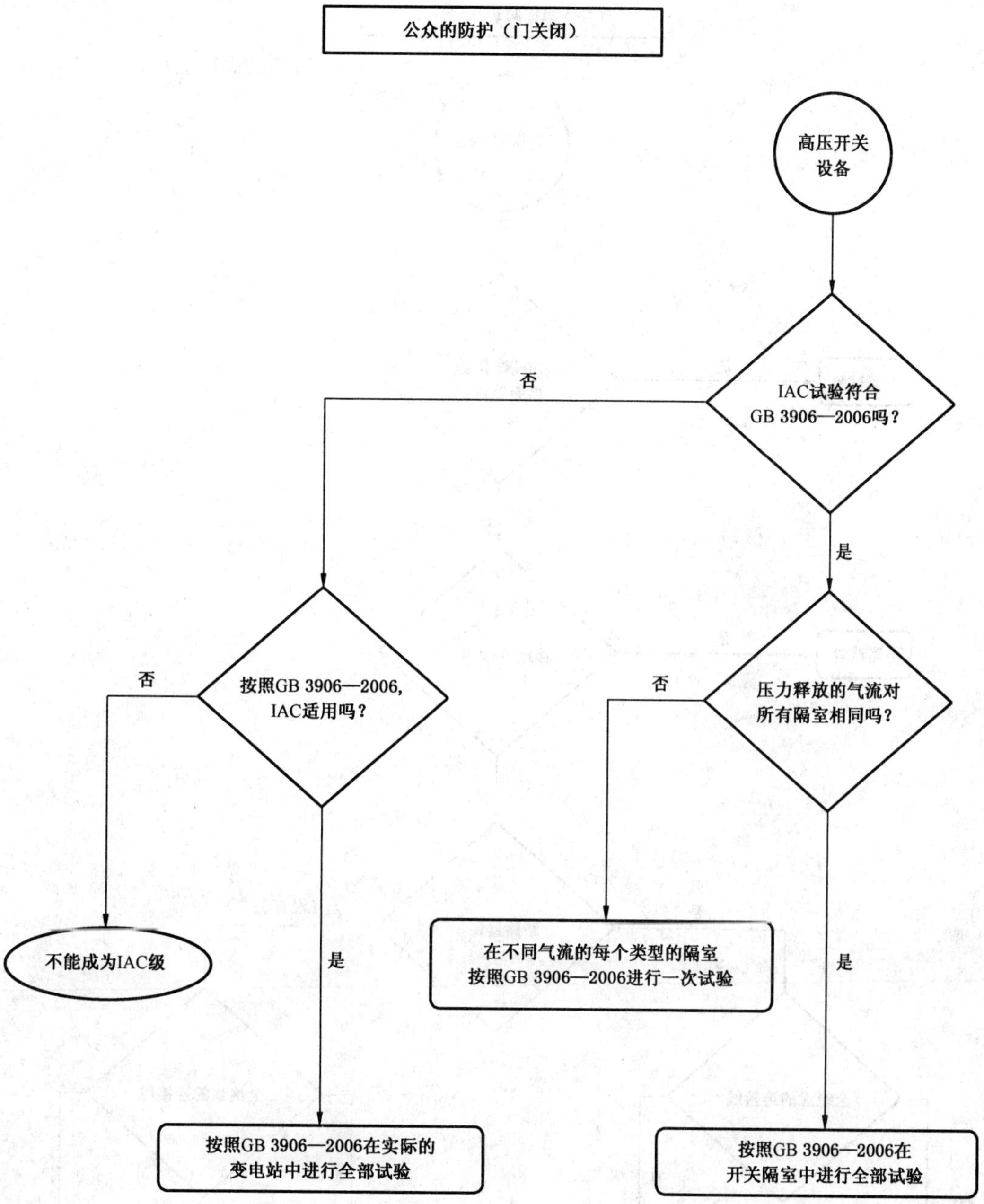

图 A.5　IAC-B 级高压开关设备试验的选择

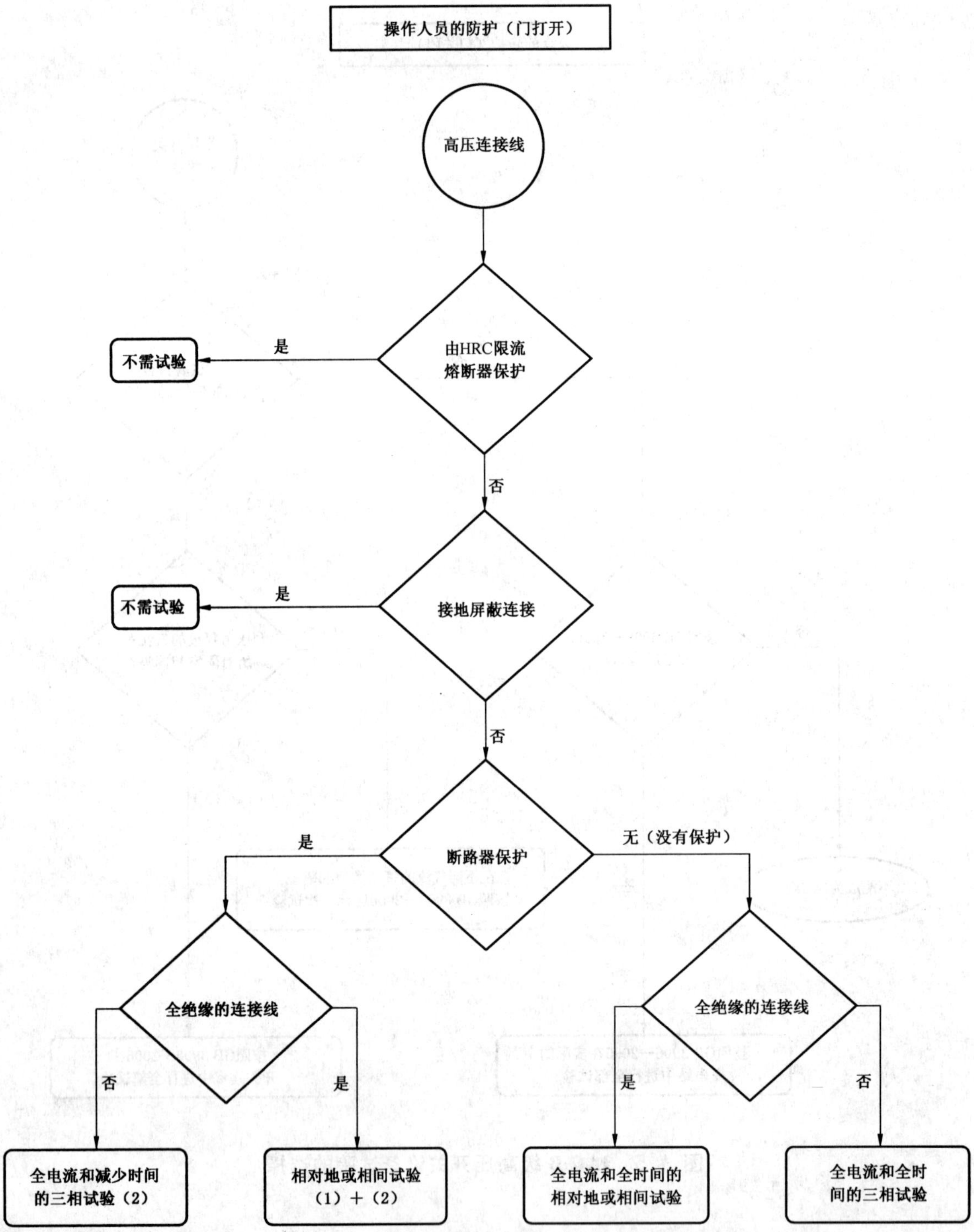

(1) 按照 GB 3906—2006 的 A.5.2 中的判据，相对地和相间故障的适用性：

——对于相对地试验，电流值由制造厂规定；

——对于相间试验，电流值应为额定短时耐受电流的 87%。

(2) 考虑到保护的时间整定值，时间可以由制造厂规定。

图 A.6 IAC-A 级高压连接线试验的选择

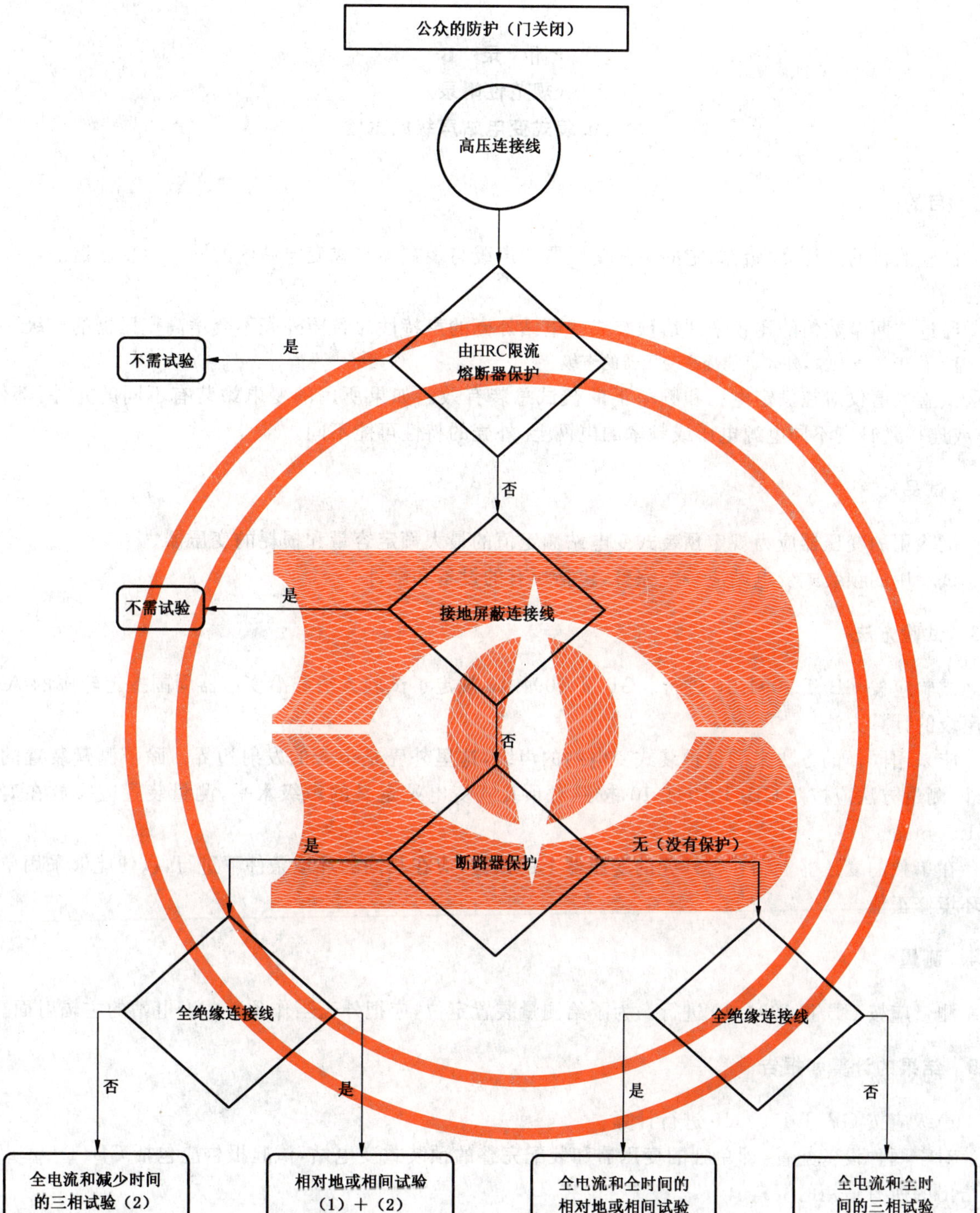

（1）按照 GB 3906—2006 的 A.5.2 中的判据，相对地和相间故障的适用性：

——对于相对地试验，电流值由制造厂规定；

——对于相间试验，电流值应为额定短时耐受电流的 87%。

（2）考虑到保护的时间整定值，时间可以由制造厂规定。

图 A.7 IAC-B 级高压连接线试验的选择

附 录 B
(规范性附录)
验证预装式变电站声级的试验

B.1 目的

试验的目的是计算一台给定的单独变压器的声级与装在预装式变电站内的同一台变压器的声级的差别。

通过这两个数值的比较来评估预装式变电站外壳的声特性。希望外壳不会增高变压器的声级。

注:由于共振现象,外壳可能提高变压器的声级。

试验数值仅对在额定电压和频率下的被试总装有效。如果所用的变电站装有不同的元件、部件,和/或连接到具有不同电源电压或频率的电网上,外壳的特性可能不同。

B.2 试品

试验用的变压器应为规定预装式变电站额定值的最大额定容量和损耗的变压器。

试验用的预装式变电站应装配完整,包括所有的设备和配件。

B.3 试验方法

试验应按 GB/T 1094.10 进行。GB/T 1094.10 规定了试验方法和沿变压器周围指定轮廓的 A-加权声级的计算方法。

应采用同样的方法来测量预装式变电站的声级,这里外壳是声音的发射边界。除了测量装置的要求外,测量方法应按照 GB/T 1094.10,按照对预装式变电站定义的声级水平,测量装置应安放在离地面 1.5 m 处。

在单独的变压器上和在带外壳的变压器上的试验,应在相同的环境条件下进行,以便能够采用单一的环境修正值。

B.4 测量

测量应按 GB/T 1094.10 进行。为了给测量装置定位,应把外壳当作预装式变电站的主辐射面。

B.5 结果的计算和报告

声级应按 GB/T 1094.10 进行计算。

对于两种设备配置,即单独的变压器和装配完整的预装式变电站,试验报告应包括 GB/T 1094.10 中给出的所有适用的资料。

此外,对装配完整的预装式变电站,还应包括以下资料:

a) 外壳、门、面板和通风网栅的主要设计特点,包括使用的材料;

b) 外壳内各元件的布置尺寸图,门和通风口以及其他可能严重影响声音传播的部件的位置和尺寸;

c) 应给出变压器相对于外壳、门、面板和通风口的位置的详细资料。

注:如果预装式变电站任一侧测得的声级和在另一侧的测量结果显著不同,试验报告应将所有的数值记录下来,以便用户能够在安装预装式变电站时考虑这些差别。

附 录 C
（规范性附录）
机械撞击试验

C.1 验证抵抗机械撞击的试验

试验应在预装式变电站外壳外露部分的薄弱点(例如面板、门和通风口)上进行。

试验应使用GB/T 20138中规定的试验方法。撞击能量应为20 J。对于水平表面,可以用垂直放置的管子给打击元件导向。

如果在正常使用条件下,温度的变化对外壳部件所用材料(例如合成材料)的机械撞击强度有显著的影响,应在最低使用温度下对这些部件进行撞击试验。

试验时,外壳应按制造厂的使用说明书安装。

预装式变电站的每一垂直面或顶部,最多的撞击次数为5次。在同一位置(点)只撞击1次。

满足以下判据认为试验成功:

——应保持外壳的防护等级;

——控制机构、手柄等的操作,不应损坏;

——外壳的损伤或变形既不应妨碍设备的继续使用,也不得降低绝缘耐受电压(或电气间隙,或爬电距离)的规定值;

——表面的损伤,例如掉漆和小的凹陷是允许的。

C.2 验证防止机械损害的装置

试验装置本质上由一个绕其上端在垂直平面内旋转的摆锤构成。支点轴心在测量点上方1 000 mm处,撞击元件应符合图C.1的要求。

摆臂的质量和撞击元件组合质量之比应不大于0.2,撞击元件的重心应落在摆臂的轴线上。

撞击元件端头到测量点的距离为60 mm±20 mm。

为了避免二次撞击,即反弹,在初次撞击后应抓住撞击元件使锤头停住,同时要避开摆臂以防其变形。

在每次撞击前,应目测检查撞击元件的嵌入端,保证其上没有会影响试验结果的损伤。

设备承受的撞击由锤头的质量和下落的高度来决定,这一高度是撞击锤升起位置和撞击点之间的垂直距离。

锤头的等效质量为5 kg,下落的高度为400 mm,产生的撞击能量为20 J。

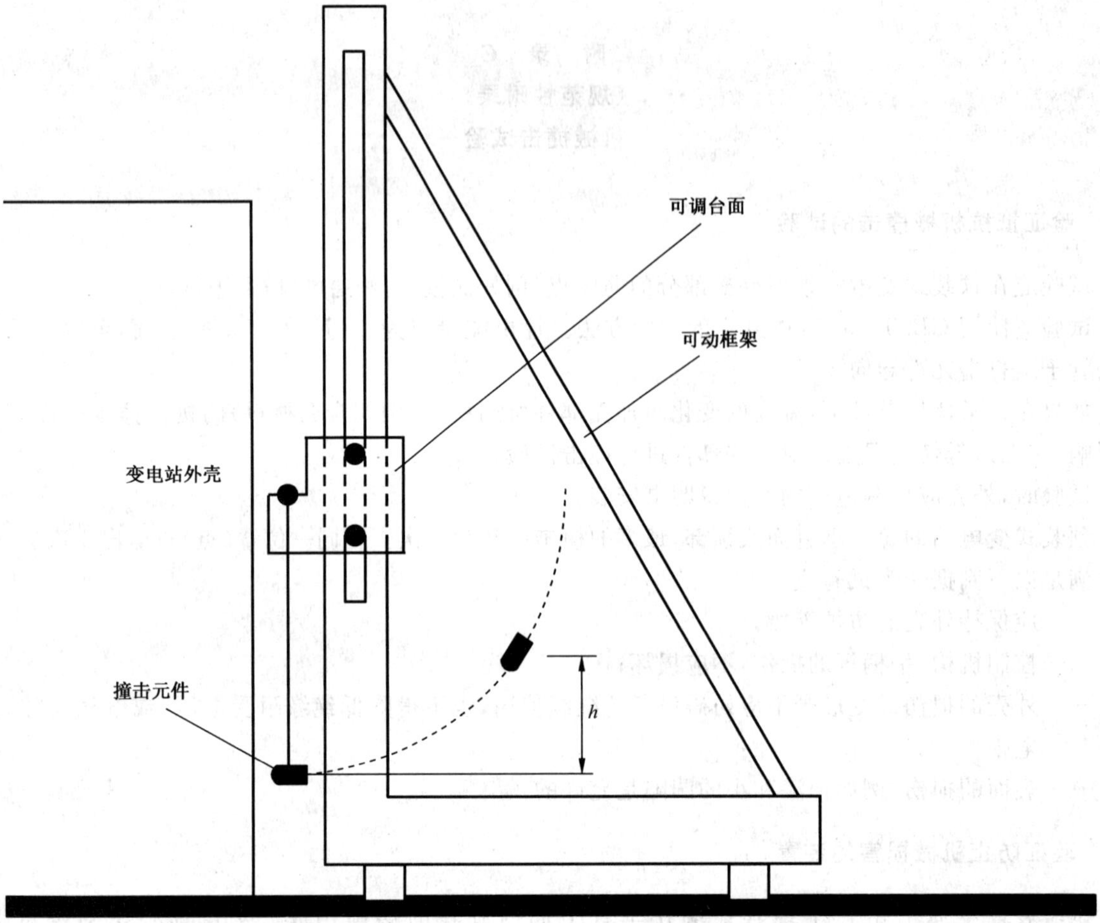

图中：

撞击能量＝20 J；

等效质量＝5 kg±0.25 kg；

撞击锤的端头：按 GB/T 20138；

锤的材料：按 FE 490-2；按照 GB/T 230.1，洛氏硬度 HRE 80～85；

标称的下落高度 h＝400 mm±4 mm。

图 C.1 撞击试验装置

附　录　D
（资料性附录）
外壳中变压器的额定值

与预装式变电站额定最大容量对应的变压器对于不同的外壳级别和周围温度，能够带不同的负荷。本附录对充液变压器或干式变压器给出了确定负荷系数的方法。

注 1：变压器的最高热点温度应保持与外壳无关，且因为如此，有必要降低变压器的容量来保证不超过该热点温度。对于充液变压器，GB/T 1094.7 中给出了最高热点温度，对于干式变压器，在 GB 1094.11 中给出了取决于绝缘材料的温度等级。

注 2：由于采用一条曲线不存在测量误差，对于空载/负载损耗比给出了一组曲线。这些曲线对于损耗比在 1∶2 和 1∶12 之间有效。

D.1　充液变压器

建议按下述各条使用图 D.1 的曲线：

a)　选出代表外壳级别的曲线；

b)　在纵轴上找到预装式变电站安装处已知的周围温度平均值；

c)　外壳级别线和周围温度线的交点给出了变压器的负荷系数。

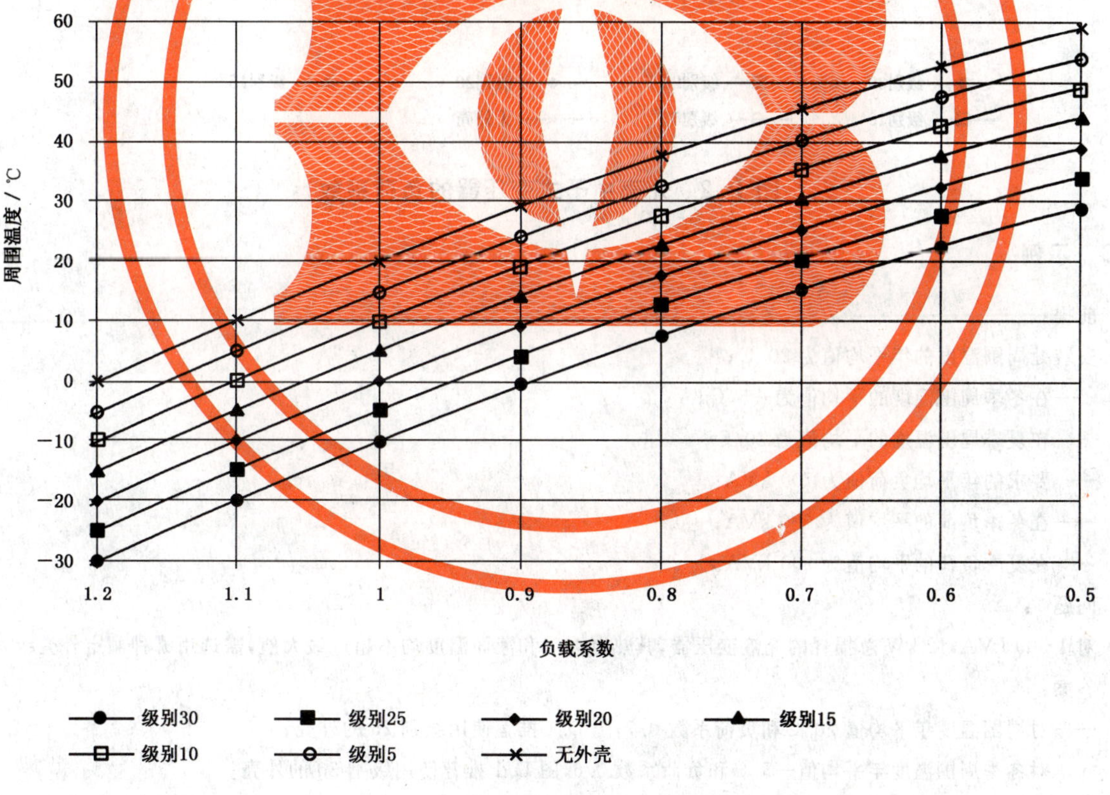

图 D.1　外壳中充液变压器的负荷系数

D.2　干式变压器

建议按下述各条使用图 D.2 的曲线：

a)　选出代表外壳级别的曲线；

b) 在纵轴上找到预装式变电站安装处已知的周围温度平均值；

c) 外壳级别线和周围温度线的交点给出了变压器的负荷系数。

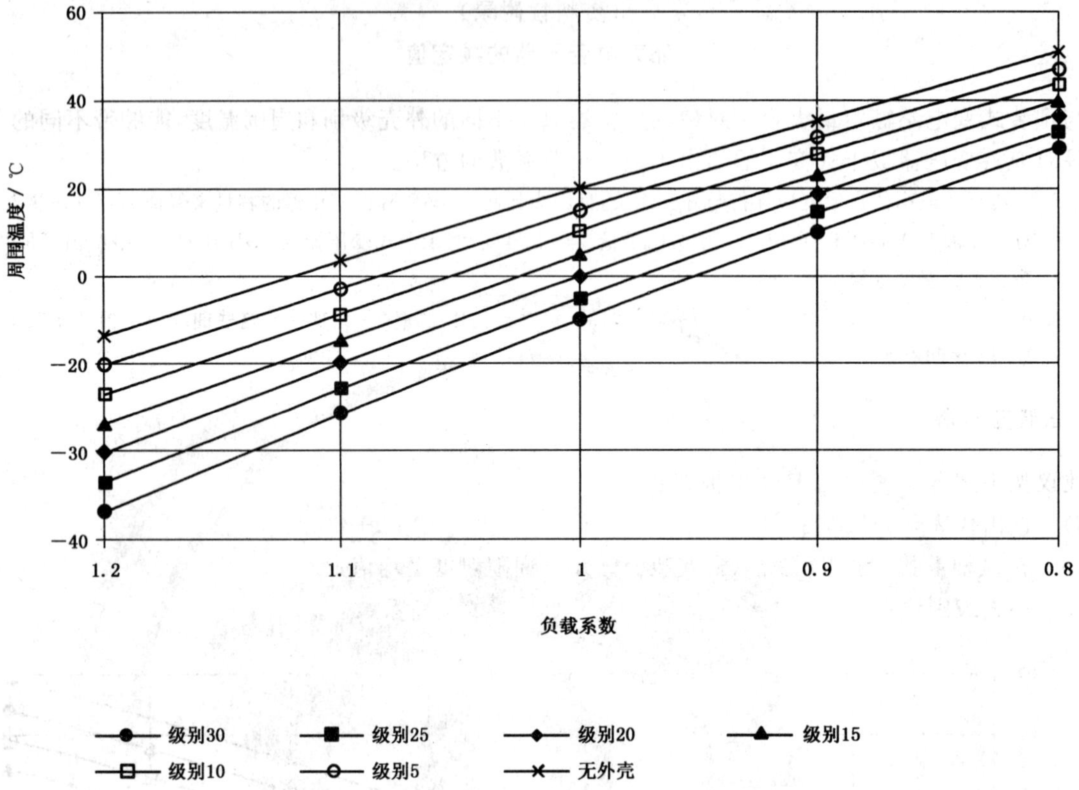

图 D.2 外壳中干式变压器的负荷系数

D.3 示例

前提：

安装处周围温度的年平均值为 20 ℃；

——在冬季周围温度的平均值为−5 ℃；

——在夏季周围温度的平均值为 30 ℃；

——要求的年平均负荷值为 700 kVA；

——在冬季负荷的平均值为 600 kVA；

——在夏季负荷的平均值为 800 kVA。

问题 1：

对 1 000 kVA，12 kW 总损耗的充液变压器，其热点温度和液面温度均不超过最大值，需选用哪种额定外壳级别？

答案：

——对周围温度年平均值 20 ℃和负荷系数 0.7，图 D.1 推荐使用级别 25 的外壳；

——对冬季周围温度年平均值−5 ℃和负荷系数 0.6，图 D.1 推荐使用级别 30 的外壳；

——夏季周围温度平均值 30 ℃和负荷系数 0.8，图 D.1 推荐使用级别 5 的外壳。

结论：

对最大容量 1 000 kVA、最大损耗 12 kW 的变压器，只能选用级别 5 的外壳。

问题 2：

在上述前提下，选用级别 30 的外壳，变压器的允许负荷系数是多少？

答案：

——对周围温度年平均值 20 ℃和级别 30，图 D.1 给出的最大负荷系数为 0.63；

——对冬季周围温度年平均值−5 ℃和级别 30，图 D.1 给出的最大负荷系数为 0.95；

——夏季周围温度平均值 30 ℃和级别 30，图 D.1 给出的最大负荷系数为 0.48。

结论：

如果选用级别 30 的外壳，除了在冬季，变压器的负荷必须受到限制。

附 录 E
（资料性附录）
接地回路举例

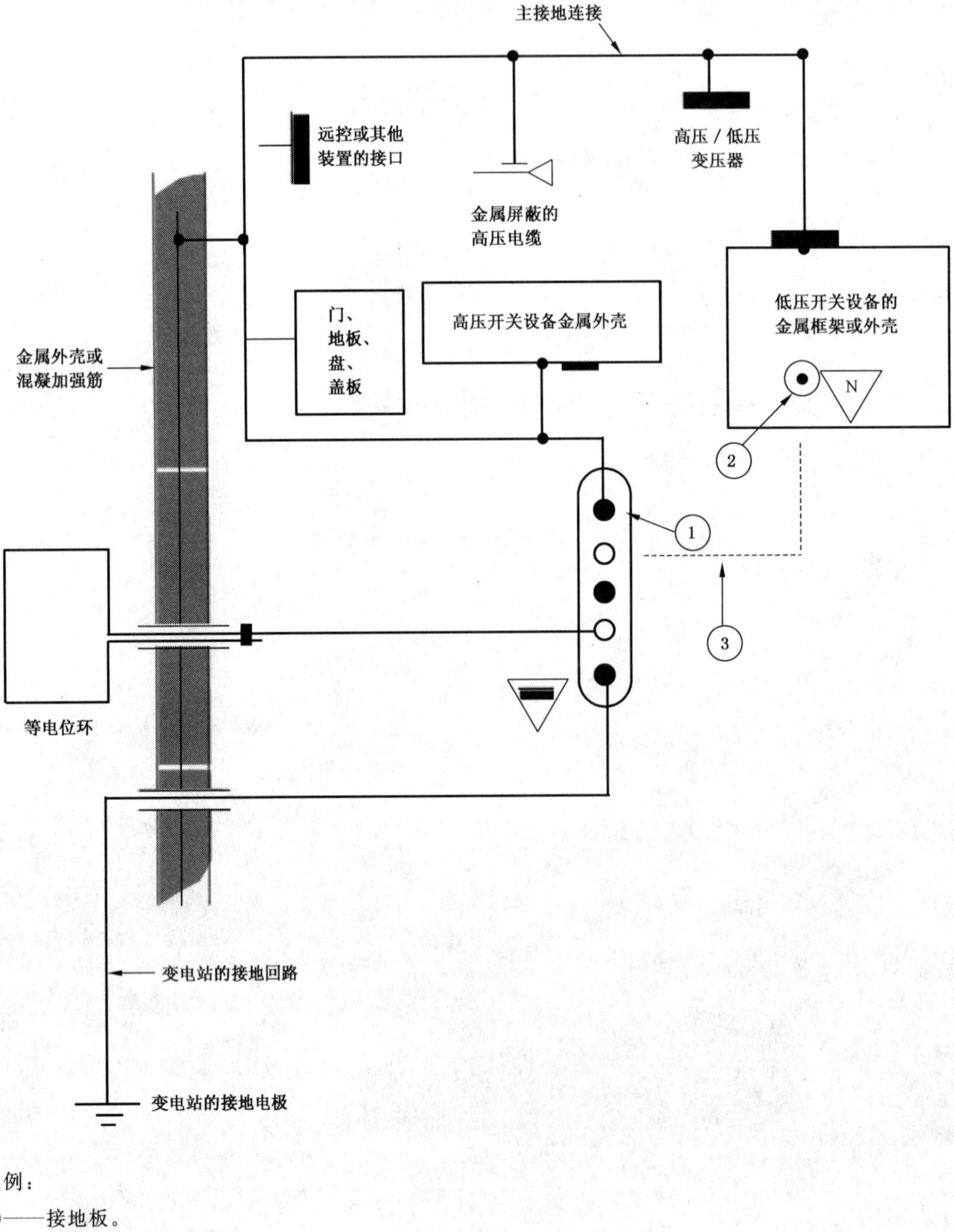

图例：

①——接地板。

②——连接到地的低压中性端子。

③——低压中性线连接至接地板，替代的方式是按照绝缘规则与独立的低压中性接地电极连接。

图 E.1 接地回路举例

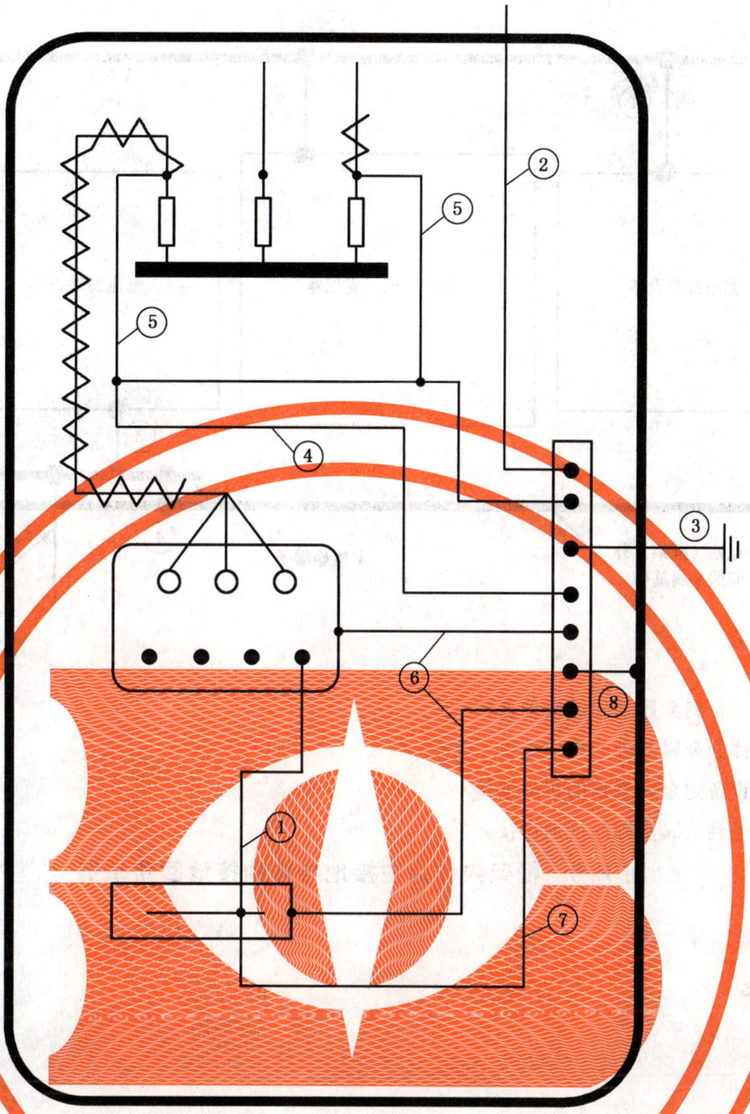

图例：

①——低压中性导体；

②——外部接地；

③——预装式变电站附加的接地点(根据土壤条件)；

④——高压开关设备的接地；

⑤——高压电缆屏蔽的接地；

⑥——变压器和低压框架的接地；

⑦——主低压中性母线的接地；

⑧——外壳接地。

图 E.2 接地回路举例

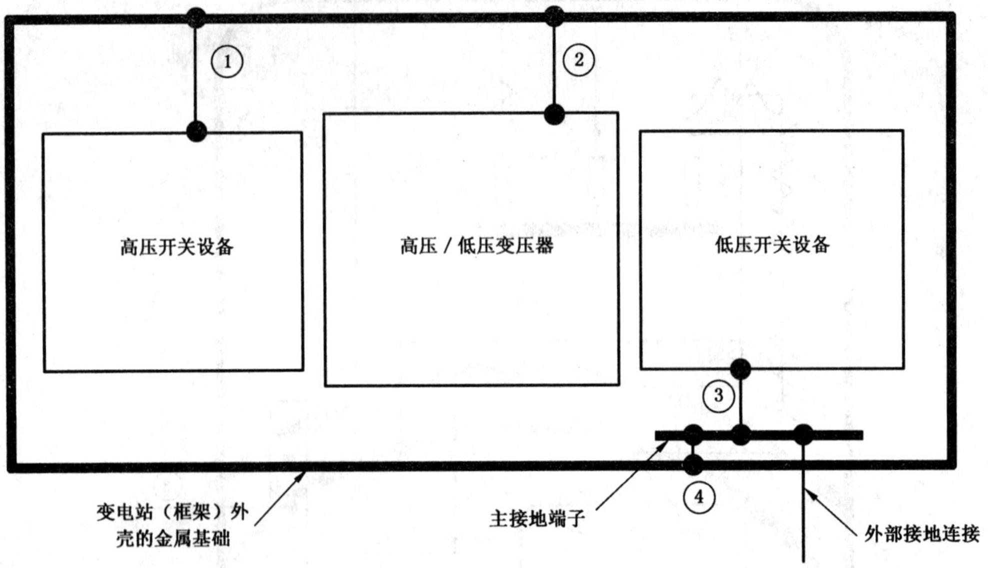

图例：

①——高压开关设备到金属基础的接地连接；

②——变压器箱体到金属基础的接地连接；

③——低压开关设备到金属基础的接地连接；

④——主接地端子到金属基础的接地连接。

图 E.3 框架内作为主接地导体的接地回路举例

附　录　F
（资料性附录）
外壳材料的特性

F.1　金属

F.1.1　涂层

大量的涂层可以使用。表F.1列出了推荐的涂层的一些例子。

表F.1　涂层的处理

处　理	标　准	基　础	
		钢	铝
热浸镀锌	GB/T 13825—1992　金属覆盖层黑色金属材料热镀锌层的质量测定称量法 GB/T 13912—2002　金属覆盖层　钢铁制件热浸镀锌层技术要求及试验方法	×	
电镀锌涂层	GB/T 9799—1997　金属覆盖层　钢铁上的锌电镀层	×	
化学置换涂层	GB/T 15519—2002　化学转化膜　钢铁黑色氧化膜　规范和试验方法	×	
	GB/T 17460—1998　化学转化膜　铝及铝合金上漂洗和不漂洗铬酸盐转化膜		×

F.1.2　油漆

表F.2列出了用于检验油漆的标准。

表F.2　涂层的试验

试　验	标　准
粘着性	GB/T 9286—1998　色漆和清漆　漆膜的划格试验
盐雾	GB/T 10125—1997　人造气氛腐蚀试验　盐雾试验
人工老化	ISO 11997:2005　油漆和清漆——耐周期性腐蚀的测定
磨损	ISO 7784:2006　油漆和清漆——抗磨损性的确定
腐蚀	ISO 12944:1998　第1-8部分:油漆和清漆——油漆保护的钢结构的腐蚀防护

F.2　混凝土

腐蚀可能出现在混凝土以及加强混凝土的钢材上。因此,应该考虑5.102.3.1中列出的可能影响腐蚀的主要因素。

混凝土的某些特性的限值,例如,最大的水和水泥比、最低的混凝土强度、最低的水泥含量以及覆盖于钢加强筋的最少混凝土等应予以考虑。

表F.3列出了可以用来试验混凝土性能的一些标准。

油漆/涂层可以改善抗腐蚀性以及产品特性。

表 F.3 混凝土的试验

试　验	标　　准
混凝土强度	GB/T 14902—2003 预拌混凝土
耐受氯化物扩散的试验（去冰盐雾）	GB/T 50080 普通混凝土——拌和物性能试验方法 ISO/DIS 4846 混凝土——暴露于去冰化学条件下的表面的耐受比例的确定
密度/孔隙率	GB/T 50081 普通混凝土——力学性能试验方法 GB/J 82 普通混凝土——长期性能和耐久性能试验方法
技术要求、性能、生产和一致性	EN 206-1:2000 混凝土——第1部分:技术要求、性能、生产和一致性 ASTM C94/C 94M 准备混合的混凝土的标准技术要求

参考文献

[1] GB/J 82 普通混凝土——长期性能和耐久性能试验方法

[2] GB/T 9286—1998 色漆和清漆 漆膜的划格试验(eqv ISO 2409:1992)

[3] GB/T 9799—1997 金属覆盖层钢铁上的锌电镀层(eqv ISO 2081:1986)

[4] GB/T 10125—1997 人造气氛腐蚀试验 盐雾试验(eqv ISO 9227:1990)

[5] GB/T 13825—1992 金属覆盖层黑色金属材料热镀锌层的质量测定称量法(eqv ISO 1460:1973(F))

[6] GB/T 13912—2002 金属覆盖层钢铁制件热浸镀锌层技术要求及试验方法(eqv ISO 1461:1999)

[7] GB/T 14902—2003 预拌混凝土

[8] GB/T 15519—2002 化学转化膜钢铁黑色氧化膜规范和试验方法(eqv ISO 11408:1999)

[9] GB/T 17460—1998 化学转化膜铝及铝合金上漂洗和不漂洗铬酸盐转化膜(eqv ISO 10546:1993)

[10] GB/T 50080 普通混凝土——拌和物性能试验方法

[11] GB/T 50081 普通混凝土——力学性能试验方法

[12] JB/T 5895—1991 污秽地区绝缘子 使用导则(eqv IEC/TR 60815:1986)

[13] ISO 1052:1982 一般工程用钢

[14] ISO/DIS 1920-2 新混凝土的特性

[15] ISO 1920-4:2005 混凝土

[16] ISO/DIS 4846 混凝土——暴露于去冰化学条件下的表面的耐受比例的确定

[17] ISO 7784:2006 油漆和清漆——抗磨损性的确定

[18] ISO 11997:2005 油漆和清漆——耐周期性腐蚀的测定

[19] ISO 12944:1998 第1-8部分:油漆和清漆——油漆保护的钢结构的腐蚀防护

[20] EN 206-1:2000 混凝土——第1部分:技术要求、性能、生产和一致性

[21] ASTM C94/C 94M 准备混合的混凝土的标准技术要求

中华人民共和国国家标准

GB 17512.1—2010

食品安全国家标准
食品添加剂　赤藓红

2010-12-21 发布　　　　2011-02-21 实施

中华人民共和国卫生部　发布

前　言

本标准代替 GB 17512.1—1998《食品添加剂　赤藓红》。

本标准与 GB 17512.1—1998 相比，主要变化如下：

——增加了安全提示；

——修改了鉴别试验的方法；

——分光光度比色法平行测定的允许差由 2.0％修改为 1.0％；

——修改了氯化物和硫酸盐的检测方法；

——砷(As)的检测方法由化学限量法修改为原子吸收法；

——取消了重金属(以 Pb 计)的质量规格；

——增加了铅(Pb)指标和检测方法；

——增加了锌(Zn)指标和检测方法。

本标准的附录 A 为规范性附录，附录 B 为资料性附录。

本标准所代替标准的历次版本发布情况为：

——GB 17512.1—1998。

食品安全国家标准
食品添加剂　赤藓红

1　范围

本标准适用于荧光黄经碘化后而制得的食品添加剂赤藓红。

2　规范性引用文件

本标准中引用的文件对于本标准的应用是必不可少的。凡是注日期的引用文件，仅所注日期的版本适用于本标准。凡是不注日期的引用文件，其最新版本(包括所有的修改单)适用于本标准。

3　化学名称、结构式、分子式和相对分子质量

3.1　化学名称

9-(*o*-羧基苯基)-6-羟基-2,4,5,7-四碘-3H-呫吨-3-酮二钠盐一水合物

3.2　结构式

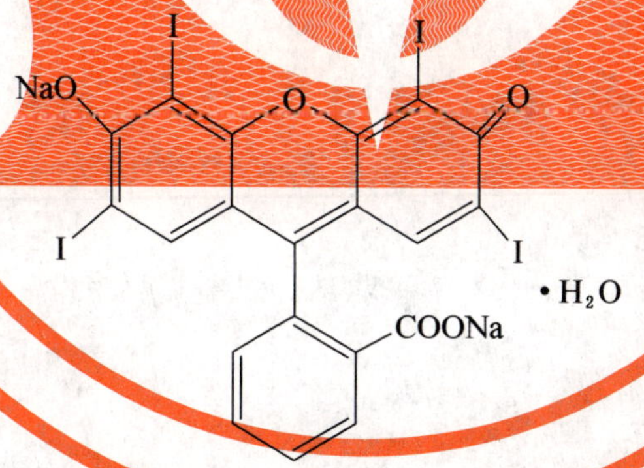

3.3　分子式

$C_{20}H_6I_4Na_2O_5 \cdot H_2O$

3.4　相对分子质量

897.87(按 2007 年国际相对原子质量)

4　技术要求

4.1　感官要求：应符合表 1 的规定。

表 1 感官要求

项目	要求	检验方法
色泽	红至暗红褐色	自然光线下采用目视评定
组织状态	粉末或颗粒	

4.2 理化指标:应符合表 2 的规定。

表 2 理化指标

项目		指标	检验方法
赤藓红,w/%	≥	85.0	附录 A 中 A.4
干燥减量、氯化物(以 NaCl 计)及硫酸盐(以 $NaSO_4$ 计)总量,w/%	≤	14.0	附录 A 中 A.5
水不溶物,w/%	≤	0.20	附录 A 中 A.6
副染料,w/%	≤	3.0	附录 A 中 A.7
碘化钠,w/%	≤	0.40	附录 A 中 A.8
砷(As)/(mg/kg)	≤	1.0	附录 A 中 A.9
铅(Pb)/(mg/kg)	≤	10.0	附录 A 中 A.10
锌(Zn)/(mg/kg)	≤	20.0	附录 A 中 A.11

附 录 A
（规范性附录）
检 验 方 法

A.1 安全提示

本标准试验方法中使用的部分试剂具有毒性或腐蚀性，按相关规定操作，操作时需小心谨慎。若溅到皮肤上应立即用水冲洗，严重者应立即治疗。在使用挥发性酸时，要在通风橱中进行。

A.2 一般规定

本标准所用试剂和水，在没有注明其他要求时，均指分析纯试剂和 GB/T 6682—2008 规定的三级水。试验中所需标准溶液、杂质标准溶液、制剂及制品在没有注明其他规定时，均按 GB/T 601、GB/T 602、GB/T 603 规定配制和标定。

A.3 鉴别试验

A.3.1 试剂和材料

A.3.1.1 硫酸。

A.3.1.2 盐酸。

A.3.1.3 乙酸铵溶液：1.5 g/L。

A.3.2 仪器和设备

A.3.2.1 分光光度计。

A.3.2.2 比色皿：10 mm。

A.3.3 鉴别方法

应满足如下条件：

A.3.3.1 称取试样约 0.1 g(精确至 0.01 g)，溶于 100 mL 水中，呈红色澄清溶液。取 5 mL 溶液加入 1 mL 盐酸，则产生红色沉淀。

A.3.3.2 称取试样约 0.2 g(精确至 0.01 g)，溶于 20 mL 硫酸中，呈褐黄色，取此液 2 滴～3 滴，加水 5 mL，产生橙红色沉淀。

A.3.3.3 称取试样约 0.1 g(精确至 0.01 g)，溶于 100 mL 乙酸铵溶液中，取此溶液 1 mL，加乙酸铵溶液配至 100 mL，该溶液的最大吸收波长为 526 nm±2 nm。

A.4 赤藓红的测定

A.4.1 重量法(仲裁法)

A.4.1.1 方法提要

试样溶解后，经稀释、酸化、煮沸，并经过恒量过滤，再恒量，然后进行称量计算。

A.4.1.2 试剂和材料

A.4.1.2.1 盐酸溶液:1+49。

A.4.1.2.2 盐酸溶液:1+199。

A.4.1.3 仪器和设备

A.4.1.3.1 恒温干燥箱。

A.4.1.3.2 玻璃砂芯坩埚:G4,孔径为5 μm~15 μm。

A.4.1.4 分析步骤

称取约2.5 g试样(精确至0.000 1 g),置于烧杯中,用水溶解后移入250 mL容量瓶中,稀释至刻度,摇匀。吸取50 mL该溶液,置于250 mL烧杯中,加热至沸腾后,加入20 mL盐酸溶液(1+49),再次煮沸,然后用5 mL水冲洗烧杯内壁,盖上表面皿,在沸水浴上加热约5 h后,放冷至室温,用已在135 ℃±2 ℃烘至恒量,并冷却称量过的G4玻璃砂芯坩埚,将沉淀物过滤。再每次用15 mL盐酸溶液(1+199)冲洗,洗涤二次后,再用15 mL水洗一次,将沉淀物和G4玻璃砂芯坩埚在135 ℃±2 ℃恒温干燥箱中烘至恒量,在干燥器内冷却30 min后称量。

A.4.1.5 结果计算

赤藓红以质量分数 w_1 计,数值用%表示,按公式(A.1)计算:

$$w_1=\frac{m_1\times 1.074}{m\times 50/250}\times 100\% \qquad \cdots\cdots(A.1)$$

式中:

m_1 ——沉淀物质量的数值,单位为克(g);

1.074——变换系数;

m ——试样质量的数值,单位为克(g)。

计算结果表示到小数点后1位。

平行测定结果的绝对差值不大于0.2%(质量分数),取其算术平均值作为测定结果。

A.4.2 分光光度比色法

A.4.2.1 方法提要

将试样与已知含量的赤藓红标准品分别用水溶解,用乙酸铵溶液稀释定容后,在最大吸收波长处,分别测其吸光度,计算其含量。

A.4.2.2 试剂和材料

A.4.2.2.1 乙酸铵溶液:1.5 g/L。

A.4.2.2.2 赤藓红标准品:≥85.0%(质量分数,按A.4.1测定)。

A.4.2.3 仪器和设备

A.4.2.3.1 分光光度计。

A.4.2.3.2 比色皿:10 mm。

A.4.2.4 赤藓红标样溶液的配制

称取约0.25 g(精确至0.000 1 g)赤藓红标准样品,溶于适量水中,移入1 000 mL棕色容量瓶中,加水稀释至刻度，摇匀。准确吸取 10 mL，移入 500 mL 棕色容量瓶中，加乙酸铵溶液稀释至刻度，摇匀。

A.4.2.5 赤藓红试样溶液的配制

称量与操作方法同 A.4.2.4 标样溶液的配制。

A.4.2.6 分析步骤

将赤藓红标样溶液和赤藓红试样溶液分别置于 10 mm 比色皿中，同在最大吸收波长处用分光光度计测定各自的吸光度值，用乙酸铵溶液作参比液。

A.4.2.7 结果计算

赤藓红以质量分数 w_1 计，数值用%表示，按公式(A.2)计算：

$$w_1 = \frac{Am_0}{A_0 m} \times w_0 \qquad \text{(A.2)}$$

式中：

A ——赤藓红试样溶液的吸光度值；

m_0 ——赤藓红标准品的质量数值，单位为克(g)；

w_0 ——赤藓红标准品(重量法)的质量分数，%；

A_0 ——赤藓红标样溶液的吸光度值；

m ——试样的质量数值，单位为克(g)。

计算结果表示到小数点后 1 位。

平行测定结果的绝对差值不大于 1.0%(质量分数)，取其算术平均值作为测定结果。

A.5 干燥减量、氯化物(以 NaCl 计)及硫酸盐(以 Na_2SO_4 计)总量的测定

A.5.1 干燥减量的测定

A.5.1.1 分析步骤

称取约 2 g 试样(精确至 0.001 g)，置于已在 135 ℃±2 ℃烘至恒量的称量瓶中，在 135 ℃±2 ℃恒温干燥箱中烘至恒量。

A.5.1.2 结果计算

干燥减量以质量分数 w_2 计，数值用%表示，按公式(A.3)计算：

$$w_2 = \frac{m_2 - m_3}{m_2} \times 100\% \qquad \text{(A.3)}$$

式中：

m_2——试样干燥前质量的数值，单位为克(g)；

m_3——试样干燥至恒量质量的数值，单位为克(g)。

计算结果表示到小数点后 1 位。

平行测定结果的绝对差值不大于 0.2%(质量分数)，取其算术平均值作为测定结果。

A.5.2 氯化物(以 NaCl 计)的测定

A.5.2.1 试剂和材料

A.5.2.1.1 硝基苯。

A.5.2.1.2 活性炭:767 针型。

A.5.2.1.3 硝酸溶液:1+1。

A.5.2.1.4 硝酸银溶液:$c(AgNO_3)=0.1\ mol/L$。

A.5.2.1.5 硫酸铁铵溶液:

配制方法:称取约 14 g 硫酸铁铵,溶于 100 mL 水中,过滤,加 10 mL 硝酸,贮存于棕色瓶中。

A.5.2.1.6 硫氰酸铵标准滴定溶液:$c(NH_4CNS)=0.1\ mol/L$。

A.5.2.2 试样溶液的配制

称取约 2 g 试样(精确至 0.001 g),溶于 150 mL 水中,加约 15 g 活性炭,温和煮沸 2 min~3 min,加入 1 mL 硝酸溶液,不断摇动均匀,放置 30 min(其间不时摇动)。用干燥滤纸过滤。如滤液有色,则再加 5 g 活性炭,不时摇动下放置 1 h,再用干燥滤纸过滤(如仍有色则更换活性炭重复操作至滤液无色)。每次以 10 mL 水洗活性炭三次,滤液合并移至 200 mL 容量瓶中,加水至刻度,摇匀。用于氯化物和硫酸盐含量的测定。

A.5.2.3 分析步骤

移取 50 mL 试样溶液,置于 500 mL 锥形瓶中,加 2 mL 硝酸溶液和 10 mL 硝酸银溶液(氯化物含量多时要多加些)及 5 mL 硝基苯,剧烈摇动至氯化银凝结,加入 1 mL 硫酸铁铵溶液,用硫氰酸铵标准滴定溶液滴定过量的硝酸银到终点并保持 1 min,同时以同样方法做一空白试验。

A.5.2.4 结果计算

氯化物(以 NaCl 计)以质量分数 w_3 计,数值用%表示,按公式(A.4)计算:

$$w_3=\frac{c_1[(V_1-V_0)/1\,000]M_1}{m_4(50/200)}\times 100\% \qquad \text{(A.4)}$$

式中:

c_1 ——硫氰酸铵标准滴定溶液浓度的准确数值,单位为摩尔每升(mol/L);

V_1 ——滴定空白溶液耗用硫氰酸铵标准滴定溶液体积的准确数值,单位为毫升(mL);

V_0 ——滴定试样溶液耗用硫氰酸铵标准滴定溶液体积的准确数值,单位为毫升(mL);

M_1 ——氯化钠的摩尔质量数值,单位为克每摩尔(g/mol)[$M_1(NaCl)=58.4$];

m_4 ——试样的质量数值,单位为克(g)。

计算结果表示到小数点后 1 位。

平行测定结果的绝对差值不大于 0.3%(质量分数),取其算术平均值作为测定结果。

A.5.3 硫酸盐(以 Na_2SO_4 计)的测定

A.5.3.1 试剂和材料

A.5.3.1.1 氢氧化钠溶液:2 g/L。

A.5.3.1.2 盐酸溶液:1+1 999。

A.5.3.1.3 氯化钡标准滴定溶液:$c(1/2BaCl_2)=0.1\ mol/L$(配制方法见附录 B)。

A.5.3.1.4 酚酞指示液:10 g/L。

A.5.3.1.5 玫瑰红酸钠指示液:称取 0.1 g 玫瑰红酸钠,溶于 10 mL 水中(现用现配)。

A.5.3.2 分析步骤

吸取 25 mL 试样溶液(A.5.2.2),置于 250 mL 锥形瓶中,加 1 滴酚酞指示液,滴加氢氧化钠溶液呈粉红色,然后滴加盐酸溶液至粉红色消失,摇匀,溶解后在不断摇动下用氯化钡标准滴定溶液滴定,以玫瑰红酸钠指示液作外指示液，反应液与指示液在滤纸上交汇处呈现玫瑰红色斑点并保持 2 min 不褪色为终点。

同时以相同方法做空白试验。

A.5.3.3 结果计算

硫酸盐（以 Na_2SO_4 计）以质量分数 w_4 计，数值用%表示，按公式（A.5）计算：

$$w_4=\frac{c_2[(V_2-V_3)/1\ 000](M_2/2)}{m_4(25/200)}\times 100\% \quad \cdots\cdots(A.5)$$

式中：

c_2 ——氯化钡标准滴定溶液浓度的准确数值，单位为摩尔每升（mol/L）；

V_2 ——滴定试样溶液耗用氯化钡标准滴定溶液体积的准确数值，单位为毫升（mL）；

V_3 ——滴定空白溶液耗用氯化钡标准滴定溶液体积的准确数值，单位为毫升（mL）；

M_2 ——硫酸钠的摩尔质量的数值，单位为克每摩尔（g/mol）[$M_2(Na_2SO_4)=142.04$]；

m_4 ——试样质量的数值，单位为克（g）。

计算结果表示到小数点后 1 位。

平行测定结果的绝对差值不大于 0.2%（质量分数），取其算术平均值作为测定结果。

A.5.4 干燥减量、氯化物（以 NaCl 计）及硫酸盐（以 Na_2SO_4 计）总量的结果计算

干燥减量和氯化物（以 NaCl 计）及硫酸盐（以 Na_2SO_4 计）的总量以质量分数 w_5 计，数值用%表示，按公式（A.6）计算：

$$w_5=w_2+w_3+w_4 \quad \cdots\cdots(A.6)$$

式中：

w_2——干燥减量的质量分数，%；

w_3——氯化物（以 NaCl 计）的质量分数，%；

w_4——硫酸盐（以 Na_2SO_4 计）的质量分数，%。

计算结果表示到小数点后 1 位。

A.6 水不溶物的测定

A.6.1 仪器和设备

A.6.1.1 玻璃砂芯坩埚：G4，孔径为 5 μm～15 μm。

A.6.1.2 恒温干燥箱。

A.6.2 分析步骤

称取约 3 g 试样（精确至 0.001 g），置于 500 mL 烧杯中，加入 50 ℃～60 ℃热水 250 mL，使之溶解，用已在 135 ℃±2 ℃烘至恒量的 G4 玻璃砂芯坩埚过滤，并用热水充分洗涤到洗涤液无色，在 135 ℃±2 ℃恒温干燥箱中烘至恒量。

A.6.3 结果计算

水不溶物以质量分数 w_6 计，数值用%表示，按公式（A.7）计算：

$$w_6=\frac{m_6}{m_5}\times 100\% \quad \cdots\cdots(A.7)$$

式中：

m_6——干燥后水不溶物质量的数值，单位为克(g)；

m_5——试样质量的数值，单位为克(g)。

计算结果表示到小数点后2位。

平行测定结果的绝对差值不大于0.05%(质量分数)，取其算术平均值作为测定结果。

A.7 副染料的测定

A.7.1 方法提要

用纸上层析法将各组分分离，洗脱，然后用分光光度法定量。

A.7.2 试剂和材料

A.7.2.1 无水乙醇。

A.7.2.2 正丁醇。

A.7.2.3 丙酮溶液：1+1。

A.7.2.4 氨水溶液：4+96。

A.7.2.5 碳酸氢钠溶液：4 g/L。

A.7.3 仪器和设备

A.7.3.1 分光光度计。

A.7.3.2 层析滤纸：1号中速，150 mm×250 mm。

A.7.3.3 层析缸：ϕ240 mm×300 mm。

A.7.3.4 微量进样器：100 μL。

A.7.3.5 纳氏比色管：50 mL有玻璃磨口塞。

A.7.3.6 玻璃砂芯漏斗：G3，孔径为15 μm～40 μm。

A.7.3.7 50 mm比色皿。

A.7.3.8 10 mm比色皿。

A.7.4 分析步骤

A.7.4.1 纸上层析条件

A.7.4.1.1 展开剂：正丁醇＋无水乙醇＋氨水溶液＝6＋2＋3。

A.7.4.1.2 温度：20 ℃～25 ℃。

A.7.4.2 试样溶液的配制

称取约1 g试样(精确至0.001 g)，置于烧杯中，加入适量水溶解后，移入100 mL容量瓶中，稀释至刻度，摇匀备用，该试样溶液浓度为1%。

A.7.4.3 试样洗出液的制备

用微量进样器吸取100 μL试样溶液，均匀地注在离滤纸底边25 mm的一条基线上，成一直线，使其在滤纸上的宽度不超过5 mm，长度为130 mm，用吹风机吹干。将滤纸放入装有预先配制好展开剂的层析缸中展开，滤纸底边浸入展开剂液面下10 mm，待展开剂前沿线上升至150 mm或直到副染料分离满意为止。取出层析滤纸，用冷风吹干。

用空白滤纸在相同条件下展开，该空白滤纸应与上述步骤展开用的滤纸在同一张滤纸上相邻部位裁取。

副染料纸上层析示意图见图 A.1。

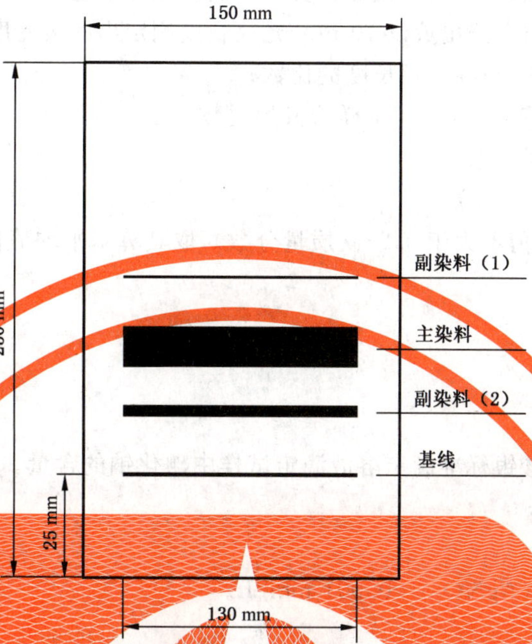

图 A.1 副染料纸上层析示意图

将展开后取得的各个副染料和在空白滤纸上与各副染料相对应的部位的滤纸按同样大小剪下，并剪成约 5 mm×15 mm 的细条，分别置于 50 mL 的纳氏比色管中，准确加入 5 mL 丙酮溶液，摇动 3 min～5 min 后，再准确加入 20 mL 碳酸氢钠溶液，充分摇动，然后分别在玻璃砂芯漏斗中自然过滤，滤液应澄清，无悬浮物。加水至刻度。分别得到各副染料和空白的洗出液。在各自副染料的最大吸收波长处，用 50 mm 比色皿，将各副染料的试料洗出液在分光光度计上测定各自的吸光度值。

在分光光度计上测定吸光度时，以丙酮溶液 5 mL 和碳酸氢钠溶液 20 mL 的混合液作参比液。

A.7.4.4 标准溶液的配制

吸取 2 mL 1%的试样溶液移入 100 mL 容量瓶中，稀释至刻度，摇匀，该溶液为标准溶液。

A.7.4.5 标准洗出液的制备

用微量进样器吸取标准溶液 100 μL，均匀地点注在离滤纸底边 25 mm 的一条基线上，用吹风机吹干。将滤纸放入装有预先配制好展开剂的层析缸中展开，待展开剂前沿线上升 40 mm，取出用冷风吹干，剪下所有展开的染料部分，按 A.7.4.3 的方法进行萃取操作，得到标准洗出液。用 10 mm 比色皿在最大吸收波长处测吸光度值。

同时用空白滤纸在相同条件下展开，按相同方法操作后测洗出液的吸光度值。

A.7.4.6 结果计算

副染料的质量分数以 w_7 计，数值用%表示，按公式(A.8)计算：

$$w_7=\frac{[(A_1-b_1)+\cdots\cdots+(A_n-b_n)]/5}{(A_s-b_s)(100/2)}\times S \qquad \cdots\cdots\cdots\cdots(\text{A.8})$$

式中：

$A_1 \cdots A_n$ ——各副染料洗出液以 50 mm 光径长度测定出的吸光度值；

$b_1 \cdots b_n$ ——各副染料对照空白洗出液以 50 mm 光径长度测定出的吸光度值；

A_s ——标准洗出液以 10 mm 光径长度测定出的吸光度值；

b_s ——标准对照空白洗出液以 10 mm 光径长度测定出的吸光度值；

5 ——折算成以 10 mm 光径长度的比数；

100/2 ——标准洗出液折算成 1%试样溶液的比数；

S ——试样的质量分数，%。

计算结果表示到小数点后 1 位。

平行测定结果的绝对差值不大于 0.2%(质量分数)，取其算术平均值作为测定结果。

A.8 碘化钠的测定

A.8.1 方法提要

采用电位滴定法，用硝酸银标准滴定溶液滴定试样中碘化钠的含量。

A.8.2 试剂和材料

硝酸银标准滴定溶液：$c(AgNO_3)=0.001$ mol/L。

A.8.3 仪器和设备

A.8.3.1 数字毫伏计。

A.8.3.2 碘离子选择电极。

A.8.3.3 参比电极。

A.8.3.4 电磁搅拌器。

A.8.4 试样溶液的制备

称取约 4.0 g 试样(精确至 0.000 1 g)，置于烧杯中，加入准确量取 100 mL 的水，用电磁搅拌器搅拌溶解，作为试样溶液。

A.8.5 分析步骤

将碘离子选择电极及参比电极插入已溶解的试样溶液中，然后调整毫伏计的毫伏读数，在充分搅拌下，用硝酸银标准滴定溶液滴定。开始滴定时滴定量每次 0.5 mL，渐渐加入，然后观察每次滴加的电位变化，并记录电位读数，当接近终点时，滴加速度降至每次 0.1 mL，将测得的电位毫伏读数和相应的硝酸银标准滴定溶液的滴定体积作图，曲线的最大突跃点即为滴定终点，得出其对应的硝酸银标准滴定溶液的体积。

A.8.6 结果计算

碘化钠以质量分数 w_8 计，数值用%表示，按公式(A.9)计算：

$$w_8=\frac{c_2(V_4/1\,000)M_3}{m_7}\times 100\% \qquad \cdots\cdots(A.9)$$

式中：

c_2 ——硝酸银标准滴定溶液浓度的准确数值，单位为摩尔每升(mol/L)；

V_4 ——滴定试样耗用的硝酸银标准滴定溶液的体积的数值，单位为毫升(mL)；

M_3——碘化钠的摩尔质量的数值，单位为克每摩尔(g/mol)[M_3(NaI)=149.89]；

m_7——试样质量的数值，单位为克(g)。

计算结果表示到小数点后1位。

A.9 砷的测定

A.9.1 方法提要

赤藓红经湿法消解后，制备成试样溶液，用原子吸收光谱法测定砷的含量。

A.9.2 试剂和材料

A.9.2.1 硝酸。

A.9.2.2 硫酸溶液：1+1。

A.9.2.3 硝酸-高氯酸混合溶液：3+1。

A.9.2.4 砷(As)标准溶液：按GB/T 602配制和标定后，再根据使用的仪器要求进行稀释配制成含砷相应浓度的三种标准溶液。

A.9.2.5 氢氧化钠溶液：1 g/L。

A.9.2.6 硼氢化钠溶液：8 g/L(溶剂为1 g/L的氢氧化钠溶液)。

A.9.2.7 盐酸溶液：1+10。

A.9.2.8 碘化钾溶液：200 g/L。

A.9.3 仪器和设备

A.9.3.1 原子吸收光谱仪。

A.9.3.2 仪器参考条件：砷空心阴极灯分析线波长：193.7 nm；狭缝：0.5 nm～1.0 nm；灯电流：6 mA～10 mA。

A.9.3.3 载气流速：氩气250 mL/min。

A.9.3.4 原子化器温度：900 ℃。

A.9.4 分析步骤

A.9.4.1 试样消解

称取约1 g试样(精确至0.001 g)，置于250 mL三角或圆底烧瓶中，加10 mL～15 mL硝酸和2 mL硫酸溶液，摇匀后用小火加热赶出二氧化氮气体，溶液变成棕色，停止加热，放冷后加入5 mL硝酸-高氯酸混合液，强火加热至溶液透明或微黄色，如仍不透明，放冷后再补加5 mL硝酸-高氯酸混合溶液，继续加热至溶液透明无色或微黄色并产生白烟(避免烧干出现炭化现象)，停止加热，放冷后加5 mL水加热至沸，除去残余的硝酸-高氯酸(必要时可再加水煮沸一次)，继续加热至发生白烟，保持10 min，放冷后移入100 mL容量瓶(若溶液出现浑浊、沉淀或机械杂质应过滤)，用盐酸溶液稀释定容。

同时按相同的方法制备空白溶液。

A.9.4.2 测定

量取25 mL消解后的试样溶液至50 mL容量瓶，加入5 mL碘化钾溶液，用盐酸溶液稀释定容，摇匀，静置15 min。

同时按相同的方法以空白溶液制备空白测试液。

开启仪器，待仪器及砷空心阴极灯充分预热，基线稳定后，用硼氢化钠溶液作氢化物还原发生剂，以标准空白、标准溶液、样品空白测试液及样品溶液的顺序，按电脑指令分别进样。测试结束后电脑自动生成工作曲线及扣除样品空白后的样品溶液中砷浓度，输入样品信息(如：名称、称样量、稀释体积等)，即自动换算出试样中砷含量。

平行测定结果的绝对差值不大于 0.1 mg/kg，取其算术平均值作为测定结果。

A.10 铅的测定

A.10.1 方法提要

赤藓红经湿法消解后，制备成试样溶液，用原子吸收光谱法测定铅的含量。

A.10.2 试剂和材料

A.10.2.1 铅(Pb)标准溶液：按 GB/T 602 配制和标定后，再根据使用的仪器要求进行稀释配制成含铅相应浓度的三种标准溶液。

A.10.2.2 氢氧化钠溶液：1 g/L。

A.10.2.3 硼氢化钠溶液：8 g/L(溶剂为 1 g/L 的氢氧化钠溶液)。

A.10.2.4 盐酸溶液：1+10。

A.10.3 仪器和设备

A.10.3.1 原子吸收光谱仪。

A.10.3.2 仪器参考条件：GB 5009.12—2010 中第三法火焰原子吸收光谱法。

A.10.4 分析步骤

可直接采用 A.9.4.1 的试样溶液和空白溶液。

按 GB 5009.12—2010 中第三法火焰原子吸收光谱法操作。

两次平行测定结果的绝对差值不大于 1.0 mg/kg，取其算术平均值作为测定结果。

A.11 锌含量的测定

A.11.1 方法提要

赤藓红经湿法消解后，制备成试样溶液，用原子吸收光谱法测定锌的含量。

A.11.2 试剂和材料

A.11.2.1 锌(Zn)标准溶液：按 GB/T 602 配制和标定后，再根据使用的仪器要求进行稀释配制成含锌相应浓度的三种标准溶液。

A.11.2.2 氢氧化钠溶液：1 g/L。

A.11.2.3 硼氢化钠溶液：8 g/L(溶剂为 1 g/L 的氢氧化钠溶液)。

A.11.2.4 盐酸溶液：1+10。

A.11.3 仪器和设备

A.11.3.1 原子吸收光谱仪。

A.11.3.2 仪器参考条件：GB/T 5009.14—2003 中第一法原子吸收光谱法。

A.11.4 分析步骤

可直接采用本标准的 A.9.4.1 的试样溶液和空白溶液。

按 GB/T 5009.14—2003 中第一法原子吸收光谱法进行测定。

平行测定结果的绝对差值不大于 2.0 mg/kg，取其算术平均值作为测定结果。

附 录 B
（规范性附录）
氯化钡标准溶液的配制方法

B.1 试剂和材料

B.1.1 氯化钡。

B.1.2 氨水。

B.1.3 硫酸标准滴定溶液：$c(1/2H_2SO_4)=0.1$ mol/L，按 GB/T 601 配制与标定。

B.1.4 玫瑰红酸钠指示液（称取 0.1 g 玫瑰红酸钠，溶于 10 mL 水中，现用现配）。

B.1.5 广范 pH 试纸。

B.2 配制

称取 12.25 g 氯化钡，溶于 500 mL 水，移入 1 000 mL 容量瓶中，稀释至刻度，摇匀。

B.3 标定方法

吸取 20 mL 硫酸标准滴定溶液，置于 250 mL 锥形瓶中，加 50 mL 水，并用氨水中和到广范 pH 试纸为 8，然后用氯化钡标准滴定溶液滴定，以玫瑰红酸钠指示液作外指示液，反应液与指示液在滤纸上交汇处呈现玫瑰红色斑点且保持 2 min 不褪色为终点。

B.4 结果计算

氯化钡标准滴定溶液浓度以 $c(1/2BaCl_2)$ 计，单位以摩尔每升 mol/L 表示，按公式（B.1）计算：

$$c\left(\frac{1}{2}BaCl_2\right)=\frac{c_1V_4}{V_5} \qquad \cdots\cdots(B.1)$$

式中：

c_1 ——硫酸标准滴定溶液浓度的准确数值，单位为摩尔每升（mol/L）；

V_4 ——硫酸标准滴定溶液体积的准确数值，单位为毫升（mL）；

V_5 ——消耗氯化钡标准滴定溶液体积的准确数值，单位为毫升（mL）。

计算结果表示到小数点后 4 位。

中华人民共和国国家标准

GB 17512.2—2010

食品安全国家标准
食品添加剂　赤藓红铝色淀

2010-12-21 发布　　　　2011-02-21 实施

中华人民共和国卫生部　发布

前　言

本标准代替 GB 17512.2—1998《食品添加剂　赤藓红铝色淀》。

本标准与 GB 17512.2—1998 相比，主要技术变化如下：

——增加了安全提示；

——修改了鉴别试验方法；

——增加了分光光度比色法平行测定的允许差；

——取消了氯化物(以 NaCl 计)及硫酸盐(以 Na_2SO_4 计)的指标；

——砷(As)的检测方法由化学限量法修改为原子吸收法；

——取消了重金属(以铅计)的指标；

——增加了铅(Pb)指标和检测方法；

——增加了锌的控制指标和检测方法；

——钡(Ba)的检测方法修改为硫酸钡沉淀限量比色法。

本标准附录 A 为规范性附录。

本标准所代替标准的历次版本发布情况为：

——GB 17512.2—1998。

食品安全国家标准

食品添加剂　赤藓红铝色淀

1　范围

本标准适用于由食品添加剂赤藓红和氢氧化铝作用生成的添加剂赤藓红铝色淀。

2　规范性引用文件

本标准中引用的文件对于本标准的应用是必不可少的。凡是注日期的引用文件，仅所注日期的版本适用于本标准。凡是不注日期的引用文件，其最新版本(包括所有的修改单)适用于本标准。

3　分子式和相对分子质量

3.1　分子式

$C_{20}H_6I_4Na_2O_5 \cdot H_2O$

3.2　相对分子质量

897.87(按2007年国际相对原子质量)

4　技术要求

4.1　感官要求：应符合表1的规定。

表1　感官要求

项　目	要　求	检验方法
色泽	红色	自然光线下采用目视评定
组织状态	粉末	

4.2　理化指标：应符合表2的规定。

表2　理化指标

项　目		指　标	检验方法
赤藓红(以钠盐计)，w/%	≥	10.0	附录A中A.4
干燥减量，w/%	≤	30.0	附录A中A.5
盐酸和氨水中不溶物，w/%	≤	0.5	附录A中A.6
副染料，w/%	≤	1.5	附录A中A.7

表 2（续）

项　　目		指　标	检验方法
碘化钠，w/%	≤	0.2	附录 A 中 A.8
砷(As)/(mg/kg)	≤	3.0	附录 A 中 A.9
铅(Pb)/(mg/kg)	≤	10.0	附录 A 中 A.10
锌(Zn)/(mg/kg)	≤	50.0	附录 A 中 A.11
钡(Ba)，w/%	≤	0.05	附录 A 中 A.12

附 录 A
（规范性附录）
检 验 方 法

A.1 安全提示

本标准试验方法中使用的部分试剂具有毒性或腐蚀性，按相关规定操作，操作时需小心谨慎。若溅到皮肤上应立即用水冲洗，严重者应立即治疗。在使用挥发性酸时，要在通风橱中进行。

A.2 一般规定

本标准所用试剂和水，在没有注明其他要求时，均指分析纯试剂和 GB/T 6682—2008 规定的三级水。试验中所需标准溶液、杂质标准溶液、制剂及制品在没有注明其他规定时，均按 GB/T 601、GB/T 602、GB/T 603 规定配制和标定。

A.3 鉴别试验

A.3.1 试剂和材料

A.3.1.1 硫酸。

A.3.1.2 盐酸溶液：1+3。

A.3.1.3 氢氧化钠溶液：90 g/L。

A.3.1.4 乙酸铵溶液：1.5 g/L。

A.3.1.5 活性炭。

A.3.2 仪器和设备

A.3.2.1 分光光度计。

A.3.2.2 比色皿：10 mm。

A.3.3 鉴别方法

应满足如下条件：

A.3.3.1 称取约 0.1 g 试样，加 5 mL 硫酸，在 50 ℃～60 ℃水浴中不时地摇动，加热约 5 min 时，溶液呈橙红色。冷却后，取上层澄清液 2 滴～3 滴，加 5 mL 水，溶液呈红色。

A.3.3.2 称取约 0.1 g 试样，加 5 mL 氢氧化钠溶液，在水浴上加热溶解，加乙酸铵溶液配至 100 mL，溶液不澄清时进行离心分离。然后取此液 1 mL～10 mL，加乙酸铵溶液配至 100 mL，使测定的吸光度在 0.2～0.7 范围内，此溶液的最大吸收波长为 526 nm±2 nm。

A.3.3.3 称取约 0.1 g 试样，加入 10 mL 盐酸溶液，在水浴中加热，使大部分溶解。加 0.5 g 活性炭，充分摇匀后过滤。取无色滤液，加氢氧化钠溶液中和后，呈现铝盐反应。

A.4 赤藓红铝色淀的测定

A.4.1 方法提要

将试样处理后与已知含量的赤藓红标准品分别在水介质或水中溶解，用乙酸铵溶液稀释定容后，在最大吸收波长处，分别测其吸光度值，然后计算含量。

A.4.2 试剂和材料

A.4.2.1 氨水溶液：1+3。

A.4.2.2 乙酸铵溶液：1.5 g/L。

A.4.2.3 赤藓红标准品：≥85.0%（质量分数，按 GB/T 17512.1—2010 A.4.1 测定）。

A.4.3 仪器和设备

A.4.3.1 分光光度计。

A.4.3.2 比色皿：10 mm。

A.4.4 赤藓红标准溶液的配制

称取约 0.25 g 赤藓红标准品（精确到 0.000 1 g），溶于适量乙酸铵溶液中，移入 1 000 mL 容量瓶中，加水稀释至刻度，摇匀。吸取 10 mL，移入 500 mL 容量瓶中，加乙酸铵溶液稀释至刻度，摇匀。

A.4.5 赤藓红铝色淀试样溶液的配制

称取约 0.5 g 试样（精确至 0.000 1 g），移入 250 mL 烧杯中，加入 150 mL 氨水溶液，不时搅拌直至溶解后移入 500 mL 容量瓶中，用水稀释至刻度，摇匀。吸取 10 mL 移入 500 mL 容量瓶中，用乙酸铵溶液稀释至刻度，摇匀。

A.4.6 分析步骤

将赤藓红标准溶液和赤藓红铝色淀试样溶液分别置于 10 mm 比色皿中，同在最大吸收波长处用分光光度计测定各自的吸光度值，以乙酸铵溶液作参比液。

A.4.7 结果计算

赤藓红铝色淀以质量分数 w_1 计，数值用%表示，按公式（A.1）计算：

$$w_1 = \frac{A_1(m_0/1\ 000 \times 10/500)}{A_0(m_1/500 \times 10/500)} \times w_0 \qquad \text{(A.1)}$$

式中：

A_1——赤藓红铝色淀试样溶液的吸光度值；

m_0——赤藓红标准品的质量数值，单位为克（g）；

w_0——赤藓红标准品的质量分数，%；

A_0——赤藓红标准溶液的吸光度值；

m_1——赤藓红铝色淀试样的质量数值，单位为克（g）。

计算结果表示到小数点后 1 位。

平行测定结果的绝对差值不大于 1.0%（质量分数），取其算术平均值作为测定结果。

A.5 干燥减量的测定

A.5.1 分析步骤

称取约 2 g 试样(精确至 0.001 g),置于已在 135 ℃±2 ℃恒温干燥箱中恒量的称量瓶中,在 135 ℃±2 ℃恒温干燥箱中烘至恒量。

A.5.2 结果计算

干燥减量的质量分数以 w_2 计,数值用%表示,按公式(A.2)计算:

$$w_2 = \frac{m_2 - m_3}{m_2} \times 100\% \qquad \text{(A.2)}$$

式中:

m_2——试样干燥前质量的数值,单位为克(g);

m_3——试样干燥至恒量的质量数值,单位为克(g)。

计算结果表示到小数点后 1 位。

平行测定结果的绝对差值不大于 0.2%(质量分数),取其算术平均值作为测定结果。

A.6 盐酸和氨水中不溶物的测定

A.6.1 试剂和材料

A.6.1.1 盐酸。

A.6.1.2 盐酸溶液:3+7。

A.6.1.3 氨水溶液:4+96。

A.6.1.4 硝酸银溶液:$c(AgNO_3)$=0.1 mol/L。

A.6.2 仪器和设备

A.6.2.1 玻璃砂芯坩埚:G4,孔径为 5 μm~15 μm。

A.6.2.2 恒温干燥箱。

A.6.3 分析步骤

称取约 2 g 试样(精确至 0.001 g),置于 600 mL 烧杯中,加 20 mL 水和 20 mL 盐酸,充分搅拌后加入 300 mL 热水,搅匀,盖上表面皿,在 70 ℃~80 ℃水浴中加热 30 min,冷却,用已在 135 ℃±2 ℃烘至恒量的 G4 玻璃砂芯坩埚过滤,用约 30 mL 水将烧杯中的不溶物冲洗到 G4 玻璃砂芯坩埚中,至洗液无色后,先用 100 mL 氨水溶液洗涤,后用 10 mL 盐酸溶液洗涤,再用水洗涤至洗涤液用硝酸银溶液检验无白色沉淀,然后在 135 ℃±2 ℃恒温干燥箱中烘至恒量。

A.6.4 结果计算

盐酸和氨水中不溶物以质量分数 w_3 计,数值用%表示,按公式(A.3)计算:

$$w_3 = \frac{m_4}{m_5} \times 100\% \qquad \text{(A.3)}$$

式中:

m_4——干燥后水不溶物质量的数值,单位为克(g);

m_5——试样质量的数值,单位为克(g)。

计算结果表示到小数点后2位。

平行测定结果的绝对差值不大于0.05%(质量分数),取其算术平均值作为测定结果。

A.7 副染料的测定

A.7.1 方法提要

用纸上层析法将各组分分离,洗脱,然后用分光光度法定量。

A.7.2 试剂和材料

A.7.2.1 无水乙醇。

A.7.2.2 正丁醇。

A.7.2.3 丙酮溶液:1+1。

A.7.2.4 氨水溶液:4+96。

A.7.2.5 碳酸氢钠溶液:4 g/L。

A.7.2.6 氢氧化钠溶液:100 g/L。

A.7.3 仪器和设备

A.7.3.1 分光光度计。

A.7.3.2 层析滤纸:1号中速,150 mm×250 mm。

A.7.3.3 层析缸:ϕ240 mm×300 mm。

A.7.3.4 微量进样器:100 μL。

A.7.3.5 纳氏比色管:50 mL有玻璃磨口塞。

A.7.3.6 玻璃砂芯漏斗:G3,孔径为15 μm~40 μm。

A.7.3.7 50 mm比色皿。

A.7.3.8 10 mm比色皿。

A.7.4 分析步骤

A.7.4.1 纸上层析条件

A.7.4.1.1 展开剂:正丁醇+无水乙醇+氨水溶液=6+2+3。

A.7.4.1.2 温度:20 ℃~25 ℃。

A.7.4.2 试样溶液的配制

称取2 g试样(精确至0.001 g)。置于烧杯中,加入适量水和50 mL氢氧化钠溶液,加热溶解后,移入100 mL容量瓶中,稀释至刻度,摇匀备用,该试样溶液浓度为2%。

A.7.4.3 试样洗出液的制备

用微量进样器吸取100 μL试样溶液,均匀地注在离滤纸底边25 mm的一条基线上,成一直线,使其在滤纸上的宽度不超过5 mm,长度为130 mm,用吹风机吹干。将滤纸放入装有预先配制好展开剂的层析缸中展开,滤纸底边浸入展开剂液面下10 mm,待展开剂前沿线上升至150 mm或直到副染料分离满意为止。取出层析滤纸,用冷风吹干。

用空白滤纸在相同条件下展开,该空白滤纸应与上述步骤展开用的滤纸在同一张滤纸上相邻部位裁取。

副染料纸上层析示意图见图 A.1。

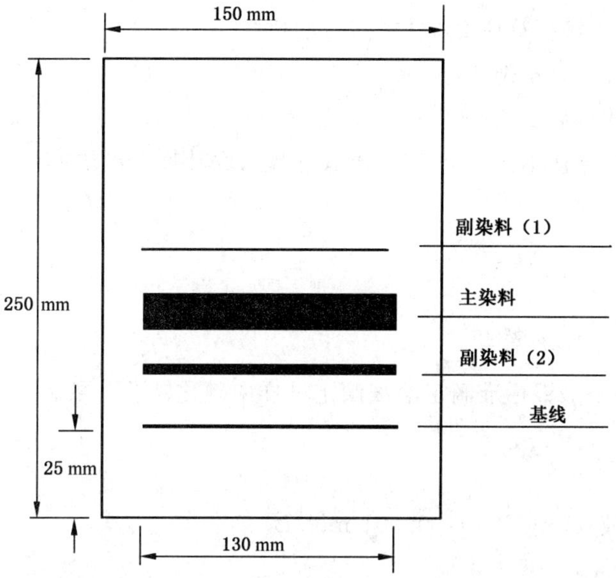

图 A.1 副染料纸上层析示意图

将展开后取得的各个副染料和在空白滤纸上与各副染料相对应的部位的滤纸按同样大小剪下，并剪成约 5 mm×15 mm 的细条，分别置于 50 mL 的纳氏比色管中，准确加入丙酮溶液 5 mL，摇动 3 min～5 min 后，再准确加入 20 mL 碳酸氢钠溶液，充分摇动，然后分别在 G3 玻璃砂芯漏斗中自然过滤，滤液应澄清，无悬浮物。分别得到各副染料和空白的洗出液。在各自副染料的最大吸收波长处，用 50 mm 比色皿，将各副染料的洗出液在分光光度计上测定各自的吸光度值。

在分光光度计上测定吸光度值时，以 5 mL 丙酮溶液和 20 mL 碳酸氢钠溶液的混合液作参比液。

A.7.4.4 标准溶液的配制

吸取 6 mL 2%的试样溶液移入 100 mL 容量瓶中，稀释至刻度，摇匀，该溶液为标准溶液。

A.7.4.5 标准洗出液的制备

用微量进样器吸取 100 μL 标准溶液，均匀地点注在离滤纸底边 25 mm 的一条基线上，用吹风机吹干。将滤纸放入装有预先配制好展开剂的层析缸中展开，待展开剂前沿线上升 40 mm，取出用冷风吹干，剪下所有展开的染料部分，按 A.7.4.3 方法进行萃取操作，得到标准洗出液。用 10 mm 比色皿在最大吸收波长处测吸光度值。

同时用空白滤纸在相同条件下展开，按相同方法操作后测洗出液的吸光度值。

A.7.4.6 结果计算

副染料以质量分数 w_4 计，数值用%表示，按公式(A.4)计算：

$$w_4 = \frac{[(A_1 - b_1) + \cdots\cdots + (A_n - b_n)]/5}{(A_S - b_S)(100/6)} \times S \quad \cdots\cdots\cdots\cdots (\text{A.4})$$

式中：

$A_1 \cdots A_n$ ——各副染料洗出液以 50 mm 光径长度测定出的吸光度值；

$b_1 \cdots b_n$ ——各副染料对照空白洗出液以 50 mm 光径长度测定出的吸光度值；

A_S —— 标准洗出液以 10 mm 光径长度测定出的吸光度值；

b_S ——标准对照空白洗出液以 10 mm 光径长度测定出的吸光度值；

5 ——折算成以 10 mm 光径长度的比数；

100/6 ——标准洗出液折算成 2%试样溶液的比数；

S —— 试样的质量分数，%。

计算结果表示到小数点后 1 位。

平行测定结果的绝对差值不大于 0.2%(质量分数)，取其算术平均值作为测定结果。

A.8 碘化钠的测定

A.8.1 方法提要

采用电位滴定法，用硝酸银标准滴定溶液滴定试样中碘化钠的含量。

A.8.2 试剂和材料

硝酸银标准滴定溶液：$c(AgNO_3)=0.001$ mol/L。

A.8.3 仪器和设备

A.8.3.1 数字毫伏计。

A.8.3.2 碘离子选择电极。

A.8.3.3 参比电极。

A.8.3.4 电磁搅拌器。

A.8.4 试样溶液的制备

称取约 2.0 g 试样(精确至 0.000 1 g)，置于烧杯中，加入准确量取的 100 mL 水，用电磁搅拌器搅拌后，用干燥滤纸填于玻璃砂坩埚漏斗过滤，滤液作为试样溶液。

A.8.5 分析步骤

将碘离子选择电极及参比电极插入试验液中，然后调整毫伏计的毫伏读数，在充分搅拌下，用硝酸银标准滴定溶液滴定。开始滴定时滴定量每次 0.5 mL，渐渐加入，然后观察每次滴加的电位变化，并记录电位读数，当接近终点时，滴加速度降至每次 0.1 mL，将测得的电位毫伏读数和相应的硝酸银标准滴定溶液的滴定体积作图，曲线的最大突跃点即为滴定终点，得出其对应的硝酸银标准滴定溶液的体积。

A.8.6 结果计算

碘化钠以质量分数 w_5 计，数值用%表示，按公式(A.5)计算：

$$w_5=\frac{c(V/1\,000)M}{m_6}\times 100\% \qquad \cdots\cdots(A.5)$$

式中：

c ——硝酸银标准滴定溶液浓度的准确数值，单位为摩尔每升(mol/L)；

V ——滴定试样耗用的硝酸银标准滴定溶液体积的准确数值，单位为毫升(mL)；

M ——碘化钠的摩尔质量数值，单位为克每摩尔(g/mol)[$M(NaI)=149.89$]；

m_6 ——试样的质量数值，单位为克(g)。

计算结果表示到小数点后 1 位。

A.9 砷的测定

A.9.1 方法提要

赤藓红铝色淀经湿法消解后，制备成试样溶液，用原子吸收光谱法测定砷的含量。

A.9.2 试剂和材料

A.9.2.1 硝酸。

A.9.2.2 硫酸溶液：1+1。

A.9.2.3 硝酸-高氯酸混合溶液：3+1。

A.9.2.4 砷(As)标准溶液：按GB/T 602配制和标定后，再根据使用的仪器要求进行稀释配制成含砷相应浓度的三种标准溶液。

A.9.2.5 氢氧化钠溶液：1 g/L。

A.9.2.6 硼氢化钠溶液：8 g/L(溶剂为1 g/L的氢氧化钠溶液)。

A.9.2.7 盐酸溶液：1+10。

A.9.2.8 碘化钾溶液：200 g/L。

A.9.3 仪器和设备

A.9.3.1 原子吸收光谱仪。

A.9.3.2 仪器参考条件：砷空心阴极灯分析线波长：193.7 nm；狭缝：0.5 nm～1.0 nm；灯电流：6 mA～10 mA。

A.9.3.3 载气流速：氩气250 mL/min。

A.9.3.4 原子化器温度：900 ℃。

A.9.4 分析步骤

A.9.4.1 试样消解

称取约1 g试样(精确至0.001 g)，置于250 mL三角或圆底烧瓶中，加10 mL～15 mL硝酸和2 mL硫酸溶液，摇匀后用小火加热赶出二氧化氮气体，溶液变成棕色，停止加热，放冷后加入5 mL硝酸-高氯酸混合液，强火加热至溶液透明或微黄色，如仍不透明，放冷后再补加5 mL硝酸-高氯酸混合溶液，继续加热至溶液透明无色或微黄色并产生白烟(避免烧干出现炭化现象)，停止加热，放冷后加水5 mL加热至沸，除去残余的硝酸-高氯酸(必要时可再加水煮沸一次)，继续加热至发生白烟，保持10 min，放冷后移入100 mL容量瓶(若溶液出现浑浊、沉淀或机械杂质应过滤)，用盐酸溶液稀释定容。

同时按相同的方法制备空白溶液。

A.9.4.2 测定

量取25 mL消解后的试样溶液至50 mL容量瓶，加入5 mL碘化钾溶液，用盐酸溶液稀释定容，摇匀，静置15 min。

同时按相同的方法以空白溶液制备空白测试液。

开启仪器，待仪器及砷空心阴极灯充分预热，基线稳定后，用硼氢化钠溶液作氢化物还原发生剂，以标准空白、标准溶液、样品空白测试液及样品溶液的顺序，按电脑指令分别进样。测试结束后电脑自动生成工作曲线及扣除样品空白后的样品溶液中砷浓度，输入样品信息(如：名称、称样量、稀释体积等)，即自动换算出试样中砷的含量。

平行测定结果的绝对差值不大于0.1 mg/kg，取其算术平均值作为测定结果。

A.10 铅的测定

A.10.1 方法提要

赤藓红铝色淀经湿法消解后，制备成试样溶液，用原子吸收光谱法测定铅的含量。

A.10.2 试剂和材料

A.10.2.1 铅(Pb)标准溶液：按GB/T 602配制和标定后，再根据使用的仪器要求进行稀释配制成含铅相应浓度的三种标准溶液。

A.10.2.2 氢氧化钠溶液：1 g/L。

A.10.2.3 硼氢化钠溶液：8 g/L(溶剂为1 g/L的氢氧化钠溶液)。

A.10.2.4 盐酸溶液：1+10。

A.10.3 仪器和设备

A.10.3.1 原子吸收光谱仪。

A.10.3.2 仪器参考条件：GB 5009.12—2010中第三法火焰原子吸收光谱法。

A.10.4 分析步骤

可直接采用A.9.4.1的试样溶液和空白溶液。

按GB 5009.12—2010中第三法火焰原子吸收光谱法操作。

平行测定结果的绝对差值不大于1.0 mg/kg，取其算术平均值作为测定结果。

A.11 锌的测定

A.11.1 方法提要

赤藓红铝色淀经湿法消解后，制备成试样溶液，用原子吸收光谱法测定锌的含量。

A.11.2 试剂和材料

A.11.2.1 锌(Zn)标准溶液：按GB/T 602配制和标定后，再根据使用的仪器要求进行稀释配制成含锌相应浓度的三种标准溶液。

A.11.2.2 氢氧化钠溶液：1 g/L。

A.11.2.3 硼氢化钠溶液：8 g/L(溶剂为1 g/L的氢氧化钠溶液)。

A.11.2.4 盐酸溶液：1+10。

A.11.3 仪器和设备

A.11.3.1 原子吸收光谱仪。

A.11.3.2 仪器参考条件：GB/T 5009.14—2003中第一法原子吸收光谱法。

A.11.4 分析步骤

可直接采用A.9.4.1的试样溶液和空白溶液。

按GB/T 5009.14—2003中第一法原子吸收光谱法进行测定。

平行测定结果的绝对差值不大于5.0 mg/kg,取其算术平均值作为测定结果。

A.12 钡的测定

A.12.1 方法提要

赤藓红铝色淀经干法消解处理后,制备成试样溶液,与钡标准溶液比较,作硫酸钡的浊度限量试验。

A.12.2 试剂和材料

A.12.2.1 硫酸。

A.12.2.2 无水碳酸钠。

A.12.2.3 盐酸溶液:1+3。

A.12.2.4 硫酸溶液:1+19。

A.12.2.5 钡标准溶液:氯化钡($BaCl_2 \cdot 2H_2O$)177.9 mg,用水溶解并定容至1 000 mL。每毫升含有0.1毫克的钡(0.1 mg/mL)。

A.12.3 试样溶液的配制

称取约1 g试样(精确至0.001 g),放于白金坩埚或陶瓷坩埚中,加少量硫酸润湿,徐徐加热,尽量在低温下使之几乎全部炭化。放冷后,再加1 mL硫酸,慢慢加热至几乎不发生硫酸蒸汽为止,放入高温炉中,于800 ℃灼烧3 h。冷却后,加无水碳酸钠5 g充分混合,加盖后放入高温炉中,于860 ℃灼烧15 min,冷却后,加水20 mL,在水浴上加热,将熔融物溶解。冷却后过滤,用水洗涤滤纸上的残渣至洗涤液不呈硫酸盐反应为止。然后将纸上的残渣与滤纸一起移至烧杯中,加30 mL盐酸溶液,充分摇匀后煮沸。冷却后过滤,用10 mL水洗涤滤纸上的残渣。将洗涤液与滤液合并,在水浴上蒸发至干。加5 mL水使残渣溶解,必要时过滤,加0.25 mL盐酸溶液,充分混合后,再加水配至25 mL作为试样溶液。

A.12.4 标准比浊溶液的配制

取5 mL钡标准溶液,加0.25 mL盐酸溶液。加水至25 mL,作为标准比浊溶液。

A.12.5 分析步骤

在试样溶液和标准比浊溶液中各加1 mL硫酸溶液混合,放置10 min时,试样溶液混浊程度不得超过标准比浊溶液,即为合格。

ICS 35.240.15
L 64

中华人民共和国国家标准

GB/T 17554.7—2010

识别卡 测试方法 第7部分:邻近式卡

Identification cards—Test methods—Part 7:Vicinity cards

(ISO/IEC 10373-7:2008,MOD)

2010-12-01 发布

2011-04-01 实施

中华人民共和国国家质量监督检验检疫总局
中国国家标准化管理委员会 发布

前　言

GB/T 17554 在《识别卡　测试方法》总标题下，目前分为如下 7 个部分：

——第 1 部分：一般特性测试；

——第 2 部分：磁条卡；

——第 3 部分：带触点的集成电路卡及其相关接口设备；

——第 4 部分：无触点集成电路卡；

——第 5 部分：光记忆卡；

——第 6 部分：接近式卡；

——第 7 部分：邻近式卡。

本部分为 GB/T 17554 的第 7 部分。本部分使用重新起草法，修改采用国际标准 ISO/IEC 10373-7:2008《识别卡　测试方法　第 7 部分：邻近式卡》(英文版)。

本部分与 ISO/IEC 10373-7:2008 相比，增加和修改了下列内容，并在相应条款的外侧页边空白处用单垂线标示：

a) 为了使标准更加清晰易懂，增加了缩略语 PCB；

b) 为了便于引用，8.1.2 做了编辑性修改；

c) 为了避免实际应用中可能出现在规定的工作区域内 VICC 不能正常工作的情况，增加第 9 章工作场强测试。

本部分的附录 A、附录 C 和附录 D 是规范性附录。

本部分的附录 B、附录 E 和附录 F 是资料性附录。

本部分由全国信息技术标准化技术委员会(SAC/TC 28)提出并归口。

本部分起草单位：中国电子技术标准化研究所、东信和平智能卡股份有限公司。

本部分主要起草人：冯敬、高林、袁理、金倩、黄小鹏、耿力、赵子渊。

识别卡 测试方法 第7部分:邻近式卡

1 范围

GB/T 17554 规定了符合 GB/T 14916 识别卡特性的测试方法。每一测试方法交叉引用一个或多个基础标准,这些基础标准可以是 GB/T 14916 或一个或多个定义了用于识别卡应用的信息存储技术的补充标准。

注 1:接收准则不包含在本部分中,而是在以上提及的国家标准中。

注 2:GB/T 17554 描述的若干测试方法可单独实施。规定的卡不要求顺序地通过所有测试。

GB/T 17554 的本部分规定了无触点集成电路卡技术(邻近式卡)的测试方法。第 1 部分规定了为一种或多种卡技术所共用的测试方法;其他部分则规定了各个专项技术的测试方法。

除非另有规定,本部分中的测试仅适用于 GB/T 22351.1 和 GB/T 22351.2 中定义的邻近式卡。

2 规范性引用文件

下列文件中的条款通过 GB/T 17554 的本部分的引用而成为本部分的条款。凡是注日期的引用文件,其随后所有的修改单(不包括勘误的内容)或修订版均不适用于本部分,然而,鼓励根据本部分达成协议的各方研究是否可使用这些文件的最新版本。凡是不注日期的引用文件,其最新版本适用于本部分。

GB/T 14916 识别卡 物理特性(GB/T 14916—2006,ISO/IEC 7810:2003,IDT)

GB/T 17626.2 电磁兼容 试验和测量技术 静电放电抗扰度试验(GB/T 17626.2—2006,IEC 61000-4-2:2001,IDT)

GB/T 22351.1 识别卡 无触点集成电路卡 邻近式卡 第 1 部分:物理特性(GB/T 22351.1—2008,ISO/IEC 15693-1:2000,IDT)

GB/T 22351.2—2010 识别卡 无触点集成电路卡 邻近式卡 第 2 部分:空中接口和初始化(ISO/IEC 15693-2:2000,IDT)

GB/T 22351.3 识别卡 无触点集成电路卡 邻近式卡 第 3 部分:防冲突和传输协议(GB/T 22351.3—2008,ISO/IEC 15693-3:2001,IDT)

ISBN 92-67-10188-9 对度量不确定性表达的指南,ISO,1993 版

3 术语和定义、缩略语和符号

3.1 术语和定义

下列术语和定义适用于本部分。

3.1.1

基础标准 base standard

利用测试方法验证所要符合的标准。

3.1.2

预期操作 operate as intended

经受了某些潜在破坏性影响作用后,卡上的任何集成电路仍然继续保持了符合 GB/T 22351.3 基础标准的操作和响应[1]。

注:若同一张卡上存在其他的技术,则这些技术根据各自的标准也应具有可预期的操作。

1 本部分并不定义集成电路卡的完整功能测试。这些测试方法仅要求验证最小功能。在适合的情况下,可以进一步补充应用特定功能准则,这些准则在一般情况下是用不到的。

3.1.3

测试方法　test method

为了验证识别卡符合标准而对其特征进行测试的方法。

3.2　缩略语和符号

DUT　被测设备

ESD　静电放电

f_c　工作场频率

f_{s1}，f_{s2}　副载波频率

H_{max}　最大 VCD 场强

H_{min}　最小 VCD 场强

VCD　邻近式耦合设备

VICC　邻近式卡

PCB　印制电路板

4　适用于测试方法的默认条款

4.1　测试环境

除非另有规定，测试应在温度为 23 ℃±3 ℃和相对湿度为 40%～60%的环境下进行。

4.2　预处理

若测试方法要求预处理，在测试前应将待测试的识别卡在测试环境中放置 24 h。

4.3　默认容差

除非另有规定，默认容差为±5%应适用于所给出的量值，以规定测试设备的特性(例如，线性尺寸)和测试方法规程(例如，测试设备校准)。

4.4　寄生电感

电阻器和电容器具有可以忽略的电感。

4.5　总度量的不确定性

测试方法所决定的每个量的总度量不确定性应在测试报告中予以说明。

ISBN 92-67-10188-9，ISO，1993 版中给出了对度量不确定性表达的基本信息。

5　静电测试

本测试的目的是检验经过 ESD(静电放电)测试后 VICC 的行为。被测 VICC 经受模拟的 ESD(人体模型)，基本操作如图 1 所示。

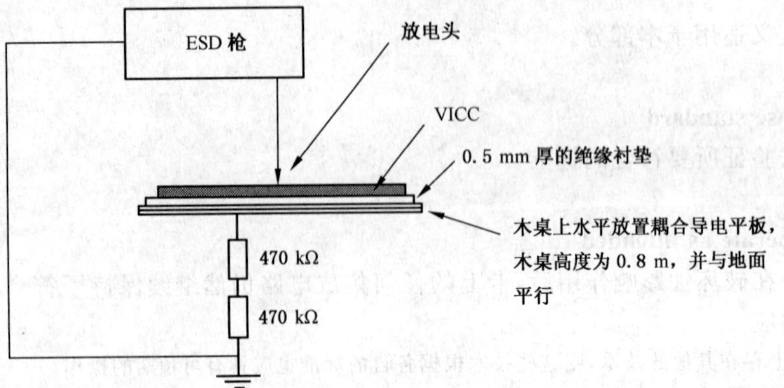

图 1　ESD 测试电路

5.1 仪器

见 GB/T 17626.2。

a) ESD 发生器的主要规格：

——储能电容器：150 pF±10%；

——放电电阻器：330 Ω±10%；

——充电电阻器：50 MΩ～100 MΩ 之间；

——上升时间：0.7 ns～1 ns。

b) 选定任选项的规范：

——设备的类型：台式设备；

——放电方法：直接空气放电到被测设备；

——ESD 发生器放电极：直径 8 mm 的圆头探针(避免弄破卡的表面标记层)。

5.2 规程

按照 GB/T 17626.2 的规定连接测试装置。

将仪器的接地插针连接到放置 VICC 的导电平板上。

以正极性对如图 2 所示的 20 个测试区的各个区依次放电。再以相反的极性重复此过程。允许至少 10 s 的连续脉冲间的冷却周期。

警告：如果 VICC 带有触点，则该触点的正面朝上并且触点所在的区应不被放电。

测试结束后检验 VICC 能否按预期操作。

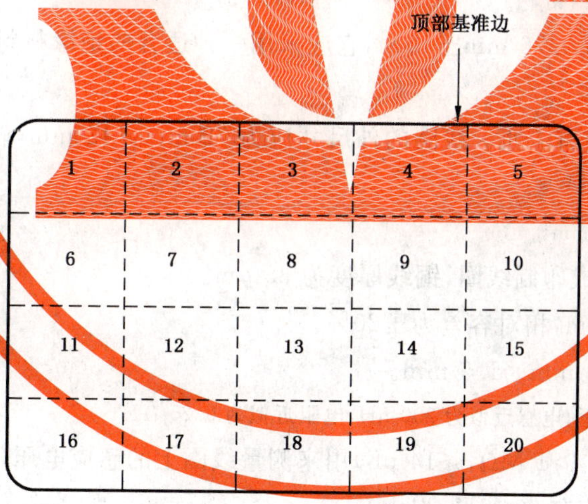

图 2 VICC 上 ESD 测试区

5.3 测试报告

测试报告应说明 VICC 是否可以按预期操作。

6 测试装置和测试电路

6.0 综述

本章定义了测试装置和测试电路，以便按照 GB/T 22351.2 验证 VICC 或者 VCD 的操作。

测试装置包括：

a) 校准线圈(见 6.1)；

b) 测试 VCD 装置(见 6.2);

c) 参考 VICC(见 6.3);

d) 数字示波器(见 6.4)。

6.1 校准线圈

本条定义了校准线圈的尺寸、厚度和特性。

6.1.1 校准线圈卡的尺寸

校准线圈卡应由具有 GB/T 14916 定义的 ID-1 型卡高度和宽度构成的一个区域组成,并包含了与卡轮廓线同轴的单匝线圈(见图 3)。

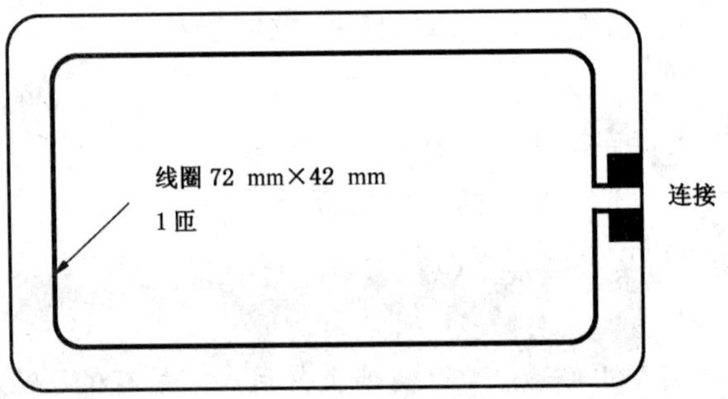

图 3 校准线圈

6.1.2 校准线圈卡的厚度和材料

校准线圈卡的厚度应为 0.76 mm±10%,它应采用一种适合的绝缘材料。

6.1.3 线圈特性

校准线圈卡上的线圈应有 1 匝。线圈的外尺寸应为 72 mm×42 mm,转角半径为 5 mm。相对尺寸容差应为±2%。

注 1:线圈面积大约 3 000 mm^2。

该线圈在 PCB 上制作成印制线圈,铜线厚度为 35 μm。

印制线宽度应为 500 μm,相对容差为±20%。

连接焊点尺寸应为 1.5 mm×1.5 mm。

注 2:在 13.56 MHz 条件下,电感近似为 200 nH,电阻近似为 0.25 Ω。

高阻抗示波器探针(如:>1 MΩ,<14 pF)用来测量线圈上的感应电压(开路)(校准线圈、连接导线和示波器探针的谐振频率应在 60 MHz 以上)。

注 3:一个小于 35 pF 的探针寄生电容通常可保证大于 60 MHz 的谐振频率。

线圈的开路校准因子为 0.32 V(rms)A/m(rms)[相当于 900 mV(峰峰值)每 A/m(rms)]。

6.2 测试 VCD 装置

负载调制测试用的仪器应由 150 mm 直径的 VCD 天线和两个平行的传感线圈组成:线圈 a 和线圈 b,如图 4 所示。连接时,使得一个线圈的感应信号与另一个线圈的感应信号相位相反。当传感线圈不被 VICC 或者任何磁性耦合电路加载时,10 Ω 电位器 P1 用来微调平衡点。探针的电容负载(包括它的寄生电容)应不超过 14 pF。

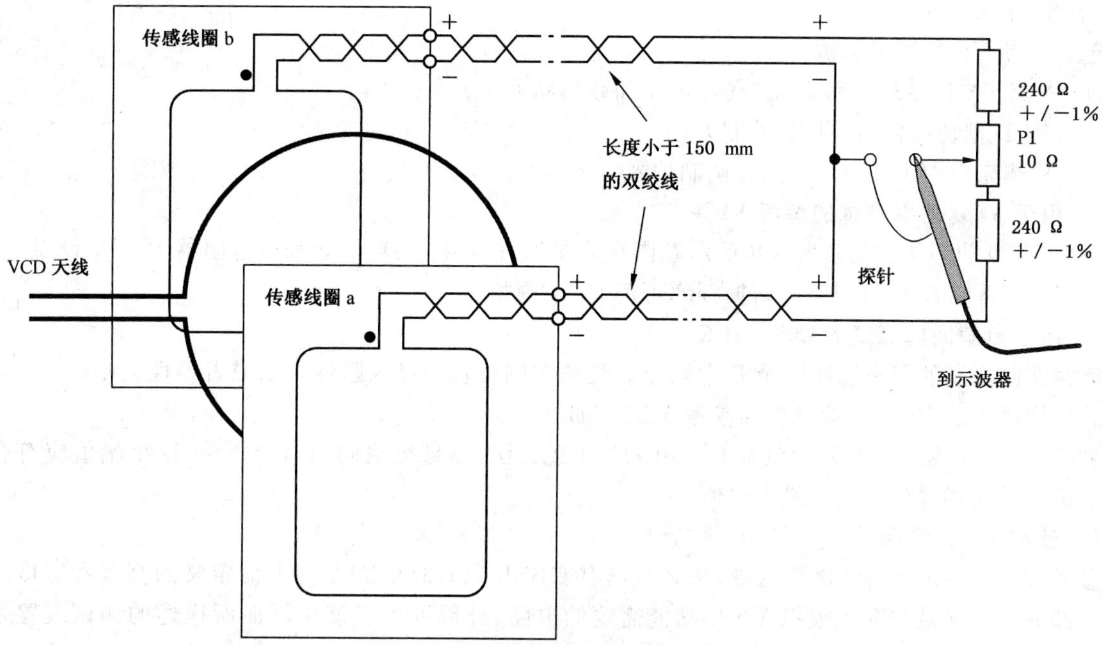

图 4 测试装置

考虑比 ISO/IEC 10373-6 更宽的传感线圈间隔,双绞线的最大长度应不超过 150 mm。

为了避免装置不对称而额外带来的调谐不准的现象出现,电位器 P1 的调谐范围为 10 Ω。如果 10 Ω 的电位器 P1 不能补偿装置这一缺陷,那么应对整个装置的对称性进行校对。

为了达到很好的再现性,接触点和示波器探针的电容应保持在最小。

高阻抗示波器探针的接地线应小于 20 mm 或者同轴连接。

6.2.1 测试 VCD 天线

测试 VCD 天线直径为 150 mm,其结构应符合附录 A 中的所有图示。天线调谐可由附录 B 给出的规程完成。

6.2.2 传感线圈

传感线圈的尺寸应为 100 mm×70 mm。传感线圈的结构应符合附录 C 中的所有图示。

6.2.3 测试 VCD 装置

传感线圈和测试 VCD 天线应平行地进行组合,同时传感线圈和天线线圈同轴,并且使得两个起作用的导体之间的距离为 100 mm,如图 5 所示。DUT 线圈和校准线圈到测试 VCD 天线线圈的距离应相等。

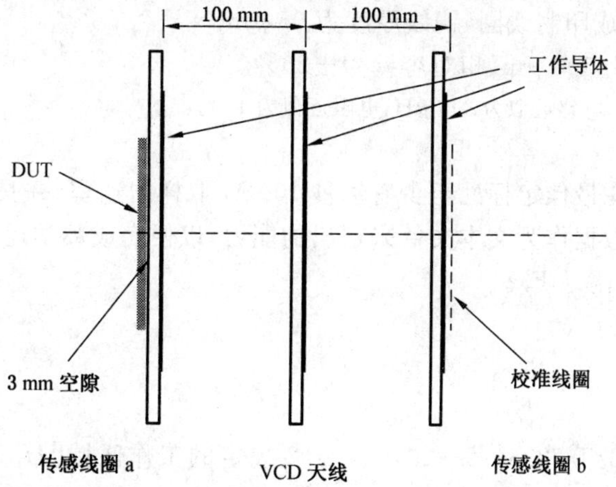

注:100 mm 的距离反映了较大的读取距离,3 mm 空隙避免了如近距离去谐或者不明原因引起的噪声所带来的寄生影响以及其他环境的影响。

图 5 测试 VCD 装置

6.3 参考 VICC

定义参考 VICC 用来测试:

a) VCD 产生的 H_{min} 和 H_{max}(在 VICC 加载的状态下);

b) VCD 把功率供给 VICC 的能力;

c) 检测来自 VICC 的最小负载调制信号。

6.3.1 用于 VCD 功率测试的参考 VICC

用于 VCD 功率测试的参考 VICC 示意图在附录 D 中示出,功耗可分别由电阻器 R_1、R_2 设置,按照 8.1.2 中定义测量 H_{max} 和 H_{min}。谐振频率可用 C_2 来调整。

6.3.2 用于负载调制测试的参考 VICC

负载调制测试的示意图在附录 E 中示出。负载调制可被选择为阻性调制或者容性调制。

通过使用测试 VCD 装置来校准参考 VICC,如下:

参考 VICC 放置在 DUT 的位置上。用 7.2 所述方法,测量负载调制信号幅值,这个幅值应符合基础标准规定的与场强值对应的最小幅值。

6.3.3 参考 VICC 的尺寸

参考 VICC 应包含有线圈的区域,该区域具有 GB/T 14916 为 ID-1 型卡而定义的高度和宽度。该区域外部的一个区域包含了模拟 VICC 功能需要的电路,外部区域应该用下面所描述的测试装置来实现,从而对测试不引起干扰。尺寸如图 6 所示。

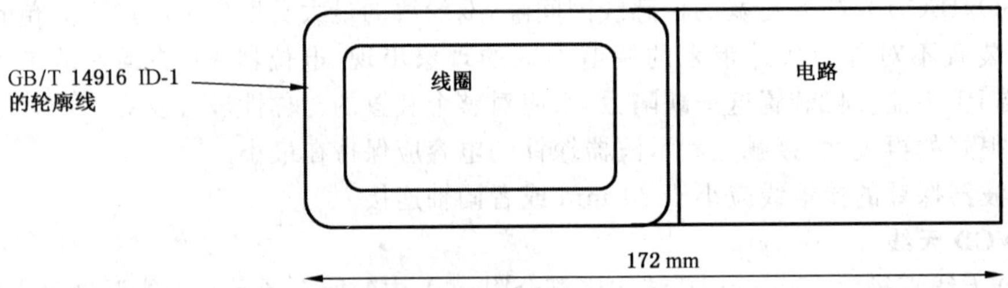

图 6 参考 VICC 尺寸

6.3.4 参考 VICC 板的厚度

参考 VICC 板的线圈区域厚度应为 0.76 mm±10%。

6.3.5 线圈特性

参考 VICC 线圈应有 4 匝,并且应与区域轮廓线同轴。

线圈的外尺寸应是 72 mm×42 mm,相对尺寸容差为±2%。

该线圈在 PCB 上制作成印制线圈,铜线厚度为 35 μm。

印制线宽度和间距应为 500 μm,相对容差为±20%。

注:在 13.56 MHz 条件下,电感近似为 3.5 μH,电阻近似为 1 Ω。

6.4 数字取样示波器

数字取样示波器应能在最佳定标处至少有每秒 100 M 取样的速率,并具有至少 8 位的分辨率。该示波器应具有把所取样的数据作为文本文件来输出的能力,以便完成数学运算和其他操作,诸如使用外部软件程序显示数据(参见附录 F)。

7 VICC 的功能测试

7.1 目的

本测试的目的是在 GB/T 22351.2—2010 中 6.2 规定的工作区域[H_{min},H_{max}]内确定 VICC 负载调制信号的幅度,以及在 GB/T 22351.2—2010 中图 1、图 2 定义的不同调制情况下测试 VICC 的功能。

7.2 测试规程

步骤 1:使用图 4 的负载调制测试电路和图 5 的测试 VCD 装置。

通过调整信号发生器使得传送到测试 VCD 天线的 RF 功率达到所需要的场强和调制波形，在没有任何 VICC 条件下，使用校准线圈测量所需要的场强和调制波形，按图 4 把负载调制测试电路的输出连接到一个数字取样示波器。通过调整 P_1 可调电位器，尽可能减小残留载波。与短路一个传感线圈后测得的信号相比，残留载波信号应至少衰减 40 dB。

步骤 2：被测 VICC 应放置在 DUT 位置，并与传感线圈 a 同轴。通过调整信号发生器使得传送到测试 VCD 天线的 RF 功率达到所需要的场强。

注：注意在低幅度负载调制测量时使用适当的同步方法。

对两个周期的副载波调制信号准确地进行傅立叶变换，在离散傅立叶变换时应取纯正弦信号的峰值。为了使瞬态效应减到最小，要避免副载波周期直接紧跟在一个非调制周期后面。在双副载波的情况下，测试过程应重复用于第 2 个副载波频率。

所得到的 f_c+f_{s1}，f_c+f_{s2}，f_c-f_{s1} 和 f_c-f_{s2} 频率点上的上、下边带的幅值应大于 GB/T 22351.2—2010 中 8.1 所定义的值。

通过测试 VCD 发送 GB/T 22351.3 中定义的合适的命令序列，可以获得 VICC 信号或负载调制响应。

7.3 测试报告

测试报告应给出在给定的场强和调制下所测得的在 f_c+f_{s1}、f_c+f_{s2}、f_c-f_{s1} 和 f_c-f_{s2} 处的上、下边带的幅值。

8 VCD 的功能测试

8.1 VCD 场强和功率传输

8.1.1 目的

本测试用于测量具有特定天线的 VCD 在其工作区域内的场强，其中天线的工作区域与基础标准一致。8.1.2 的测试规程也用于确定具有特定天线的 VCD 产生的场强不高于 GB/T 22351.1 中规定。

测试使用附录 D 中定义的参考 VICC，以确定被测试的 VCD 能给处于工作区域中任何位置的 VICC 提供一定的能量。

8.1.2 测试规程

8.1.2.1 H_{max} 测试的规程：

a) 把跳线 J1 切换到 a，激活 R_1；

b) 调谐参考 VICC 到 13.56 MHz；

注：参考 VICC 的谐振频率，可以使用连接了校准线圈的阻抗分析仪或者 LCR-表进行测量。测试 VICC 的线圈应放置在校准线圈 3 mm(±10%)处，两个线圈在同一轴线上。测量到阻抗电抗部分最大时的频率即为谐振频率。

c) 把跳线 J1 切换到 b，激活 R_2；

d) 将测试 VCD 装置设置为产生 H_{max} 的工作条件，通过调节 R_2 校准参考 VICC，使得 $V_{DC}=3$ V；

e) 将参考 VICC 放置在被测 VCD 定义的工作范围内；

f) 用一只高阻抗电压表所测得的 R_3 两端的直流电压 V_{DC} 应不超过 3 V。

8.1.2.2 H_{min} 测试的规程：

a) 把跳线 J1 切换到 a，激活 R_1；

b) 调谐参考 VICC 到 13.56 MHz；

c) 将测试 VCD 装置设置为产生 H_{min} 的工作条件，通过调节 R_1 校准参考 VICC，使得 $V_{DC}=3$ V；

d) 将参考 VICC 放置在被测 VCD 定义的工作范围内；

e) 用一只高阻抗电压表测量电阻器 R_3 两端的直流电压(V_{DC})应超过 3 V。

8.1.3 测试报告

测试报告应给出在规定的状态下 H_{min} 和 H_{max} 处所测得的 V_{DC} 值。

8.2 调制指数和波形

8.2.1 目的

本测试是用来确定 VCD 场的调制指数，以及其在 GB/T 22351.2—2010 中图 1 和图 2 定义的上升时间值、下降时间值及过冲值。

8.2.2 测试规程

校准线圈放置在规定的工作区域中的任何地方，调制指数和波形特性根据示波器上所显示的感应电压来确定。

8.2.3 测试报告

测试报告应给出 VCD 场的调制指数测量值，以及其在 GB/T 22351.2—2010 图 1 和图 2 定义的上升时间值、下降时间值及过冲值。

8.3 负载调制接收

本测试可用来验证 VCD 是否能正确地检测到符合基础标准的 VICC 的负载调制。假定 VCD 能示出已正确接收到测试 VICC 产生的副载波。

附录 E 所示的连接测试仪器的电路用于测试在定义的工作区域中 VCD 的负载调制接收灵敏度。

9 VICC 的工作场强测试

9.1 目的

本测试的目的是检验 VICC 在 GB/T 22351.2—2010 中 6.2 规定的工作区域（H_{min}，H_{max}）内是否能正常进行预期操作。

9.2 测试过程

采用图 5 的装置，将被测试的 VICC 放置在 DUT 位置。VCD 输出到 VICC 位置的场强从 H_{min}～H_{max} 范围内 VCD 发出命令，检验 VICC 是否有正确的响应。

再将场强从 H_{max}～H_{min} 范围内 VCD 发出命令，检验 VICC 是否有正确的响应。

9.3 测试报告

测试报告 VICC 在规定的工作场强范围内是否能正常进行预期操作。

附　录　A
（规范性附录）
测试 VCD 天线

A.1　包括了阻抗匹配网络的测试 VCD 天线布局

阻抗匹配网络的测试 VCD 天线布局如图 A.1 和图 A.2 所示。

单位为 mm(绘图未按比例)

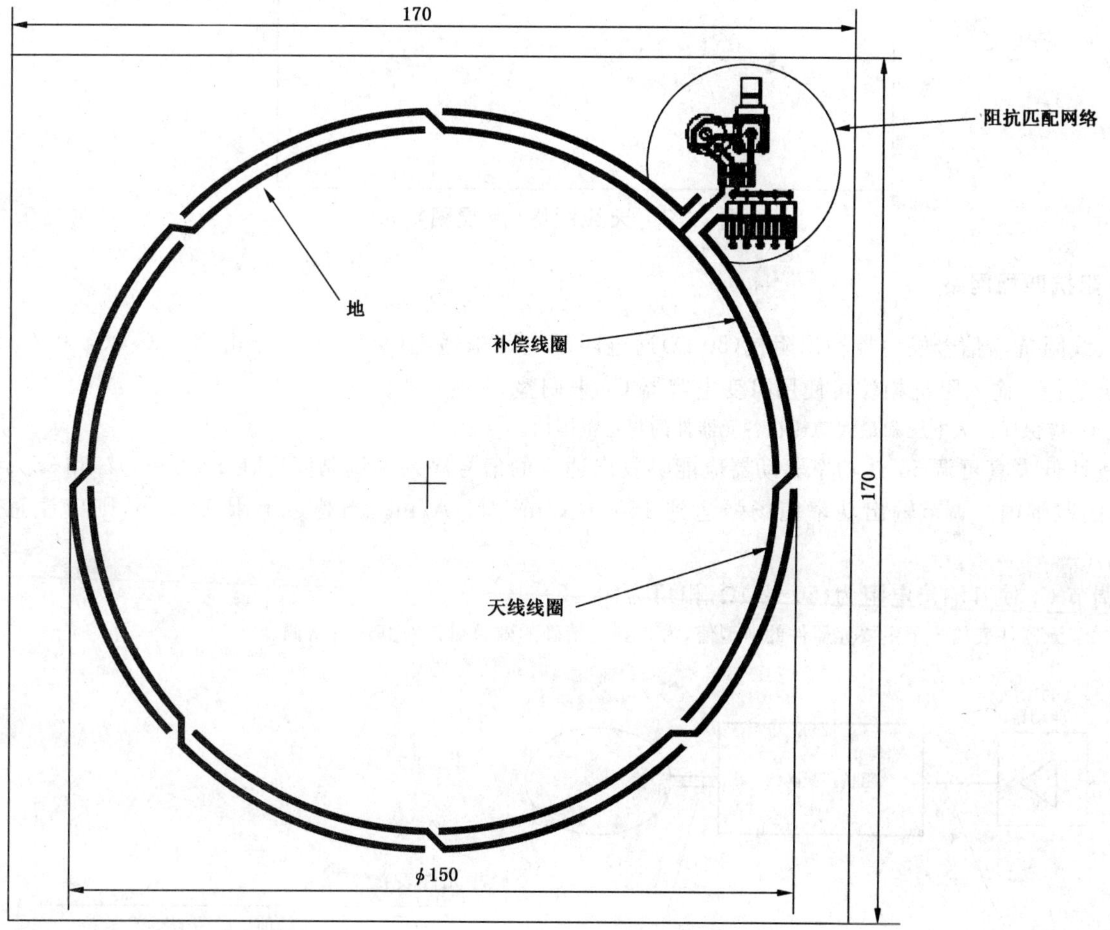

天线线圈印制线宽度为 1.8 mm(除过孔)。

从阻抗匹配网络开始,每隔 45°有交迭。

PCB:1.6 mm 厚的 FR4 材料,双面 35 μm 镀铜。

图 A.1　包括阻抗匹配网的测试 VCD 天线版图(正视图)

注：阻抗匹配网络布局可采取其他形式。

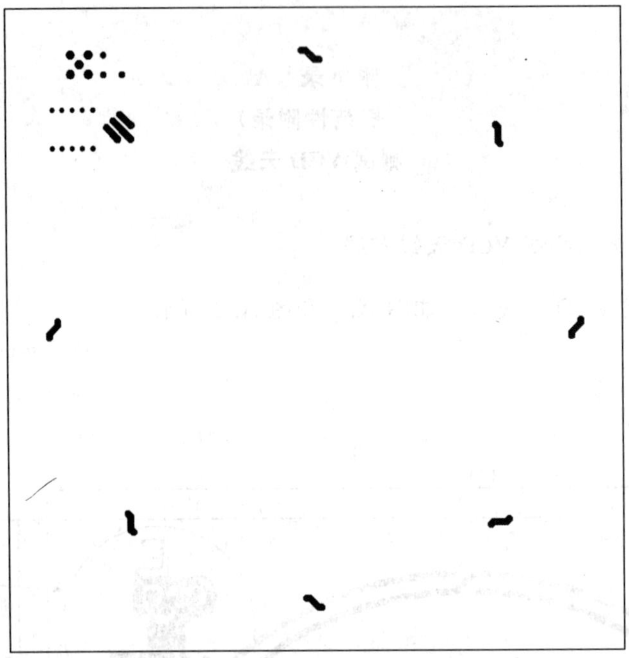

图 A.2 天线版图(反视图)

A.2 阻抗匹配网络

天线阻抗与信号发生器输出阻抗(50 Ω)通过匹配电路来适配(见图 A.3)。电容器 C_1,C_2 和 C_3 均有固定的值。输入阻抗相位可使用可变电容器 C_4 来调整。

注 1:应保证最大电压和最大功耗在各元器件的规定范围内。

线性低失真可调 50 Ω 功率驱动器应能够发出适宜的信号序列。调制度应在 10%～30%和 95%～100%的范围内。调节输出功率使场强达到 150 mA/m～12 A/m。当超过上限 5 A/m,则应注意其操作。

调节 C_4 使其输出电阻为(50±5)Ω,相角为(0±5)°。

注 2:元器件表给出了主要元器件的典型值,为达到更精确的效果可以对其进行微调。

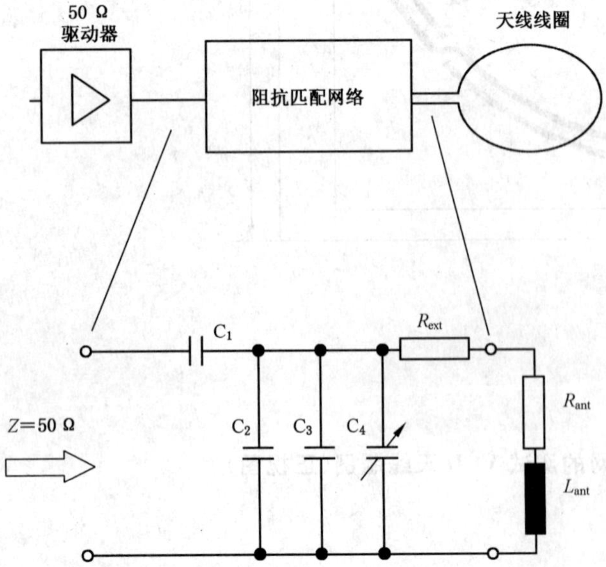

元件表:

	值	单位
C_1	47	pF
C_2	180	pF
C_3	33	pF
C_4	2～27	pF
R_{ext}	5×4.7 (并联)	Ω

图 A.3 阻抗匹配网络

附 录 B
（资料性附录）
测试 VCD 天线调谐

图 B.1 和图 B.2 示出了相位调谐规程的步骤，以匹配天线阻抗与驱动发生器阻抗。调谐后的信号发生器将直接连接到天线用于测试。

步骤 1：

把高精度 50 Ω 电阻器（例如，50 ΩBNC 电阻器）插入信号发生器输出和天线连接器之间的信号线上。把示波器的两探针连接到此串联参考电阻器两端，设置为 X-Y 扫描时，则示波器显示李萨茹图（Lissajous figure）。把信号发生器置为：

波形：正弦；

频率：13.56 MHz；

幅度：2 V(rms)～5 V(rms)。

输出采用另外一个 50 Ω 的高精度电阻器。并联连接到输出端的探针应该具有很小的寄生电容 C_{probe}。当 $C_{cal}=C_{probe}$，与参考电阻器并联的校准电容器电容 C_{cal} 补偿了探针电容。当李萨茹图完全闭合时，则探针电容得到补偿。

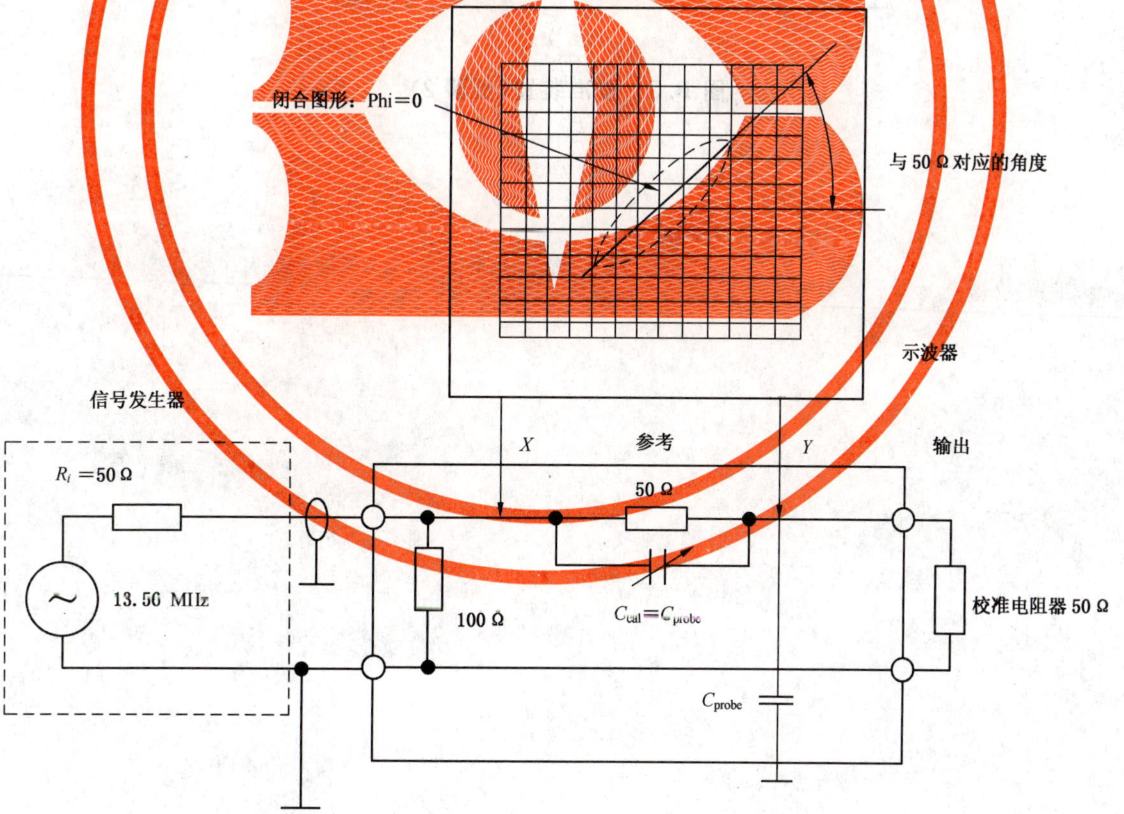

图 B.1 校准装置（步骤 1）

注：探针必须靠近地线，以避免磁场所引起的感应电压。

步骤 2：

把匹配电路连接到天线输出。在天线板上的电容器 C_4 用来将相位调谐到 0。

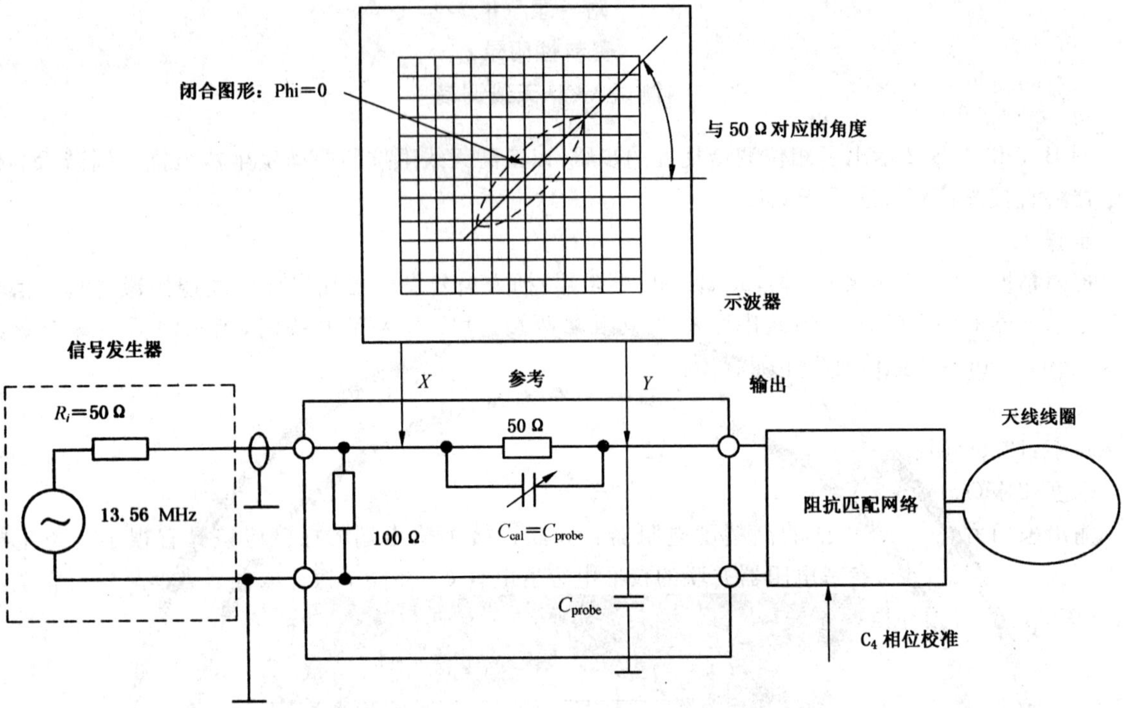
闭合图形：Phi＝0
与 50 Ω 对应的角度
示波器
信号发生器
X
参考
Y
输出
天线线圈
R_i＝50 Ω
50 Ω
13.56 MHz
100 Ω
C_{cal}＝C_{probe}
阻抗匹配网络
C_{probe}
C_4 相位校准

图 B.2 校准装置(步骤 2)

附　录　C
（规范性附录）
传感线圈

C.1　传感线圈版图

传感线圈的版图如图 C.1 所示。

单位为 mm(绘图未按比例)

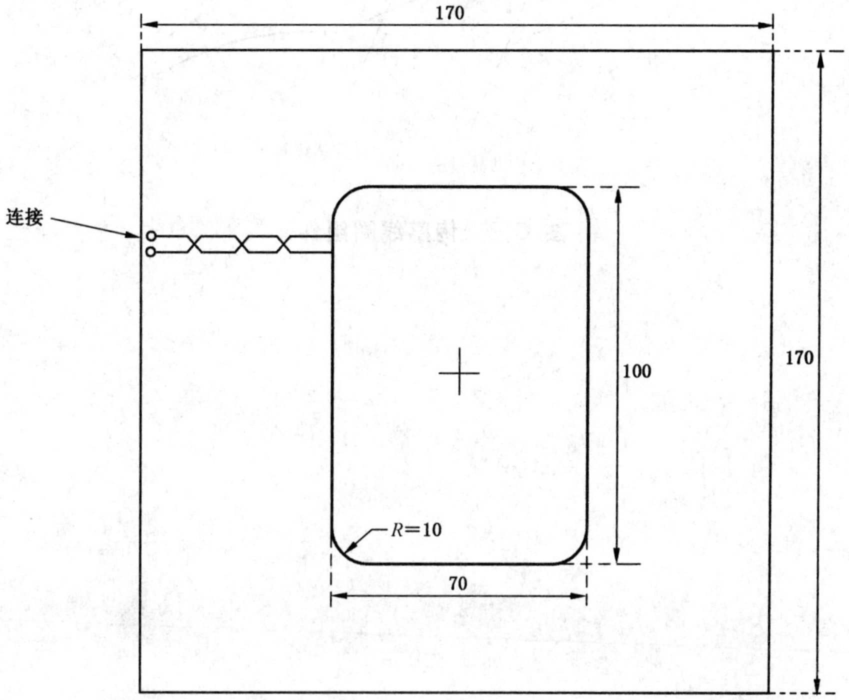

印制线宽度 0.5 mm，相对容差±20%(除过孔)。线圈的尺寸系指外尺寸。
PCB：1.6 mm 厚的 FR4 材料，双面 35 μm 镀铜。

图 C.1　传感线圈版图

C.2　传感线圈组件

传感线圈组件如图 C.2 所示。

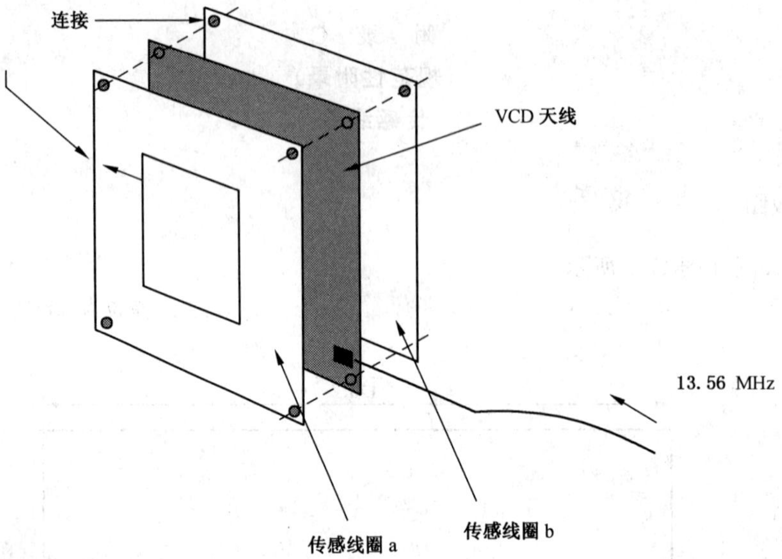

图 C.2 传感线圈组件

附 录 D
（规范性附录）
用于 VCD 功率测试的参考 VICC

参考 VICC 的电路如图 D.1 所示，表 D.1 示出了图 D.1 中 D_1、D_2、D_3 和 D_4 的基本特性。

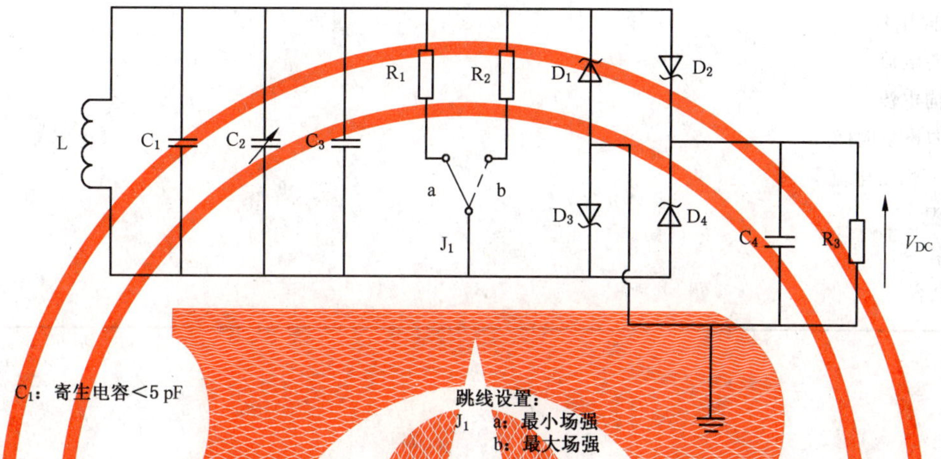

元器件清单：

元器件	值
L(线圈)	见 6.3.5
C_1	寄生电容<5 pF
C_2	2…10 pF
C_3	27 pF
C_4	10 nF
D_1、D_2、D_3、D_4	性质见表 D.1(BAR43 或等价)
R_1	11 kΩ
R_2	91 Ω
R_3	100 kΩ

图 D.1 参考 VICC 的电路图

注：元器件清单给出了 R_1 和 R_2 的典型值，为达到更精确的效果可以对其进行微调(见 8.1.2)。

表 D.1 D_1、D_2、D_3、D_4 的基本特性

符号	测试条件 T_j=25 ℃	类型	最大值	单位
V_F	I_F=2 mA		0.33	V
C	V_R=1 V， F=1 MHz	7		pF

表 D.1（续）

符号	测试条件 $T_j=25$ ℃	类型	最大值	单位
t_{rr}	$I_F=10$ mA, $I_R=10$ mA, $I_{rr}=1$ mA		5	ns

V_F:正向压降
V_R:反向压降
I_F:正向电流
I_R:反向电流
t_{rr}:反向恢复时间
I_{rr}:反向恢复电流
T_j:结温
F:频率
C:结电容

附 录 E
(资料性附录)
用于负载调制测试的参考 VICC

用于负载调制测试的参考 VICC 电路如图 E.1 所示。

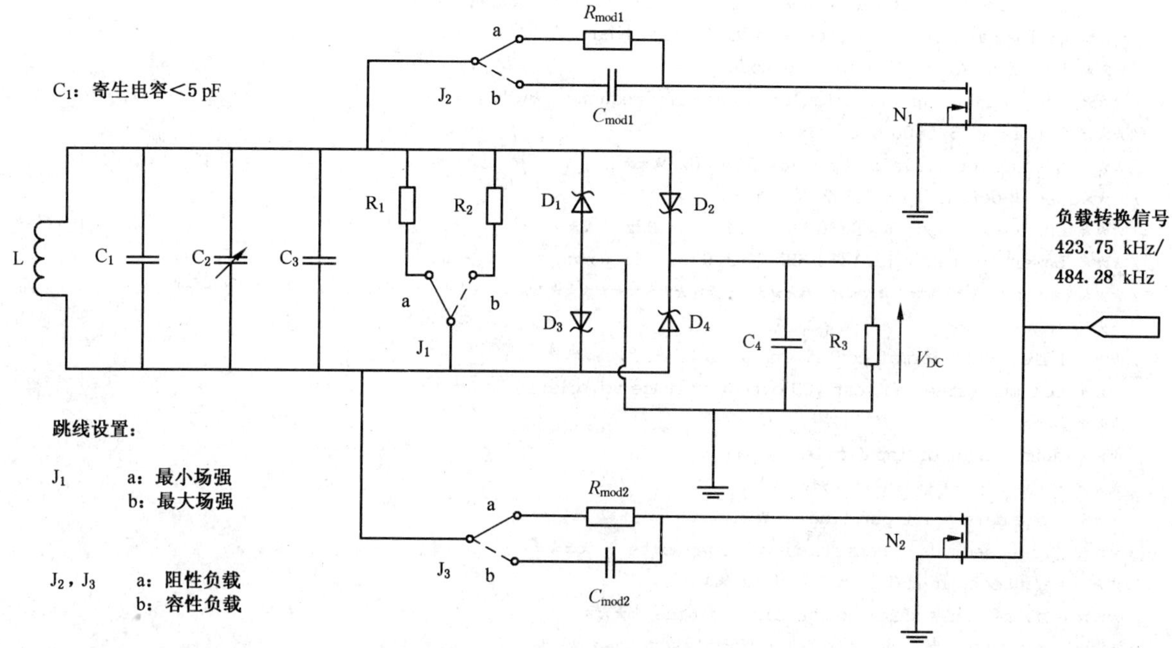

为了要求的仿真可调整下列元器件：

元器件	功能	值
C_2	调整谐振点	2 pF～10 pF
C_{mod1}，C_{mod2}	电容性调制	3.0 pF～120 pF
R_{mod1}，R_{mod2}	电阻性调制	100 Ω～2.7 kΩ

元器件清单：

元器件	值
R_1	11 kΩ
R_2	91 Ω
R_3	100 kΩ
D_1、D_2、D_3、D_4	同附录 D 中的表 D.1
L	见 6.3.5
C_1	寄生电容<5 pF
C_3	27 pF
C_4	10 nF
N_1，N_2	N-MOS 低寄生电容晶体管

图 E.1 用于负载调制测试的参考 VICC 电路图

附 录 F
(资料性附录)
频谱计算程序

下面给出一个用C语言编写的频谱计算程序示例:

```
/*****************************************************************/
/*** This program calculates the fourier coefficients ***/
/*** of load modulated voltage of a VICC according ***/
/*** the ISO/IEC 10373-7 Test methods. ***/
/*** The coefficient are calculated for the frequency ***/
/*** Carrier: 13.5600 MHz ***/
/*** Subcarrier: 423.75 kHz / 484.286 kHz ***/
/*** see #define N_FSUB: 32 28 ***/
/*** Upper sideband: 13.9838 MHz / 14.0443 MHz ***/
/*** Lower sideband: 13.1363 MHz / 13.0757 MHz ***/
/*****************************************************************/
/*** Input: ***/
/*** File in CSV Format containing a table of two ***/
/*** columns (time and test VCD output voltage vd, clause 7) ***/
/*** ***/
/*** data format of input-file: ***/
/*** ---------------------------- ***/
/*** - one data-point per line: ***/
/*** {time[seconds], sense-coil-voltage[volts]) ***/
/*** - contents in ASCII, no headers ***/
/*** - data-points shall be equidistant time ***/
/*** - minimum sampling rate: 100 MSamples/second ***/
/*** - modulation waveform centred ***/
/*** (max. tolerance: half of subcarrier cycle) ***/
/*** ***/
/*** "screen-shot of centred modulation-waveform ***/
/*** with 8 subcarrier cycles": ***/
/*** ***/
/*** XXXXXXXXXX xx xx xx xx xx xx xx xxXXXXXXXXXX ***/
/*** XXXXXXXXXX xx xx xx xx xx xx xx xxXXXXXXXXXX ***/
/*** XXXXXXXXXXxxxxxxxxxxxxxxxxxxxxxxxxxxxxxxxxxxXXXXXXXXXX ***/
/*** XXXXXXXXXXxxxxxxxxxxxxxxxxxxxxxxxxxxxxxxxxxxXXXXXXXXXX ***/
/*** XXXXXXXXXXxxxxxxxxxxxxxxxxxxxxxxxxxxxxxxxxxxXXXXXXXXXX ***/
/*** XXXXXXXXXXxxxxxxxxxxxxxxxxxxxxxxxxxxxxxxxxxxXXXXXXXXXX ***/
/*** XXXXXXXXXX xx xx xx xx xx xx xx xxXXXXXXXXXX ***/
/*** XXXXXXXXXX xx xx xx xx xx xx xx xxXXXXXXXXXX ***/
/*** |--------------------------- cc ---------------------------| ***/
/*** example for spreadsheet file (start in next line): ***/
/*** (time) (voltage) ***/
/*** 3.00000e-06 , 1.00 ***/
/*** 3.00200e-06 , 1.01 ***/
/*** ..... ***/
/*****************************************************************/
/*** RUN: Modtst7 [filename1[.csv] ... filename[.csv] ] ***/
/*****************************************************************/
#include <stdio.h>
#include <conio.h>
#include <string.h>
```

```
#include <math.h>
#define MAX_SAMPLES 5000
#define N_FSUB 32.0F /* sidebands: 13.9838 MHz / 13.1363 MHz */
/* #define N_FSUB 28.0F /* sidebands: 14.0443 MHz / 13.0757 MHz */
float pi; /* pi = 3.14.... */
/* Array for time and sense coil voltage vd */
float vtime[MAX_SAMPLES]; /* time array */
float vd[MAX_SAMPLES]; /* Array for different coil voltage */

/*************************************************************/
/*** Read CSV File Function ***/
/*** ***/
/*** Description: ***/
/*** This function reads the table of time and sense coil ***/
/*** voltage from a File in CSV Format ***/
/*** ***/
/*** Input: filename ***/
/*** ***/
/*** Return: Number of samples (sample Count) ***/
/*** 0 if an error occurred ***/
/*** ***/
/*** Displays Statistics: ***/
/*** ***/
/*** Filename, SampleCount, Sample rate, Max/Min Voltage ***/
/*************************************************************/
int readcsv(char* fname)
{
float a,b;
float max_vd,min_vd;
int i;
FILE *sample_file;
/************ Open File ************************************/
if (! strchr(fname, '.')) strcat(fname, ".csv");
if ((sample_file = fopen(fname, "r")) == NULL)
{
printf("Cannot open input file %s.\n",fname);
return 0;
}
/*********************************************************/
/* Read CSV File */
/*********************************************************/
max_vd = -1e-9F;
min_vd = -max_vd;
i = 0;
while (! feof(sample_file))
{
if (i>= MAX_SAMPLES)
{
printf("Warning: File truncated !!! \n");
printf("To much samples in file %s\b\n",fname);
break;
}
fscanf(sample_file," %f, %f\n", &a, &b);
vtime[i] = a;
vd[i] = b;
if (vd[i]>max_vd) max_vd = vd[i];
```

```
if (vd[i]<min_vd) min_vd = vd[i];
i++;
}
fclose(sample_file);
/************ Displays Statistics ************************/
printf("\n*******************************************\n");
printf("\nStatistics: \n");
printf(" Filename : %s\n",fname);
printf(" Sample count: %d\n",i);
printf(" Sample rate : %1.0f MHz\n",1e-6/(vtime[1]-vtime[0]));
printf(" Max(vd) : %4.0f mV\n",max_vd*1000);
printf(" Min(vd) : %4.0f mV\n",min_vd*1000);
return i;
}/**************** End ReadCsv ***************/

/*****************************************************************/
/*** DFT : Discrete Fourier Transform ***/
/*****************************************************************/
/*** Description: ***/
/*** This function calculate the Fourier coefficient ***/
/*** ***/
/*** Input: Number of samples ***/
/*** Global Variables: ***/
/*** ***/
/*** Displays Results: ***/
/*** ***/
/*** Carrier coefficient ***/
/*** Upper sideband coefficient ***/
/*** Lower sideband coefficient ***/
/*** ***/
/*****************************************************************/
void dft(int count)
{
float c0_real,c0_imag,c0_abs,c0_phase;
float c1_real,c1_imag,c1_abs,c1_phase;
float c2_real,c2_imag,c2_abs,c2_phase;
int N_data,center,start,end;
float w0,wu,wl;
int i;
w0 = (float)(13.56e6*2.0)*pi; /* carrier 13.56 MHz */
wu = (float)(1.0+1.0/N_FSUB)*w0; /* upper sideband 13.98 MHz */
wl = (float)(1.0-1.0/N_FSUB)*w0; /* lower sideband 13.14 MHz */
c0_real = 0; /* real part of the carrier fourier coefficient */
c0_imag = 0; /* imag part of the carrier fourier coefficient */
c1_real = 0; /* real part of the up. sideband fourier coefficient */
c1_imag = 0; /* imag part of the up. sideband fourier coefficient */
c2_real = 0; /* real part of the lo. sideband fourier coefficient */
c2_imag = 0; /* imag part of the lo. sideband fourier coefficient */
center = (count+1)/2; /* center address */
/********** signal selection ******************************/
/* Number of samples for two subcarrier periods */
N_data = (int)(0.5+2.0*N_FSUB/(vtime[2]-vtime[1])/13.56e6F);
/* Note: (vtime[2]-vtime[1]) are the scope sample rate */
start = center-(int)(N_data/2.0+0.5);
end = start+N_data-1;
/****************** DFT *********************************/
```

```
for( i=start;i<=end;i++)
{
c0_real=c0_real+vd[i]*(float)cos(w0*vtime[i]);
c0_imag=c0_imag+vd[i]*(float)sin(w0*vtime[i]);
c1_real=c1_real+vd[i]*(float)cos(wu*vtime[i]);
c1_imag=c1_imag+vd[i]*(float)sin(wu*vtime[i]);
c2_real=c2_real+vd[i]*(float)cos(wl*vtime[i]);
c2_imag=c2_imag+vd[i]*(float)sin(wl*vtime[i]);
}
/******************* DFT scale ****************************/
c0_real=2.0F*c0_real/(float)(N_data);
c0_imag=2.0F*c0_imag/(float)(N_data);
c1_real=2.0F*c1_real/(float)(N_data);
c1_imag=2.0F*c1_imag/(float)(N_data);
c2_real=2.0F*c2_real/(float)(N_data);
c2_imag=2.0F*c2_imag/(float)(N_data);

/**************** absolute fourier coefficient **********/
c0_abs=(float)sqrt(c0_real*c0_real + c0_imag*c0_imag);
c1_abs=(float)sqrt(c1_real*c1_real + c1_imag*c1_imag);
c2_abs=(float)sqrt(c2_real*c2_real+c2_imag*c2_imag);
/************** Phase of fourier coefficient **********/
c0_phase=(float)atan2(c0_imag,c0_real);
c1_phase=(float)atan2(c1_imag,c1_real);
c2_phase=(float)atan2(c2_imag,c2_real);
/************** Result Display ***************************/
printf("\n\nResults: \n");
printf("Carrier ");
printf("Abs: %7.3fmV ",1000*c0_abs);
printf("Phase: %3.0fdeg\n",c0_phase/pi*180);
printf("Uppor sideband ");
printf("Abs: %7.3fmV ",1000*c1_abs);
printf("Phase: %3.0fdeg\n",c1_phase/pi*180);
printf("Lower sideband ");
printf("Abs: %7.3fmV ",1000*c2_abs);
printf("Phase: %3.0fdeg\n\n",c2_phase/pi*180);
printf("\n*********************************************\n");
return;
}/**************** End DFT ***************/
/*************************************************************/
/*** MAIN LOOP ***/
/*************************************************************/
int main(unsigned short paramCount,char *paramList[])
{
char fname[256];
unsigned int i,sample_count;
pi = (float)atan(1)*4; /* calculate pi */
printf("\n*********************************************\n");
printf("\n**** ISO/IEC 10373-7 VICC Test-Program ****\n");
printf("\n**** Version: 1.1 JUL 2000 ****\n");
printf("\n*********************************************\n");
/************* No Input Parameter *****************/
if (paramCount==1)
{
printf("\nCSV File name :");
scanf("%s",fname);
```

```
if (! strchr(fname, '.')) strcat(fname, ".csv");
if (! (sample_count = readcsv(fname))) return;
dft(sample_count);
}
else
{
/************* Input Parameter Loop *****************/
for (i = 1;i<paramCount;i + + )
{
strcpy(fname,paramList[i]);
if (! strchr(fname, '.')) strcat(fname, ".csv");
if (! (sample_count = readcsv(fname))) break;
dft(sample_count);
}
}
return;
}/*********************** End Main ****************************/
```

ICS 47.020.05
U 05

中华人民共和国国家标准

GB/T 17556—2010/IEC 60092-359:1999
代替 GB/T 17556—1998

船用电力和通信电缆护套材料

Sheathing materials for shipboard power and telecommunication cables

(IEC 60092-359:1999,Electrical installations in ships—
Part 359:Sheathing materials for shipboard power
and telecommunication cables,IDT)

2010-09-02 发布 2011-02-01 实施

中华人民共和国国家质量监督检验检疫总局
中国国家标准化管理委员会 发布

前言

本标准等同采用 IEC 60092-359:1999《船用电气设备 第 359 部分:船用电力和通信电缆护套材料》。(英文版)

本标准等同翻译 IEC 60092-359:1999,为便于使用,本标准进行了下列编辑性修改:

a) 用小数点“.”代替 IEC 60092-359:1999 中作为小数点的“,”;

b) 删除了 IEC 60092-359:1999 的引言和前言;

c) 将 IEC 前言中引用的标准放入本标准的第 2 章。对于 IEC 60092-359:1999 引用的国际标准中,有被等同采用为我国标准的本部分用引用我国标准代替国际标准,其余未有等同采用为我国标准的,在标准中均被直接引用;

d) 为说明未注日期的引用标准的最新版本,加脚注“1)”、“2)”、“3)”进行说明,原 IEC 中脚注编号“1)”改为“4)”;

e) 根据 IEC 60092-351:2004 中电缆导体正常运行时允许的最高温度,对表 1 中的温度值加脚注“*”、“**”进行说明。

本标准代替 GB/T 17556—1998《船用电力和通信电缆护套材料》。

本标准与 GB/T 17556—1998 相比主要技术变化如下:

a) 机械性能:SHF1、SHF2 老化前的最小断裂伸长率由 125%降为 120%。

b) 特殊性能:

——增加了低温性能测试中卷绕试验、拉伸试验和冲击试验在设备或试样已预冷的情况下,对冷却时间的要求;

——修改了 SHF1、SHF2 的烟透光率要求;

——增加了耐臭氧试验要求。

c) 增加了一个附录。

本标准的附录 A 为资料性附录。

本标准由中国船舶重工集团公司提出。

本标准由全国海洋船标准化技术委员会(SAC/TC 12)归口。

本标准起草单位:中国船舶重工集团公司第七〇四研究所、上海胜华电缆集团、常州八益电缆有限公司。

本标准主要起草人:张海燕、乐懿、朱清林、旷天申、胡建国、周叙元、夏泳楠。

本标准于 1998 年 11 月首次发布。

船用电力和通信电缆护套材料

1 范围

本标准规定了船用电力和通信电缆用护套材料的机械性能和特殊性能的试验要求。

2 规范性引用文件

下列文件中的条款通过本标准的引用而成为本标准的条款。凡是注日期的引用文件,其随后所有的修改单(不包括勘误的内容)或修订版均不适用于本标准,然而,鼓励根据本标准达成协议的各方研究是否可使用这些文件的最新版本。凡是不注日期的引用文件,其最新版本适用于本标准。

GB/T 2951.2—1997 电缆绝缘和护套材料通用试验方法 第1部分:通用试验方法 第2节:热老化试验方法(idt IEC 60811-1-2:1985)

GB/T 2951.4—1997 电缆绝缘和护套材料通用试验方法 第1部分:通用试验方法 第4部分:低温试验(idt IEC 60811-1-4:1985)

GB/T 2951.5—1997 电缆绝缘和护套材料通用试验方法 第2部分:弹性体混合料专用试验方法 第1节:耐臭氧试验 热延伸试验 浸矿物油试验(idt IEC 60811-2-1:1986)

GB/T 2951.6—1997 电缆绝缘和护套材料通用试验方法 第3部分:聚氯乙烯混合料专用试验方法 第1节:高温压力试验 抗开裂试验(idt IEC 60811-3-1:1985)

GB/T 2951.7—1997 电缆绝缘和护套材料通用试验方法 第3部分:聚氯乙烯混合料专用试验方法 第2节:失重试验 热稳定性试验(idt IEC 60811-3-2:1985)

IEC 60754-1 电缆燃烧时释出气体的试验方法 第1部分:取自电缆的聚合材料燃烧时释放出的卤酸气体总量的测定[1)]

IEC 60811-1-1:1985 电缆绝缘和护套材料通用试验方法 第1部分:通用试验方法 第1节:厚度和外形尺寸测量 机械性能试验

IEC 61034-1 电缆在特定条件下燃烧的烟密度测定 第1部分:试验装置[2)]

IEC 61034-2 电缆在特定条件下燃烧的烟密度测定 第2部分:试验步骤和要求[3)]

3 护套材料

3.1 通则

本标准包含的护套混合物的类型、代号和电缆导体正常运行时允许的最高温度见表1。

表1 护套混合物的类型、代号和电缆导体正常运行时允许的最高温度

	护套混合物类型	代号	电缆导体正常运行时允许的最高温度 ℃
a)	热塑性		
	——基于聚氯乙烯或氯乙烯-乙酸乙烯共聚物	ST1	60*
		ST2	85**
	——无卤	SHF1	

1) IEC 60754-1 现有版本 IEC 60754-1:1994。

2) IEC 61034-1 现有版本 IEC 61034-1:2005。

3) IEC 61034-2 现有版本 IEC 61034-2:2005。

表 1（续）

	护套混合物类型	代号	电缆导体正常运行时允许的最高温度 ℃
b)	弹性体或热固性		
	——基于氯丁橡胶	SE1	85**
	——基于氯磺化聚乙烯或氯化聚乙烯橡胶	SH	
	——无卤	SHF2	
* 根据 IEC 60092-351:2004，已由 60 ℃改为 70 ℃。 ** 根据 IEC 60092-351:2004，已由 85 ℃改为 90 ℃。			
注：经制造商和用户同意，可以采用等效材料。			

3.2 机械性能

老化前与老化后的护套混合物的机械性能试验要求见表 2。

表 2 护套混合物机械性能试验要求

	护套混合物代号	ST1	ST2	SE1	SH	SHF1	SHF2
1	老化前机械性能（IEC 60811-1-1:1985 第 9 章）						
1.1	抗拉强度，最小值/(N/mm²)	12.5		10.0		9.0	
1.2	断裂伸长率，最小值/%	150		300	250	120	
2	空气箱热老化后的机械性能（GB/T 2951.2—1997 中 8.1）						
	处理						
	老化温度（允许偏差±2 ℃）/℃	100					120
	老化持续时间/h	168					
2.1	抗拉强度						
	a) 最小值/(N/mm²)	12.5		—		7.0	—
	b) 变化率，最大值/%	±25		±30	—	±30	
	c) 与老化前试样测试值的比率，最小值/%	—			70	—	
2.2	断裂伸长率						
	a) 最小值/%	150		250	—	110	—
	b) 变化率，最大值/%	±25		±40	—	±30	
	c) 与老化前试样测试值的比率，最小值/%	—			60	—	
3	浸入热油后的机械性能（GB/T 2951.5—1997 第 10 章）* 处理						
	热油温度（允许偏差±2 ℃）/℃	—		100		—	100
	持续时间/h	—		24		—	24
3.1	抗拉强度						
	a) 变化率，最大值/%	—		±40	—		±40
	b) 与未浸油试样测试值的比率，最小值/%	—			60	—	

表 2（续）

	护套混合物代号	ST1	ST2	SE1	SH	SHF1	SHF2
3.2	断裂伸长率						
	a) 变化率，最大值/%	—		±40	—		±40
	b) 未浸油试样测试值的百分率，最小值/%	—			60	—	
4	热延伸试验(GB/T 2951.5—1997 第 9 章)						
	处理						
	温度(允许偏差±3 ℃)/℃	—		200	—		200
	载荷持续时间/h	—		15	—		15
	机械应力/(N/mm²)	—		20	—		20
4.1	载荷下最大伸长率/%	—		175	—		175
4.2	冷却后最大永久伸长率/%	—		15	—		25

* 如果无卤混合物有耐油要求，推荐采用 SHF2 混合物。

3.3 特殊性能

护套材料的特殊性能试验要求见表 3。

表 3 护套混合物特殊性能试验要求

	护套混合物代号	ST1	ST2	SE1	SH	SHF1	SHF2
1	高温压力试验(GB/T 2951.6—1997 中 8.2)						
	处理						
	温度(允许偏差±2 ℃)/℃	80		—		80	—
	载荷下持续时间						
	——电缆外径<12.5 mm/h	4		—		4	—
	——电缆外径>12.5 mm/h	6		—		6	—
1.1	允许最大变形/%	50		—		50	—
2	抗开裂试验(GB/T 2951.6—1997 中 9.2)						
	处理						
	温度(允许偏差±3 ℃)/℃	150		—		150	—
	持续时间/h	1		—		1	—
3	失重试验(GB/T 2951.7—1997 中 8.2)						
	处理						
	温度(允许偏差±2 ℃)/℃	—	100	—			
	持续时间/h	—	168	—			
3.1	最大失重/(mg/cm²)	—	1.5	—			
4	低温性能(GB/T 2951.4—1997 中 8.2、8.4、8.5)						
4.1	卷绕试验(电缆外径小于和等于 12.5 mm)						
	处理						
	温度(允许偏差±2 ℃)/℃	−15		—		−15	
	持续时间/h	16*		—		16*	

表 3（续）

	护套混合物代号	ST1	ST2	SE1	SH	SHF1	SHF2
4.2	拉伸试验(用于不做卷绕试验的电缆)						
	处理						
	温度(允许偏差±2 ℃)/℃	−15		—		−15	
	持续时间/h	4**		—		4**	
4.3	冷冲击试验						
	处理						
	温度(允许偏差±2 ℃)/℃	−15		—		15	
	持续时间/h	16***		—		16***	
5	卤素气体含量测定(IEC 60754-1),最大值/(mg/g)	—				5	
6	烟透光率(IEC 61034-1 及 IEC 61034-2)	—				****	
7	耐臭氧试验(IEC 60811-2-1:1998 第 8 章)[4]						
7.1	处理[a]						
	温度/℃	—		25±2		—	25±2
	持续时间/h	—		24		—	24
	臭氧浓度(体积)/%	—		0.025～0.030		—	0.025～0.030

* 如果设备已预冷,并且试样已经达到规定试验温度,则允许缩短冷却时间,但不应少于 4 h。如果设备和试样均已预冷,则当每一试样被装到设备上后,冷却 1 h 即可。

** 如果设备已预冷,则冷却时间可以减少到 2 h,如果设备和试样均已预冷,则试样装到设备上后,冷却时间应不少于 30 min。

*** 如果设备已预冷,并且试样已达到规定试验温度,则允许缩短冷却时间,但不应少于 1 h。

**** 应与电缆试验得出的最大光烟密度一致。

a) 在某些国家由于法规原因可以采用一种替代的试验方法。该试验方法参见附录 A。

4) IEC 60811-2-1:1998 电缆与光缆绝缘和护套材料通用试验方法 第 2-1 部分:弹性混合物专用试验方法:耐臭氧、热延伸和浸矿物油试验

附 录 A
(资料性附录)
耐臭氧试验

在某些国家由于法律原因可以使用一种替代试验方法。

由于法律原因,附录A在某些国家可以成为规范性附录。

假如这样的话,7.1的试验条件应用7.2的试验条件来代替,参见表A.1。

表A.1 护套混合物耐臭氧试验要求

<table>
<tr><td></td><td></td><td>ST1</td><td>ST2</td><td>SE1</td><td>SH</td><td>SHF1</td><td>SHF2</td></tr>
<tr><td>7</td><td>耐臭氧试验</td><td colspan="6"></td></tr>
<tr><td rowspan="6">7.2</td><td>处理</td><td colspan="6"></td></tr>
<tr><td>温度/℃</td><td colspan="2">—</td><td colspan="2">40±2</td><td>—</td><td>40±2</td></tr>
<tr><td>持续时间/h</td><td colspan="2">—</td><td colspan="2">72</td><td>—</td><td>72</td></tr>
<tr><td>臭氧浓度(按体积计)/%</td><td colspan="2">—</td><td colspan="2">$(200\pm50)\times10^{-6}$</td><td>—</td><td>$(200\pm50)\times10^{-6}$</td></tr>
<tr><td>相对湿度/%</td><td colspan="2">—</td><td colspan="2">55±5</td><td>—</td><td>55±5</td></tr>
<tr><td>试样水平面最小空气流速/(mm/s)</td><td colspan="2">—</td><td colspan="2">500</td><td>—</td><td>500</td></tr>
</table>

ICS 47.020.05
U 05

中华人民共和国国家标准

GB/T 17557—2010/IEC 60092-351:2004
代替 GB/T 17557—1998

船舶、近海装置用电力、控制、仪表、通信及数据电缆的绝缘材料

Insulating materials for shipboard and offshore units, power, control, instrumentation, telecommunication and data cables

(IEC 60092-351:2004, Electrical installations in ships—Part 351: Insulating materials for shipboard and offshore units, power, control, instrumentation, telecommunication and data cables, IDT)

2010-09-02 发布　　　　2011-02-01 实施

中华人民共和国国家质量监督检验检疫总局
中国国家标准化管理委员会　发布

前　言

本标准等同采用 IEC 60092-351:2004《船用电气设备　第 351 部分:船舶、近海装置用电力、控制、仪表、通信及数据电缆的绝缘材料》(英文版)。

本标准等同翻译 IEC 60092-351:2004。为便于使用,本标准作了下列编辑性修改:

a) 用小数点“.”代替 IEC 60092-351:2004 中作为小数点的“,”;

b) 删除了 IEC 60092-351:2004 的前言;

c) “IEC 60092 的本部分”改为“本标准”;

d) 对于 IEC 60092-351:2004 引用的国际标准中,有被等同采用为我国标准的本部分用引用我国标准代替国际标准,其余未有等同采用为我国标准的,在标准中均被直接引用。

e) IEC 60092-351:2004 规范性引用文件中 IEC 60811-1-2:1995 的年代有误,改为 IEC 60811-1-2:1985;

f) 为说明未标注日期的引用标准的最新版本,加脚注“1)”、“2)”说明;

g) 为便于查看,在表 3 和表 4 中增加了序号;

h) IEC 60092-351:2004 的表 3 中“有铜导体老化后”的右上角遗漏了脚注“a”,本标准中给予补充;

i) 对表 4 中高温压力试验载荷时间的两种情况加脚注“3)”、“4)”进行说明。

本标准代替 GB/T 17557—1998《船用电力电缆绝缘材料》。

本标准与 GB/T 17557—1998 相比主要变化如下:

a) 热塑性材料中的代号“PVC/A”改为“PVC”。

b) 弹性体或热固性材料增加 6 种:HEPR、HF EPR、HF HEPR、HF XLPE、HF S 95、HF 90。

c) 导体正常运行时允许的最高温度发生变化:PVC 的由 60 ℃升至 70 ℃,EPR 及 XLPE 的由 85 ℃升至 90 ℃。

d) 确立了 S 95 在导体短路时允许的最高温度。

e) 空气箱老化分为无导体老化和有铜导体老化两类,原空气箱老化后的机械性能要求列入第一类的要求。

f) 特殊性能:

——PVC 进行高温压力试验时,载荷时间的两种情况由“试样外径 $d \leqslant 12.5$ mm”、“试样外径 $d > 12.5$ mm”分别改为“第 1 种状况”和“第 2 种状况”,并加注说明;

——热延伸试验中,XLPE 的最大永久伸长率由 25%减为 15%,S 95 的试验温度由(200±3)℃升至(250±3)℃;

——抗开裂试验中试验温度的偏差由±2 ℃增大为±3 ℃;

——低温性能中的试验温度增加偏差要求±2 ℃;

——增加酸度、硬度及弹性模量的要求。

g) 增加了三个附录。

本标准的附录 A 和附录 B 为规范性附录,附录 C 为资料性附录。

本标准由中国船舶重工集团公司提出。

本标准由全国海洋船标准化技术委员会(SAC/TC 12)归口。

本标准起草单位:中国船舶重工集团公司第七〇四研究所、江苏远洋东泽电缆集团有限公司、常州八益电缆有限公司。

本标准主要起草人:张海燕、乐懿、陆云春、李永江、倪军安、周叙元、夏泳楠。

本标准于 1998 年 11 月首次发布。

船舶、近海装置用电力、控制、仪表、通信及数据电缆的绝缘材料

1 范围

本标准规定了船舶、固定式和移动式近海装置用电力、控制、仪表、通信及数据电缆绝缘材料的电气性能、机械性能以及特殊性能的要求。

2 规范性引用文件

下列文件中的条款通过本标准的引用而成为本标准的条款。凡是注日期的引用文件，其随后所有的修改单(不包括勘误的内容)或修订版均不适用于本标准，然而，鼓励根据本标准达成协议的各方研究是否可使用这些文件的最新版本。凡是不注日期的引用文件，其最新版本适用于本标准。

GB/T 2951.11—2008 电缆和光缆绝缘和护套材料通用试验方法 第11部分:通用试验方法 厚度和外形尺寸测量 机械性能试验(IEC 60811-1-1:2001,IDT)

GB/T 2951.12—2008 电缆和光缆绝缘和护套材料通用试验方法 第12部分:通用试验方法 热老化试验方法(IEC 60811-1-2:1985,IDT)

GB/T 2951.14—2008 电缆和光缆绝缘和护套材料通用试验方法 第14部分:通用试验方法 低温试验(IEC 60811-1-4:1985,IDT)

GB/T 2951.21—2008 电缆和光缆绝缘和护套材料通用试验方法 第21部分:弹性体混合料专用试验方法 耐臭氧试验 热延伸试验 浸矿物油试验(IEC 60811-2-1:2001,IDT)

GB/T 2951.31—2008 电缆和光缆绝缘和护套材料通用试验方法 第31部分:聚氯乙烯混合料专用试验方法 高温压力试验 抗开裂试验(IEC 60811-3-1:1985,IDT)

GB/T 2951.32—2008 电缆和光缆绝缘和护套材料通用试验方法 第32部分:聚氯乙烯混合料专用试验方法 失重试验 热稳定性试验(IEC 60811-3-2:1985,IDT)

ISO 48 硫化橡胶或热塑性橡胶硬度的测定(硬度为10 IRHD～100 IRHD)[1)]

IEC 60502-1:1997 额定电压1 kV(U_m=1.2 kV)到30 kV(U_m=36 kV)挤包绝缘电力电缆及附件 第1部分:额定电压1 kV(U_m=1.2 kV)和3 kV(U_m=3.6 kV)电缆

IEC 60754-2 电缆燃烧时释出气体的试验方法 第2部分:用测量pH值和电导率来测定取自电缆的材料燃烧时释放出气体的酸度[2)]

3 绝缘材料

3.1 总则

本标准包含的绝缘混合物类型、代号、正常运行及短路时导体允许的最高温度见表1。

1) ISO 48目前版本为ISO 48:2007及2009年勘误单1。

2) IEC 60754-2目前版本为IEC 60754-2:1991及1997年修改单1。

表 1 绝缘混合物的类型、代号、正常运行及短路时导体允许的最高温度

	绝缘混合物的类型	代号	导体允许的最高温度 ℃	
			正常运行	短路
a)	热塑性			
	——基于聚氯乙烯或氯乙烯-乙酸乙烯共聚物	PVC	70	150
b)	弹性体或热固性			
	——基于乙丙橡胶或类似材料(EPM 或 EPDM)	EPR	90	250
	——基于高模量或硬质乙丙橡胶	HEPR		
	——基于交联聚乙烯	XLPE		
	——基于硅橡胶	S 95	95	350[a]
	——基于无卤乙丙橡胶或类似材料(EPM 或 EPDM)	HF EPR	90	250
	——基于无卤高模量或硬质乙丙橡胶	HF HEPR		
	——基于无卤交联聚乙烯	HF XLPE		
	——基于无卤硅橡胶	HF S 95	95	350[a]
	——基于无卤电缆用交联聚烯烃	HF 90	90	250

[a] 该温度仅适用于电力电缆,而且不适用于镀锡铜导体。

3.2 电气性能

绝缘混合物的电气性能试验要求见表 2。

表 2 绝缘混合物电气性能的试验要求

	绝缘混合物代号	EPR 及 HF EPR	HEPR 及 HF HEPR	XLPE 及 HF XLPE	S 95 及 HF S 95	HF 90	PVC
1	绝缘电阻常数 K_i(MΩ·km) (IEC 60502-1:1997 第 17 章)						
1a	在 20 ℃,最小值	3 670			1 500	500	36.7
1b	在最高运行温度,最小值	3.67			2	0.5	0.037
2	浸 50 ℃水后的交流电容增率						
2a	在第 1 天末和第 14 天末之间,最大值/%	15		—	15		
2b	在第 7 天末和第 14 天末之间,最大值/%	5		—	5		

3.3 机械性能

绝缘混合物的机械性能试验要求见表 3。

表 3 绝缘混合物机械性能的试验要求

	绝缘混合物代号	EPR 及 HF EPR	HEPR 及 HF HEPR	XLPE 及 HF XLPE	S 95 及 HF S 95	HF 90	PVC
1	老化前的机械性能(GB/T 2951.11—2008 中 9.1)						
1.1	抗张强度,最小值/(N/mm²)	4.2	8.5	12.5	5.0	9.0	12.5
1.2	断裂伸长率,最小值/%	200			150	120	150
2	空气箱热老化后的机械性能(GB/T 2951.12 的 8.1)						
2.1	无导体老化后						
	处理						
	——老化温度/℃	135			200	135	100
	——允许偏差/℃	±2			±3	±2	
	——老化持续时间/h	168			240	168	
2.1.1	抗张强度						
	a) 最小值/(N/mm²)	—			4.0	—	12.5
	b) 变化率,最大值/%	±30		±25	—	±30	±25
2.1.2	断裂伸长率						
	a) 最小值/%	—			120	100	150
	b) 变化率,最大值/%	±30		±25	—	±30	±25
2.2	有铜导体老化后[a]						
	处理						
	——老化温度/℃	—	150	—			
	——允许偏差/℃		±3				
	——老化持续时间/h	—	168	—			
2.2.1	抗张强度						
	变化率,最大值/%	—	±30	—			
2.2.2	断裂伸长率						
	变化率,最大值/%	—	±30	—			
3	0.55±0.02 MPa 空气弹老化后的机械性能(GB/T 2951.12—2008 中 8.2)						
	处理						
	——老化温度/℃	127		—			
	——允许偏差/℃	±1					
	——老化持续时间/h	40		—			
3.1	抗张强度						
	变化率,最大值/%	±30		—			
3.2	断裂伸长率						
	变化率,最大值/%	±30		—			

[a] 试验仅适用于导体上无任何隔离层的裸铜导体电缆。

3.4 特殊性能

绝缘混合物特殊性能的试验要求见表4。

表4 绝缘混合物特殊性能的试验要求

	绝缘混合物代号	EPR	HEPR	XLPE	S 95	HF EPR	HF HEPR	HF XLPE	HF S 95	HF 90	PVC
1	高温压力试验 (GB/T 2951.31—2008 中 8.1)										
	——试验温度/℃	—									80
	——允许偏差/℃	—									±2
	——载荷时间 ——第1种情况[3]/h	—									4
	——载荷时间 ——第2种情况[4]/h	—									6
1.1	最大允许压痕深度/%	—									50
2	热延伸试验 (GB/T 2951.21—2008 第9章)										
	处理										
	——试验温度/℃	250		200	250			200	250	200	—
	——允许偏差/℃	±3									—
	——载荷时间/min	15									—
	——机械应力/(N/cm²)	20									—
2.1	载荷下最大伸长率/%	175									—
2.2	最大永久伸长率/%	15			25	15			25	15	—
3	抗开裂试验 (GB/T 2951.31—2008 中 9.1)										
	处理										
	——试验温度/℃	—									150
	——允许偏差/℃	—									±3
	——持续时间/h	—									1
4	失重试验 (GB/T 2951.32—2008 中 8.1)										
	处理										
	——试验温度/℃	—									80
	——允许偏差/℃	—									±2
	——持续时间/h	—									168
4.1	最大允许失重/(mg/cm²)	—									2
5	低温性能 (GB/T 2951.14—2008 第8章)										
	老化前的试验:										

3) 根据 GB/T 2951.31—2008,试样外径 $D \leqslant 15$ mm。

4) 根据 GB/T 2951.31—2008,试样外径 $D > 15$ mm。

表 4（续）

	绝缘混合物代号	EPR	HEPR	XLPE	S 95	HF EPR	HF HEPR	HF XLPE	HF S 95	HF 90	PVC
5.1	卷绕试验(线芯直径≤12.5 mm)										
	——试验温度/℃	—									−15
	——允许偏差/℃	—									±2
5.2	拉伸试验(不做卷绕试验的线芯)										
	——试验温度/℃	—									−15
	——允许偏差/℃	—									±2
	——断裂伸长率,最小值/%	—									30
5.3	冲击试验										
	——试验温度/℃	—									−15
	——允许偏差/℃	—									±2
6	耐臭氧试验 (按 GB/T 2951.21—2008 第 8 章)										
	臭氧浓度(按体积计)/%	0.025～0.030		—		0.025～0.030		—		0.025～0.030	—
	无龟裂试验持续时间[a]/h	30		—		30		—		30	—
7	用 pH 值及电导率确定电缆燃烧时产生气体的酸度(按 IEC 60754-2)										
	pH	—				≥4.3					—
	电导率/($\mu S \cdot mm^{-1}$)	—				≤10					—
8	硬度的确定(见附录 A)										
	IRHD[b] 最小值	—	80	—			80	—			
9	弹性模量的确定(见附录 B)										
	150%伸长率时的模量,最小值/(N/mm^2)	—	4.5	—			4.5	—			

[a] 由于法规原因,在某些国家可以采用一种替代的试验方法,若如此,则表中所列的臭氧浓度及试验持续时间用附录 C 中的试验条件来代替。

[b] IRHD:国际橡胶硬度等级。

附　录　A
（规范性附录）
HEPR 及 HF HEPR 绝缘硬度的测定

A.1　试样

试样应是一段成品电缆，小心地剥去要测量的橡胶表面外部的所有护层，另一种替代方法是采用一段绝缘线芯作试样。

A.2　测量步骤

测量应按 ISO 48 的要求进行，但下述要求除外。

A.2.1　大曲率半径表面

测量装置应符合 ISO 48 的要求，其结构应使其能稳定地放置在橡胶表面上，并允许压脚和压头与橡胶表面垂直接触，这可用下列方法之一来实现：

a)　测量装置配备的压脚装在万向接头中，可以移动，因此压脚能自己调节以适应弯曲的表面；

b)　测量装置的底座安装两根平行杆 A 及 A'，其间距由表面曲率确定（见图 A.1）。

以上方法适用于曲率半径不小于 20 mm 的表面。

如果被测橡胶的厚度小于 4 mm，应采用 ISO 48 中为薄型、小型试样的测试方法所规定的测量装置。

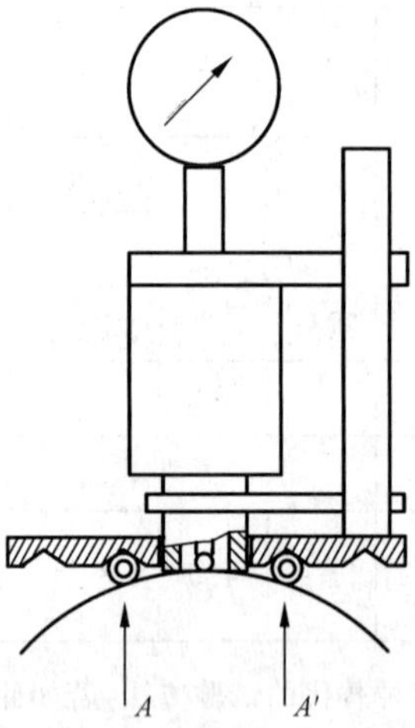

图 A.1　大曲率半径表面的测量

A.2.2　小曲率半径表面

对曲率半径太小而不能采用 A.2.1 的表面，试样应支撑在与测试装置刚性相同的底座上，这样可以使橡胶表面在压头压力增加时整体移动最小，因此使压头与试样轴线垂直。相应步骤如下：

a)　将试样放置于金属夹具槽中或通过金属夹具（见图 A.2a)）。

b)　将试样的导体端头放在 V 型砧台中（见图 A.2b)）。

用这些方法来测量的表面曲率半径最小值应为 4 mm。对于更小的曲率半径表面应采用 ISO 48 中为薄型、小型试样的测试方法所规定的测量装置。

A.2.3　预处理和测量温度

测量至少应在制造（即硫化）后 16 h 进行。

测量应在（20±2）℃的温度下进行，试样应在此温度下至少保持 3 h 后立即测量。

A.2.4 测量次数

一次测量应在分布于试样的三个或五个不同的每一点上进行，将测试结果的中间值作为试样的硬度，以最接近于国际橡胶硬度级(IRHD)的整数表示。

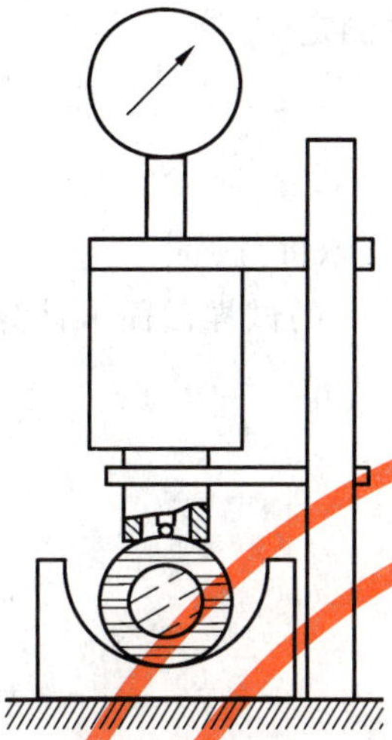

a) 金属夹具

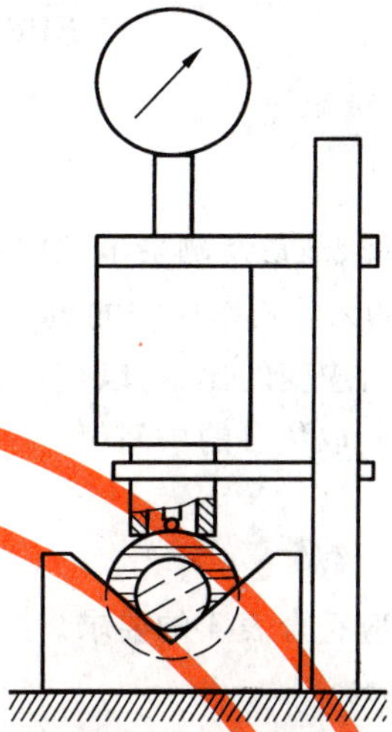

b) V 型砧台

图 A.2 小曲率半径表面的测量

附　录　B
（规范性附录）
HEPR 及 HF HEPR 绝缘弹性模量的测定

B.1　步骤

试样的取样、制备及测量步骤应按照 GB/T 2951.11—2008 第 9 章进行。

应测量 150%伸长率所需的负荷。应用测得的负荷除以未拉伸时的试样截面来计算相应的应力。应确定该应力对应变的比率，以获得 150%伸长率时的弹性模量。

弹性模量应取各自的中间值。

B.2　要求

试验结果应符合表 4 的要求。

附 录 C
(资料性附录)
耐臭氧试验—替代试验方法

表 C.1 绝缘混合物耐臭氧试验要求

绝缘混合物代号	EPR 及 HF EPR	HEPR 及 HF HEPR	XLPE 及 HF XLPE	S 95 及 HF S 95	HF 90	PVC
耐臭氧试验						
处理						
——温度/℃	40±2		—		40±2	—
——持续时间/h	72		—		72	—
——臭氧浓度(按体积计)/%	$(200\pm50)\times10^{-6}$		—		$(200\pm50)\times10^{-6}$	
——相对湿度/%	55±10		—		55±10	
试样平面最小空气流速/(mm/s)	500		—		500	—

ICS 03.220.40;13.220.01
R 22

中华人民共和国国家标准

GB 17566—2010
代替 GB 17566—1998

海洋运输船舶应变部署表

Muster list for seagoing transport merchant ship

2010-11-10 发布 2011-05-01 实施

中华人民共和国国家质量监督检验检疫总局
中国国家标准化管理委员会 发布

前 言

本标准的全部技术内容为强制性。

本标准对应于《1974年国际海上人命安全公约》2000修正案及2004修正案，与《1974年国际海上人命安全公约》2000修正案及2004修正案一致性程度为非等效。

本标准代替GB 17566—1998《海洋运输船舶应变部署表》。

本标准与GB 17566—1998相比主要变化如下：

——“驾驶台、电台”改为“驾驶台、机舱”，并调整了部分内容(1998年版的4.3.1和5.3.1；本版的4.1和5.1)；

——“紧急报警信号”增加了部分内容(1998年版的4.3.2；本版的4.2)；

——“弃船求生时任务”改为“弃船动作”，并调整了部分任务项目(1998年版的4.3.3.1和5.3.3.1；本版的4.3.1和5.3.1)；

——调整了“半敞开式救生艇或开敞式救生艇”的内容，并删除了GB 17566—1998的5.3.3.4(1998年版的4.3.3.4和5.3.3.4；本版的4.3.2.1)；

——调整了“全封闭救生艇”的内容(1998年版的4.3.3.3和5.3.3.3；本版的4.3.2.2和5.3.2.1)；

——调整了“救生筏”的内容(1998年版的4.3.3.5和5.3.3.5；本版的4.3.2.3和5.3.2.2)；

——增加了“快速救助艇”、“放撤离滑梯动作”和“放救生漂浮平台动作”的内容(见5.3.2.3，5.3.3和5.3.4)；

——调整了“消防部署”的内容(1998年版的4.3.4.1～4.3.4.2和5.3.4.1～5.3.4.2；本版的4.4和5.4)；

——调整了“救生设备位置”所列明的救生设备项目(1998年版的4.3.5和5.3.5；本版的4.5和5.5)；

——调整了“消防设备位置”所列明的消防设备项目(1998年版的4.3.6和5.3.6；本版的4.6和5.6)；

——调整了“备注”的内容(1998年版的4.3.7和5.3.7；本版的4.7和5.7)；

——调整了应变部署表表格设置(1998年版的表A.1～表A.4；本版的表A.1和表A.2)。

本标准附录A为规范性附录。

本标准由中华人民共和国交通运输部提出。

本标准由交通部航海安全标准化技术委员会归口。

本标准起草单位：交通部海事局、上海海事局。

本标准主要起草人：李林杰、凌黎华、顾海钧、范锋、裴永兴、潘秉光、金胜利。

本标准所代替标准的历次版本发布情况为：

——GB 17566—1998。

引　言

GB 17566—1998 实施以后,《1974 年国际海上人命安全公约》2000 修正案及 2004 修正案对船舶消防救生等内容进行了较大的修正,原应变部署表部分内容已不符合最新修正案的要求。为了适应形势的发展,进一步与国际公约体系相协调,确保船舶应变部署表符合船舶实际,维护人命安全,有必要调整 GB 17566—1998 的内容,建立新的《海洋运输船舶应变部署表》。

海洋运输船舶应变部署表

1 范围

本标准规定了海洋运输船舶应变部署表和应变部署卡的基本要求、货船和客船在弃船救生、消防灭火时，船上所有人员的分工部署、职责和技术动作，以及应变部署表和应变部署卡在船上的配备和填写要求。

本标准适用于航行于海上的从事商业运输为目的，500 总吨及以上的货船、载客 12 人及以上的客船。其他船舶，如工程船、科学考察船、海洋测量船、渔船以及 500 总吨以下货船和载客 12 人以下的船舶等，可参照使用。

2 术语和定义

下列术语和定义适用于本标准。

2.1

应变部署表 muster list

在船舶上用表格形式表述的符合《1974 年国际海上人命安全公约》(SOLAS1974)要求的船舶遇险时紧急报警信号及其全员的应变部署。

2.2

短声 short blast

历时约 1 s 的笛声或铃声。

2.3

长声 long blast

历时约 4 s～6 s 的笛声或铃声。

3 应变部署表基本要求

3.1 海洋运输船舶应变部署表分为货船应变部署表和客船应变部署表。

3.2 应变部署表的基本尺寸：

a) 纸张外尺寸(长×宽)为：670 mm×490 mm；

b) 表格尺寸(长×宽)为：640 mm×460 mm。

3.3 应变部署表的式样见附录 A。

3.4 应变部署表以船长为中心，全体船员分工配合，分成救生部署和消防部署两大部分，包括紧急报警信号，驾驶台、机舱，弃船，放救生艇筏，消防，救生设备位置，消防设备位置，人员编号表格和备注等九个栏目。

4 货船应变部署表 MUSTER LIST FOR CARGO SHIP

4.1 驾驶台、机舱 Bridge and Engine Room

4.1.1 船长：总指挥。

Master：leader for the ship in case of emergency.

4.1.2 驾驶员：协助船长，了望，操纵车钟，管理火灾探测器。

Duty officer：assist master，look out，operate engine telegraph，operate fire detector.

4.1.3 值班水手：联络传令，悬挂、施放信号，管理抛绳设备，抛投带自发烟雾信号的救生圈。操舵，协助了望。

Duty seaman: pass orders, display signals, control line-throwing appliance, throw lifebuoy with self-activating smoke signal. Helm, assist in looking out.

4.1.4 无线电操作员：管理 DSC/VHF/双向无线电话等通讯设备。协助船长负责船内外通讯联系，根据船长指示通知弃船集合地点。

GMDSS operator: operate DSC, VHF, two-way radiotelephone, etc. Assist master with communication, indicate muster station according to master's order.

4.1.5 轮机员：管理操纵主机、辅机和应急发电机。

Duty engineer: Control the main engine、auxiliary engine and emergency generator.

4.2 紧急报警信号 Emergency Alarm Signal

4.2.1 根据船长命令，用汽笛或报警器发出如下紧急报警信号，如可能应伴随有线广播。船员听到报警信号后，应立即着装就位。

Emergency alarm signal: the following alarms are sounded on whistle or siren according to master's order, and accompanied by wire broadcast if possible. When the alarm is sounded, crew members shall be donned and mustered at stations immediately.

4.2.2 消防报警主要内容如下：

a) 消防报警：••••••••••••••••••••(短声连放一分钟)；
Fire alarm: continued short blasts for one minute;

b) 船前部失火：•••••••••••••••••••• ——(短声连放一分钟后一长声)；
Fore part: continued short blasts for one minute and followed by one long blast;

c) 船舯部失火：•••••••••••••••••••• —— ——(短声连放一分钟后二长声)；
Middle part: continued short blasts for one minute and followed by two long blasts;

d) 船后部失火：•••••••••••••••••••• —— —— ——(短声连放一分钟后三长声)；
Aft part: continued short blasts for one minute and followed by three long blasts;

e) 机舱失火：•••••••••••••••••••• —— —— —— ——(短声连放一分钟后四长声)；
Engine room: continued short blasts for one minute and followed by four long blasts;

f) 上甲板失火：•••••••••••••••••••• —— —— —— —— ——(短声连放一分钟后五长声)。
Upper deck: continued short blasts for one minute and followed by five long blasts.

4.2.3 弃船报警：••••••• ——(七短声一长声，重复连放一分钟)。

Abandoning ship alarm: seven short blasts with one long blast repeated for one minute.

4.2.4 人员落水报警主要内容如下：

a) 人员落水报警：—— —— ——(连续三长声)；
Man overboard alarm: three long blasts;

b) 人员右舷落水：—— —— —— •(连续三长声后一短声)；
Starboard: three long blasts with one short blast;

c) 人员左舷落水：—— —— —— ••(连续三长声后二短声)。
Portside: three long blasts with two short blasts.

4.2.5 解除警报：——(一长声)。

Signal for dismissal: one long blast.

4.3 救生部署 Boat Stations

4.3.1 弃船动作 Actions for Abandoning Ship

弃船时任务包括以下动作：

a) 发出 DSC/VHF 等遇险信号；

Send the DSC,VHF and other distress signals;

b) 关闭有关机器,操纵遥控阀门和开关;

Shut off relevant engines,control remote control valves and buttons;

c) 关闭水密门、泄水孔、舷窗、天窗、舷门和其他类似开口;

Close watertight doors,scuppers,side scuttles,skylights,portholes and other similar openings in the ship;

d) 携带、管理应急无线电示位标;

Carry and lay EPIRB;

e) 携带双向无线电话;

Carry two-way radiotelephone;

f) 携带雷达应答器;

Carry SART;

g) 携带船舶证书及重要文件;

Carry ship's certificates and important papers;

h) 携带有关海图、航海日志、轮机日志、无线电记录簿、车钟记录簿或相关自动记录;

Carry relevant charts,log book,engine room logbook,radio log and engine telegraph record or automatic recordings;

i) 携带食品和毛毯。

Carry provisions and blankets.

4.3.2 放救生艇筏动作 Actions for Launching Survival Craft

4.3.2.1 开敞或部分开敞式救生艇 Unclosed or Partially Closed Lifeboat

放开敞或部分开敞式救生艇主要包括以下动作与任务:

a) 艇长:持有艇员名单,核对艇员,指挥放艇;

Commander:carry a list of boat crew,check boat crew members,command boat launching;

b) 副艇长:持有艇员名单,检查登乘人员着装和救生服救生衣穿着,操作放艇机;

Substitute for commander:carry a list of boat crew,check the dressing of immersion suits and lifejackets,operate davit motor;

c) 管理集合地点应急照明、救生艇电气设备及舷边护栏;

Administer the emergency lighting of muster station,boat electrical appliance and side rail;

d) 解除救生艇前系固索及保险插销;

Release fore gripe,check if harbor pins are out;

e) 解除救生艇后系固索及保险插销;

Release aft gripe,check if harbor pins are out;

f) 管理救生艇前救生吊索,出首缆、止晃索,脱前艇钩;

Control forward fall send and forward rope,unhook falls,control bowsing in tackles;

g) 管理救生艇后救生吊索,出尾缆、止晃索,脱后艇钩,操舵;

Control aft fall send and aft rope,unhook falls,control bowsing in tackles,rig tiller;

h) 携带救生圈,塞艇底塞,出艇靠把,操作艇钩脱开装置,撑篙;

Carry lifebuoy,check if drainage plug is in,hand fender,operate on-load release and boat-hooks;

i) 操纵救生艇艇机;

Operate boat motor;

j) 放妥登乘梯,带首缆。

Lay out embarkation ladder，make fast the fore rope.

4.3.2.2 **全封闭救生艇 Totally Enclosed Lifeboat**

放全封闭救生艇主要包括以下动作与任务：

a) 艇长：持有艇员名单，核对艇员，指挥放艇，操纵放艇索；
Commander：carry a list of boat crew，check boat crew members，command boat launching；

b) 副艇长：持有艇员名单，检查登乘人员着装、救生服救生衣穿着，操作放艇机；
Substitute for commander：carry a list of boat crew，check the dressing of immersion suits and life jackets. Operate davit motor；

c) 管理集合地点应急照明、救生艇电气设备及舷边护栏；
Administer the emergency light of muster station，boat electrical appliance and side rail；

d) 解除救生艇系固索；
Release all gripes；

e) 解除救生艇保险插销；
Check if harbor pins are out；

f) 放妥登乘梯；
Lay out embarkation ladder；

g) 检查艇底塞和应急舵；
Check if drainage plug is in，and emergency rig tiller ready for use；

h) 操纵救生艇艇钩脱开装置；
Operate on-load release；

i) 关闭好所有水密舱口和其他出口。
Close all the watertight doors and other openings.

4.3.2.3 **救生筏 Liferaft**

放救生筏主要包括以下动作与任务：

a) 筏长：持有筏员名单，管理集合地点应急照明；
Commander：carry a list of raft crew. Administer the emergency light at muster station；

b) 解除救生筏系固索，拉动首缆将救生筏抛投水中；
Release the lashing，pull the painter to open cylinder；

c) 救生筏扶正；
Right the raft to its proper condition；

d) 放妥登乘梯，检查登乘人员救生服、救生衣穿着；
Lay out embarkation ladder，look over immersion suits and life jackets；

e) 抛投救生浮环，救助落水人员登筏；
Throw rescue quoits to help man fallen overboard boarding；

f) 解除救生筏系缆，使筏脱离船舶；
Untie the painter，move the raft away from the ship；

g) 管理海锚，控制救生筏漂流速度；
Cast sea anchor to control the raft drift speed；

h) 降落式救生筏起吊处于降落位置，使救生筏充气成型。
Manage the raft davit in launching condition，and inflate the liferaft.

4.3.2.4 **救生艇兼用救助艇 Lifeboat Used as Rescue Boat**

救生艇兼用救助艇时，应明示兼用救助艇的救生艇编号。

4.4 消防部署 Fire Stations

4.4.1 消防队 Fire-fighting Squad

消防队的部署如下：

a) 队长：现场指挥；
Leader of squad：command on the spot；

b) 副队长：协助队长工作；
Substitute for leader：assist leader；

c) 消防员：探火，抢险；
Fireman：search for fire spot，rush to deal with an emergency；

d) 切断所有电路，关闭风机；
Cut off circuit，turn off ventilating blowers；

e) 关闭防火门窗、舱口、孔道及通风筒；
Close fire doors，windows，hatches，access and ventilator openings；

f) 管理消防栓、水带及水枪；
Control hydrants，fire hoses and nozzles；

g) 携带手提式灭火器；
Carry portable extinguishers；

h) 隔离火场附近易燃物；
Separate combustibles from fire spot and its vicinity；

i) 携带担架和急救药箱。
Carry stretchers and first-aid box.

4.4.2 技术队 Technical Squad

技术队的部署如下：

a) 队长：现场指挥；
Leader of squad：command on the spot；

b) 副队长：协助队长工作；
Substitute for leader：assist leader；

c) 管理固定灭火系统，按船长命令施放；
Release fixed fire extinguishing system according to master's order；

d) 管理操纵应急消防泵；
Control the emergency fire pumps；

e) 管理操纵机舱固定式灭火系统；
Control fixed fire-extinguishing systems；

f) 管理操纵固定式局部灭火系统；
Control fixed local application fire-fighting systems；

g) 关闭机舱防火门、天窗、孔道及通风筒；
Close fire doors，skylights，access and ventilators in engine room；

h) 切断有关油路；
Shut off valves and cocks of oil suction pipes；

i) 管理国际通岸接头。
Administer international shore connection.

4.5 救生设备位置 Location of Life Saving Equipment

应明示如下主要救生设备位置：

a) 救生艇 lifeboat；

b) 救生筏 liferaft；

c) 应急无线电示位标 EPIRB；

d) 双向无线电话 two-way radio telephone；

e) 雷达应答器 SART。

4.6 消防设备位置 Location of Fire-fighting Equipment

应明示如下主要消防设备位置：

a) 消防员装备 fireman's outfit；

b) 紧急逃生呼吸装置 EEBD；

c) 手提式泡沫枪装置 portable foam applicator unit；

d) 应急消防泵 emergency fire pump；

e) 国际通岸接头 international shore connection；

f) 消防控制站 fire control station；

g) 固定式局部灭火系统 fixed local application fire-fighting system；

h) 固定式灭火系统 fixed fire-extinguishing system。

4.7 备注栏 Remarks

备注栏主要包括以下内容：

a) 应变部署表应在船舶开航前制定。在应变部署表制定后，如船员有所变动而必须更改应变部署表时，船长应修订该表或制定新表。

The muster list shall be prepared before the ship proceed to sea. After the muster list has been prepared, if any change takes place in the crew which necessitates an alteration in the muster list, the master shall either revise the list or prepare a new list.

b) 应变部署表中的任务可以一人多职，也可一职多人。

For the duties assigned in the muster list, one person may do more than one work and vice versa.

c) 船长的接替人为大副，轮机长接替人为大管轮，驾驶员互为替换人，轮机员互为替换人，艇长的接替人为持证人员。

The substitute for master in an emergency is chief officer and for chief engineer is second engineer. The officers substitute each other by themselves and the engineers do likewise. The substitute for commander of lifeboat should be certified person.

d) 航行途中发生人落水时，驾驶室固定人员为：船长、值班驾驶员、值班水手，机舱固定人员为：轮机长、值班轮机员、值班机工。

If somebody falls overboard en route, the following crew must be present: master, duty officer and duty seaman on the bridge; chief engineer, duty engineer and duty motorman in the engine room.

e) 表中"执行人"一栏应填船员编号。

The content filled in the columns of "operator" shall be crew number.

f) 救助艇的降落参照救生艇的降落，由船长现场决定增加救助、救护和担架人员。

Reference is made to lifeboat launching for the operation of rescue boat launching. Persons needed for rescue, first-aid and stretcher should be assigned on the spot by the master.

g) 救生、消防设备维护保养责任人为驾驶员和轮机员。大副和轮机长负责监督指导。

Crew members appointed to maintain life-saving and fire-fighting appliances should be deck officer or engineer. This work should be conducted under the direct supervision of chief officer and chief engineer.

h) 本表格应根据船舶实际情况进行调整并如实填写，填写时字迹应清晰工整。平时应注意保持表格的整洁，不得随意涂改和污损。

The muster list shall be filled in and modified according to the factual conditions on board the ship. The content shall be filled in clearly. Keep the muster list tidy and do not to scribble or defile it.

5 客船应变部署表 MUSTER LIST FOR PASSENGER SHIP

5.1 驾驶台、机舱 Bridge and Engine Room

5.1.1 船长：总指挥。

Master：leader for the ship in case of emergency.

5.1.2 驾驶员：协助船长，了望，操纵车钟，管理火灾探测器。

Duty officer：assist master，look out，operate engine telegraph，operate fire detector.

5.1.3 值班水手：联络传令，悬挂、施放信号，管理抛绳设备，抛投带自发烟雾信号的救生圈。操舵，协助了望。

Duty seaman：pass orders，display signals，control line-throwing appliance，throw lifebuoy with self-activating smoke signal. Helm，assist in looking out.

5.1.4 无线电操作员：管理DSC/VHF/双向无线电话等通讯设备。协助船长负责船内外通讯联系，根据船长指示通知弃船集合地点。

GMDSS operator：operate DSC，VHF，two-way radiotelephone，etc. Assist master with communication，indicate muster station according to master's order.

5.1.5 播音员：负责广播通信，根据船长指示通知船员和旅客弃船集合地点。

Broadcaster：broadcast，inform the crew and passengers of the muster stations according to master's order.

5.1.6 轮机员：管理操纵主机、辅机和应急发电机。

Duty engineer：Control the main engine、auxiliary engine and emergency generator.

5.2 紧急报警信号 Emergency Alarm Signal

紧急报警信号的项目按4.2。

5.3 救生部署 Boat Stations

5.3.1 弃船动作 Action for Abandoning Ship

弃船时任务除按4.3.1外还包括以下动作：

a) 向旅客告警，指示旅客集合地点；

Warn the passengers，indicate the muster station；

b) 检查旅客救生衣着装，召集并引领旅客至集合地点，并协助登乘；

Check if the passengers have suitably donned their life jackets，take charge of the muster of passengers and guide them to muster station，help them to embark；

c) 维持梯口及通道秩序，稳定旅客情绪，疏导旅客流向；

Keep order in the passageways，control the movements of the passengers；

d) 携带旅客名单等旅客资料。

Carry passenger list and relevant documents.

5.3.2 放救生艇筏动作 Actions for Launching Survival Craft

5.3.2.1 全封闭救生艇 Totally Enclosed Lifeboat

放全封闭救生艇的动作与任务按4.3.2.2。如配有开敞式或半开敞式救生艇，则按5.3.2.1。

5.3.2.2 **救生筏 Liferaft**

放救生筏的动作与任务按4.3.2.3。

5.3.2.3 **快速救助艇 Fast Speed Rescue Boat**

放快速救助艇的要求如下：

a) 艇长：登艇，操纵遥控索，艇至水面脱钩，操艇，指挥救人。当另一艇长登艇时，应在甲板上负责放艇机的操作。

Commander: board and operate the remote control wire, disconnect the boat from the hook, command rescue operations when the boat reaches the water surface, take charge of the operation of the launching appliance on deck when another commander boards the boat.

b) 登艇，负责带、解艇首缆，负责救起落水者。当另一人登艇时，在甲板上负责解绑扎，控制艇首缆的松紧，保持艇身的平衡。

Board the boat, take charge of handling of the painters and saving the person overboard. When another member boards the boat, take charge of controlling the painter and keeping the boat balance on deck.

c) 登艇，负责发动艇机，管理艇上机器设备，协助救起落水者。当另一人登艇时，在甲板上负责管理甲板照明及吊艇机。

Board the boat, take charge of the starting of boat engine, administer the engine and equipment on the boat, assist in saving person overboard. When another member boards the boat, take charge of the deck lighting and boat launching appliance on deck.

d) 携带担架登艇，负责落水者的抢救工作。

Carry the stretchers and board the boat, take charge of the first aid of the person overboard.

5.3.2.4 **救生艇兼用救助艇 Lifeboat Used as Rescue Boat**

救生艇兼用救助艇要求按4.3.2.4。

5.3.3 **放撤离滑梯动作 Actions for Launching Evacuation Slide**

放撤离滑梯的要求如下：

a) 指挥员：持有人员名单，指挥放妥撤离滑梯，人员撤离至滑梯平台，在甲板指导旅客从滑梯下滑；

Commander: carry a name list, command the launching of evacuation slide and the persons evacuated to the platform, guide the passengers to slide down through the evacuation slide on deck;

b) 操作员：打开门，抽出安全销，扳下手柄，放下滑梯，然后放好遮盖布，用绞车调整滑梯位置。检查登乘口，从滑梯下至平台，打开平台出口，等候在平台外，接迎滑下的旅客。

Operator: open the door of the evacuation slide container box, pull off the safety pin attached to the lever, pull down the lever, lower the evacuation slide, set the blind cloth, adjust the location of the evacuation slide with a winch. After checking the entrance , slide down to the platform, open the exit on the platform, and guard on the platform when the passengers are sliding down.

5.3.4 **放救生漂浮平台动作 Actions for Launching Craft**

放救生漂浮平台的要求如下：

a) 操作降放装置；

Operate the davit;

b) 解除救生平台绑扎，打开上半盒盖，将吊杆吊钩与平台的吊装卸扣相连接；

Unlash the craft, open the upper half of the case, connect the davit hook with the lifting shack of the craft;

c) 将平台吊出舷外,拉充气拉绳将平台充气;

Lift the craft outside the ship,pull the line to inflate the craft;

d) 调整平台紧靠船边。

Adjust the craft and make it well alongside the ship.

5.4 消防部署 Fire Stations

5.4.1 消防队 Fire-fighting Squad

消防队的部署按4.4.1a)~4.4.1h)。

5.4.2 救护队 First Aid Squad

救护队的部署如下:

a) 队长:现场指挥;

Leader of squad:command on the spot;

b) 副队长:协助队长工作;

Substitute for leader:command on the spot;

c) 携带急救药箱,救护;

Carry first aid kit;

d) 携带担架;

Carry stretcher;

e) 安全守卫;

Take charge of safety guard;

f) 向旅客示警,稳定旅客情绪;

Warn the passengers,stabilize their emotions;

g) 维持秩序,疏导旅客流向;

Guide passengers to muster station;

h) 预备人员:待命。

Reserves:wait for orders.

5.4.3 技术队 Technical Squad

技术队的部署按4.4.2。

5.5 救生设备位置 Location of Life Saving Equipment

应明示如下主要救生设备位置:

a) 快速救生艇 fast speed rescue boat;

b) 救生艇 lifeboat;

c) 救生筏 liferaft;

d) 应急无线电示位标 EPIRB;

e) 双向无线电话 two-way radio telephone;

f) 雷达应答器 SART;

g) 救生漂浮平台 craft;

h) 撤离滑道 evacuation slide.

5.6 消防设备位置 Location of Fire-fighting Equipment

应明示的主要消防设备位置按4.6。

5.7 备注栏 Remarks

备注栏主要包括以下内容:

a) 应变部署表应在船舶开航前制定。在应变部署表制定后,如船员有所变动而必须更改应变部署表时，船长应修订该表或制定新表。

The muster list shall be prepared before the ship proceed to sea. After the muster list has been prepared, if any change takes place in the crew which necessitates an alteration in the muster list, the master shall either revise the list or prepare a new list.

b) 应变部署表中的任务可以一人多职，也可一职多人。

For the duties assigned in the muster list, one person may do more than one work and vice versa.

c) 船长的接替人为大副，轮机长接替人为大管轮，驾驶员互为替换人，轮机员互为替换人，客运主任接替人为服务组长，艇长的接替人为持证人员。

The substitute for master in an emergency is chief officer. and for chief engineer is second engineer. The officers substitute each other by themselves and the engineers do likewise. The substitute for the chief of passenger clerk is chief steward. The substitute for commander of lifeboat should be certified person.

d) 弃船集合地点如与登乘地点不同，全体船员和旅客听到弃船救生信号后，应穿好救生衣先到集合地点集合。

If the location of ship abandoning muster station is different from the location of embarkation, all the crew and passengers hearing the alarm signals should be donned with life jackets and mustered at muster station first.

e) 航行途中发生人落水时，驾驶室固定人员为：船长、值班驾驶员、值班水手；机舱固定人员为：轮机长、值班轮机员、值班机工。

If somebody falls overboard en route, the following crew must be present: master, duty officer and duty seaman on the bridge; chief engineer, duty engineer and duty motorman in the engine room.

f) 表中"执行人"一栏应填船员编号。

The content filled in the columns of "operator" should be crew number.

g) 救助艇的降落参照救生艇的降落，由船长现场决定增加救助、救护和担架人员。

Reference is made to lifeboat launching for the operation of rescue boat launching. Persons needed for rescue, first-aid and stretcher should be assigned on the spot by the master.

h) 救生、消防设备维护保养责任人应为驾驶员和轮机员。大副和轮机长负责监督指导。

Crew members appointed to maintain life-saving and fire-fighting appliances should be deck officer or engineer. This work should be conducted under the direct supervision of chief officer and chief engineer.

i) 本表格应根据船舶实际情况进行调整并如实填写，填写时字迹应清晰工整。平时应注意保持表格的整洁，不得随意涂改和污损。

The muster list shall be filled in and modified according to the factual conditions on board the ship. The content shall be filled in clearly. Keep the muster list tidy and do not to scribble or defile it.

6 应变部署卡

6.1 应变部署卡样式

6.1.1 船员用的应变部署卡样式，见表1。

表1 船员用应变部署卡

<table>
<tr><td colspan="6">应 变 部 署 卡　EMERGENCY CARD
船名 M/V：________</td></tr>
<tr><td colspan="2">编号 No.：</td><td colspan="2">姓名 Name：</td><td colspan="2">职务 Rank：</td></tr>
<tr><td colspan="3">艇号 Boat No.：</td><td colspan="3">消防集合地点 Fire muster station：</td></tr>
<tr><td rowspan="2">消防
Fire
control</td><td>信号
Signal</td><td colspan="4">·········· 短声连放一分钟 short blasts continued for one minute. **随后**：一长声（船前部失火），二长声（船舯部失火），三长声（船后部失火），四长声（机舱失火），五长声（上甲板失火）Thereafter, one long blast stands for fore part, two for middle part, three for aft part, four for engine room, five for upper deck.</td></tr>
<tr><td>任务
Duty</td><td colspan="4"></td></tr>
<tr><td rowspan="2">弃船
Abandon
ship</td><td>信号
Signal</td><td colspan="4">······· —— 七短声一长声，重复连放一分钟 Abandoning ship alarm：seven short blasts with one long blast repeated for one minute.</td></tr>
<tr><td>任务
Duty</td><td colspan="4"></td></tr>
<tr><td rowspan="2">人落水
Man
overboard</td><td>信号
Signal</td><td colspan="4">—— —— ——连续三长声 Man overboard alarm：three long blasts. **随后**：一短声（右舷落水），二短声（左舷落水）Thereafter, one short blast stands for starboard, two for portside.</td></tr>
<tr><td>任务
Duty</td><td colspan="4"></td></tr>
<tr><td colspan="6">解除警报：—— 一长声 Signal for dismissal：one long blast.</td></tr>
</table>

6.1.2 旅客用的应变部署卡样式，见表2。

表2 旅客用应变部署卡

<table>
<tr><td>应 变 部 署 卡　EMERGENCY CARD
船名 M/V：________
艇号 Boat No.：________集合地点 Muster station：________</td></tr>
<tr><td>火警信号：·········· 短声连放一分钟 Fire alarm：short blasts continued for one minute.
随后：一长声（船前部失火），二长声（船舯部失火），三长声（船后部失火），四长声（机舱失火），五长声（上甲板失火）
Thereafter, one long blast stands for fore part, two for middle part, three for aft part, four for engine room, five for upper deck.
注意事项 Notice：</td></tr>
<tr><td>弃船求生信号：······· —— 七短声一长声，重复连放一分钟
Abandoning ship alarm：seven short blasts with one long blast repeated for one minute.
注意事项 Notice：</td></tr>
<tr><td>人员落水信号：—— —— —— 连续三长声 Man overboard alarm：three long blasts.
随后：一短声（右舷落水），二短声（左舷落水）Thereafter, one short blast stands for starboard, two for portside.
注意事项 Notice：</td></tr>
<tr><td>解除警报：—— 一长声 Signal for dismissal：one long blast.</td></tr>
</table>

6.2 应变部署卡尺寸

应变部署卡的基本尺寸(长×宽)为:120 mm×65 mm。

7 配备与填写要求

7.1 应变部署表

7.1.1 每艘船舶应配备指名船员应变任务的应变部署表,并应特别指明每位船员应到达的岗位及应执行的任务。

7.1.2 应变部署表应在开航前制定完毕,由船长签字后将其副本张贴在驾驶室、机舱、居住及公共处所。如遇船员变动或情况改变,应及时修订。

7.1.3 对于国内航行船舶,在填写应变部署表时,船员姓名可以不填在应变部署表中,但应在应变部署卡中填写船员姓名,并采取有效手段,使船舶主要人员手中有本航次船员姓名与编写号的对照表。

7.1.4 应根据船舶实际情况进行调整并如实填写,填写时字迹应清晰工整。平时应注意保持表格的整洁,不得随意涂改和污损。

7.2 应变部署卡

7.2.1 船员用应变部署卡应每个船员一张,放置在船员房间内明显位置。

7.2.2 旅客用应变部署卡应放置在每位旅客床头。

7.2.3 船员用应变部署卡应由驾驶员按照应变部署表中对应任务,在开航前填妥并告知船员本人,遇有人员变动时,应重新填写。

7.2.4 旅客用应变部署卡的注意事项应填写清楚。

附　录　A
（规范性附录）
应变部署表样表

A.1　货船应变部署表

货船应变部署表见表 A.1。

A.2　客船应变部署表

客船应变部署表见表 A.2。

ICS 03.100.20
A 10

中华人民共和国国家标准

GB/T 17629—2010
代替 GB/T 17629—1998

国际贸易用电子数据交换协议样本

Model interchange agreement for the international commercial use of electronic data interchange

(UN/CEFACT Recommendation No. 26, Commercial use of interchange agreements for electronic data interchange, MOD)

2010-12-01 发布　　2011-05-01 实施

中华人民共和国国家质量监督检验检疫总局
中国国家标准化管理委员会 发布

前　言

本标准修改采用联合国欧经会贸易程序简化与电子业务委员会(UN/CEFACT)第26号建议《国际贸易用电子数据交换协议》。

本标准与UN/CEFACT第26号建议的主要差异如下:

——UN/CEFACT第26号建议由交换协议样本、实施指南,以及技术附录核查表3个部分组成,而本标准将交换协议样本作为标准的正文,而将实施指南和技术附录核查表分别作为标准的附录A和附录B。

——对章条号作了调整。

本标准代替GB/T 17629—1998《电子数据交换的国际商用交换协议样本》。

本标准与GB/T 17629—1998相比主要变化为:

——将原标准的名称《电子数据交换的国际商用交换协议样本》修改为《国际贸易用电子数据交换协议样本》;

——修改了标准的前言;

——增加了标准的引言;

——根据GB/T 1.1的规定增加了第1章"范围";

——将原标准的资料性附录B"交换协议样本实施指南"改为规范性附录A;

——将原标准的规范性附录A"技术附录核查表"改为规范性附录B。

本标准的附录A和附录B均为规范性附录。

本标准由全国电子业务标准化技术委员会提出并归口。

本标准主要起草单位:中国标准化研究院、中国对外贸易经济合作企业协会、商务部配额许可证局。

本标准主要起草人:胡涵景、钟小林、王凌云、刘颖、隋媛、李佳伟、马建红、熊虹艳。

本标准所代替标准的历次版本发布情况为:

——GB/T 17629—1998。

引　言

为了满足电子数据交换(EDI)参与方对于电子数据交换方面的法律需求,使他们传输的电子数据受法律保护,并具有法律效力,以减少交易中的争议和纠纷,联合国欧经会贸易程序简化与电子业务委员会(UN/CEFACT)组织制定了《国际贸易用电子数据交换协议》标准,并被采纳为UN/CEFACT第26号建议。

国际贸易程序简化工作组向各国政府、国际组织以及从事国际货物运输和单证处理的各方做如下推荐:

电子数据交换(EDI)的国际用户,包括在国际贸易中决定使用EDI的参与方,使用《国际贸易用电子数据交换协议》,以便增加他们贸易关系上的法律安全性。

由于提出对现有的法律和法规进行改革,联合国各成员国应考虑"交换协议样本"的术语和条款,以便使交换协议的内容与改革后的业务惯例一致。

参与方经协商达成一致时,可根据本协议样本签署电子数据交换的国际商用交换协议。

《国际贸易用电子数据交换协议》构成联合国贸易数据交换目录(UN/TDID)的第3部分,并成为联合国"行政、商业和运输业电子数据交换(UN/EDIFACT)"推荐标准的一部分。

国际贸易用电子数据交换协议样本

1 范围

本标准规定了国际贸易用电子数据交换协议样本。

本标准适用于参与方之间国际贸易电子数据交换，而不适用于其他参与方之间的商业合同。

2 交换协议样本

本交换协议（以下简称本协议）是由以下各方____________________（填入各方名称和地址）于________年____月____日共同签署。参与方愿意按照本协议接受法律约束，特此协商制定以下条款。

2.1 范围与附录

参与方之间所有电子报文传输均受本协议约束。除非明确规定，否则本协议对于报文通信环境下的其他契约或非契约关系均不适用。报文是指 2.2 中规定的符合 EDIFACT 标准的结构化数据。

附录 A 给出了电子数据交换协议样本实施指南，附录 B 是经各方同意针对特定的技术和程序需求而设定的规范。当本协议的条款与附录 B 的条款发生冲突时，以本协议的条款为准。

2.2 通信和运行

2.2.1 标准

UN/EDIFACT 标准（包括相关推荐标准）是为电子数据交换建立的标准，经批准在联合国贸易数据交换目录（UN/TDID）中发布。参与方应使用在附录 B 中确定的 UN/EDIFACT 标准。

2.2.2 系统运行

为了有效可靠地传输和接收报文，参与方应测试和维护各自的设备、软件以及必要的服务。

2.2.3 系统变更

如未预先通知变更意向，参与方不得在系统运行中进行任何改动，这些改动可能会使本协议设定的参与方之间的通信性能受损。

2.2.4 通信

参与方应在附录 B 中规定通信方式，包括对电信或使用第三方服务商的要求。

2.2.5 安全规程和服务

每一参与方都应实施和维护附录 B 中规定的安全规程和服务，以保护报文及其记录免遭意外或误用的侵害，其中包括不适当的存取、变更或丢失。

2.2.6 记录的存储

参与方应按附录 B 中的规定存储和保留记录以及根据本协议传递报文。

2.3 报文的处理

2.3.1 接收

当报文按附录 B 指定的方式传输时，任何符合本协议传输的报文都应被认定收到。在确认接收之前，传输的报文不应具有任何法律效力，除非有关法律规定报文一经传输就具有法律效力，而不论是否收到。

2.3.2 确认

2.3.2.1 除非在附录 B 中另有规定，否则报文的接收不需要由接收方确认。附录 B 中对确认的要求应包括确认的方法和类型(包括任何报文或过程),如果必要的话,还应包括确认被接收的期限。

2.3.2.2 确认应是收到相关报文的初步证据。需要出具确认的报文接收方只有在确认发出后,才可将报文作为行事依据。如果接收方不能发送确认,则在收到报文发送方进一步通知前就不应将该报文作为行事依据。接收方无法对报文出具确认不会使报文丧失其法律效力,除非从报文中无法识别源发方。

2.3.2.3 在源发方没有收到所要求的确认并且没有提供进一步指示的情况下,对于一个正确传送的报文,源发方可通知接收方声明报文无效。

2.3.3 技术错误

接收方应通知源发方关于阻碍报文进一步处理的情况,包括接收传输中的技术错误。

2.4 有效性和可实施性

2.4.1 有效性

参与方商定由符合本协议的报文通信产生有效的和可实施的义务。一旦参与方通过使用电子数据交换进行通信,这就意味着参与方明确放弃反对使用其他方式进行通信有效性的权利。

2.4.2 证据

不考虑书面记录和书面签名是否存在的情况,在法律允许的范围内,参与方保留的报文记录应具有证据能力,其中所含信息可作为证据。

2.4.3 合同的订立

当根据2.3.1接收到一个接受发盘的报文时,根据本协议通过使用电子数据交换订立的一个合同就被认定为成立。

2.5 数据内容要求

2.5.1 保密状况

除非法律规定或在附录B或报文中指定,否则按本协议传送的报文所包含的信息均非保密。

2.5.2 法律的遵守

2.5.2.1 每一参与方应确保任何报文传输、接收或存储的内容都符合法律对其自身的所有要求。

2.5.2.2 如果接收或存储报文的任何部分构成对适用法律的违背,接收方应毫不迟疑地对此类的与法律的违背提出通知。

2.5.2.3 在接收方意识到报文与法律违背之前,其在本协议下的权利和义务不会受到影响。

2.5.2.4 向发送方发出违法通知后,接收方就没有义务再对其他任何的违法报文做出响应。在收到通知后,发送方应当避免传输任何其他的违法报文。

2.6 责任

2.6.1 不可抗力

任何一方均毋需承担因其无法控制的任何事件所造成的延误或无法履行本协议项下义务的责任:

a) 协议订立时无法预见;

b) 后果无法避免或克服。

2.6.2 排除的损失赔偿

参与方不应对由于任何违背本协议而导致的任何特别的、随之出现的、间接的或惩罚性的损失承担责任。

2.6.3 第三方服务商责任

2.6.3.1 在报文交换或处理中使用第三方服务商服务的当事方应当按照本协议对本款所述服务的服务商的任何行为、过失或遗漏承担责任。

2.6.3.2 任何指定其他参与方使用特定第三方服务商的参与方应当对该服务商的任何行为、过失或遗漏承担责任。

2.7 一般性条款

2.7.1 适用法律

本协议受______国家____________(填入适用的各项法律)法律管辖。在管辖交易与管辖本协议的法律发生冲突的情况下,应以管辖本协议的法律为准。

2.7.2 可分割性

当本协议的任何条款因任何理由失效或不可执行时,本协议的其他所有条款仍保留全部效力。

2.7.3 终止

在提前书面通知不少于[30]d期限的基础上,任何一方都可终止本协议。终止不会影响到之前发生的任何交换,或任何相关交易的履行。2.2.5、2.2.6、2.4、2.5.1、2.6、2.7.1和2.7.5绝对不会因任何终止而失效,并保持对参与方的约束力。

注:[]中的天数也可由参与方商定。

2.7.4 完整的协议

本协议,包括附录B在内,构成参与方关于本协议的完整协议,并经参与方签署后生效。参与方或经参与方授权代其签署的人员可以修订附录B。每一参与方都应就每一项商定的修订向对方提供书面并经签署的记录。每一项修订都应根据交换书面并经签署的记录方可实行。附录B以及生效的每一项修订应指定参与方之间协议。

2.7.5 标题和子标题

本协议的标题和子标题应作为其所在条款或子条款的组成部分。

2.7.6 通知

除了2.3条下的确认和通知,本协议或附录B条款下要求的每一项通知均应按规定由通知发送方授权人员书面签署或出示等效电子记录的方式适当地发给对方。每一项通知都从其在上述的对方地址被收取之后的第二天开始生效。

2.7.7 争议的解决

选项1:仲裁条款

任何由本协议引起的或与本协议相关的争议,包括任何有关其存在、生效或终止的问题,应当提交仲裁并作终局裁决,仲裁庭由参与方商定的1或3名仲裁员组成,若无法就仲裁员人选达成一致,应由________依据__________________程序的规则指定。

选项2:诉讼条款

任何由本协议引起或与本协议相关的争议,应提交__________法庭,该法庭应对本类案件具有完全的管辖权。

参与方签署本协议,并自签署之日起生效。

参与方名称:

授权代表:

签名:

参与方名称:

授权代表:

签名:

附　录　A
（规范性附录）
交换协议样本实施指南

A.1　概述

在准备实际的商业协议时本附录应与协议样本一同使用；本附录解释了协议样本中特定的章条并为如何准备实际协议提供了指南。本附录中条款与协议样本中的条款内容保持一致。

交换协议由下列部分组成：

——范围；

——通信和运行；

——报文的处理；

——有效性和可实施性；

——数据内容要求；

——责任；

——一般性条款。

另外，附加的、被看作协议组成部分的附录 B 与交换协议一起构成完整的协议。本附录之后的附录 B，就是用于准备贸易伙伴之间的技术附录核查表。

协议范本有一项明确而无歧义的声明，即参与方愿意接受本协议的约束；强调参与方要求对电子数据交换的使用在法律框架内实施，而非超出法律范围。本协议确定要提供一个强有力的法律框架，确保根据国家法规的实施，实现对 EDI 通信的法律约束（见 2.7.1）。

尽管设计为商务交易参与方之用，协议范本也可以毫无困难地适应多宗商务交易参与方之间由多方使用的要求，以及贸易群体或 EDI 用户协会决议或鼓励使用同样交换协议的情况；协议范本也可以为此进行改编，以适当的修改确立本协议对多方施加约束的效力。

A.2　具体条款

A.2.1　范围与附录 B

本协议对于按照 UN/EDIFACT 结构和标准（“报文”）在参与方之间以电子方式交换 EDI 报文确立了管辖规则。2.2.1 对本协议这方面的问题有进一步的论述。本协议不适用其他非结构化和非标准报文的电子通信方式，如传真、电子文本传输（像电子邮件）。

重点强调本协议未对可以采用 EDI 的相关商务交易设定管辖规则，因为那些交易涉及其自身所适用的法规：如销售交易、运输合同、保险合同、存储协议以及类似的关联。

附录 B 是贸易伙伴之间的协议必不可少的部分（见 2.7.4）；其条款具有法律约束力。附录 B 逐条记述了参与方将在其 EDI 通信中所使用的详细技术规程。交换协议考虑了在附录 B 中描述某些专题；这些专题列在本附录之后的附录 B 中。根据贸易伙伴的特殊需要可要求更多的专题；并鼓励贸易伙伴就这些专题请教有关的技术顾问。

虽然交换协议和附录 B 构成参与方之间的完整协议，仍鼓励技术人员和法律专家了解相互间的需求。协议的 2.1 提供了一个规则，即协议与附录 B 间出现冲突时应以协议的条款为准。

A.2.2 通信和运行

A.2.2.1 概述

本章条款对贸易参与方之间的通信以及用于每一次发送和收取报文所需的运行方式设立了管辖规则。这是使参与方之间达成的协议具有法律约束效力所必需的。可能需要与其他参与方订立补充合同(如第三方服务服务商,见2.2.4),并鼓励用户与这些参与方订立有效协议。

A.2.2.2 标准

本协议样本就是为了在联合国欧洲经济委员会开发并为之国际化应用而经国际标准化组织(ISO)批准的UN/EDIFACT标准和推荐标准的基础上在国际范围使用。有关报文格式、语法、代码表、数据元和数据段的推荐标准也包括在这些标准中。本协议指定的这些标准都在联合国贸易数据交换目录(UN/TDID)中给出。附录B指定的安全服务也是源于其中的标准。

协议样本是包括在UN/TDID中的推荐标准之一,当使用协议样本时,应尽量鼓励用户咨询UN/TDID和相关的联合国出版物。

A.2.2.3 系统运行

与大多数商业惯例一致,2.2.2要求每一贸易伙伴单独负责测试和维护各自的系统,并承担有关的费用。通过协议,参与方可分摊其各自不同的费用。本协议要求参与方应保证他们能够有效和可靠地通信。

A.2.2.4 系统变更

即使在不直接涉及EDI程序或文件时,系统运行中的许多变更可能损害参与方之间所期望的端对端的通信能力,因此应鼓励参与方与贸易伙伴合作无论何时都保证在通信时不出现中断。本节也要求贸易伙伴在对选择的标准的发布版本作变更时给出通知。

协议样本2.7.6中规定了由贸易伙伴给出符合2.2.3的申请变更的通知的方法。变更之前给出通知的期限并没有特别规定,但应鼓励贸易伙伴在实施任何变更之前与技术专家进行适当对话、测试和确认。

A.2.2.5 通信

EDI的业务惯例要求参与方协商决定传送报文的方法。这些方法可以出现变化。报文可以以电信方式传送(发送和接收),或通过提供磁带或磁盘,或采用硬拷贝媒体等方式。通过规定这些需求,2.2.4保证贸易伙伴各自操作的兼容性。那些应被说明的技术方面在本附录之后的附录B中已标注出来。应鼓励贸易伙伴在附录B中不仅规定端对端通信的需求,也关注可管理EDI活动的其他合同关系。2.6.3也考虑了这些关系。

A.2.2.6 安全规程和服务

为应用EDI建立和维护一个有效安全的环境是重要的业务目标。在决定对报文记录以及报文记录的法律有效性进行法律处理时,安全规程和服务的管理就显得至关重要。

当考虑到其报文的性质、完整性、费用、可能的来源和变更技术时,贸易伙伴应尽可能获得双方都可接受的端对端的安全性。安全规程和服务用于确认发送和接收的报文的鉴别,并改善对参与方维护通信完整的持续控制。附录B总结了贸易伙伴间可选择使用的安全服务以及建立内部安全规程应考虑的因素。

A.2.2.7 记录的存储

为保证通过EDI完成的交易的有效性和强制性,2.2.6要求贸易伙伴存储和保留传送(发送和接受)的报文和与报文有关的记录。这些记录可包括通信的记载或记录,以及含有报文部分摘要的数据库。

附录B中的记录存储需求应根据每一参与方处理其事务的商业或法律需求进行规定。其目的是能保证贸易伙伴在需要时可得到所希望的记录。国家法律和法规在有关电子记录的可读性、持久性和完整性方面也许有相当大的差异。

交换协议未指定特别的时间要求或存储格式;但鼓励贸易伙伴规定有关这两方面的细节,以便在将来一旦发生争议时可恢复正确的记录以备查看。不过,本协议对参与方用于满足 2.2.6 需求的内部措施不进行限制。

A.2.3 报文的处理

A.2.3.1 接收

由于各国和国际法律条文存在差异,在不同的国家,发送的报文、已接收到的报文,或者认为接收到的报文,都可能被赋予法律效力。协议样本提供一个结构来规定传送的报文何时应认为接收到以及何时赋予报文法律效力。该结构对于理解某些通信的结果是重要的。

按照 2.3.1 中的特别规定,直到如附录 B 中规定的接收方能访问报文时,报文才具有法律效力。这就允许参与方指定在通信过程的哪一步接收报文,是在电子信箱、交易记录、规定的机器中接收还是由公司的特定人员来接收。这里并不需要实际访问过或检查过报文,报文应是可访问的。

协议样本也考虑到一个重要的例外:根据某些国家的商业或行政法规,无论是否以电子格式,报文一经发送即被赋予一定的法律效力,无论实际上预想的接收方是否接收了该报文。例如,买方发出次品通知后,即使卖方没有收到通知,买方也保护了其自身的权益。

A.2.3.2 确认

A.2.3.2.1 为了控制和安全的目的,UN/EDIFACT 预料到贸易伙伴可能希望任何报文的接收均由接收方确认。为达到这一目的可使用特定的报文;这些报文可确认接收事件以及报文没有语法错误。一个特殊类型的报文是否适合作确认完全由贸易伙伴来决定。贸易伙伴可决定不需确认每一个传送的报文。在做出这些决定时通常要考虑确认的费用。

A.2.3.2.2 要求参与方在附录 B 中指定应何时对报文进行确认。由于发送方应当有机会确定报文已被有效接收,因此准备附录 B 时应考虑两点:

a) 什么时候确认需要按正常过程进行;

b) 什么时候需要在已传送的报文中进行特定的确认。

正如 2.3.2.2 中所述,描述的问题包括确认的方法和类型,如果需要,也包括应确认被接收的期限。

A.2.3.2.3 允许将确认看作有关报文已接收到的真实证据;在该规则下,可提出相反的证据。贸易伙伴应注意某些地方有关证据的法规可能在司法程序中不承认这种类型的证据。

在需要确认的情况下,2.3.2.3 还定义了附加的责任。首先,直到发送确认后,参与方才可按报文运作。如果不能传送确认,接收方将通知该报文的发送方或要求进一步的指示。直到收到来自发起方进一步的指示后,接收方才根据 2.3.2.3 按报文运作。所以,在大多数情况下,参与方保持等待状态直到有机会通信。指示可由电话、传真或纸面文件给出。第二,对于希望得到确认的源发方,在没有收到确认也没有给出进一步指示时,可通过给出通知声明报文作废。该通知应符合 2.7.6 的要求。只有在报文正确传送的前提下才有这种权力。

由于某些类型的报文可能具有不利于接收方的法律效力(例如,发给卖方的次品通知),2.3.2.3 不允许接收方在收到报文后通过不发送所需的确认使报文失去已具备的法律效力。

A.2.3.2.4 当由源报文不能确定谁应接收它的时候,接收方可以不发送所需的确认。为了确定谁是接收方,应检查报文的所有成分,但无需更多的工作。在发生阻碍对报文进行进一步处理的技术错误时,2.3.3 要求接收方向源发方发出通知。内容应包括系统错误,也包括已接收报文中的技术错误。在这种情况下,即使报文不需要确认,接收方也有责任通知源发方。

A.2.4 有效性和可实施性

A.2.4.1 概述

A.2.4 说明签署交换协议的贸易伙伴愿意履行由 EDI 通信所产生的有效和强制的义务,它描述了在国际贸易中使用 EDI 的重要法律问题。

A.2.4.2 有效性

某些国家法律可能以需要书面或书面签名的文件为理由允许某一贸易伙伴反对某些通信的有效性。协议样本的2.4.1明确表示，交易的有效性不会因任何参与方受到影响，因为在本质上它就是EDI。在有些法律系统下，本条款可能并非总是强制性的；根据2.7.1，选择何种国家法律进行约束可能会受这种考虑的影响。

由于EDI的应用省去了书面签名，因而鼓励参与方对贸易伙伴之间可选择并使用的安全规程和服务进行评估。虽然电子签名可被参与方所接受，并在附录B中作了规定，但不能保证所有电子签名服务都像类似情况下使用的传统签名一样会完成所有同样的功能(包括法律功能)。

A.2.4.3 证据

本条款规定了由参与方保留的报文记录应被承认并用来作为证据。然而本协议也承认国家法律可能不同，在一定程度上参与方可能需要为司法程序规定某些类型证据的可接受性。

A.2.4.4 合同的订立

本条款定义了何时认为通过使用EDI订立的合同已经成立。从法律角度来说，决定成立的时间通常是重要的。虽然对通过邮件或电话订立的合同已有了一般性规则，但对于通过使用EDI订立的合同仍然存在不确定性。由本协议建立的规则可满足贸易伙伴的这种期望。根据本条款并与2.3.1一致，一个接受发盘的报文一经接收，即认为合同成立。这一接收规则与各个国家和地区正在使用的协议样本及大多数EDI商业惯例是一致的。

A.2.5 数据内容要求

A.2.5.1 保密状况

商业交易中的信息交换常需要进行与贸易伙伴业务有关的保密数据的通信。本协议就通常如何处理数据定义了参与方的义务。相应的国家法律可能也定义了与信息的保密处理有关的某些责任。应鼓励参与方保证其对电子形式的信息的保密性处理等效于通过其他媒体传送的同样信息。

根据本条款，在没有另外规定的情况下，报文的内容不考虑保密性。贸易伙伴可通过附录B或在特定报文中标识其报文所包括的信息的保密性。

A.2.5.2 法律的遵守

本条款就参与方如何处理其事务提供了指导以保证任何报文内容与国家法律的一致性，因为这些国家法律可能会对报文的内容作出定义或限制。另外，有些法律(如数据保护法)限制某些信息的跨国界通信。

本条款要求每一参与方保证报文内容与所涉及参与方的所有法律要求相一致。本条款中的存储指的是报文中数据的存储，而不是存储报文的方法。

本条款不要求一个贸易伙伴确保其报文与管理另一贸易伙伴的法律相一致。然而，保留的子节概述了如果发自一个贸易伙伴的报文在接收或存储时可能导致另一贸易伙伴违背适用的法律时参与方该如何处理，首先需要发通知(如2.7.6规定)，然后源发方应避免违背法律的情况再次发生。例如将包括个人数据的报文从一个没有数据保护法的国家发往实行数据保护法的国家。

A.2.6 责任

A.2.6.1 不可抗力

本条款强调了参与方的共同意愿，即通过消除在活动过程所产生的不可预料的风险责任来使得电子通信过程顺利进行。2.6.1包括许多商业协议的惯用语，当出现由无法控制的事件引起的延迟或失败时，这些协议允许参与方免于承担责任。

当然，参与方可对其认为无法控制的事件作更为详尽的规定。即使发生像自然灾害这样可以预料的事件，如果不能避免或克服该事件的后果，参与方仍无须承担责任。

A.2.6.2 排除的损失赔偿

本条款陈述了参与方的共同意愿，即按照本协议使用EDI不承担指定损害类型可能产生的责任。

不同国家的法律结构在当事方违约时可能赋予当事人收取损害赔偿金(适用时包括特别的、间接的、直接的或惩罚性的赔偿)的权利。这些损害赔偿金通常用于偿付收益损失或是对不当行为的特别制裁。

本条款并不约束根据参与方之间的其他合同义务条款和条件强加的特定种类的损失。某些国家法律可能限制本条款的强制性。

A.2.6.3　第三方服务商责任

许多使用EDI的公司还获得第三方的服务(通常成为增值网)以协助完成所需的通信或有关的功能(例如:维护可发送报文的电子信箱或与报文有关的记录存储)。

一个贸易伙伴对提供服务的第三方的选择和他们之间的合同条款是另一贸易伙伴无法控制的。因而本条款要求该贸易伙伴对其第三方的行为、失败或疏漏负责(2.6.3既适用于贸易伙伴使用不同的提供服务的第三方的情况,也适用于贸易伙伴自愿选择使用同一第三方的情况)。

在有些情况下,一个贸易伙伴可以要求另一贸易伙伴使用特定的提供服务的第三方。在这些情况下,本条款规定提供服务的第三方的行为的责任由提出该要求的贸易伙伴来承担。

A.2.7　一般性条款

A.2.7.1　概述

本章所包含的条款在许多类型的商务协议中通常都可以看到。本章并未列出全部一般性条款,还可以针对特定行业或地区的习俗和惯例增加其他类似的一般性条款。

A.2.7.2　适用法律

本协议就是要在EDI的使用缺少适用法规管辖的情况下,最大程度地保证参与方EDI通信的法律有效性和可执行性。要达到的效果就是在不同的法律体系下都成为可行。鼓励贸易伙伴明确各国对协议的司法管辖。其有关计算机隐私权、数据保护、跨界数据转移或类似问题的选择可能受到各国法律差异的影响。而在大多数法律体系下,这一选择应确定当事方的某种关联。

由于寻求解决按交换协议使用EDI进行交易所出现的争议时可能产生冲突,因而交换协议规定如何解决这些冲突。

引用国家法律可能不适合参与方指定本协议可以适用某些区域性协定或规则的要求。在这种情况下,应促使参与方增加适当的措辞。

A.2.7.3　可分割性

本条款强调参与方对赋予其义务完整效力的意愿。因某一特殊法律原因,协议的一部分或若干部分可能在法律上被宣告失效或不可执行,在这种情况下,本条款可以保证整个合同不会废止。

A.2.7.4　终止

交换协议只有在参与方之间进行报文通信时才起作用,它不要求在所有时间或所有业务通信都使用EDI。本条款确保了贸易伙伴有在任何时间终止交换协议的自由。非中止参与方也保证有一段适当的时间期限来建立通信的替换程序。大多数商业惯例为30 d,也可根据参与方的协议来调整。尽管2.7.6中有所描述,仍应以书面形式给出所需的通知。

终止将不允许贸易伙伴取消某些条款的约束力,特别是2.2.5(安全规程和服务)、2.2.6(记录的存储)、2.4(有效性和可实施性)、2.5.1(保密状况)、2.6(责任)和2.7.1(适用法律)。

A.2.7.5　完整的协议

本条款明确表达了附录B是交换协议的一部分。当然,在出现争议时,有些国家法律允许在解释交换协议时考虑参与方的其他关系。

另外,2.7.4强调对附录B的修订应签名并以书面形式给出;只有电子报文是不够的。由于最可能由技术专家考虑对附录B进行修订,因此允许参与方授权这些人员代表他们签署这些修订。

A.2.7.6　标题和子标题

本条款提供了构造交换协议时的通用规则。在构造时应充分考虑交换协议的内容。如果适合的话,参与方也可以不将标题作为协议的一部分理解。

A.2.7.7 通知

本条款为贸易伙伴使用等效于书面的电子形式给出所需的通知提供了灵活性，该通知提供了由电子形式产生与所需的书面签名形式等效的记录。某些允许这种结果的技术解决方法是存在的。

然而，许多国家的法律制度无法明确认定电子通信与书面通信相同；贸易伙伴应慎重使用电子通知，还要促使其持续关注有关法律的新进展。

还应告知参与方2.7.6的条款与2.3.2中的确认没有关系。

A.2.7.8 争议的解决

由于最能够吸引贸易伙伴使用电子通信的是速度和效率，因此他们在解决争议时会采取一种同样具有以上特点的方案，即仲裁(选项1)。选择仲裁要求参与方就所用程序做出补充决定，如程序地点、仲裁庭、仲裁员指定方式以及适用的管辖规则。

针对更为传统的诉讼方式，选项2就使参与方可以对任何可能的争议指定具有管辖权的法庭。因其倾向性极为明显，所以协议要规定专属管辖权。

另外，贸易伙伴可能还希望将指定不同市场或行业形成的其他争议解决办法也列入考虑之中。

附 录 B
（规范性附录）
技术附录核查表

B.1 概述

本核查表作为交换协议样本的一部分，用来明确一些条款，这些条款被推荐用于参与方对一个交换协议制定时进行详细说明。

本表并不打算成为在技术附录中所有可能述及的所有方面的完整的列表。它所包括的这些条款直接参考交换协议样本从而形成技术附录；这些条款可按贸易伙伴认为必要的详细程度来完成。

应鼓励用户考虑和陈述他们认为与保证贸易伙伴之间对实施 EDI 的技术和方法要求的完整理解有关的其他条款。正如交换协议样本 2.1 中所提到的：

附录 B 是经各方同意针对特定的技术和程序需求而设定的规范。

为便于使用，核查表给出了交换协议样本的相关章条的内容，并用黑体字表示。

B.2 通信和运行

B.2.1 标准

参与方应使用在附录 B 中确定的 UN/EDIFACT 标准。（2.2.1）

参与方应商定将使用的已发布版本的 UN/EDIFACT 标准。参与方还希望规定使用新版本的 UN/EDIFACT 标准的方法。

参与方还应详细指定有关技术规范和细节。应考虑的条款包括标识目录、代码表、报文实施指南以及与规定的标准和相关版本有直接联系的其他条款。

B.2.2 系统运行

为了有效可靠地传输和接收报文，参与方应测试和维护各自的设备、软件以及必要的服务。（2.2.2）

参与方应描述测试其系统操作的方法和过程、报文交换过程的有效性和可靠性、进行测试的时间和需要获得的预期结果。参与方应采取一种方法来明确指出其传输和接收报文的 EDI 系统的可用性。

B.2.3 通信

参与方应在附录 B 中规定通信方式，包括对电信或使用第三方服务商的要求。（2.2.4）

有关通信方法的细节和规定应描述以下几项：

a） 所选的通信方法；

b） 除了 UN/EDIFACT 标准外，参与方还可使用其他通信协议；

c） 当需要时，给出有关提供服务的第三方的详细信息，包括相应的地址和联络信息以及其他有关细节。

参与方还应考虑规定一些恢复措施，以便在丢失或失败时能够找回报文，或在选定的通信方法失败时提供可以替代的途径和方法。

B.2.4 安全规程和服务

每一参与方都应实施和维护附录 B 中规定的安全规程和服务，以保护报文及其记录免遭意外或误用的侵害，其中包括不适当的存取、变更或丢失。（2.2.5）

参与方可详细规定应用 EDI 时需要实施的安全规程和服务。提高业务伙伴之间 EDI 的可靠性有不同的方法；总的目的是尽可能多并有效正确地传输和处理报文，而费用仍保持在一个合理的水平上。

安全规程的选择和使用主要是根据对潜在威胁的评估而定，而不仅仅是因为法律有所规定，这也许导致实施不同的安全规程，这些措施与 UN/EDIFACT 报文结构无关，尽管如此仍有助于根据记录加强对法律的信任。

使用 UN/EDIFACT 标准的贸易伙伴可选择不同的安全规程和服务，有些措施和服务只在 UN/EDIFACT 中使用，而其他则为通用。

UN/EDIFACT 中的安全服务。为满足法律需求或防范已标识出的威胁，贸易伙伴可选择如下所述的只在 UN/EDIFACT 中可用的某些安全服务。这些安全服务都需要使用加密技术。因此，由一台计算机传到另一台计算机的任何报文（只是一串数字）可通过在传输前后对报文进行数学函数计算（众所周知的加密技术）得到保护。这就提供了工具来检测不仅在传输期间，而且在两端存储期间发生的无意变更，因此获得了预期的安全服务。

在本附录 B 核查表中标识的 UN/EDIFACT 文件包括解释安全服务的特定资料以及在后面将详细述及的密钥管理技术，并可供查找信息的用户来查阅。

报文的内容完整性防止对任何类型报文的数据进行篡改。这种情况可进一步扩展到报文的序列完整性，这种序列完整性建立了报文出现的顺序。只有通过某些密钥来产生所谓的报文鉴别码（MAC），才能实现报文的完整性。这就是用密钥生成报文的加密指纹。通常，拥有秘密密钥的任何人都可生成 MAC 值，除非使用了受特别保护的硬件。

如果要进一步区分报文的发送方和接收方（例如出于法律目的），可应用的正确的安全服务是源抗抵赖性。源抗抵赖首先需要附加时戳，其次需要计算基于公开密钥算法的数字签名。

因此源抗抵赖性隐含了报文真实性，而报文真实性又隐含了报文的完整性。

与源抗抵赖性相对应，接收方可将经过数字签名处理的报文返回，该数字签名提供了接收抗抵赖性。因此这些防止通过网络传输的报文泄露的安全服务保密措施具有了不同的特征。

UN/EDIFACT 安全仅涉及对 EDIFACT 报文的保护，而与生成报文或处理报文的端用户应用的内部安全无关。总之，UN/EDIFACT 中的安全应用需要使用加密技术，而加密技术需要使用密钥。因此 EDIFACT 中的安全应用隐含了密钥的管理。

为安全起见，应小心处理密钥（实际上是许多数字）。算法是众所周知的，只有使用密钥才能获得所需的安全服务。用户可共同拥有一把用于加密的秘密密钥，也可每人拥有一对耦合密钥（一把是私人密钥，一把是公开密钥）。通常来说，所有系统是通过安全手段来分发密钥。这可以由双方处理，也可通过第三方处理。受委托的第三方负责处理有关密钥的登记、认证和分配。这些第三方通常称为委托第三方（TTPs）。在所有情况下，有关参与方之间应商定密钥管理的规则和措施。

附加的安全规程和服务。为了完全对电子数据交换中出现的各种风险作出响应，参与方可能希望实施与 EDIFACT 结构无关的下列措施和服务：

——使用附加标识码、唯一顺序码或类似的非加密的查询和标注方案；

——使用增值提供服务的第三方所作的报文交易记录或类似地对交易活动进行归档和确认；

——在公司内部计算机网络的工作站上采用受保护的自动存储功能；

——检测通信设备的可用性和完整性。

B.2.5 记录的存储

参与方应按附录 B 中的规定存储和保留记录以及根据本协议传递报文。（2.2.6）

与记录和报文的存储和保留有关的细节和规定包括：

——所保留记录的范围；

——存储的格式；

——保留记录的期限；

——存储和保留所用的介质；

——对提供的记录进行访问的权力；

——维护存储的方法（包括测试、环境条件等）；

——对记录的完整性和不可逆性的需求；

——与记录可用性有关的规则。

应鼓励参与方进一步探讨与本条款相对应的有关内容，详细规定见2.2.5“安全规程与服务”。

B.3 报文的处理

B.3.1 接收

当报文按附录B指定的方式传输时，任何符合本协议传输的报文都应被认定收到。(2.3.1)

指定的可访问方法包括：

——以接收方的身份通过服务提供者进行访问；

——接收方对服务提供者存储的报文(例如以电子邮箱形式)进行访问；

——通过接收方的内部计算机系统进行访问。

B.3.2 确认

除非在附录B中另有规定，否则报文的接收不需要由接收方确认。附录B中对确认的要求应包括确认的方法和类型(包括任何报文或过程)，如果必要的话，还应包括确认被接收的期限。(2.3.2)

参与方可以通过多种方式来指定何时需要进行确认，可通过报文类型(例如通过使用UN/EDIFACT报文名)来指定，或通过传输报文需要确认的环境来指定。当对已传输的报文中发出确认请求时，参与方可能希望对所要求的确认进行规定。

当需要确认时，参与方应规定如何提供确认的细节，包括：

——确认的方法(重新发送接收的报文；发送另一个报文，如控制报文；其他媒介的使用，如传真)；

——确认被接收的期限；

——应使用的有关安全规程和服务(如AUTACK报文)。

B.4 数据内容要求

对于保密状况，**除非法律规定或在附录B或报文中指定，否则按本协议传送的报文所包含的信息均非保密。**(2.5.1)

参与方可能希望在附录B中规定特殊类型的报文(如用于传送旅客清单的PAXLST)或报文中包含的特定信息(如价格清单或个人数据)应视为保密。

另外，参与方还可能希望规定详细的方法，以使发送方可在任何报文中利用这些方法来发出将整个报文和报文中的某一特定信息视为保密内容的请求。在需要保密时，参与方应确保附录B或有关商业协议中规定了如何维护保密性的各自的义务。

B.5 一般性条款

对于通知，**除了2.3条下的确认和通知，本协议或附录B条款下要求的每一项通知均应按规定由通知发送方授权人员书面签署或出示等效电子记录的方式适当地发给对方。每一项通知都从其在上述的对方地址被收取之后的第二天开始生效。**(2.7.6)

除了附录B前面章条规定的通知外，参与方还可希望规定其他与EDI应用有关的应给出通知的环境。例如，2.2.3要求系统操作的变更通知；参与方可能希望在附录B中规定该通知的特殊需求。

ICS 25.040.40
L 67

中华人民共和国国家标准

GB/T 17645.511—2010

工业自动化系统与集成　零件库 第511部分：机械系统和通用件：紧固件参考字典

Industrial automation systems and integration—Parts library—Part 511: Mechanical systems and components for general use: Reference dictionary for fasteners

(ISO 13584-511:2006,MOD)

2010-12-01 发布　　2011-05-01 实施

中华人民共和国国家质量监督检验检疫总局
中国国家标准化管理委员会　发布

前　言

GB/T 17645《工业自动化系统与集成　零件库》是一个由多个部分组成的标准，各部分单独出版。GB/T 17645 的所属各部分按功能分为多个子系列：概念描述、逻辑资源、实现资源、描述方法、一致性测试、视图交换协议、有关字典的标准化内容，其中：

——第 10～19 部分规定了概念描述；

——第 20～29 部分规定了逻辑资源；

——第 30～39 部分规定了实现资源；

——第 40～49 部分规定了描述方法；

——第 50～59 部分规定了一致性测试；

——第 100～199 部分规定了视图交换协议；

——第 500～599 部分规定了有关字典的标准化内容。

GB/T 17645《工业自动化系统与集成　零件库》现已发布了以下 9 个部分：

——第 1 部分，综述与基本原理；

——第 20 部分，逻辑资源：表达式的逻辑模型；

——第 24 部分，逻辑资源：供应商库的逻辑模型；

——第 25 部分，逻辑资源：带聚合值和显式内容的供应商库逻辑模型；

——第 26 部分，逻辑资源：信息供应商标识；

——第 31 部分，实现资源：几何编程接口；

——第 42 部分，描述方法：零件族构造方法学；

——第 101 部分，视图交换协议：参数化程序的几何视图交换协议；

——第 102 部分，视图交换协议：符合 GB/T 16656 一致性规定的视图交换协议。

本部分是 GB/T 17645 的第 511 部分，给出了符合 GB/T 17645 系列标准的紧固件字典的标准化内容。

本部分修改采用国际标准 ISO 13584-511：2006《工业自动化系统与集成　零件库　第 511 部分：机械系统和通用件：紧固件参考字典》。本部分在技术内容上与 ISO 13584-511：2006 保持一致，但考虑国际标准中对紧固件字典的描述内容仅限于紧固件国际标准的内容，国内使用时不能满足需求，因此将我国紧固件国家标准的内容纳入本标准。信息对象注册见附录 A。

本部分的附录 A、附录 B、附录 C、附录 D 和附录 E 为规范性附录。

本部分由机械工业联合会提出。

本部分由全国工业自动化系统与集成标准化技术委员会(SAC/TC 159)归口。

本部分起草单位：中国标准化研究院。

本部分主要起草人：洪岩、李文武、詹俊峰、刘守华、王志强。

引　言

GB/T 17645是一个关于计算机可解释的零件库数据表达和交换的国家标准，其目的是提供能够传输零件库数据的中性机制，且独立于任何使用零件库数据系统的应用系统。这种描述的本质使得它不仅适合零件文件的交换，也是实现和共享零件库数据的数据库基础。

GB/T 17645由一系列单独发布的部分组成。其各部分分别属于以下各系列之一：概念描述、逻辑资源、实现资源、描述方法、一致性测试、视图交换协议和有关字典的标准化内容。本部分属于引用字典系列。

GB/T 17645的参考字典系列规定了表达实体应用域的本体及其描述特性和值域。每个实体，特性和值域构成了一个字典的条目，该条目是形式化的且计算机可解释的特定本体的表示。这种表示分别与计算机可解释的、人类可认读的定义和计算机可解释的标识相关联。字典条目的标识保证在任何应用中对字典条目的引用不存在二义性。字典条目的定义和标识包括定义在公共字典模式中的EXPRESS实体数据类型的实例，其扩展定义在GB/T 17645的逻辑资源系列中。

本部分规定了使用特性及其值域表示紧固件的参考字典。

紧固件字典中的类和特性定义引自：

——机械紧固件国家标准；

——联合项标识指南。

工业自动化系统与集成　零件库 第511部分：机械系统和通用件：紧固件参考字典

1　范围

GB/T 17645的本部分为机械紧固件国家标准的所有组件规定了参考字典，包括其分类特性及其值域。

参考字典包括如下内容：

——用于描述机械紧固件国家标准的紧固件类的定义和标识，以及相关的分类模式；

——用于表达紧固件特性的数据元素类型的定义和标识；

——用于描述以上数据元素类型的值域的定义和标识。

应用域中的每个类、特性或值域构成了本部分定义的参考字典的条目。条目与计算机可解释或人类可认读的定义、计算机可解释的标识相关联。字典条目的标识保证在任何应用中对字典条目的引用不存在二义性。

字典条目的定义和标识是依赖标准数据定义的，标准数据组成在公共字典模式中定义的EXPRESS实体数据类型的实例。公共字典模式的扩展定义在GB/T 17645.24—2003和GB/T 17645.25—2008中。

本部分适用于：

——表达紧固件各个种类的标准数据；

——表达紧固件各种特性的标准数据；

——表达紧固件特性值域的标准数据。

本部分不适用于：

——用于规定本部分定义的标准数据的构造零件族的方法学；

——用于交换本部分定义的标准数据的实现方法。

注：用于交换本部分定义的标准数据的物理文件的结构见GB/T 16656.21—2008。

2　规范性引用文件

下列文件中的条款通过GB/T 17645的本部分的引用而成为本部分的条款。凡是注日期的引用文件，其随后所有的修改单(不包括勘误的内容)或修订版均不适用于本部分，然而，鼓励根据本部分达成协议的各方研究是否可使用这些文件的最新版本。凡是不注日期的引用文件，其最新版本适用于本部分。

GB/T 3099—1982　螺栓、螺钉、螺母及附件　名词术语(ISO 1891:1979,MOD)

GB/T 16262.1—2006　信息技术　抽象语法记法一(ASN.1)　第1部分：基本记法规范(ISO/IEC 8824-1:2002,IDT)

GB/T 16656.1—2008　工业自动化系统与集成　产品数据表达与交换　第1部分：概述与基本原理(ISO 10303-1:1994,MOD)

GB/T 16656.11—2010　工业自动化系统与集成　产品数据表达与交换　第11部分：描述方法：EXPRESS语言参考手册(ISO 10303-11:2004,IDT)

GB/T 16656.21—2008　工业自动化系统与集成　产品数据表达与交换　第21部分：实现方法：交换文件结构的纯正文编码(ISO 10303-21:2001,IDT)

GB/T 17564.4—2009 电器元器件的标准数据元素类型和相关分类模式 第4部分:IEC标准数据元素类型和元器件类别基准集(IEC 61360-4:2005,IDT)

GB/T 17645.1—2008 工业自动化系统与集成 零件库 第1部分:综述与基本原理(ISO 13584-1:2001,IDT)

GB/T 17645.24—2003 工业自动化系统与集成 零件库 第24部分:逻辑资源:供应商库的逻辑模型(ISO 13584-24:2002,IDT)

GB/T 17645.25—2008 工业自动化系统与集成 零件库 第25部分:逻辑资源:带聚合值和显式内容的供应商库逻辑模型(ISO 13584-25:2003,IDT)

GB/T 17645.42—2001 工业自动化系统与集成 零件库 第42部分:描述方法学:构造零件族的方法学(idt ISO 13584-42:1998)

3 术语、定义和缩略语

下列术语、定义和缩略语适用于GB/T 17645的本部分。为了方便,本部分还重复了一些术语和定义。它们来自:

——GB/T 16656.1—2008;

——GB/T 16656.11—2010;

——GB/T 17645.1—2008;

——GB/T 17645.24—2003;

——GB/T 17645.42—2001。

3.1 术语和定义

3.1.1

可应用特性 applicable property

为某些零件族定义的特性,它将用于属于该零件族的任何零件。

[GB/T 17645.24—2003,定义3.3]

例:对于螺栓通用族,螺纹直径是一个可应用特性:这个特征用于任何螺栓。

3.1.2

基本语义单元 basic semantic unit (BSU)

一种实体,它提供了应用领域(例如:类、数据元素类型)特定对象的一个绝对的和唯一的标识。

[GB/T 17645.42—2001,定义3.4.1]

例:类,数据元素类型。

3.1.3

零件的特征(零件特征) characteristic of a part (part characteristic)

零件的常数特性, 一旦零件被定义,该特性的值是固定的。

[GB/T 17645.24—2003,定义3.12]

注:零件特征值的变化将意味该零件的变化。

例:对于一个垫圈,内径和外径是零件特征。

3.1.4

公共字典模式 common dictionary schema

用信息建模语言EXPRESS建立的一种字典的信息模型,它是ISO TC 184/SC4/WG2和IEC SC3D共同努力的结果。

[GB/T 17645.42—2001,定义3.4.3]

注:GB/T 17564.2规定了这种公共字典模式,在GB/T 17645.42—2001的附录D中给出了该公共字典模式的内容。

3.1.5

数据 data

一种形式化的信息表达,它适合于人或计算机进行通信、解释或处理。

[GB/T 16656.1—2008,定义 3.2.16]

3.1.6

数据元素类型 data element type (DET)

为其规定了标识、描述和值的表达的数据单元。

[GB/T 17645.42—2001,定义 3.4.4]

3.1.7

数据交换 data exchange

数据的存储、访问、传送、和归档。

[GB/T 16656.1—2008,定义 3.2.17]

3.1.8

数据类型 data type

值域。

[GB/T 16656.11—2010,定义 3.5]

3.1.9

字典 dictionary

包含一系列条目的表,一个含义对应字典中的一个条目,字典的一个条目只有一个含义。

[GB/T 17645.1—2008,定义 3.1.2]

注 1:在 GB/T 17645 中,用于构成字典词条的种类有:供应方、类、特性、程序库、类型、表和文档。

注 2:在 GB/T 17645 中,表达一字典词条的信息被分为三个实体:一个是 basic_semantic_unit(基本语义单元)(BSU),它提供引用;一个是 dictionary_element(字典元素),它通过属性尽可能地描述该字典词条;一个是 content_item 实体,它通过描述它的内容来描述该字典词条。

注 3:在 GB/T 17645 中,表达字典条目的信息被分离为基本语义单元(BSU),通过 BSU 引用描述属性含义的字典元素(dictionary_element)以及描述字典内容的内容项(content_item)。

3.1.10

字典数据 dictionary data

描述了零件族的层次结构和这些零件特性的数据集。

[GB/T 17645.42—2001,定义 3.4.6]

注:字典数据应使用公共字典模式进行交换。

3.1.11

字典元素 dictionary element

属性的集合,它组成该应用域(例如类、数据元素类型)中特定对象的字典描述。

[GB/T 17645.42—2001,定义 3.4.7]

3.1.12

实体 entity

由共同特性定义的信息类。

[改写 GB/T 16656.11—2010,定义 3.6]

3.1.13

实体数据类型 entity data type

实体的一种表达。实体数据类型确定了由公共属性和约束定义的值域。

[GB/T 16656.11—1996,定义 3.2.6]

3.1.14

实体(数据类型)实例 entity (data type) instance

指定的实体数据类型的值。一个实体实例的名称用于引用该实例。

[GB/T 16656.11—2010,定义 3.3.8]

3.1.15

零件族 family of parts

零件的简单族或者通用族。

[GB/T 17645.24—2003,定义 3.40]

3.1.16

零件通用族 generic family of parts

为了分类或分解公共信息,所作的零件简单族或通用族的一种分组。

[GB/T 17645.24—2003,定义 3.44]

3.1.17

实现方法 implementation method

由计算机用于交换数据的一种技术,它用于该 EXPRESS 数据规范语言的描述。

[GB/T 17645.24—2003,定义 3.50]

3.1.18

事例关系 is-case-of relationship

一种关系,该关系提供了一对象符合另一个对象所定义的部分规范这一事实的一种形式表示。

[GB/T 17645.24—2003,定义 3.63]

注:在 GB/T 17645 中,可见或可应用于某些零件族的所有特性和数据类型可以通过所有的声明了该前面族的 is-_case-of(存在情况)存在的零件族进行输入。这些特性和数据类型甚至可用于描述后面的族。

3.1.19

库集成信息模型 library integrated information model (LIIM)

为表达以交换为目的的各供应商库,从不同的 EXPRESS 模式中集成了各种资源源构造的、且与一致性要求相关的一种 EXPRESS 模式。

[改写 GB/T 17645.24—2003,定义 3.72]

3.1.20

本体 ontology

应用域中独立于任何用途的概念的清楚描述。

注:在本部分中,字典是形式化的或计算机可理解的本体表达。

3.1.21

零件 part

一个组成不同产品构件的物质或功能元素。

[GB/T 17645.1—2008,定义 3.1.16]

3.1.22

特性 property

可以通过数据元素类型来表达的信息。

[GB/T 17645.42—2001,定义 3.4.10]

3.1.23

零件简单族 simple family of parts

一种零件集,该零件集的每个零件可以通过相同的特性组进行描述。

[GB/T 17645.24—2003,定义 3.98]

3.1.24

可见特性　visible property

它对应一个典型特性，零件(属于零件的通用族或简单族)拥有或不拥有这种特性取决于该零件所属的子族。

[GB/T 17645.42—2001,5.2]

例：对于螺钉通用族，非螺纹长度是一个可见特性：它用于定义任何螺钉，但只有带非螺纹部分的那些螺钉，这个特性才有值。

注：定义特性为可见特性的类的代码是表达这个特性的数据元素类型的标识。

3.1.25

标准数据　standard data

通过 EXPRESS 实体(数据类型)实例化手段所定义的、关于软件系统的一种要求，假定该 EXPRESS 实体实例可被这个软件系统解释。

3.2　缩略语

本部分使用了下列缩略语：

AP	可应用特性	Applicable property
BSU	基本语义单元	Basic Semantic Unit
DC	定义类	Definition Class
DCR	当前修订日期	Date of Current Reversion
DCV	当前版本日期	Date of Current Version
DET	数据元素类型	Date Element Type
DOD	最初定义的的日期	Date of Original Definition
DT	数据类型	Data Type
LIIM	库集成信息模型	Library Integrated Information Model
PLS	推荐字符	Preferred Letter Symbol
PTC	特性类型分类	Property Type Classification
SD	简图	Simplified Drawing
SDD	定义原文档	Source Document of Definition
SSP	子类选择特性	Sub-class Selection Properties
VF	值格式	Value Format
VP	可见特性	Visible Property

4　本体概念和字典条目的表达

4.1　紧固件类

4.1.1　建模类

4.1.1.1　紧固件类及其超类

本部分中定义的超类为机械系统和通用件，它有多个子类，例如紧固件类和螺纹类(见图1所示)。

注：除了紧固件类，机械系统和通用件还可能有其他的子类，如轴承、弹簧等。

根据国际标准分类法(ICS:2005)的规定，紧固件类有多个子类：如螺栓，螺钉和螺柱(21.060.10)、螺母(21.060.20)、垫圈，锁紧元件(21.060.30)、铆钉(21.060.40)、销、钉(21.060.50)等。示例见附录C。

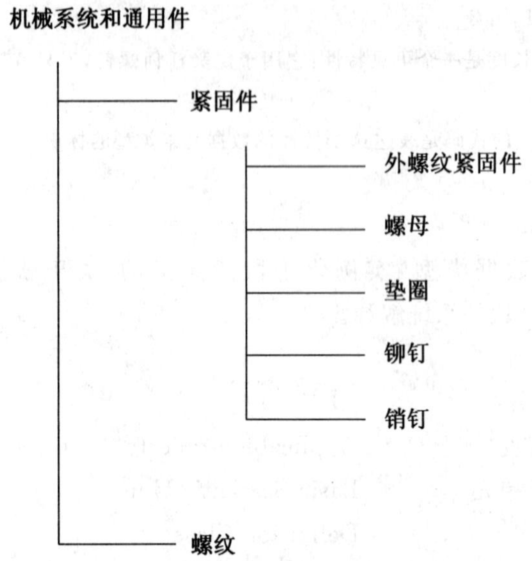

图 1　紧固件类及其子类

4.1.1.2　组件类

除了定义在紧固件类下的外螺纹紧固件分为外螺纹紧固件组件类和外螺纹紧固件特征类用于分别描述组件和特征外，紧固件类下还定义了螺母、垫圈、铆钉和销钉类。

例 1：外螺纹紧固件特征类下分成头部、杆部、尾部和内扳拧四个子类。

所有的组件类分为分类的组件类，以及在各个分类组件类下一些相应的零件简单族。本部分通过分类特性和分类特性引用机制建立起组件类与对应特征类的联系。

例 2：外螺纹紧固件组件类可分为九个组件类—米制螺纹螺栓/螺钉、自攻螺钉、木螺钉、自钻螺钉、紧定螺钉、螺柱、带杆无头螺钉、全螺纹螺柱、自攻锁紧螺钉。

例 3：外螺纹紧固件类的结构见图 2。

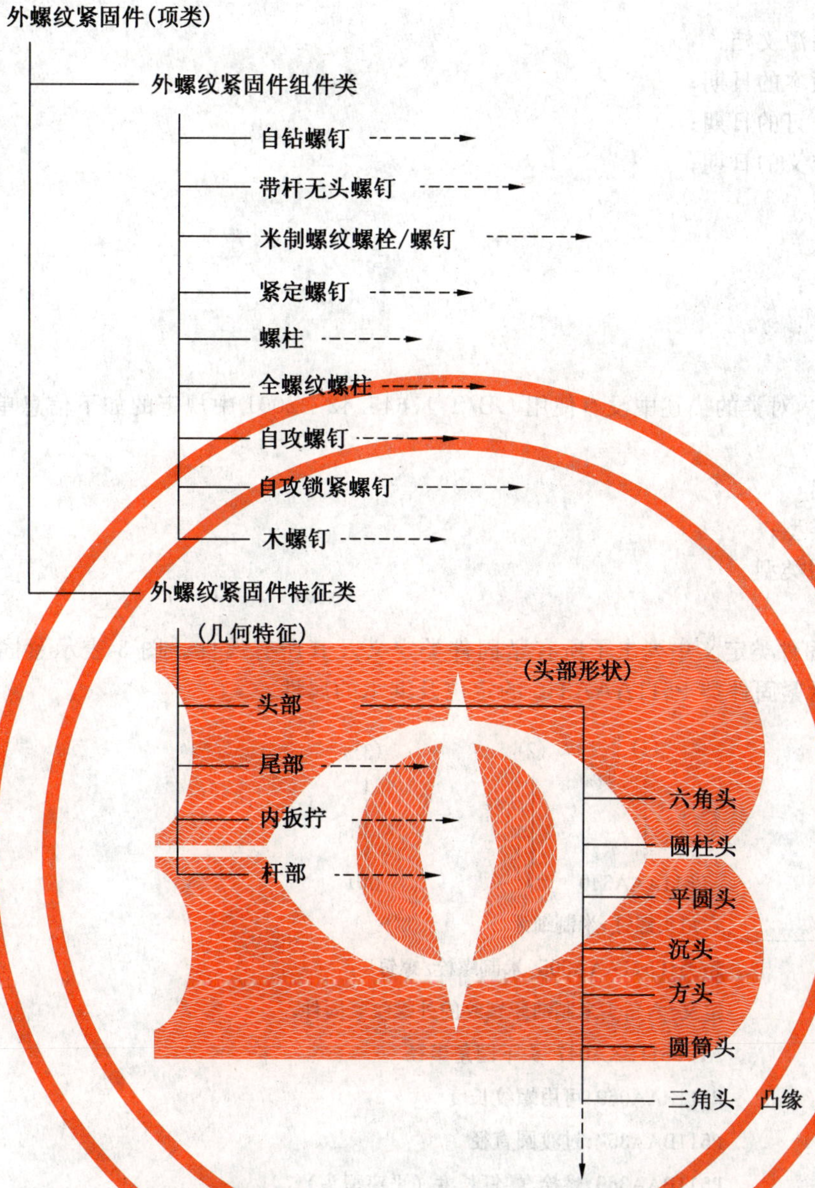

图 2 外螺纹紧固件类的结构

紧固件的分类见附录 B 的表 B.1。

4.1.2 引用类

本部分没有从其他分类中引用任何类。

4.1.3 使用的属性

在本部分中,对类的描述中使用了 GB/T 17645.42—2001 中规定的如下信息单元:

——代码;

——超类;

——首选名;

——子类选择特性;

——可见特性;

——可应用特性;

——类定值赋值;

——定义；
——定义的源文档；
——当前版本的日期；
——当前修订的日期；
——最初定义的日期；
——注释；
——备注；
——版本号；
——修订号；
——简图。

在本部分中，对类的描述中没有使用 GB/T 17645.42—2001 中规定的如下信息单元：

——短名；
——同义名；
——可见类型；
——可应用类型。

4.1.4 布局

附录 C 紧固件类定义中列出了所有紧固件类定义及其所有属性。图 3 表示紧固件类定义的文档形式。图 4 表示紧固件类 P511AAA340 的定位及继承的属性。

(1) (2) (3)

P511AAA340 -1 001

(4) → 六角头螺钉-米制细牙

超类:P511AAA005 米制螺栓/螺钉

定义:六角头米制细牙螺纹的外螺纹紧固件。

AP:P511BAA047:头下圆角半径

P511BAA069:可用螺纹长度

P511BAA357:过渡圆直径

P511BAA369:螺栓/螺钉长度（平座型头）

SSP:

注释:GB/T 6173—2000, GB/T 18230.1—2000, GB/T 18230.2—2000, GB/T 5780—2000, GB/T 5781—2000属于这个子类。

SDD:ISO 15978:2002

SD:P511DAA340

DOD:2002-12-01 DCV:2002-12-01

DCR:2002-12-01

注：(1)——代码

(2)——版本号

(3)——修订版本号

(4)——首选名

图 3 类定义布局

注：图 3 的布局格式参考 GB/T 17564.4—2009。

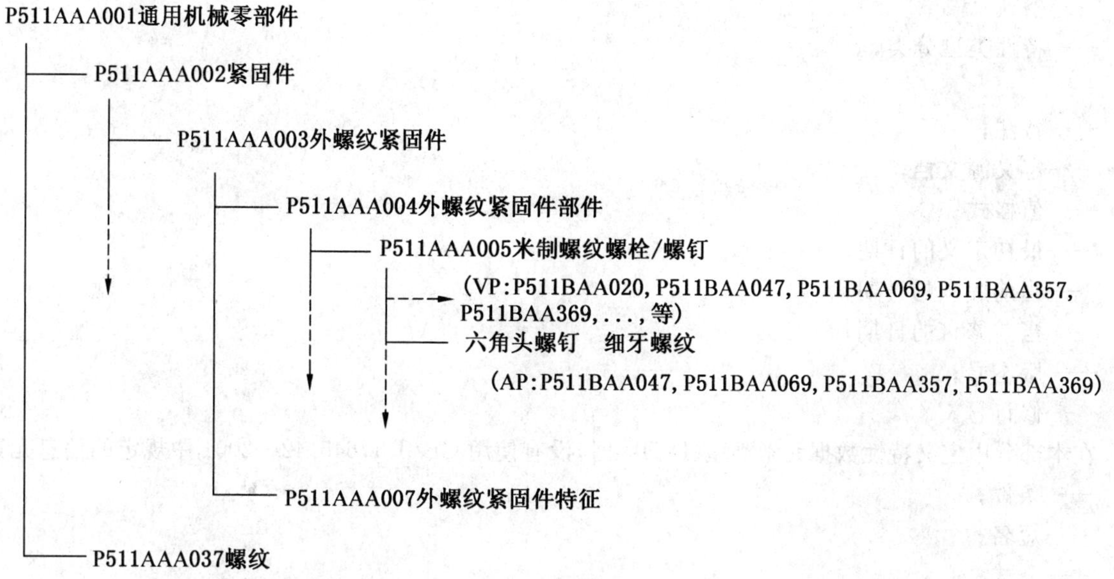

图 4 类 P511AAA340 的定位及继承的属性

类定义的布局原则：

——3.2 定义的缩略语用于对应的属性名；

——强制性属性将出现在定义列表中；

——当可选属性为空时将被忽略；

——超类中给出的类、可应用特性(AP)和子类选择特性(SSP)列出的特性包括代码和首选名。

4.2 特性数据元素类型(DET)定义

4.2.1 建模数据类型

本部分在建模中规定了两种不同的特性：一般特性和分类特性。

一般特性指不用于分类的特性，包括特征特性和非特征特性。

分类特性是 non_quantitative_code_type(非定量代码类型)类型，分类特性仅用于几何特征类以表示哪些子类属于当前类。

注：组件类定义的特征类引用特性是类实例类型(calss_instance_type)。它用于将组件类与相应的特征类关联起来。

4.2.2 引入特性

本部分引入了 GB/T 17564.4—2009 中定义的特性：

——国家标准；

——安全认证；

——质量；

——国际标准。

4.2.3 使用的属性

在本部分中定义特性数据元素类型(DETs)时，使用了 GB/T 17645.42—2001 中规定的信息元素：

——代码；

——定义类；

——数据类型；

——首选名；

——定义；

——推荐字母符号；

——单位；

——格式；
——特性类型分类；
——注；
——备注；
——定义源文档；
——值格式；
——最初定义的日期；
——当前版本的日期；
——当前修订的日期；
——版本号；
——修订号。

在本部分中定义特性数据元素类型(DETs)时，没有使用GB/T 17645.42—2001中规定的信息元素：
——条件；
——短名；
——公式；
——同义字母符号；
——同义名。

特性数据元素类型见附录D紧固件特性DET定义。

4.2.4 布局

图5图示了特性DET定义的文档格式。

(1)　(2)　(3)

P511BAA048　1　001

(4)——→ **杆部退刀槽最小直径**

定义：外螺纹紧固件的螺纹向杆过渡的退刀槽最小直径。

DC:P511AAA171 内六角圆柱头轴肩螺钉

PLS:dg2

单位:mm

VF:NR2..3.3

DT:LEVEL_TYPE

PTC:T03

注释：这个特性不用于杆部有不同退刀槽的零件。在相应的组件类定义特定的特性已解决这种情况。

SDD:GB/T 5281—1985

DOD:2006-02-22 DCV:2006-02-22

DCR:2006-02-22

注：(1)——代码
(2)——版本号
(3)——修订号
(4)——首选名

图5　特性DET定义的布局

注：图5的布局格式参考GB/T 17564.4—2009。

特性 DET 定义的布局原则：

——3.2 定义的缩略语用于对应的属性名；

——强制性属性将出现在定义列表中；

——当可选属性为空时将被忽略；

——类定义(CD)中的类包括代码和首选名。

4.3 数据类型定义

4.3.1 数据类型特性

本部分在描述特性时使用了六种数据类型。几何特性为 real_measure_type(实数度量类型)；硬度测量方法标识代码、紧固件镀层代码、紧固件材料标识、螺纹公差特性、性能等级和分类特性为 non_quantitative_code_type(非定量代码类型)；特征类的引用特性为 class_instance_type(类实例化类型)；硬度特性的值为 level_type(层类型)；非标准形状特征特性的外部图片为 entity_instance_type(实体实例化类型)；由字符串描述的特性为 string_type(字符串型)。

4.3.2 自定义使用的属性

本部分没有自定义属性。

4.4 类和特性定义的描述原则

紧固件类和特性的定义采用单个短语规定概念系统中类或特性概念所处的位置。定义的措辞应该符合如下规则：

定义规则 1：定义的首选结构是用于陈述概念所属类的基本部分，描述特征的措辞用于从类的其他成员中将概念分离出来。

定义规则 2：优先使用本部分其他章、条中定义的术语或其他引用文件中的术语。如果能够使用这些术语就不要再对其他定义或定义中某些部分进行引用。

定义规则 3：定义中优先使用的术语应满足实际需要。

5 分类原则

5.1 与现存分类的关系

本部分的分类只与 ICS 规定的分类建立联系。

注：考虑到其他领域定义的标准字典，本部分采用 ICS(国际标准分类法)主要是对本部分定义的字典进行定位。ICS 分类没有给出与本标准直接对应的反映紧固件技术术语的下层分类。

5.2 层次结构的上层

根据 GB/T 17645.42—2001 中 6.1.2 定义的规则 2，本部分的上层基于 ICS 定义的紧固件层次结构，见本部分 4.1.1 和 4.1.2。

5.3 层次结构的下层

为了简化和减少紧固件下层分类的分类层次，在 item_class(项目类)下规定了特征类分支和组件类分支(见 4.1.1)。

本部分除了遵守 GB/T 17645.42—2001 定义的规则 1 到规则 8 外，本部分还遵守下列附加规则：

附加原则 1：仅当需要定义新的特性时，才定义下层类。下层(零件通用族)无叶(无特性)类的作用仅仅是能正确地定义每个特性的含义。因此，在层次结构的下层结构中，只有当需要定义特性时才定义新的子类。即只有需要用一些特性的值区分其他类时才能创建新类。

注：为了潜在用户的扩展，本部分允许无叶(bo-left)组件类存在，即组件类上没有特性。

附加规则 2：字典包括描述紧固件国家标准所需要用到的所有特性。

附加规则 3：如果需要，可以使用类定值特性的值对建立的子类进行引用。

5.4 编码格式

为了给类和特性 BSU 分配唯一标识，本条定义了编码格式。

附加规则 4:本部分的编码格式(见图 6)如下:

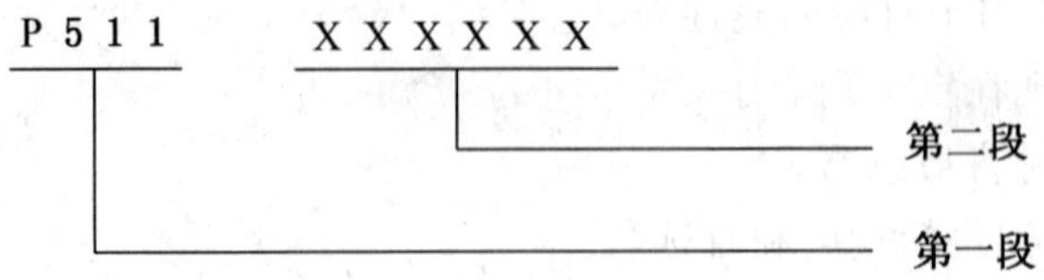

图 6 编码格式

——编码由 10 个字符组成,编码可分为两段;

——第一段为固定的四个字符“P511”,代表本部分定义的紧固件字典;

——第二段由无含义的字符数字序列的六个字符组成。

例:P511AAA003 标识外螺纹紧固件类对于螺栓通用族;P511BAA024 标识螺距特性。

5.5 一般特性和分类特性

根据本部分的需要,将 GB/T 17645.42—2001 中定义的特性数据元素类型分为两种类型:

——一般特性;

——分类特性。

这两种特性在字典中具有不同的功能,但在描述它们时使用 GB/T 17645.42—2001 中规定的相同属性。

5.5.1 一般特性

一个类下的特性是为了描述这个类而定义的(见 4.2.1)。4.2.4 给出了一般特性描述的布局的例子。

5.5.2 分类特性

通过分类特性的值表示在当前类下设有哪些子类,这些值组成非定量代码集合。

分类特性通常在项目类层声明为可见,在项目类下可分为特征分支和组件分支。分类特性可在层次结构的特征分支和组件分支的某些层声明为可用。

附录 E 中的表 E.1 规定了本部分定义的分类特性及其值。

6 计算机可解释的描述

6.1 外部文件

GB/T 17645 标准规定了以电子或非电子格式对紧固件字典中产品、任务或活动、或定义指定附加文档的外部文件引用机制。机制使用户方便地访问本部分范围的信息。

本部分紧固件字典外部文件引用机制见图 7。

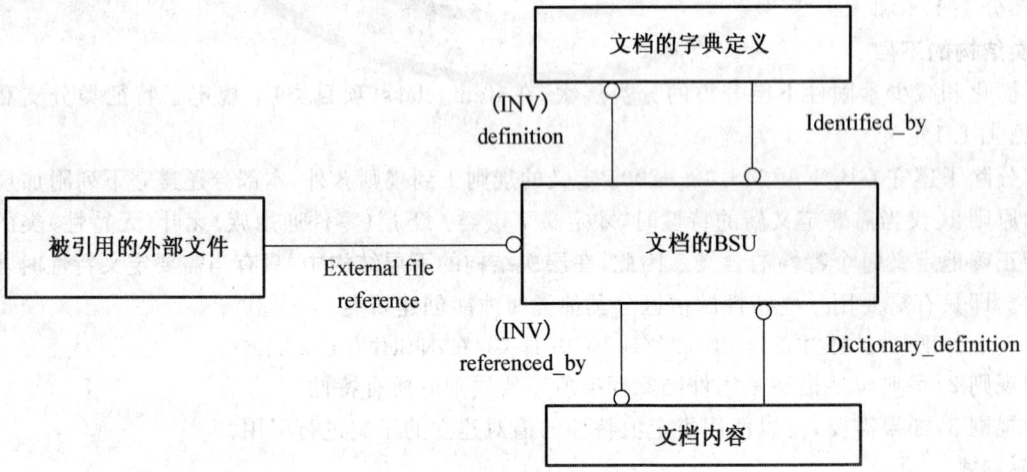

图 7 外部文件引用机制

在紧固件字典中,通过使用 graphics(图)实体的子类 referenced_graphics(被引用的图)实体引用一种外部文件,以规定零件简单族的 simplified_drawing(简图)属性。referenced_graphics 的 graphics_reference 属性的值域是 document_BSU(文档基本语义单元)。基于 document_BSU,计算机可查找到对应的 document_element(文档元素)和 document_content(文档内容)。这样计算机可读取和处理文档。

例:P511AA015(半圆头)类的简图属性引用表示半圆头形状的部文件代码 P511DAA015。代码的后六个字符数字串与类的相同。

注:本部分提供的所有零件的图文档采用 JPG 格式的文件。

外部文件的描述应遵守 GB/T 17645.24—2003 定义的 ISO 13584_extended_dictionary_schema(ISO 13584 外部字典模式)和 ISO 13584_extended_file_schema(ISO 13584 外部文件模式)的规定。

6.2 信息模型和一致性类

本部分遵守 GB/T 17645.25—2008 库集成信息模型 LIIM25 和 GB/T 17645.24—2003 定义的库集成信息模型 LIIM24 的规定。

本部分使用的模式符合 GB/T 17645.25—2008 定义的一致性类 2 的规定。一致性类 2 要求实现支持一致性类 1 并支持聚集数据类型和值。符合库信息集成模型 LIIM25 规定的一致性类 2 的实现支持下列实体和相关构造。

```
SCHEMA ISO 13584_25_IEC 61360_5_liim_schema;

USE FROM ISO 13584_IEC 61360_dictionary_schema
(axis1_placement_type,
axis2_placement_2d_type,
axis2_placement_3d_type,
boolean_type,
class_BSU,
class_instance_type,
class_value_assignment,
complex_type,
component_class,
condition_DET,
data_type_BSU,
data_type_element,
dates,
dependent_P_DET,
dic_unit,
dic_value,
entity_instance_type,
identified_document,
int_currency_type,
int_measure_type,
int_type,
integer_type,
item_class,
item_names,
label_with_language,
level_type,
material_class,
mathematical_string,
named_type,
non_dependent_P_DET,
non_quantitative_code_type,
non_quantitative_int_type,
non_si_unit,
```

```
number_type,
placement_type,
property_BSU,
property_DET,
real_currency_type,
real_measure_type,
real_type,
string_type,
supplier_BSU,
supplier_element,
value_domain);

USE FROM ISO 13584_IEC 61360_language_resource_schema
    (global_language_assignment, present_translations, translated_label, translated_text);

USE FROM ISO 13584_instance_resource_schema (null_value, primitive_value, null_or_primitive_value, simple
    _value, null_or_simple_value, number_value, null_or_number_value, integer_value, null_or_integer_
    value, real_value, null_or_real_value, boolean_value, null_or_boolean_value, translatable_string_
    value, translated_string_value, string_value, null_or_translatable_string_value, complex_value,
    null_or_complex_value,
    entity_instance_value,
    null_or_entity_instance_value,
    defined_entity_instance_value,
    controlled_entity_instance_value,
    STEP_entity_instance_value,
    PLIB_entity_instance_value,
    property_or_data_type_BSU,
    level_spec_value,
    null_or_level_spec_value,
    int_level_spec_value,
    null_or_int_level_spec_value,
    real_level_spec_value,
    null_or_real_level_spec_value,
    property_value,
    context_dependent_property_value,
    dic_class_instance,
    null_or_dic_class_instance,
    dic_component_instance,
    dic_feature_instance,
    dic_material_instance,
    lib_component_instance,
    lib_feature_instance,
    lib_material_instance,
    dic_f_model_instance,
    lib_f_model_instance);

USE FROM ISO 13584_IEC 61360_dictionary_aggregate_extension_schema (entity_instance_type_for_aggregate,
    list_type, set_type, bag_type, array_type, set_with_subset_constraint_type);

USE FROM ISO 13584_extended_dictionary_schema (dictionary, dictionary_in_standard_format, library_iim_i-
    dentification, view _ exchange _ protocol _ identification, representation _ type, geometric _
    representation_ context _ type, representation _ reference _ type, program _ reference _ type, program _
    library_BSU, document_BSU, supplier_program_library_relationship, class_document_relationship, rep-
    resentation_P_DET, class_related_dictionary_element, program_library_element, document_element,
    document_element_with_http_access, document_element_with_translated_http_access,
    referenced_document,
```

```
        referenced_graphics,
        feature_class,
        functional_model_class,
        fm_class_view_of,
        functional_view_class,
        non_instantiable_functional_view_class,
        view_control_variable_range,
        item_class_case_of,
        component_class_case_of,
        material_class_case_of,
        feature_class_case_of,
        a_posteriori_case_of,
        a_posteriori_view_of);

USE FROM ISO13584_external_file_schema (standard_simple_program_protocol, non_standard_simple_program_
        protocol, linked_interface_program_protocol, standard_data_protocol, non_standard_data_protocol,
        http_protocol, program_library_content, document_content, representation_reference, program_refer-
        ence, property_value_external_item, message, illustration, A6_illustration, A9_illustration, trans-
        lated_external_content, not_translated_external_content, not_translatable_external_content,
        language_specific_content, external_file_unit, http_file, http_class_directory, simple_program_pro-
        tocol);

USE FROM ISO 13584_aggregate_value_schema (aggregate_entity_instance_value, list_value, set_value, bag_
        value, array_value, set_with_subset_constraint_value);

USE FROM ISO 13584_library_content_schema (library, library_in_standard_format, explicit_item_class_ex-
        tension, explicit_functional_model_class_extension,
        property_classification, property_value_recommended_presentation);

USE FROM measure_schema (amount_of_substance_measure, area_measure, context_dependent_measure, context_
        dependent_unit, conversion_based_unit, count_measure, derived_unit, derived_unit_element,
        dimensional_exponents, electric_current_measure, global_unit_assigned_context, length_measure,
        length_measure_with_unit, length_unit, luminous_intensity_measure, mass_measure, measure_value,
        measure_with_unit, named_unit, numeric_measure, parameter_value, plane_angle_measure, positive_
        length_measure, positive_plane_angle_measure, ratio_measure, si_unit, solid_angle_measure, thermo-
        dynamic_temperature_measure, time_measure, volume_measure);

USE FROM person_organization_schema (address, organization, person);

USE FROM date_time_schema (date, date_and_time, local_time, calendar_date, ordinal_date, week_of_year_and_
        day_date);

USE FROM geometry_schema (axis1_placement, axis2_placement_2D, axis2_placement_3D, geometric_representa-
        tion_context, placement);

USE FROM representation_schema
        (representation,
        representation_context,
        representation_item);

USE FROM application_context_schema
        (application_context,
        application_context_element,
        application_protocol_definition);

END_SCHEMA; --ISO 13584_25_IEC61360_5_liim_schema
```

附 录 A
(规范性附录)
信息对象注册

A.1 文件标识

为了在开放系统中提供信息对象的无二义性标识，分配给本部分的对象标识符为：

{ISO standard 13584 part (511) version(1)}

这个值的意义在 GB/T 16262.1—2006 中定义，并在 GB/T 17645.1—2008 中进行了描述。

A.2 字典标识

给本部分定义的字典分配的对象标识符为：

{ iso standard 13584 part (511) version(1) object(1) fasteners(1) }。

附 录 B
（规范性附录）
分 类 表

表 B.1 紧固件类的分类结构表

分类结构树				超类码	代 码
机械系统和通用件				$	P511AAA001
	紧固件			P511AAA001	P511AAA002
		螺母		P511AAA002	P511AAA052
			六角螺母 C级	P511AAA052	P511AAA360
			嵌装圆螺母 B型	P511AAA052	P511AAA371
			六角开槽螺母	P511AAA052	P511AAA227
			六角薄螺母(倒角)	P511AAA052	P511AAA327
			Ⅰ型非金属嵌件六角锁紧螺母	P511AAA052	P511AAA328
			Ⅱ型非金属嵌件六角锁紧螺母	P511AAA052	P511AAA329
			全金属六角锁紧螺母(类型 II)	P511AAA052	P511AAA330
			非金属嵌件六角法兰面锁紧螺母	P511AAA052	P511AAA332
			全金属六角法兰面锁紧螺母	P511AAA052	P511AAA333
			盖形薄螺母	P511AAA052	P511AAA311
			盖形螺母	P511AAA052	P511AAA312
			六角螺母(类型 I)	P511AAA052	P511AAA313
			六角凸缘螺母	P511AAA052	P511AAA314
			侧面带孔圆螺母	P511AAA052	P511AAA315
			开槽圆螺母 A 型	P511AAA052	P511AAA316
			侧面开槽圆螺母	P511AAA052	P511AAA317
			六角螺母 类型 II	P511AAA052	P511AAA326
			六角法兰面螺母	P511AAA052	P511AAA228
			六角皇冠螺母	P511AAA052	P511AAA229
			端面带孔圆螺母 A 型	P511AAA052	P511AAA232
			六角薄螺母(无倒角)	P511AAA052	P511AAA338
			滚花薄螺母	P511AAA052	P511AAA318
			方螺母	P511AAA052	P511AAA319
			方凸缘螺母	P511AAA052	P511AAA320
			三角凸缘螺母	P511AAA052	P511AAA321
			五角螺母	P511AAA052	P511AAA322
			八角螺母	P511AAA052	P511AAA323

表 B.1（续）

分类结构树	超类码	代 码
小六角特扁细牙螺母	P511AAA052	P511AAA368
蝶形螺母　方翼	P511AAA052	P511AAA361
蝶形螺母　冲压	P511AAA052	P511AAA362
蝶形螺母　压铸	P511AAA052	P511AAA363
环形螺母	P511AAA052	P511AAA364
球面六角螺母	P511AAA052	P511AAA365
扣紧螺母	P511AAA052	P511AAA366
平头铆螺母	P511AAA052	P511AAA378
沉头铆螺母	P511AAA052	P511AAA379
小沉头铆螺母	P511AAA052	P511AAA380
120°小沉头铆螺母	P511AAA052	P511AAA381
平头六角铆螺母	P511AAA052	P511AAA382
全金属弹簧箍六角锁紧螺母	P511AAA052	P511AAA383
焊接方螺母 B 型	P511AAA052	P511AAA331
滚花高螺母	P511AAA052	P511AAA367
蝶形螺母　圆翼	P511AAA052	P511AAA324
嵌装圆螺母　A 型	P511AAA052	P511AAA369
小圆螺母	P511AAA052	P511AAA370
端面带孔圆螺母　B 型	P511AAA052	P511AAA372
开槽圆螺母 B 型	P511AAA052	P511AAA373
非金属嵌件六角锁紧薄螺母	P511AAA052	P511AAA374
12 角法兰面螺母	P511AAA052	P511AAA384
吊环螺母	P511AAA052	P511AAA385
Ⅰ型全金属六角锁紧螺母	P511AAA052	P511AAA375
焊接方螺母 A 型	P511AAA052	P511AAA376
焊接六角螺母	P511AAA052	P511AAA377
外螺纹紧固件	P511AAA002	P511AAA003
外螺纹紧固件组件	P511AAA003	P511AAA004
带杆的无头螺钉	P511AAA004	P511AAA354
开槽无头螺钉	P511AAA354	P511AAA187
米制螺纹螺栓/螺钉	P511AAA004	P511AAA005
六角法兰面螺栓-全杆	P511AAA005	P511AAA047
六角法兰面螺栓-米制细牙螺纹-小系列-全杆	P511AAA005	P511AAA081
六角法兰面螺栓-米制细牙螺纹　缩杆	P511AAA005	P511AAA146
六角沉槽圆柱头米制细牙螺钉	P511AAA005	P511AAA342

表 B.1（续）

分类结构树						超类码	代　码
					六角头螺栓	P511AAA005	P511AAA156
					六角法兰面螺栓　缩杆	P511AAA005	P511AAA157
					大半圆头方颈螺栓	P511AAA005	P511AAA158
					方头螺栓	P511AAA005	P511AAA159
					方颈凸缘螺栓	P511AAA005	P511AAA160
					三角头螺栓	P511AAA005	P511AAA162
					八角头螺栓	P511AAA005	P511AAA163
					T 头螺栓	P511AAA005	P511AAA166
					六角头螺钉	P511AAA005	P511AAA169
					内六角圆柱头螺钉	P511AAA005	P511AAA170
					内六角圆柱头轴肩螺钉	P511AAA005	P511AAA171
					内六角平圆头螺钉	P511AAA005	P511AAA172
					内六角沉头螺钉	P511AAA005	P511AAA173
					六角花形沉槽圆柱头螺钉	P511AAA005	P511AAA174
					六角花形盘头螺钉	P511AAA005	P511AAA175
					六角花形半沉头螺钉	P511AAA005	P511AAA176
					开槽圆柱头螺钉	P511AAA005	P511AAA177
					开槽盘头螺钉	P511AAA005	P511AAA178
					开槽沉头螺钉	P511AAA005	P511AAA179
					开槽半沉头螺钉	P511AAA005	P511AAA180
					十字槽圆柱头螺钉	P511AAA005	P511AAA181
					十字槽盘头螺钉(H 型)	P511AAA005	P511AAA182
					十字槽沉头螺钉(H 型)	P511AAA005	P511AAA184
					十字槽半沉头螺钉(H 型)	P511AAA005	P511AAA185
					六角花形沉槽圆柱头螺钉	P511AAA005	P511AAA050
					小半圆头低方颈螺栓	P511AAA005	P511AAA051
					十字槽圆柱头螺钉(Z 型)	P511AAA005	P511AAA279
					十字槽盘头螺钉(Z 型)	P511AAA005	P511AAA280
					Z 型十字槽沉头(通用头型)螺钉	P511AAA005	P511AAA281
					Z 型十字槽半沉头螺钉	P511AAA005	P511AAA282
					米制细牙六角头螺栓	P511AAA005	P511AAA339
					米制细牙六角头螺钉	P511AAA005	P511AAA340
					开槽带孔球面圆柱头螺钉(B 型)	P511AAA005	P511AAA528
					开槽带孔球面圆柱头螺钉(C 型)	P511AAA005	P511AAA529
					塑料滚花头螺钉(B 型)	P511AAA005	P511AAA530

表 B.1（续）

分类结构树						超类码	代　码
					精密机械用紧固件十字槽螺钉(B型)	P511AAA005	P511AAA531
					精密机械用紧固件十字槽螺钉(C型)	P511AAA005	P511AAA532
					方头螺栓　C级	P511AAA005	P511AAA426
					沉头方颈螺栓	P511AAA005	P511AAA427
					沉头带榫螺栓	P511AAA005	P511AAA428
					半圆头方颈螺栓	P511AAA005	P511AAA429
					半圆头带榫螺栓	P511AAA005	P511AAA430
					大半圆头带榫螺栓	P511AAA005	P511AAA431
					六角头铰制孔用螺栓　A和B级	P511AAA005	P511AAA432
					六角头螺杆带孔铰制孔用螺栓　A和B级	P511AAA005	P511AAA433
					六角头头部带槽螺栓	P511AAA005	P511AAA434
					十字槽凹穴六角头螺栓	P511AAA005	P511AAA435
					六角头螺杆带孔螺栓　A和B级	P511AAA005	P511AAA436
					六角头螺杆带孔螺栓　细杆　B级	P511AAA005	P511AAA437
					六角头螺杆带孔螺栓　细牙　A和B级	P511AAA005	P511AAA438
					六角头头部带孔螺栓　A和B级	P511AAA005	P511AAA439
					六角头头部带孔螺栓　细杆　B级	P511AAA005	P511AAA440
					六角头头部带孔螺栓　细牙　A和B级	P511AAA005	P511AAA441
					小方头螺栓　B级	P511AAA005	P511AAA442
					T形槽用螺栓	P511AAA005	P511AAA443
					加强半圆头方颈螺栓　A型和B型	P511AAA005	P511AAA444
					活节螺栓	P511AAA005	P511AAA445
					地脚螺栓	P511AAA005	P511AAA446
					沉头双榫螺栓	P511AAA005	P511AAA447
					六角头螺栓	P511AAA005	P511AAA448
					六角头螺栓　全螺纹　C级	P511AAA005	P511AAA449
					六角头螺栓-细杆-B级	P511AAA005	P511AAA450
					六角法兰面螺栓-加大系列-B级	P511AAA005	P511AAA451
					六角法兰面螺栓-加大系列-细杆-B级	P511AAA005	P511AAA452
					钢网架螺栓球节点用高强度螺栓	P511AAA005	P511AAA453
					12角头法兰面螺栓	P511AAA005	P511AAA454
					十字槽小盘头螺钉	P511AAA005	P511AAA460
					吊环螺钉	P511AAA005	P511AAA461
					开槽带孔球面圆柱头螺钉(A型)	P511AAA005	P511AAA462
					开槽大圆柱头螺钉	P511AAA005	P511AAA463

表 B.1（续）

分类结构树						超类码	代　码
					滚花高头螺钉	P511AAA005	P511AAA464
					滚花平头螺钉	P511AAA005	P511AAA465
					滚花小头螺钉	P511AAA005	P511AAA466
					塑料滚花头螺钉(A 型)	P511AAA005	P511AAA467
					开槽球面大圆柱头螺钉	P511AAA005	P511AAA468
					内六角花形低圆柱头螺钉	P511AAA005	P511AAA469
					内六角花形圆柱头螺钉	P511AAA005	P511AAA470
					内六角花形盘头螺钉	P511AAA005	P511AAA471
					内六角花形沉头螺钉	P511AAA005	P511AAA472
					内六角花形半沉头螺钉	P511AAA005	P511AAA473
					精密机械用紧固件十字槽螺钉(A 型)	P511AAA005	P511AAA474
				全螺纹螺柱		P511AAA004	P511AAA099
				螺柱		P511AAA004	P511AAA049
					腰状杆螺柱	P511AAA049	P511AAA071
					全杆螺柱	P511AAA049	P511AAA091
				紧定螺钉		P511AAA004	P511AAA186
					内六角平端紧定螺钉	P511AAA186	P511AAA188
					内六角锥端紧定螺钉	P511AAA186	P511AAA189
					内六角圆柱端紧定螺钉	P511AAA186	P511AAA190
					内六角凹端紧定螺钉	P511AAA186	P511AAA191
					开槽锥端紧定螺钉	P511AAA186	P511AAA192
					开槽平端紧定螺钉	P511AAA186	P511AAA193
					开槽圆柱端紧定螺钉	P511AAA186	P511AAA194
					开槽凹端紧定螺钉	P511AAA186	P511AAA195
					方头长圆柱球面端紧定螺钉	P511AAA186	P511AAA455
					方头凹端紧定螺钉	P511AAA186	P511AAA456
					方头长圆柱端紧定螺钉	P511AAA186	P511AAA457
					方头短圆柱锥端紧定螺钉	P511AAA186	P511AAA458
					方头平端紧定螺钉	P511AAA186	P511AAA459
				自攻螺钉		P511AAA004	P511AAA196
					六角头自攻螺钉　锥端	P511AAA196	P511AAA197
					开槽盘头自攻螺钉　锥端	P511AAA196	P511AAA198
					开槽沉头自攻螺钉　锥端	P511AAA196	P511AAA199
					开槽半沉头自攻螺钉　锥端	P511AAA196	P511AAA200
					十字槽盘头自攻螺钉　锥端	P511AAA196	P511AAA201

表 B.1(续)

分类结构树					超类码	代 码
				六角法兰面自攻螺钉 锥端	P511AAA196	P511AAA202
				十字槽(H 型)沉头自攻螺钉 锥端	P511AAA196	P511AAA203
				十字槽(H 型)半沉头自攻螺钉 锥端	P511AAA196	P511AAA204
				六角垫圈面自攻螺钉 锥端	P511AAA196	P511AAA205
				六角花型沉槽盘头自攻螺钉 锥端	P511AAA196	P511AAA206
				六角花型沉槽沉头自攻螺钉 锥端	P511AAA196	P511AAA207
				六角花型半沉槽沉头自攻螺钉 锥端	P511AAA196	P511AAA208
				六角花形沉头自攻螺钉	P511AAA196	P511AAA226
				六角花形沉槽沉头自攻螺钉 平端	P511AAA196	P511AAA239
				六角垫圈面自攻螺钉 平端	P511AAA196	P511AAA243
				十字槽(H 型)半沉头自攻螺钉 平端	P511AAA196	P511AAA244
				十字槽(Z 型)盘头自攻螺钉 平端	P511AAA196	P511AAA283
				十字槽(Z 型)沉头自攻螺钉 锥端	P511AAA196	P511AAA284
				十字槽(Z 型)半盘头自攻螺钉 平端	P511AAA196	P511AAA285
				十字槽(Z 型)半沉头自攻螺钉 平端	P511AAA196	P511AAA267
				十字槽(Z 型)沉头自攻螺钉 平端	P511AAA196	P511AAA268
				十字槽(Z 型)盘头自攻螺钉 平端	P511AAA196	P511AAA144
				十字槽(H 型)沉头自攻螺钉 平端	P511AAA196	P511AAA269
				六角法兰面自攻螺钉	P511AAA196	P511AAA271
				十字槽(H 型)盘头自攻螺钉 平端	P511AAA196	P511AAA270
				开槽半沉头自攻螺钉 平端	P511AAA196	P511AAA289
				开槽(Z 型)沉头自攻螺钉 平端	P511AAA196	P511AAA290
				六角花形半沉头自攻螺钉 平端	P511AAA196	P511AAA291
				六角花形沉槽盘头自攻螺钉 圆端	P511AAA196	P511AAA242
				六角花型沉槽半沉头自攻螺钉 圆端	P511AAA196	P511AAA292
				六角头自攻螺钉 平端	P511AAA196	P511AAA293
				开槽盘头自攻螺钉 平端	P511AAA196	P511AAA139
				六角花形沉槽沉头自攻螺钉 圆端	P511AAA196	P511AAA238
				内六角花形盘头自攻螺钉(F 型)	P511AAA196	P511AAA533
				内六角花形盘头自攻螺钉(R 型)	P511AAA196	P511AAA534
				内六角花形沉头自攻螺钉(F 型)	P511AAA196	P511AAA535
				内六角花形沉头自攻螺钉(R 型)	P511AAA196	P511AAA536
				内六角花形半沉头自攻螺钉(F 型)	P511AAA196	P511AAA537
				内六角花形半沉头自攻螺钉(R 型)	P511AAA196	P511AAA538
				十字槽凹穴六角头自攻螺钉(F 型)	P511AAA196	P511AAA539

表 B.1(续)

分类结构树	超类码	代　码
紧密机械用紧固件十字槽自攻螺钉　刮销端(B 型)	P511AAA196	P511AAA540
紧密机械用紧固件十字槽自攻螺钉　刮销端(C 型)	P511AAA196	P511AAA541
内六角花形盘头自攻螺钉(C 型)	P511AAA196	P511AAA482
内六角花形沉头自攻螺钉(C 型)	P511AAA196	P511AAA483
内六角花形半沉头自攻螺钉(C 型)	P511AAA196	P511AAA484
十字槽盘头自攻锁紧螺钉	P511AAA196	P511AAA485
十字槽沉头自攻锁紧螺钉	P511AAA196	P511AAA486
十字槽半沉头自攻锁紧螺钉	P511AAA196	P511AAA487
六角头自攻锁紧螺钉	P511AAA196	P511AAA488
内六角花形圆柱头自攻锁紧螺钉	P511AAA196	P511AAA489
十字槽凹穴六角头自攻螺钉(C 型)	P511AAA196	P511AAA490
紧密机械用紧固件十字槽自攻螺钉　刮销端(A 型)	P511AAA196	P511AAA491
墙板自攻螺钉	P511AAA196	P511AAA492
木螺钉	P511AAA004	P511AAA209
开槽圆头木螺钉	P511AAA209	P511AAA475
开槽沉头木螺钉	P511AAA209	P511AAA476
开槽半沉头木螺钉	P511AAA209	P511AAA477
六角头木螺钉	P511AAA209	P511AAA478
十字槽圆头木螺钉	P511AAA209	P511AAA479
十字槽沉头木螺钉	P511AAA209	P511AAA480
十字槽半沉头木螺钉	P511AAA209	P511AAA481
自钻螺钉	P511AAA004	P511AAA210
六角凸缘头自钻自攻螺钉	P511AAA210	P511AAA211
十字槽(H 型)盘头自钻螺钉	P511AAA210	P511AAA212
十字槽(H 型)沉头自钻螺钉	P511AAA210	P511AAA213
十字槽(H 型)半沉头自钻螺钉	P511AAA210	P511AAA214
十字槽(Z 型)盘头自钻自攻螺钉	P511AAA210	P511AAA286
十字槽(Z 型)沉头自钻自攻螺钉	P511AAA210	P511AAA287
十字槽(Z 型)半沉头自钻自攻螺钉	P511AAA210	P511AAA288
自挤螺钉	P511AAA004	P511AAA309
定位螺钉	P511AAA004	P511AAA386
开槽锥端定位螺钉	P511AAA386	P511AAA387
开槽盘头定位螺钉	P511AAA386	P511AAA388

表 B.1（续）

分类结构树						超类码	代 码
					开槽圆柱端定位螺钉	P511AAA386	P511AAA389
				轴位螺钉		P511AAA004	P511AAA390
					开槽圆柱头轴位螺钉	P511AAA390	P511AAA391
					开槽无头轴位螺钉	P511AAA390	P511AAA392
					开槽球面圆柱头轴位螺钉	P511AAA390	P511AAA393
				不脱出螺钉		P511AAA004	P511AAA394
					开槽盘头不脱出螺钉	P511AAA394	P511AAA395
					六角头不脱出螺钉	P511AAA394	P511AAA396
					滚花头不脱出螺钉(A 型)	P511AAA394	P511AAA397
					开槽沉头不脱出螺钉	P511AAA394	P511AAA398
					开槽半沉头不脱出螺钉	P511AAA394	P511AAA399
					滚花头不脱出螺钉(B 型)	P511AAA394	P511AAA405
				槽钉		P511AAA004	P511AAA400
					平头环槽钉	P511AAA400	P511AAA401
					沉头环槽钉	P511AAA400	P511AAA402
					平头螺旋槽钉	P511AAA400	P511AAA403
					沉头螺旋槽钉	P511AAA400	P511AAA404
			外螺纹紧固件特征			P511AAA003	P511AAA007
				内扳拧		P511AAA007	P511AAA042
					内三角	P511AAA042	P511AAA140
					内四角	P511AAA042	P511AAA141
					内六角	P511AAA042	P511AAA142
					内 12 角	P511AAA042	P511AAA143
					十字孔	P511AAA042	P511AAA147
					六角沉槽	P511AAA042	P511AAA043
					开槽	P511AAA042	P511AAA044
					十字槽(H 型)	P511AAA042	P511AAA045
					六角花形沉槽	P511AAA042	P511AAA222
					十字槽(Z 型)	P511AAA042	P511AAA272
				头部		P511AAA007	P511AAA008
					T 形头	P511AAA008	P511AAA014
					球面圆柱头	P511AAA008	P511AAA017
					盘头	P511AAA008	P511AAA018
					六角头	P511AAA008	P511AAA009
					带垫圈面的六角头	P511AAA008	P511AAA010

表 B.1（续）

分类结构树						超类码	代　码
					带法兰面的六角头	P511AAA008	P511AAA011
					带凸缘的方头	P511AAA008	P511AAA013
					带凸缘的六角头	P511AAA008	P511AAA217
					圆头	P511AAA008	P511AAA015
					圆柱头	P511AAA008	P511AAA016
					沉头	P511AAA008	P511AAA019
					半沉头	P511AAA008	P511AAA020
					吊环形头	P511AAA008	P511AAA021
					环眼形头	P511AAA008	P511AAA022
					方头	P511AAA008	P511AAA023
					半圆头	P511AAA008	P511AAA353
					带旋棒的头	P511AAA008	P511AAA046
					三角头凸缘	P511AAA008	P511AAA119
					八角头	P511AAA008	P511AAA120
					12 角头法兰面	P511AAA008	P511AAA121
					圆柱头	P511AAA008	P511AAA122
					平圆头	P511AAA008	P511AAA223
					网纹滚花	P511AAA008	P511AAA351
					蝶形	P511AAA008	P511AAA352
					带孔的六角头	P511AAA008	P511AAA423
					直纹滚花头	P511AAA008	P511AAA407
					平头	P511AAA008	P511AAA408
					开槽带孔球面圆柱头(A 型)	P511AAA008	P511AAA409
					开槽带孔球面圆柱头(B 型)	P511AAA008	P511AAA410
					开槽带孔球面圆柱头(C 型)	P511AAA008	P511AAA411
					滚花高头	P511AAA008	P511AAA412
					滚花平头	P511AAA008	P511AAA413
					滚花小头	P511AAA008	P511AAA414
					塑料滚花头	P511AAA008	P511AAA415
					开槽球面圆柱头	P511AAA008	P511AAA416
					开槽球面大圆柱头	P511AAA008	P511AAA417
					带槽六角头	P511AAA008	P511AAA420
					十字槽凹穴六角头	P511AAA008	P511AAA421
					带垫圈面、带孔的六角头	P511AAA008	P511AAA422
				杆		P511AAA007	P511AAA024

表 B.1（续）

分类结构树	超类码	代码
带方颈的杆	P511AAA024	P511AAA025
全杆	P511AAA024	P511AAA125
缩杆	P511AAA024	P511AAA126
腰状杆	P511AAA024	P511AAA127
加强杆	P511AAA024	P511AAA128
轴肩杆	P511AAA024	P511AAA129
带榫的杆	P511AAA024	P511AAA424
带孔的杆	P511AAA024	P511AAA425
尾部	P511AAA007	P511AAA028
倒角端	P511AAA028	P511AAA031
自钻螺钉的自钻点	P511AAA028	P511AAA012
辗制末端	P511AAA028	P511AAA029
自攻螺钉圆端(R型)	P511AAA028	P511AAA138
倒圆端	P511AAA028	P511AAA030
锥端	P511AAA028	P511AAA032
截锥端	P511AAA028	P511AAA033
凹端	P511AAA028	P511AAA034
圆柱端	P511AAA028	P511AAA035
刮销端	P511AAA028	P511AAA036
自攻锁紧螺钉的尾部	P511AAA028	P511AAA006
自攻螺钉的锥端(C型)	P511AAA028	P511AAA130
平端	P511AAA028	P511AAA131
自攻螺钉平端(F型)	P511AAA028	P511AAA132
导向平端	P511AAA028	P511AAA349
导向锥端	P511AAA028	P511AAA350
球面圆柱端	P511AAA028	P511AAA406
槽钉末端	P511AAA028	P511AAA418
木螺钉末端	P511AAA028	P511AAA419
垫圈	P511AAA002	P511AAA072
平垫圈	P511AAA072	P511AAA026
带双面倒角的平垫圈	P511AAA026	P511AAA359
不带倒角的平垫圈	P511AAA026	P511AAA235
带倒角的平垫圈	P511AAA026	P511AAA027
方垫圈	P511AAA026	P511AAA089
带方孔的平垫圈	P511AAA026	P511AAA136

表 B.1（续）

分类结构树	超类码	代　码
弹簧垫圈	P511AAA072	P511AAA236
弹簧垫圈	P511AAA236	P511AAA148
鞍形弹簧垫圈	P511AAA236	P511AAA150
波形弹性垫圈	P511AAA236	P511AAA161
锥形弹簧垫圈	P511AAA236	P511AAA137
方斜垫圈	P511AAA072	P511AAA237
带耳垫圈	P511AAA072	P511AAA240
单耳止动垫圈	P511AAA240	P511AAA219
双耳止动垫圈	P511AAA240	P511AAA220
外舌止动垫圈	P511AAA240	P511AAA221
内舌止动垫圈	P511AAA240	P511AAA225
锁紧垫圈	P511AAA072	P511AAA241
外齿锁紧垫圈	P511AAA241	P511AAA164
内齿锁紧垫圈	P511AAA241	P511AAA168
锥形锁紧垫圈	P511AAA241	P511AAA183
外锯齿锁紧垫圈	P511AAA241	P511AAA215
内锯齿锁紧垫圈	P511AAA241	P511AAA216
锥形锯齿锁紧垫圈	P511AAA241	P511AAA218
销钉	P511AAA002	P511AAA098
叉杆销	P511AAA098	P511AAA355
无头叉杆销	P511AAA355	P511AAA334
轴销	P511AAA355	P511AAA255
槽销	P511AAA098	P511AAA356
槽销—带导杆及全长平行沟槽	P511AAA356	P511AAA257
圆头槽销	P511AAA356	P511AAA259
沉头槽销	P511AAA356	P511AAA260
槽销—半长倒锥槽	P511AAA356	P511AAA265
槽销—中部槽长为 1/2 全长	P511AAA356	P511AAA335
槽销—中部槽长为 1/3 全长	P511AAA356	P511AAA336
槽销—半长锥槽	P511AAA356	P511AAA337
槽销—带倒角及全长平行沟槽	P511AAA356	P511AAA258
槽销—全长锥槽	P511AAA356	P511AAA278
弹簧销	P511AAA098	P511AAA357
沉头槽销 弹性圆柱销　卷制	P511AAA357	P511AAA261

表 B.1（续）

分类结构树	超类码	代　码
弹性圆柱销—卷制	P511AAA357	P511AAA325
锥销	P511AAA098	P511AAA358
简单锥销	P511AAA358	P511AAA249
带内螺纹的锥销	P511AAA358	P511AAA250
带外螺纹的锥销	P511AAA358	P511AAA251
开尾圆锥销	P511AAA358	P511AAA494
圆柱销	P511AAA098	P511AAA252
内螺纹圆柱销	P511AAA252	P511AAA253
内螺纹圆柱销	P511AAA252	P511AAA493
螺纹圆柱销	P511AAA252	P511AAA495
开口销	P511AAA098	P511AAA248
铆钉	P511AAA002	P511AAA345
盲铆钉	P511AAA345	P511AAA083
封闭型盘头抽芯盲铆钉	P511AAA083	P511AAA245
封闭型沉头抽芯铆钉	P511AAA083	P511AAA246
开口型平圆头抽芯铆钉	P511AAA083	P511AAA093
开口型沉头抽芯铆钉	P511AAA083	P511AAA082
全杆铆钉	P511AAA345	P511AAA346
管状铆钉	P511AAA345	P511AAA347
半管状铆钉	P511AAA345	P511AAA348
平头铆钉	P511AAA345	P511AAA496
标牌铆钉	P511AAA345	P511AAA497
空心铆钉	P511AAA345	P511AAA498
无头铆钉	P511AAA345	P511AAA499
扁圆头击芯铆钉	P511AAA345	P511AAA500
沉头击芯铆钉	P511AAA345	P511AAA501
扁平头	P511AAA345	P511AAA502
扁平头铆钉	P511AAA502	P511AAA508
扁平头空心铆钉	P511AAA502	P511AAA509
半圆头	P511AAA345	P511AAA503
半圆头铆钉(粗制)	P511AAA503	P511AAA510
小半圆头铆钉(粗制)	P511AAA503	P511AAA511
半圆头铆钉	P511AAA503	P511AAA512
扁圆头	P511AAA345	P511AAA504
扁圆头铆钉	P511AAA504	P511AAA513

表 B.1（续）

分类结构树					超类码	代　码
				扁圆头半空心铆钉	P511AAA504	P511AAA514
				大扁圆头铆钉	P511AAA504	P511AAA515
				大扁圆头半空心铆钉	P511AAA504	P511AAA516
			沉头		P511AAA345	P511AAA505
				沉头铆钉(粗制)	P511AAA505	P511AAA517
				沉头铆钉	P511AAA505	P511AAA518
				120°沉头半空心铆钉	P511AAA505	P511AAA519
				120°沉头铆钉	P511AAA505	P511AAA520
				沉头半空心铆钉	P511AAA505	P511AAA521
			半沉头		P511AAA345	P511AAA506
				半沉头铆钉(粗制)	P511AAA506	P511AAA522
				半沉头铆钉	P511AAA506	P511AAA523
				120°半沉头铆钉	P511AAA506	P511AAA524
			平锥头		P511AAA345	P511AAA507
				平锥头铆钉(粗制)	P511AAA507	P511AAA525
				平锥头铆钉	P511AAA507	P511AAA526
				平锥头半空心铆钉	P511AAA507	P511AAA527
	螺纹类型				P511AAA001	P511AAA037
		米制外螺纹			P511AAA037	P511AAA038
		自攻螺钉螺纹			P511AAA037	P511AAA039
		木螺钉螺纹			P511AAA037	P511AAA041
		米制内螺纹			P511AAA037	P511AAA344
		自挤螺钉螺纹			P511AAA037	P511AAA310

附 录 C
（规范性附录）
紧固件类定义

P511AAA001-1　　001
机械系统和通用件
SuperClass：
Definition：层次结构的顶层，该层次结构表达了机械系统和通用件的整个集合
AP：
SD：
DOD：2006-02-22　　DCV：2006-02-22
DCR：2006-02-22

P511AAA002-1　　001
紧固件
SuperClass：P511AAA001-1　　机械系统和通用件
Definition：包括用于将两个或多个结构件以固定或可分离方式连接的或起连接功能的所有类型的产品
AP：P511BAA322：紧固件材料名称
　P511BAA320：紧固件材料标识
SD：
DOD：2006-02-22　　DCV：2006-02-22
DCR：2006-02-22

P511AAA003-1　　001
外螺纹紧固件
SuperClass：P511AAA002-1　　紧固件
Definition：外螺纹紧固件包括螺栓、螺钉和螺柱
AP：
SD：
DOD：2006-02-22　　DCV：2006-02-22
DCR：2006-02-22

P511AAA004-1　　001
外螺纹紧固件组件
SuperClass：P511AAA003-1　　外螺纹紧固件
Definition：组件类包括所有的外螺纹紧固件，如螺栓、螺钉和螺柱
AP：P511BAA340：螺纹规格
　P511BAA256：螺纹公差级别
　P511BAA007：制造日期
　AAE012：国际标准
　P511BAA323：不锈钢紧固件性能等级
　P511BAA249：螺纹公差等级
　P511BAA248：螺纹公差带
　P511BAA011：EAN/UCC 编码
　P511BAA008：标记
　P511BAA319：制造商机构标识
　P511BAA006：ICD 编码
　P511BAA005：制造商
　AAF043：国家标准
　AAE752：质量
　AAE687：质量认证
SD：
DOD：2006-02-22　　DCV：2006-02-22
DCR：2006-02-22

P511AAA005-1　　001
米制螺纹螺栓/螺钉
SuperClass：P511AAA004-1　　外螺纹紧固件组件
Definition：带有头部和杆部的外螺纹紧固件，杆上的具有全螺纹或部分长度的螺纹，头部带有扳拧特征
AP：P511BAA110：内扳拧形状图片
　P511BAA109：内扳拧形状名称
　P511BAA108：尾部形状图片
　P511BAA107：尾部形状名称
　P511BAA106：杆部形状图片
　P511BAA105：杆部形状名称
　P511BAA104：头部形状图片
　P511BAA103：头部形状名称
　P511BAA247：内扳拧特性
　P511BAA246：螺纹特性
　P511BAA245：尾部特性
　P511BAA244：杆部特性
　P511BAA243：头部特性

P511BAA308：内扳拧类型
P511BAA307：螺纹类型
P511BAA306：尾部类型
P511BAA305：杆部类型
P511BAA303：头部类型
SSP：P511BAA308：内扳拧类型
P511BAA307：螺纹类型
P511BAA305：杆部类型
P511BAA303：头部类型
SD：
DOD：2006-02-22　DCV：2006-02-22
DCR：2006-02-22

P511AAA006-1　001
自攻锁紧螺钉的尾部
SuperClass：P511AAA028-1　尾部
Definition：具有形成螺纹能力的螺钉尾部
AP：
SDD：GB/T 3099—1982 27.1
SD：P511DAA006
DOD：2006-02-22　DCV：2006-02-22
DCR：2006-02-22

P511AAA007-1　001
外螺纹紧固件特征
SuperClass：P511AAA003-1　外螺纹紧固件
Definition：特征类描述外螺纹紧固件的几何特征
AP：
SD：
DOD：2006-02-22　DCV：2006-02-22
DCR：2006-02-22

P511AAA008-1　001
头部
SuperClass：P511AAA007-1　外螺纹紧固件特征
Definition：确定外螺纹紧固件组件头部几何特征的特征类
AP：
SSP：
SDD：GB/T 3099—1982
SD：
DOD：2006-02-22　DCV：2006-02-22
DCR：2006-02-22

P511AAA009-1　001
六角头
SuperClass：P511AAA008-1　头部
Definition：头部形状是六角形的
AP：P511BAA041：垫圈面或支承面直径
P511BAA034：头高
P511BAA033：对角宽度
P511BAA032：对边宽度
P511BAA031：扳拧高度
SDD：GB/T 5780—2000
SD：P511DAA009
DOD：2006-02-22　DCV：2006-02-22
DCR：2006-02-22

P511AAA010-1　001
带垫圈面的六角头
SuperClass：P511AAA008-1　头部
Definition：头部形状是在带垫圈面的六角形，接触面为垫圈面
AP：P511BAA041：垫圈面或支承面直径
P511BAA034：头高
P511BAA033：对角宽度
P511BAA032：对边宽度
P511BAA031：扳拧高度
SDD：GB/T 5780—2000
SD：P511DAA010
DOD：2006-02-22　DCV：2006-02-22
DCR：2006-02-22

P511AAA011-1　001
带法兰面的六角头
SuperClass：P511AAA008-1　头部
Definition：头部形状为带法兰面的六角形
AP：P511BAA541：头部凹穴到法兰面距离
P511BAA537：头部沉孔深度
P511BAA045：法兰(凸缘)直径
P511BAA044：法兰角
P511BAA042：垫圈部分的高度或法兰(或凸缘)的厚度
P511BAA034：头高
P511BAA033：对角宽度

P511BAA032：对边宽度
P511BAA031：扳拧高度
SDD：GB/T 16674—1996
SD：P511DAA011
DOD：2006-02-22　　DCV：2006-02-22
DCR：2006-02-22

P511AAA012-1　　001
自钻螺钉的自钻点
SuperClass：P511AAA028-1　　尾部
Definition：具有特殊形状的螺钉尾部以便实现自钻操作
AP：
SDD：GB/T 15856.5—2002
SD：P511DAA012
DOD：2006-02-22　　DCV：2006-02-22
DCR：2006-02-22

P511AAA013-1　　001
带凸缘的方头
SuperClass：P511AAA008-1　　头部
Definition：头部形状是带圆柱形凸缘的方头，接触面为圆柱形凸缘以减少头部压力
AP：P511BAA033：对角宽度
P511BAA045：法兰(凸缘)直径
P511BAA042：垫圈部分的高度或法兰(或凸缘)的厚度
P511BAA032：对边宽度
SDD：GB/T 3099—1982 3.6
SD：P511DAA013
DOD：2006-02-22　　DCV：2006-02-22
DCR：2006-02-22

P511AAA014-1　　001
T 形头
SuperClass：P511AAA008-1　　头部
Definition：头部形状是矩形的以便插入 T 型槽防止旋转
AP：P511BAA532：头部垫圈面厚度
P511BAA533：内螺纹最大直径
P511BAA034：头高
SDD：GB/T 3099—1982 3.10
SD：P511DAA014
DOD：2006-02-22　　DCV：2006-02-22
DCR：2006-02-22

P511AAA015-1　　001
圆头
SuperClass：P511AAA008-1　　头部
Definition：头部形状是带半球形面的圆
AP：P511BAA051：头部直径
SDD：GB/T 3099—1982 3.11
SD：P511DAA015
DOD：2006-02-22　　DCV：2006-02-22
DCR：2006-02-22

P511AAA016-1　　001
圆柱头
SuperClass：P511AAA008-1　　头部
Definition：头部形状是圆柱的或由倒圆过渡的平顶面的圆锥
AP：P511BAA051：头部直径
SDD：GB/T 3099—1982，GB/T 65—2000
SD：P511DAA016
DOD：2006-02-22　　DCV：2006-02-22
DCR：2006-02-22

P511AAA017-1　　001
球面圆柱头
SuperClass：P511AAA008-1　　头部
Definition：头部形状是带半球形面的圆柱
AP：P511BAA034：头高
P511BAA051：头部直径
SDD：GB/T 3099—1982 3.14
SD：P511DAA017
DOD：2006-02-22　　DCV：2006-02-22
DCR：2006-02-22

P511AAA018-1　　001
盘头
SuperClass：P511AAA008-1　　头部
Definition：头部形状是带圆顶面的圆柱
AP：P511BAA034：头高
P511BAA051：头部直径
SDD：GB/T 3099—1982 3.15，GB/T 67—2000
SD：P511DAA018

DOD：2006-02-22　　DCV：2006-02-22
DCR：2006-02-22

P511AAA019-1　　001
沉头
SuperClass：P511AAA008-1　　头部
Definition：头部形状是带圆锥支承面圆柱
AP：P511BAA034：头高
　P511BAA051：头部直径
SDD：GB/T 3099—1982 3.16，GB/T 68—2000
SD：P511DAA019
DOD：2006-02-22　　DCV：2006-02-22
DCR：2006-02-22

P511AAA020-1　　001
半沉头
SuperClass：P511AAA008-1　　头部
Definition：带有圆顶面的沉头
AP：P511BAA376：半沉头凸出部分的高度
　P511BAA060：末端倒圆半径
　P511BAA034：头高
　P511BAA051：头部直径
SDD：GB/T 3099—1982 3.17，GB/T 69—2000
SD：P511DAA020
DOD：2006-02-22　　DCV：2006-02-22
DCR：2006-02-22

P511AAA021-1　　001
吊环形头
SuperClass：P511AAA008-1　　头部
Definition：头部为吊环形状，吊环的中心轴与螺栓的中心轴线垂直
AP：P511BAA560：头部垫面厚度
　P511BAA559：吊环型头头部中心到头部支承面距离
　P511BAA558：吊环型头头部最大直径
　P511BAA556：吊环形头支承圆面直径
　P511BAA555：吊环形头圆环直径
　P511BAA553：吊环形头内径
　P511BAA552：吊环形头圆环厚度
　P511BAA533：内螺纹最大直径
SDD：GB/T 3099—1982 19.2
SD：P511DAA021
DOD：2006-02-22　　DCV：2006-02-22
DCR：2006-02-22

P511AAA022-1　　001
环眼形头
SuperClass：P511AAA008-1　　头部
Definition：头部形状像一个开放的锚，锚的中心轴线与螺栓的中心轴线垂直
AP：P511BAA533：内螺纹最大直径
SDD：GB/T 3099—1982 19.8
SD：P511DAA022
DOD：2006-02-22　　DCV：2006-02-22
DCR：2006-02-22

P511AAA023-1　　001
方头
SuperClass：P511AAA008-1　　头部
Definition：头部形状为正方形
AP：P511BAA034：头高
　P511BAA033：对角宽度
　P511BAA032：对边宽度
SDD：GB/T 3099—1982 3.5
SD：P511DAA023
DOD：2006-02-22　　DCV：2006-02-22
DCR：2006-02-22

P511AAA024-1　　001
杆
SuperClass：P511AAA007-1　　外螺纹紧固件特征
Definition：确定外螺纹紧固件杆部几何特征的特征类
AP：
SSP：
SDD：GB/T 3099—1982
SD：
DOD：2006-02-22　　DCV：2006-02-22
DCR：2006-02-22

P511AAA025-1　　001
带方颈的杆
SuperClass：P511AAA024-1　　杆
Definition：为了防止转动在头部与杆部间带有

方颈
AP：P511BAA518：方颈颈部长度
P511BAA515：方颈宽度
P511BAA531：螺纹收尾长度
P511BAA514：螺纹收尾长度
P511BAA072：方颈长
P511BAA071：方颈宽
P511BAA067：无螺纹杆直径
SDD：GB/T 3099—1982 的 4.6，GB/T 14—1998
SD：P511DAA025
DOD：2006-02-22　DCV：2006-02-22
DCR：2006-02-22

P511AAA026-1　001
平垫圈
SuperClass：P511AAA072-1　垫圈
Definition：带有互相平行平面的垫圈
AP：P511BAA337：厚度
SDD：GB/T 3099—1982 38.1
SD：
DOD：2006-02-22　DCV：2006-02-22
DCR：2006-02-22

P511AAA027-1　001
带倒角的平垫圈
SuperClass：P511AAA026-1　平垫圈
Definition：在外侧带有倒角的平垫圈
AP：P511BAA334：孔径
SDD：GB/T 97.2—2002
SD：P511DAA027
DOD：2006-02-22　DCV：2006-02-22
DCR：2006-02-22

P511AAA028-1　001
尾部
SuperClass：P511AAA007-1　外螺纹紧固件特征
Definition：确定外螺纹紧固件尾部几何特征的特征类
AP：
SSP：
SDD：GB/T 3099—1982
SD：
DOD：2006-02-22　DCV：2006-02-22
DCR：2006-02-22

P511AAA029-1　001
辗制末端
SuperClass：P511AAA028-1　尾部
Definition：辗制加工形成的，该螺钉尾部是平的。它代表螺纹紧固件的一种尾部形状
AP：
SDD：GB/T 2—2001
SD：P511DAA029
DOD：2006-02-22　DCV：2006-02-22
DCR：2006-02-22

P511AAA030-1　001
倒圆端
SuperClass：P511AAA028-1　尾部
Definition：螺钉尾部呈球面凸起，它代表螺纹紧固件的一种尾部形状
AP：P511BAA082：不完整螺纹的长度
SDD：GB/T 2—2001
SD：P511DAA030
DOD：2006-02-22　DCV：2006-02-22
DCR：2006-02-22

P511AAA031-1　001
倒角端
SuperClass：P511AAA028-1　尾部
Definition：螺钉尾部有倒角，在螺纹辊轧前杆端已经被倒角，它代表螺纹紧固件的一种尾部形状
AP：P511BAA082：不完整螺纹的长度
SDD：GB/T 2—2001
SD：P511DAA031
DOD：2006-02-22　DCV：2006-02-22
DCR：2006-02-22

P511AAA032-1　001
锥端
SuperClass：P511AAA028-1　尾部
Definition：螺钉尾部有倒角，在螺纹辊轧前杆端已经被倒角，它代表螺纹紧固件的一种尾部形状
AP：
SDD：GB/T 2—2001

SD：P511DAA032
DOD：2006-02-22　　DCV：2006-02-22
DCR：2006-02-22

P511AAA033-1　　001
截锥端
SuperClass：P511AAA028-1　　尾部
Definition：螺钉尾部呈截锥形，即锥形去了尖，它代表螺纹紧固件的一种尾部形状
AP：P511BAA077：截锥端直径
SDD：GB/T 2—2001
SD：P511DAA033
DOD：2006-02-22　　DCV：2006-02-22
DCR：2006-02-22

P511AAA034-1　　001
凹端
SuperClass：P511AAA028-1　　尾部
Definition：螺钉尾部呈凹形，在尾部的圆锥接触端形成尖状的凹锲，它代表螺纹紧固件的一种尾部形状
AP：P511BAA078：凹端直径
SDD：GB/T 2—2001
SD：P511DAA034
DOD：2006-02-22　　DCV：2006-02-22
DCR：2006-02-22

P511AAA035-1　　001
圆柱端
SuperClass：P511AAA028-1　　尾部
Definition：螺钉尾部有一段无螺纹、且直径小于螺杆直径的圆柱台，它代表螺纹紧固件的一种尾部形状
AP：P511BAA522：平端或圆柱端直径
　P511BAA488：开槽内径
　P511BAA487：平端或圆柱端直径
　P511BAA082：不完整螺纹的长度
　P511BAA079：末端长度
　P511BAA085：平端或圆柱端直径
SDD：GB/T 2—2001
SD：P511DAA035
DOD：2006-02-22　　DCV：2006-02-22
DCR：2006-02-22

P511AAA036-1　　001
刮销端
SuperClass：P511AAA028-1　　尾部
Definition：螺钉尾部带有刮销槽，具有自攻出螺纹孔的功能，它代表螺纹紧固件的一种尾部形状
AP：P511BAA081：刮销端锥形部分的长度
　P511BAA080：刮销端直径
SDD：GB/T 2—2001
SD：P511DAA036
DOD：2006-02-22　　DCV：2006-02-22
DCR：2006-02-22

P511AAA037-1　　001
螺纹类型
SuperClass：P511AAA001-1　　机械系统和通用件
Definition：确定通用机械紧固件螺纹类型的特征类
AP：P511BAA307：螺纹类型
SSP：
SDD：GB/T 3099—1982
SD：
DOD：2006-02-22　　DCV：2006-02-22
DCR：2006-02-22

P511AAA038-1　　001
米制外螺纹
SuperClass：P511AAA037-1　　螺纹类型
Definition：采用米制单位通用外螺纹
AP：P511BAA348：外螺纹小径
　P511BAA347：外螺纹螺距直径
　P511BAA346：外螺纹大径
SDD：ISO 68-1:1998
SD：P511DAA038
DOD：2006-02-22　　DCV：2006-02-22
DCR：2006-02-22

P511AAA039-1　　001
自攻螺钉螺纹
SuperClass：P511AAA037-1　　螺纹类型
Definition：在金属材料上形成与外螺纹匹配的螺纹

AP：P511BAA349：外径
SDD：GB/T 5280—2002
SD：P511DAA039
DOD：2006-02-22　　DCV：2006-02-22
DCR：2006-02-22

P511AAA041-1　　001
木螺钉螺纹
SuperClass：P511AAA037-1　　螺纹类型
Definition：用于在木制材料上形成与外螺纹匹配的螺纹
AP：P511BAA349：外径
SDD：GB/T 3099—1982 2.4
SD：P511DAA041
DOD：2006-02-22　　DCV：2006-02-22
DCR：2006-02-22

P511AAA042-1　　001
内扳拧
SuperClass：P511AAA007-1　　外螺纹紧固件特征
Definition：扳拧特征类表示与扳拧工具配合的在外螺纹紧固件头部开设的内沉槽、开槽和凹槽
AP：
SSP：
SDD：GB/T 3099—1982
SD：
DOD：2006-02-22　　DCV：2006-02-22
DCR：2006-02-22

P511AAA043-1　　001
六角沉槽
SuperClass：P511AAA042-1　　内扳拧
Definition：带六角凹陷形状的内扳拧特征
AP：P511BAA098：六角沉槽对角宽度
　　P511BAA032：对边宽度
SDD：GB/T 3099—1982 6.6，GB/T 70.1—2000
SD：P511DAA043
DOD：2006-02-22　　DCV：2006-02-22
DCR：2006-02-22

P511AAA044-1　　001
开槽
SuperClass：P511AAA042-1　　内扳拧
Definition：带垂直于外螺纹紧固件中心轴线的凹槽的内扳拧特征
AP：P511BAA052：开槽宽度
SDD：GB/T 3099—1982 6.11，GB/T 71—1985
SD：P511DAA044
DOD：2006-02-22　　DCV：2006-02-22
DCR：2006-02-22

P511AAA045-1　　001
十字槽(H 型)
SuperClass：P511AAA042-1　　内扳拧
Definition：带十字圆锥压痕的内扳拧特征，扳拧时工具作用于压痕表面
AP：P511BAA102：凹槽编号
SDD：GB/T 944.1—1985
SD：P511DAA045
DOD：2006-02-22　　DCV：2006-02-22
DCR：2006-02-22

P511AAA046-1　　001
带旋棒的头
SuperClass：P511AAA008-1　　头部
Definition：头部为带有插入与螺栓/螺钉中轴线垂直的孔中的旋棒
AP：
SDD：GB/T 3099—1982 6.15
SD：P511DAA046
DOD：2006-02-22　　DCV：2006-02-22
DCR：2006-02-22

P511AAA047-1　　001
六角法兰面螺栓—全杆
SuperClass：P511AAA005-1　　米制螺纹螺栓/螺钉
Definition：六角法兰面外螺纹紧固件，全杆
AP：P511BAA369：螺栓/螺钉长度(平座型头)
　　P511BAA069：无螺纹长度
　　P511BAA357：过渡直径
　　P511BAA047：头下曲率半径
　　P511BAA087：过渡长度
SDD：GB/T 16674—1996
SD：P511DAA047

Note：ISO 15071:1999 属于这个简单类
DOD：2006-02-22　DCV：2006-02-22
DCR：2006-02-22

P511AAA049-1　001
螺柱
SuperClass：P511AAA004-1　外螺纹紧固件组件
Definition：两端有螺纹、中间无螺纹的杆状无头外螺纹紧固件
AP：P511BAA028：总长度
P511BAA108：尾部形状图片
P511BAA107：尾部形状名称
P511BAA106：杆部形状图片
P511BAA105：杆部形状名称
P511BAA307：螺纹类型
P511BAA306：尾部类型
P511BAA246：螺纹特性
P511BAA245：尾部特性
P511BAA244：杆部特性
SSP：P511BAA306：尾部类型
SDD：GB/T 3099—1982 21.1
SD：
DOD：2006-02-22　DCV：2006-02-22
DCR：2006-02-22

P511AAA050-1　001
六角花形沉槽圆柱头螺钉
SuperClass：P511AAA005-1　米制螺纹螺栓/螺钉
Definition：带六角花形沉槽的圆柱头外螺纹紧固件
AP：P511BAA069：无螺纹长度
P511BAA357：过渡直径
P511BAA047：头下曲率半径
P511BAA087：过渡长度
SDD：ISO 14579:2001
SD：P511DAA050
DOD：2006-02-22　DCV：2006-02-22
DCR：2006-02-22

P511AAA051-1　001
小半圆头低方颈螺栓
SuperClass：P511AAA005-1　米制螺纹螺栓/螺钉
Definition：带小半圆头低方颈外螺纹紧固件
AP：P511BAA069：无螺纹长度
P511BAA047：头下曲率半径
SDD：GB/T 801—1998
SD：P511DAA051
DOD：2006-02-22　DCV：2006-02-22
DCR：2006-02-22

P511AAA052-1　001
螺母
SuperClass：P511AAA002-1　紧固件
Definition：与外螺纹紧固件配合使用的带有内螺纹的紧固件
AP：P511BAA117：螺母高度
P511BAA388：螺母图片
P511BAA387：螺母名称
P511BAA307：螺纹类型
P511BAA246：螺纹特性
P511BAA249：螺纹公差等级
P511BAA248：螺纹公差带
P511BAA256：螺纹公差级别
P511BAA340：螺纹规格
P511BAA323：不锈钢紧固件性能等级
P511BAA321：钢制紧固件性能等级
P511BAA319：制造商机构标识
P511BAA327：螺距类型
P511BAA326：产品等级
P511BAA011：EAN/UCC 编码
P511BAA008：标记
P511BAA007：制造日期
P511BAA006：ICD 编码
P511BAA005：制造商
AAF043：国家标准
AAE752：质量
AAE687：质量认证
SSP：
SD：
DOD：2006-02-22　DCV：2006-02-22
DCR：2006-02-22

P511AAA071-1　001

腰状杆螺柱
SuperClass：P511AAA049-1　　螺柱
Definition：杆部直径小于螺纹最小内径的螺柱
AP：P511BAA030：螺纹收尾长度
　P511BAA025：螺柱（拧入金属端）的螺纹长度
SDD：GB/T 3099—1982 21.3
SD：P511DAA071
DOD：2006-02-22　　DCV：2006-02-22
DCR：2006-02-22

P511AAA072-1　　001
垫圈
SuperClass：P511AAA002-1　　紧固件
Definition：在螺栓联接中起减少支承面压力的紧固件
AP：P511BAA343：表面硬度
　P511BAA342：核心硬度
　P511BAA417：不锈钢紧固件硬度等级
　P511BAA344：钢制紧固件硬度等级
　P511BAA340：螺纹规格
　P511BAA351：垫圈图片
　P511BAA335：垫圈名称
　P511BAA319：制造商机构标识
　P511BAA011：EAN/UCC 编码
　P511BAA008：标记
　P511BAA007：制造日期
　P511BAA006：ICD 编码
　P511BAA005：制造商
　AAF043：国家标准
　AAE752：质量
　AAE687：质量认证
　AAE012：国际标准
SD：
DOD：2006-02-22　　DCV：2006-02-22
DCR：2006-02-22

P511AAA081-1　　001
六角法兰面螺栓—米制细牙螺纹—小系列—全杆
SuperClass：P511AAA005-1　　米制螺纹螺栓/螺钉
Definition：六角法兰面米制细牙螺纹，全杆的外螺纹紧固件
AP：P511BAA382：沉槽深度
　P511BAA369：螺栓/螺钉长度（平座型头）
　P511BAA069：无螺纹长度
　P511BAA357：过渡直径
　P511BAA047：头下曲率半径
　P511BAA087：过渡长度
SDD：ISO 15072:1999
SD：P511DAA081
DOD：2006-02-22　　DCV：2006-02-22
DCR：2006-02-22

P511AAA082-1　　001
开口型沉头抽芯铆钉
SuperClass：P511AAA083-1　　盲铆钉
Definition：带有开型尾部的沉头抽芯盲铆钉
AP：P511BAA191：盲头长度
SDD：GB/T 12617.1—2006，GB/T 12617.2—2006，GB/T 12617.3—2006，GB/T 12617.4—2006，GB/T 12617.5—2006
SD：P511DAA082
Note：ISO 15980：2002，ISO 15982：2002，ISO 15984:2002，ISO 16585:2002 属于这个简单类
DOD：2006-02-22　　DCV：2006-02-22
DCR：2006-02-22

P511AAA083-1　　001
盲铆钉
SuperClass：P511AAA345-1　　铆钉
Definition：通过铆钉装置一边的限制铆钉可以被固定在安装物上
AP：P511BAA328：铆钉头部名称
　P511BAA190：抽芯直径
　P511BAA189：抽芯伸出长度
　P511BAA415：铆钉直径
　P511BAA014：钉芯材料
　P511BAA013：钉体材料
　P511BAA255：芯轴断裂载荷
　P511BAA254：抗拉强度
SDD：ISO 14588:2000
SD：
DOD：2006-02-22　　DCV：2006-02-22
DCR：2006-02-22

P511AAA089-1　　001
方垫圈
SuperClass：P511AAA026-1　　平垫圈
Definition：带有中心圆孔且外形为正方形的平垫圈
AP：
SDD：GB/T 3099—1982 38.3
SD：P511DAA089
DOD：2006-02-22　　DCV：2006-02-22
DCR：2006-02-22

P511AAA091-1　　001
全杆螺柱
SuperClass：P511AAA049-1　　螺柱
Definition：杆部直径等于螺纹公称直径的螺柱
AP：P511BAA030：螺纹收尾长度
P511BAA386：螺母尾部螺纹长度
P511BAA025：螺柱（拧入金属端）的螺纹长度
SDD：GB/T 3099—1982 21.1
SD：P511DAA091
DOD：2006-02-22　　DCV：2006-02-22
DCR：2006-02-22

P511AAA093-1　　001
开口型平圆头抽芯铆钉
SuperClass：P511AAA083-1　　盲铆钉
Definition：带有开型尾部的平圆头抽芯盲铆钉
AP：P511BAA191：盲头长度
SDD：GB/T 12618.1—2006，GB/T 12618.2—2006，GB/T 12618.3—2006，GB/T 12618.4—2006，GB/T 12618.5—2006，GB/T 12618.6—2006
SD：P511DAA093
Note：ISO 15979：2002，ISO 15981：2002，ISO 15983：2002，ISO 16583：2002 属于这个简单类
DOD：2006-02-22　　DCV：2006-02-22
DCR：2006-02-22

P511AAA098-1　　001
销钉
SuperClass：P511AAA002-1　　紧固件
Definition：通过紧配合方式或销钉的头尾特征对物体进行固定的柱状或锥状的紧固件
AP：P511BAA393：销钉尾部名称
P511BAA392：销钉杆部图片
P511BAA391：销钉杆部名称
P511BAA390：销钉头部图片
P511BAA389：销钉头部名称
P511BAA414：销钉直径
P511BAA345：硬度测试方法标识
P511BAA343：表面硬度
P511BAA342：核心硬度
P511BAA319：制造商机构标识
P511BAA011：EAN/UCC 编码
P511BAA008：标记
P511BAA007：制造日期
P511BAA006：ICD 编码
P511BAA005：制造商
AAF043：国家标准
AAE752：质量
AAE687：质量认证
AAE012：国际标准
SD：
DOD：2006-02-22　　DCV：2006-02-22
DCR：2006-02-22

P511AAA099-1　　001
全螺纹螺柱
SuperClass：P511AAA004-1　　外螺纹紧固件组件
Definition：在整个杆上都制有螺纹的紧固件
AP：P511BAA307：螺纹类型
P511BAA246：螺纹特性
P511BAA401：全螺纹螺栓长度
SDD：GB/T 3099—1982 21.6
SD：P511DAA099
DOD：2006-02-22　　DCV：2006-02-22
DCR：2006-02-22

P511AAA119-1　　001
三角头凸缘
SuperClass：P511AAA008-1　　头部
Definition：头部形状是三角状的，在支承面设计有凸缘以减少头部的压力

AP：P511BAA042：垫圈部分的高度或法兰（或凸缘）的厚度
P511BAA034：头高
SDD：GB/T 3099—1982 3.7
SD：P511DAA119
DOD：2006-02-22 DCV：2006-02-22
DCR：2006-02-22

P511AAA120-1 001
八角头
SuperClass：P511AAA008-1 头部
Definition：头部形状为八角形
AP：P511BAA033：对角宽度
SDD：GB/T 3099—1982 3.8
SD：P511DAA120
DOD：2006-02-22 DCV：2006-02-22
DCR：2006-02-22

P511AAA121-1 001
12 角头法兰面
SuperClass：P511AAA008-1 头部
Definition：头部形状为 12 角星形，在支承面设计有法兰面以减少头部的压力
AP：
SDD：GB/T 3099—1982 3.9
SD：P511DAA121
DOD：2006-02-22 DCV：2006-02-22
DCR：2006-02-22

P511AAA122-1 001
圆柱头
SuperClass：P511AAA008-1 头部
Definition：头部形状为圆柱状
AP：P511BAA051：头部直径
SDD：GB/T 70.1—2000
SD：P511DAA122
DOD：2006-02-22 DCV：2006-02-22
DCR：2006-02-22

P511AAA125-1 001
全杆
SuperClass：P511AAA024-1 杆
Definition：螺柱或螺钉的杆部直径等于螺纹公称直径
AP：P511BAA054：无螺纹杆部长度
P511BAA067：无螺纹杆直径
SDD：GB/T 5782—2000
SD：P511DAA125
DOD：2006-02-22 DCV：2006-02-22
DCR：2006-02-22

P511AAA126-1 001
缩杆
SuperClass：P511AAA024-1 杆
Definition：螺柱或螺钉的杆部直径等于螺纹中径
AP：P511BAA531：螺纹收尾长度
P511BAA514：螺纹收尾长度
P511BAA054：无螺纹杆部长度
P511BAA067：无螺纹杆直径
SDD：GB/T 16674—1996
SD：P511DAA126
DOD：2006-02-22 DCV：2006-02-22
DCR：2006-02-22

P511AAA127-1 001
腰状杆
SuperClass：P511AAA024-1 杆
Definition：螺柱或螺钉的杆部直径小于螺纹小径
AP：
SDD：GB/T 3099—1982 7.8
SD：P511DAA127
DOD：2006-02-22 DCV：2006-02-22
DCR：2006-02-22

P511AAA128-1 001
加强杆
SuperClass：P511AAA024-1 杆
Definition：螺柱或螺钉的杆部直径大于螺纹公称直径
AP：P511BAA521：杆上退刀槽（凹槽）宽度
SDD：GB/T 3099—1982 7.4
SD：P511DAA128
DOD：2006-02-22 DCV：2006-02-22
DCR：2006-02-22

P511AAA129-1 001

轴肩杆
SuperClass：P511AAA024-1　　杆
Definition：特殊的螺纹紧固件，它的螺纹部分为公称直径，它有一个圆的非螺纹肩或杆部直径大于螺纹部分的直径
AP：P511BAA564：外径
　P511BAA365：轴肩过渡直径
　P511BAA038：头下圆角半径
　P511BAA067：无螺纹杆直径
SDD：GB/T 5281—1985
SD：P511DAA129
DOD：2006-02-22　　DCV：2006-02-22
DCR：2006-02-22

P511AAA130-1　　001
自攻螺钉的锥端(C 型)
SuperClass：P511AAA028-1　　尾部
Definition：自攻螺钉的尾端为锥状(C 型)
AP：P511BAA574：槽钉螺纹直径
　P511BAA096：自攻螺纹尾部长度
SDD：GB/T 5280—2002
SD：P511DAA130
DOD：2006-02-22　　DCV：2006-02-22
DCR：2006-02-22

P511AAA131-1　　001
平端
SuperClass：P511AAA028-1　　尾部
Definition：外螺纹紧固件的尾部为平面的形状
AP：P511BAA082：不完整螺纹的长度
SDD：GB/T 2—2001
SD：P511DAA131
DOD：2006-02-22　　DCV：2006-02-22
DCR：2006-02-22

P511AAA132-1　　001
自攻螺钉平端(F 型)
SuperClass：P511AAA028-1　　尾部
Definition：自攻螺钉的尾端为锥状(F 型)
AP：P511BAA090：平端直径
　P511BAA096：自攻螺纹尾部长度
SDD：GB/T 5280—2002
SD：P511DAA132
DOD：2006-02-22　　DCV：2006-02-22
DCR：2006-02-22

P511AAA136-1　　001
带方孔的平垫圈
SuperClass：P511AAA026-1　　平垫圈
Definition：外形为圆形的并带有方孔的平垫圈
AP：
SDD：GB/T 3099—1982 38.4
SD：P511DAA136
DOD：2006-02-22　　DCV：2006-02-22
DCR：2006-02-22

P511AAA137-1　　001
锥形弹簧垫圈
SuperClass：P511AAA236-1　　弹簧垫圈
Definition：像锥形的弹簧垫圈
AP：
SDD：GB/T 3099—1982 39.6
SD：P511DAA137
DOD：2006-02-22　　DCV：2006-02-22
DCR：2006-02-22

P511AAA138-1　　001
自攻螺钉圆端(R 型)
SuperClass：P511AAA028-1　　尾部
Definition：自攻螺钉的尾端为圆球形(R 型)
AP：
SDD：GB/T 5280—2002
SD：P511DAA138
DOD：2006-02-22　　DCV：2006-02-22
DCR：2006-02-22

P511AAA139-1　　001
开槽盘头自攻螺钉 平端
SuperClass：P511AAA196-1　　自攻螺钉
Definition：开槽盘头自攻螺钉 平端
AP：P511BAA357：过渡直径
　P511BAA047：头下曲率半径
　P511BAA046：最末一扣完整螺纹至支承面的距离
SDD：GB/T 5282—1985
SD：P511DAA139

DOD：2006-02-22　　DCV：2006-02-22
DCR：2006-02-22

P511AAA140-1　　001
内三角
SuperClass：P511AAA042-1　　内扳拧
Definition：形状为内三角的内扳拧特征
AP：
SDD：GB/T 3099—1982 6.7
SD：P511DAA140
DOD：2006-02-22　　DCV：2006-02-22
DCR：2006-02-22

P511AAA141-1　　001
内四角
SuperClass：P511AAA042-1　　内扳拧
Definition：形状为内四角的内扳拧特征
AP：
SDD：GB/T 3099—1982 6.8
SD：P511DAA141
DOD：2006-02-22　　DCV：2006-02-22
DCR：2006-02-22

P511AAA142-1　　001
内六角
SuperClass：P511AAA042-1　　内扳拧
Definition：形状为内六花键的内扳拧特征
AP：
SDD：GB/T 3099—1982 6.9
SD：P511DAA142
DOD：2006-02-22　　DCV：2006-02-22
DCR：2006-02-22

P511AAA143-1　　001
内 12 角
SuperClass：P511AAA042-1　　内扳拧
Definition：形状为内 12 角的内扳拧特征
AP：
SDD：GB/T 3099—1982 6.10
SD：P511DAA143
DOD：2006-02-22　　DCV：2006-02-22
DCR：2006-02-22

P511AAA144-1　　001
十字槽(Z 型)盘头自攻螺钉　平端
SuperClass：P511AAA196-1　　自攻螺钉
Definition：头部为盘头带 Z 型十字槽和平端尾部的自攻螺钉
AP：P511BAA357：过渡直径
　P511BAA047：头下曲率半径
　P511BAA046：最末一扣完整螺纹至支承面的距离
SDD：GB/T 845—1985
SD：P511DAA144
DOD：2006-02-22　　DCV：2006-02-22
DCR：2006-02-22

P511AAA146-1　　001
六角法兰面螺栓—米制细牙螺纹　缩杆
SuperClass：P511AAA005-1　　米制螺纹螺栓/螺钉
Definition：头部为六角形带法兰面的，杆部为缩杆的米制细牙外螺纹紧固件
AP：P511BAA369：螺栓/螺钉长度(平座型头)
　P511BAA357：过渡直径
　P511BAA047：头下曲率半径
　P511BAA087：过渡长度
SDD：ISO 15072:1999
SD：P511DAA146
DOD：2006-02-22　　DCV：2006-02-22
DCR：2006-02-22

P511AAA147-1　　001
十字孔
SuperClass：P511AAA042-1　　内扳拧
Definition：十字孔形状的内扳拧特征
AP：
SDD：GB/T 3099—1982 6.18
SD：P511DAA147
DOD：2006-02-22　　DCV：2006-02-22
DCR：2006-02-22

P511AAA148-1　　001
弹簧垫圈
SuperClass：P511AAA236-1　　弹簧垫圈
Definition：在中心轴方向弯曲的开环弹簧垫圈

AP：
SDD：GB/T 3099—1982 39.1
SD：P511DAA148
DOD：2006-02-22　　DCV：2006-02-22
DCR：2006-02-22

P511AAA150-1　　001
鞍形弹簧垫圈
SuperClass：P511AAA236-1　　弹簧垫圈
Definition：在中心轴方向弯曲，形状像平垫圈的弹簧垫圈
AP：
SDD：GB/T 3099—1982 39.4
SD：P511DAA150
DOD：2006-02-22　　DCV：2006-02-22
DCR：2006-02-22

P511AAA156-1　　001
六角头螺栓
SuperClass：P511AAA005-1　　米制螺纹螺栓/螺钉
Definition：头部为六角形的，杆部为平杆的外螺纹紧固件
AP：P511BAA069：无螺纹长度
　P511BAA357：过渡直径
　P511BAA047：头下曲率半径
　P511BAA087：过渡长度
SDD：GB/T 5782—2000
SD：P511DAA156
Note：GB/T 18230.1—2000，GB/T 18230.2—2000，GB/T 5780—2000 属于这个简单类
DOD：2006-02-22　　DCV：2006-02-22
DCR：2006-02-22

P511AAA157-1　　001
六角法兰面螺栓 缩杆
SuperClass：P511AAA005-1　　米制螺纹螺栓/螺钉
Definition：头部为六角形带法兰面的，杆部为缩杆的外螺纹紧固件
AP：P511BAA369：螺栓/螺钉长度(平座型头)
　P511BAA357：过渡直径
　P511BAA087：过渡长度
SDD：GB/T 16674—1996
SD：P511DAA157
Note：ISO 15071:1999 不属于这个类
DOD：2006-02-22　　DCV：2006-02-22
DCR：2006-02-22

P511AAA158-1　　001
大半圆头方颈螺栓
SuperClass：P511AAA005-1　　米制螺纹螺栓/螺钉
Definition：头部为半圆形的，杆部带方颈的外螺纹紧固件
AP：P511BAA069：无螺纹长度
　P511BAA047：头下曲率半径
SDD：GB/T 14—1998
SD：P511DAA158
DOD：2006-02-22　　DCV：2006-02-22
DCR：2006-02-22

P511AAA159-1　　001
方头螺栓
SuperClass：P511AAA005-1　　米制螺纹螺栓/螺钉
Definition：头部为正方形的外螺纹紧固件
AP：P511BAA069：无螺纹长度
　P511BAA047：头下曲率半径
　P511BAA012：螺纹长度
SDD：GB/T 3099—1982
SD：P511DAA159
DOD：2006-02-22　　DCV：2006-02-22
DCR：2006-02-22

P511AAA160-1　　001
方颈凸缘螺栓
SuperClass：P511AAA005-1　　米制螺纹螺栓/螺钉
Definition：头部为正方形的，在接触面处有凸缘的外螺纹紧固件
AP：P511BAA069：无螺纹长度
　P511BAA047：头下曲率半径
　P511BAA357：过渡直径
　P511BAA087：过渡长度
　P511BAA012：螺纹长度

SDD：GB/T 3099—1982
SD：P511DAA160
DOD：2006-02-22　　DCV：2006-02-22
DCR：2006-02-22

P511AAA161-1　　001
波形弹性垫圈
SuperClass：P511AAA236-1　　弹簧垫圈
Definition：表面弯曲成波形的平垫圈
AP：
SDD：GB/T 3099—1982 39.5
SD：P511DAA161
DOD：2006-02-22　　DCV：2006-02-22
DCR：2006-02-22

P511AAA162-1　　001
三角头螺栓
SuperClass：P511AAA005-1　　米制螺纹螺栓/螺钉
Definition：头部为三角形的外螺纹紧固件
AP：P511BAA069：无螺纹长度
P511BAA357：过渡直径
P511BAA047：头下曲率半径
P511BAA087：过渡长度
P511BAA012：螺纹长度
SDD：GB/T 3099—1982
SD：P511DAA162
DOD：2006-02-22　　DCV：2006-02-22
DCR：2006-02-22

P511AAA163-1　　001
八角头螺栓
SuperClass：P511AAA005-1　　米制螺纹螺栓/螺钉
Definition：头部为八角形的外螺纹紧固件
AP：P511BAA069：无螺纹长度
P511BAA047：头下曲率半径
P511BAA357：过渡直径
P511BAA087：过渡长度
P511BAA012：螺纹长度
SDD：GB/T 3099—1982
SD：P511DAA163
DOD：2006-02-22　　DCV：2006-02-22
DCR：2006-02-22

P511AAA164-1　　001
外齿锁紧垫圈
SuperClass：P511AAA241-1　　锁紧垫圈
Definition：带外齿的锁紧垫圈
AP：
SDD：GB/T 3099—1982 39.7
SD：P511DAA164
DOD：2006-02-22　　DCV：2006-02-22
DCR：2006-02-22

P511AAA166-1　　001
T头螺栓
SuperClass：P511AAA005-1　　米制螺纹螺栓/螺钉
Definition：头部设计成与T型槽配合的外螺纹紧固件
AP：P511BAA069：无螺纹长度
P511BAA047：头下曲率半径
P511BAA012：螺纹长度
SDD：GB/T 3099—1982
SD：P511DAA166
DOD：2006-02-22　　DCV：2006-02-22
DCR：2006-02-22

P511AAA168-1　　001
内齿锁紧垫圈
SuperClass：P511AAA241-1　　锁紧垫圈
Definition：带内齿的锁紧垫圈
AP：
SDD：GB/T 3099—1982 39.8
SD：P511DAA168
DOD：2006-02-22　　DCV：2006-02-22
DCR：2006-02-22

P511AAA169-1　　001
六角头螺钉
SuperClass：P511AAA005-1　　米制螺纹螺栓/螺钉
Definition：头部为六角形，杆部为全螺纹的外螺纹紧固件
AP：P511BAA047：头下曲率半径

P511BAA357：过渡直径
SDD：GB/T 5783—2000
SD：P511DAA169
DOD：2006-02-22　DCV：2006-02-22
DCR：2006-02-22

P511AAA170-1　001
内六角圆柱头螺钉
SuperClass：P511AAA005-1　米制螺纹螺栓/螺钉
Definition：头部为圆柱形并带有内六角沉槽的外螺纹紧固件
AP：P511BAA069：无螺纹长度
P511BAA047：头下曲率半径
P511BAA357：过渡直径
P511BAA087：过渡长度
SDD：GB/T 70.1—2000
SD：P511DAA170
DOD：2006-02-22　DCV：2006-02-22
DCR：2006-02-22

P511AAA171-1　001
内六角圆柱头轴肩螺钉
SuperClass：P511AAA005-1　米制螺纹螺栓/螺钉
Definition：头部为圆柱形并带有内六角沉槽，杆部为轴肩杆的外螺纹紧固件
AP：P511BAA022：退刀槽(凹槽)宽度
P511BAA020：退刀槽(凹槽)最小直径
P511BAA048：杆上退刀槽(凹槽)最小直径
P511BAA037：杆上退刀槽(凹槽)宽度
P511BAA369：螺栓/螺钉长度(平座型头)
P511BAA357：过渡直径
P511BAA012：螺纹长度
SDD：GB/T 5281—1985
SD：P511DAA171
DOD：2006-02-22　DCV：2006-02-22
DCR：2006-02-22

P511AAA172-1　001
内六角平圆头螺钉
SuperClass：P511AAA005-1　米制螺纹螺栓/螺钉
Definition：头部为圆形并带有内六角沉槽的外螺纹紧固件
AP：P511BAA369：螺栓/螺钉长度(平座型头)
P511BAA047：头下曲率半径
P511BAA046：最末一扣完整螺纹至支承面的距离
SDD：GB/T 70.2—2000
SD：P511DAA172
DOD：2006-02-22　DCV：2006-02-22
DCR：2006-02-22

P511AAA173-1　001
内六角沉头螺钉
SuperClass：P511AAA005-1　米制螺纹螺栓/螺钉
Definition：头部形状为沉头并带有内六角沉槽的外螺纹紧固件
AP：P511BAA069：无螺纹长度
P511BAA047：头下曲率半径
SDD：GB/T 70.3—2000
SD：P511DAA173
DOD：2006-02-22　DCV：2006-02-22
DCR：2006-02-22

P511AAA174-1　001
六角花形沉槽圆柱头螺钉
SuperClass：P511AAA005-1　米制螺纹螺栓/螺钉
Definition：头部形状为圆柱头并带有内六角花形沉槽的外螺纹紧固件
AP：P511BAA030：螺纹收尾长度
P511BAA357：过渡直径
SDD：ISO 14580:2001
SD：P511DAA174
DOD：2006-02-22　DCV：2006-02-22
DCR：2006-02-22

P511AAA175-1　001
六角花形盘头螺钉
SuperClass：P511AAA005-1　米制螺纹螺栓/螺钉
Definition：盘头带六角花形沉槽的外螺纹紧固件
AP：P511BAA012：螺纹长度

P511BAA047：头下曲率半径
P511BAA046：最末一扣完整螺纹至支承面的距离
P511BAA030：螺纹收尾长度
P511BAA357：过渡直径
SDD：ISO 14583:2001
SD：P511DAA175
DOD：2006-02-22 DCV：2006-02-22
DCR：2006-02-22

P511AAA176-1 001
六角花形半沉头螺钉
SuperClass：P511AAA005-1 米制螺纹螺栓/螺钉
Definition：半沉头带六角花形沉槽的外螺纹紧固件
AP：P511BAA012：螺纹长度
P511BAA030：螺纹收尾长度
P511BAA047：头下曲率半径
P511BAA046：最末一扣完整螺纹至支承面的距离
SDD：ISO 14584:2001
SD：P511DAA176
DOD：2006-02-22 DCV：2006-02-22
DCR：2006-02-22

P511AAA177-1 001
开槽圆柱头螺钉
SuperClass：P511AAA005-1 米制螺纹螺栓/螺钉
Definition：圆柱头带开槽的外螺纹紧固件
AP：P511BAA030：螺纹收尾长度
P511BAA357：过渡直径
P511BAA047：头下曲率半径
P511BAA046：最末一扣完整螺纹至支承面的距离
SDD：GB/T 65—2000
SD：P511DAA177
DOD：2006-02-22 DCV：2006-02-22
DCR：2006-02-22

P511AAA178-1 001
开槽盘头螺钉
SuperClass：P511AAA005-1 米制螺纹螺栓/螺钉
Definition：盘头带开槽的外螺纹紧固件
AP：P511BAA012：螺纹长度
P511BAA047：头下曲率半径
P511BAA046：最末一扣完整螺纹至支承面的距离
P511BAA030：螺纹收尾长度
P511BAA357：过渡直径
SDD：GB/T 67—2000
SD：P511DAA178
DOD：2006-02-22 DCV：2006-02-22
DCR：2006-02-22

P511AAA179-1 001
开槽沉头螺钉
SuperClass：P511AAA005-1 米制螺纹螺栓/螺钉
Definition：沉头带开槽的外螺纹紧固件
AP：P511BAA012：螺纹长度
P511BAA030：螺纹收尾长度
P511BAA047：头下曲率半径
P511BAA046：最末一扣完整螺纹至支承面的距离
SDD：GB/T 68—2000
SD：P511DAA179
DOD：2006-02-22 DCV：2006-02-22
DCR：2006-02-22

P511AAA180-1 001
开槽半沉头螺钉
SuperClass：P511AAA005-1 米制螺纹螺栓/螺钉
Definition：半沉头带开槽的外螺纹紧固件
AP：P511BAA012：螺纹长度
P511BAA030：螺纹收尾长度
P511BAA047：头下曲率半径
P511BAA046：最末一扣完整螺纹至支承面的距离
SDD：GB/T 69—2000
SD：P511DAA180
DOD：2006-02-22 DCV：2006-02-22
DCR：2006-02-22

P511AAA181-1　　001
十字槽圆柱头螺钉
SuperClass：P511AAA005-1　　米制螺纹螺栓/螺钉
Definition：圆柱头带十字槽的外螺纹紧固件
AP：P511BAA012：螺纹长度
　P511BAA030：螺纹收尾长度
　P511BAA357：过渡直径
　P511BAA047：头下曲率半径
　P511BAA046：最末一扣完整螺纹至支承面的距离
SDD：GB/T 822—2000
SD：P511DAA181
DOD：2006-02-22　　DCV：2006-02-22
DCR：2006-02-22

P511AAA182-1　　001
十字槽盘头螺钉(H 型)
SuperClass：P511AAA005-1　　米制螺纹螺栓/螺钉
Definition：盘头带十字槽的外螺纹紧固件(H 型)
AP：P511BAA012：螺纹长度
　P511BAA030：螺纹收尾长度
　P511BAA357：过渡直径
　P511BAA047：头下曲率半径
　P511BAA046：最末一扣完整螺纹至支承面的距离
SDD：GB/T 818—2000
SD：P511DAA182
DOD：2006-02-22　　DCV：2006-02-22
DCR：2006-02-22

P511AAA183-1　　001
锥形锁紧垫圈
SuperClass：P511AAA241-1　　锁紧垫圈
Definition：与沉头配合的带外齿呈锥形的锁紧垫圈
AP：
SDD：GB/T 3099—1982 39.9
SD：P511DAA183
DOD：2006-02-22　　DCV：2006-02-22
DCR：2006-02-22

P511AAA184-1　　001
十字槽沉头螺钉(H 型)
SuperClass：P511AAA005-1　　米制螺纹螺栓/螺钉
Definition：沉头带十字槽的外螺纹紧固件(H 型)
AP：P511BAA012：螺纹长度
　P511BAA030：螺纹收尾长度
　P511BAA047：头下曲率半径
　P511BAA046：最末一扣完整螺纹至支承面的距离
SDD：GB/T 819.1—2000
SD：P511DAA184
Note：GB/T 819.2—1997 不属于这个类
DOD：2006-02-22　　DCV：2006-02-22
DCR：2006-02-22

P511AAA185-1　　001
十字槽半沉头螺钉(H 型)
SuperClass：P511AAA005-1　　米制螺纹螺栓/螺钉
Definition：半沉头带十字槽的外螺纹紧固件(H 型)
AP：P511BAA012：螺纹长度
　P511BAA030：螺纹收尾长度
　P511BAA047：头下曲率半径
　P511BAA046：最末一扣完整螺纹至支承面的距离
SDD：GB/T 820—2000
SD：P511DAA185
DOD：2006-02-22　　DCV：2006-02-22
DCR：2006-02-22

P511AAA186-1　　001
紧定螺钉
SuperClass：P511AAA004-1　　外螺纹紧固件组件
Definition：一端带有扳拧特征，另一端设计成通过压力与零件固定在一起的全螺纹紧固件
AP：P511BAA400：紧定螺钉的长度
　P511BAA378：倒角面的直径
　P511BAA110：内扳拧形状图片
　P511BAA109：内扳拧形状名称
　P511BAA108：尾部形状图片

P511BAA107：尾部形状名称
P511BAA308：内扳拧类型
P511BAA307：螺纹类型
P511BAA306：尾部类型
P511BAA247：内扳拧特性
P511BAA246：螺纹特性
P511BAA245：尾部特性
SSP：P511BAA307：螺纹类型
P511BAA306：尾部类型
SDD：GB/T 3099—1982
SD：
DOD：2006-02-22　　DCV：2006-02-22
DCR：2006-02-22

P511AAA187-1　　001
开槽无头螺钉
SuperClass：P511AAA354-1　　带杆的无头螺钉
Definition：带杆的无头螺钉，在一端有开槽作为扮拧特征
AP：
SDD：ISO 2342:1972
SD：P511DAA187
DOD：2006-02-22　　DCV：2006-02-22
DCR：2006-02-22

P511AAA188-1　　001
内六角平端紧定螺钉
SuperClass：P511AAA186-1　　紧定螺钉
Definition：带内六角扮拧特征，尾部为平端的紧定螺钉
AP：
SDD：GB/T 77—2000
SD：P511DAA188
DOD：2006-02-22　　DCV：2006-02-22
DCR：2006-02-22

P511AAA189-1　　001
内六角锥端紧定螺钉
SuperClass：P511AAA186-1　　紧定螺钉
Definition：带内六角扮拧特征，尾部为锥端的紧定螺钉
AP：
SDD：GB/T 78—2000
SD：P511DAA189
DOD：2006-02-22　　DCV：2006-02-22
DCR：2006-02-22

P511AAA190-1　　001
内六角圆柱端紧定螺钉
SuperClass：P511AAA186-1　　紧定螺钉
Definition：带内六角扮拧特征，尾部为圆柱端的紧定螺钉
AP：
SDD：GB/T 79—2000
SD：P511DAA190
DOD：2006-02-22　　DCV：2006-02-22
DCR：2006-02-22

P511AAA191-1　　001
内六角凹端紧定螺钉
SuperClass：P511AAA186-1　　紧定螺钉
Definition：带内六角扮拧特征，尾部为凹端的紧定螺钉
AP：
SDD：GB/T 80—2000
SD：P511DAA191
DOD：2006-02-22　　DCV：2006-02-22
DCR：2006-02-22

P511AAA192-1　　001
开槽锥端紧定螺钉
SuperClass：P511AAA186-1　　紧定螺钉
Definition：带开槽扮拧特征，尾部为锥端的紧定螺钉
AP：
SDD：GB/T 71—1985
SD：P511DAA192
DOD：2006-02-22　　DCV：2006-02-22
DCR：2006-02-22

P511AAA193-1　　001
开槽平端紧定螺钉
SuperClass：P511AAA186-1　　紧定螺钉
Definition：带开槽扮拧特征，尾部为平端的紧定螺钉

AP：
SDD：GB/T 73—1985
SD：P511DAA193
DOD：2006-02-22　　DCV：2006-02-22
DCR：2006-02-22

P511AAA194-1　　001
开槽圆柱端紧定螺钉
SuperClass：P511AAA186-1　　紧定螺钉
Definition：带开槽扮拧特征，尾部为圆柱端的紧定螺钉
AP：
SDD：GB/T 75—1985
SD：P511DAA194
DOD：2006-02-22　　DCV：2006-02-22
DCR：2006-02-22

P511AAA195-1　　001
开槽凹端紧定螺钉
SuperClass：P511AAA186-1　　紧定螺钉
Definition：带开槽扮拧特征，尾部为凹端的紧定螺钉
AP：
SDD：GB/T 74—1985
SD：P511DAA195
DOD：2006-02-22　　DCV：2006-02-22
DCR：2006-02-22

P511AAA196-1　　001
自攻螺钉
SuperClass：P511AAA004-1　　外螺纹紧固件组件
Definition：头部带扳拧特征、通过自攻螺钉螺纹与金属零件固定在一起的外螺纹紧固件
AP：P511BAA110：内扳拧形状图片
P511BAA109：内扳拧形状名称
P511BAA108：尾部形状图片
P511BAA107：尾部形状名称
P511BAA104：头部形状图片
P511BAA103：头部形状名称
P511BAA308：内扳拧类型
P511BAA307：螺纹类型
P511BAA306：尾部类型
P511BAA303：头部类型
P511BAA247：内扳拧特性
P511BAA246：螺纹特性
P511BAA245：尾部特性
P511BAA243：头部特性
SSP：P511BAA307：螺纹类型
P511BAA306：尾部类型
P511BAA303：头部类型
SDD：GB/T 3099—1982
SD：
DOD：2006-02-22　　DCV：2006-02-22
DCR：2006-02-22

P511AAA197-1　　001
六角头自攻螺钉 锥端
SuperClass：P511AAA196-1　　自攻螺钉
Definition：头部为六角形的，尾部为锥端的自攻螺钉
AP：P511BAA369：螺栓/螺钉长度(平座型头)
P511BAA047：头下曲率半径
P511BAA046：最末一扣完整螺纹至支承面的距离
SDD：GB/T 5285—1985
SD：P511DAA197
DOD：2006-02-22　　DCV：2006-02-22
DCR：2006-02-22

P511AAA198-1　　001
开槽盘头自攻螺钉 锥端
SuperClass：P511AAA196-1　　自攻螺钉
Definition：尾部为锥端的开槽盘头自攻螺钉
AP：P511BAA046：最末一扣完整螺纹至支承面的距离
P511BAA369：螺栓/螺钉长度(平座型头)
P511BAA357：过渡直径
SDD：GB/T 5282—1985
SD：P511DAA198
DOD：2006-02-22　　DCV：2006-02-22
DCR：2006-02-22

P511AAA199-1　　001
开槽沉头自攻螺钉 锥端
SuperClass：P511AAA196-1　　自攻螺钉

Definition：尾部为锥端的开槽沉头自攻螺钉
AP：P511BAA047：头下曲率半径
　P511BAA046：最末一扣完整螺纹至支承面的距离
SDD：GB/T 5283—1985
SD：P511DAA199
DOD：2006-02-22　DCV：2006-02-22
DCR：2006-02-22

P511AAA200-1　001
开槽半沉头自攻螺钉 锥端
SuperClass：P511AAA196-1　自攻螺钉
Definition：尾部为锥端的开槽半沉头自攻螺钉
AP：P511BAA047：头下曲率半径
　P511BAA046：最末一扣完整螺纹至支承面的距离
SDD：GB/T 5284—1985
SD：P511DAA200
DOD：2006-02-22　DCV：2006-02-22
DCR：2006-02-22

P511AAA201-1　001
十字槽盘头自攻螺钉 锥端
SuperClass：P511AAA196-1　自攻螺钉
Definition：尾部为锥端的十字槽盘头自攻螺钉
AP：P511BAA357：过渡直径
　P511BAA047：头下曲率半径
　P511BAA046：最末一扣完整螺纹至支承面的距离
SDD：GB/T 845—1985
SD：P511DAA201
DOD：2006-02-22　DCV：2006-02-22
DCR：2006-02-22

P511AAA202-1　001
六角法兰面自攻螺钉 锥端
SuperClass：P511AAA196-1　自攻螺钉
Definition：尾部为锥端的六角法兰面自攻螺钉
AP：P511BAA047：头下曲率半径
　P511BAA046：最末一扣完整螺纹至支承面的距离
SDD：GB/T 16824.2—1997
SD：P511DAA202
DOD：2006-02-22　DCV：2006-02-22
DCR：2006-02-22

P511AAA203-1　001
十字槽(H 型)沉头自攻螺钉 锥端
SuperClass：P511AAA196-1　自攻螺钉
Definition：尾部为锥端的，带 H 型十字槽的沉头自攻螺钉
AP：P511BAA047：头下曲率半径
　P511BAA046：最末一扣完整螺纹至支承面的距离
SDD：GB/T 846—1985
SD：P511DAA203
DOD：2006-02-22　DCV：2006-02-22
DCR：2006-02-22

P511AAA204-1　001
十字槽(H 型)半沉头自攻螺钉 锥端
SuperClass：P511AAA196-1　自攻螺钉
Definition：尾部为锥端的，带 H 型十字槽的半沉头自攻螺钉
AP：P511BAA047：头下曲率半径
　P511BAA046：最末一扣完整螺纹至支承面的距离
SDD：GB/T 847—1985
SD：P511DAA204
DOD：2006-02-22　DCV：2006-02-22
DCR：2006-02-22

P511AAA205-1　001
六角垫圈面自攻螺钉 锥端
SuperClass：P511AAA196-1　自攻螺钉
Definition：尾部为锥端的六角法垫圈面自攻螺钉
AP：P511BAA047：头下曲率半径
　P511BAA046：最末一扣完整螺纹至支承面的距离
SDD：GB/T 16824.1—1997
SD：P511DAA205
DOD：2006-02-22　DCV：2006-02-22
DCR：2006-02-22

P511AAA206-1　001
六角花型沉槽盘头自攻螺钉 锥端

SuperClass：P511AAA196-1　　自攻螺钉
Definition：尾部为锥端的，带六角花型沉槽的盘头自攻螺钉
AP：P511BAA357：过渡直径
　P511BAA047：头下曲率半径
　P511BAA046：最末一扣完整螺纹至支承面的距离
SDD：ISO 14585:2001
SD：P511DAA206
DOD：2006-02-22　　DCV：2006-02-22
DCR：2006-02-22

P511AAA207-1　　001
六角花型沉槽沉头自攻螺钉 锥端
SuperClass：P511AAA196-1　　自攻螺钉
Definition：尾部为锥端的，带六角花型沉槽的沉头自攻螺钉
AP：P511BAA047：头下曲率半径
　P511BAA046：最末一扣完整螺纹至支承面的距离
SDD：ISO 14586:2001
SD：P511DAA207
DOD：2006-02-22　　DCV：2006-02-22
DCR：2006-02-22

P511AAA208-1　　001
六角花型半沉槽沉头自攻螺钉 锥端
SuperClass：P511AAA196-1　　自攻螺钉
Definition：尾部为锥端的，带六角花型沉槽的半沉头自攻螺钉
AP：P511BAA047：头下曲率半径
　P511BAA046：最末一扣完整螺纹至支承面的距离
SDD：ISO 14587:2001
SD：P511DAA208
DOD：2006-02-22　　DCV：2006-02-22
DCR：2006-02-22

P511AAA209-1　　001
木螺钉
SuperClass：P511AAA004-1　　外螺纹紧固件组件
Definition：具有头部和扳拧特征的外螺纹紧固件，它通过在木零件中形成与外螺纹匹配的螺纹实现固定
AP：P511BAA246：螺纹特性
　P511BAA245：尾部特性
　P511BAA243：头部特性
　P511BAA370：沉头螺栓/螺钉长度
　P511BAA369：螺栓/螺钉长度(平座型头)
　P511BAA244：杆部特性
　P511BAA110：内扳拧形状图片
　P511BAA109：内扳拧形状名称
　P511BAA108：尾部形状图片
　P511BAA107：尾部形状名称
　P511BAA106：杆部形状图片
　P511BAA105：杆部形状名称
　P511BAA104：头部形状图片
　P511BAA103：头部形状名称
　P511BAA306：尾部类型
　P511BAA308：内扳拧类型
　P511BAA307：螺纹类型
　P511BAA303：头部类型
SDD：GB/T 3099—1982 2.4
SD：P511DAA209
DOD：2006-02-22　　DCV：2006-02-22
DCR：2006-02-22

P511AAA210-1　　001
自钻螺钉
SuperClass：P511AAA004-1　　外螺纹紧固件组件
Definition：具有头部、扳拧特征和自钻螺纹的外螺纹紧固件，它的尾部有自钻点能够在金属零件中钻出孔和与外螺纹匹配的螺纹实现固定
AP：P511BAA046：最末一扣完整螺纹至支承面的距离
　P511BAA110：内扳拧形状图片
　P511BAA109：内扳拧形状名称
　P511BAA108：尾部形状图片
　P511BAA107：尾部形状名称
　P511BAA106：杆部形状图片
　P511BAA105：杆部形状名称
　P511BAA104：头部形状图片
　P511BAA103：头部形状名称
　P511BAA047：头下曲率半径

P511BAA308：内扳拧类型
P511BAA307：螺纹类型
P511BAA306：尾部类型
P511BAA303：头部类型
P511BAA247：内扳拧特性
P511BAA246：螺纹特性
P511BAA245：尾部特性
P511BAA243：头部特性
SSP：P511BAA307：螺纹类型
P511BAA306：尾部类型
P511BAA303：头部类型
SDD：GB/T 15856.5—2002
SD：
DOD：2006-02-22　　DCV：2006-02-22
DCR：2006-02-22

P511AAA211-1　　001
六角凸缘头自钻自攻螺钉
SuperClass：P511AAA210-1　　自钻螺钉
Definition：头部为六角带凸缘面的自钻螺钉
AP：P511BAA369：螺栓/螺钉长度(平座型头)
SDD：GB/T 15856.5—2002
SD：P511DAA211
DOD：2006-02-22　　DCV：2006-02-22
DCR：2006-02-22

P511AAA212-1　　001
十字槽(H型)盘头自钻螺钉
SuperClass：P511AAA210-1　　自钻螺钉
Definition：盘头带十字槽(H型)扳拧特征的自钻螺钉
AP：P511BAA357：过渡直径
SDD：GB/T 15856.1—2002
SD：P511DAA212
DOD：2006-02-22　　DCV：2006-02-22
DCR：2006-02-22

P511AAA213-1　　001
十字槽(H型)沉头自钻螺钉
SuperClass：P511AAA210-1　　自钻螺钉
Definition：沉头带十字槽(H型)扳拧特征的自钻螺钉
AP：P511BAA069：无螺纹长度
SDD：GB/T 15856.2—2002
SD：P511DAA213
DOD：2006-02-22　　DCV：2006-02-22
DCR：2006-02-22

P511AAA214-1　　001
十字槽(H型)半沉头自钻螺钉
SuperClass：P511AAA210-1　　自钻螺钉
Definition：半沉头带十字槽(H型)扳拧特征的自钻螺钉
AP：P511BAA370：沉头螺栓/螺钉长度
SDD：GB/T 15856.3—2002
SD：P511DAA214
DOD：2006-02-22　　DCV：2006-02-22
DCR：2006-02-22

P511AAA215-1　　001
外锯齿锁紧垫圈
SuperClass：P511AAA241-1　　锁紧垫圈
Definition：在垫圈外部带锯齿的锁紧垫圈
AP：
SDD：GB/T 3099—1982 39.10
SD：P511DAA215
DOD：2006-02-22　　DCV：2006-02-22
DCR：2006-02-22

P511AAA216-1　　001
内锯齿锁紧垫圈
SuperClass：P511AAA241-1　　锁紧垫圈
Definition：在垫圈内部带锯齿的锁紧垫圈
AP：
SDD：GB/T 3099—1982 39.11
SD：P511DAA216
DOD：2006-02-22　　DCV：2006-02-22
DCR：2006-02-22

P511AAA217-1　　001
带凸缘的六角头
SuperClass：P511AAA008-1　　头部
Definition：带凸缘的六角头 头部形状为六角形，在支承面带圆柱状凸缘以减少头部的压力
AP：P511BAA042：垫圈部分的高度或法兰(或凸缘)的厚度

P511BAA045：法兰(凸缘)直径
P511BAA034：头高
P511BAA033：对角宽度
P511BAA032：对边宽度
P511BAA031：扳拧高度
SDD：GB/T 15856.5—2002
SD：P511DAA217
DOD：2006-02-22 DCV：2006-02-22
DCR：2006-02-22

P511AAA218-1 001
锥形锯齿锁紧垫圈
SuperClass：P511AAA241-1 锁紧垫圈
Definition：形状像锥形带外齿的锁紧垫圈
AP：
SDD：GB/T 3099—1982 39.12
SD：P511DAA218
DOD：2006-02-22 DCV：2006-02-22
DCR：2006-02-22

P511AAA219-1 001
单耳止动垫圈
SuperClass：P511AAA240-1 带耳垫圈
Definition：在外部带长耳的止动垫圈
AP：
SDD：GB/T 3099—1982 40.1
SD：P511DAA219
DOD：2006-02-22 DCV：2006-02-22
DCR：2006-02-22

P511AAA220-1 001
双耳止动垫圈
SuperClass：P511AAA240-1 带耳垫圈
Definition：在外部带长耳和翼的止动垫圈
AP：
SDD：GB/T 3099—1982 40.2
SD：P511DAA220
DOD：2006-02-22 DCV：2006-02-22
DCR：2006-02-22

P511AAA221-1 001
外舌止动垫圈
SuperClass：P511AAA240-1 带耳垫圈
Definition：在外部带耳的垫圈
AP：
SDD：GB/T 3099—1982 40.3
SD：P511DAA221
DOD：2006-02-22 DCV：2006-02-22
DCR：2006-02-22

P511AAA222-1 001
六角花形沉槽
SuperClass：P511AAA042-1 内扳拧
Definition：做成六角花形压痕的内扳拧特征
AP：P511BAA569：公称直径 A
P511BAA101：开槽深度
P511BAA075：公称直径 B
P511BAA057：公称直径 A
P511BAA092：六角花形沉槽编号
SDD：GB/T 6188—2000
SD：P511DAA222
DOD：2006-02-22 DCV：2006-02-22
DCR：2006-02-22

P511AAA223-1 001
平圆头
SuperClass：P511AAA008-1 头部
Definition：头部形状象切去的圆头
AP：P511BAA051：头部直径
SDD：GB/T 70.2—2000
SD：P511DAA223
DOD：2006-02-22 DCV：2006-02-22
DCR：2006-02-22

P511AAA225-1 001
内舌止动垫圈
SuperClass：P511AAA240-1 带耳垫圈
Definition：在垫圈内部带耳的垫圈
AP：
SDD：GB/T 3099—1982 40.4
SD：P511DAA225
DOD：2006-02-22 DCV：2006-02-22
DCR：2006-02-22

P511AAA226-1 001
六角花形沉头自攻螺钉

SuperClass：P511AAA196-1　　自攻螺钉
Definition：带六角花形沉槽的沉头自攻螺钉，尾部为平端
AP：P511BAA047：头下曲率半径
　P511BAA046：最末一扣完整螺纹至支承面的距离
SDD：ISO 14586:2001
SD：P511DAA226
DOD：2006-02-22　　DCV：2006-02-22
DCR：2006-02-22

P511AAA227-1　　001
六角开槽螺母
SuperClass：P511AAA052-1　　螺母
Definition：在垂直于轴线的面上开有沉槽的六角螺母
AP：P511BAA114：过渡圆直径
　P511BAA053：扳拧部分和支承面间的厚度或槽底与支承面间的厚度
　P511BAA052：开槽宽度
　P511BAA033：对角宽度
　P511BAA032：对边宽度
SDD：GB/T 3099—1982 34.1，GB/T 6178—1986，GB/T 6179—1986，GB/T 6180—1986，GB/T 6181—1986，GB/T 9457—1988，GB/T 9458—1988，GB/T 9459—1988
SD：P511DAA227
DOD：2006-02-22　　DCV：2006-02-22
DCR：2006-02-22

P511AAA228-1　　001
六角法兰面螺母
SuperClass：P511AAA052-1　　螺母
Definition：在支承面带法兰面的六角螺母
AP：P511BAA045：法兰(凸缘)直径
　P511BAA044：法兰角
　P511BAA042：垫圈部分的高度或法兰(或凸缘)的厚度
　P511BAA114：过渡圆直径
　P511BAA041：垫圈面或支承面直径
　P511BAA033：对角宽度
　P511BAA032：对边宽度
SDD：GB/T 6177.1—2000
SD：P511DAA228
Note：ISO 21670:2003 属于这个简单类
DOD：2006-02-22　　DCV：2006-02-22
DCR：2006-02-22

P511AAA229-1　　001
六角皇冠螺母
SuperClass：P511AAA052-1　　螺母
Definition：带有柱状开槽的六角螺母
AP：P511BAA041：垫圈面或支承面直径
　P511BAA114：过渡圆直径
　P511BAA053：扳拧部分和支承面间的厚度或槽底与支承面间的厚度
　P511BAA052：开槽宽度
　P511BAA050：皇冠直径
　P511BAA033：对角宽度
　P511BAA032：对边宽度
SDD：GB/T 3099—1982，GB/T 5276—1985，GB/T 6178—1986，GB/T 6180—1986，GB/T 9457—1988，GB/T 9458—1988
SD：P511DAA229
DOD：2006-02-22　　DCV：2006-02-22
DCR：2006-02-22

P511AAA232-1　　001
端面带孔圆螺母 A 型
SuperClass：P511AAA052-1　　螺母
Definition：在一端平面带有圆孔的圆柱形螺母
AP：P511BAA475：螺母端部倒角宽度
　P511BAA474：螺母周边小螺纹孔深度
　P511BAA435：头部直径
　P511BAA426：螺纹孔直径
SDD：GB/T 3099—1982 36.6，GB/T 815—1988
SD：P511DAA232
DOD：2006-02-22　　DCV：2006-02-22
DCR：2006-02-22

P511AAA235-1　　001
不带倒角的平垫圈
SuperClass：P511AAA026-1　　平垫圈
Definition：圆形平垫圈
AP：P511BAA334：孔径
SDD：GB/T 5286—2001

SD：P511DAA235
Note：GB/T 97.1—2002，GB/T 95—2002，GB/T 848—2002，GB/T 96.1—2002，GB/T 96.2—2002，GB/T 5287—2002，ISO 7415：1984，GB/T 97.3—2000，ISO 10669：1999，ISO 10673：2009 属于这个简单类
DOD：2006-02-22　　DCV：2006-02-22
DCR：2006-02-22

P511AAA236-1　　001
弹簧垫圈
SuperClass：P511AAA072-1　　垫圈
Definition：具有弹性变形功能的垫圈
AP：P511BAA334：孔径
　P511BAA336：材料厚度
　P511BAA338：锥状弹簧垫圈或锁紧垫圈的高度
SDD：GB/T 3099—1982
SD：
DOD：2006-02-22　　DCV：2006-02-22
DCR：2006-02-22

P511AAA237-1　　001
方斜垫圈
SuperClass：P511AAA072-1　　垫圈
Definition：支承面不互相平行的方垫圈
AP：P511BAA356：方斜垫圈侧边高度
　P511BAA355：中高
SDD：GB/T 3099—1982 38.5
SD：P511DAA237
DOD：2006-02-22　　DCV：2006-02-22
DCR：2006-02-22

P511AAA238-1　　001
六角花形沉槽沉头自攻螺钉 圆端
SuperClass：P511AAA196-1　　自攻螺钉
Definition：带六角花形沉槽的沉头自攻螺钉，尾部为圆端
AP：P511BAA047：头下曲率半径
　P511BAA046：最末一扣完整螺纹至支承面的距离
SDD：ISO 14586：2001
SD：P511DAA238
DOD：2006-02-22　　DCV：2006-02-22
DCR：2006-02-22

P511AAA239-1　　001
六角花形沉槽沉头自攻螺钉 平端
SuperClass：P511AAA196-1　　自攻螺钉
Definition：带六角花形沉槽的沉头自攻螺钉，尾部为平端
AP：P511BAA357：过渡直径
　P511BAA047：头下曲率半径
　P511BAA046：最末一扣完整螺纹至支承面的距离
SDD：ISO 14585：2001
SD：P511DAA239
DOD：2006-02-22　　DCV：2006-02-22
DCR：2006-02-22

P511AAA240-1　　001
带耳垫圈
SuperClass：P511AAA072-1　　垫圈
Definition：带耳垫圈
AP：P511BAA334：孔径
　P511BAA336：材料厚度
SDD：GB/T 3099—1982
SD：
DOD：2006-02-22　　DCV：2006-02-22
DCR：2006-02-22

P511AAA241-1　　001
锁紧垫圈
SuperClass：P511AAA072-1　　垫圈
Definition：为了防止紧固件转动的具有特殊形状的垫圈
AP：P511BAA334：孔径
　P511BAA338：锥状弹簧垫圈或锁紧垫圈的高度
　P511BAA336：材料厚度
SDD：GB/T 3099—1982
SD：
DOD：2006-02-22　　DCV：2006-02-22
DCR：2006-02-22

P511AAA242-1　　001

六角花形沉槽盘头自攻螺钉 圆端
SuperClass：P511AAA196-1　　自攻螺钉
Definition：带六角花形沉槽的盘头自攻螺钉，尾部为圆端
AP：P511BAA357：过渡直径
　P511BAA047：头下曲率半径
　P511BAA046：最末一扣完整螺纹至支承面的距离
SDD：ISO 14585:2001
SD：P511DAA242
DOD：2006-02-22　　DCV：2006-02-22
DCR：2006-02-22

P511AAA243-1　　001
六角垫圈面自攻螺钉 平端
SuperClass：P511AAA196-1　　自攻螺钉
Definition：头部为六角垫圈面、尾部为平端的自攻螺钉
AP：P511BAA047：头下曲率半径
　P511BAA046：最末一扣完整螺纹至支承面的距离
SDD：GB/T 16824.1—1997
SD：P511DAA243
DOD：2006-02-22　　DCV：2006-02-22
DCR：2006-02-22

P511AAA244-1　　001
十字槽(H型)半沉头自攻螺钉 平端
SuperClass：P511AAA196-1　　自攻螺钉
Definition：头部为半沉头带十字槽(H型)的，尾部为平端的自攻螺钉
AP：P511BAA047：头下曲率半径
　P511BAA046：最末一扣完整螺纹至支承面的距离
SDD：GB/T 847—1985
SD：P511DAA244
DOD：2006-02-22　　DCV：2006-02-22
DCR：2006-02-22

P511AAA245-1　　001
封闭型盘头抽芯盲铆钉
SuperClass：P511AAA083-1　　盲铆钉
Definition：带封闭端的盘头抽芯盲铆钉
AP：
SDD：GB/T 12615.1—2004，GB/T 12615.2—2004，GB/T 12615.3—2004，GB/T 12615.4—2004
SD：P511DAA245
Note：ISO 15975:2000，ISO 15976:2000 属于这个简单类
DOD：2006-02-22　　DCV：2006-02-22
DCR：2006-02-22

P511AAA246-1　　001
封闭型沉头抽芯铆钉
SuperClass：P511AAA083-1　　盲铆钉
Definition：带封闭端的沉头抽芯盲铆钉
AP：
SDD：GB/T 12616.1—2004
SD：P511DAA246
DOD：2006-02-22　　DCV：2006-02-22
DCR：2006-02-22

P511AAA248-1　　001
开口销
SuperClass：P511AAA098-1　　销钉
Definition：折叠成半圆形一形成开口的杆部的销
AP：P511BAA196：开口销眼孔直径
　P511BAA195：开口销眼孔高
　P511BAA193：销腿的差距
SDD：GB/T 91—2000，GB/T 13683—1992
SD：P511DAA248
DOD：2006-02-22　　DCV：2006-02-22
DCR：2006-02-22

P511AAA249-1　　001
简单锥销
SuperClass：P511AAA358-1　　锥销
Definition：不带螺纹特征的锥销
AP：P511BAA198：锥销大端半径
SDD：GB/T 117—2000，GB/T 13683—1992
SD：P511DAA249
DOD：2006-02-22　　DCV：2006-02-22
DCR：2006-02-22

P511AAA250-1　　001
带内螺纹的锥销

SuperClass：P511AAA358-1　　锥销
Definition：带内螺纹的锥销
AP：P511BAA340：螺纹规格
　P511BAA231：皇冠半径
　P511BAA207：圆柱沉孔深度
　P511BAA206：孔深
　P511BAA205：销钉的内螺纹长度
　P511BAA204：销钉的沉孔直径
　P511BAA199：圆端高
SDD：GB/T 118—2000，GB/T 13683—1992
SD：P511DAA250
DOD：2006-02-22　　DCV：2006-02-22
DCR：2006-02-22

P511AAA251-1　　001
带外螺纹的锥销
SuperClass：P511AAA358-1　　锥销
Definition：带外螺纹的锥销
AP：P511BAA395：带外螺纹的销钉不完整螺纹的长度
　P511BAA340：螺纹规格
　P511BAA211：导向端直径
　P511BAA210：导向端长度
　P511BAA209：螺纹部分的长度
　P511BAA208：伸出圆锥销的螺纹长度
SDD：GB/T 881—2000，GB/T 13683—1992
SD：P511DAA251
DOD：2006-02-22　　DCV：2006-02-22
DCR：2006-02-22

P511AAA252-1　　001
圆柱销
SuperClass：P511AAA098-1　　销钉
Definition：规定了直径尺寸公差的柱状销钉
AP：P511BAA307：螺纹类型
　P511BAA408：圆柱销长度
　P511BAA362：销钉尾部斜面角
　P511BAA217：销钉倒角长度
SSP：
SDD：GB/T 119.1—2000，GB/T 13683—1992
SD：P511DAA252
Note：GB/T 119.2—2000 属于这个简单类
DOD：2006-02-22　　DCV：2006-02-22
DCR：2006-02-22

P511AAA253-1　　001
内螺纹圆柱销
SuperClass：P511AAA252-1　　圆柱销
Definition：内螺纹圆柱形销钉
AP：P511BAA340：螺纹规格
　P511BAA202：内螺纹尾部倒角宽度
　P511BAA327：螺距类型
　P511BAA217：销钉倒角长度
　P511BAA207：圆柱沉孔深度
　P511BAA206：孔深
　P511BAA205：销钉的内螺纹长度
　P511BAA204：销钉的沉孔直径
SDD：GB/T 120.1—2000，GB/T 13683—1992
SD：P511DAA253
DOD：2006-02-22　　DCV：2006-02-22
DCR：2006-02-22

P511AAA255-1　　001
轴销
SuperClass：P511AAA355-1　　叉杆销
Definition：带有柱状头部的平座支承面的圆柱形销钉
AP：P511BAA397：销钉头部倒角角度
　P511BAA396：销钉头部倒角高度
　P511BAA230：从开口销孔直径
　P511BAA217：销钉倒角长度
　P511BAA225：销钉头高
　P511BAA237：销钉头部直径
SDD：GB/T 882—1986，GB/T 13683—1992
SD：P511DAA255
DOD：2006-02-22　　DCV：2006-02-22
DCR：2006-02-22

P511AAA257-1　　001
槽销—带导杆及全长平行沟槽
SuperClass：P511AAA356-1　　槽销
Definition：带导杆及全长平行沟槽的槽销
AP：P511BAA398：槽销的槽角
　P511BAA199：圆端高
　P511BAA353：双重剪切强度
　P511BAA235：槽角

P511BAA234：展开直径
P511BAA232：导向长度
P511BAA231：皇冠半径
SDD：GB/T 13829.1—2004,GB/T 13683—1992
SD：P511DAA257
DOD：2006-02-22　　DCV：2006-02-22
DCR：2006-02-22

P511AAA258-1　　001
槽销—带倒角及全长平行沟槽
SuperClass：P511AAA356-1　　槽销
Definition：带倒角及全长平行沟槽的槽销
AP：P511BAA398：槽销的槽角
P511BAA362：销钉尾部斜面角
P511BAA199：圆端高
P511BAA353：双重剪切强度
P511BAA242：凸面高度
P511BAA241：皇冠高度
P511BAA235：槽角
P511BAA234：展开直径
P511BAA231：皇冠半径
SDD：GB/T 13829.2—2004,GB/T 13683—1992
SD：P511DAA258
DOD：2006-02-22　　DCV：2006-02-22
DCR：2006-02-22

P511AAA259-1　　001
圆头槽销
SuperClass：P511AAA356-1　　槽销
Definition：带槽杆部和圆头的槽销
AP：P511BAA398：槽销的槽角
P511BAA225：销钉头高
P511BAA362：销钉尾部斜面角
P511BAA235：槽角
P511BAA234：展开直径
P511BAA217：销钉倒角长度
P511BAA237：销钉头部直径
SDD：GB/T 13829.8—2004,GB/T 13683—1992
SD：P511DAA259
DOD：2006-02-22　　DCV：2006-02-22
DCR：2006-02-22

P511AAA260-1　　001
沉头槽销
SuperClass：P511AAA356-1　　槽销
Definition：带槽杆部和沉头的槽销
AP：P511BAA399：沉头槽销头部角度
P511BAA398：槽销的槽角
P511BAA362：销钉尾部斜面角
P511BAA235：槽角
P511BAA234：展开直径
P511BAA217：销钉倒角长度
P511BAA237：销钉头部直径
SDD：GB/T 13829.9—2004,GB/T 13683—1992
SD：P511DAA260
DOD：2006-02-22　　DCV：2006-02-22
DCR：2006-02-22

P511AAA261-1　　001
沉头槽销
弹性圆柱销 卷制
SuperClass：P511AAA357-1　　弹簧销
Definition：带空腔圆柱形卷制弹簧销钉
AP：
SD：P511DAA261
Note：GB/T 879.1—2000，GB/T 13683—1992，GB/T 879.2—2000 属于这个简单类
DOD：2006-02-22　　DCV：2006-02-22
DCR：2006-02-22

P511AAA265-1　　001
槽销—半长倒锥槽
SuperClass：P511AAA356-1　　槽销
Definition：带半长倒锥槽的槽销
AP：P511BAA398：槽销的槽角
P511BAA234：展开直径
P511BAA231：皇冠半径
P511BAA199：圆端高
SDD：GB/T 13829.7—2004，GB/T 13683—1992
SD：P511DAA265
DOD：2006-02-22　　DCV：2006-02-22
DCR：2006-02-22

P511AAA267-1　　001
十字槽(Z 型)半沉头自攻螺钉 平端
SuperClass：P511AAA196-1　　自攻螺钉

Definition：头部为半沉头带十字槽(Z 型)的，尾部为平端的自攻螺钉
AP：P511BAA047：头下曲率半径
　P511BAA046：最末一扣完整螺纹至支承面的距离
SDD：GB/T 847—1985
SD：P511DAA267
DOD：2006-02-22　　DCV：2006-02-22
DCR：2006-02-22

P511AAA268-1　　001
十字槽(Z 型)沉头自攻螺钉 平端
SuperClass：P511AAA196-1　　自攻螺钉
Definition：头部为沉头带十字槽(Z 型)的，尾部为平端的自攻螺钉
AP：P511BAA047：头下曲率半径
　P511BAA046：最末一扣完整螺纹至支承面的距离
SDD：GB/T 846—1985
SD：P511DAA268
DOD：2006-02-22　　DCV：2006-02-22
DCR：2006-02-22

P511AAA269-1　　001
十字槽(H 型)沉头自攻螺钉 平端
SuperClass：P511AAA196-1　　自攻螺钉
Definition：头部为沉头带十字槽(H 型)的，尾部为平端的自攻螺钉
AP：P511BAA047：头下曲率半径
　P511BAA046：最末一扣完整螺纹至支承面的距离
SDD：GB/T 846—1985
SD：P511DAA269
DOD：2006-02-22　　DCV：2006-02-22
DCR：2006-02-22

P511AAA270-1　　001
十字槽(H 型)盘头自攻螺钉 平端
SuperClass：P511AAA196-1　　自攻螺钉
Definition：尾部为平端的，带 H 型十字槽的盘头自攻螺钉
AP：P511BAA357：过渡直径
　P511BAA047：头下曲率半径
　P511BAA046：最末一扣完整螺纹至支承面的距离
SDD：GB/T 845—1985
SD：P511DAA270
DOD：2006-02-22　　DCV：2006-02-22
DCR：2006-02-22

P511AAA271-1　　001
六角法兰面自攻螺钉
SuperClass：P511AAA196-1　　自攻螺钉
Definition：头部为六角形带法兰面的，尾部为平端的自攻螺钉
AP：P511BAA047：头下曲率半径
　P511BAA046：最末一扣完整螺纹至支承面的距离
SDD：GB/T 16824.2—1997
SD：P511DAA271
DOD：2006-02-22　　DCV：2006-02-22
DCR：2006-02-22

P511AAA272-1　　001
十字槽(Z 型)
SuperClass：P511AAA042-1　　内扳拧
Definition：设计成十字形的内扳拧特征以便工具垂直作用于螺钉拧紧螺钉
AP：P511BAA102：凹槽编号
SDD：GB/T 944.1—1985
SD：P511DAA272
DOD：2006-02-22　　DCV：2006-02-22
DCR：2006-02-22

P511AAA278-1　　001
槽销—全长锥槽
SuperClass：P511AAA356-1　　槽销
Definition：带槽销杆的销钉，槽的长度基本等于杆的全长
AP：P511BAA398：槽销的槽角
　P511BAA353：双重剪切强度
　P511BAA234：展开直径
　P511BAA199：圆端高
SDD：GB/T 13829.5—2004，GB/T 13683—1992
SD：P511DAA278
DOD：2006-02-22　　DCV：2006-02-22

DCR：2006-02-22

P511AAA279-1　　001
十字槽圆柱头螺钉(Z型)
SuperClass：P511AAA005-1　　米制螺纹螺栓/螺钉
Definition：十字槽圆柱头螺钉(Z型)
AP：P511BAA012：螺纹长度
　P511BAA357：过渡直径
　P511BAA030：螺纹收尾长度
　P511BAA047：头下曲率半径
　P511BAA046：最末一扣完整螺纹至支承面的距离
SDD：GB/T 822—2000
SD：P511DAA279
DOD：2006-02-22　　DCV：2006-02-22
DCR：2006-02-22

P511AAA280-1　　001
十字槽盘头螺钉(Z型)
SuperClass：P511AAA005-1　　米制螺纹螺栓/螺钉
Definition：盘头带十字槽的外螺纹紧固件(Z型)
AP：P511BAA012：螺纹长度
　P511BAA030：螺纹收尾长度
　P511BAA357：过渡直径
　P511BAA047：头下曲率半径
　P511BAA046：最末一扣完整螺纹至支承面的距离
SDD：GB/T 818—2000
SD：P511DAA280
DOD：2006-02-22　　DCV：2006-02-22
DCR：2006-02-22

P511AAA281-1　　001
Z型十字槽沉头(通用头型)螺钉
SuperClass：P511AAA005-1　　米制螺纹螺栓/螺钉
Definition：带Z型十字槽沉头(通用头型)的螺钉
AP：P511BAA012：螺纹长度
　P511BAA030：螺纹收尾长度
　P511BAA047：头下曲率半径
　P511BAA046：最末一扣完整螺纹至支承面的距离
SDD：GB/T 819.1—2000
SD：P511DAA281
Note：ISO 7046-2:1997 属于这个类
DOD：2006-02-22　　DCV：2006-02-22
DCR：2006-02-22

P511AAA282-1　　001
Z型十字槽半沉头螺钉
SuperClass：P511AAA005-1　　米制螺纹螺栓/螺钉
Definition：带Z型十字槽的半沉头(通用头型)螺钉
AP：P511BAA030：螺纹收尾长度
　P511BAA047：头下曲率半径
　P511BAA046：最末一扣完整螺纹至支承面的距离
SDD：GB/T 820—2000
SD：P511DAA282
DOD：2006-02-22　　DCV：2006-02-22
DCR：2006-02-22

P511AAA283-1　　001
十字槽(Z型)盘头自攻螺钉 平端
SuperClass：P511AAA196-1　　自攻螺钉
Definition：头部为盘头带十字槽(Z型)的，尾部为平端的自攻螺钉
AP：P511BAA357：过渡直径
　P511BAA047：头下曲率半径
　P511BAA046：最末一扣完整螺纹至支承面的距离
SDD：GB/T 845—1985
SD：P511DAA283
DOD：2006-02-22　　DCV：2006-02-22
DCR：2006-02-22

P511AAA284-1　　001
十字槽(Z型)沉头自攻螺钉 锥端
SuperClass：P511AAA196-1　　自攻螺钉
Definition：头部为沉头带十字槽(Z型)的自攻螺钉，尾部为锥端
AP：P511BAA047：头下曲率半径

P511BAA046：最末一扣完整螺纹至支承面的距离
SDD：GB/T 846—1985
SD：P511DAA284
DOD：2006-02-22　　DCV：2006-02-22
DCR：2006-02-22

P511AAA285-1　　001
十字槽(Z型)半盘头自攻螺钉 平端
SuperClass：P511AAA196-1　　自攻螺钉
Definition：头部为半沉头带十字字槽(Z型)的，尾部为平端的自攻螺钉
AP：P511BAA047：头下曲率半径
P511BAA046：最末一扣完整螺纹至支承面的距离
SDD：GB/T 847—1985
SD：P511DAA285
DOD：2006-02-22　　DCV：2006-02-22
DCR：2006-02-22

P511AAA286-1　　001
十字槽(Z型)盘头自钻自攻螺钉
SuperClass：P511AAA210-1　　自钻螺钉
Definition：带十字槽(Z型)的盘头自钻螺钉，螺纹为自攻螺纹
AP：P511BAA369：螺栓/螺钉长度(平座型头)
P511BAA357：过渡直径
SDD：GB/T 15856.1—2002
SD：P511DAA286
DOD：2006-02-22　　DCV：2006-02-22
DCR：2006-02-22

P511AAA287-1　　001
十字槽(Z型)沉头自钻自攻螺钉
SuperClass：P511AAA210-1　　自钻螺钉
Definition：带十字槽(Z型)的沉头自钻螺钉，螺纹为自攻螺纹
AP：P511BAA370：沉头螺栓/螺钉长度
SDD：GB/T 15856.2—2002
SD：P511DAA287
DOD：2006-02-22　　DCV：2006-02-22
DCR：2006-02-22

P511AAA288-1　　001
十字槽(Z型)半沉头自钻自攻螺钉
SuperClass：P511AAA210-1　　自钻螺钉
Definition：带十字槽(Z型)的半沉头自钻螺钉，螺纹为自攻螺纹
AP：P511BAA370：沉头螺栓/螺钉长度
SDD：GB/T 15856.3—2002
SD：P511DAA288
DOD：2006-02-22　　DCV：2006-02-22
DCR：2006-02-22

P511AAA289-1　　001
开槽半沉头自攻螺钉 平端
SuperClass：P511AAA196-1　　自攻螺钉
Definition：带一字槽的半沉头自攻螺钉，尾部为平端
AP：P511BAA047：头下曲率半径
P511BAA046：最末一扣完整螺纹至支承面的距离
SDD：GB/T 5284—1985
SD：P511DAA289
DOD：2006-02-22　　DCV：2006-02-22
DCR：2006-02-22

P511AAA290-1　　001
开槽(Z型)沉头自攻螺钉 平端
SuperClass：P511AAA196-1　　自攻螺钉
Definition：头部为沉头带一字槽(Z型)的，尾部为平端的自攻螺钉
AP：P511BAA047：头下曲率半径
P511BAA046：最末一扣完整螺纹至支承面的距离
SDD：GB/T 5283—1985
SD：P511DAA290
DOD：2006-02-22　　DCV：2006-02-22
DCR：2006-02-22

P511AAA291-1　　001
六角花形半沉头自攻螺钉 平端
SuperClass：P511AAA196-1　　自攻螺钉
Definition：头部为半沉头带六角花形沉槽的，尾部为平端的自攻螺钉
AP：P511BAA047：头下曲率半径

P511BAA046：最末一扣完整螺纹至支承面的距离
SDD：ISO 14587:2001
SD：P511DAA291
DOD：2006-02-22　　DCV：2006-02-22
DCR：2006-02-22

P511AAA292-1　　001
六角花型沉槽半沉头自攻螺钉 圆端
SuperClass：P511AAA196-1　　自攻螺钉
Definition：带六角花形沉槽的半沉头自攻螺钉，尾部为圆端
AP：P511BAA047：头下曲率半径
P511BAA046：最末一扣完整螺纹至支承面的距离
SDD：ISO 14587:2001
SD：P511DAA292
DOD：2006-02-22　　DCV：2006-02-22
DCR：2006-02-22

P511AAA293-1　　001
六角头自攻螺钉 平端
SuperClass：P511AAA196-1　　自攻螺钉
Definition：头部为六角头，尾部为平端的自攻螺钉
AP：P511BAA369：螺栓/螺钉长度(平座型头)
P511BAA047：头下曲率半径
P511BAA046：最末一扣完整螺纹至支承面的距离
SDD：GB/T 5285—1985
SD：P511DAA293
DOD：2006-02-22　　DCV：2006-02-22
DCR：2006-02-22

P511AAA309-1　　001
自挤螺钉
SuperClass：P511AAA004-1　　外螺纹紧固件组件
Definition：能够在固定零件表面形成内螺纹外螺纹紧固件
AP：P511BAA246：螺纹特性
P511BAA245：尾部特性
P511BAA244：杆部特性
P511BAA243：头部特性
P511BAA370：沉头螺栓/螺钉长度
P511BAA110：内扳拧形状图片
P511BAA109：内扳拧形状名称
P511BAA108：尾部形状图片
P511BAA107：尾部形状名称
P511BAA106：杆部形状图片
P511BAA105：杆部形状名称
P511BAA104：头部形状图片
P511BAA103：头部形状名称
P511BAA369：螺栓/螺钉长度(平座型头)
P511BAA306：尾部类型
P511BAA308：内扳拧类型
P511BAA307：螺纹类型
P511BAA305：杆部类型
P511BAA303：头部类型
SDD：GB/T 3098.7—2000
SD：
Note：GB/T 3098.7—2000 属于这个类
DOD：2006-02-22　　DCV：2006-02-22
DCR：2006-02-22

P511AAA310-1　　001
自挤螺钉螺纹
SuperClass：P511AAA037-1　　螺纹类型
Definition：在金属零件上可以形成与自己匹配的螺纹
AP：P511BAA349：外径
SDD：GB/T 3099—1982 27.1
SD：P511DAA310
DOD：2006-02-22　　DCV：2006-02-22
DCR：2006-02-22

P511AAA311-1　　001
盖形薄螺母
SuperClass：P511AAA052-1　　螺母
Definition：在一端封闭的平盖六角螺母
AP：P511BAA033：对角宽度
P511BAA032：对边宽度
SDD：GB/T 3099—1982 35.2
SD：P511DAA311
DOD：2006-02-22　　DCV：2006-02-22
DCR：2006-02-22

P511AAA312-1　　001
盖形螺母
SuperClass：P511AAA052-1　　螺母
Definition：一端封闭的盖形六角螺母
AP：P511BAA4653：
　P511BAA483：盖形螺母定位偏差
　P511BAA449：盖形螺母的螺栓最大伸出长度
　P511BAA441：凸缘半径
　P511BAA439：凸缘根部最大直径
　P511BAA427：盖形内径
　P511BAA416：螺母螺纹长度
　P511BAA031：扳拧高度
　P511BAA033：对角宽度
　P511BAA032：对边宽度
SDD：GB/T 3099—1982 35.1，GB/T 802—1988，GB/T 923—1988
SD：P511DAA312
DOD：2006-02-22　　DCV：2006-02-22
DCR：2006-02-22

P511AAA313-1　　001
六角螺母(类型Ⅰ)
SuperClass：P511AAA052-1　　螺母
Definition：按类型Ⅰ的要求设计螺母高度的六角螺母
AP：P511BAA041：垫圈面或支承面直径
　P511BAA033：对角宽度
　P511BAA032：对边宽度
SDD：GB/T 6170—2000，GB/T 6171—2000
SD：P511DAA313
DOD：2006-02-22　　DCV：2006-02-22
DCR：2006-02-22

P511AAA314-1　　001
六角凸缘螺母
SuperClass：P511AAA052-1　　螺母
Definition：带柱状凸缘的六角螺母
AP：P511BAA114：过渡圆直径
　P511BAA042：垫圈部分的高度或法兰(或凸缘)的厚度
　P511BAA045：法兰(凸缘)直径
　P511BAA033：对角宽度
　P511BAA032：对边宽度
SDD：GB/T 3099—1982 28.3
SD：P511DAA314
DOD：2006-02-22　　DCV：2006-02-22
DCR：2006-02-22

P511AAA315-1　　001
侧面带孔圆螺母
SuperClass：P511AAA052-1　　螺母
Definition：在半径方向钻孔的圆螺母
AP：P511BAA474：螺母周边小螺纹孔深度
　P511BAA435：头部直径
　P511BAA426：螺纹孔直径
SDD：GB/T 3099—1982 36.5，GB/T 816—1988
SD：P511DAA315
DOD：2006-02-22　　DCV：2006-02-22
DCR：2006-02-22

P511AAA316-1　　001
开槽圆螺母A型
SuperClass：P511AAA052-1　　螺母
Definition：在接触面开有槽的圆螺母
AP：P511BAA475：螺母端部倒角宽度
　P511BAA435：头部直径
SDD：GB/T 3099—1982 36.3，GB/T 817—1988
SD：P511DAA316
DOD：2006-02-22　　DCV：2006-02-22
DCR：2006-02-22

P511AAA317-1　　001
侧面开槽圆螺母
SuperClass：P511AAA052-1　　螺母
Definition：在周围开槽的圆螺母
AP：P511BAA475：螺母端部倒角宽度
　P511BAA473：开槽深度
　P511BAA435：头部直径
　P511BAA423：支承面直径
SDD：GB/T 3099—1982 36.4，GB/T 812—1988
SD：P511DAA317
DOD：2006-02-22　　DCV：2006-02-22
DCR：2006-02-22

P511AAA318-1　　001
滚花薄螺母
SuperClass：P511AAA052-1　　螺母
Definition：在周围有滚花的圆螺母
AP：P511BAA460：头部高度
　P511BAA435：头部直径
SDD：GB/T 3099—1982 36.2，GB/T 807—1988
SD：P511DAA318
DOD：2006-02-22　　DCV：2006-02-22
DCR：2006-02-22

P511AAA319-1　　001
方螺母
SuperClass：P511AAA052-1　　螺母
Definition：正方形的螺母
AP：
SDD：GB/T 3099—1982 29.1，GB/T 39—1988
SD：P511DAA319
DOD：2006-02-22　　DCV：2006-02-22
DCR：2006-02-22

P511AAA320-1　　001
方凸缘螺母
SuperClass：P511AAA052-1　　螺母
Definition：带凸缘的正方形螺母
AP：P511BAA041：垫圈面或支承面直径
　P511BAA032：对边宽度
SDD：GB/T 3099—1982 29.4
SD：P511DAA320
DOD：2006-02-22　　DCV：2006-02-22
DCR：2006-02-22

P511AAA321-1　　001
三角凸缘螺母
SuperClass：P511AAA052-1　　螺母
Definition：带凸缘的三角形螺母
AP：P511BAA041：垫圈面或支承面直径
SDD：GB/T 3099—1982 30.1
SD：P511DAA321
DOD：2006-02-22　　DCV：2006-02-22
DCR：2006-02-22

P511AAA322-1　　001
五角螺母
SuperClass：P511AAA052-1　　螺母
Definition：五角形的螺母
AP：
SDD：GB/T 3099—1982 31.2
SD：P511DAA322
DOD：2006-02-22　　DCV：2006-02-22
DCR：2006-02-22

P511AAA323-1　　001
八角螺母
SuperClass：P511AAA052-1　　螺母
Definition：八角形的螺母
AP：
SDD：GB/T 3099—1982 31.1
SD：P511DAA323
DOD：2006-02-22　　DCV：2006-02-22
DCR：2006-02-22

P511AAA324-1　　001
蝶形螺母 圆翼
SuperClass：P511AAA052-1　　螺母
Definition：带圆翼的蝶形螺母
AP：P511BAA470：螺母翼的末端厚度
　P511BAA469：螺母翼的顶端厚度
　P511BAA464：螺母长度
　P511BAA459：螺母高度
　P511BAA434：支承面直径
　P511BAA421：蝶形圆翼孔径
　P511BAA418：螺母顶部直径
SDD：GB/T 3099—1982 37.1，GB/T 62.1—2004
SD：
DOD：2008-05-26　　DCV：2008-05-26
DCR：2008-05-26

P511AAA325-1　　001
弹性圆柱销—卷制
SuperClass：P511AAA357-1　　弹簧销
Definition：由薄钢片卷制的弹性圆柱销
AP：
SDD：GB/T 879.3—2000，GB/T 879.4—2000，GB/T 879.5—2000，GB/T 13683—1992
SD：P511DAA325

Note：GB/T 879.4—2000，GB/T 879.5—2000 属于这个简单类
DOD：2006-02-22　　DCV：2006-02-22
DCR：2006-02-22

P511AAA326-1　　001
六角螺母 类型 II
SuperClass：P511AAA052-1　　螺母
Definition：六角形的按类型 II 设计的螺母
AP：P511BAA114：过渡圆直径
　P511BAA041：垫圈面或支承面直径
　P511BAA033：对角宽度
　P511BAA032：对边宽度
SDD：GB/T 6175—2000，GB/T 6176—2000
SD：P511DAA326
DOD：2006-02-22　　DCV：2006-02-22
DCR：2006-02-22

P511AAA327-1　　001
六角薄螺母(倒角)
SuperClass：P511AAA052-1　　螺母
Definition：六角薄螺母，在两个支承面有倒角
AP：P511BAA380：埋头孔角
　P511BAA031：扳拧高度
　P511BAA114：过渡圆直径
　P511BAA041：垫圈面或支承面直径
　P511BAA033：对角宽度
　P511BAA032：对边宽度
SDD：GB/T 6172.1—2000，GB/T 56—1988，GB/T 6173—2000，GB/T 18195—2000
SD：P511DAA327
DOD：2006-02-22　　DCV：2006-02-22
DCR：2006-02-22

P511AAA328-1　　001
I 型非金属嵌件六角锁紧螺母
SuperClass：P511AAA052-1　　螺母
Definition：有效力矩型六角螺母(非金属嵌件)类型 I，有效力矩为插入的非眷属嵌件
AP：P511BAA114：过渡圆直径
　P511BAA041：垫圈面或支承面直径
　P511BAA381：螺母斜面角
　P511BAA380：埋头孔角
　P511BAA031：扳拧高度
　P511BAA033：对角宽度
　P511BAA032：对边宽度
　P511BAA015：插入材料
SDD：GB/T 889.1—2000，GB/T 889.2—2000
SD：P511DAA328
Note：GB/T 889.2—2000 属于这个类
DOD：2006-02-22　　DCV：2006-02-22
DCR：2006-02-22

P511AAA329-1　　001
II 型非金属嵌件六角锁紧螺母
SuperClass：P511AAA052-1　　螺母
Definition：有效力矩型六角法兰面螺母(非金属嵌件)类型 II，有效力矩为插入的非金属嵌件
AP：P511BAA114：过渡圆直径
　P511BAA041：垫圈面或支承面直径
　P511BAA381：螺母斜面角
　P511BAA380：埋头孔角
　P511BAA031：扳拧高度
　P511BAA033：对角宽度
　P511BAA032：对边宽度
　P511BAA015：插入材料
SDD：GB/T 6182—2000
SD：P511DAA329
Note：ISO 12216:1997 属于这个类
DOD：2006-02-22　　DCV：2006-02-22
DCR：2006-02-22

P511AAA330-1　　001
全金属六角锁紧螺母(类型 II)
SuperClass：P511AAA052-1　　螺母
Definition：有效力矩型六角螺母，有效力矩为变形的螺纹部分(类型 II)
AP：P511BAA380：埋头孔角
　P511BAA031：扳拧高度
　P511BAA114：过渡圆直径
　P511BAA041：垫圈面或支承面直径
　P511BAA033：对角宽度
　P511BAA032：对边宽度
SDD：GB/T 6185.1—2000，GB/T 6185.2—2000，GB/T 6186—2000
SD：P511DAA330

DOD：2006-02-22　　DCV：2006-02-22
DCR：2006-02-22

P511AAA331-1　　001
焊接方螺母 B 型
SuperClass：P511AAA052-1　　螺母
Definition：采用焊接方式与安装设备连接的方螺母
AP：P511BAA454：沉槽深度
　P511BAA431：沉孔直径
SDD：GB/T 13680—1992
SD：
DOD：2006-05-26　　DCV：2006-05-26
DCR：2006-05-26

P511AAA332-1　　001
非金属嵌件六角法兰面锁紧螺母
SuperClass：P511AAA052-1　　螺母
Definition：有效力矩型六角法兰面螺母(非金属嵌件)，有效力矩为插入的非眷属嵌件
AP：P511BAA380：埋头孔角
　P511BAA044：法兰角
　P511BAA031：扳拧高度
　P511BAA114：过渡圆直径
　P511BAA045：法兰(凸缘)直径
　P511BAA042：垫圈部分的高度或法兰(或凸缘)的厚度
　P511BAA041：垫圈面或支承面直径
　P511BAA033：对角宽度
　P511BAA032：对边宽度
　P511BAA015：插入材料
SDD：GB/T 6183.2—2000，GB/T 6183.1—2000
SD：P511DAA332
DOD：2006-02-22　　DCV：2006-02-22
DCR：2006-02-22

P511AAA333-1　　001
全金属六角法兰面锁紧螺母
SuperClass：P511AAA052-1　　螺母
Definition：有效力矩型全金属六角法兰面螺母，有效力矩为变形的螺纹部分
AP：P511BAA032：对边宽度
　P511BAA033：对角宽度
　P511BAA114：过渡圆直径
　P511BAA031：扳拧高度
　P511BAA042：垫圈部分的高度或法兰(或凸缘)的厚度
　P511BAA044：法兰角
　P511BAA041：垫圈面或支承面直径
　P511BAA045：法兰(凸缘)直径
SDD：GB/T 6187.2—2000，GB/T 6187.1—2000
SD：P511DAA333
DOD：2006-02-22　　DCV：2006-02-22
DCR：2006-02-22

P511AAA334-1　　001
无头叉杆销
SuperClass：P511AAA355-1　　叉杆销
Definition：公差等级为 h 的柱状销钉
AP：P511BAA404：不带头叉销长度
　P511BAA230：从开口销孔直径
　P511BAA217：销钉倒角长度
SDD：GB/T 880—1986，GB/T 13683—1992
SD：P511DAA334
DOD：2006-02-22　　DCV：2006-02-22
DCR：2006-02-22

P511AAA335-1　　001
槽销—中部槽长为 1/2 全长
SuperClass：P511AAA356-1　　槽销
Definition：带槽销杆的销钉，槽位于杆的中间部位，长度基本等于杆长的一半
AP：P511BAA398：槽销的槽角
　P511BAA231：皇冠半径
　P511BAA353：双重剪切强度
　P511BAA234：展开直径
　P511BAA199：圆端高
SDD：GB/T 13829.4—2004，GB/T 13683—1992
SD：P511DAA335
DOD：2006-02-22　　DCV：2006-02-22
DCR：2006-02-22

P511AAA336-1　　001
槽销—中部槽长为 1/3 全长
SuperClass：P511AAA356-1　　槽销
Definition：带槽销杆的销钉，槽位于杆的中间部

位，长度基本等于杆长的三分之一
AP：P511BAA398：槽销的槽角
P511BAA231：皇冠半径
P511BAA199：圆端高
P511BAA353：双重剪切强度
P511BAA234：展开直径
SDD：GB/T 13829.3—2004，GB/T 13683—1992
SD：P511DAA336
DOD：2006-02-22　　DCV：2006-02-22
DCR：2006-02-22

P511AAA337-1　　001
槽销—半长锥槽
SuperClass：P511AAA356-1　　槽销
Definition：带槽销杆的销钉，槽的长度基本等于杆长的一半
AP：P511BAA398：槽销的槽角
P511BAA353：双重剪切强度
P511BAA234：展开直径
P511BAA199：圆端高
SDD：GB/T 13829.6—2004，GB/T 13683—1992
SD：P511DAA337
DOD：2006-02-22　　DCV：2006-02-22
DCR：2006-02-22

P511AAA338-1　　001
六角薄螺母(无倒角)
SuperClass：P511AAA052-1　　螺母
Definition：在支承面没有倒角的六角薄螺母
AP：P511BAA032：对边宽度
SDD：GB/T 6174—2000
SD：P511DAA338
DOD：2006-02-22　　DCV：2006-02-22
DCR：2006-02-22

P511AAA339-1　　001
米制细牙六角头螺栓
SuperClass：P511AAA005-1　　米制螺纹螺栓/螺钉
Definition：米制细牙全螺纹六角头螺栓
AP：P511BAA069：无螺纹长度
P511BAA047：头下曲率半径
P511BAA357：过渡直径
P511BAA087：过渡长度
SDD：GB/T 5785—2000
SD：P511DAA339
DOD：2006-02-22　　DCV：2006-02-22
DCR：2006-02-22

P511AAA340-1　　001
米制细牙六角头螺钉
SuperClass：P511AAA005-1　　米制螺纹螺栓/螺钉
Definition：米制细牙全螺纹六角头螺钉
AP：P511BAA047：头下曲率半径
P511BAA357：过渡直径
SDD：GB/T 5786—2000
SD：P511DAA340
Note：GB/T 5781—2000 属于这个简单类
DOD：2006-02-22　　DCV：2006-02-22
DCR：2006-02-22

P511AAA342-1　　001
六角沉槽圆柱头米制细牙螺钉
SuperClass：P511AAA005-1　　米制螺纹螺栓/螺钉
Definition：头部为圆柱状带六角沉槽的米制细牙外螺纹紧固件
AP：P511BAA047：头下曲率半径
P511BAA012：螺纹长度
P511BAA357：过渡直径
SDD：ISO 21269:2004
SD：
DOD：2006-02-22　　DCV：2006-02-22
DCR：2006-02-22

P511AAA344-1　　001
米制内螺纹
SuperClass：P511AAA037-1　　螺纹类型
Definition：米制系统定义的内螺纹
AP：P511BAA358：内螺纹螺距直径
P511BAA360：内螺纹最大直径
SDD：ISO 68-1:1998
SD：P511DAA344
DOD：2006-02-22　　DCV：2006-02-22
DCR：2006-02-22

P511AAA345-1　　001
铆钉
SuperClass：P511AAA002-1　　紧固件
Definition：柱状金属紧固件，在一端带有预成型的头部，装配时可在一端打出一个头部将物体固定
AP：P511BAA330：铆钉杆部名称
　P511BAA253：剪切载荷
　P511BAA180：铆钉头直径
　P511BAA179：铆钉头高度
　P511BAA319：制造商机构标识
　P511BAA011：EAN/UCC 编码
　P511BAA008：标记
　P511BAA007：制造日期
　P511BAA006：ICD 编码
　P511BAA005：制造商
　AAF043：国家标准
　AAE752：质量
　AAE687：质量认证
　AAE012：国际标准
SD：
DOD：2006-02-22　　DCV：2006-02-22
DCR：2006-02-22

P511AAA346-1　　001
全杆铆钉
SuperClass：P511AAA345-1　　铆钉
Definition：带有整个杆部的铆钉
AP：
SD：
DOD：2006-02-22　　DCV：2006-02-22
DCR：2006-02-22

P511AAA347-1　　001
管状铆钉
SuperClass：P511AAA345-1　　铆钉
Definition：象管子一样的中空柱状铆钉
AP：P511BAA329：铆钉头部图片名称
　P511BAA328：铆钉头部名称
SDD：GB/T 975—1986
SD：
DOD：2006-02-22　　DCV：2006-02-22
DCR：2006-02-22

P511AAA348-1　　001
半管状铆钉
SuperClass：P511AAA345-1　　铆钉
Definition：中空的柱状铆钉，在装配时在两端制成头部
AP：P511BAA328：铆钉头部名称
SD：
DOD：2006-02-22　　DCV：2006-02-22
DCR：2006-02-22

P511AAA349-1　　001
导向平端
SuperClass：P511AAA028-1　　尾部
Definition：为了便于出入螺母中，在螺栓/螺钉的尾部为柱状导向
AP：P511BAA079：末端长度
　P511BAA364：导向端的直径
SDD：GB/T 2—2001
SD：P511DAA349
DOD：2006-02-22　　DCV：2006-02-22
DCR：2006-02-22

P511AAA350-1　　001
导向锥端
SuperClass：P511AAA028-1　　尾部
Definition：做成截圆锥状的导向端
AP：P511BAA364：导向端的直径
　P511BAA079：末端长度
　P511BAA363：截锥导向端的长度
SDD：GB/T 2—2001
SD：P511DAA350
DOD：2006-02-22　　DCV：2006-02-22
DCR：2006-02-22

P511AAA351-1　　001
网纹滚花
SuperClass：P511AAA008-1　　头部
Definition：在柱状头周围刻有网纹
AP：
SDD：GB/T 3099—1982 6.17
SD：P511DAA351

DOD：2006-02-22　　DCV：2006-02-22
DCR：2006-02-22

P511AAA352-1　　001
蝶形
SuperClass：P511AAA008-1　　头部
Definition：带有两个翼的头
AP：
SDD：GB/T 3099—1982 6.14
SD：P511DAA352
DOD：2006-02-22　　DCV：2006-02-22
DCR：2006-02-22

P511AAA353-1　　001
半圆头
SuperClass：P511AAA008-1　　头部
Definition：象球的一部分的头
AP：P511BAA519：杆上榫部长度
　P511BAA489：倒圆半径
　P511BAA537：头部沉孔深度
　P511BAA034：头高
　P511BAA051：头部直径
SDD：GB/T 14—1998
SD：P511DAA353
DOD：2006-02-22　　DCV：2006-02-22
DCR：2006-02-22

P511AAA354-1　　001
带杆的无头螺钉
SuperClass：P511AAA004-1　　外螺纹紧固件组件
Definition：带内扳拧特征的无头外螺纹紧固件
AP：P511BAA110：内扳拧形状图片
　P511BAA106：杆部形状图片
　P511BAA105：杆部形状名称
　P511BAA307：螺纹类型
　P511BAA306：尾部类型
　P511BAA247：内扳拧特性
　P511BAA246：螺纹特性
　P511BAA245：尾部特性
　P511BAA326：产品等级
　P511BAA012：螺纹长度
　P511BAA109：内扳拧形状名称
　P511BAA108：尾部形状图片
　P511BAA107：尾部形状名称
　P511BAA308：内扳拧类型
SSP：P511BAA307：螺纹类型
　P511BAA306：尾部类型
SD：
DOD：2006-02-22　　DCV：2006-02-22
DCR：2006-02-22

P511AAA355-1　　001
叉杆销
SuperClass：P511AAA098-1　　销钉
Definition：有圆柱头平座支承面或无头的柱状销钉
AP：
SD：
DOD：2006-02-22　　DCV：2006-02-22
DCR：2006-02-22

P511AAA356-1　　001
槽销
SuperClass：P511AAA098-1　　销钉
Definition：有头或无头的带有槽的柱状销钉
AP：
SD：
DOD：2006-02-22　　DCV：2006-02-22
DCR：2006-02-22

P511AAA357-1　　001
弹簧销
SuperClass：P511AAA098-1　　销钉
Definition：在半径方向能够弹性变形的销钉
AP：P511BAA352：载荷级别
　P511BAA217：销钉倒角长度
　P511BAA215：倒角直径
　P511BAA216：材料厚度
SD：
DOD：2006-02-22　　DCV：2006-02-22
DCR：2006-02-22

P511AAA358-1　　001
锥销
SuperClass：P511AAA098-1　　销钉

Definition：作成锥形的销钉
AP：P511BAA410：锥销长度
P511BAA307：螺纹类型
P511BAA200：锥度
SSP：
SDD：GB/T 117—2000
SD：
DOD：2006-02-22　DCV：2006-02-22
DCR：2006-02-22

P511AAA359-1　001
带双面倒角的平垫圈
SuperClass：P511AAA026-1　平垫圈
Definition：在垫圈内外面倒角的平垫圈
AP：P511BAA334：孔径
SDD：GB/T 18230.5—2000
SD：P511DAA359
DOD：2006-02-22　DCV：2006-02-22
DCR：2006-02-22

P511AAA360-1　001
六角螺母 C 级
SuperClass：P511AAA052-1　螺母
Definition：产品等级为 C 的六角螺母
AP：P511BAA381：螺母斜面角
P511BAA380：埋头孔角
P511BAA041：垫圈面或支承面直径
P511BAA033：对角宽度
P511BAA032：对边宽度
SDD：GB/T 41—2000
SD：P511DAA360
DOD：2008-05-26　DCV：2008-05-26
DCR：2008-05-26

P511AAA361-1　001
蝶形螺母 方翼
SuperClass：P511AAA052-1　螺母
Definition：带方翼的蝶形螺母
AP：P511BAA470：螺母翼的末端厚度
P511BAA469：螺母翼的顶端厚度
P511BAA464：螺母长度
P511BAA459：螺母高度
P511BAA434：支承面直径
P511BA418：
SDD：GB/T 62.2—2004
SD：P511DAA361
DOD：2006-05-26　DCV：2006-05-26
DCR：2006-05-26

P511AAA362-1　001
蝶形螺母 冲压
SuperClass：P511AAA052-1　螺母
Definition：用钢板冲压制成的蝶形螺母
AP：P511BAA469：螺母翼的顶端厚度
P511BAA464：螺母长度
P511BAA459：螺母高度
P511BAA448：蝶形螺母螺栓伸出最大长度
P511BAA445：材料厚度
P511BAA434：支承面直径
P511BA418：
SDD：GB/T 62.3—2004
SD：P511DAA362
DOD：2006-05-26　DCV：2006-05-26
DCR：2006-05-26

P511AAA363-1　001
蝶形螺母 压铸
SuperClass：P511AAA052-1　螺母
Definition：用锌合金压铸制成的蝶形螺母
AP：P511BAA470：螺母翼的末端厚度
P511BAA469：螺母翼的顶端厚度
P511BAA464：螺母长度
P511BAA459：螺母高度
P511BAA434：支承面直径
P511BA418：
SDD：GB/T 62.4—2004
SD：P511DAA363
DOD：2006-05-26　DCV：2006-05-26
DCR：2006-05-26

P511AAA364-1　001
环形螺母
SuperClass：P511AAA052-1　螺母
Definition：用于固定大型设备的，头部设计成环形的螺母
AP：P511BAA459：螺母高度

P511BAA440：内部弯曲半径
P511BAA434：支承面直径
P511BAA422：环形圆柱直径
P511BA418：
SDD：GB/T 63—1988
SD：P511DAA364
DOD：2006-05-26　　DCV：2006-05-26
DCR：2006-05-26

P511AAA365-1　　001
球面六角螺母
SuperClass：P511AAA052-1　　螺母
Definition：与球面配合的六角螺母
AP：P511BA423：
SDD：GB/T 804—1988
SD：P511DAA365
DOD：2006-05-26　　DCV：2006-05-26
DCR：2006-05-26

P511AAA366-1　　001
扣紧螺母
SuperClass：P511AAA052-1　　螺母
Definition：为了增加气密性而在螺母内增加扣紧槽的六角螺母
AP：P511BA437：
SDD：GB/T 805—1988
SD：P511DAA366
DOD：2006-05-26　　DCV：2006-05-26
DCR：2006-05-26

P511AAA367-1　　001
滚花高螺母
SuperClass：P511AAA052-1　　螺母
Definition：在周围有滚花的高圆螺母
AP：P511BA472：
P511BA460：
P511BA450：
P511BAA443：头下曲率半径
P511BAA435：头部直径
P511BA424：
SDD：GB/T 806—1988
SD：P511DAA367
DOD：2006-05-26　　DCV：2006-05-26
DCR：2006-05-26

P511AAA368-1　　001
小六角特扁细牙螺母
SuperClass：P511AAA052-1　　螺母
Definition：用于电器设备的细牙六角薄螺母
AP：
SDD：GB/T 808—1988
SD：P511DAA368
DOD：2006-05-26　　DCV：2006-05-26
DCR：2006-05-26

P511AAA369-1　　001
嵌装圆螺母 A 型
SuperClass：P511AAA052-1　　螺母
Definition：嵌入连接件安装的圆螺母，螺纹为贯通的
AP：P511BAA435：头部直径
P511BA425：
SDD：GB/T 809—1988
SD：P511DAA369
DOD：2006-05-26　　DCV：2006-05-26
DCR：2006-05-26

P511AAA370-1　　001
小圆螺母
SuperClass：P511AAA052-1　　螺母
Definition：在圆螺母侧面开有直槽的圆螺母
AP：P511BAA475：螺母端部倒角宽度
P511BAA473：开槽深度
P511BAA435：头部直径
SDD：GB/T 810—1988
SD：P511DAA370
DOD：2006-05-26　　DCV：2006-05-26
DCR：2006-05-26

P511AAA371-1　　001
嵌装圆螺母 B 型
SuperClass：P511AAA052-1　　螺母
Definition：嵌入连接件安装的圆螺母，螺纹为不贯通的
AP：P511BA425：
P511BAA435：头部直径

SDD：GB/T 809—1988
SD：P511DAA371
DOD：2006-05-26　　DCV：2006-05-26
DCR：2006-05-26

P511AAA372-1　　001
端面带孔圆螺母 B 型
SuperClass：P511AAA052-1　　螺母
Definition：在一端平面带有圆孔并且侧面带有定位螺孔的圆柱形螺母
AP：P511BAA475：螺母端部倒角宽度
　P511BAA461：未加工螺纹孔的长度
　P511BAA435：头部直径
　P511BAA429：螺纹孔直径
　P511BAA426：螺纹孔直径
SDD：GB/T 815—1988
SD：P511DAA372
DOD：2006-05-26　　DCV：2006-05-26
DCR：2006-05-26

P511AAA373-1　　001
开槽圆螺母 B 型
SuperClass：P511AAA052-1　　螺母
Definition：在接触面开有槽并且在侧面有定位螺孔的圆螺母
AP：P511BAA475：螺母端部倒角宽度
　P511BAA462：螺纹孔孔心高度
　P511BAA435：头部直径
　P511BAA429：螺纹孔直径
SDD：GB/T 817—1988
SD：P511DAA373
DOD：2006-05-26　　DCV：2006-05-26
DCR：2006-05-26

P511AAA374-1　　001
非金属嵌件六角锁紧薄螺母
SuperClass：P511AAA052-1　　螺母
Definition：非金属制成的有效力矩型六角螺母
AP：P511BAA114：过渡圆直径
　P511BAA041：垫圈面或支承面直径
　P511BAA381：螺母斜面角
　P511BAA380：埋头孔角
　P511BAA031：扳拧高度
　P511BAA033：对角宽度
　P511BAA032：对边宽度
　P511BAA015：插入材料
SDD：GB/T 6172.2—2000
SD：P511DAA374
DOD：2006-05-26　　DCV：2006-05-26
DCR：2006-05-26

P511AAA375-1　　001
I 型全金属六角锁紧螺母
SuperClass：P511AAA052-1　　螺母
Definition：有效力矩型六角螺母(非金属嵌件)类型 I,有效力矩为插入的非眷属嵌件
AP：P511BAA380：埋头孔角
　P511BAA031：扳拧高度
　P511BAA114：过渡圆直径
　P511BAA041：垫圈面或支承面直径
　P511BAA033：对角宽度
　P511BAA032：对边宽度
SDD：GB/T 6184—2000
SD：P511DAA375
DOD：2006-05-26　　DCV：2006-05-26
DCR：2006-05-26

P511AAA376-1　　001
焊接方螺母 A 型
SuperClass：P511AAA052-1　　螺母
Definition：采用焊接方式与安装设备连接的方螺母
AP：P511BAA451：沉槽深度
　P511BAA431：沉孔直径
SDD：GB/T 13680—1992
SD：P511DAA376
DOD：2006-05-26　　DCV：2006-05-26
DCR：2006-05-26

P511AAA377-1　　001
焊接六角螺母
SuperClass：P511AAA052-1　　螺母
Definition：采用焊接方式与安装设备连接的六角螺母
AP：P511BAA458：沉槽深度
　P511BAA455：垫圈部位高度

P511BAA436：支承面直径
P511BAA431：沉孔直径
SDD：GB/T 13681—1992
SD：P511DAA377
DOD：2006-05-26　　DCV：2006-05-26
DCR：2006-05-26

P511AAA378-1　　001
平头铆螺母
SuperClass：P511AAA052-1　　螺母
Definition：在薄板上铆接的用于与螺栓连接的螺母
AP：P511BAA466：名义长度
P511BAA463：凸缘厚度
P511BAA456：伸出高度
P511BAA452：开槽宽度
P511BAA435：头部直径
P511BAA428：顶端内径
P511BAA420：沉槽直径
P511BAA419：末端外部直径
SDD：GB/T 17880.1—1999
SD：P511DAA378
DOD：2006-05-26　　DCV：2006-05-26
DCR：2006-05-26

P511AAA379-1　　001
沉头铆螺母
SuperClass：P511AAA052-1　　螺母
Definition：在薄板上铆接的用于与螺栓连接的沉头铆螺母
AP：P511BAA467：螺母长度
P511BAA446：沉头高
P511BAA456：伸出高度
P511BAA452：开槽宽度
P511BAA435：头部直径
P511BAA428：顶端内径
P511BAA420：沉槽直径
P511BAA419：末端外部直径
SDD：GB/T 17880.2—1999
SD：P511DAA379
DOD：2006-05-26　　DCV：2006-05-26
DCR：2006-05-26

P511AAA380-1　　001
小沉头铆螺母
SuperClass：P511AAA052-1　　螺母
Definition：在薄板上铆接的用于与螺栓连接的小沉头铆螺母
AP：P511BAA467：螺母长度
P511BAA446：沉头高
P511BAA456：伸出高度
P511BAA452：开槽宽度
P511BAA435：头部直径
P511BAA428：顶端内径
P511BAA420：沉槽直径
P511BAA419：末端外部直径
SDD：GB/T 17880.3—1999
SD：P511DAA380
DOD：2006-05-26　　DCV：2006-05-26
DCR：2006-05-26

P511AAA381-1　　001
120°小沉头铆螺母
SuperClass：P511AAA052-1　　螺母
Definition：在薄板上铆接的用于与螺栓连接的120°小沉头铆螺母
AP：P511BAA467：螺母长度
P511BAA446：沉头高
P511BAA456：伸出高度
P511BAA452：开槽宽度
P511BAA435：头部直径
P511BAA428：顶端内径
P511BAA420：沉槽直径
P511BAA419：末端外部直径
SDD：GB/T 17880.4—1999
SD：P511DAA381
DOD：2006-05-26　　DCV：2006-05-26
DCR：2006-05-26

P511AAA382-1　　001
平头六角铆螺母
SuperClass：P511AAA052-1　　螺母
Definition：在薄板上铆接的用于与螺栓连接平头六角铆螺母
AP：P511BAA466：名义长度
P511BAA463：凸缘厚度

P511BAA456：伸出高度
P511BAA452：开槽宽度
P511BAA447：凹槽直径
P511BAA435：头部直径
P511BAA428：顶端内径
SDD：GB/T 17880.5—1999
SD：P511DAA382
DOD：2006-05-26　　DCV：2006-05-26
DCR：2006-05-26

P511AAA383-1　　001
全金属弹簧箍六角锁紧螺母
SuperClass：P511AAA052-1　　螺母
Definition：用于加强锁紧功能的带弹簧箍的全金属六角螺母
AP：
SDD：JB/T 6545—1993
SD：P511DAA383
DOD：2006-05-26　　DCV：2006-05-26
DCR：2006-05-26

P511AAA384-1　　001
12 角法兰面螺母
SuperClass：P511AAA052-1　　螺母
Definition：用于燃气轮机动力装置的 12 角法兰面螺母
AP：
SDD：JB/T 6687—1993
SD：P511DAA384
DOD：2006-05-26　　DCV：2006-05-26
DCR：2006-05-26

P511AAA385-1　　001
吊环螺母
SuperClass：P511AAA052-1　　螺母
Definition：用于固定大型设备的，头部设计成圆环形的螺母
AP：P511BAA457：凸缘高度
P511BAA453：环心高度
P511BAA444：过渡圆半径
P511BAA438：环形内部直径
P511BAA432：最大宽度
P511BAA430：支承面直径
P511BAA422：环形圆柱直径
SDD：JB/T 7382—1994
SD：P511DAA385
DOD：2006-05-26　　DCV：2006-05-26
DCR：2006-05-26

P511AAA386-1　　001
定位螺钉
SuperClass：P511AAA004-1　　外螺纹紧固件组件
Definition：一端带有扳拧特征，另一端设计成可以进行定位的全螺纹紧固件
AP：P511BAA110：内扳拧形状图片
P511BAA109：内扳拧形状名称
P511BAA108：尾部形状图片
P511BAA107：尾部形状名称
P511BAA106：杆部形状图片
P511BAA105：杆部形状名称
P511BAA308：内扳拧类型
P511BAA307：螺纹类型
P511BAA306：尾部类型
P511BAA305：杆部类型
P511BAA247：内扳拧特性
P511BAA246：螺纹特性
P511BAA245：尾部特性
P511BAA244：杆部特性
SSP：P511BAA307：螺纹类型
P511BAA306：尾部类型
SDD：GB/T 72—1988，GB/T 828—1988，GB/T 829—1988
SD：
DOD：2006-02-22　　DCV：2006-02-22
DCR：2006-02-22

P511AAA387-1　　001
开槽锥端定位螺钉
SuperClass：P511AAA386-1　　定位螺钉
Definition：定位螺钉的一种，头部带有开槽扳拧特征，尾部为圆柱端的定位螺钉
AP：
SDD：GB/T 72—1988
SD：P511DAA387
DOD：2006-02-22　　DCV：2006-02-22

DCR：2006-02-22

P511AAA388-1　　001

开槽盘头定位螺钉

SuperClass：P511AAA386-1　　定位螺钉

Definition：定位螺钉的一种，头部形状为盘头，并带有开槽扳拧特征，尾部为球面圆柱端的定位螺钉

AP：P511BAA303：头部类型

　P511BAA243：头部特性

SDD：GB/T 828—1988

SD：P511DAA388

DOD：2006-02-22　　DCV：2006-02-22

DCR：2006-02-22

P511AAA389-1　　001

开槽圆柱端定位螺钉

SuperClass：P511AAA386-1　　定位螺钉

Definition：定位螺钉的一种，头部带有开槽扳拧特征，尾部为球面圆柱端的定位螺钉

AP：

SDD：GB/T 829—1988

SD：P511DAA389

DOD：2006-02-22　　DCV：2006-02-22

DCR：2006-02-22

P511AAA390-1　　001

轴位螺钉

SuperClass：P511AAA004-1　　外螺纹紧固件组件

Definition：一端带有扳拧特征，另一端设计成轴位的全螺纹紧固件

AP：P511BAA110：内扳拧形状图片

　P511BAA109：内扳拧形状名称

　P511BAA108：尾部形状图片

　P511BAA107：尾部形状名称

　P511BAA106：杆部形状图片

　P511BAA105：杆部形状名称

　P511BAA308：内扳拧类型

　P511BAA307：螺纹类型

　P511BAA306：尾部类型

　P511BAA305：杆部类型

　P511BAA247：内扳拧特性

　P511BAA246：螺纹特性

　P511BAA245：尾部特性

　P511BAA244：杆部特性

SDD：GB/T 830—1988，GB/T 831—1988，GB/T 946—1988

SD：

DOD：2006-02-22　　DCV：2006-02-22

DCR：2006-02-22

P511AAA391-1　　001

开槽圆柱头轴位螺钉

SuperClass：P511AAA390-1　　轴位螺钉

Definition：轴位螺钉的一种，头部形状为圆柱头，并带有开槽扳拧特征，尾部为球面圆柱端的轴位螺钉

AP：P511BAA303：头部类型

　P511BAA243：头部特性

SDD：GB/T 830—1988

SD：P511DAA391

DOD：2006-02-22　　DCV：2006-02-22

DCR：2006-02-22

P511AAA392-1　　001

开槽无头轴位螺钉

SuperClass：P511AAA390-1　　轴位螺钉

Definition：轴位螺钉的一种，头部带有开槽扳拧特征，尾部为球面圆柱端的轴位螺钉

AP：

SDD：GB/T 831—1988

SD：P511DAA392

DOD：2006-02-22　　DCV：2006-02-22

DCR：2006-02-22

P511AAA393-1　　001

开槽球面圆柱头轴位螺钉

SuperClass：P511AAA390-1　　轴位螺钉

Definition：轴位螺钉的一种，头部形状为球面圆柱头，并带有开槽扳拧特征，尾部为球面圆柱端的轴位螺钉

AP：P511BAA104：头部形状图片

　P511BAA103：头部形状名称

　P511BAA303：头部类型

　P511BAA243：头部特性

SDD：GB/T 946—1988
SD：P511DAA393
DOD：2006-02-22　　DCV：2006-02-22
DCR：2006-02-22

P511AAA394-1　　001
不脱出螺钉
SuperClass：P511AAA004-1　　外螺纹紧固件组件
Definition：一端带有扳拧特征，另一端设计成不脱出的全螺纹紧固件
AP：P511BAA104：头部形状图片
　P511BAA103：头部形状名称
　P511BAA303：头部类型
　P511BAA243：头部特性
　P511BAA326：产品等级
　P511BAA110：内扳拧形状图片
　P511BAA109：内扳拧形状名称
　P511BAA108：尾部形状图片
　P511BAA107：尾部形状名称
　P511BAA106：杆部形状图片
　P511BAA105：杆部形状名称
　P511BAA308：内扳拧类型
　P511BAA307：螺纹类型
　P511BAA306：尾部类型
　P511BAA305：杆部类型
　P511BAA247：内扳拧特性
　P511BAA246：螺纹特性
　P511BAA245：尾部特性
　P511BAA244：杆部特性
SDD：GB/T 837—1988，GB/T 838—1988，GB/T 839—1988，GB/T 948—1988，GB/T 949—1988
SD：
DOD：2006-02-22　　DCV：2006-02-22
DCR：2006-02-22

P511AAA395-1　　001
开槽盘头不脱出螺钉
SuperClass：P511AAA394-1　　不脱出螺钉
Definition：不脱出螺钉的一种，头部形状为盘头，并带有开槽扳拧特征，尾部为截锥端的不脱出螺钉
AP：
SDD：GB/T 837—1988
SD：P511DAA395
DOD：2006-02-22　　DCV：2006-02-22
DCR：2006-02-22

P511AAA396-1　　001
六角头不脱出螺钉
SuperClass：P511AAA394-1　　不脱出螺钉
Definition：不脱出螺钉的一种，头部形状为六角头，尾部为截锥端的不脱出螺钉
AP：
SDD：GB/T 838—1988
SD：P511DAA396
DOD：2006-02-22　　DCV：2006-02-22
DCR：2006-02-22

P511AAA397-1　　001
滚花头不脱出螺钉(A 型)
SuperClass：P511AAA394-1　　不脱出螺钉
Definition：不脱出螺钉的一种，头部形状为滚花头，(A 型)带有开槽扳拧特征，尾部为截锥端的不脱出螺钉
AP：
SDD：GB/T 839—1988
SD：P511DAA397
DOD：2006-02-22　　DCV：2006-02-22
DCR：2006-02-22

P511AAA398-1　　001
开槽沉头不脱出螺钉
SuperClass：P511AAA394-1　　不脱出螺钉
Definition：不脱出螺钉的一种，头部形状为沉头，并带有开槽扳拧特征，尾部为截锥端的不脱出螺钉
AP：
SDD：GB/T 948—1988
SD：P511DAA398
DOD：2006-02-22　　DCV：2006-02-22
DCR：2006-02-22

P511AAA399-1　　001
开槽半沉头不脱出螺钉

SuperClass：P511AAA394-1　不脱出螺钉
Definition：不脱出螺钉的一种，头部形状为半沉头，并带有开槽扳拧特征，尾部为截锥端的不脱出螺钉
AP：
SDD：GB/T 949—1988
SD：P511DAA399
DOD：2006-02-22　DCV：2006-02-22
DCR：2006-02-22

P511AAA400-1　001
槽钉
SuperClass：P511AAA004-1　外螺纹紧固件组件
Definition：本类抽象了槽钉类，在本类下面将定义平头槽钉、沉头槽钉等
AP：P511BAA103：头部形状名称
P511BAA303：头部类型
P511BAA243：头部特性
P511BAA326：产品等级
P511BAA110：内扳拧形状图片
P511BAA109：内扳拧形状名称
P511BAA108：尾部形状图片
P511BAA107：尾部形状名称
P511BAA106：杆部形状图片
P511BAA105：杆部形状名称
P511BAA308：内扳拧类型
P511BAA307：螺纹类型
P511BAA306：尾部类型
P511BAA305：杆部类型
P511BAA247：内扳拧特性
P511BAA246：螺纹特性
P511BAA245：尾部特性
P511BAA244：杆部特性
SDD：JB/T 6361.1—1992，JB/T 6361.2—1992，JB/T 6361.3—1992，JB/T 6361.4—1992
SD：
DOD：2006-02-22　DCV：2006-02-22
DCR：2006-02-22

P511AAA401-1　001
平头环槽钉
SuperClass：P511AAA400-1　槽钉
Definition：槽钉的一种，头部形状为平头，尾部为槽钉末端的槽钉
AP：
SDD：JB/T 6361.1—1992
SD：P511DAA401
DOD：2006-02-22　DCV：2006-02-22
DCR：2006-02-22

P511AAA402-1　001
沉头环槽钉
SuperClass：P511AAA400-1　槽钉
Definition：槽钉的一种，头部形状为沉头，尾部为槽钉末端的槽钉
AP：
SDD：JB/T 6361.2—1992
SD：P511DAA402
DOD：2006-02-22　DCV：2006-02-22
DCR：2006-02-22

P511AAA403-1　001
平头螺旋槽钉
SuperClass：P511AAA400-1　槽钉
Definition：槽钉的一种，头部形状为平头，尾部为槽钉末端的槽钉
AP：
SDD：JB/T 6361.3—1992
SD：P511DAA403
DOD：2006-02-22　DCV：2006-02-22
DCR：2006-02-22

P511AAA404-1　001
沉头螺旋槽钉
SuperClass：P511AAA400-1　槽钉
Definition：槽钉的一种，头部形状为平头，尾部为槽钉末端的槽钉
AP：
SDD：JB/T 6361.4—1992
SD：P511DAA404
DOD：2006-02-22　DCV：2006-02-22
DCR：2006-02-22

P511AAA405-1　001
滚花头不脱出螺钉(B型)

SuperClass：P511AAA394-1　不脱出螺钉
Definition：不脱出螺钉的一种，头部形状为滚花头，(B型)带有开槽扳拧特征，尾部为截锥端的不脱出螺钉
AP：
SDD：GB/T 839—1988
SD：P511DAA405
DOD：2006-02-22　DCV：2006-02-22
DCR：2006-02-22

P511AAA406-1　001
球面圆柱端
SuperClass：P511AAA028-1　尾部
Definition：紧固件的尾部特征，圆柱上带有球面
AP：
SDD：GB/T 828—1988，GB/T 829—1988，GB/T 830—1988，GB/T 831—1988，GB/T 946—1988
SD：P511DAA406
DOD：2006-02-22　DCV：2006-02-22
DCR：2006-02-22

P511AAA407-1　001
直纹滚花头
SuperClass：P511AAA008-1　头部
Definition：紧固件的头部特征，直纹的滚花
AP：P511BAA492：头部倒角宽度
　P511BAA491：退刀槽宽度
　P511BAA489：倒圆半径
SDD：GB/T 839—1988
SD：P511DAA407
DOD：2006-02-22　DCV：2006-02-22
DCR：2006-02-22

P511AAA408-1　001
平头
SuperClass：P511AAA008-1　头部
Definition：紧固件头部特征，平端头
AP：P511BAA573：头部厚度
SDD：JB/T 6361.1—1992，JB/T 6361.3—1992，GB/T 14210—1993
SD：P511DAA408
DOD：2006-02-22　DCV：2006-02-22
DCR：2006-02-22

P511AAA409-1　001
开槽带孔球面圆柱头(A型)
SuperClass：P511AAA008-1　头部
Definition：紧固件头部特征，球面圆柱头，头部带孔、开槽
AP：P511BAA562：头部孔直径
　P511BAA489：倒圆半径
SDD：GB/T 832—1988
SD：P511DAA409
DOD：2006-02-22　DCV：2006-02-22
DCR：2006-02-22

P511AAA410-1　001
开槽带孔球面圆柱头(B型)
SuperClass：P511AAA008-1　头部
Definition：紧固件头部特征，球面圆柱头，头部带孔、开槽
AP：P511BAA562：头部孔直径
　P511BAA489：倒圆半径
SDD：GB/T 832—1988
SD：P511DAA410
DOD：2006-02-22　DCV：2006-02-22
DCR：2006-02-22

P511AAA411-1　001
开槽带孔球面圆柱头(C型)
SuperClass：P511AAA008-1　头部
Definition：紧固件头部特征，球面圆柱头，头部带孔、开槽
AP：P511BAA562：头部孔直径
　P511BAA489：倒圆半径
SDD：GB/T 832—1988
SD：P511DAA411
DOD：2006-02-22　DCV：2006-02-22
DCR：2006-02-22

P511AAA412-1　001
滚花高头
SuperClass：P511AAA008-1　头部
Definition：头部滚花，滚花高头
AP：P511BAA564：外径

P511BAA568：头下圆角半径
P511BAA567：头部垫圈面厚度
P511BAA566：头高
P511BAA543：头部倒角宽度
SDD：GB/T 834—1988
SD：P511DAA412
DOD：2006-02-22　DCV：2006-02-22
DCR：2006-02-22

P511AAA413-1　001
滚花平头
SuperClass：P511AAA008-1　头部
Definition：头部滚花，滚花平头
AP：
SDD：GB/T 835—1988
SD：P511DAA413
DOD：2006-02-22　DCV：2006-02-22
DCR：2006-02-22

P511AAA414-1　001
滚花小头
SuperClass：P511AAA008-1　头部
Definition：头部滚花，滚花小头
AP：
SDD：GB/T 836—1988
SD：P511DAA414
DOD：2006-02-22　DCV：2006-02-22
DCR：2006-02-22

P511AAA415-1　001
塑料滚花头
SuperClass：P511AAA008-1　头部
Definition：头部滚花，塑料滚花头
AP：
SDD：GB/T 840—1988
SD：P511DAA415
DOD：2006-02-22　DCV：2006-02-22
DCR：2006-02-22

P511AAA416-1　001
开槽球面圆柱头
SuperClass：P511AAA008-1　头部
Definition：头部开槽的球面圆柱头
AP：
SDD：GB/T 946—1988
SD：P511DAA416
DOD：2006-02-22　DCV：2006-02-22
DCR：2006-02-22

P511AAA417-1　001
开槽球面大圆柱头
SuperClass：P511AAA008-1　头部
Definition：头部开槽的球面大圆柱头
AP：
SDD：GB/T 947—1988
SD：P511DAA417
DOD：2006-02-22　DCV：2006-02-22
DCR：2006-02-22

P511AAA418-1　001
槽钉末端
SuperClass：P511AAA028-1　尾部
Definition：槽钉的尾部特征
AP：
SDD：JB/T 6361.1—1992，JB/T 6361.2—1992，JB/T 6361.3—1992，JB/T 6361.4—1992
SD：P511DAA418
DOD：2006-02-22　DCV：2006-02-22
DCR：2006-02-22

P511AAA419-1　001
木螺钉末端
SuperClass：P511AAA028-1　尾部
Definition：木螺钉的尾部特征
AP：
SDD：GB/T 99—1986，GB/T 100—1986，GB/T 101—1986，GB/T 102—1986，GB/T 950—1986，GB/T 951—1986，GB/T 952—1986
SD：P511DAA419
DOD：2006-02-22　DCV：2006-02-22
DCR：2006-02-22

P511AAA420-1　001
带槽六角头
SuperClass：P511AAA008-1　头部
Definition：头部带槽的六角头

AP：P511BAA526：外螺纹紧固件开槽宽度
SDD：GB/T 29.1—1988
SD：P511DAA420
DOD：2006-02-22　　DCV：2006-02-22
DCR：2006-02-22

P511AAA421-1　　001
十字槽凹穴六角头
SuperClass：P511AAA008-1　　头部
Definition：头部带凹穴和十字槽的六角头
AP：P511BAA513：头部凹穴到头部支承面的距离
SDD：GB/T 29.2—1988
SD：P511DAA421
DOD：2006-02-22　　DCV：2006-02-22
DCR：2006-02-22

P511AAA422-1　　001
带垫圈面、带孔的六角头
SuperClass：P511AAA008-1　　头部
Definition：头部带垫圈面、开孔的六角头
AP：P511BAA529：头部小孔中心到头部末端距离
SDD：GB/T 32.1—1988,GB/T 32.3—1988
SD：P511DAA422
DOD：2006-02-22　　DCV：2006-02-22
DCR：2006-02-22

P511AAA423-1　　001
带孔的六角头
SuperClass：P511AAA008-1　　头部
Definition：头部开孔的六角头
AP：
SDD：GB/T 32.2—1988
SD：P511DAA423
DOD：2006-02-22　　DCV：2006-02-22
DCR：2006-02-22

P511AAA424-1　　001
带榫的杆
SuperClass：P511AAA024-1　　杆
Definition：带榫的杆
AP：P511BAA517：杆上榫部长度
P511BAA516：杆头榫部宽度
P511BAA531：螺纹收尾长度
P511BAA514：螺纹收尾长度
SDD：GB/T 11—1988,GB/T 13—1988,
GB/T 15—1988,GB/T 800—1988
SD：P511DAA424
DOD：2006-02-22　　DCV：2006-02-22
DCR：2006-02-22

P511AAA425-1　　001
带孔的杆
SuperClass：P511AAA024-1　　杆
Definition：带孔的杆
AP：P511BAA525：头部支承面到杆部孔孔心距离
SDD：GB/T 28—1988,GB/T 31.1—1988,
GB/T 31.2—1988,GB/T 31.3—1988
SD：P511DAA425
DOD：2006-02-22　　DCV：2006-02-22
DCR：2006-02-22

P511AAA426-1　　001
方头螺栓 C 级
SuperClass：P511AAA005-1　　米制螺纹螺栓/螺钉
Definition：米制螺纹螺栓的一种，头部形状为方头，杆部为缩杆，尾部为辗制末端
AP：
SDD：GB/T 8—1988
SD：P511DAA426
DOD：2006-02-22　　DCV：2006-02-22
DCR：2006-02-22

P511AAA427-1　　001
沉头方颈螺栓
SuperClass：P511AAA005-1　　米制螺纹螺栓/螺钉
Definition：米制螺纹螺栓的一种，头部形状为沉头，杆部为带方颈的杆，尾部为辗制末端
AP：
SDD：GB/T 10—1988
SD：P511DAA427
DOD：2006-02-22　　DCV：2006-02-22
DCR：2006-02-22

P511AAA428-1　　001
沉头带榫螺栓
SuperClass：P511AAA005-1　　米制螺纹螺栓/螺钉
Definition：米制螺纹螺栓的一种，头部形状为沉头，杆部为带榫的杆，尾部为辗制末端
AP：
SDD：GB/T 11—1988
SD：P511DAA428
DOD：2006-02-22　　DCV：2006-02-22
DCR：2006-02-22

P511AAA429-1　　001
半圆头方颈螺栓
SuperClass：P511AAA005-1　　米制螺纹螺栓/螺钉
Definition：米制螺纹螺栓的一种，头部形状为半圆头，杆部为带方颈的杆，尾部为辗制末端
AP：
SDD：GB/T 12—1988
SD：P511DAA429
DOD：2006-02-22　　DCV：2006-02-22
DCR：2006-02-22

P511AAA430-1　　001
半圆头带榫螺栓
SuperClass：P511AAA005-1　　米制螺纹螺栓/螺钉
Definition：米制螺纹螺栓的一种，头部形状为半圆头，杆部为带榫的杆，尾部为辗制末端
AP：
SDD：GB/T 13—1988
SD：P511DAA430
DOD：2006-02-22　　DCV：2006-02-22
DCR：2006-02-22

P511AAA431-1　　001
大半圆头带榫螺栓
SuperClass：P511AAA005-1　　米制螺纹螺栓/螺钉
Definition：米制螺纹螺栓的一种，头部形状为半圆头，杆部为带榫的杆，尾部为辗制末端
AP：
SDD：GB/T 15—1988
SD：P511DAA431
DOD：2006-02-22　　DCV：2006-02-22
DCR：2006-02-22

P511AAA432-1　　001
六角头铰制孔用螺栓 A 和 B 级
SuperClass：P511AAA005-1　　米制螺纹螺栓/螺钉
Definition：米制螺纹螺栓的一种，头部形状为六角头，杆部为加强杆，尾部为圆柱端
AP：
SDD：GB/T 27—1988
SD：P511DAA432
DOD：2006-02-22　　DCV：2006-02-22
DCR：2006-02-22

P511AAA433-1　　001
六角头螺杆带孔铰制孔用螺栓 A 和 B 级
SuperClass：P511AAA005-1　　米制螺纹螺栓/螺钉
Definition：米制螺纹螺栓的一种，头部形状为六角头，杆部为带孔的杆，尾部为圆柱端
AP：
SDD：GB/T 28—1988
SD：P511DAA433
DOD：2006-02-22　　DCV：2006-02-22
DCR：2006-02-22

P511AAA434-1　　001
六角头头部带槽螺栓
SuperClass：P511AAA005-1　　米制螺纹螺栓/螺钉
Definition：米制螺纹螺栓的一种，头部形状为带槽六角头，并带有开槽扳拧特征，杆部为全杆，尾部为平端
AP：
SDD：GB/T 29.1—1988
SD：P511DAA434
DOD：2006-02-22　　DCV：2006-02-22
DCR：2006-02-22

P511AAA435-1　　001
十字槽凹穴六角头螺栓
SuperClass：P511AAA005-1　　米制螺纹螺栓/螺钉
Definition：米制螺纹螺栓的一种，头部形状为十字槽凹穴六角头，并带有十字槽(H 型)扳拧特征，杆部为缩杆，尾部为辗制末端
AP：
SDD：GB/T 29.2—1988
SD：P511DAA435
DOD：2006-02-22　　DCV：2006-02-22
DCR：2006-02-22

P511AAA436-1　　001
六角头螺杆带孔螺栓 A 和 B 级
SuperClass：P511AAA005-1　　米制螺纹螺栓/螺钉
Definition：米制螺纹螺栓的一种，头部形状为带垫圈面的六角头，杆部为带孔的杆，尾部为倒角端
AP：
SDD：GB/T 31.1—1988
SD：P511DAA436
DOD：2006-02-22　　DCV：2006-02-22
DCR：2006-02-22

P511AAA437-1　　001
六角头螺杆带孔螺栓 细杆 B 级
SuperClass：P511AAA005-1　　米制螺纹螺栓/螺钉
Definition：米制螺纹螺栓的一种，头部形状为六角头，杆部为带孔的杆，尾部为辗制末端
AP：
SDD：GB/T 31.2—1988
SD：P511DAA437
DOD：2006-02-22　　DCV：2006-02-22
DCR：2006-02-22

P511AAA438-1　　001
六角头螺杆带孔螺栓 细牙 A 和 B 级
SuperClass：P511AAA005-1　　米制螺纹螺栓/螺钉
Definition：米制螺纹螺栓的一种，头部形状为带垫圈面的六角头，杆部为带孔的杆，尾部为倒角端
AP：
SDD：GB/T 31.3—1988
SD：P511DAA438
DOD：2006-02-22　　DCV：2006-02-22
DCR：2006-02-22

P511AAA439-1　　001
六角头头部带孔螺栓 A 和 B 级
SuperClass：P511AAA005-1　　米制螺纹螺栓/螺钉
Definition：米制螺纹螺栓的一种，头部形状为带垫圈面、带孔的六角头，杆部为全杆，尾部为平端
AP：
SDD：GB/T 32.1—1988
SD：P511DAA439
DOD：2006-02-22　　DCV：2006-02-22
DCR：2006-02-22

P511AAA440-1　　001
六角头头部带孔螺栓 细杆 B 级
SuperClass：P511AAA005-1　　米制螺纹螺栓/螺钉
Definition：米制螺纹螺栓的一种，头部形状为带孔的六角头，杆部为缩杆，尾部为辗制末端
AP：
SDD：GB/T 32.2—1988
SD：P511DAA440
DOD：2006-02-22　　DCV：2006-02-22
DCR：2006-02-22

P511AAA441-1　　001
六角头头部带孔螺栓 细牙 A 和 B 级
SuperClass：P511AAA005-1　　米制螺纹螺栓/螺钉
Definition：米制螺纹螺栓的一种，头部形状为带垫圈面、带孔的六角头，杆部为全杆，尾部为倒角端
AP：
SDD：GB/T 32.3—1988
SD：P511DAA441
DOD：2006-02-22　　DCV：2006-02-22
DCR：2006-02-22

P511AAA442-1　　001

小方头螺栓 B 级
SuperClass：P511AAA005-1　米制螺纹螺栓/螺钉
Definition：米制螺纹螺栓的一种，头部形状为方头，杆部为缩杆，尾部为辗制末端
AP：
SDD：GB/T 35—1988
SD：P511DAA442
DOD：2006-02-22　DCV：2006-02-22
DCR：2006-02-22

P511AAA443-1　001
T 形槽用螺栓
SuperClass：P511AAA005-1　米制螺纹螺栓/螺钉
Definition：米制螺纹螺栓的一种，头部形状为 T 形头，杆部为全杆，尾部为倒角端
AP：
SDD：GB/T 37—1988
SD：P511DAA443
DOD：2006-02-22　DCV：2006-02-22
DCR：2006-02-22

P511AAA444-1　001
加强半圆头方颈螺栓 A 型和 B 型
SuperClass：P511AAA005-1　米制螺纹螺栓/螺钉
Definition：米制螺纹螺栓的一种，头部形状为半圆头，杆部为带方颈的杆，尾部为辗制末端
AP：
SDD：GB/T 794—1993
SD：P511DAA444
DOD：2006-02-22　DCV：2006-02-22
DCR：2006-02-22

P511AAA445-1　001
活节螺栓
SuperClass：P511AAA005-1　米制螺纹螺栓/螺钉
Definition：米制螺纹螺栓的一种，头部形状为吊环形头，杆部为缩杆，尾部为倒角端
AP：
SDD：GB/T 798—1988
SD：P511DAA445
DOD：2006-02-22　DCV：2006-02-22
DCR：2006-02-22

P511AAA446-1　001
地脚螺栓
SuperClass：P511AAA005-1　米制螺纹螺栓/螺钉
Definition：米制螺纹螺栓的一种，头部形状为环眼形头，杆部为缩杆，尾部为辗制末端
AP：
SDD：GB/T 799—1988
SD：P511DAA446
DOD：2006-02-22　DCV：2006-02-22
DCR：2006-02-22

P511AAA447-1　001
沉头双榫螺栓
SuperClass：P511AAA005-1　米制螺纹螺栓/螺钉
Definition：米制螺纹螺栓的一种，头部形状为沉头，杆部为带榫的杆，尾部为辗制末端
AP：
SDD：GB/T 800—1988
SD：P511DAA447
DOD：2006-02-22　DCV：2006-02-22
DCR：2006-02-22

P511AAA448-1　001
六角头螺栓
SuperClass：P511AAA005-1　米制螺纹螺栓/螺钉
Definition：米制螺纹螺栓的一种，头部形状为允许带垫圈面的六角头，杆部为全杆，尾部为无特殊要求末端
AP：
SDD：GB/T 5780—2000
SD：P511DAA448
DOD：2006-02-22　DCV：2006-02-22
DCR：2006-02-22

P511AAA449-1　001
六角头螺栓 全螺纹 C 级

SuperClass：P511AAA005-1　　米制螺纹螺栓/螺钉
Definition：米制螺纹螺栓的一种，头部形状为允许带垫圈面的六角头，杆部为全杆，尾部为无特殊要求末端
AP：
SDD：GB/T 5781—2000
SD：P511DAA449
DOD：2006-02-22　　DCV：2006-02-22
DCR：2006-02-22

P511AAA450-1　　001
六角头螺栓—细杆—B级
SuperClass：P511AAA005-1　　米制螺纹螺栓/螺钉
Definition：米制螺纹螺栓的一种，头部形状为六角头，杆部为缩杆，尾部为辗制末端
AP：
SDD：GB/T 5784—1986
SD：P511DAA450
DOD：2006-02-22　　DCV：2006-02-22
DCR：2006-02-22

P511AAA451-1　　001
六角法兰面螺栓—加大系列—B级
SuperClass：P511AAA005-1　　米制螺纹螺栓/螺钉
Definition：米制螺纹螺栓的一种，头部形状为带法兰面的六角头，杆部为全杆，尾部为倒角端
AP：
SDD：GB/T 5789—1986
SD：P511DAA451
DOD：2006-02-22　　DCV：2006-02-22
DCR：2006-02-22

P511AAA452-1　　001
六角法兰面螺栓—加大系列—细杆—B级
SuperClass：P511AAA005-1　　米制螺纹螺栓/螺钉
Definition：米制螺纹螺栓的一种，头部形状为带法兰面的六角头，杆部为全杆，尾部为倒角端
AP：
SDD：GB/T 5790—1986
SD：P511DAA452
DOD：2006-02-22　　DCV：2006-02-22
DCR：2006-02-22

P511AAA453-1　　001
钢网架螺栓球节点用高强度螺栓
SuperClass：P511AAA005-1　　米制螺纹螺栓/螺钉
Definition：米制螺纹螺栓的一种，头部形状为圆柱头，杆部为全杆，尾部为倒角端
AP：
SDD：GB/T 16939—1997
SD：P511DAA453
DOD：2006-02-22　　DCV：2006-02-22
DCR：2006-02-22

P511AAA454-1　　001
12角头法兰面螺栓
SuperClass：P511AAA005-1　　米制螺纹螺栓/螺钉
Definition：米制螺纹螺栓的一种，头部形状为带法兰面的十二角头，杆部为全杆，尾部为倒角端
AP：
SDD：JB/T 6686—1993
SD：P511DAA454
DOD：2006-02-22　　DCV：2006-02-22
DCR：2006-02-22

P511AAA455-1　　001
方头长圆柱球面端紧定螺钉
SuperClass：P511AAA186-1　　紧定螺钉
Definition：紧定螺钉的一种，头部形状为方头，杆部为全杆，尾部为球面圆柱端
AP：
SDD：GB/T 83—1988
SD：P511DAA455
DOD：2006-02-22　　DCV：2006-02-22
DCR：2006-02-22

P511AAA456-1　　001
方头凹端紧定螺钉
SuperClass：P511AAA186-1　　紧定螺钉
Definition：紧定螺钉的一种，头部形状为方头，杆

部为全杆，尾部为凹端
AP：
SDD：GB/T 84—1988
SD：P511DAA456
DOD：2006-02-22　　DCV：2006-02-22
DCR：2006-02-22

P511AAA457-1　　001
方头长圆柱端紧定螺钉
SuperClass：P511AAA186-1　　紧定螺钉
Definition：紧定螺钉的一种，头部形状为方头，杆部为全杆，尾部为长圆柱端
AP：
SDD：GB/T 85—1988
SD：P511DAA457
DOD：2006-02-22　　DCV：2006-02-22
DCR：2006-02-22

P511AAA458-1　　001
方头短圆柱锥端紧定螺钉
SuperClass：P511AAA186-1　　紧定螺钉
Definition：紧定螺钉的一种，头部形状为方头，杆部为全杆，尾部为短圆柱锥端
AP：
SDD：GB/T 86—1988
SD：P511DAA458
DOD：2006-02-22　　DCV：2006-02-22
DCR：2006-02-22

P511AAA459-1　　001
方头平端紧定螺钉
SuperClass：P511AAA186-1　　紧定螺钉
Definition：紧定螺钉的一种，头部形状为方头，杆部为全杆，尾部为平端
AP：
SDD：GB/T 821—1988
SD：P511DAA459
DOD：2006-02-22　　DCV：2006-02-22
DCR：2006-02-22

P511AAA460-1　　001
十字槽小盘头螺钉
SuperClass：P511AAA005-1　　米制螺纹螺栓/螺钉
Definition：米制螺纹螺钉的一种，头部形状为盘头，并带有十字槽扳拧特征，杆部为缩杆，尾部为辗制末端
AP：
SDD：GB/T 823—1988
SD：P511DAA460
DOD：2006-02-22　　DCV：2006-02-22
DCR：2006-02-22

P511AAA461-1　　001
吊环螺钉
SuperClass：P511AAA005-1　　米制螺纹螺栓/螺钉
Definition：米制螺纹螺钉的一种，头部形状为吊环形头，杆部为全杆，尾部为倒角或倒圆末端
AP：P511BAA557：外螺纹紧固件头与杆连接处的退刀槽最小直径
　P511BAA554：头部支承面外径
　P511BAA533：内螺纹最大直径
　P511BAA551：最末一扣完整螺纹至支承面的距离
　P511BAA561：垫圈面厚度
SDD：GB/T 825—1988
SD：P511DAA461
DOD：2006-02-22　　DCV：2006-02-22
DCR：2006-02-22

P511AAA462-1　　001
开槽带孔球面圆柱头螺钉(A型)
SuperClass：P511AAA005-1　　米制螺纹螺栓/螺钉
Definition：米制螺纹螺钉的一种，头部形状为开槽带孔球面圆柱头(A型)，并带有开槽扳拧特征，杆部为缩杆，尾部为倒圆端
AP：
SDD：GB/T 832—1988
SD：P511DAA462
DOD：2006-02-22　　DCV：2006-02-22
DCR：2006-02-22

P511AAA463-1　　001
开槽大圆柱头螺钉

SuperClass：P511AAA005-1 米制螺纹螺栓/螺钉
Definition：米制螺纹螺钉的一种，头部形状为圆柱头，并带有开槽扳拧特征，杆部为全杆，尾部为倒圆端
AP：
SDD：GB/T 833—1988
SD：P511DAA463
DOD：2006-02-22 DCV：2006-02-22
DCR：2006-02-22

P511AAA464-1 001
滚花高头螺钉
SuperClass：P511AAA005-1 米制螺纹螺栓/螺钉
Definition：米制螺纹螺钉的一种，头部形状为滚花高头，杆部为全杆，尾部为倒圆端
AP：
SDD：GB/T 834—1988
SD：P511DAA464
DOD：2006-02-22 DCV：2006-02-22
DCR：2006-02-22

P511AAA465-1 001
滚花平头螺钉
SuperClass：P511AAA005-1 米制螺纹螺栓/螺钉
Definition：米制螺纹螺钉的一种，头部形状为滚花平头，杆部为全杆，尾部为倒圆端
AP：
SDD：GB/T 835—1988
SD：P511DAA465
DOD：2006-02-22 DCV：2006-02-22
DCR：2006-02-22

P511AAA466-1 001
滚花小头螺钉
SuperClass：P511AAA005-1 米制螺纹螺栓/螺钉
Definition：米制螺纹螺钉的一种，头部形状为滚花小头，杆部为全杆，尾部为倒圆端
AP：
SDD：GB/T 836—1988
SD：P511DAA466
DOD：2006-02-22 DCV：2006-02-22
DCR：2006-02-22

P511AAA467-1 001
塑料滚花头螺钉(A 型)
SuperClass：P511AAA005-1 米制螺纹螺栓/螺钉
Definition：米制螺纹螺钉的一种，头部形状为塑料滚花头，杆部为全杆，尾部为倒圆端
(A 型)
AP：
SDD：GB/T 840—1988
SD：P511DAA467
DOD：2006-02-22 DCV：2006-02-22
DCR：2006-02-22

P511AAA468-1 001
开槽球面大圆柱头螺钉
SuperClass：P511AAA005-1 米制螺纹螺栓/螺钉
Definition：米制螺纹螺钉的一种，头部形状为开槽球面大圆柱头，并带有开槽扳拧特征，杆部为全杆，尾部为倒圆端
AP：
SDD：GB/T 947—1988
SD：P511DAA468
DOD：2006-02-22 DCV：2006-02-22
DCR：2006-02-22

P511AAA469-1 001
内六角花形低圆柱头螺钉
SuperClass：P511AAA005-1 米制螺纹螺栓/螺钉
Definition：米制螺纹螺钉的一种，头部形状为圆柱头，并带有六角花形沉槽扳拧特征，杆部为缩杆，尾部为辗制末端
AP：
SDD：GB/T 2671.1—2004
SD：P511DAA469
DOD：2006-02-22 DCV：2006-02-22
DCR：2006-02-22

P511AAA470-1　　001
内六角花形圆柱头螺钉
SuperClass：P511AAA005-1　　米制螺纹螺栓/螺钉
Definition：米制螺纹螺钉的一种，头部形状为圆柱头，并带有六角花形沉槽扳拧特征，杆部为全杆，尾部为平端
AP：
SDD：GB/T 2671.2—2004
SD：P511DAA470
DOD：2006-02-22　　DCV：2006-02-22
DCR：2006-02-22

P511AAA471-1　　001
内六角花形盘头螺钉
SuperClass：P511AAA005-1　　米制螺纹螺栓/螺钉
Definition：米制螺纹螺钉的一种，头部形状为盘头，并带有六角花形沉槽扳拧特征，杆部为缩杆，尾部为辗制末端
AP：
SDD：GB/T 2672—2004
SD：P511DAA471
DOD：2006-02-22　　DCV：2006-02-22
DCR：2006-02-22

P511AAA472-1　　001
内六角花形沉头螺钉
SuperClass：P511AAA005-1　　米制螺纹螺栓/螺钉
Definition：米制螺纹螺钉的一种，头部形状为沉头，并带有六角花形沉槽扳拧特征，杆部为缩杆，尾部为辗制末端
AP：
SDD：GB/T 2673—1986
SD：P511DAA472
DOD：2006-02-22　　DCV：2006-02-22
DCR：2006-02-22

P511AAA473-1　　001
内六角花形半沉头螺钉
SuperClass：P511AAA005-1　　米制螺纹螺栓/螺钉
Definition：米制螺纹螺钉的一种，头部形状为半沉头，并带有六角花形沉槽扳拧特征，杆部为缩杆，尾部为辗制末端
AP：
SDD：GB/T 2674—2004
SD：P511DAA473
DOD：2006-02-22　　DCV：2006-02-22
DCR：2006-02-22

P511AAA474-1　　001
精密机械用紧固件十字槽螺钉(A型)
SuperClass：P511AAA005-1　　米制螺纹螺栓/螺钉
Definition：米制螺纹螺钉的一种，头部形状为圆柱头(A型)，并带有十字槽(H型)扳拧特征，杆部为全杆，尾部为辗制末端
AP：
SDD：GB/T 13806.1—1992
SD：P511DAA474
DOD：2006-02-22　　DCV：2006-02-22
DCR：2006-02-22

P511AAA475-1　　001
开槽圆头木螺钉
SuperClass：P511AAA209-1　　木螺钉
Definition：木螺钉的一种，头部形状为圆头，并带有开槽扳拧特征，杆部为全杆，尾部为木螺钉末端
AP：
SDD：GB/T 99—1986
SD：P511DAA475
DOD：2006-02-22　　DCV：2006-02-22
DCR：2006-02-22

P511AAA476-1　　001
开槽沉头木螺钉
SuperClass：P511AAA209-1　　木螺钉
Definition：木螺钉的一种，头部形状为沉头，并带有开槽扳拧特征，杆部为全杆，尾部为木螺钉末端
AP：
SDD：GB/T 100—1986
SD：P511DAA476
DOD：2006-02-22　　DCV：2006-02-22
DCR：2006-02-22

P511AAA477-1　　001
开槽半沉头木螺钉
SuperClass：P511AAA209-1　　木螺钉
Definition：木螺钉的一种，头部形状为半沉头，并带有开槽扳拧特征，杆部为全杆，尾部为木螺钉末端
AP：
SDD：GB/T 101—1986
SD：P511DAA477
DOD：2006-02-22　　DCV：2006-02-22
DCR：2006-02-22

P511AAA478-1　　001
六角头木螺钉
SuperClass：P511AAA209-1　　木螺钉
Definition：木螺钉的一种，头部形状为六角头，杆部为全杆，尾部为木螺钉末端
AP：
SDD：GB/T 102—1986
SD：P511DAA478
DOD：2006-02-22　　DCV：2006-02-22
DCR：2006-02-22

P511AAA479-1　　001
十字槽圆头木螺钉
SuperClass：P511AAA209-1　　木螺钉
Definition：木螺钉的一种，头部形状为圆头，并带有十字槽扳拧特征，杆部为全杆，尾部为木螺钉末端
AP：
SDD：GB/T 950—1986
SD：P511DAA479
DOD：2006-02-22　　DCV：2006-02-22
DCR：2006-02-22

P511AAA480-1　　001
十字槽沉头木螺钉
SuperClass：P511AAA209-1　　木螺钉
Definition：木螺钉的一种，头部形状为沉头，并带有十字槽扳拧特征，杆部为全杆，尾部为木螺钉末端
AP：
SDD：GB/T 951—1986
SD：P511DAA480
DOD：2006-02-22　　DCV：2006-02-22
DCR：2006-02-22

P511AAA481-1　　001
十字槽半沉头木螺钉
SuperClass：P511AAA209-1　　木螺钉
Definition：木螺钉的一种，头部形状为半沉头，并带有十字槽扳拧特征，杆部为全杆，尾部为木螺钉末端
AP：
SDD：GB/T 952—1986
SD：P511DAA481
DOD：2006-02-22　　DCV：2006-02-22
DCR：2006-02-22

P511AAA482-1　　001
内六角花形盘头自攻螺钉(C型)
SuperClass：P511AAA196-1　　自攻螺钉
Definition：自攻螺钉的一种，头部形状为盘头，并带有六角花形沉槽扳拧特征，杆部为全杆，尾部为自攻螺钉的锥端(C型)
AP：
SDD：GB/T 2670.1—2004
SD：P511DAA482
DOD：2006-02-22　　DCV：2006-02-22
DCR：2006-02-22

P511AAA483-1　　001
内六角花形沉头自攻螺钉(C型)
SuperClass：P511AAA196-1　　自攻螺钉
Definition：自攻螺钉的一种，头部形状为沉头，并带有六角花形沉槽扳拧特征，杆部为全杆，尾部为自攻螺钉末端(C型)
AP：
SDD：GB/T 2670.2—2004
SD：P511DAA483
DOD：2006-02-22　　DCV：2006-02-22
DCR：2006-02-22

P511AAA484-1　　001
内六角花形半沉头自攻螺钉(C型)

SuperClass：P511AAA196-1　　自攻螺钉
Definition：自攻螺钉的一种，头部形状为半沉头，并带有六角花形沉槽扳拧特征，杆部为全杆，尾部为自攻螺钉末端(C型)
AP：
SDD：GB/T 2670.3—2004
SD：P511DAA484
DOD：2006-02-22　　DCV：2006-02-22
DCR：2006-02-22

P511AAA485-1　　001
十字槽盘头自攻锁紧螺钉
SuperClass：P511AAA196-1　　自攻螺钉
Definition：自攻螺钉的一种，头部形状为盘头，并带有十字槽扳拧特征，杆部为全杆，尾部为自攻锁紧螺钉的末端
AP：
SDD：GB/T 6560—1986
SD：P511DAA485
DOD：2006-02-22　　DCV：2006-02-22
DCR：2006-02-22

P511AAA486-1　　001
十字槽沉头自攻锁紧螺钉
SuperClass：P511AAA196-1　　自攻螺钉
Definition：自攻螺钉的一种，头部形状为沉头，并带有十字槽扳拧特征，杆部为全杆，尾部为自攻锁紧螺钉的末端
AP：
SDD：GB/T 6561—1986
SD：P511DAA486
DOD：2006-02-22　　DCV：2006-02-22
DCR：2006-02-22

P511AAA487-1　　001
十字槽半沉头自攻锁紧螺钉
SuperClass：P511AAA196-1　　自攻螺钉
Definition：自攻螺钉的一种，头部形状为半沉头，并带有十字槽扳拧特征，杆部为全杆，尾部为自攻锁紧螺钉的末端
AP：
SDD：GB/T 6562—1986
SD：P511DAA487
DOD：2006-02-22　　DCV：2006-02-22
DCR：2006-02-22

P511AAA488-1　　001
六角头自攻锁紧螺钉
SuperClass：P511AAA196-1　　自攻螺钉
Definition：自攻螺钉的一种，头部形状为六角头，杆部为全杆，尾部为自攻锁紧螺钉的末端
AP：
SDD：GB/T 6563—1986
SD：P511DAA488
DOD：2006-02-22　　DCV：2006-02-22
DCR：2006-02-22

P511AAA489-1　　001
内六角花形圆柱头自攻锁紧螺钉
SuperClass：P511AAA196-1　　自攻螺钉
Definition：自攻螺钉的一种，头部形状为圆柱头，并带有六角花形沉槽扳拧特征，杆部为全杆，尾部为自攻锁紧螺钉的末端
AP：
SDD：GB/T 6564—1986
SD：P511DAA489
DOD：2006-02-22　　DCV：2006-02-22
DCR：2006-02-22

P511AAA490-1　　001
十字槽凹穴六角头自攻螺钉(C型)
SuperClass：P511AAA196-1　　自攻螺钉
Definition：自攻螺钉的一种，头部形状为六角头，并带有十字槽扳拧特征，杆部为全杆，尾部为自攻螺钉末端(C型)
AP：
SDD：GB/T 9456—1988
SD：P511DAA490
DOD：2006-02-22　　DCV：2006-02-22
DCR：2006-02-22

P511AAA491-1　　001
紧密机械用紧固件十字槽自攻螺钉 刮销端(A型)
SuperClass：P511AAA196-1　　自攻螺钉
Definition：自攻螺钉的一种，头部形状为盘头，并带有十字槽(H型)扳拧特征，杆部为全杆，尾部为

自攻螺钉末端(F型)
AP：
SDD：GB/T 13806.2—1992
SD：P511DAA491
DOD：2006-02-22 DCV：2006-02-22
DCR：2006-02-22

P511AAA492-1 001
墙板自攻螺钉
SuperClass：P511AAA196-1 自攻螺钉
Definition：自攻螺钉的一种，头部形状为平头，并带有十字槽扳拧特征，杆部为全杆，尾部为自攻螺钉末端
AP：
SDD：
GB/T 14210—1993
SD：P511DAA492
DOD：2006-02-22 DCV：2006-02-22
DCR：2006-02-22

P511AAA493-1 001
内螺纹圆柱销
SuperClass：P511AAA252-1 圆柱销
Definition：内螺纹圆柱形销钉
AP：P511BAA494：皇冠高度
P511BAA340：螺纹规格
P511BAA327：螺距类型
P511BAA207：圆柱沉孔深度
P511BAA206：孔深
P511BAA205：销钉的内螺纹长度
P511BAA204：销钉的沉孔直径
SDD：GB/T 120.2—2000，GB/T 13683—1992
SD：P511DAA493
DOD：2006-02-22 DCV：2006-02-22
DCR：2006-02-22

P511AAA494-1 001
开尾圆锥销
SuperClass：P511AAA358-1 锥销
Definition：尾部开槽的圆锥销
AP：P511BAA052：开槽宽度
P511BAA217：销钉倒角长度
P511BAA052：开槽宽度
SDD：GB/T 877—1986
SD：P511DAA494
DOD：2006-02-22 DCV：2006-02-22
DCR：2006-02-22

P511AAA495-1 001
螺纹圆柱销
SuperClass：P511AAA252-1 圆柱销
Definition：带有外螺纹的圆柱销
AP：P511BAA052：开槽宽度
P511BAA495：开槽深度
P511BAA012：螺纹长度
SDD：GB/T 878—1986
SD：P511DAA495
DOD：2006-02-22 DCV：2006-02-22
DCR：2006-02-22

P511AAA496-1 001
平头铆钉
SuperClass：P511AAA345-1 铆钉
Definition：柱状金属紧固件，在一端带有预成型的扁平头，装配时可在一端打出一个头部将物体固定
AP：
SDD：GB/T 109—1986
SD：P511DAA496
DOD：2006-06-04 DCV：2006-06-04
DCR：2006-06-04

P511AAA497-1 001
标牌铆钉
SuperClass：P511AAA345-1 铆钉
Definition：用于固定标牌的铆钉
AP：P511BAA505：标牌铆钉齿距
P511BAA503：铆钉孔直径
P511BAA501：标牌铆钉最大直径
SDD：GB/T 827—1986
SD：P511DAA497
DOD：2006-06-04 DCV：2006-06-04
DCR：2006-06-04

P511AAA498-1 001
空心铆钉
SuperClass：P511AAA345-1 铆钉

Definition：铆钉杆部为金属筒状的铆钉
AP：P511BAA504：空心直径
P511BAA499：头下圆角半径
SDD：GB/T 876—1986
SD：P511DAA498
DOD：2006-06-04　DCV：2006-06-04
DCR：2006-06-04

P511AAA499-1　001
无头铆钉
SuperClass：P511AAA345-1　铆钉
Definition：在铆钉里头两头预留圆孔的铆钉
AP：P511BAA504：空心直径
SDD：GB/T 1016—1986
SD：P511DAA499
DOD：2006-06-04　DCV：2006-06-04
DCR：2006-06-04

P511AAA500-1　001
扁圆头击芯铆钉
SuperClass：P511AAA345-1　铆钉
Definition：用于车辆、航空等行业单面铆接的铆钉
AP：P511BAA499：头下圆角半径
SDD：GB/T 15855.1—1995
SD：P511DAA500
DOD：2006-06-04　DCV：2006-06-04
DCR：2006-06-04

P511AAA501-1　001
沉头击芯铆钉
SuperClass：P511AAA345-1　铆钉
Definition：铆钉一端为沉头的铆钉
AP：P511BAA499：头下圆角半径
SDD：GB/T 15855.2—1995
SD：P511DAA501
DOD：2006-06-04　DCV：2006-06-04
DCR：2006-06-04

P511AAA502-1　001
扁平头
SuperClass：P511AAA345-1　铆钉
Definition：铆钉一端为扁平头的铆钉
AP：
SD：
DOD：2006-06-04　DCV：2006-06-04
DCR：2006-06-04

P511AAA503-1　001
半圆头
SuperClass：P511AAA345-1　铆钉
Definition：铆钉一端为半圆头的铆钉
AP：P511BAA499：头下圆角半径
SD：
DOD：2006-06-04　DCV：2006-06-04
DCR：2006-06-04

P511AAA504-1　001
扁圆头
SuperClass：P511AAA345-1　铆钉
Definition：铆钉一端为扁圆头的铆钉
AP：P511BAA499：头下圆角半径
SD：
DOD：2006-06-04　DCV：2006-06-04
DCR：2006-06-04

P511AAA505-1　001
沉头
SuperClass：P511AAA345-1　铆钉
Definition：铆钉一端为沉头的铆钉
AP：P511BAA499：头下圆角半径
SD：
DOD：2006-06-04　DCV：2006-06-04
DCR：2006-06-04

P511AAA506-1　001
半沉头
SuperClass：P511AAA345-1　铆钉
Definition：铆钉一端为半沉头的铆钉
AP：P511BAA508：沉头铆钉头部圆台厚度
P511BAA507：头部倒圆半径
P511BAA499：头下圆角半径
SD：
DOD：2006-06-04　DCV：2006-06-04
DCR：2006-06-04

P511AAA507-1　001

平锥头
SuperClass：P511AAA345-1　　铆钉
Definition：铆钉一端为梯形圆台的铆钉
AP：P511BAA499：头下圆角半径
SD：
DOD：2006-06-04　　DCV：2006-06-04
DCR：2006-06-04

P511AAA508-1　　001
扁平头铆钉
SuperClass：P511AAA502-1　　扁平头
Definition：扁平头铆钉的一个子类，铆钉一端为扁平头的铆钉
AP：
SDD：GB/T 872—1986
SD：P511DAA508
DOD：2006-06-04　　DCV：2006-06-04
DCR：2006-06-04

P511AAA509-1　　001
扁平头空心铆钉
SuperClass：P511AAA502-1　　扁平头
Definition：扁平头铆钉的一个子类，铆钉一端为扁平头，杆部为空心的铆钉
AP：P511BAA504：空心直径
SDD：GB/T 875—1986
SD：P511DAA509
DOD：2006-06-04　　DCV：2006-06-04
DCR：2006-06-04

P511AAA510-1　　001
半圆头铆钉(粗制)
SuperClass：P511AAA503-1　　半圆头
Definition：半圆头铆钉的一个子类，铆钉一端为半圆头的铆钉
AP：
SDD：GB/T 863.1—1986
SD：P511DAA510
DOD：2006-06-04　　DCV：2006-06-04
DCR：2006-06-04

P511AAA511-1　　001
小半圆头铆钉(粗制)
SuperClass：P511AAA503-1　　半圆头
Definition：半圆头铆钉的一个子类，铆钉一端为小半圆头、不经表面处理的铆钉
AP：
SDD：GB/T 863.2—1986
SD：P511DAA511
DOD：2006-06-04　　DCV：2006-06-04
DCR：2006-06-04

P511AAA512-1　　001
半圆头铆钉
SuperClass：P511AAA503-1　　半圆头
Definition：半圆头铆钉的一个子类，铆钉一端为半圆头的铆钉
AP：
SDD：GB/T 867—1986
SD：P511DAA512
DOD：2006-06-04　　DCV：2006-06-04
DCR：2006-06-04

P511AAA513-1　　001
扁圆头铆钉
SuperClass：P511AAA504-1　　扁圆头
Definition：扁圆头铆钉的一个子类，铆钉一端为扁圆头
AP：
SDD：GB/T 871—1986
SD：P511DAA513
DOD：2006-06-04　　DCV：2006-06-04
DCR：2006-06-04

P511AAA514-1　　001
扁圆头半空心铆钉
SuperClass：P511AAA504-1　　扁圆头
Definition：扁圆头铆钉的一个子类，铆钉一端为扁圆头、杆部为空心的铆钉
AP：P511BAA504：空心直径
SDD：GB/T 873—1986
SD：P511DAA514
DOD：2006-06-04　　DCV：2006-06-04
DCR：2006-06-04

P511AAA515-1　　001

大扁圆头铆钉
SuperClass：P511AAA504-1　　扁圆头
Definition：扁圆头铆钉的一个子类，铆钉一端为半球形
AP：
SDD：GB/T 1011—1986
SD：P511DAA515
DOD：2006-06-04　　DCV：2006-06-04
DCR：2006-06-04

P511AAA516-1　　001
大扁圆头半空心铆钉
SuperClass：P511AAA504-1　　扁圆头
Definition：扁圆头铆钉的一个子类，铆钉一端为半球形、杆部为空心的铆钉
AP：P511BAA504：空心直径
SDD：GB/T 1014—1986
SD：P511DAA516
DOD：2006-06-04　　DCV：2006-06-04
DCR：2006-06-04

P511AAA517-1　　001
沉头铆钉(粗制)
SuperClass：P511AAA505-1　　沉头
Definition：沉头铆钉的一个子类，铆钉一端为沉头且不经表面处理的铆钉
AP：
SDD：GB/T 865—1986
SD：P511DAA517
DOD：2006-06-04　　DCV：2006-06-04
DCR：2006-06-04

P511AAA518-1　　001
沉头铆钉
SuperClass：P511AAA505-1　　沉头
Definition：沉头铆钉的一个子类，铆钉一端为沉头的铆钉
AP：
SDD：GB/T 869—1986
SD：P511DAA518
DOD：2006-06-04　　DCV：2006-06-04
DCR：2006-06-04

P511AAA519-1　　001
120°沉头半空心铆钉
SuperClass：P511AAA505-1　　沉头
Definition：沉头铆钉的一个子类，铆钉一端为120°沉头的且杆部为空心的铆钉
AP：P511BAA504：空心直径
SDD：GB/T 874—1986
SD：P511DAA519
DOD：2006-06-04　　DCV：2006-06-04
DCR：2006-06-04

P511AAA520-1　　001
120°沉头铆钉
SuperClass：P511AAA505-1　　沉头
Definition：沉头铆钉的一个子类，铆钉一端为120°沉头的铆钉
AP：
SDD：GB/T 954—1986
SD：P511DAA520
DOD：2006-06-04　　DCV：2006-06-04
DCR：2006-06-04

P511AAA521-1　　001
沉头半空心铆钉
SuperClass：P511AAA505-1　　沉头
Definition：沉头铆钉的一个子类，铆钉一端为沉头的且杆部为空心的铆钉
AP：P511BAA504：空心直径
SDD：GB/T 1015—1986
SD：P511DAA521
DOD：2006-06-04　　DCV：2006-06-04
DCR：2006-06-04

P511AAA522-1　　001
半沉头铆钉(粗制)
SuperClass：P511AAA506-1　　半沉头
Definition：半沉头铆钉的一个子类，铆钉一端为沉头的不经表面处理的铆钉
AP：
SDD：GB/T 866—1986
SD：P511DAA522
DOD：2006-06-04　　DCV：2006-06-04
DCR：2006-06-04

P511AAA523-1　　001
半沉头铆钉
SuperClass：P511AAA506-1　　半沉头
Definition：半沉头铆钉的一个子类，铆钉一端为沉头的铆钉
AP：
SDD：GB/T 870—1986
SD：P511DAA523
DOD：2006-06-04　　DCV：2006-06-04
DCR：2006-06-04

P511AAA524-1　　001
120°半沉头铆钉
SuperClass：P511AAA506-1　　半沉头
Definition：半沉头铆钉的一个子类，铆钉一端为120°沉头的铆钉
AP：
SDD：GB/T 1012—1986
SD：P511DAA524
DOD：2006-06-04　　DCV：2006-06-04
DCR：2006-06-04

P511AAA525-1　　001
平锥头铆钉(粗制)
SuperClass：P511AAA507-1　　平锥头
Definition：平锥头铆钉的一个子类，铆钉一端为梯形圆台且不经部门处理的铆钉
AP：
SDD：GB/T 864—1986
SD：P511DAA525
DOD：2006-06-04　　DCV：2006-06-04
DCR：2006-06-04

P511AAA526-1　　001
平锥头铆钉
SuperClass：P511AAA507-1　　平锥头
Definition：平锥头铆钉的一个子类，铆钉一端为梯形圆台且不经部门处理的铆钉
AP：
SDD：GB/T 868—1986
SD：P511DAA526
DOD：2006-06-04　　DCV：2006-06-04
DCR：2006-06-04

P511AAA527-1　　001
平锥头半空心铆钉
SuperClass：P511AAA507-1　　平锥头
Definition：平锥头铆钉的一个子类，铆钉一端为梯形圆台且杆部为空心的铆钉
AP：P511BAA504：空心直径
SDD：GB/T 1013—1986
SD：P511DAA527
DOD：2006-06-04　　DCV：2006-06-04
DCR：2006-06-04

P511AAA528-1　　001
开槽带孔球面圆柱头螺钉(B型)
SuperClass：P511AAA005-1　　米制螺纹螺栓/螺钉
Definition：米制螺纹螺钉的一种，头部形状为开槽带孔球面圆柱头(B型)，并带有开槽扳拧特征，杆部为缩杆，尾部为球面端
AP：
SDD：GB/T 832—1988
SD：P511DAA528
DOD：2006-02-22　　DCV：2006-02-22
DCR：2006-02-22

P511AAA529-1　　001
开槽带孔球面圆柱头螺钉(C型)
SuperClass：P511AAA005-1　　米制螺纹螺栓/螺钉
Definition：米制螺纹螺钉的一种，头部形状为开槽带孔球面圆柱头(C型)，并带有开槽扳拧特征，杆部为缩杆，尾部为球面端
AP：
SDD：GB/T 832—1988
SD：P511DAA529
DOD：2006-02-22　　DCV：2006-02-22
DCR：2006-02-22

P511AAA530-1　　001
塑料滚花头螺钉(B型)
SuperClass：P511AAA005-1　　米制螺纹螺栓/螺钉

Definition：米制螺纹螺钉的一种，头部形状为塑料滚花头，杆部为全杆，尾部为圆柱端(B型)
AP：
SDD：GB/T 840—1988
SD：P511DAA530
DOD：2006-02-22　　DCV：2006-02-22
DCR：2006-02-22

P511AAA531-1　　001
精密机械用紧固件十字槽螺钉(B型)
SuperClass：P511AAA005-1　　米制螺纹螺栓/螺钉
Definition：米制螺纹螺钉的一种，头部形状为沉头(B型)，并带有十字槽(H型)扳拧特征，杆部为全杆，尾部为辗制末端
AP：
SDD：GB/T 13806.1—1992
SD：P511DAA531
DOD：2006-02-22　　DCV：2006-02-22
DCR：2006-02-22

P511AAA532-1　　001
精密机械用紧固件十字槽螺钉(C型)
SuperClass：P511AAA005-1　　米制螺纹螺栓/螺钉
Definition：米制螺纹螺钉的一种，头部形状为半沉头(C型)，并带有十字槽(H型)扳拧特征，杆部为全杆，尾部为辗制末端
AP：
SDD：GB/T 13806.1—1992
SD：P511DAA532
DOD：2006-02-22　　DCV：2006-02-22
DCR：2006-02-22

P511AAA533-1　　001
内六角花形盘头自攻螺钉(F型)
SuperClass：P511AAA196-1　　自攻螺钉
Definition：自攻螺钉的一种，头部形状为盘头，并带有六角花形沉槽扳拧特征，杆部为全杆，尾部为自攻螺钉平端(F型)
AP：
SDD：GB/T 2670.1—2004
SD：P511DAA533
DOD：2006-02-22　　DCV：2006-02-22
DCR：2006-02-22

P511AAA534-1　　001
内六角花形盘头自攻螺钉(R型)
SuperClass：P511AAA196-1　　自攻螺钉
Definition：自攻螺钉的一种，头部形状为盘头，并带有六角花形沉槽扳拧特征，杆部为全杆，尾部为自攻螺钉圆端(R型)
AP：
SDD：GB/T 2670.1—2004
SD：P511DAA534
DOD：2006-02-22　　DCV：2006-02-22
DCR：2006-02-22

P511AAA535-1　　001
内六角花形沉头自攻螺钉(F型)
SuperClass：P511AAA196-1　　自攻螺钉
Definition：自攻螺钉的一种，头部形状为沉头，并带有六角花形沉槽扳拧特征，杆部为全杆，尾部为自攻螺钉末端(F型)
AP：
SDD：GB/T 2670.2—2004
SD：P511DAA535
DOD：2006-02-22　　DCV：2006-02-22
DCR：2006-02-22

P511AAA536-1　　001
内六角花形沉头自攻螺钉(R型)
SuperClass：P511AAA196-1　　自攻螺钉
Definition：自攻螺钉的一种，头部形状为沉头，并带有六角花形沉槽扳拧特征，杆部为全杆，尾部为自攻螺钉末端(R型)
AP：
SDD：GB/T 2670.2—2004
SD：P511DAA536
DOD：2006-02-22　　DCV：2006-02-22
DCR：2006-02-22

P511AAA537-1　　001
内六角花形半沉头自攻螺钉(F型)
SuperClass：P511AAA196-1　　自攻螺钉
Definition：自攻螺钉的一种，头部形状为半沉头，

并带有六角花形沉槽扳拧特征，杆部为全杆，尾部为自攻螺钉末端(F型)
AP：
SDD：GB/T 2670.3—2004
SD：P511DAA4537
DOD：2006-02-22　　DCV：2006-02-22
DCR：2006-02-22

P511AAA538-1　　001
内六角花形半沉头自攻螺钉(R型)
SuperClass：P511AAA196-1　　自攻螺钉
Definition：自攻螺钉的一种，头部形状为半沉头，并带有六角花形沉槽扳拧特征，杆部为全杆，尾部为自攻螺钉末端(R型)
AP：
SDD：GB/T 2670.3—2004
SD：P511DAA538
DOD：2006-02-22　　DCV：2006-02-22
DCR：2006-02-22

P511AAA539-1　　001
十字槽凹穴六角头自攻螺钉(F型)
SuperClass：P511AAA196-1　　自攻螺钉
Definition：自攻螺钉的一种，头部形状为六角头，并带有十字槽扳拧特征，杆部为全杆，尾部为自攻螺钉末端(F型)
AP：
SDD：GB/T 9456—1988
SD：P511DAA539
DOD：2006-02-22　　DCV：2006-02-22
DCR：2006-02-22

P511AAA540-1　　001
紧密机械用紧固件十字槽自攻螺钉 刮销端(B型)
SuperClass：P511AAA196-1　　自攻螺钉
Definition：自攻螺钉的一种，头部形状为沉头，并带有十字槽(H型)扳拧特征，杆部为全杆，尾部为自攻螺钉末端(F型)
AP：
SDD：GB/T 13806.2—1992
SD：P511DAA540
DOD：2006-02-22　　DCV：2006-02-22
DCR：2006-02-22

P511AAA541-1　　001
紧密机械用紧固件十字槽自攻螺钉 刮销端(C型)
SuperClass：P511AAA196-1　　自攻螺钉
Definition：自攻螺钉的一种，头部形状为半沉头，并带有十字槽(H型)扳拧特征，杆部为全杆，尾部为自攻螺钉末端(F型)
AP：
SDD：GB/T 13806.2—1992
SD：P511DAA541
DOD：2006-02-22　　DCV：2006-02-22
DCR：2006-02-dfsa

附 录 D
（规范性附录）
紧固件特性 DET 定义

P511BAA005-1　001
制造商
Definition：承担法律责任的机构，如产品生产商
DC：P511AAA001-1　机械系统和通用件
Unit：
VF：M..30
DT：STRING_TYPE
PTC：A11
DOD：2006-02-22　DCV：2006-02-22
DCR：2006-02-22

P511BAA006-1　001
ICD 编码
Definition：根据 ISO 6523 对承担法律责任的机构（如生产商）赋予组织机构编码系统的 ICD 码
DC：P511AAA001-1　机械系统和通用件
Unit：
VF：M..128
DT：STRING_TYPE
PTC：A52
DOD：2006-02-22　DCV：2006-02-22
DCR：2006-02-22

P511BAA007-1　001
制造日期
Definition：零部件生产日期
DC：P511AAA001-1　机械系统和通用件
Unit：
VF：M..30
DT：STRING_TYPE
PTC：A31
SDD：ISO 10303-203：1994
DOD：2006-02-22　DCV：2006-02-22
DCR：2006-02-22

P511BAA008-1　001
标记
Definition：反映所有产品相关特性的标识
DC：P511AAA002-1　紧固件
Unit：
VF：M..128
DT：STRING_TYPE
PTC：A51
SDD：GB/T 1237—2000
DOD：2006-02-22　DCV：2006-02-22
DCR：2006-02-22

P511BAA011-1　001
EAN/UCC 编码
Definition：根据 EAN 国际和唯一编码委员会的编码系统分配的标识号
DC：P511AAA001-1　机械系统和通用件
Unit：
VF：M..14
DT：STRING_TYPE
PTC：A51
DOD：2006-02-22　DCV：2006-02-22
DCR：2006-02-22

P511BAA012-1　001
螺纹长度
Definition：外螺纹紧固件的螺纹长度
DC：P511AAA002-1　紧固件
PLS：b
Unit：mm
VF：NR2..3.3
DT：LEVEL_TYPE
PTC：T03
SDD：GB/T 5276—1985
DOD：2006-02-22　DCV：2006-02-22
DCR：2006-02-22

P511BAA013-1　001
钉体材料
Definition：用于制造盲铆钉钉体的材料
DC：P511AAA083-1　盲铆钉

Unit：
VF：M..30
DT：STRING_TYPE
PTC：A51
SDD：GB/T 12615.1—2004，GB/T 12615.2—2004，GB/T 12615.3—2004，GB/T 12615.4—2004
DOD：2006-02-22　　DCV：2006-02-22
DCR：2006-02-22

P511BAA014-1　　001
钉芯材料
Definition：用于制造盲铆钉钉芯的材料
DC：P511AAA083-1　　盲铆钉
Unit：
VF：M..30
DT：STRING_TYPE
PTC：A51
SDD：GB/T 12615.1—2004，GB/T 12615.2—2004，GB/T 12615.3—2004，GB/T 12615.4—2004
DOD：2006-02-22　　DCV：2006-02-22
DCR：2006-02-22

P511BAA015-1　　001
插入材料
Definition：插入有效力矩型螺母的非金属嵌件的材料
DC：P511AAA052-1　　螺母
Unit：
VF：M..30
DT：STRING_TYPE
PTC：A51
SDD：GB/T 6187.1—2000
DOD：2006-02-22　　DCV：2006-02-22
DCR：2006-02-22

P511BAA020-1　　001
退刀槽(凹槽)最小直径
Definition：外螺纹紧固件退刀槽的最小直径
DC：P511AAA171-1　　内六角圆柱头轴肩螺钉
PLS：dg/dg1
Unit：mm
VF：NR2..3.3
DT：REAL_MEASURE_TYPE
PTC：T03
SDD：ISO 4755:1983，GB/T 5281—1985
DOD：2006-02-22　　DCV：2006-02-22
DCR：2006-02-22

P511BAA022-1　　001
退刀槽(凹槽)宽度
Definition：外螺纹紧固件退刀槽的宽度
DC：P511AAA171-1　　内六角圆柱头轴肩螺钉
PLS：g1
Unit：mm
VF：NR2..3.3
DT：REAL_MEASURE_TYPE
PTC：T03
SDD：ISO 4755:1983，GB/T 5281—1985
DOD：2006-02-22　　DCV：2006-02-22
DCR：2006-02-22

P511BAA024-1　　001
螺距
Definition：对于任何螺纹的两个相邻螺纹的距离
DC：P511AAA037-1　　螺纹类型
PLS：P
Unit：mm
VF：NR2..3.3
DT：REAL_MEASURE_TYPE
PTC：T03
SDD：GB/T 3103.1—2002
DOD：2006-02-22　　DCV：2006-02-22
DCR：2006-02-22

P511BAA025-1　　001
螺柱(拧入金属端)的螺纹长度
Definition：螺柱拧入金属端的螺纹长度
DC：P511AAA049-1　　螺柱
PLS：bm
Unit：mm
VF：NR2..3.3
DT：REAL_MEASURE_TYPE
PTC：T03
SDD：GB/T 5276—1985
DOD：2006-02-22　　DCV：2006-02-22
DCR：2006-02-22

P511BAA028-1 001
总长度
Definition：螺柱两端间的距离
DC：P511AAA049-1 螺柱
PLS：lt
Unit：mm
VF：NR2..3.3
DT：REAL_MEASURE_TYPE
PTC：T03
SDD：GB/T 5276—1985
DOD：2006-02-22 DCV：2006-02-22
DCR：2006-02-22

P511BAA030-1 001
螺纹收尾长度
Definition：从螺纹起点到第一个全螺纹的距离
DC：P511AAA004-1 外螺纹紧固件组件
PLS：x
Unit：mm
VF：NR2..3.3
DT：REAL_MEASURE_TYPE
PTC：T03
SDD：ISO 3508:1976
DOD：2006-02-22 DCV：2006-02-22
DCR：2006-02-22

P511BAA031-1 001
扳拧高度
Definition：与扳手配合的六角螺栓、螺钉和螺母的高度
DC：P511AAA002-1 紧固件
PLS：kw/mw/m'
Unit：mm
VF：NR2..3.3
DT：REAL_MEASURE_TYPE
PTC：T03
SDD：GB/T 3103.1—2002
DOD：2006-02-22 DCV：2006-02-22
DCR：2006-02-22

P511BAA032-1 001
对边宽度
Definition：正方形、六角形和八角形扳拧特征对边距离
DC：P511AAA002-1 紧固件
PLS：s
Unit：mm
VF：NR2..3.3
DT：REAL_MEASURE_TYPE
PTC：T03
SDD：GB/T 5276—1985
DOD：2006-02-22 DCV：2006-02-22
DCR：2006-02-22

P511BAA033-1 001
对角宽度
Definition：正方形、六角形和八角形扳拧特征对角距离
DC：P511AAA002-1 紧固件
PLS：e
Unit：mm
VF：NR2..3.3
DT：REAL_MEASURE_TYPE
PTC：T03
SDD：GB/T 5276—1985
DOD：2006-02-22 DCV：2006-02-22
DCR：2006-02-22

P511BAA034-1 001
头高
Definition：从支承面到头顶的距离
DC：P511AAA008-1 头部
PLS：k
Unit：mm
VF：NR2..3.3
DT：REAL_MEASURE_TYPE
PTC：T03
SDD：GB/T 5276—1985
DOD：2006-02-22 DCV：2006-02-22
DCR：2006-02-22

P511BAA037-1 001
杆上退刀槽(凹槽)宽度
Definition：外螺纹紧固件头与杆连接处的退刀槽(凹槽)宽度

DC：P511AAA171-1　　内六角圆柱头轴肩螺钉
PLS：g2
Unit：mm
VF：NR2..3.3
DT：REAL_MEASURE_TYPE
PTC：T03
SDD：GB/T 5281—1985
DOD：2006-02-22　　DCV：2006-02-22
DCR：2006-02-22

P511BAA038-1　　001
头下圆角半径
Definition：头与杆连接处的退刀槽半径
DC：P511AAA024-1　　杆
PLS：r1
Unit：mm
VF：NR2..3.3
DT：REAL_MEASURE_TYPE
PTC：T03
SDD：GB/T 5281—1985
DOD：2006-02-22　　DCV：2006-02-22
DCR：2006-02-22

P511BAA041-1　　001
垫圈面或支承面直径
Definition：螺栓、螺钉和螺母的支承面外径
DC：P511AAA002-1　　紧固件
PLS：dw
Unit：mm
VF：NR2..3.3
DT：REAL_MEASURE_TYPE
PTC：T03
SDD：GB/T 5276—1985
DOD：2006-02-22　　DCV：2006-02-22
DCR：2006-02-22

P511BAA042-1　　001
垫圈部分的高度或法兰(或凸缘)的厚度
Definition：垫圈面的高度或凸缘(法兰)部分的厚度
DC：P511AAA002-1　　紧固件
PLS：c
Unit：mm
VF：NR2..3.3
DT：REAL_MEASURE_TYPE
PTC：T03
SDD：GB/T 5276—1985
DOD：2006-02-22　　DCV：2006-02-22
DCR：2006-02-22

P511BAA044-1　　001
法兰角
Definition：六角螺栓或螺母的支承面与法兰面形成的角
DC：P511AAA002-1　　紧固件
PLS：Delta
Unit：Degree
VF：NR2..3.3
DT：REAL_MEASURE_TYPE
PTC：T03
SDD：GB/T 5276—1985
DOD：2006-02-22　　DCV：2006-02-22
DCR：2006-02-22

P511BAA045-1　　001
法兰(凸缘)直径
Definition：在外螺纹紧固件的头部或螺母的法兰(凸缘)直径
DC：P511AAA002-1　　紧固件
PLS：dc
Unit：mm
VF：NR2..3.3
DT：REAL_MEASURE_TYPE
PTC：T03
SDD：GB/T 5276—1985
DOD：2006-02-22　　DCV：2006-02-22
DCR：2006-02-22

P511BAA046-1　　001
最末一扣完整螺纹至支承面的距离
Definition：当螺纹接近头部时，外螺纹螺栓/螺钉从最末一扣完整螺纹至头部支承面的距离
DC：P511AAA004-1　　外螺纹紧固件组件
PLS：a
Unit：mm
VF：NR2..3.3

DT：REAL_MEASURE_TYPE
PTC：T03
SDD：GB/T 5276—1985
DOD：2006-02-22　　DCV：2006-02-22
DCR：2006-02-22

P511BAA047-1　　001
头下曲率半径
Definition：头和杆连接处的弯曲半径
DC：P511AAA004-1　　外螺纹紧固件组件
PLS：r/r1
Unit：mm
VF：NR2..3.3
DT：REAL_MEASURE_TYPE
PTC：T03
SDD：GB/T 3105—2002，GB/T 16824.2—1997
DOD：2006-02-22　　DCV：2006-02-22
DCR：2006-02-22

P511BAA048-1　　001
杆上退刀槽(凹槽)最小直径
Definition：外螺纹紧固件头与杆连接处的退刀槽(凹槽)最小直径
DC：P511AAA171-1　　内六角圆柱头轴肩螺钉
PLS：dg2
Unit：mm
VF：NR2..3.3
DT：LEVEL_TYPE
PTC：T03
SDD：GB/T 5281—1985
DOD：2006-02-22　　DCV：2006-02-22
DCR：2006-02-22

P511BAA050-1　　001
皇冠直径
Definition：皇冠直径的皇冠外径
DC：P511AAA229-1　　六角皇冠螺母
PLS：de
Unit：mm
VF：NR2..3.3
DT：REAL_MEASURE_TYPE
PTC：T03
SDD：GB/T 5276—1985
DOD：2006-02-22　　DCV：2006-02-22
DCR：2006-02-22

P511BAA051-1　　001
头部直径
Definition：外螺纹紧固件的头部直径
DC：P511AAA008-1　　头部
PLS：dk
Unit：mm
VF：NR2..3.3
DT：LEVEL_TYPE
PTC：T03
SDD：GB/T 5276—1985
DOD：2006-02-22　　DCV：2006-02-22
DCR：2006-02-22

P511BAA052-1　　001
开槽宽度
Definition：外螺纹紧固件的开槽宽度
DC：P511AAA002-1　　紧固件
PLS：n
Unit：mm
VF：NR2..3.3
DT：LEVEL TYPE
PTC：T03
SDD：GB/T 5276—1985
DOD：2006-02-22　　DCV：2006-02-22
DCR：2006-02-22

P511BAA053-1　　001
扳拧部分和支承面间的厚度或槽底与支承面间的厚度
Definition：开槽底部与支承面间的距离
DC：P511AAA052-1　　螺母
PLS：w
Unit：mm
VF：NR2..3.3
DT：REAL_MEASURE_TYPE
PTC：T03
SDD：GB/T 5276—1985
DOD：2006-02-22　　DCV：2006-02-22
DCR：2006-02-22

P511BAA054-1　001
无螺纹杆部长度
Definition：非螺纹杆部长度
DC：P511AAA024-1　杆
PLS：ls
Unit：mm
VF：NR2..3.3
DT：REAL_MEASURE_TYPE
PTC：T03
SDD：GB/T 5276—1985
DOD：2006-02-22　DCV：2006-02-22
DCR：2006-02-22

P511BAA057-1　001
公称直径 A
Definition：六角沉槽的外径
DC：P511AAA222-1　六角花形沉槽
PLS：A
Unit：mm
VF：NR2..3.3
DT：REAL_MEASURE_TYPE
PTC：T03
SDD：GB/T 6188—2000
DOD：2006-02-22　DCV：2006-02-22
DCR：2006-02-22

P511BAA060-1　001
末端倒圆半径
Definition：头部凸起部分的半径
DC：P511AAA008-1　头部
PLS：rf
Unit：mm
VF：NR2..3.3
DT：REAL_MEASURE_TYPE
PTC：T03
SDD：GB/T 5276—1985
DOD：2006-02-22　DCV：2006-02-22
DCR：2006-02-22

P511BAA067-1　001
无螺纹杆直径
Definition：外螺纹紧固件杆径
DC：P511AAA024-1　杆
PLS：ds
Unit：mm
VF：NR2..3.3
DT：REAL_MEASURE_TYPE
PTC：T03
SDD：GB/T 5782—2000
DOD：2006-02-22　DCV：2006-02-22
DCR：2006-02-22

P511BAA069-1　001
无螺纹长度
Definition：带杆的外螺纹紧固件的头部支承面到第一扣螺纹的距离
DC：P511AAA004-1　外螺纹紧固件组件
PLS：lg
Unit：mm
VF：NR2..3.3
DT：REAL_MEASURE_TYPE
PTC：T03
SDD：GB/T 5276—1985
DOD：2006-02-22　DCV：2006-02-22
DCR：2006-02-22

P511BAA071-1　001
方颈宽
Definition：螺栓杆的方颈宽度
DC：P511AAA025-1　带方颈的杆
PLS：v
Unit：mm
VF：NR2..3.3
DT：LEVEL_TYPE
PTC：T03
SDD：GB/T 14—1998
DOD：2006-02-22　DCV：2006-02-22
DCR：2006-02-22

P511BAA072-1　001
方颈长
Definition：螺栓杆的方颈长度
DC：P511AAA025-1　带方颈的杆
PLS：f
Unit：mm
VF：NR2..3.3

DT：LEVEL_TYPE
PTC：T03
SDD：GB/T 14—1998
DOD：2006-02-22　　DCV：2006-02-22
DCR：2006-02-22

P511BAA075-1　　001
公称直径 B
Definition：六角花形沉槽的内径
DC：P511AAA222-1　　六角花形沉槽
PLS：B
Unit：mm
VF：NR2..3.3
DT：REAL_MEASURE_TYPE
PTC：T03
SDD：GB/T 6188—2000
DOD：2006-02-22　　DCV：2006-02-22
DCR：2006-02-22

P511BAA077-1　　001
截锥端直径
Definition：截锥端的最小直径
DC：P511AAA028-1　　尾部
PLS：dt
Unit：mm
VF：NR2..3.3
DT：REAL_MEASURE_TYPE
PTC：T03
SDD：GB/T 2—2001
DOD：2006-02-22　　DCV：2006-02-22
DCR：2006-02-22

P511BAA078-1　　001
凹端直径
Definition：凹端直径
DC：P511AAA028-1　　尾部
PLS：dz
Unit：mm
VF：NR2..3.3
DT：REAL_MEASURE_TYPE
PTC：T03
SDD：GB/T 2—2001
DOD：2006-02-22　　DCV：2006-02-22
DCR：2006-02-22

P511BAA079-1　　001
末端长度
Definition：螺纹尾部与紧固件尾部的距离
DC：P511AAA028-1　　尾部
PLS：z1/z2
Unit：mm
VF：NR2..3.3
DT：REAL_MEASURE_TYPE
PTC：T03
SDD：GB/T 2—2001
DOD：2006-02-22　　DCV：2006-02-22
DCR：2006-02-22

P511BAA080-1　　001
刮销端直径
Definition：刮销端锥端最小直径
DC：P511AAA028-1　　尾部
PLS：dn
Unit：mm
VF：NR2..3.3
DT：REAL_MEASURE_TYPE
PTC：T03
SDD：GB/T 2—2001
DOD：2006-02-22　　DCV：2006-02-22
DCR：2006-02-22

P511BAA081-1　　001
刮销端锥形部分的长度
Definition：刮销端锥形部分的长度
DC：P511AAA036-1　　刮销端
PLS：lk
Unit：mm
VF：NR2..3.3
DT：REAL_MEASURE_TYPE
PTC：T03
SDD：GB/T 2—2001
DOD：2006-02-22　　DCV：2006-02-22
DCR：2006-02-22

P511BAA082-1　　001
不完整螺纹的长度

Definition：米制外螺纹紧固件不完整螺纹的长度
DC：P511AAA028-1　　尾部
PLS：u
Unit：mm
VF：NR2..3.3
DT：REAL_MEASURE_TYPE
PTC：T03
SDD：GB/T 2—2001
DOD：2006-02-22　　DCV：2006-02-22
DCR：2006-02-22

P511BAA083-1　　001
刮销端的长度
Definition：从切销边界的始点到紧固件尾部的长度
DC：P511AAA036-1　　刮销端
PLS：ln
Unit：mm
VF：NR2..3.3
DT：REAL_MEASURE_TYPE
PTC：T03
SDD：GB/T 2—2001
DOD：2006-02-22　　DCV：2006-02-22
DCR：2006-02-22

P511BAA084-1　　001
末端倒圆半径
Definition：末端倒圆半径
DC：P511AAA028-1　　尾部
PLS：re
Unit：mm
VF：NR2..3.3
DT：REAL_MEASURE_TYPE
PTC：T03
SDD：GB/T 2—2001
DOD：2006-02-22　　DCV：2006-02-22
DCR：2006-02-22

P511BAA085-1　　001
平端或圆柱端直径
Definition：平端或圆柱端直径
DC：P511AAA028-1　　尾部
PLS：dp
Unit：mm
VF：NR2..3.3
DT：REAL_MEASURE_TYPE
PTC：T03
SDD：GB/T 2—2001
DOD：2006-02-22　　DCV：2006-02-22
DCR：2006-02-22

P511BAA087-1　　001
过渡长度
Definition：从头部到杆部的锥状过渡长度
DC：P511AAA004-1　　外螺纹紧固件组件
PLS：lf
Unit：mm
VF：NR2..3.3
DT：REAL_MEASURE_TYPE
PTC：T03
SDD：GB/T 5276—1985，GB/T 5782—2000
DOD：2006-02-22　　DCV：2006-02-22
DCR：2006-02-22

P511BAA090-1　　001
平端直径
Definition：自攻螺钉平端直径
DC：P511AAA132-1　　自攻螺钉平端(F型)
PLS：d3
Unit：mm
VF：NR2..3.3
DT：LEVEL_TYPE
PTC：T03
SDD：GB/T 5280—2002
DOD：2006-02-22　　DCV：2006-02-22
DCR：2006-02-22

P511BAA092-1　　001
六角花形沉槽编号
Definition：定义六角花形沉槽的编号
DC：P511AAA222-1　　六角花形沉槽
Unit：
VF：M..30
DT：STRING_TYPE
PTC：A51
SDD：GB/T 6188—2000

DOD：2006-02-22　　DCV：2006-02-22
DCR：2006-02-22

P511BAA093-1　　001
自钻点直径
Definition：自钻螺钉的自钻点直径
DC：P511AAA012-1　　自钻螺钉的自钻点
PLS：dp
Unit：mm
VF：NR2..3.3
DT：REAL_MEASURE_TYPE
PTC：T03
SDD：GB/T 15856.5—2002
DOD：2006-02-22　　DCV：2006-02-22
DCR：2006-02-22

P511BAA096-1　　001
自攻螺纹尾部长度
Definition：从最后一扣全螺纹到自攻螺钉尾部的距离
DC：P511AAA028-1　　尾部
PLS：y
Unit：mm
VF：NR2..3.3
DT：REAL_MEASURE_TYPE
PTC：T03
SDD：GB/T 5280—2002
DOD：2006-02-22　　DCV：2006-02-22
DCR：2006-02-22

P511BAA098-1　　001
六角沉槽对角宽度
Definition：六角沉槽对角间的距离
DC：P511AAA042-1　　内扳拧
PLS：e
Unit：mm
VF：NR2..3.3
DT：REAL_MEASURE_TYPE
PTC：T03
SDD：GB/T 70.1—2000
DOD：2006-02-22　　DCV：2006-02-22
DCR：2006-02-22

P511BAA101-1　　001
开槽深度
Definition：内扳拧开槽深度
DC：P511AAA042-1　　内扳拧
PLS：t
Unit：mm
VF：NR2..3.3
DT：LEVEL_TYPE
PTC：T03
SDD：GB/T 71—1985，GB/T 5276—1985
DOD：2006-02-22　　DCV：2006-02-22
DCR：2006-02-22

P511BAA102-1　　001
凹槽编号
Definition：定义十字槽的编号
DC：P511AAA042-1　　内扳拧
Unit：
VF：NR2..3.3
DT：REAL_TYPE
PTC：T03
SDD：GB/T 822—2000
DOD：2006-02-22　　DCV：2006-02-22
DCR：2006-02-22

P511BAA103-1　　001
头部形状名称
Definition：外螺纹紧固件的头部形状名称
DC：P511AAA004-1　　外螺纹紧固件组件
Unit：
VF：M..128
DT：STRING_TYPE
PTC：A51
DOD：2006-02-22　　DCV：2006-02-22
DCR：2006-02-22

P511BAA104-1　　001
头部形状图片
Definition：外螺纹紧固件的头部形状图片名称
DC：P511AAA004-1　　外螺纹紧固件组件
Unit：
VF：
DT：ENTITY_INSTANCE_TYPE

PTC：A58
DOD：2006-02-22　　DCV：2006-02-22
DCR：2006-02-22

P511BAA105-1　　001
杆部形状名称
Definition：外螺纹紧固件的杆部形状名称
DC：P511AAA004-1　　外螺纹紧固件组件
Unit：
VF：M..128
DT：STRING_TYPE
PTC：A51
DOD：2006-02-22　　DCV：2006-02-22
DCR：2006-02-22

P511BAA106-1　　001
杆部形状图片
Definition：外螺纹紧固件的杆部图片名称
DC：P511AAA004-1　　外螺纹紧固件组件
Unit：
VF：
DT：ENTITY_INSTANCE_TYPE
PTC：A58
DOD：2006-02-22　　DCV：2006-02-22
DCR：2006-02-22

P511BAA107-1　　001
尾部形状名称
Definition：外螺纹紧固件的尾部形状名称
DC：P511AAA004-1　　外螺纹紧固件组件
Unit：
VF：M..128
DT：STRING_TYPE
PTC：A51
DOD：2006-02-22　　DCV：2006-02-22
DCR：2006-02-22

P511BAA108-1　　001
尾部形状图片
Definition：外螺纹紧固件的尾部图片名称
DC：P511AAA004-1　　外螺纹紧固件组件
Unit：
VF：
DT：ENTITY_INSTANCE_TYPE
PTC：A58
DOD：2006-02-22　　DCV：2006-02-22
DCR：2006-02-22

P511BAA109-1　　001
内扳拧形状名称
Definition：外螺纹紧固件的内扳拧特征名称
DC：P511AAA004-1　　外螺纹紧固件组件
Unit：
VF：M..128
DT：STRING_TYPE
PTC：A51
DOD：2006-02-22　　DCV：2006-02-22
DCR：2006-02-22

P511BAA110-1　　001
内扳拧形状图片
Definition：外螺纹紧固件的内扳拧特征图片名称
DC：P511AAA004-1　　外螺纹紧固件组件
Unit：
VF：
DT：ENTITY_INSTANCE_TYPE
PTC：A58
DOD：2006-02-22　　DCV：2006-02-22
DCR：2006-02-22

P511BAA114-1　　001
过渡圆直径
Definition：螺母螺纹尾部的过渡圆直径
DC：P511AAA052-1　　螺母
PLS：da
Unit：mm
VF：NR2..3.3
DT：LEVEL_TYPE
PTC：T03
SDD：GB/T 5276—1985
DOD：2006-02-22　　DCV：2006-02-22
DCR：2006-02-22

P511BAA117-1　　001
螺母高度
Definition：螺母的总高

DC：P511AAA052-1　　螺母
PLS：m/h
Unit：mm
VF：NR2..3.3
DT：REAL_MEASURE_TYPE
PTC：T03
SDD：GB/T 5276—1985
DOD：2006-02-22　　DCV：2006-02-22
DCR：2006-02-22

P511BAA179-1　　001
钢钉头高度
Definition：铆钉的头部高度
DC：P511AAA345-1　　铆钉
PLS：k
Unit：mm
VF：NR2..3.3
DT：REAL_MEASURE_TYPE
PTC：T03
SDD：ISO 14588:2000
DOD：2006-02-22　　DCV：2006-02-22
DCR：2006-02-22

P511BAA180-1　　001
铆钉头直径
Definition：铆钉的头部直径
DC：P511AAA345-1　　铆钉
PLS：dk
Unit：mm
VF：NR2..3.3
DT：REAL_MEASURE_TYPE
PTC：T03
SDD：ISO 14588:2000
DOD：2006-02-22　　DCV：2006-02-22
DCR：2006-02-22

P511BAA189-1　　001
抽芯伸出长度
Definition：从盲铆钉头伸出的抽芯最大长度
DC：P511AAA083-1　　盲铆钉
PLS：p
Unit：mm
VF：NR2..3.3
DT：REAL_MEASURE_TYPE
PTC：T03
SDD：ISO 14588:2000
DOD：2006-02-22　　DCV：2006-02-22
DCR：2006-02-22

P511BAA190-1　　001
抽芯直径
Definition：盲铆钉的抽芯直径
DC：P511AAA083-1　　盲铆钉
PLS：dm
Unit：mm
VF：NR2..3.3
DT：REAL_MEASURE_TYPE
PTC：T03
SDD：ISO 14588:2000
DOD：2006-02-22　　DCV：2006-02-22
DCR：2006-02-22

P511BAA191-1　　001
盲头长度
Definition：沿盲铆钉轴线方向测量铆钉盘头或沉头的长度
DC：P511AAA083-1　　盲铆钉
PLS：b
Unit：mm
VF：NR2..3.3
DT：REAL_MEASURE_TYPE
PTC：T03
SDD：ISO 14588:2000
DOD：2006-02-22　　DCV：2006-02-22
DCR：2006-02-22

P511BAA193-1　　001
销腿的距离
Definition：开口销腿两个腿端的距离
DC：P511AAA248-1　　开口销
PLS：a
Unit：mm
VF：NR2..3.3
DT：LEVEL_TYPE
PTC：T03
SDD：ISO 1234:1997

DOD：2006-02-22　　DCV：2006-02-22
DCR：2006-02-22

P511BAA195-1　　001
开口销眼孔高
Definition：开口销眼孔形状的高
DC：P511AAA248-1　　开口销
PLS：b
Unit：mm
VF：NR2..3.3
DT：REAL_MEASURE_TYPE
PTC：T03
SDD：ISO 1234：1997
DOD：2006-02-22　　DCV：2006-02-22
DCR：2006-02-22

P511BAA196-1　　001
开口销眼孔直径
Definition：开口销眼孔形状的直径
DC：P511AAA248-1　　开口销
PLS：c
Unit：mm
VF：NR2..3.3
DT：LEVEL_TYPE
PTC：T03
SDD：GB/T 91—2000
DOD：2006-02-22　　DCV：2006-02-22
DCR：2006-02-22

P511BAA198-1　　001
锥销大端半径
Definition：锥销大端半径
DC：P511AAA249-1　　简单锥销
PLS：r2
Unit：mm
VF：NR2..3.3
DT：REAL_MEASURE_TYPE
PTC：T03
SDD：GB/T 117—2000
DOD：2006-02-22　　DCV：2006-02-22
DCR：2006-02-22

P511BAA199-1　　001
圆端高
Definition：锥销或槽销的圆端高度
DC：P511AAA098-1　　销钉
PLS：a
Unit：mm
VF：NR2..3.3
DT：REAL_MEASURE_TYPE
PTC：T03
SDD：GB/T 117—2000
DOD：2006-02-22　　DCV：2006-02-22
DCR：2006-02-22

P511BAA200-1　　001
锥度
Definition：圆锥单位长度上直径的减少量
DC：P511AAA358-1　　锥销
Unit：
VF：NR2..3.3
DT：REAL_TYPE
PTC：T03
SDD：GB/T 117—2000
DOD：2006-02-22　　DCV：2006-02-22
DCR：2006-02-22

P511BAA202-1　　001
内螺纹尾部倒角宽度
Definition：带内螺纹的锥销的内螺纹尾部倒角宽度
DC：P511AAA253-1　　内螺纹圆柱销
PLS：c1
Unit：mm
VF：NR2..3.3
DT：REAL_MEASURE_TYPE
PTC：T03
SDD：GB/T 120.1—2000
DOD：2006-02-22　　DCV：2006-02-22
DCR：2006-02-22

P511BAA204-1　　001
销钉的沉孔直径
Definition：销钉内螺纹沉槽直径
DC：P511AAA098-1　　销钉
PLS：d2

Unit：mm
VF：NR2..3.3
DT：REAL_MEASURE_TYPE
PTC：T03
SDD：GB/T 118—2000
DOD：2006-02-22　　DCV：2006-02-22
DCR：2006-02-22

P511BAA205-1　　001
销钉的内螺纹长度
Definition：锥销或平行销的内螺纹长度
DC：P511AAA098-1　　销钉
PLS：t1
Unit：mm
VF：NR2..3.3
DT：REAL_MEASURE_TYPE
PTC：T03
SDD：GB/T 118—2000
DOD：2006-02-22　　DCV：2006-02-22
DCR：2006-02-22

P511BAA206-1　　001
孔深
Definition：带内螺纹的销钉的螺孔深
DC：P511AAA098-1　　销钉
PLS：t2
Unit：mm
VF：NR2..3.3
DT：REAL_MEASURE_TYPE
PTC：T03
SDD：GB/T 118—2000，GB/T 120.2—2000
DOD：2006-02-22　　DCV：2006-02-22
DCR：2006-02-22

P511BAA207-1　　001
圆柱沉孔深度
Definition：带内螺纹的销钉的沉孔深度
DC：P511AAA098-1　　销钉
PLS：t3
Unit：mm
VF：NR2..3.3
DT：REAL_MEASURE_TYPE
PTC：T03
SDD：GB/T 118—2000
DOD：2006-02-22　　DCV：2006-02-22
DCR：2006-02-22

P511BAA208-1　　001
伸出圆锥销的螺纹长度
Definition：伸出圆锥销的螺纹长度
DC：P511AAA251-1　　带外螺纹的锥销
PLS：a
Unit：mm
VF：NR2..3.3
DT：REAL_MEASURE_TYPE
PTC：T03
SDD：GB/T 881—2000
DOD：2006-02-22　　DCV：2006-02-22
DCR：2006-02-22

P511BAA209-1　　001
螺纹部分的长度
Definition：带外螺纹的锥销的螺纹(包括导向端)长度
DC：P511AAA251-1　　带外螺纹的锥销
PLS：b
Unit：mm
VF：NR2..3.3
DT：LEVEL_TYPE
PTC：T03
SDD：GB/T 881—2000
DOD：2006-02-22　　DCV：2006-02-22
DCR：2006-02-22

P511BAA210-1　　001
导向端长度
Definition：带外螺纹锥销的导向端(伸出部分)长度
DC：P511AAA251-1　　带外螺纹的锥销
PLS：z
Unit：mm
VF：NR2..3.3
DT：LEVEL_TYPE
PTC：T03
SDD：GB/T 881—2000
DOD：2006-02-22　　DCV：2006-02-22

DCR：2006-02-22

P511BAA211-1　　001
导向端直径
Definition：带外螺纹锥销的导向端（伸出部分）直径
DC：P511AAA251-1　　带外螺纹的锥销
PLS：d3
Unit：mm
VF：NR2..3.3
DT：LEVEL_TYPE
PTC：T03
SDD：GB/T 881—2000
DOD：2006-02-22　　DCV：2006-02-22
DCR：2006-02-22

P511BAA215-1　　001
倒角直径
Definition：弹簧类直销倒角直径
DC：P511AAA357-1　　弹簧销
PLS：d2/d1
Unit：mm
VF：NR2..3.3
DT：REAL_MEASURE_TYPE
PTC：T03
DOD：2006-02-22　　DCV：2006-02-22
DCR：2006-02-22

P511BAA216-1　　001
材料厚度
Definition：弹簧类销钉（槽制或卷制）的壁厚
DC：P511AAA098-1　　销钉
PLS：s
Unit：mm
VF：NR2..3.3
DT：REAL_MEASURE_TYPE
PTC：T03
DOD：2006-02-22　　DCV：2006-02-22
DCR：2006-02-22

P511BAA217-1　　001
销钉倒角长度
Definition：销钉头部或尾部倒角长度
DC：P511AAA098-1　　销钉
PLS：a/c/c2
Unit：mm
VF：NR2..3.3
DT：REAL_MEASURE_TYPE
PTC：T03
DOD：2006-02-22　　DCV：2006-02-22
DCR：2006-02-22

P511BAA225-1　　001
销钉头高
Definition：叉杆销或槽销的头部高度
DC：P511AAA098-1　　销钉
PLS：k
Unit：mm
VF：NR2..3.3
DT：REAL_MEASURE_TYPE
PTC：T03
SDD：GB/T 882—198
DOD：2006-02-22　　DCV：2006-02-22
DCR：2006-02-22

P511BAA229-1　　001
开口销孔定位长度
Definition：规定开口销孔定位长度
DC：P511AAA355-1　　叉杆销
PLS：lh
Unit：mm
VF：NR2..3.3
DT：REAL_MEASURE_TYPE
PTC：T03
SDD：GB/T 880—1986，GB/T 882—1986
DOD：2006-02-22　　DCV：2006-02-22
DCR：2006-02-22

P511BAA230-1　　001
从开口销孔直径
Definition：叉销的开口销孔直径
DC：P511AAA355-1　　叉杆销
PLS：d1
Unit：mm
VF：NR2..3.3
DT：REAL_MEASURE_TYPE

PTC：T03
SDD：GB/T 880—1986，GB/T 882—1986
DOD：2006-02-22　　DCV：2006-02-22
DCR：2006-02-22

P511BAA231-1　　001
皇冠半径
Definition：槽销的皇冠半径或锥销的小皇冠半径
DC：P511AAA098-1　　销钉
PLS：r
Unit：mm
VF：NR2..3.3
DT：REAL_MEASURE_TYPE
PTC：T03
SDD：GB/T 13829.1—2004
DOD：2006-02-22　　DCV：2006-02-22
DCR：2006-02-22

P511BAA232-1　　001
导向长度
Definition：槽角的导向长度
DC：P511AAA257-1　　槽销—带导杆及全长平行沟槽
PLS：c
Unit：mm
VF：NR2..3.3
DT：LEVEL_TYPE
PTC：T03
SDD：GB/T 13829.1—2004
DOD：2006-02-22　　DCV：2006-02-22
DCR：2006-02-22

P511BAA234-1　　001
展开直径
Definition：沿槽外边测量的槽销杆部直径
DC：P511AAA356-1　　槽销
PLS：d2
Unit：mm
VF：NR2..3.3
DT：REAL_MEASURE_TYPE
PTC：T03
SDD：GB/T 13829.1—2004
DOD：2006-02-22　　DCV：2006-02-22
DCR：2006-02-22

P511BAA235-1　　001
槽角
Definition：槽销的槽角
DC：P511AAA356-1　　槽销
Unit：Degree
VF：NR2..3.3
DT：REAL_MEASURE_TYPE
PTC：T01
SDD：GB/T 13829.1—2004
DOD：2006-02-22　　DCV：2006-02-22
DCR：2006-02-22

P511BAA237-1　　001
销钉头部直径
Definition：叉销或槽销的头部直径
DC：P511AAA098-1　　销钉
PLS：dk
Unit：mm
VF：NR2..3.3
DT：LEVEL_TYPE
PTC：T03
SDD：GB/T 13829.8—2004
DOD：2006-02-22　　DCV：2006-02-22
DCR：2006-02-22

P511BAA239-1　　001
内径
Definition：弹性销槽内径
DC：P511AAA261-1　　沉头槽销弹性圆柱销 卷制
PLS：d1
Unit：mm
VF：NR2..3.3
DT：REAL_MEASURE_TYPE
PTC：T03
SDD：GB/T 879.1—2000
DOD：2006-02-22　　DCV：2006-02-22
DCR：2006-02-22

P511BAA241-1　　001
皇冠高度

Definition：包括槽销凸面高度和倒角宽度
DC：P511AAA258-1　　槽销—带倒角及全长平行沟槽
PLS：c2
Unit：mm
VF：NR2..3.3
DT：REAL_MEASURE_TYPE
PTC：T03
SDD：GB/T 13829.2—2004
DOD：2006-02-22　　DCV：2006-02-22
DCR：2006-02-22

P511BAA242-1　　001
凸面高度
Definition：带倒角的槽销的锥端凸面高度
DC：P511AAA258-1　　槽销—带倒角及全长平行沟槽
PLS：c1
Unit：mm
VF：NR2..3.3
DT：REAL_MEASURE_TYPE
PTC：T03
SDD：GB/T 13829.2—2004
DOD：2006-02-22　　DCV：2006-02-22
DCR：2006-02-22

P511BAA243-1　　001
头部特性
Definition：表示外螺纹紧固件头部的实际特性
DC：P511AAA004-1　　外螺纹紧固件组件
Unit：
VF：
DT：CLASS_INSTANCE_TYPE：P511AAA008
PTC：A52
DOD：2006-02-22　　DCV：2006-02-22
DCR：2006-02-22

P511BAA244-1　　001
杆部特性
Definition：表示外螺纹紧固件杆部的实际特性
DC：P511AAA004-1　　外螺纹紧固件组件
Unit：
VF：
DT：CLASS_INSTANCE_TYPE：P511AAA024
PTC：A52
DOD：2006-02-22　　DCV：2006-02-22
DCR：2006-02-22

P511BAA245-1　　001
尾部特性
Definition：表示外螺纹紧固件尾部的实际特性
DC：P511AAA004-1　　外螺纹紧固件组件
Unit：
VF：
DT：CLASS_INSTANCE_TYPE：P511AAA028
PTC：A52
DOD：2006-02-22　　DCV：2006-02-22
DCR：2006-02-22

P511BAA246-1　　001
螺纹特性
Definition：表示螺纹紧固件螺纹的实际特性
DC：P511AAA002-1　　紧固件
Unit：
VF：
DT：CLASS_INSTANCE_TYPE：P511AAA037
PTC：A52
DOD：2006-02-22　　DCV：2006-02-22
DCR：2006-02-22

P511BAA247-1　　001
内扳拧特性
Definition：表示外螺纹紧固件内扳拧的实际特性
DC：P511AAA004-1　　外螺纹紧固件组件
Unit：
VF：
DT：CLASS_INSTANCE_TYPE：P511AAA042
PTC：A52
DOD：2006-02-22　　DCV：2006-02-22
DCR：2006-02-22

P511BAA248-1　　001
螺纹公差带
Definition：规定螺纹公差的公差带位置
DC：P511AAA002-1　　紧固件
Unit：

VF：M..30
DT：NON_QUANTITATIVE _CODE_TYPE
H=内螺纹基准偏差 H 型
h=内螺纹基准偏差 G 型
g=内螺纹基准偏差 g 型
G=内螺纹基准偏差 H 型
f=铁素体钢
e=内螺纹基准偏差 e 型
PTC：A59
SDD：ISO 965-1:1998
DOD：2006-02-22　　DCV：2006-02-22
DCR：2006-02-22

P511BAA249-1　　001
螺纹公差等级
Definition：规定螺纹公差的公差带大小
DC：P511AAA002-1　　紧固件
Unit：
VF：M..30
DT：NON_QUANTITATIVE _CODE_TYPE
3= ISO 965-1 中定义的螺纹公差等级
4= 钢紧固件性能等级 4
5= 钢紧固件性能等级 5
6= 钢紧固件性能等级 6
7= ISO 965-1 中定义的螺纹公差等级
8= 钢紧固件性能等级 8
9= 钢紧固件性能等级 9
PTC：A59
SDD：ISO 965-1:1998
DOD：2006-02-22　　DCV：2006-02-22
DCR：2006-02-22

P511BAA253-1　　001
剪切载荷
Definition：铆钉最小剪切载荷
DC：P511AAA345-1　　铆钉
Unit：N
VF：NR2..3.3
DT：REAL_MEASURE_TYPE
PTC：T03
SDD：GB/T 12616—1990
DOD：2006-02-22　　DCV：2006-02-22
DCR：2006-02-22

P511BAA254-1　　001
抗拉强度
Definition：铆钉最小抗拉强度
DC：P511AAA083-1　　盲铆钉
Unit：N
VF：NR2..3.3
DT：REAL_MEASURE_TYPE
PTC：T03
SDD：GB/T 12616—1990
DOD：2006-02-22　　DCV：2006-02-22
DCR：2006-02-22

P511BAA255-1　　001
芯轴断裂载荷
Definition：盲铆钉芯轴断裂最大载荷
DC：P511AAA083-1　　盲铆钉
Unit：N
VF：NR2..3.3
DT：REAL_MEASURE_TYPE
PTC：T03
SDD：GB/T 12616—1990
DOD：2006-02-22　　DCV：2006-02-22
DCR：2006-02-22

P511BAA256-1　　001
螺纹公差级别
Definition：规定螺纹公差带的位置和大小
DC：P511AAA002-1　　紧固件
Unit：
VF：M..30
DT：NON_QUANTITATIVE _CODE_TYPE
9h=螺纹公差等级 9，位置公差 h
9g=螺纹公差等级 9，位置公差 g
8h=螺纹公差等级 8，位置公差 H
8H=螺纹公差等级 8，位置公差 H
8G=螺纹公差等级 8，位置公差 G
8g=螺纹公差等级 8，位置公差 G
7h=螺纹公差等级 7，位置公差 H
7H=螺纹公差等级 7，位置公差 H
7G=螺纹公差等级 7，位置公差 G
7g=螺纹公差等级 7，位置公差 G
6h=螺纹公差等级 6，位置公差 H

6H=螺纹公差等级 6，位置公差 H
6G=螺纹公差等级 6，位置公差 G
6g=螺纹公差等级 6，位置公差 G
5H=螺纹公差等级 5，位置公差 H
5h=螺纹公差等级 5，位置公差 H
5G=螺纹公差等级 5，位置公差 G
5g=螺纹公差等级 5，位置公差 G
4H=螺纹公差等级 4，位置公差 H
4h=螺纹公差等级 4，位置公差 H
4G=螺纹公差等级 4，位置公差 G
4g=螺纹公差等级 4，位置公差 G
3g=螺纹公差等级 3，位置公差 g

PTC：A59
SDD：ISO 965-1:1998
DOD：2006-02-22 DCV：2006-02-22
DCR：2006-02-22

P511BAA303-1 001
头部类型
Definition：根据外螺纹紧固件头部特征给分类特性赋的值(非定量代码)
DC：P511AAA003-1 外螺纹紧固件
Unit：
VF：M..30
DT：NON_QUANTITATIVE_CODE_TYPE

TRIC=三角头凸缘
TOM=带旋棒的头
THD=T 形头
SQR=方头
SQEC=带凸缘的方头
ROH=圆头
RADC=半沉头
PAN=盘头
OTN=八角头
HWW=蝶形
HWK=网纹滚花
HEXW=带垫圈面的六角头
HEXO=带凸缘的六角头
HEX=六角头
HEWF=带法兰面的六角头
EYS=吊环形头
ELS=环眼形头
CRAI=球面圆柱头
COT=沉头
CLD=圆柱头
CHS=圆台头
CHD=半圆头
BUT=平圆头
12PFL=12 角头法兰面

PTC：A52
DOD：2006-02-22 DCV：2006-02-22
DCR：2006-02-22

P511BAA305-1 001
杆部类型
Definition：根据外螺纹紧固件杆部特征给分类特性赋的值(非定量代码)
DC：P511AAA003-1 外螺纹紧固件
Unit：
VF：M..30
DT：NON_QUANTITATIVE_CODE_TYPE

WID=腰状杆
SQN=带方颈的杆
SHD=轴肩杆
RDD=缩杆
FLS=全杆
FIT=加强杆

PTC：A52
DOD：2006-02-22 DCV：2006-02-22
DCR：2006-02-22

P511BAA306-1 001
尾部类型
Definition：根据外螺纹紧固件尾部特征给分类特性赋的值(非定量代码)
DC：P511AAA003-1 外螺纹紧固件
Unit：
VF：M..30
DT：NON_QUANTITATIVE_CODE_TYPE

TPP=导向锥端
TCP=截锥端
SCP=刮销端
ROU=自攻螺钉圆端(R 型)
RDE=倒圆端
PIP=导向平端
FLA=平端

EOT=自攻锁紧螺钉的尾部
DRD=自钻螺钉的自钻点
DGP=圆柱端
CPT=锥端
CPP=凹端
CON=自攻螺钉的锥端(C 型)
CFE=倒角端
CET=自攻螺钉平端(F 型)
ARE=辗制末端

PTC：A52
DOD：2006-02-22　　DCV：2006-02-22
DCR：2006-02-22

P511BAA307-1　　001
螺纹类型
Definition：根据外螺纹紧固件螺纹类型给分类特性赋的值(非定量代码)
DC：P511AAA001-1　　机械系统和通用件
Unit：
VF：M..128
DT：NON_QUANTITATIVE_CODE_TYPE
WST=木螺钉螺纹
TST=自攻螺钉螺纹
MIT=米制内螺纹
MET=米制外螺纹
MEP=自挤螺钉螺纹

PTC：A52
DOD：2006-02-22　　DCV：2006-02-22
DCR：2006-02-22

P511BAA308-1　　001
内扳拧类型
Definition：根据外螺纹紧固件内扳拧特征给分类特性赋的值(非定量代码)
DC：P511AAA003-1　　外螺纹紧固件
Unit：
VF：M..30
DT：NON_QUANTITATIVE_CODE_TYPE
TRS=内三角
SSS=内六角
SQS=内四角
SLO=开槽
HXS=六角沉槽
HXLS=六角花形沉槽
CZT=十字槽(Z 型)
CRR=十字槽(H 型)
CRH=十字孔
12 S=内 12 角

PTC：A52
DOD：2006-02-22　　DCV：2006-02-22
DCR：2006-02-22

P511BAA319-1　　001
制造商机构标识
Definition：在编码系统中给承担法律责任的产品制造商分配的机构标识
DC：P511AAA001-1　　机械系统和通用件
Unit：
VF：M..128
DT：STRING_TYPE
PTC：A21
DOD：2006-02-22　　DCV：2006-02-22
DCR：2006-02-22

P511BAA320-1　　001
紧固件材料标识
Definition：表示紧固件材料类型的标识码
DC：P511AAA002-1　　紧固件
Unit：
VF：M..30
DT：NON_QUANTITATIVE_CODE_TYPE
F1=铁素体钢等级 F1
F=铁素体钢
CU6=CuAl10Ni5Fe4
CU5=CuNi1Si
CU4=CuSn6
CU3=CuZn39ph3
CU2=CuZn37
CU1=Cu-ETP or Cu-FRHC
Carbon steel=Carbon steel
C4=马氏体钢等级 C4
C3=马氏体钢等级 C3
C1=马氏体钢等级 C1
C=马氏体钢
Alloy steel=铝合金
AL6=AlZn5,5MgCu

AL5＝AlZnMgCu 0,5
AL4＝AlCu4MgSi
AL3＝AlSiMgMn
AL2＝AlMg5
AL1＝AlMg3
A5＝奥氏体钢等级 A5
A4＝奥氏体钢等级 A4
A3＝奥氏体钢等级 A3
A2＝奥氏体钢等级 A2
A1＝奥氏体钢等级 A1
A＝奥氏体钢
PTC：A59
SDD：ISO 8992：2005，GB/T 3098.10—1993，GB/T 3098.6—2000，GB/T 3098.15—2000，GB/T 3098.16—2000
DOD：2006-02-22　DCV：2006-02-22
DCR：2006-02-22

P511BAA321-1　001
钢制紧固件性能等级
Definition：表示钢制紧固件所有机械和物理性能的标识码，如抗拉强度、屈服强度、断裂前的延伸率和硬度等
DC：P511AAA002-1　紧固件
Unit：
VF：M..30
DT：NON_QUANTITATIVE_CODE_TYPE
9.8＝钢紧固件性能等级 9.8
9＝钢紧固件性能等级 9
8.8＝钢紧固件性能等级 8.8
8＝钢紧固件性能等级 8
6.8＝钢紧固件性能等级 6.8
6＝钢紧固件性能等级 6
5.8＝钢紧固件性能等级 5.8
5.6＝钢紧固件性能等级 5.6
5＝钢紧固件性能等级 5
4.8＝钢紧固件性能等级 4.8
4.6＝钢紧固件性能等级 4.6
4＝钢紧固件性能等级 4
3.6＝钢紧固件性能等级 3.6
12.9＝钢紧固件性能等级 12.9
12＝钢紧固件性能等级 12
10.9＝钢紧固件性能等级 10.9
10＝钢紧固件性能等级 10
05＝钢紧固件性能等级 05
04＝钢紧固件性能等级 04
PTC：A59
SDD：GB/T 3098.1—2000，GB/T 3098.2—2000，GB/T 3098.4—2000
DOD：2006-02-22　DCV：2006-02-22
DCR：2006-02-22

P511BAA322-1　001
紧固件材料名称
Definition：紧固件材料名称
DC：P511AAA002-1　紧固件
Unit：
VF：M..64
DT：STRING_TYPE
PTC：A51
DOD：2006-02-22　DCV：2006-02-22
DCR：2006-02-22

P511BAA323-1　001
不锈钢紧固件性能等级
Definition：表示不锈钢制紧固件所有机械和物理性能的标识码，如抗拉强度、屈服强度、断裂前的延伸率和硬度等
DC：P511AAA002-1　紧固件
Unit：
VF：M..30
DT：NON_QUANTITATIVE_CODE_TYPE
80＝不锈钢紧固件性能等级 80
70＝不锈钢紧固件性能等级 70
60＝不锈钢紧固件性能等级 60
50＝不锈钢紧固件性能等级 50
45＝不锈钢紧固件性能等级 45
110＝不锈钢紧固件性能等级 110
055＝不锈钢紧固件性能等级 055
040＝不锈钢紧固件性能等级 040
035＝不锈钢紧固件性能等级 035
030＝不锈钢紧固件性能等级 030
025＝不锈钢紧固件性能等级 025
020＝不锈钢紧固件性能等级 020
PTC：A59
SDD：GB/T 3098.6—2000，GB/T 3098.16—2000

DOD：2006-02-22　　DCV：2006-02-22
DCR：2006-02-22

P511BAA324-1　　001
紧固件镀层标识码
Definition：根据 ISO 4042 规定的字符串结构，规定紧固件镀层最小镀层厚度、光洁度、镀铬处理的标识码
DC：P511AAA002-1　　紧固件
Unit：
VF：M..64
DT：STRING_TYPE
PTC：A51
SDD：GB/T 5267.1—2004，GB/T 5267.2—2004
DOD：2006-02-22　　DCV：2006-02-22
DCR：2006-02-22

P511BAA326-1　　001
产品等级
Definition：用于规定尺寸公差和形状和位置公差
DC：P511AAA002-1　　紧固件
Unit：
VF：M..30
DT：NON_QUANTITATIVE_CODE_TYPE
　C＝马氏体钢
　B＝中等精度选择公差
　A＝奥氏体钢
PTC：A56
SDD：GB/T 3103.1—2002，GB/T 3103.3—2000
DOD：2006-02-22　　DCV：2006-02-22
DCR：2006-02-22

P511BAA327-1　　001
螺距类型
Definition：规定螺纹螺距类型的分类特性，螺纹螺距分为粗牙和细牙
DC：P511AAA001-1　　机械系统和通用件
Unit：
VF：M..30
DT：NON_QUANTITATIVE_CODE_TYPE
　FINE＝细牙
　COR＝粗牙
PTC：A56
SDD：ISO 68-1：1998
DOD：2006-02-22　　DCV：2006-02-22
DCR：2006-02-22

P511BAA328-1　　001
铆钉头部名称
Definition：用于表示铆钉的头部形状的标识
DC：P511AAA345-1　　铆钉
Unit：
VF：M..30
DT：STRING_TYPE
PTC：A51
DOD：2006-02-22　　DCV：2006-02-22
DCR：2006-02-22

P511BAA329-1　　001
铆钉头部图片名称
Definition：用于表示铆钉的头部形状的图片标识
DC：P511AAA345-1　　铆钉
Unit：
VF：
DT：ENTITY_INSTANCE_TYPE
PTC：A58
DOD：2006-02-22　　DCV：2006-02-22
DCR：2006-02-22

P511BAA330-1　　001
铆钉杆部名称
Definition：用于表示铆钉的杆部的标识
DC：P511AAA345-1　　铆钉
Unit：
VF：M..30
DT：STRING_TYPE
PTC：A51
DOD：2006-02-22　　DCV：2006-02-22
DCR：2006-02-22

P511BAA331-1　　001
铆钉杆部图片名称
Definition：用于表示铆钉的杆部的图片标识
DC：P511AAA345-1　　铆钉
Unit：
VF：

DT：ENTITY_INSTANCE_TYPE
PTC：A58
DOD：2006-02-22　　DCV：2006-02-22
DCR：2006-02-22

P511BAA333-1　　001
外径
Definition：垫圈外径
DC：P511AAA072-1　　垫圈
PLS：d2
Unit：mm
VF：NR2..3.3
DT：LEVEL_TYPE
PTC：T03
SDD：GB/T 95—2002
DOD：2006-02-22　　DCV：2006-02-22
DCR：2006-02-22

P511BAA334-1　　001
孔径
Definition：垫圈内径
DC：P511AAA072-1　　垫圈
PLS：d1
Unit：mm
VF：NR2..3.3
DT：LEVEL_TYPE
PTC：T03
SDD：GB/T 95—2002
DOD：2006-02-22　　DCV：2006-02-22
DCR：2006-02-22

P511BAA335-1　　001
垫圈名称
Definition：非标准垫圈的名称
DC：P511AAA072-1　　垫圈
Unit：
VF：M..128
DT：STRING_TYPE
PTC：A51
DOD：2006-02-22　　DCV：2006-02-22
DCR：2006-02-22

P511BAA336-1　　001
材料厚度
Definition：弹性垫圈或锁紧垫圈的材料厚度
DC：P511AAA072-1　　垫圈
PLS：s
Unit：mm
VF：NR2..3.3
DT：REAL_MEASURE_TYPE
PTC：T03
DOD：2006-02-22　　DCV：2006-02-22
DCR：2006-02-22

P511BAA337-1　　001
厚度
Definition：垫圈厚度
DC：P511AAA026-1　　平垫圈
PLS：h
Unit：mm
VF：NR2..3.3
DT：LEVEL_TYPE
PTC：T03
DOD：2006-02-22　　DCV：2006-02-22
DCR：2006-02-22

P511BAA338-1　　001
锥状弹簧垫圈或锁紧垫圈的高度
Definition：锥状弹簧垫圈或锁紧垫圈的高度
DC：P511AAA072-1　　垫圈
PLS：h
Unit：mm
VF：NR2..3.3
DT：REAL_MEASURE_TYPE
PTC：T03
DOD：2006-02-22　　DCV：2006-02-22
DCR：2006-02-22

P511BAA340-1　　001
螺纹规格
Definition：指定螺纹的非定量代码型数据，如M10，ST4.8等
DC：P511AAA002-1　　紧固件
Unit：
VF：M..30
DT：STRING_TYPE

PTC：T03
SDD：GB/T 5285—1985
DOD：2006-02-22　　DCV：2006-02-22
DCR：2006-02-22

P511BAA342-1　　001
核心硬度
Definition：紧固件核心硬度
DC：P511AAA001-1　　机械系统和通用件
Unit：
VF：NR2 5..3.3
DT：LEVEL_TYPE
PTC：A57
SDD：ISO 6506-1：1999，ISO 6507-1：1999，ISO 6508-1:1999
DOD：2006-02-22　　DCV：2006-02-22
DCR：2006-02-22

P511BAA343-1　　001
表面硬度
Definition：紧固件表面硬度
DC：P511AAA001-1　　机械系统和通用件
Unit：
VF：NR2 5..3.3
DT：LEVEL_TYPE
PTC：A57
SDD：ISO 6506-1：1999，ISO 6507-1：1999，ISO 6508-1:1999
DOD：2006-02-22　　DCV：2006-02-22
DCR：2006-02-22

P511BAA344-1　　001
钢制紧固件硬度等级
Definition：表示钢制紧固件硬度范围的标识码
DC：P511AAA002-1　　紧固件
Unit：
VF：M..30
DT：NON_QUANTITATIVE_CODE_TYPE
45H＝钢制紧固件硬度等级 45H
33H＝钢制紧固件硬度等级 33H
22H＝钢制紧固件硬度等级 22H
14H＝钢制紧固件硬度等级 14H
PTC：A57
SDD：GB/T 3098.3—2000
DOD：2006-02-22　　DCV：2006-02-22
DCR：2006-02-22

P511BAA345-1　　001
硬度测试方法标识
Definition：规定硬度测试方法和相关特征的字符数字编码
DC：P511AAA002-1　　紧固件
Unit：
VF：M..300
DT：NON_QUANTITATIVE_CODE_TYPE
HV50＝维氏硬度，F＝490.4 N，time＝10 to 15 s.
HV5＝维氏硬度，F＝49.03 N，time＝10 to 15 s.
HV30＝维氏硬度，F＝294.2 N，time＝10 to 15 s.
HV3＝维氏硬度，F＝29.42 N，time＝10 to 15 s.
HV20＝维氏硬度，F＝196.1 N，time＝10 to 15 s.
HV2＝维氏硬度，F＝19.61 N，time＝10 to 15 s.
HV100＝维氏硬度，F＝980.7 N，time＝10 to 15 s.
HV10＝维氏硬度，F＝98.07 N，time＝10 to 15 s.
HV1＝维氏硬度，F＝9.807 N，time＝10 to 15 s.
HV0.5＝维氏硬度，F＝4.903 N，time＝10 to 15 s.
HV0.3＝维氏硬度，F＝2.942 N，time＝10 to 15 s.
HV0.2＝维氏硬度，F＝1.961 N，time＝10 to 15 s.
HV0.1＝维氏硬度，F＝0.980 7 N，time＝10 to 15 s.
HV0.05＝维氏硬度，F＝0.490 3 N，time＝10 to 15 s.
HV0.025＝维氏硬度，F＝0.245 2 N，time＝10 to 15 s.
HV0.02＝维氏硬度，F＝0.196 1 N，time＝10

to 15 s.

HV0.015＝维氏硬度，F＝0.147 1 N，time＝10 to 15 s.

HV0.01＝维氏硬度，F＝0.098 07 N，time＝10 to 15 s.

HRKW＝洛氏硬度，K scale，hardmetal ball indenter.

HRKS＝洛氏硬度，K scale，steel ball indenter.

HRHW＝洛氏硬度，H scale，hardmetal ball indenter.

HRHS＝洛氏硬度，H scale，steel ball indenter.

HRGW＝洛氏硬度，G scale，hardmetal ball indenter.

HRGS＝洛氏硬度，G scale，steel ball indenter.

HRFW＝洛氏硬度，F scale，hardmetal ball indenter.

HRFS＝洛氏硬度，F scale，steel ball indenter.

HREW＝洛氏硬度，E scale，hardmetal ball indenter.

HRES＝洛氏硬度，E scale，steel ball indenter.

HRD＝洛氏硬度，D scale，diamond cone indenter.

HRC＝洛氏硬度，C scale，diamond cone indenter.

HRBW＝洛氏硬度，B scale，hardmetal ball indenter.

HRBS＝洛氏硬度，B scale，steel ball indenter.

HRA＝洛氏硬度，A scale，diamond cone indenter.

HR45TW＝洛氏硬度，45T scale，hardmetal ball indenter.

HR45TS＝洛氏硬度，45T scale，steel ball indenter.

HR45N＝洛氏硬度，45N scale，diamond cone indenter.

HR30TW＝洛氏硬度，30T scale，hardmetal ball indenter.

HR30TS＝洛氏硬度，30T scale，steel ball indenter.

HR30N＝洛氏硬度，30N scale，diamond cone indenter.

HR15TW＝洛氏硬度，15T scale，hardmetal ball indenter.

HR15TS＝洛氏硬度，15T scale，steel ball indenter.

HR15N＝洛氏硬度，15N scale，diamond cone indenter.

HBW5/750＝布氏硬度：ball Dia.＝5 mm，F＝7 355 N，time＝10 to 15 s.

HBW5/62.5＝布氏硬度：ball Dia.＝5 mm，F＝612.9 N，time＝10 to 15 s.

HBW5/250＝布氏硬度：ball Dia.＝5 mm，F＝2 452 N ，time＝10 to 15 s.

HBW5/25＝布氏硬度：ball Dia.＝5 mm，F＝245.2 N，time＝10 to 15 s.

HBW5/125＝布氏硬度：ball Dia.＝5 mm，F＝1 226 N，time＝10 to 15 s.

HBW2.5/62.5＝布氏硬度：ball Dia.＝2.5 mm，F＝612.9 N，time＝10 to 15 s.

HBW2.5/6.25＝布氏硬度：ball Dia.＝2.5 mm，F＝61.29 N，time＝10 to 15 s.

HBW2.5/31.25＝布氏硬度：ball Dia.＝2.5 mm，F＝306.5 N ，time＝10 to 15 s.

HBW2.5/187.5＝布氏硬度：ball Dia.＝2.5 mm，F＝1 839 N，time＝10 to 15 s.

HBW2.5/15.625＝布氏硬度：ball Dia.＝2.5 mm，F＝153.2 N，time＝10 to 15 s.

HBW10/500＝布氏硬度：ball Dia.＝10 mm，F＝4 903 N，time＝10 to 15 s.

HBW10/3 000＝布氏硬度：ball Dia.＝10 mm，F＝29 421 N，time＝10 to 15 s.

HBW10/250＝布氏硬度：ball Dia.＝10 mm，F＝2 452 N，time＝10 to 15 s.

HBW10/1 500＝布氏硬度：ball Dia.＝10 mm，F＝14 710 N，time＝10 to 15 s.

HBW10/1 000＝布氏硬度：ball Dia.＝10 mm，F＝9 807 N，time＝10 to 15 s.

HBW10/100＝布氏硬度：ball Dia.＝10 mm，F＝980.7 N，time＝10 to 15 s.

HBW1/5＝布氏硬度：ball Dia.＝1 mm，F＝49.03 N，time＝10 to 15 s.

HBW1/30＝布氏硬度：ball Dia.＝1 mm，F＝294.2 N，time＝10 to 15 s.

HBW1/2.5＝布氏硬度：ball Dia.＝1 mm，F＝24.52 N，time＝10 to 15 s.

HBW1/10=布氏硬度：ball Dia. =1 mm，F=98.07 N，time=10 to 15 s.

HBW1/1=布氏硬度：ball Dia. =1 mm，F=9.807 N，time=10 to 15 s.

PTC：A57

SDD：ISO 6506-1：1999，ISO 6507-1：1999，ISO 6508-1：1999

DOD：2006-02-22　　DCV：2006-02-22

DCR：2006-02-22

P511BAA346-1　　001

外螺纹大径

Definition：外螺纹最大直径

DC：P511AAA038-1　　米制外螺纹

PLS：d

Unit：mm

VF：NR2..3.3

DT：REAL_MEASURE_TYPE

PTC：T03

SDD：ISO 68-1：1998

DOD：2006-02-22　　DCV：2006-02-22

DCR：2006-02-22

P511BAA347-1　　001

外螺纹螺距直径

Definition：外螺纹螺距直径

DC：P511AAA038-1　　米制外螺纹

PLS：d2

Unit：mm

VF：NR2..3.3

DT：REAL_MEASURE_TYPE

PTC：T03

SDD：ISO 68-1：1998

DOD：2006-02-22　　DCV：2006-02-22

DCR：2006-02-22

P511BAA348-1　　001

外螺纹小径

Definition：外螺纹根部直径

DC：P511AAA038-1　　米制外螺纹

PLS：d1

Unit：mm

VF：NR2..3.3

DT：REAL_MEASURE_TYPE

PTC：T03

SDD：ISO 68-1：1998

DOD：2006-02-22　　DCV：2006-02-22

DCR：2006-02-22

P511BAA349-1　　001

外径

Definition：自攻螺钉或木螺钉(公称直径)的大径

DC：P511AAA037-1　　螺纹类型

PLS：d1

Unit：mm

VF：NR2..3.3

DT：LEVEL_TYPE

PTC：T03

SDD：ISO 1478：1999

DOD：2006-02-22　　DCV：2006-02-22

DCR：2006-02-22

P511BAA350-1　　001

内径

Definition：自攻螺钉或木螺钉(公称直径)的最小直径

DC：P511AAA037-1　　螺纹类型

PLS：d2

Unit：mm

VF：NR2..3.3

DT：LEVEL_TYPE

PTC：T03

SDD：GB/T 5280—2002

DOD：2006-02-22　　DCV：2006-02-22

DCR：2006-02-22

P511BAA351-1　　001

垫圈图片

Definition：非标准垫圈的垫圈图片标识

DC：P511AAA072-1　　垫圈

Unit：

VF：

DT：ENTITY_INSTANCE_TYPE

PTC：A58

DOD：2006-02-22　　DCV：2006-02-22

DCR：2006-02-22

P511BAA352-1　　001
载荷级别
Definition：销钉的剪切能力
DC：P511AAA357-1　　弹簧销
Unit：
VF：M..30
DT：NON_QUANTITATIVE_CODE_TYPE
　NORMAL=标准型
　LIGHT=轻型
　HEAVY=重型
PTC：A52
DOD：2006-02-22　　DCV：2006-02-22
DCR：2006-02-22

P511BAA353-1　　001
双重剪切强度
Definition：当对销钉进行测试时销钉承受双向载荷而断裂的最小载荷(参见 ISO 8749)
DC：P511AAA098-1　　销钉
Unit：KN
VF：NR2..3.3
DT：REAL_MEASURE_TYPE
PTC：T03
SDD：GB/T 13683—1992
DOD：2006-02-22　　DCV：2006-02-22
DCR：2006-02-22

P511BAA355-1　　001
中高
Definition：方斜垫圈的中间高度
DC：P511AAA237-1　　方斜垫圈
Unit：mm
VF：NR2..3.3
DT：REAL_MEASURE_TYPE
PTC：T03
DOD：2006-02-22　　DCV：2006-02-22
DCR：2006-02-22

P511BAA356-1　　001
方斜垫圈侧边高度
Definition：方斜垫圈的侧边高度
DC：P511AAA237-1　　方斜垫圈
Unit：mm
VF：NR2..3.3
DT：REAL_MEASURE_TYPE
PTC：T03
DOD：2006-02-22　　DCV：2006-02-22
DCR：2006-02-22

P511BAA357-1　　001
过渡直径
Definition：头部过渡部分的支承面直径
DC：P511AAA004-1　　外螺纹紧固件组件
PLS：da/da1
Unit：mm
VF：NR2..3.3
DT：REAL_MEASURE_TYPE
PTC：T03
SDD：GB/T 5276—1985，GB/T 5281—1985
DOD：2006-02-22　　DCV：2006-02-22
DCR：2006-02-22

P511BAA358-1　　001
内螺纹螺距直径
Definition：内螺纹螺距直径
DC：P511AAA344-1　　米制内螺纹
PLS：D2
Unit：mm
VF：NR2..3.3
DT：REAL_MEASURE_TYPE
PTC：T03
SDD：ISO 68-1:1998
DOD：2006-02-22　　DCV：2006-02-22
DCR：2006-02-22

P511BAA359-1　　001
内螺纹最小直径
Definition：内螺纹最小直径
DC：P511AAA344-1　　米制内螺纹
PLS：D1
Unit：mm
VF：NR2..3.3
DT：REAL_MEASURE_TYPE
PTC：T03
SDD：ISO 68-1:1998

DOD：2006-02-22　　DCV：2006-02-22
DCR：2006-02-22

P511BAA360-1　　001
内螺纹最大直径
Definition：内螺纹最大直径
DC：P511AAA344-1　　米制内螺纹
PLS：D
Unit：mm
VF：NR2..3.3
DT：REAL_MEASURE_TYPE
PTC：T03
SDD：ISO 68-1:1998
DOD：2006-02-22　　DCV：2006-02-22
DCR：2006-02-22

P511BAA362-1　　001
销钉尾部斜面角
Definition：销钉尾部斜面角
DC：P511AAA098-1　　销钉
PLS：alpha
Unit：Degree
VF：NR2..3.3
DT：REAL_MEASURE_TYPE
PTC：T03
SDD：GB/T 13829.8—2004
DOD：2006-02-22　　DCV：2006-02-22
DCR：2006-02-22

P511BAA363-1　　001
截锥导向端的长度
Definition：截锥导向端的长度
DC：P511AAA350-1　　导向锥端
PLS：z5
Unit：mm
VF：NR2..3.3
DT：REAL_MEASURE_TYPE
PTC：T03
SDD：GB/T 2—2001
DOD：2006-02-22　　DCV：2006-02-22
DCR：2006-02-22

P511BAA364-1　　001
导向端的直径
Definition：导向端的直径
DC：P511AAA028-1　　尾部
PLS：dx
Unit：mm
VF：NR2..3.3
DT：REAL_MEASURE_TYPE
PTC：T03
SDD：GB/T 2—2001
DOD：2006-02-22　　DCV：2006-02-22
DCR：2006-02-22

P511BAA365-1　　001
轴肩过渡直径
Definition：过渡到退刀槽(凹部)的轴肩面的直径
DC：P511AAA129-1　　轴肩杆
PLS：da2
Unit：mm
VF：NR2..3.3
DT：REAL_MEASURE_TYPE
PTC：T03
SDD：GB/T 13829.1—2004
DOD：2006-02-22　　DCV：2006-02-22
DCR：2006-02-22

P511BAA367-1　　001
开口销长度
Definition：小销钉从头到尾间的距离
DC：P511AAA248-1　　开口销
PLS：l
Unit：mm
VF：NR2..3.3
DT：LEVEL_TYPE
PTC：T03
SDD：GB/T 91—2000
DOD：2006-02-22　　DCV：2006-02-22
DCR：2006-02-22

P511BAA368-1　　001
沉头角
Definition：锥形支承面的锥角
DC：P511AAA008-1　　头部
PLS：alpha

Unit：Degree
VF：NR2..3.3
DT：REAL_MEASURE_TYPE
PTC：T03
SDD：GB/T 5276—1985
DOD：2006-02-22　　DCV：2006-02-22
DCR：2006-02-22

P511BAA369-1　　001
螺栓/螺钉长度(平座型头)
Definition：从螺栓/螺钉的支承面到尾部的距离
DC：P511AAA004-1　　外螺纹紧固件组件
PLS：l
Unit：mm
VF：NR2..3.3
DT：LEVEL_TYPE
PTC：T03
SDD：GB/T 5276—1985
DOD：2006-02-22　　DCV：2006-02-22
DCR：2006-02-22

P511BAA370-1　　001
沉头螺栓/螺钉长度
Definition：从沉头螺栓/螺钉的头部到尾部的距离
DC：P511AAA004-1　　外螺纹紧固件组件
PLS：l
Unit：mm
VF：NR2..3.3
DT：LEVEL_TYPE
PTC：T03
SDD：GB/T 5276—1985
DOD：2006-02-22　　DCV：2006-02-22
DCR：2006-02-22

P511BAA371-1　　001
螺柱长度
Definition：从螺纹最后一扣螺纹到螺母尾部的距离
DC：P511AAA049-1　　螺柱
PLS：l
Unit：mm
VF：NR2..3.3
DT：REAL_MEASURE_TYPE
PTC：T03
SDD：GB/T 5276—1985
DOD：2006-02-22　　DCV：2006-02-22
DCR：2006-02-22

P511BAA376-1　　001
半沉头凸出部分的高度
Definition：半沉头凸出部分的高度
DC：P511AAA020-1　　半沉头
PLS：f
Unit：mm
VF：NR2..3.3
DT：REAL_MEASURE_TYPE
PTC：T03
SDD：GB/T 15856.3—2002
DOD：2006-02-22　　DCV：2006-02-22
DCR：2006-02-22

P511BAA377-1　　001
六角头与垫圈面间的弯曲半径
Definition：六角头与垫圈面间的弯曲半径
DC：P511AAA217-1　　带凸缘的六角头
PLS：r2
Unit：mm
VF：NR2..3.3
DT：REAL_MEASURE_TYPE
PTC：T03
SDD：GB/T 15856.5—2002
DOD：2006-02-22　　DCV：2006-02-22
DCR：2006-02-22

P511BAA378-1　　001
倒角面的直径
Definition：带内扳拧特征的紧定螺钉支承面直径
DC：P511AAA186-1　　紧定螺钉
PLS：df
Unit：mm
VF：NR2..3.3
DT：REAL_MEASURE_TYPE
PTC：T03
SDD：GB/T 5276—1985
DOD：2006-02-22　　DCV：2006-02-22

DCR：2006-02-22

P511BAA380-1　　001

埋头孔角

Definition：埋头孔角

DC：P511AAA052-1　　螺母

PLS：theta

Unit：Degree

VF：NR2..3.3

DT：REAL_MEASURE_TYPE

PTC：T03

SDD：ISO 7042:1997

DOD：2006-02-22　　DCV：2006-02-22

DCR：2006-02-22

P511BAA381-1　　001

螺母斜面角

Definition：螺母斜面角

DC：P511AAA052-1　　螺母

PLS：beta

Unit：Degree

VF：NR2..3.3

DT：REAL_MEASURE_TYPE

PTC：T03

SDD：GB/T 6185.1—2000

DOD：2006-02-22　　DCV：2006-02-22

DCR：2006-02-22

P511BAA382-1　　001

沉槽深度

Definition：外螺纹紧固件轴线方向的支承面与退刀槽底面的距离

DC：P511AAA081-1　　六角法兰面螺栓—米制细牙螺纹—小系列—全杆

PLS：v

Unit：mm

VF：NR2..3.3

DT：REAL_MEASURE_TYPE

PTC：T03

SDD：ISO 10644:1998

DOD：2006-02-22　　DCV：2006-02-22

DCR：2006-02-22

P511BAA383-1　　001

沉槽过渡直径

Definition：外螺纹紧固件轴线方向头部过渡退刀槽的最大直径

DC：P511AAA005-1　　米制螺纹螺栓/螺钉

PLS：da2/da

Unit：mm

VF：NR2..3.3

DT：REAL_MEASURE_TYPE

PTC：T03

SDD：ISO 10644:1998，ISO 15072:1999

DOD：2006-02-22　　DCV：2006-02-22

DCR：2006-02-22

P511BAA386-1　　001

螺母尾部螺纹长度

Definition：螺母尾部螺纹长度

DC：P511AAA049-1　　螺柱

PLS：b

Unit：mm

VF：NR2..3.3

DT：REAL_MEASURE_TYPE

PTC：T03

SDD：GB/T 3103.1—2002

DOD：2006-02-22　　DCV：2006-02-22

DCR：2006-02-22

P511BAA387-1　　001

螺母名称

Definition：非标准的螺母名称

DC：P511AAA052-1　　螺母

Unit：

VF：M..128

DT：STRING_TYPE

PTC：A51

DOD：2006-02-22　　DCV：2006-02-22

DCR：2006-02-22

P511BAA388-1　　001

螺母图片

Definition：非标准的螺母图片名称

DC：P511AAA052-1　　螺母

Unit：

VF：
DT：ENTITY_INSTANCE_TYPE
PTC：A58
DOD：2006-02-22　　DCV：2006-02-22
DCR：2006-02-22

P511BAA389-1　　001
销钉头部名称
Definition：非标准的销钉名称
DC：P511AAA098-1　　销钉
Unit：
VF：M..128
DT：STRING_TYPE
PTC：A51
DOD：2006-02-22　　DCV：2006-02-22
DCR：2006-02-22

P511BAA390-1　　001
销钉头部图片
Definition：非标准的销钉头部形状图片名称
DC：P511AAA098-1　　销钉
Unit：
VF：
DT：ENTITY_INSTANCE_TYPE
PTC：A58
DOD：2006-02-22　　DCV：2006-02-22
DCR：2006-02-22

P511BAA391-1　　001
销钉杆部名称
Definition：非标准的销钉杆部名称
DC：P511AAA098-1　　销钉
Unit：
VF：M..128
DT：STRING_TYPE
PTC：A51
DOD：2006-02-22　　DCV：2006-02-22
DCR：2006-02-22

P511BAA392-1　　001
销钉杆部图片
Definition：非标准的销钉杆部图片名称
DC：P511AAA098-1　　销钉
Unit：
VF：
DT：ENTITY_INSTANCE_TYPE
PTC：A58
DOD：2006-02-22　　DCV：2006-02-22
DCR：2006-02-22

P511BAA393-1　　001
销钉尾部名称
Definition：非标准的销钉尾部图片名称
DC：P511AAA098-1　　销钉
Unit：
VF：M..128
DT：STRING_TYPE
PTC：A51
DOD：2006-02-22　　DCV：2006-02-22
DCR：2006-02-22

P511BAA394-1　　001
销钉尾部图片
Definition：非标准的销钉尾部图片名称
DC：P511AAA098-1　　销钉
Unit：
VF：
DT：ENTITY_INSTANCE_TYPE
PTC：A58
DOD：2006-02-22　　DCV：2006-02-22
DCR：2006-02-22

P511BAA395-1　　001
带外螺纹的销钉不完整螺纹的长度
Definition：带外螺纹的销钉不完整螺纹的长度
DC：P511AAA251-1　　带外螺纹的锥销
PLS：u
Unit：mm
VF：NR2..3.3
DT：REAL_MEASURE_TYPE
PTC：T03
SDD：GB/T 881—2000，GB/T 13683—1992
DOD：2006-02-22　　DCV：2006-02-22
DCR：2006-02-22

P511BAA396-1　　001

销钉头部倒角高度
Definition：销钉头部倒角高度
DC：P511AAA255-1　　轴销
PLS：e
Unit：mm
VF：NR2..3.3
DT：REAL_MEASURE_TYPE
PTC：T03
SDD：GB/T 882—1986
DOD：2006-02-22　　DCV：2006-02-22
DCR：2006-02-22

P511BAA397-1　　001
销钉头部倒角角度
Definition：销钉头部倒角角度
DC：P511AAA255-1　　轴销
PLS：beta
Unit：Degree
VF：NR2..3.3
DT：REAL_MEASURE_TYPE
PTC：T03
SDD：GB/T 882—1986
DOD：2006-02-22　　DCV：2006-02-22
DCR：2006-02-22

P511BAA398-1　　001
槽销的槽角
Definition：槽销的槽角
DC：P511AAA356-1　　槽销
Unit：mm
VF：NR2..3.3
DT：LEVEL_TYPE
PTC：T03
SDD：GB/T 882—1986
DOD：2006-02-22　　DCV：2006-02-22
DCR：2006-02-22

P511BAA399-1　　001
沉头槽销头部角度
Definition：沉头槽销头部锥形支承面角
DC：P511AAA260-1　　沉头槽销
Unit：mm
VF：NR2..3.3
DT：LEVEL_TYPE
PTC：T03
SDD：GB/T 13829.9—2004，GB/T 13683—1992
DOD：2006-02-22　　DCV：2006-02-22
DCR：2006-02-22

P511BAA400-1　　001
紧定螺钉的长度
Definition：紧定螺钉的全长
DC：P511AAA186-1　　紧定螺钉
PLS：l
Unit：mm
VF：NR2..3.3
DT：LEVEL_TYPE
PTC：T03
SDD：GB/T 78—2000
DOD：2006-02-22　　DCV：2006-02-22
DCR：2006-02-22

P511BAA401-1　　001
全螺纹螺栓长度
Definition：全螺纹螺栓总长
DC：P511AAA099-1　　全螺纹螺柱
PLS：l
Unit：mm
VF：NR2..3.3
DT：LEVEL_TYPE
PTC：T03
SDD：GB/T 3099—1982 21.6
DOD：2006-02-22　　DCV：2006-02-22
DCR：2006-02-22

P511BAA402-1　　001
带杆无头螺钉长度
Definition：带杆无头螺钉总长
DC：P511AAA354-1　　带杆的无头螺钉
PLS：l
Unit：mm
VF：NR2..3.3
DT：LEVEL_TYPE
PTC：T03
SDD：ISO 2342:1972
DOD：2006-02-22　　DCV：2006-02-22

DCR：2006-02-22

P511BAA403-1　　001
带头叉销长度
Definition：叉销尾部到支承面的距离
DC：P511AAA355-1　　叉杆销
PLS：l
Unit：mm
VF：NR2..3.3
DT：LEVEL_TYPE
PTC：T03
SDD：ISO 2341:1986，GB/T 13683—1992
DOD：2006-02-22　　DCV：2006-02-22
DCR：2006-02-22

P511BAA404-1　　001
不带头叉销长度
Definition：叉销全长
DC：P511AAA355-1　　叉杆销
PLS：l
Unit：mm
VF：NR2..3.3
DT：LEVEL_TYPE
PTC：T03
SDD：GB/T 880—1986，GB/T 13683—1992
DOD：2006-02-22　　DCV：2006-02-22
DCR：2006-02-22

P511BAA405-1　　001
无头槽销长度
Definition：槽销全长
DC：P511AAA356-1　　槽销
PLS：l
Unit：mm
VF：NR2..3.3
DT：LEVEL_TYPE
PTC：T03
SDD：GB/T 13829.5—2004
DOD：2006-02-22　　DCV：2006-02-22
DCR：2006-02-22

P511BAA406-1　　001
带平座的槽销长度
Definition：槽销支承面到尾部的距离
DC：P511AAA356-1　　槽销
PLS：l
Unit：mm
VF：NR2..3.3
DT：LEVEL_TYPE
PTC：T03
SDD：GB/T 13829.8—2004
DOD：2006-02-22　　DCV：2006-02-22
DCR：2006-02-22

P511BAA407-1　　001
带沉头的槽销长度
Definition：从槽销头到尾的距离
DC：P511AAA356-1　　槽销
PLS：l
Unit：mm
VF：NR2..3.3
DT：LEVEL_TYPE
PTC：T03
SDD：GB/T 13829.9—2004
DOD：2006-02-22　　DCV：2006-02-22
DCR：2006-02-22

P511BAA408-1　　001
圆柱销长度
Definition：圆柱销全长
DC：P511AAA252-1　　圆柱销
PLS：l
Unit：mm
VF：NR2..3.3
DT：LEVEL_TYPE
PTC：T03
SDD：GB/T 119.1—2000，GB/T 13683—1992
DOD：2006-02-22　　DCV：2006-02-22
DCR：2006-02-22

P511BAA409-1　　001
弹簧销长度
Definition：弹簧销全长
DC：P511AAA357-1　　弹簧销
PLS：l
Unit：mm

VF：NR2..3.3
DT：LEVEL_TYPE
PTC：T03
SDD：GB/T 879.3—2000
DOD：2006-02-22　　DCV：2006-02-22
DCR：2006-02-22

P511BAA410-1　　001
锥销长度
Definition：锥销全长
DC：P511AAA358-1　　锥销
PLS：l
Unit：mm
VF：NR2..3.3
DT：LEVEL_TYPE
PTC：T03
SDD：GB/T 117—2000
DOD：2006-02-22　　DCV：2006-02-22
DCR：2006-02-22

P511BAA411-1　　001
带平座(伸出头)的铆钉长度
Definition：从支承面到铆钉杆尾部的距离
DC：P511AAA345-1　　铆钉
PLS：l
Unit：mm
VF：NR2..3.3
DT：LEVEL_TYPE
PTC：T03
SDD：GB/T 12615.1—2004,GB/T 12615.2—2004,GB/T 12615.3—2004,GB/T 12615.4—2004
DOD：2006-02-22　　DCV：2006-02-22
DCR：2006-02-22

P511BAA412-1　　001
沉头铆钉长度
Definition：从沉头到铆钉杆尾部的距离
DC：P511AAA345-1　　铆钉
PLS：l
Unit：mm
VF：NR2..3.3
DT：LEVEL_TYPE
PTC：T03
SDD：GB/T 12616—1990
DOD：2006-02-22　　DCV：2006-02-22
DCR：2006-02-22

P511BAA414-1　　001
销钉直径
Definition：销钉杆直径
DC：P511AAA098-1　　销钉
PLS：d/d1
Unit：mm
VF：NR2..3.3
DT：REAL_MEASURE_TYPE
PTC：T03
SDD：GB/T 880—1986
DOD：2006-02-22　　DCV：2006-02-22
DCR：2006-02-22

P511BAA415-1　　001
铆钉直径
Definition：铆钉杆直径
DC：P511AAA345-1　　铆钉
PLS：d
Unit：mm
VF：NR2..3.3
DT：REAL_MEASURE_TYPE
PTC：T03
SDD：GB/T 12615.1—2004,GB/T 12615.2—2004,GB/T 12615.3—2004,GB/T 12615.4—2004
DOD：2006-02-22　　DCV：2006-02-22
DCR：2006-02-22

P511BAA416-1　　001
螺母螺纹长度
Definition：螺母螺纹长度
DC：P511AAA052-1　　螺母
PLS：m
Unit：mm
VF：NR2..3.3
DT：REAL_MEASURE_TYPE
PTC：T03
SDD：GB/T 6187.2—2000
DOD：2006-02-22　　DCV：2006-02-22
DCR：2006-02-22

P511BAA417-1　　001
不锈钢紧固件硬度等级
Definition：表示不锈钢紧固件硬度范围的标识码
DC：P511AAA002-1　　紧固件
Unit：
VF：M..30
DT：NON_QUANTITATIVE_CODE_TYPE
　21H＝不锈钢紧固件硬度等级 21H
　12H＝不锈钢紧固件性能等级 12H
PTC：A57
SDD：GB/T 3098.16—2000
DOD：2006-02-22　　DCV：2006-02-22
DCR：2006-02-22

P511BAA418-1　　001
螺母顶部直径
Definition：螺母的顶部直径
DC：P511AAA052-1　　螺母
PLS：d
Unit：mm
VF：NR2..3.3
DT：REAL_MEASURE_TYPE
PTC：A57
SDD：GB/T 62.1—2004，GB/T 62.2—2004，GB/T 62.3—2004，GB/T 62.4—2004，GB/T 63—1988
DOD：2008-05-22　　DCV：2008-05-22
DCR：2008-05-22

P511BAA419-1　　001
末端外部直径
Definition：螺母末端的外部直径
DC：P511AAA052-1　　螺母
PLS：d
Unit：mm
VF：NR2..3.3
DT：REAL_MEASURE_TYPE
PTC：A57
SDD：GB/T 17880.1—1999，GB/T 17880.2—1999，GB/T 17880.3—1999，GB/T 17880.4—1999
DOD：2008-05-22　　DCV：2008-05-22
DCR：2008-05-22

P511BAA420-1　　001
沉槽直径
Definition：螺母外部的沉槽直径
DC：P511AAA052-1　　螺母
PLS：d0
Unit：mm
VF：NR2..3.3
DT：REAL_MEASURE_TYPE
PTC：A57
SDD：GB/T 17880.1—1999，GB/T 17880.2—1999，GB/T 17880.3—1999，GB/T 17880.4—1999
DOD：2008-05-22　　DCV：2008-05-22
DCR：2008-05-22

P511BAA421-1　　001
蝶形圆翼孔径
Definition：蝶形螺母圆翼孔的直径
DC：P511AAA324-1　　蝶形螺母 圆翼
PLS：d1
Unit：mm
VF：NR2..3.3
DT：REAL_MEASURE_TYPE
PTC：A57
SDD：GB/T 62.1—2004
DOD：2008-05-22　　DCV：2008-05-22
DCR：2008-05-22

P511BAA422-1　　001
环形圆柱直径
Definition：环形拉手的圆柱体直径
DC：P511AAA052-1　　螺母
PLS：d1
Unit：mm
VF：NR2..3.3
DT：REAL_MEASURE_TYPE
PTC：A57
SDD：GB/T 63—1988，JB/T 7382—1994
DOD：2008-05-22　　DCV：2008-05-22
DCR：2008-05-22

P511BAA423-1　　001
支承面直径

Definition：螺母支承面直径
DC：P511AAA052-1　螺母
PLS：d1
Unit：mm
VF：NR2..3.3
DT：REAL_MEASURE_TYPE
PTC：A57
SDD：GB/T 804—1988,GB/T 812—1988
DOD：2008-05-22　DCV：2008-05-22
DCR：2008-05-22

P511BAA424-1　001
弧形凹槽最小直径
Definition：螺母外部弧形凹槽的最小直径
DC：P511AAA367-1　滚花高螺母
PLS：d1
Unit：mm
VF：NR2..3.3
DT：REAL_MEASURE_TYPE
PTC：A57
SDD：GB/T 806—1988
DOD：2008-05-22　DCV：2008-05-22
DCR：2008-05-22

P511BAA425-1　001
沉槽直径
Definition：螺母外部的沉槽直径
DC：P511AAA052-1　螺母
PLS：d1
Unit：mm
VF：NR2..3.3
DT：REAL_MEASURE_TYPE
PTC：A57
SDD：GB/T 809—1988
DOD：2008-05-22　DCV：2008-05-22
DCR：2008-05-22

P511BAA426-1　001
螺纹孔直径
Definition：螺母周边的螺纹孔直径
DC：P511AAA052-1　螺母
PLS：d1
Unit：mm
VF：NR2..3.3
DT：REAL_MEASURE_TYPE
PTC：A57
SDD：GB/T 815—1988,GB/T 816—1988
DOD：2008-05-22　DCV：2008-05-22
DCR：2008-05-22

P511BAA427-1　001
盖形内径
Definition：规定了盖形螺母最大内径
DC：P511AAA312-1　盖形螺母
PLS：d1
Unit：mm
VF：NR2..3.3
DT：REAL_MEASURE_TYPE
PTC：A57
SDD：GB/T 923—1988
DOD：2008-05-22　DCV：2008-05-22
DCR：2008-05-22

P511BAA428-1　001
顶端内径
Definition：螺母顶端的内部直径
DC：P511AAA052-1　螺母
PLS：d1
Unit：mm
VF：NR2..3.3
DT：REAL_MEASURE_TYPE
PTC：A57
SDD：GB/T 17880.1—1999,GB/T 17880.2—1999,GB/T 17880.3—1999,GB/T 17880.4—1999,GB/T 17880.5—1999
DOD：2008-05-22　DCV：2008-05-22
DCR：2008-05-22

P511BAA429-1　001
螺纹孔直径
Definition：螺母周边的螺纹孔直径
DC：P511AAA052-1　螺母
PLS：d2
Unit：mm
VF：NR2..3.3
DT：REAL_MEASURE_TYPE

PTC：A57
SDD：GB/T 815—1988，GB/T 817—1988
DOD：2008-05-22　　DCV：2008-05-22
DCR：2008-05-22

P511BAA430-1　　001
支承面直径
Definition：螺母支承面直径
DC：P511AAA385-1　　吊环螺母
PLS：d2
Unit：mm
VF：NR2..3.3
DT：REAL_MEASURE_TYPE
PTC：A57
SDD：JB/T 7382—1994
DOD：2008-05-22　　DCV：2008-05-22
DCR：2008-05-22

P511BAA431-1　　001
沉孔直径
Definition：螺母端部沉孔的直径
DC：P511AAA052-1　　螺母
PLS：d3
Unit：mm
VF：NR2..3.3
DT：REAL_MEASURE_TYPE
PTC：A57
SDD：GB/T 13680—1992，GB/T 13681—1992
DOD：2008-05-22　　DCV：2008-05-22
DCR：2008-05-22

P511BAA432-1　　001
最大宽度
Definition：螺母的最大宽度
DC：P511AAA385-1　　吊环螺母
PLS：d3
Unit：mm
VF：NR2..3.3
DT：REAL_MEASURE_TYPE
PTC：A57
SDD：JB/T 7382—1994
DOD：2008-05-22　　DCV：2008-05-22
DCR：2008-05-22

P511BAA433-1　　001
小端直径
Definition：螺母小端处的直径
DC：P511AAA384-1　　12角法兰面螺母
PLS：db
Unit：mm
VF：NR2..3.3
DT：REAL_MEASURE_TYPE
PTC：A57
SDD：JB/T 6687—1993
DOD：2008-05-22　　DCV：2008-05-22
DCR：2008-05-22

P511BAA434-1　　001
支承面直径
Definition：螺母末端支承面直径
DC：P511AAA052-1　　螺母
PLS：dk
Unit：mm
VF：NR2..3.3
DT：REAL_MEASURE_TYPE
PTC：A57
SDD：GB/T 62.1—2004，GB/T 62.2—2004，GB/T 62.3—2004，GB/T 62.4—2004，GB/T 63—1988
DOD：2008-05-22　　DCV：2008-05-22
DCR：2008-05-22

P511BAA435-1　　001
头部直径
Definition：螺母的头部直径
DC：P511AAA052-1　　螺母
PLS：dk
Unit：mm
VF：NR2..3.3
DT：REAL_MEASURE_TYPE
PTC：A57
SDD：GB/T 806—1988，GB/T 807—1988，GB/T 809—1988，GB/T 810—1988，GB/T 812—1988，GB/T 815—1988，GB/T 816—1988，GB/T 817—1988，GB/T 17880.1—1999，GB/T 17880.2—1999，GB/T 17880.3—1999，

GB/T 17880.4—1999,GB/T 17880.5—1999
DOD：2008-05-22 DCV：2008-05-22
DCR：2008-05-22

P511BAA436-1 001
支承面直径
Definition：螺母支承面直径
DC：P511AAA377-1 焊接六角螺母
PLS：dy
Unit：mm
VF：NR2..3.3
DT：REAL_MEASURE_TYPE
PTC：A57
SDD：GB/T 13681—1992
DOD：2008-05-22 DCV：2008-05-22
DCR：2008-05-22

P511BAA437-1 001
扣紧槽最大外径
Definition：规定了紧扣螺母扣紧槽的最大外径
DC：P511AAA366-1 扣紧螺母
PLS：D1
Unit：mm
VF：NR2..3.3
DT：REAL_MEASURE_TYPE
PTC：A57
SDD：GB/T 805—1988
DOD：2008-05-22 DCV：2008-05-22
DCR：2008-05-22

P511BAA438-1 001
环形内部直径
Definition：螺母吊环拉手的内部直径
DC：P511AAA385-1 吊环螺母
PLS：D1
Unit：mm
VF：NR2..3.3
DT：REAL_MEASURE_TYPE
PTC：A57
SDD：JB/T 7382—1994
DOD：2008-05-22 DCV：2008-05-22
DCR：2008-05-22

P511BAA439-1 001
凸缘根部最大直径
Definition：螺母凸缘根部最大直径
DC：P511AAA052-1 螺母
PLS：e1
Unit：mm
VF：NR2..3.3
DT：REAL_MEASURE_TYPE
PTC：A57
SDD：GB/T 802—1988,GB/T 923—1988
DOD：2008-05-22 DCV：2008-05-22
DCR：2008-05-22

P511BAA440-1 001
内部弯曲半径
Definition：环形圆柱内部弯曲半径
DC：P511AAA364-1 环形螺母
PLS：R
Unit：mm
VF：NR2..3.3
DT：REAL_MEASURE_TYPE
PTC：A57
SDD：GB/T 63—1988
DOD：2008-05-22 DCV：2008-05-22
DCR：2008-05-22

P511BAA441-1 001
凸缘半径
Definition：头部凸起部分的半径
DC：P511AAA052-1 螺母
PLS：R
Unit：mm
VF：NR2..3.3
DT：REAL_MEASURE_TYPE
PTC：A57
SDD：GB/T 802—1988,GB/T 923—1988
DOD：2008-05-22 DCV：2008-05-22
DCR：2008-05-22

P511BAA442-1 001
末端倒圆半径
Definition：螺母末端圆角部分的半径
DC：P511AAA365-1 球面六角螺母

PLS：R
Unit：mm
VF：NR2..3.3
DT：REAL_MEASURE_TYPE
PTC：A57
SDD：GB/T 804—1988
DOD：2008-05-22　　DCV：2008-05-22
DCR：2008-05-22

P511BAA443-1　　001
头下曲率半径
Definition：螺母头和杆连接处的弯曲半径
DC：P511AAA367-1　　滚花高螺母
PLS：R
Unit：mm
VF：NR2..3.3
DT：REAL_MEASURE_TYPE
PTC：A57
SDD：GB/T 806—1988
DOD：2008-05-22　　DCV：2008-05-22
DCR：2008-05-22

P511BAA444-1　　001
过渡圆半径
Definition：规定了吊环螺母的过渡圆半径
DC：P511AAA385-1　　吊环螺母
PLS：r1
Unit：mm
VF：NR2..3.3
DT：REAL_MEASURE_TYPE
PTC：A57
SDD：JB/T 7382—1994
DOD：2008-05-22　　DCV：2008-05-22
DCR：2008-05-22

P511BAA445-1　　001
材料厚度
Definition：材料壁的厚度
DC：P511AAA362-1　　蝶形螺母 冲压
PLS：S
Unit：mm
VF：NR2..3.3
DT：REAL_MEASURE_TYPE
PTC：A57
SDD：GB/T 62.3—2004
DOD：2008-05-22　　DCV：2008-05-22
DCR：2008-05-22

P511BAA446-1　　001
沉头高
Definition：规定了铆螺母的沉头高
DC：P511AAA052-1　　螺母
PLS：k
Unit：mm
VF：NR2..3.3
DT：REAL_MEASURE_TYPE
PTC：A57
SDD：GB/T 17880.2—1999，GB/T 17880.3—1999，GB/T 17880.4—1999
DOD：2008-05-22　　DCV：2008-05-22
DCR：2008-05-22

P511BAA447-1　　001
凹槽直径
Definition：凹槽所处轴截面的直径
DC：P511AAA382-1　　平头六角铆螺母
PLS：s0
Unit：mm
VF：NR2..3.3
DT：REAL_MEASURE_TYPE
PTC：A57
SDD：GB/T 17880.5—1999
DOD：2008-05-22　　DCV：2008-05-22
DCR：2008-05-22

P511BAA448-1　　001
蝶形螺母螺栓伸出最大长度
Definition：规定蝶形螺母螺栓伸出最大长度
DC：P511AAA362-1　　蝶形螺母 冲压
PLS：h
Unit：mm
VF：NR2..3.3
DT：REAL_MEASURE_TYPE
PTC：A57
SDD：GB/T 62.3—2004
DOD：2008-05-22　　DCV：2008-05-22

DCR：2008-05-22

P511BAA449-1 001
盖形螺母的螺栓最大伸出长度
Definition：规定盖形螺母的螺栓最大伸出长度
DC：P511AAA052-1 螺母
PLS：h
Unit：mm
VF：NR2..3.3
DT：REAL_MEASURE_TYPE
PTC：A57
SDD：GB/T 802—1988，GB/T 923—1988
DOD：2008-05-22 DCV：2008-05-22
DCR：2008-05-22

P511BAA450-1 001
杆部高度
Definition：螺母杆部高度
DC：P511AAA367-1 滚花高螺母
PLS：h
Unit：mm
VF：NR2..3.3
DT：REAL_MEASURE_TYPE
PTC：A57
SDD：GB/T 806—1988
DOD：2008-05-22 DCV：2008-05-22
DCR：2008-05-22

P511BAA451-1 001
沉槽深度
Definition：从沉槽底面到外沿的深度
DC：P511AAA376-1 焊接方螺母 A 型
PLS：h
Unit：mm
VF：NR2..3.3
DT：REAL_MEASURE_TYPE
PTC：A57
SDD：GB/T 13680—1992
DOD：2008-05-22 DCV：2008-05-22
DCR：2008-05-22

P511BAA452-1 001
开槽宽度
Definition：从沉槽底面到外沿的深度
DC：P511AAA052-1 螺母
PLS：h
Unit：mm
VF：NR2..3.3
DT：REAL_MEASURE_TYPE
PTC：A57
SDD：GB/T 17880.1—1999，GB/T 17880.2—1999，GB/T 17880.3—1999，GB/T 17880.4—1999，GB/T 17880.5—1999
DOD：2008-05-22 DCV：2008-05-22
DCR：2008-05-22

P511BAA453-1 001
环心高度
Definition：吊环圆心到支承面的距离
DC：P511AAA385-1 吊环螺母
PLS：h
Unit：mm
VF：NR2..3.3
DT：REAL_MEASURE_TYPE
PTC：A57
SDD：JB/T 7382—1994
DOD：2008-05-22 DCV：2008-05-22
DCR：2008-05-22

P511BAA454-1 001
沉槽深度
Definition：从沉槽底面到外沿的深度
DC：P511AAA376-1 焊接方螺母 A 型
PLS：h1
Unit：mm
VF：NR2..3.3
DT：REAL_MEASURE_TYPE
PTC：A57
SDD：GB/T 13680—1992
DOD：2008-05-22 DCV：2008-05-22
DCR：2008-05-22

P511BAA455-1 001
垫圈部位高度
Definition：从支承面到沉槽底部的高度
DC：P511AAA377-1 焊接六角螺母

PLS：h1
Unit：mm
VF：NR2..3.3
DT：REAL_MEASURE_TYPE
PTC：A57
SDD：GB/T 13681—1992
DOD：2008-05-22　　DCV：2008-05-22
DCR：2008-05-22

P511BAA456-1　　001
伸出高度
Definition：从末端到凹槽边的高度
DC：P511AAA052-1　　螺母
PLS：h1
Unit：mm
VF：NR2..3.3
DT：REAL_MEASURE_TYPE
PTC：A57
SDD：GB/T 17880.1—1999，GB/T 17880.2—1999，GB/T 17880.3—1999，GB/T 17880.4—1999，GB/T 17880.5—1999
DOD：2008-05-22　　DCV：2008-05-22
DCR：2008-05-22

P511BAA457-1　　001
凸缘高度
Definition：从末端到凸缘顶部的高度
DC：P511AAA385-1　　吊环螺母
PLS：h1
Unit：mm
VF：NR2..3.3
DT：REAL_MEASURE_TYPE
PTC：A57
SDD：JB/T 7382—1994
DOD：2008-05-22　　DCV：2008-05-22
DCR：2008-05-22

P511BAA458-1　　001
沉槽深度
Definition：从沉槽底面到外沿的深度
DC：P511AAA377-1　　焊接六角螺母
PLS：h2
Unit：mm
VF：NR2..3.3
DT：REAL_MEASURE_TYPE
PTC：A57
SDD：GB/T 13681—1992
DOD：2008-05-22　　DCV：2008-05-22
DCR：2008-05-22

P511BAA459-1　　001
螺母高度
Definition：从支承面到头顶的距离
DC：P511AAA052-1　　螺母
PLS：K/k
Unit：mm
VF：NR2..3.3
DT：REAL_MEASURE_TYPE
PTC：A57
SDD：GB/T 62.1—2004，GB/T 62.2—2004，GB/T 62.3—2004，GB/T 62.4—2004，GB/T 63—1988
DOD：2008-05-22　　DCV：2008-05-22
DCR：2008-05-22

P511BAA460-1　　001
头部高度
Definition：倒角之间的距离
DC：P511AAA052-1　　螺母
PLS：K
Unit：mm
VF：NR2..3.3
DT：REAL_MEASURE_TYPE
PTC：A57
SDD：GB/T 806—1988，GB/T 807—1988
DOD：2008-05-22　　DCV：2008-05-22
DCR：2008-05-22

P511BAA461-1　　001
未加工螺纹孔的长度
Definition：从螺纹孔底到底面的距离
DC：P511AAA372-1　　端面带孔圆螺母 B 型
PLS：K
Unit：mm
VF：NR2..3.3
DT：REAL_MEASURE_TYPE

PTC：A57
SDD：GB/T 815—1988
DOD：2008-05-22　　DCV：2008-05-22
DCR：2008-05-22

P511BAA462-1　　001
螺纹孔孔心高度
Definition：从螺纹孔圆心到底面的距离
DC：P511AAA373-1　　开槽圆螺母 B 型
PLS：K
Unit：mm
VF：NR2..3.3
DT：REAL_MEASURE_TYPE
PTC：A57
SDD：GB/T 817—1988
DOD：2008-05-22　　DCV：2008-05-22
DCR：2008-05-22

P511BAA463-1　　001
凸缘厚度
Definition：规定了铆螺母的凸缘厚度
DC：P511AAA052-1　　螺母
PLS：k
Unit：mm
VF：NR2..3.3
DT：REAL_MEASURE_TYPE
PTC：A57
SDD：GB/T 17880.1—1999，GB/T 17880.5—1999
DOD：2008-05-22　　DCV：2008-05-22
DCR：2008-05-22

P511BAA464-1　　001
螺母长度
Definition：螺母两端之间的距离
DC：P511AAA052-1　　螺母
PLS：L
Unit：mm
VF：NR2..3.3
DT：REAL_MEASURE_TYPE
PTC：A57
SDD：GB/T 62.1—2004，GB/T 62.2—2004，GB/T 62.3—2004，GB/T 62.4—2004，GB/T 63—1988
DOD：2008-05-22　　DCV：2008-05-22
DCR：2008-05-22

P511BAA465-1　　001
螺母螺纹孔长度
Definition：螺母螺纹孔长度
DC：P511AAA312-1　　盖形螺母
PLS：l
Unit：mm
VF：NR2..3.3
DT：REAL_MEASURE_TYPE
PTC：A57
SDD：GB/T 923—1988
DOD：2008-05-22　　DCV：2008-05-22
DCR：2008-05-22

P511BAA466-1　　001
名义长度
Definition：螺母末端到过渡端的距离
DC：P511AAA052-1　　螺母
PLS：l
Unit：mm
VF：NR2..3.3
DT：REAL_MEASURE_TYPE
PTC：A57
SDD：GB/T 17880.1—1999，GB/T 17880.5—1999
DOD：2008-05-22　　DCV：2008-05-22
DCR：2008-05-22

P511BAA467-1　　001
螺母长度
Definition：螺母两端之间的距离
DC：P511AAA052-1　　螺母
PLS：l
Unit：mm
VF：NR2..3.3
DT：REAL_MEASURE_TYPE
PTC：A57
SDD：GB/T 17880.2—1999，GB/T 17880.3—1999，GB/T 17880.4—1999
DOD：2008-05-22　　DCV：2008-05-22

DCR：2008-05-22

P511BAA468-1　　001
无螺纹柱体长度
Definition：从支承面到螺纹倒角处的距离
DC：P511AAA052-1　　螺母
PLS：l1
Unit：mm
VF：NR2..3.3
DT：REAL_MEASURE_TYPE
PTC：A57
SDD：GB/T 17880.1—1999，GB/T 17880.2—1999，GB/T 17880.3—1999，GB/T 17880.4—1999，GB/T 17880.5—1999
DOD：2008-05-22　　DCV：2008-05-22
DCR：2008-05-22

P511BAA469-1　　001
螺母翼的顶端厚度
Definition：螺母翼的顶端厚度
DC：P511AAA052-1　　螺母
PLS：y
Unit：mm
VF：NR2..3.3
DT：REAL_MEASURE_TYPE
PTC：A57
SDD：GB/T 62.1—2004，GB/T 62.2—2004，GB/T 62.3—2004，GB/T 62.4—2004
DOD：2008-05-22　　DCV：2008-05-22
DCR：2008-05-22

P511BAA470-1　　001
螺母翼的末端厚度
Definition：螺母翼的末端厚度
DC：P511AAA052-1　　螺母
PLS：y1
Unit：mm
VF：NR2..3.3
DT：REAL_MEASURE_TYPE
PTC：A57
SDD：GB/T 62.1—2004，GB/T 62.2—2004，GB/T 62.4—2004
DOD：2008-05-22　　DCV：2008-05-22
DCR：2008-05-22

P511BAA471-1　　001
对称度公差值
Definition：规定公差带是距离公差值为 t′的相对基准的中心平面对称配置的两平行平面的之间的区域
DC：P511AAA052-1　　螺母
PLS：t
Unit：mm
VF：NR2..3.3
DT：REAL_MEASURE_TYPE
PTC：A57
SDD：GB/T 62.1—2004，GB/T 62.2—2004，GB/T 62.3—2004，GB/T 62.4—2004
DOD：2008-05-22　　DCV：2008-05-22
DCR：2008-05-22

P511BAA472-1　　001
螺母螺纹长度
Definition：螺母螺纹长度
DC：P511AAA367-1　　滚花高螺母
PLS：t
Unit：mm
VF：NR2..3.3
DT：REAL_MEASURE_TYPE
PTC：A57
SDD：GB/T 806—1988
DOD：2008-05-22　　DCV：2008-05-22
DCR：2008-05-22

P511BAA473-1　　001
开槽深度
Definition：螺母开槽深度
DC：P511AAA052-1　　螺母
PLS：t
Unit：mm
VF：NR2..3.3
DT：REAL_MEASURE_TYPE
PTC：A57
SDD：GB/T 810—1988，GB/T 812—1988
DOD：2008-05-22　　DCV：2008-05-22
DCR：2008-05-22

P511BAA474-1　　001
螺母周边小螺纹孔深度
Definition：螺母周边小螺纹孔深度
DC：P511AAA052-1　　螺母
PLS：t
Unit：mm
VF：NR2..3.3
DT：REAL_MEASURE_TYPE
PTC：A57
SDD：GB/T 815—1988,GB/T 816—1988
DOD：2008-05-22　　DCV：2008-05-22
DCR：2008-05-22

P511BAA475-1　　001
螺母端部倒角宽度
Definition：螺母端部倒角宽度
DC：P511AAA052-1　　螺母
PLS：C
Unit：mm
VF：NR2..3.3
DT：REAL_MEASURE_TYPE
PTC：A57
SDD：GB/T 806—1988，GB/T 807—1988，GB/T 810—1988,GB/T 812—1988,GB/T 815—1988,GB/T 816—1988,GB/T 817—1988
DOD：2008-05-22　　DCV：2008-05-22
DCR：2008-05-22

P511BAA476-1　　001
螺母内部倒角深度
Definition：螺母内部倒角深度
DC：P511AAA052-1　　螺母
PLS：C1
Unit：mm
VF：NR2..3.3
DT：REAL_MEASURE_TYPE
PTC：A57
SDD：GB/T 810—1988,GB/T 812—1988
DOD：2008-05-22　　DCV：2008-05-22
DCR：2008-05-22

P511BAA477-1　　001
开槽宽度
Definition：开槽宽度
DC：P511AAA052-1　　螺母
PLS：c
Unit：mm
VF：NR2..3.3
DT：REAL_MEASURE_TYPE
PTC：A57
SDD：GB/T 809—1988
DOD：2008-05-22　　DCV：2008-05-22
DCR：2008-05-22

P511BAA478-1　　001
螺母周边螺纹孔圆心之间的长度
Definition：螺母周边螺纹孔圆心之间的距离
DC：P511AAA052-1　　螺母
PLS：B
Unit：mm
VF：NR2..3.3
DT：REAL_MEASURE_TYPE
PTC：A57
SDD：GB/T 815—1988
DOD：2008-05-22　　DCV：2008-05-22
DCR：2008-05-22

P511BAA479-1　　001
槽底与支承面间的厚度
Definition：开槽底部与支承面间的距离
DC：P511AAA316-1　　开槽圆螺母 A 型
PLS：B
Unit：mm
VF：NR2..3.3
DT：REAL_MEASURE_TYPE
PTC：A57
SDD：GB/T 817—1988
DOD：2008-05-22　　DCV：2008-05-22
DCR：2008-05-22

P511BAA480-1　　001
螺母周边突出部分宽度
Definition：规定了螺母周边突出部分宽度
DC：P511AAA052-1　　螺母
PLS：b

Unit：mm
VF：NR2..3.3
DT：REAL_MEASURE_TYPE
PTC：A57
SDD：GB/T 13680—1992，GB/T 13681—1992
DOD：2008-05-22　　DCV：2008-05-22
DCR：2008-05-22

P511BAA481-1　　001
吊环底部厚度
Definition：吊环底部厚度
DC：P511AAA385-1　　吊环螺母
PLS：b
Unit：mm
VF：NR2..3.3
DT：REAL_MEASURE_TYPE
PTC：A57
SDD：JB/T 7382—1994
DOD：2008-05-22　　DCV：2008-05-22
DCR：2008-05-22

P511BAA482-1　　001
螺母周边突出部分宽度
Definition：规定了螺母周边突出部分宽度
DC：P511AAA376-1　　焊接方螺母 A 型
PLS：b1
Unit：mm
VF：NR2..3.3
DT：REAL_MEASURE_TYPE
PTC：A57
SDD：GB/T 13680—1992
DOD：2008-05-22　　DCV：2008-05-22
DCR：2008-05-22

P511BAA483-1　　001
盖形螺母定位偏差
Definition：规定了盖形螺母的定位偏差
DC：P511AAA312-1　　盖形螺母
Unit：mm
VF：NR2..3.3
DT：REAL_MEASURE_TYPE
PTC：A57
SDD：GB/T 802—1988
DOD：2008-05-22　　DCV：2008-05-22
DCR：2008-05-22

P511BAA484-1　　001
扣紧螺母填料厚度
Definition：规定了扣紧螺母填料厚度
DC：P511AAA366-1　　扣紧螺母
Unit：mm
VF：NR2..3.3
DT：REAL_MEASURE_TYPE
PTC：A57
SDD：GB/T 805—1988
DOD：2008-05-22　　DCV：2008-05-22
DCR：2008-05-22

P511BAA485-1　　001
无螺纹孔深
Definition：螺母螺纹孔无螺纹的长度
DC：P511AAA368-1　　小六角特扁细牙螺母
PLS：g
Unit：mm
VF：NR2..3.3
DT：REAL_MEASURE_TYPE
PTC：A57
SDD：GB/T 809—1988
DOD：2008-05-22　　DCV：2008-05-22
DCR：2008-05-22

P511BAA486-1　　001
盖形螺母盲孔深度
Definition：规定了盖形螺母盲孔深度
DC：P511AAA312-1　　盖形螺母
PLS：a
Unit：mm
VF：NR2..3.3
DT：REAL_MEASURE_TYPE
PTC：A57
SDD：GB/T 923—1988
DOD：2008-05-22　　DCV：2008-05-22
DCR：2008-05-22

P511BAA487-1　　001
平端或圆柱端直径

Definition：规定了定位螺钉的平端或圆柱端直径
DC：P511AAA127-1　　腰状杆
PLS：d1
Unit：mm
VF：NR2..3.3
DT：REAL_MEASURE_TYPE
PTC：A57
SDD：GB/T 72—1988
DOD：2008-05-27　　DCV：2008-05-27
DCR：2008-05-27

P511BAA488-1　　001
开槽内径
Definition：规定了定位螺钉的开槽内径
DC：P511AAA386-1　　定位螺钉
PLS：d2
Unit：mm
VF：NR2..3.3
DT：REAL_MEASURE_TYPE
PTC：A57
SDD：GB/T 72—1988
DOD：2008-05-27　　DCV：2008-05-27
DCR：2008-05-27

P511BAA489-1　　001
倒圆半径
Definition：规定了倒圆半径
DC：P511AAA386-1　　定位螺钉
PLS：R
Unit：mm
VF：NR2..3.3
DT：REAL_MEASURE_TYPE
PTC：A57
SDD：GB/T 72—1988、GB/T 829—1988、GB/T 831—1988、GB/T 832—1988、GB/T 836—1988、GB/T 840—1988、GB/T 946—1988、GB/T 947—1988、GB/T 12—1988、GB/T 13—1988、GB/T 15—1988、GB/T 794—1993
DOD：2008-05-27　　DCV：2008-05-27
DCR：2008-05-27

P511BAA490-1　　001
尾部倒角宽度
Definition：规定了尾部倒角宽度
DC：P511AAA394-1　　不脱出螺钉
PLS：C
Unit：mm
VF：NR2..3.3
DT：REAL_MEASURE_TYPE
PTC：A57
SDD：GB/T 837—1988、GB/T 838—1988、GB/T 839—1988、GB/T 948—1988、GB/T 949—1988
DOD：2008-05-27　　DCV：2008-05-27
DCR：2008-05-27

P511BAA491-1　　001
退刀槽宽度
Definition：规定了退刀槽宽度
DC：P511AAA397-1　　滚花头不脱出螺钉(A型)
PLS：B
Unit：mm
VF：NR2..3.3
DT：REAL_MEASURE_TYPE
PTC：A57
SDD：GB/T 839—1988
DOD：2008-05-27　　DCV：2008-05-27
DCR：2008-05-27

P511BAA492-1　　001
头部倒角宽度
Definition：螺钉头部倒角宽度
DC：P511AAA397-1　　滚花头不脱出螺钉(A型)
PLS：C1
Unit：mm
VF：NR2..3.3
DT：REAL_MEASURE_TYPE
PTC：A57
SDD：GB/T 839—1988
DOD：2008-05-27　　DCV：2008-05-27
DCR：2008-05-27

P511BAA493-1　　001
头部垫圈面厚度
Definition：头部垫圈面厚度
DC：P511AAA397-1　　滚花头不脱出螺钉(A型)

PLS：h
Unit：mm
VF：NR2..3.3
DT：REAL_MEASURE_TYPE
PTC：A57
SDD：GB/T 839—1988
DOD：2008-05-27　　DCV：2008-05-27
DCR：2008-05-27

P511BAA494-1　　001
皇冠高度
Definition：包括销头部凸面高度和倒角宽度
DC：P511AAA493-1　　内螺纹圆柱销
PLS：c
Unit：mm
VF：NR2..3.3
DT：REAL_MEASURE_TYPE
PTC：T03
SDD：GB/T 120.2—2000
DOD：2006-06-03　　DCV：2006-06-03
DCR：2006-06-03

P511BAA495-1　　001
开槽深度
Definition：圆柱销开槽深度
DC：P511AAA495-1　　螺纹圆柱销
PLS：t
Unit：mm
VF：NR2..3.3
DT：REAL_MEASURE_TYPE
PTC：T03
SDD：GB/T 878-86
DOD：2006-06-03　　DCV：2006-06-03
DCR：2006-06-03

P511BAA496-1　　001
开槽深度
Definition：圆锥销开槽深度
DC：P511AAA494-1　　开尾圆锥销
PLS：l1
Unit：mm
VF：NR2..3.3
DT：REAL_MEASURE_TYPE
PTC：T03
SDD：GB/T 877-86
DOD：2006-06-03　　DCV：2006-06-03
DCR：2006-06-03

P511BAA497-1　　001
销钉内螺纹直径
Definition：销钉内螺纹的直径
DC：P511AAA098-1　　销钉
PLS：d1
Unit：mm
VF：NR2..3.3
DT：REAL_MEASURE_TYPE
PTC：T03
SDD：GB/T 118—2000，GB/T 120.1—2000，GB/T 120.2—2000
DOD：2006-06-03　　DCV：2006-06-03
DCR：2006-06-03

P511BAA498-1　　001
无头铆钉长度
Definition：未安装状态的无头铆钉杆长度
DC：P511AAA499-1　　无头铆钉
PLS：l
Unit：mm
VF：NR2..3.3
DT：REAL_MEASURE_TYPE
PTC：T03
SDD：GB/T 1016—1986
DOD：2006-06-04　　DCV：2006-06-04
DCR：2006-06-04

P511BAA499-1　　001
头下圆角半径
Definition：铆钉头和杆连接处的圆角半径
DC：P511AAA345-1　　铆钉
PLS：r
Unit：mm
VF：NR2..3.3
DT：REAL_MEASURE_TYPE
PTC：T03
SDD：GB/T 109—1986，GB/T 863.1—1986，GB/T 863.2—1986，GB/T 864—1986，GB/T 865—

1986，GB/T 866—1986，GB/T 867—1986，GB/T 868—1986，GB/T 869—1986，GB/T 870—1986，GB/T 871—1986，GB/T 872—1986，GB/T 873—1986，GB/T 874—1986，GB/T 875—1986，GB/T 876—1986，GB/T 954—1986，GB/T 1011—1986，GB/T 1012—1986，GB/T 1013—1986，GB/T 1014—1986，GB/T 1015—1986，GB/T 1016—1986，GB/T 15855.1—1995，GB/T 15855.2—1995
DOD：2006-06-04 DCV：2006-06-04
DCR：2006-06-04

P511BAA500-1 001
头部圆角半径
Definition：铆钉头部的弯曲半径
DC：P511AAA507-1 平锥头
PLS：r1
Unit：mm
VF：NR2..3.3
DT：REAL_MEASURE_TYPE
PTC：T03
SDD：GB/T 864—1986，GB/T 868—1986，GB/T 1013—1986
DOD：2006-06-04 DCV：2006-06-04
DCR：2006-06-04

P511BAA501-1 001
标牌铆钉最大直径
Definition：铆钉杆部最大直径
DC：P511AAA497-1 标牌铆钉
PLS：d1
Unit：mm
VF：NR2..3.3
DT：REAL_MEASURE_TYPE
PTC：T03
SDD：GB/T 827—1986
DOD：2006-06-04 DCV：2006-06-04
DCR：2006-06-04

P511BAA502-1 001
击芯直径
Definition：铆钉头部的弯曲半径
DC：P511AAA345-1 铆钉
PLS：d1
Unit：mm
VF：NR2..3.3
DT：REAL_MEASURE_TYPE
PTC：T03
SDD：GB/T 15855.1—1995，GB/T 15855.2—1995
DOD：2006-06-04 DCV：2006-06-04
DCR：2006-06-04

P511BAA503-1 001
铆钉孔直径
Definition：铆钉孔直径
DC：P511AAA497-1 标牌铆钉
PLS：d2
Unit：mm
VF：NR2..3.3
DT：REAL_MEASURE_TYPE
PTC：T03
SDD：GB/T 827—1986
DOD：2006-06-04 DCV：2006-06-04
DCR：2006-06-04

P511BAA504-1 001
空心直径
Definition：铆钉的空心直径
DC：P511AAA345-1 铆钉
PLS：dt
Unit：mm
VF：NR2..3.3
DT：REAL_MEASURE_TYPE
PTC：T03
SDD：GB/T 873—1986，GB/T 874—1986，GB/T 875—1986，GB/T 876—1986，GB/T 1013—1986，GB/T 1014—1986，GB/T 1015—1986，GB/T 1016—1986
DOD：2006-06-04 DCV：2006-06-04
DCR：2006-06-04

P511BAA505-1 001
标牌铆钉齿距
Definition：标牌铆钉公称直径截面上的齿距
DC：P511AAA497-1 标牌铆钉
PLS：P

Unit：mm
VF：NR2..3.3
DT：REAL_MEASURE_TYPE
PTC：T03
SDD：GB/T 827—1986
DOD：2006-06-04　　DCV：2006-06-04
DCR：2006-06-04

P511BAA506-1　　001
标牌铆钉尾部长度
Definition：标牌铆钉尾部长度
DC：P511AAA497-1　　标牌铆钉
PLS：l1
Unit：mm
VF：NR2..3.3
DT：REAL_MEASURE_TYPE
PTC：T03
SDD：GB/T 827—1986
DOD：2006-06-04　　DCV：2006-06-04
DCR：2006-06-04

P511BAA507-1　　001
头部倒圆半径
Definition：铆钉头部凸起部分的半径
DC：P511AAA345-1　　铆钉
PLS：R
Unit：mm
VF：NR2..3.3
DT：REAL_MEASURE_TYPE
PTC：T03
SDD：GB/T 827—1986，GB/T 863.1—1986，GB/T 863.2—1986，GB/T 866—1986，GB/T 867—1986，GB/T 870—1986，GB/T 871—1986，GB/T 873—1986，GB/T 1011—1986，GB/T 1012—1986，GB/T 1014—1986
DOD：2006-06-04　　DCV：2006-06-04
DCR：2006-06-04

P511BAA508-1　　001
沉头铆钉头部圆台厚度
Definition：规定了沉头铆钉头部圆台厚度
DC：P511AAA345-1　　铆钉
PLS：b
Unit：mm
VF：NR2..3.3
DT：REAL_MEASURE_TYPE
PTC：T03
SDD：GB/T 865—1986，GB/T 866—1986，GB/T 869—1986，GB/T 870—1986，GB/T 874—1986，GB/T 954—1986，GB/T 1012—1986，GB/T 1015—1986
DOD：2006-06-04　　DCV：2006-06-04
DCR：2006-06-04

P511BAA509-1　　001
空心深度
Definition：铆钉空心深度
DC：P511AAA345-1　　铆钉
PLS：t
Unit：mm
VF：NR2..3.3
DT：REAL_MEASURE_TYPE
PTC：T03
SDD：GB/T 873—1986，GB/T 874—1986，GB/T 875—1986，GB/T 1013—1986，GB/T 1014—1986，GB/T 1015—1986，GB/T 1016—1986
DOD：2006-06-04　　DCV：2006-06-04
DCR：2006-06-04

P511BAA510-1　　001
半沉头最大尺寸
Definition：规定了半沉头头部球面到沉头底部的最大尺寸
DC：P511AAA506-1　　半沉头
PLS：W
Unit：mm
VF：NR2..3.3
DT：REAL_MEASURE_TYPE
PTC：T03
SDD：GB/T 866—1986，GB/T 870—1986，GB/T 1012—1986
DOD：2006-06-04　　DCV：2006-06-04
DCR：2006-06-04

P511BAA511-1　　001
沉头角

Definition：铆钉锥形支烝面的锥角
DC：P511AAA345-1　　铆钉
Unit：mm
VF：NR2..3.3
DT：REAL_MEASURE_TYPE
PTC：T03
SDD：GB/T 869—1986，GB/T 870—1986
DOD：2006-06-04　　DCV：2006-06-04
DCR：2006-06-04

P511BAA512-1　　001
壁厚
Definition：空心铆钉的壁厚
DC：P511AAA345-1　　铆钉
Unit：mm
VF：NR2..3.3
DT：REAL_MEASURE_TYPE
PTC：T03
SDD：GB/T 876—1986，GB/T 975—1986
DOD：2006-06-04　　DCV：2006-06-04
DCR：2006-06-04

P511BAA513-1　　001
头部凹穴到头部支承面的距离
Definition：规定了头部凹陷到头部支承面的距离
DC：P511AAA426-1　　方头螺栓 C 级
PLS：K′
Unit：mm
VF：NR2..3.3
DT：REAL_MEASURE_TYPE
PTC：T03
SDD：GB/T 8—1988、GB/T 29.2—1988、GB/T 35—1988、GB/T 5784—1986
DOD：2006-06-04　　DCV：2006-06-04
DCR：2006-06-04

P511BAA514-1　　001
螺纹收尾长度
Definition：从螺纹起点到第一个全螺纹的距离
DC：P511AAA426-1　　方头螺栓 C 级
PLS：X
Unit：mm
VF：NR2..3.3
DT：REAL_MEASURE_TYPE
PTC：T03
SDD：GB/T 8—1988、GB/T 10—1988、GB/T 11—1988、GB/T 12—1988、GB/T 13—1988、GB/T 15—1988、GB/T 35—1988、GB/T 37—1988、GB/T 794—1993、GB/T 798—1988、GB/T 799—1988、GB/T 800—1988、GB/T 5784—1986
DOD：2006-06-04　　DCV：2006-06-04
DCR：2006-06-04

P511BAA515-1　　001
方颈宽度
Definition：方颈宽度
DC：P511AAA427-1　　沉头方颈螺栓
PLS：Ss
Unit：mm
VF：NR2..3.3
DT：REAL_MEASURE_TYPE
PTC：T03
SDD：GB/T 10—1988、GB/T 12—1988、GB/T 794—1993
DOD：2006-06-04　　DCV：2006-06-04
DCR：2006-06-04

P511BAA516-1　　001
杆头榫部宽度
Definition：杆头榫部宽度
DC：P511AAA428-1 规定了杆头榫部宽度
PLS：Sn
Unit：mm
VF：NR2..3.3
DT：REAL_MEASURE_TYPE
PTC：T03
SDD：GB/T 11—1988、GB/T 13—1988、GB/T 800—1988
DOD：2006-06-04　　DCV：2006-06-04
DCR：2006-06-04

P511BAA517-1　　001
杆上榫部长度
Definition：规定了杆上榫部长度
DC：P511AAA428-1　　沉头带榫螺栓

PLS：h
Unit：mm
VF：NR2..3.3
DT：REAL_MEASURE_TYPE
PTC：T03
SDD：GB/T 11—1988、GB/T 15—1988
DOD：2006-06-04　　DCV：2006-06-04
DCR：2006-06-04

P511BAA518-1　　001
方颈颈部长度
Definition：规定了方颈颈部长度
DC：P511AAA429-1　　半圆头方颈螺栓
PLS：K1
Unit：mm
VF：NR2..3.3
DT：REAL_MEASURE_TYPE
PTC：T03
SDD：GB/T 12—1988、GB/T 794—1993
DOD：2006-06-04　　DCV：2006-06-04
DCR：2006-06-04

P511BAA519-1　　001
杆上榫部长度
Definition：规定了杆上榫部长度
DC：P511AAA430-1　　半圆头带榫螺栓
PLS：h1
Unit：mm
VF：NR2..3.3
DT：REAL_MEASURE_TYPE
PTC：T03
SDD：GB/T 13—1988
DOD：2006-06-04　　DCV：2006-06-04
DCR：2006-06-04

P511BAA520-1　　001
无螺纹杆杆长
Definition：无螺纹杆部分的长度
DC：P511AAA430-1　　半圆头带榫螺栓
PLS：h
Unit：mm
VF：NR2..3.3
DT：REAL_MEASURE_TYPE
PTC：T03
SDD：GB/T 13—1988
DOD：2006-06-04　　DCV：2006-06-04
DCR：2006-06-04

P511BAA521-1　　001
杆上退刀槽(凹槽)宽度
Definition：外螺纹紧固件头与杆连接处的退刀槽(凹槽)宽度
DC：P511AAA432-1　　六角头铰制孔用螺栓 A 和 B 级
PLS：g
Unit：mm
VF：NR2..3.3
DT：REAL_MEASURE_TYPE
PTC：T03
SDD：GB/T 27—1988
DOD：2006-06-04　　DCV：2006-06-04
DCR：2006-06-04

P511BAA522-1　　001
平端或圆柱端直径
Definition：平端或圆柱端直径
DC：P511AAA432-1　　六角头铰制孔用螺栓 A 和 B 级
PLS：dp
Unit：mm
VF：NR2..3.3
DT：REAL_MEASURE_TYPE
PTC：T03
SDD：GB/T 27—1988
DOD：2006-06-04　　DCV：2006-06-04
DCR：2006-06-04

P511BAA523-1　　001
末端圆柱端长度
Definition：末端圆柱端长度
DC：P511AAA432-1　　六角头铰制孔用螺栓 A 和 B 级
PLS：l2
Unit：mm
VF：NR2..3.3
DT：REAL_MEASURE_TYPE

PTC：T03
SDD：GB/T 27—1988
DOD：2006-06-04　　DCV：2006-06-04
DCR：2006-06-04

P511BAA524-1　　001
头部支承面到螺纹起点距离
Definition：头部支承面到螺纹起点距离
DC：P511AAA432-1　　六角头铰制孔用螺栓 A 和 B 级
PLS：l3
Unit：mm
VF：NR2..3.3
DT：REAL_MEASURE_TYPE
PTC：T03
SDD：GB/T 27—1988
DOD：2006-06-04　　DCV：2006-06-04
DCR：2006-06-04

P511BAA525-1　　001
头部支承面到杆部孔孔心距离
Definition：头部支承面到杆部孔孔心距离
DC：P511AAA433-1　　六角头螺杆带孔铰制孔用螺栓 A 和 B 级
PLS：lh
Unit：mm
VF：NR2..3.3
DT：REAL_MEASURE_TYPE
PTC：T03
SDD：GB/T 28—1988、GB/T 31.1—1988、GB/T 31.2—1988、GB/T 31.3—1988
DOD：2006-06-04　　DCV：2006-06-04
DCR：2006-06-04

P511BAA526-1　　001
外螺纹紧固件开槽宽度
Definition：外螺纹紧固件开槽宽度
DC：P511AAA434-1　　六角头头部带槽螺栓
PLS：n
Unit：mm
VF：NR2..3.3
DT：REAL_MEASURE_TYPE
PTC：T03
SDD：GB/T 29.1—1988、GB/T 16939—1997
DOD：2006-06-04　　DCV：2006-06-04
DCR：2006-06-04

P511BAA527-1　　001
头部开槽深度
Definition：头部开槽深度
DC：P511AAA434-1　　六角头头部带槽螺栓
PLS：t
Unit：mm
VF：NR2..3.3
DT：REAL_MEASURE_TYPE
PTC：T03
SDD：GB/T 29.1—1988
DOD：2006-06-04　　DCV：2006-06-04
DCR：2006-06-04

P511BAA528-1　　001
十字槽槽宽
Definition：十字槽槽宽
DC：P511AAA435-1　　十字槽凹穴六角头螺栓
PLS：m
Unit：mm
VF：NR2..3.3
DT：REAL_MEASURE_TYPE
PTC：T03
SDD：GB/T 29.2—1988
DOD：2006-06-04　　DCV：2006-06-04
DCR：2006-06-04

P511BAA529-1　　001
头部小孔中心到头部末端距离
Definition：头部小孔中心到头部末端距离
DC：P511AAA439-1　　六角头头部带孔螺栓 A 和 B 级
PLS：h
Unit：mm
VF：NR2..3.3
DT：REAL_MEASURE_TYPE
PTC：T03
SDD：GB/T 32.1—1988、GB/T 32.2—1988、GB/T 32.3—1988
DOD：2006-06-04　　DCV：2006-06-04

DCR：2006-06-04

P511BAA530-1　　001
头部小孔直径
Definition：头部小孔直径
DC：P511AAA439-1　　六角头头部带孔螺栓 A 和 B 级
PLS：d1
Unit：mm
VF：NR2..3.3
DT：REAL_MEASURE_TYPE
PTC：T03
SDD：GB/T 32.1—1988、GB/T 32.2—1988、GB/T 32.3—1988
DOD：2006-06-04　　DCV：2006-06-04
DCR：2006-06-04

P511BAA531-1　　001
螺纹收尾长度
Definition：从螺纹起点到第一个全螺纹的距离
DC：P511AAA442-1　　小方头螺栓 B 级
PLS：x
Unit：mm
VF：NR2..3.3
DT：REAL_MEASURE_TYPE
PTC：T03
SDD：GB/T 8—1988、GB/T 10—1988、GB/T 11—1988、GB/T 12—1988、GB/T 13—1988、GB/T 15—1988、GB/T 35—1988、GB/T 37—1988、GB/T 794—1993、GB/T 798—1988、GB/T 799—1988、GB/T 800—1988、GB/T 5784—1986
DOD：2006-06-04　　DCV：2006-06-04
DCR：2006-06-04

P511BAA532-1　　001
头部垫面厚度
Definition：头部垫圈厚度
DC：P511AAA443-1　　T 形槽用螺栓
PLS：h
Unit：mm
VF：NR2..3.3
DT：REAL_MEASURE_TYPE
PTC：T03
SDD：GB/T 37—1988
DOD：2006-06-04　　DCV：2006-06-04
DCR：2006-06-04

P511BAA533-1　　001
内螺纹最大直径
Definition：内螺纹最大直径
DC：P511AAA443-1　　T 形槽用螺栓
PLS：D
Unit：mm
VF：NR2..3.3
DT：REAL_MEASURE_TYPE
PTC：T03
SDD：GB/T 37—1988、GB/T 798—1988、GB/T 799—1988、GB/T 825—1988
DOD：2006-06-04　　DCV：2006-06-04
DCR：2006-06-04

P511BAA534-1　　001
内螺纹最小直径
Definition：内螺纹最小直径
DC：P511AAA443-1　　T 形槽用螺栓
PLS：D1
Unit：mm
VF：NR2..3.3
DT：REAL_MEASURE_TYPE
PTC：T03
SDD：GB/T 37—1988
DOD：2006-06-04　　DCV：2006-06-04
DCR：2006-06-04

P511BAA535-1　　001
头和杆连接处的弯曲半径
Definition：头和杆连接处的弯曲半径
DC：P511AAA444-1　　加强半圆头方颈螺栓 A 型和 B 型
PLS：R1
Unit：mm
VF：NR2..3.3
DT：REAL_MEASURE_TYPE
PTC：T03
SDD：GB/T 794—1993

DOD：2006-06-04　　DCV：2006-06-04
DCR：2006-06-04

P511BAA536-1　　001
方颈外径
Definition：方颈外切圆直径
DC：P511AAA444-1　　加强半圆头方颈螺栓 A 型和 B 型
PLS：d1
Unit：mm
VF：NR2..3.3
DT：REAL_MEASURE_TYPE
PTC：T03
SDD：GB/T 794—1993
DOD：2006-06-04　　DCV：2006-06-04
DCR：2006-06-04

P511BAA537-1　　001
头部沉孔深度
Definition：头部沉孔深度
DC：P511AAA444-1　　加强半圆头方颈螺栓 A 型和 B 型
PLS：t
Unit：mm
VF：NR2..3.3
DT：REAL_MEASURE_TYPE
PTC：T03
SDD：GB/T 794—1993、GB/T 5789—1986、GB/T 5790—1986
DOD：2006-06-04　　DCV：2006-06-04
DCR：2006-06-04

P511BAA538-1　　001
活节螺栓头部孔直径
Definition：活节螺栓头部孔直径
DC：P511AAA445-1　　活节螺栓
PLS：d1
Unit：mm
VF：NR2..3.3
DT：REAL_MEASURE_TYPE
PTC：T03
SDD：GB/T 798—1988
DOD：2006-06-04　　DCV：2006-06-04
DCR：2006-06-04

P511BAA539-1　　001
环眼形头头部长度
Definition：环眼形头头部长度
DC：P511AAA446-1　　地脚螺栓
PLS：h
Unit：mm
VF：NR2..3.3
DT：REAL_MEASURE_TYPE
PTC：T03
SDD：GB/T 799—1988
DOD：2006-06-04　　DCV：2006-06-04
DCR：2006-06-04

P511BAA540-1　　001
地脚螺栓杆长
Definition：地脚螺栓杆长
DC：P511AAA446-1　　地脚螺栓
PLS：l1
Unit：mm
VF：NR2..3.3
DT：REAL_MEASURE_TYPE
PTC：T03
SDD：GB/T 799—1988
DOD：2006-06-04　　DCV：2006-06-04
DCR：2006-06-04

P511BAA541-1　　001
头部凹穴到法兰面距离
Definition：头部凹穴到法兰面距离
DC：P511AAA451-1　　六角法兰面螺栓-加大系列-B 级
PLS：K′
Unit：mm
VF：NR2..3.3
DT：REAL_MEASURE_TYPE
PTC：T03
SDD：GB/T 5789—1986、GB/T 5790—1986
DOD：2006-06-04　　DCV：2006-06-04
DCR：2006-06-04

P511BAA542-1　　001

外螺纹紧固件头与杆连接处直径
Definition：外螺纹紧固件头与杆连接处直径
DC：P511AAA451-1　六角法兰面螺栓-加大系列-B级
PLS：du
Unit：mm
VF：NR2..3.3
DT：REAL_MEASURE_TYPE
PTC：T03
SDD：GB/T 5789—1986、GB/T 5790—1986
DOD：2006-06-04　DCV：2006-06-04
DCR：2006-06-04

P511BAA543-1　001
头部倒角宽度
Definition：头部倒角宽度
DC：P511AAA453-1　钢网架螺栓球节点用高强度螺栓
PLS：C
Unit：mm
VF：NR2..3.3
DT：REAL_MEASURE_TYPE
PTC：T03
SDD：GB/T 16939—1997、GB/T 834—1988、GB/T 835—1988
DOD：2006-06-04　DCV：2006-06-04
DCR：2006-06-04

P511BAA544-1　001
支承面到栓球球心距离
Definition：支承面到栓球球心距离
DC：P511AAA453-1　钢网架螺栓球节点用高强度螺栓
PLS：l1
Unit：mm
VF：NR2..3.3
DT：REAL_MEASURE_TYPE
PTC：T03
SDD：GB/T 16939—1997
DOD：2006-06-04　DCV：2006-06-04
DCR：2006-06-04

P511BAA545-1　001
开槽中心距
Definition：开槽中心距
DC：P511AAA453-1　钢网架螺栓球节点用高强度螺栓
PLS：l2
Unit：mm
VF：NR2..3.3
DT：REAL_MEASURE_TYPE
PTC：T03
SDD：GB/T 16939—1997
DOD：2006-06-04　DCV：2006-06-04
DCR：2006-06-04

P511BAA546-1　001
中心距
Definition：中心距离
DC：P511AAA453-1　钢网架螺栓球节点用高强度螺栓
PLS：l3
Unit：mm
VF：NR2..3.3
DT：REAL_MEASURE_TYPE
PTC：T03
SDD：GB/T 16939—1997
DOD：2006-06-04　DCV：2006-06-04
DCR：2006-06-04

P511BAA547-1　001
杆部开槽深度1
Definition：杆部开槽深度1
DC：P511AAA453-1　钢网架螺栓球节点用高强度螺栓
PLS：t1
Unit：mm
VF：NR2..3.3
DT：REAL_MEASURE_TYPE
PTC：T03
SDD：GB/T 16939—1997
DOD：2006-06-04　DCV：2006-06-04
DCR：2006-06-04

P511BAA548-1　001
杆部开槽深度2

Definition：杆部开槽深度 2
DC：P511AAA453-1　钢网架螺栓球节点用高强度螺栓
PLS：t2
Unit：mm
VF：NR2..3.3
DT：REAL_MEASURE_TYPE
PTC：T03
SDD：GB/T 16939—1997
DOD：2006-06-04　DCV：2006-06-04
DCR：2006-06-04

P511BAA549-1　001
12 角头内切圆直径
Definition：12 角头内切圆直径
DC：P511AAA454-1　12 角头法兰面螺栓
PLS：d1
Unit：mm
VF：NR2..3.3
DT：REAL_MEASURE_TYPE
PTC：T03
SDD：JB/T 6686—1993
DOD：2006-06-04　DCV：2006-06-04
DCR：2006-06-04

P511BAA550-1　001
螺纹尾部与紧固件尾部的距离
Definition：螺纹尾部与紧固件尾部的距离
DC：P511AAA454-1　12 角头法兰面螺栓
PLS：z
Unit：mm
VF：NR2..3.3
DT：REAL_MEASURE_TYPE
PTC：T03
SDD：JB/T 6686—1993
DOD：2006-06-04　DCV：2006-06-04
DCR：2006-06-04

P511BAA551-1　001
最末一扣完整螺纹至支承面的距离
Definition：当螺纹接近头部时，外螺纹螺栓/螺钉从最末一扣完整螺纹至头部支承面的距离
DC：P511AAA461-1　吊环螺钉
PLS：a1
Unit：mm
VF：NR2..3.3
DT：REAL_MEASURE_TYPE
PTC：T03
SDD：GB/T 825—1988
DOD：2006-06-04　DCV：2006-06-04
DCR：2006-06-04

P511BAA552-1　001
吊环形头圆环厚度
Definition：吊环形头圆环厚度
DC：P511AAA021-1　吊环形头
PLS：b
Unit：mm
VF：NR2..3.3
DT：REAL_MEASURE_TYPE
SDD：GB/T 825—1988
DOD：2008-06-06　DCV：2008-06-06
DCR：2008-06-06

P511BAA553-1　001
吊环形头内径
Definition：吊环形头内径
DC：P511AAA021-1　吊环形头
PLS：D1
Unit：mm
VF：NR2..3.3
DT：REAL_MEASURE_TYPE
SDD：GB/T 825—1988
DOD：2008-06-06　DCV：2008-06-06
DCR：2008-06-06

P511BAA554-1　001
头部支承面外径
Definition：头部支撑面外径
DC：P511AAA461-1　吊环螺钉
PLS：D2
Unit：mm
VF：NR2..3.3
DT：REAL_MEASURE_TYPE
SDD：GB/T 825—1988
DOD：2008-06-06　DCV：2008-06-06

DCR：2008-06-06

P511BAA555-1 001
吊环形头圆环直径
Definition：吊环形头圆环直径
DC：P511AAA021-1 吊环形头
PLS：d1
Unit：mm
VF：NR2..3.3
DT：REAL_MEASURE_TYPE
SDD：GB/T 825—1988
DOD：2008-06-06 DCV：2008-06-06
DCR：2008-06-06

P511BAA556-1 001
吊环形头支承圆面直径
Definition：吊环形头支承圆面直径
DC：P511AAA021-1 吊环形头
PLS：d2
Unit：mm
VF：NR2..3.3
DT：REAL_MEASURE_TYPE
SDD：GB/T 825—1988
DOD：2008-06-06 DCV：2008-06-06
DCR：2008-06-06

P511BAA557-1 001
外螺纹紧固件头与杆连接处的退刀槽最小直径
Definition：外螺纹紧固件头与杆连接处的退刀槽最小直径
DC：P511AAA461-1 吊环螺钉
PLS：d3
Unit：mm
VF：NR2..3.3
DT：REAL_MEASURE_TYPE
SDD：GB/T 825—1988
DOD：2008-06-06 DCV：2008-06-06
DCR：2008-06-06

P511BAA558-1 001
吊环型头头部最大直径
Definition：吊环型头头部最大直径
DC：P511AAA021-1 吊环形头
PLS：d4
Unit：mm
VF：NR2..3.3
DT：REAL_MEASURE_TYPE
SDD：GB/T 825—1988
DOD：2008-06-06 DCV：2008-06-06
DCR：2008-06-06

P511BAA559-1 001
吊环型头头部中心到头部支承面距离
Definition：吊环型头头部中心到头部支承面距离
DC：P511AAA021-1 吊环形头
PLS：h
Unit：mm
VF：NR2..3.3
DT：REAL_MEASURE_TYPE
SDD：GB/T 825—1988
DOD：2008-06-06 DCV：2008-06-06
DCR：2008-06-06

P511BAA560-1 001
头部垫圈厚度
Definition：吊环螺钉头部垫圈厚度
DC：P511AAA021-1 吊环形头
PLS：h1
Unit：mm
VF：NR2..3.3
DT：REAL_MEASURE_TYPE
SDD：GB/T 825—1988
DOD：2008-06-06 DCV：2008-06-06
DCR：2008-06-06

P511BAA561-1 001
垫圈面厚度
Definition：垫圈面厚度
DC：P511AAA461-1 吊环螺钉
PLS：h2
Unit：mm
VF：NR2..3.3
DT：REAL_MEASURE_TYPE
SDD：GB/T 825—1988
DOD：2008-06-06 DCV：2008-06-06
DCR：2008-06-06

P511BAA562-1　001
头部孔直径
Definition：头部孔直径
DC：P511AAA008-1　头部
PLS：d1
Unit：mm
VF：NR2..3.3
DT：REAL_MEASURE_TYPE
SDD：GB/T 832—1988
DOD：2008-06-06　DCV：2008-06-06
DCR：2008-06-06

P511BAA563-1　001
头部小孔中心到头部支承面距离
Definition：头部小孔中心到头部支承面距离
DC：P511AAA008-1　头部
PLS：H
Unit：mm
VF：NR2..3.3
DT：REAL_MEASURE_TYPE
SDD：GB/T 832—1988
DOD：2008-06-06　DCV：2008-06-06
DCR：2008-06-06

P511BAA564-1　001
外径
Definition：自攻螺钉或木螺钉(公称直径)的大径
DC：P511AAA464-1　滚花高头螺钉
PLS：d1
Unit：mm
VF：NR2..3.3
DT：REAL_MEASURE_TYPE
SDD：GB/T 830—1988、GB/T 831—1988、GB/T 834—1988、GB/T 946—1988
DOD：2008-06-06　DCV：2008-06-06
DCR：2008-06-06

P511BAA565-1　001
内径
Definition：自攻螺钉或木螺钉(公称直径)的最小直径
DC：P511AAA464-1　滚花高头螺钉
PLS：d2
Unit：mm
VF：NR2..3.3
DT：REAL_MEASURE_TYPE
SDD：GB/T 830—1988、GB/T 831—1988、GB/T 834—1988、GB/T 946—1988
DOD：2008-06-06　DCV：2008-06-06
DCR：2008-06-06

P511BAA566-1　001
头高
Definition：从支承面到头顶的距离
DC：P511AAA412-1　滚花高头
PLS：K1
Unit：mm
VF：NR2..3.3
DT：REAL_MEASURE_TYPE
SDD：GB/T 834—1988
DOD：2008-06-06　DCV：2008-06-06
DCR：2008-06-06

P511BAA567-1　001
头部垫圈面厚度
Definition：头部垫圈面厚度
DC：P511AAA412-1　滚花高头
PLS：K2
Unit：mm
VF：NR2..3.3
DT：REAL_MEASURE_TYPE
SDD：GB/T 834—1988
DOD：2008-06-06　DCV：2008-06-06
DCR：2008-06-06

P511BAA568-1　001
头下圆角半径
Definition：头与杆连接处的退刀槽半径
DC：P511AAA412-1　滚花高头
PLS：R
Unit：mm
VF：NR2..3.3
DT：REAL_MEASURE_TYPE
SDD：GB/T 834—1988、GB/T 839—1988
DOD：2008-06-06　DCV：2008-06-06

DCR：2008-06-06

P511BAA569-1　　001
公称直径 A
Definition：六角沉槽的外径
DC：P511AAA469-1　　内六角花形低圆柱头螺钉
PLS：A
Unit：mm
VF：NR2..3.3
DT：REAL_MEASURE_TYPE
SDD：GB/T 2671.1—2004、GB/T 2671.2—2004、GB/T 2672—2004、GB/T 2674—2004、GB/T 2670.1—2004、GB/T 2670.2—2004、GB/T 2670.3—1994
DOD：2008-06-06　　DCV：2008-06-06
DCR：2008-06-06

P511BAA570-1　　001
公称直径 B
Definition：六角花形沉槽的内径
DC：P511AAA472-1　　内六角花形沉头螺钉
PLS：B
Unit：mm
VF：NR2..3.3
DT：REAL_MEASURE_TYPE
SDD：GB/T 2673—1986、GB/T 6564—1986
DOD：2008-06-06　　DCV：2008-06-06
DCR：2008-06-06

P511BAA571-1　　001
螺纹长度
Definition：螺纹长度
DC：P511AAA419-1　　木螺钉末端
PLS：l0
Unit：mm
VF：NR2..3.3
DT：REAL_MEASURE_TYPE
SDD：GB/T 99—1986、GB/T 100—1986、GB/T 101—1986、GB/T 102—1986、GB/T 950—1986、GB/T 951—1986、GB/T 952—1996
DOD：2008-06-06　　DCV：2008-06-06
DCR：2008-06-06

P511BAA572-1　　001
螺纹长度
Definition：切销点到尾端距离
DC：P511AAA132-1　　自攻螺钉平端(F 型)
PLS：ln
Unit：mm
VF：NR2..3.3
DT：REAL_MEASURE_TYPE
SDD：GB/T 13806.2—1992
DOD：2008-06-06　　DCV：2008-06-06
DCR：2008-06-06

P511BAA573-1　　001
头部厚度
Definition：头部厚度
DC：P511AAA408-1　　平头
PLS：C
Unit：mm
VF：NR2..3.3
DT：REAL_MEASURE_TYPE
SDD：GB/T 14210—1993
DOD：2008-06-06　　DCV：2008-06-06
DCR：2008-06-06

P511BAA574-1　　001
槽钉螺纹直径
Definition：槽钉螺纹直径
DC：P511AAA400-1　　槽钉
PLS：d1
Unit：mm
VF：NR2..3.3
DT：REAL_MEASURE_TYPE
SDD：JB/T 6361.1—1992、JB/T 6361.2—1992、JB/T 6361.3—1992、JB/T 6361.4—1992、GB/T 14210—1993
DOD：2008-06-06　　DCV：2008-06-06
DCR：2008-06-06

P511BAA575-1　　001
从头部到第一扣螺纹的距离
Definition：从头部到第一扣螺纹的距离
DC：P511AAA400-1　　槽钉

PLS：l1
Unit：mm
VF：NR2..3.3
DT：REAL_MEASURE_TYPE
SDD：GB/T 14210—1993
DOD：2008-06-06　　DCV：2008-06-06
DCR：2008-06-06

P511BAA576-1　　001
螺距
Definition：螺距
DC：P511AAA400-1　　槽钉
PLS：S
Unit：mm
VF：NR2..3.3
DT：REAL_MEASURE_TYPE
SDD：GB/T 14210—1983
DOD：2008-06-06　　DCV：2008-06-06
DCR：2008-06-06

P511BAA577-1　　001
不脱出螺钉杆部直径
Definition：不脱出螺钉杆部直径
DC：P511AAA127-1　　腰状杆
PLS：d1
Unit：mm
VF：NR2..3.3
DT：REAL_MEASURE_TYPE
SDD：GB/T 837—1988、GB/T 838—1988、GB/T 839—1988、GB/T 948—1988、GB/T 949—1988
DOD：2008-06-06　　DCV：2008-06-06
DCR：2008-06-06

P511BAA578-1　　001
杆部小孔直径
Definition：杆上小孔的直径
DC：P511AAA425-1　　带孔的杆
PLS：d1
Unit：mm
VF：NR2..3.3
DT：REAL_MEASURE_TYPE
SDD：GB/T 28—1988、GB/T 31.1—1988、GB/T 31.2—1988、GB/T 31.3—1988
DOD：2008-06-06　　DCV：2008-06-06
DCR：2008-06

附 录 E
（规范性附录）
分 类 机 制

表 E.1 紧固件类的分类机制表

机械系统和通用件
- 紧固件
  - 螺母
    - P511BAA246 螺纹特性(class_instance_type)：P511AAA037
      - 六角螺母 C级
        - P511AAA360 =MIT
      - 嵌装圆螺母 B 型
        - P511AAA371 =MIT
      - 六角开槽螺母
        - P511AAA227 =MIT
      - 六角薄螺母(倒角)
        - P511AAA327 =MIT
      - I 型非金属嵌件六角锁紧螺母
        - P511AAA328 =MIT
      - II 型非金属嵌件六角锁紧螺母
        - P511AAA329 =MIT
      - 全金属六角锁紧螺母(类型 II)
        - P511AAA330 =MIT
      - 非金属嵌件六角法兰面锁紧螺母
        - P511AAA332 =MIT
      - 全金属六角法兰面锁紧螺母
        - P511AAA333 =MIT
      - 盖形薄螺母
        - P511AAA311 =MIT
      - 盖形螺母
        - P511AAA312 =MIT
      - 六角螺母(类型 I)
        - P511AAA313 =MIT
      - 六角凸缘螺母
        - P511AAA314 =MIT
      - 侧面带孔圆螺母
        - P511AAA315 =MIT
      - 开槽圆螺母 A 型
        - P511AAA316 =MIT
      - 侧面开槽圆螺母
        - P511AAA317 =MIT
      - 六角螺母 类型 II
        - P511AAA326 =MIT
      - 六角法兰面螺母
        - P511AAA228 =MIT
      - 六角皇冠螺母
        - P511AAA229 =MIT
      - 端面带孔圆螺母 A 型
        - P511AAA232 =MIT
      - 六角薄螺母(无倒角)

P511AAA338 =MIT
滚花薄螺母
P511AAA318 =MIT
方螺母
P511AAA319 =MIT
方凸缘螺母
P511AAA320 =MIT
三角凸缘螺母
P511AAA321 =MIT
五角螺母
P511AAA322 =MIT
八角螺母
P511AAA323 =MIT
小六角特扁细牙螺母
P511AAA368 =MIT
蝶形螺母 方翼
P511AAA361 =MIT
蝶形螺母 冲压
P511AAA362 =MIT
蝶形螺母 压铸
P511AAA363 =MIT
环形螺母
P511AAA364 =MIT
球面六角螺母
P511AAA365 =MIT
扣紧螺母
P511AAA366 =MIT
平头铆螺母
P511AAA378 =MIT
沉头铆螺母
P511AAA379 =MIT
小沉头铆螺母
P511AAA380 =MIT
120°小沉头铆螺母
P511AAA381 =MIT
平头六角铆螺母
P511AAA382 =MIT
全金属弹簧箍六角锁紧螺母
P511AAA383 =MIT
焊接方螺母 B 型
P511AAA331 =MIT
滚花高螺母
P511AAA367 =MIT
蝶形螺母 圆翼
P511AAA324 =MIT
嵌装圆螺母 A 型
P511AAA369 =MIT
小圆螺母
P511AAA370 =MIT
端面带孔圆螺母 B 型
P511AAA372 =MIT
开槽圆螺母 B 型
P511AAA373 =MIT
非金属嵌件六角锁紧薄螺母
P511AAA374 =MIT
12 角法兰面螺母
P511AAA384 =MIT

吊环螺母
P511AAA385 =MIT
I型全金属六角锁紧螺母
P511AAA375 =MIT
焊接方螺母A型
P511AAA376 =MIT
焊接六角螺母
P511AAA377 =MIT
外螺纹紧固件
外螺纹紧固件组件
带杆的无头螺钉
P511BAA244 杆部特性(class_instance_type)：P511AAA024
P511BAA245 尾部特性(class_instance_type)：P511AAA028
P511BAA246 螺纹特性(class_instance_type)：P511AAA037
P511BAA247 内扳拧特性(class_instance_type)：P511AAA042
开槽无头螺钉
P511AAA187 =SLO
米制螺纹螺栓/螺钉
P511BAA243 头部特性(class_instance_type)：P511AAA008
P511BAA244 杆部特性(class_instance_type)：P511AAA024
P511BAA245 尾部特性(class_instance_type)：P511AAA028
P511BAA246 螺纹特性(class_instance_type)：P511AAA037
P511BAA247 内扳拧特性(class_instance_type)：P511AAA042
六角法兰面螺栓—全杆
P511AAA047 =MET
六角法兰面螺栓—米制细牙螺纹—小系列—全杆
P511AAA081 =MET
六角法兰面螺栓—米制细牙螺纹 缩杆
P511AAA146 =MET
六角沉槽圆柱头米制细牙螺钉
P511AAA342 =HXS
六角头螺栓
P511AAA156 =MET
六角法兰面螺栓 缩杆
P511AAA157 =MET
大半圆头方颈螺栓
P511AAA158 =MET
方头螺栓
P511AAA159 =MET
方颈凸缘螺栓
P511AAA160 =MET
三角头螺栓
P511AAA162 =MET
八角头螺栓
P511AAA163 =MET
T头螺栓
P511AAA166 =MET
六角头螺钉
P511AAA169 =MET
内六角圆柱头螺钉
P511AAA170 =HXS
内六角圆柱头轴肩螺钉
P511AAA171 =HXS
内六角平圆头螺钉

P511AAA172 =HXS
内六角沉头螺钉
P511AAA173 =HXS
六角花形沉槽圆柱头螺钉
P511AAA174 =HXLS
六角花形盘头螺钉
P511AAA175 =HXLS
六角花形半沉头螺钉
P511AAA176 =HXLS
开槽圆柱头螺钉
P511AAA177 =SLO
开槽盘头螺钉
P511AAA178 =SLO
开槽沉头螺钉
P511AAA179 =SLO
开槽半沉头螺钉
P511AAA180 =SLO
十字槽圆柱头螺钉
P511AAA181 =CRR
十字槽盘头螺钉(H 型)
P511AAA182 =CRR
十字槽沉头螺钉(H 型)
P511AAA184 =CRR
十字槽半沉头螺钉(H 型)
P511AAA185 =CRR
六角花形沉槽圆柱头螺钉
P511AAA050 =HXLS
小半圆头低方颈螺栓
P511AAA051 =MET
十字槽圆柱头螺钉(Z 型)
P511AAA279 =CZT
十字槽盘头螺钉(Z 型)
P511AAA280 =CZT
Z 型十字槽沉头(通用头型)螺钉
P511AAA281 =CZT
Z 型十字槽半沉头螺钉
P511AAA282 =CZT
米制细牙六角头螺栓
P511AAA339 =MET
米制细牙六角头螺钉
P511AAA340 =MET
开槽带孔球面圆柱头螺钉(B 型)
P511AAA528 =SLO
开槽带孔球面圆柱头螺钉(C 型)
P511AAA529 =SLO
塑料滚花头螺钉(B 型)
P511AAA530 =MET
精密机械用紧固件十字槽螺钉(B 型)
P511AAA531 =CRR
精密机械用紧固件十字槽螺钉(C 型)
P511AAA532 =CRR
方头螺栓 C 级
P511AAA426 =MET
沉头方颈螺栓
P511AAA427 =MET
沉头带榫螺栓
P511AAA428 =MET

半圆头方颈螺栓
P511AAA429 =MET
半圆头带榫螺栓
P511AAA430 =MET
大半圆头带榫螺栓
P511AAA431 =MET
六角头铰制孔用螺栓 A 和 B 级
P511AAA432 =MET
六角头螺杆带孔铰制孔用螺栓 A 和 B 级
P511AAA433 =MET
六角头头部带槽螺栓
P511AAA434 =SLO
十字槽凹穴六角头螺栓
P511AAA435 =CRR
六角头螺杆带孔螺栓 A 和 B 级
P511AAA436 =MET
六角头螺杆带孔螺栓 细杆 B 级
P511AAA437 =MET
六角头螺杆带孔螺栓 细牙 A 和 B 级
P511AAA438 =MET
六角头头部带孔螺栓 A 和 B 级
P511AAA439 =MET
六角头头部带孔螺栓 细杆 B 级
P511AAA440 =MET
六角头头部带孔螺栓 细牙 A 和 B 级
P511AAA441 =MET
小方头螺栓 B 级
P511AAA442 =MET
T 形槽用螺栓
P511AAA443 =MET
加强半圆头方颈螺栓 A 型和 B 型
P511AAA444 =MET
活节螺栓
P511AAA445 =MET
地脚螺栓
P511AAA446 =MET
沉头双榫螺栓
P511AAA447 =MET
六角头螺栓
P511AAA448 =MET
六角头螺栓 全螺纹 C 级
P511AAA449 =MET
六角头螺栓—细杆—B 级
P511AAA450 =MET
六角法兰面螺栓—加大系列—B 级
P511AAA451 =MET
六角法兰面螺栓—加大系列—细杆—B 级
P511AAA452 =MET
钢网架螺栓球节点用高强度螺栓
P511AAA453 =MET
12 角头法兰面螺栓
P511AAA454 =MET
十字槽小盘头螺钉
P511AAA460 =CRR
吊环螺钉

P511AAA461 =MET
开槽带孔球面圆柱头螺钉(A 型)
P511AAA462 =SLO
开槽大圆柱头螺钉
P511AAA463 =SLO
滚花高头螺钉
P511AAA464 =MET
滚花平头螺钉
P511AAA465 =MET
滚花小头螺钉
P511AAA466 =MET
塑料滚花头螺钉(A 型)
P511AAA467 =MET
开槽球面大圆柱头螺钉
P511AAA468 =SLO
内六角花形低圆柱头螺钉
P511AAA469 =HXLS
内六角花形圆柱头螺钉
P511AAA470 =HXLS
内六角花形盘头螺钉
P511AAA471 =HXLS
内六角花形沉头螺钉
P511AAA472 =HXLS
内六角花形半沉头螺钉
P511AAA473 =HXLS
精密机械用紧固件十字槽螺钉(A 型)
P511AAA474 =CRR
全螺纹螺柱
P511BAA246 螺纹特性(class_instance_type): P511AAA037
螺柱
P511BAA244 杆部特性(class_instance_type): P511AAA024
P511BAA245 尾部特性(class_instance_type): P511AAA028
P511BAA246 螺纹特性(class_instance_type): P511AAA037
腰状杆螺柱
P511AAA071 =MET
全杆螺柱
P511AAA091 =MET
紧定螺钉
P511BAA245 尾部特性(class_instance_type): P511AAA028
P511BAA246 螺纹特性(class_instance_type): P511AAA037
P511BAA247 内扳拧特性(class_instance_type): P511AAA042
内六角平端紧定螺钉
P511AAA188 =HXS
内六角锥端紧定螺钉
P511AAA189 =HXS
内六角圆柱端紧定螺钉
P511AAA190 =HXS
内六角凹端紧定螺钉
P511AAA191 =HXS
开槽锥端紧定螺钉
P511AAA192 =SLO
开槽平端紧定螺钉
P511AAA193 =SLO
开槽圆柱端紧定螺钉
P511AAA194 =SLO
开槽凹端紧定螺钉
P511AAA195 =SLO

方头长圆柱球面端紧定螺钉
P511AAA455 =MET
方头凹端紧定螺钉
P511AAA456 =MET
方头长圆柱端紧定螺钉
P511AAA457 =MET
方头短圆柱锥端紧定螺钉
P511AAA458 =MET
方头平端紧定螺钉
P511AAA459 =MET
自攻螺钉
P511BAA243 头部特性(class_instance_type):P511AAA008
P511BAA245 尾部特性(class_instance_type):P511AAA028
P511BAA246 螺纹特性(class_instance_type):P511AAA037
P511BAA247 内扳拧特性(class_instance_type):P511AAA042
六角头自攻螺钉 锥端
P511AAA197 =TST
开槽盘头自攻螺钉 锥端
P511AAA198 =SLO
开槽沉头自攻螺钉 锥端
P511AAA199 =SLO
开槽半沉头自攻螺钉 锥端
P511AAA200 =SLO
十字槽盘头自攻螺钉 锥端
P511AAA201 =CRR
六角法兰面自攻螺钉 锥端
P511AAA202 =TST
十字槽(H 型)沉头自攻螺钉 锥端
P511AAA203 =CRR
十字槽(H 型)半沉头自攻螺钉 锥端
P511AAA204 =CRR
六角垫圈面自攻螺钉 锥端
P511AAA205 =TST
六角花型沉槽盘头自攻螺钉 锥端
P511AAA206 =HXLS
六角花型沉槽沉头自攻螺钉 锥端
P511AAA207 =HXLS
六角花型半沉槽沉头自攻螺钉 锥端
P511AAA208 =HXLS
六角花形沉头自攻螺钉
P511AAA226 =HXLS
六角花形沉槽沉头自攻螺钉 平端
P511AAA239 =HXLS
六角垫圈面自攻螺钉 平端
P511AAA243 =TST
十字槽(H 型)半沉头自攻螺钉 平端
P511AAA244 =CRR
十字槽(Z 型)盘头自攻螺钉 平端
P511AAA283 =CZT
十字槽(Z 型)沉头自攻螺钉 锥端
P511AAA284 =CZT
十字槽(Z 型)半盘头自攻螺钉 平端
P511AAA285 =CZT
十字槽(Z 型)半沉头自攻螺钉 平端
P511AAA267 =CZT

十字槽(Z 型)沉头自攻螺钉 平端
P511AAA268 =CZT
十字槽(Z 型)盘头自攻螺钉 平端
P511AAA144 =CZT
十字槽(H 型)沉头自攻螺钉 平端
P511AAA269 =CRR
六角法兰面自攻螺钉
P511AAA271 =TST
十字槽(H 型)盘头自攻螺钉 平端
P511AAA270 =CRR
开槽半沉头自攻螺钉 平端
P511AAA289 =SLO
开槽(Z 型)沉头自攻螺钉 平端
P511AAA290 =SLO
六角花形半沉头自攻螺钉 平端
P511AAA291 =HXLS
六角花形沉槽盘头自攻螺钉 圆端
P511AAA242 =HXLS
六角花型沉槽半沉头自攻螺钉 圆端
P511AAA292 =HXLS
六角头自攻螺钉 平端
P511AAA293 =TST
开槽盘头自攻螺钉 平端
P511AAA139 =SLO
六角花形沉槽沉头自攻螺钉 圆端
P511AAA238 =HXLS
内六角花形盘头自攻螺钉(F 型)
P511AAA533 =HXLS
内六角花形盘头自攻螺钉(R 型)
P511AAA534 =HXLS
内六角花形沉头自攻螺钉(F 型)
P511AAA535 =HXLS
内六角花形沉头自攻螺钉(R 型)
P511AAA536 =HXLS
内六角花形半沉头自攻螺钉(F 型)
P511AAA537 =HXLS
内六角花形半沉头自攻螺钉(R 型)
P511AAA538 =HXLS
十字槽凹穴六角头自攻螺钉(F 型)
P511AAA539 =HXLS
紧密机械用紧固件十字槽自攻螺钉 刮销端(B 型)
P511AAA540 =CRR
紧密机械用紧固件十字槽自攻螺钉 刮销端(C 型)
P511AAA541 =CRR
内六角花形盘头自攻螺钉(C 型)
P511AAA482 =HXLS
内六角花形沉头自攻螺钉(C 型)
P511AAA483 =HXLS
内六角花形半沉头自攻螺钉(C 型)
P511AAA484 =HXLS
十字槽盘头自攻锁紧螺钉
P511AAA485 =CRR
十字槽沉头自攻锁紧螺钉
P511AAA486 =CRR
十字槽半沉头自攻锁紧螺钉
P511AAA487 =CRR
六角头自攻锁紧螺钉

P511AAA488 =MET
内六角花形圆柱头自攻锁紧螺钉
P511AAA489 =HXLS
十字槽凹穴六角头自攻螺钉(C 型)
P511AAA490 =HXLS
紧密机械用紧固件十字槽自攻螺钉 刮销端(A 型)
P511AAA491 =CRR
墙板自攻螺钉
P511AAA492 =CRR
木螺钉
P511BAA243 头部特性(class_instance_type):P511AAA008
P511BAA244 杆部特性(class_instance_type):P511AAA024
P511BAA245 尾部特性(class_instance_type):P511AAA028
P511BAA246 螺纹特性(class_instance_type):P511AAA037
P511BAA247 内扳拧特性(class_instance_type):P511AAA042
开槽圆头木螺钉
P511AAA475 =SLO
开槽沉头木螺钉
P511AAA476 =SLO
开槽半沉头木螺钉
P511AAA477 =SLO
六角头木螺钉
P511AAA478 =MET
十字槽圆头木螺钉
P511AAA479 =
十字槽沉头木螺钉
P511AAA480 =
十字槽半沉头木螺钉
P511AAA481 =
自钻螺钉
P511BAA243 头部特性(class_instance_type):P511AAA008
P511BAA245 尾部特性(class_instance_type):P511AAA028
P511BAA246 螺纹特性(class_instance_type):P511AAA037
P511BAA247 内扳拧特性(class_instance_type):P511AAA042
六角凸缘头自钻自攻螺钉
P511AAA211 =TST
十字槽(H 型)盘头自钻螺钉
P511AAA212 =CRR
十字槽(H 型)沉头自钻螺钉
P511AAA213 =CRR
十字槽(H 型)半沉头自钻螺钉
P511AAA214 =CRR
十字槽(Z 型)盘头自钻自攻螺钉
P511AAA286 =CZT
十字槽(Z 型)沉头自钻自攻螺钉
P511AAA287 =CZT
十字槽(Z 型)半沉头自钻自攻螺钉
P511AAA288 =CZT
自挤螺钉
P511BAA243 头部特性(class_instance_type):P511AAA008
P511BAA244 杆部特性(class_instance_type):P511AAA024
P511BAA245 尾部特性(class_instance_type):P511AAA028
P511BAA246 螺纹特性(class_instance_type):P511AAA037
P511BAA247 内扳拧特性(class_instance_type):P511AAA042

定位螺钉
P511BAA244 杆部特性(class_instance_type)：P511AAA024
P511BAA245 尾部特性(class_instance_type)：P511AAA028
P511BAA246 螺纹特性(class_instance_type)：P511AAA037
P511BAA247 内扳拧特性(class_instance_type)：P511AAA042
开槽锥端定位螺钉
P511AAA387 ＝SLO
开槽盘头定位螺钉
P511AAA388 ＝SLO
开槽圆柱端定位螺钉
P511AAA389 ＝SLO
轴位螺钉
P511BAA244 杆部特性(class_instance_type)：P511AAA024
P511BAA245 尾部特性(class_instance_type)：P511AAA028
P511BAA246 螺纹特性(class_instance_type)：P511AAA037
P511BAA247 内扳拧特性(class_instance_type)：P511AAA042
开槽圆柱头轴位螺钉
P511AAA391 ＝SLO
开槽无头轴位螺钉
P511AAA392 ＝SLO
开槽球面圆柱头轴位螺钉
P511AAA393 ＝SLO
不脱出螺钉
P511BAA243 头部特性(class_instance_type)：P511AAA008
P511BAA244 杆部特性(class_instance_type)：P511AAA024
P511BAA245 尾部特性(class_instance_type)：P511AAA028
P511BAA246 螺纹特性(class_instance_type)：P511AAA037
P511BAA247 内扳拧特性(class_instance_type)：P511AAA042
开槽盘头不脱出螺钉
P511AAA395 ＝SLO
六角头不脱出螺钉
P511AAA396 ＝MET
滚花头不脱出螺钉(A 型)
P511AAA397 ＝SLO
开槽沉头不脱出螺钉
P511AAA398 ＝SLO
开槽半沉头不脱出螺钉
P511AAA399 ＝SLO
滚花头不脱出螺钉(B 型)
P511AAA405 ＝MET
槽钉
P511BAA243 头部特性(class_instance_type)：P511AAA008
P511BAA244 杆部特性(class_instance_type)：P511AAA024
P511BAA245 尾部特性(class_instance_type)：P511AAA028
P511BAA246 螺纹特性(class_instance_type)：P511AAA037
P511BAA247 内扳拧特性(class_instance_type)：P511AAA042
平头环槽钉
P511AAA401 ＝MET
沉头环槽钉
P511AAA402 ＝MET
平头螺旋槽钉
P511AAA403 ＝MET
沉头螺旋槽钉
P511AAA404 ＝MET
外螺纹紧固件特征
内扳拧

CP：P511BAA308　内扳拧类型

内三角
P511AAA140　＝TRS
内四角
P511AAA141　＝SQS
内六角
P511AAA142　＝SSS
内 12 角
P511AAA143　＝12 S
十字孔
P511AAA147　＝CRH
六角沉槽
P511AAA043　＝HXS
开槽
P511AAA044　＝SLO
十字槽(H 型)
P511AAA045　＝CRR
六角花形沉槽
P511AAA222　＝HXLS
十字槽(Z 型)
P511AAA272　＝CZT

头部

CP：P511BAA303　头部类型

T 形头
P511AAA014　＝THD
球面圆柱头
P511AAA017　＝CRAI
盘头
P511AAA018　＝PAN
六角头
P511AAA009　＝HEX
带垫圈面的六角头
P511AAA010　＝HEXW
带法兰面的六角头
P511AAA011　＝HEWF
带凸缘的方头
P511AAA013　＝SQEC
带凸缘的六角头
P511AAA217　＝HEXO
圆头
P511AAA015　＝ROH
圆柱头
P511AAA016　＝CHS
沉头
P511AAA019　＝COT
半沉头
P511AAA020　＝RADC
吊环形头
P511AAA021　＝EYS
环眼形头
P511AAA022　＝ELS
方头
P511AAA023　＝SQR
半圆头
P511AAA353　＝CHD

带旋棒的头
P511AAA046 =TOM
三角头凸缘
P511AAA119 =TRIC
八角头
P511AAA120 =OTN
12 角头法兰面
P511AAA121 =12PFL
圆柱头
P511AAA122 =CLD
平圆头
P511AAA223 =BUT
网纹滚花
P511AAA351 =HWK
蝶形
P511AAA352 =HWW
带孔的六角头
P511AAA423 =HHH
直纹滚花头
P511AAA407 =SKH
平头
P511AAA408 =BLH
开槽带孔球面圆柱头(A 型)
P511AAA409 =SCHA
开槽带孔球面圆柱头(B 型)
P511AAA410 =SCHB
开槽带孔球面圆柱头(C 型)
P511AAA411 =SCHC
滚花高头
P511AAA412 =SKHH
滚花平头
P511AAA413 =SKBH
滚花小头
P511AAA414 =SKSH
塑料滚花头
P511AAA415 =PSKH
开槽球面圆柱头
P511AAA416 =SRCH
开槽球面大圆柱头
P511AAA417 =SBCH
带槽六角头
P511AAA420 =SHH
十字槽凹穴六角头
P511AAA421 =CRHH
带垫圈面、带孔的六角头
P511AAA422 =HWHH

杆
CP：P511BAA305 杆部类型
带方颈的杆
P511AAA025 =SQN
全杆
P511AAA125 =FLS
缩杆
P511AAA126 =RDD
腰状杆
P511AAA127 =WID
加强杆

P511AAA128 =FIT
轴肩杆
P511AAA129 =SHD
带榫的杆
P511AAA424 =NBS
带孔的杆
P511AAA425 =SWH
尾部
CP：P511BAA306 尾部类型
倒角端
P511AAA031 =CFE
自钻螺钉的自钻点
P511AAA012 =DRD
辗制末端
P511AAA029 =ARE
自攻螺钉圆端(R 型)
P511AAA138 =ROU
倒圆端
P511AAA030 =RDE
锥端
P511AAA032 =CPT
截锥端
P511AAA033 =TCP
凹端
P511AAA034 =CPP
圆柱端
P511AAA035 =DGP
刮销端
P511AAA036 =SCP
自攻锁紧螺钉的尾部
P511AAA006 =EOT
自攻螺钉的锥端(C 型)
P511AAA130 =CON
平端
P511AAA131 =FLA
自攻螺钉平端(F 型)
P511AAA132 =CET
导向平端
P511AAA349 =PIP
导向锥端
P511AAA350 =TPP
球面圆柱端
P511AAA406 =RCE
槽钉末端
P511AAA418 =EOCS
木螺钉末端
P511AAA419 =EWS
垫圈
平垫圈
带双面倒角的平垫圈
不带倒角的平垫圈
带倒角的平垫圈
方垫圈
带方孔的平垫圈
弹簧垫圈

弹簧垫圈
鞍形弹簧垫圈
波形弹性垫圈
锥形弹簧垫圈
方斜垫圈
带耳垫圈
单耳止动垫圈
双耳止动垫圈
外舌止动垫圈
内舌止动垫圈
锁紧垫圈
外齿锁紧垫圈
内齿锁紧垫圈
锥形锁紧垫圈
外锯齿锁紧垫圈
内锯齿锁紧垫圈
锥形锯齿锁紧垫圈
销钉
叉杆销
无头叉杆销
轴销
槽销
槽销—带导杆及全长平行沟槽
圆头槽销
沉头槽销
槽销—半长倒锥槽
槽销—中部槽长为 1/2 全长
槽销—中部槽长为 1/3 全长
槽销—半长锥槽
槽销—带倒角及全长平行沟槽
槽销—全长锥槽
弹簧销
沉头槽销
弹性圆柱销 卷制
弹性圆柱销—卷制
锥销
P511BAA246 螺纹特性(class_instance_type)：P511AAA037
简单锥销
带内螺纹的锥销
P511AAA250 ＝MIT
带外螺纹的锥销
P511AAA251 ＝MET
开尾圆锥销
P511AAA494 ＝MIT
圆柱销
P511BAA246 螺纹特性(class_instance_type)：P511AAA037
内螺纹圆柱销
P511AAA253 ＝MIT
内螺纹圆柱销
P511AAA493 ＝MIT
螺纹圆柱销
P511AAA495 ＝MIT
开口销
铆钉

盲铆钉
封闭型盘头抽芯盲铆钉
封闭型沉头抽芯铆钉
开口型平圆头抽芯铆钉
开口型沉头抽芯铆钉
全杆铆钉
管状铆钉
半管状铆钉
平头铆钉
标牌铆钉
空心铆钉
无头铆钉
扁圆头击芯铆钉
沉头击芯铆钉
扁平头
扁平头铆钉
扁平头空心铆钉
半圆头
半圆头铆钉(粗制)
小半圆头铆钉(粗制)
半圆头铆钉
扁圆头
扁圆头铆钉
扁圆头半空心铆钉
大扁圆头铆钉
大扁圆头半空心铆钉
沉头
沉头铆钉(粗制)
沉头铆钉
120°沉头半空心铆钉
120°沉头铆钉
沉头半空心铆钉
半沉头
半沉头铆钉(粗制)
半沉头铆钉
120°半沉头铆钉
平锥头
平锥头铆钉(粗制)
平锥头铆钉
平锥头半空心铆钉

螺纹类型
CP：P511BAA307　螺纹类型
米制外螺纹
P511AAA038　=MET
自攻螺钉螺纹
P511AAA039　=TST
木螺钉螺纹
P511AAA041　=WST
米制内螺纹
P511AAA344　=MIT
自挤螺钉螺纹
P511AAA310　=MEP

ICS 65.060.70
B 91

中华人民共和国国家标准

GB 17668—2010
代替 GB 17668—1999

电链锯 安全使用规程

Electrical chain saws—Safety code for practice

2010-12-23 发布 2011-07-01 实施

中华人民共和国国家质量监督检验检疫总局
中国国家标准化管理委员会 发布

前言

本标准的全部技术内容为强制性。

本标准按照GB/T 1.1—2009给出的规则起草。

本标准代替GB 17668—1999《电链锯　使用安全规程》，与GB 17668—1999相比主要技术变化如下：

——修改了标准名称，将《电链锯　使用安全规程》改为《电链锯　安全使用规程》；

——修改了规范性引用文件；

——删除了警告的内容(1999年版的3.1)；

——删除了“操作者必须经过培训并持有上岗操作证”的要求(1999年版的3.2.3)；

——新增了家庭用电链锯使用安全规程的内容(见第3章)；

——新增了操作者使用电链锯前阅读使用说明书的要求(见3.1.2)；

——新增了电链锯使用范围的要求(见3.1.4)；

——修改了使用电链锯时配戴安全装置的要求(见3.2.1)；

——新增了电链锯作业准备时对插头以及其他连接装置进行检查的要求(见3.2.7、3.2.8)；

——新增了电链锯通电及启动前取下所有调节钥匙或扳手及确保电锯链未接触其他物件的要求(见3.3.2、3.3.3)；

——新增了使用电链锯作业时对电链锯的手柄、握持方法以及其携带的要求(见3.3.7、3.3.8、3.3.9)；

——新增了对电链锯的刀刃的维护要求(见3.4.3)；

——修改了电链锯贮存环境的要求(见3.4.4)。

本标准由国家林业局提出。

本标准由全国林业机械标准化技术委员会(SAC/TC 61)归口。

本标准负责起草单位：嘉兴亚特园林机械研究所。

本标准参加起草单位：浙江三锋工具制造有限公司、国家林业局哈尔滨林业机械研究所。

本标准主要起草人：何国庆、陈勇、卢云峰、李应珍。

本标准所代替标准的历次版本发布情况为：

——GB 17668—1999。

电链锯　安全使用规程

1　范围

本标准规定了家庭用电链锯及贮木场造材用电链锯的操作的基本要求、作业准备要求、作业安全要求、维护保养和贮存安全要求。

本标准适用于贮木场造材用电链锯和家庭用电链锯的安全使用。

2　规范性引用文件

下列文件对于本文件的应用是必不可少的。凡是注日期的引用文件，仅注日期的版本适用于本文件。凡是不注日期的引用文件，其最新版本(包括所有的修改单)适用于本文件。

GB 3883.1　手持式电动工具的安全　第一部分：通用要求

GB 3883.14　手持式电动工具的安全　第二部分：链锯的专用要求

3　家庭用电链锯安全使用规程

3.1　基本要求

3.1.1　操作者应使用符合 GB 3883.1 和 GB 3883.14 规定的电链锯。

3.1.2　操作者在使用电链锯前应仔细阅读说明书。

3.1.3　操作者应熟悉电链锯的性能和操作方法，并能按使用说明书正确进行操作和维护保养。

3.1.4　除锯切树木外，不应将电链锯用于其他目的，例如锯切塑料、石料或非木质建筑材料等。

3.1.5　应禁止下列人员操作电链锯：

a)　未成年人及老年人；

b)　体弱病残者；

c)　酒后或服用兴奋剂、麻醉剂后的人员。

3.1.6　下列情况下不应启动电链锯：

a)　有人靠近时；

b)　光线不足；

c)　雨天，风力大于 5 级及有雷电时的露天场地；

d)　没有断链保护装置及反弹保护装置，或装置损坏时；

e)　易爆环境，如有易燃液体、气体或粉尘的环境。

3.2　准备

3.2.1　作业时应始终配戴安全装置，如护目镜、防尘面具、防滑安全鞋、安全帽和听力防护装置等。

3.2.2　作业时不应穿肥大、敞开的衣服和短裤，不应佩戴装饰品，如领带、手链、脚链等。

3.2.3　认真检查链锯、导板和链轮等组件的磨损程度和锯链的张紧度，必要时进行调整和更换。

3.2.4　作业前应检查电链锯开关是否完好、电源接头是否接牢、电缆绝缘是否磨损。

3.2.5　在户外使用电链锯时，应使用适合户外使用的外接电线。

3.2.6　作业前应彻底检查作业场地并清除石块、金属物、枝丫和其他丢弃物。

3.2.7 电链锯插头应与插座相配，不应以任何方式改装插头。需接地的电链锯不应使用任何转换插头。

3.2.8 若提供了与排屑装置、集尘设备连接使用的装置，则应确保它们连接完好和使用得当。

3.3 作业

3.3.1 接通电源前，应确定电链锯开关处于断开位置，以防止意外启动。

3.3.2 接通电源前，应取下所有调节钥匙或扳手(如果有的话)。

3.3.3 起动电链锯前，应确保电锯链未接触其他物件。

3.3.4 启动或操作时，手和脚不应靠近旋转部件，特别是链条的上下方。

3.3.5 作业时始终用右手握持电链锯的后手柄，左手握持电链锯的前手柄。

注：对导板设计在左侧的链锯，所述的“右手”和“左手”位置应相反。

3.3.6 作业时手不得伸得过长，不应在肩部以上作业。

3.3.7 作业过程应保持手柄干燥、清洁并远离油和油脂，以防止手柄打滑引起失控。

3.3.8 作业时双脚应站稳，应站在牢固、安全和平坦地面上操作电链锯，不应站在树上操作电链锯。

3.3.9 携带关断的电链锯时，应用前手柄，且使电链锯远离操作者的身体。

3.3.10 线路不应超负荷工作，也不应接入高容量保险丝。

3.3.11 锯切处于拉紧状态的树枝时应保持稳固的握持，以提防反弹及防止树杈可能会击到操作者和(或)使链锯失控。

3.3.12 锯切灌木的细条时要特别当心，以防止细条可能会夹住电锯链并击打操作者和(或)使操作者失去平衡。

3.3.13 下列情况应立即切断电源：

a) 链锯碰到其他物体后，重新启动前需要检查损坏情况时；

b) 作业时出现不正常声音或振动，需要检查并排除故障时；

c) 操作者离开电链锯时；

d) 发现漏电时；

e) 作业结束时。

3.4 维护保养和贮存

3.4.1 每天作业后，应检查锯链、导板及链轮磨损程度，并拧紧所有螺母、螺栓、螺钉，必要时进行调整和更换。

3.4.2 检查电源插头及电缆绝缘层的磨损，发现损坏应及时修复或更换。

3.4.3 应遵守制造商关于电锯链的刀刃的维护说明。

3.4.4 应将电链锯贮存在干燥且远离儿童、热源、燃油、锐边或运动部件的环境中。

3.4.5 长期贮存前应清理残留木屑及污物，拆下锯链和导板并涂防锈油，电机应作防尘保护。

4 贮木场造材用电链锯安全使用规程

4.1 基本要求

4.1.1 操作贮木场造材用电链锯时应符合3.1.1～3.1.5的要求。

4.1.2 除满足3.1.6的规定外，以下情况下也不应启动电链锯：

a) 造材辅助人员撤到安全地区之前；

b) 作业区原条堆放不稳。

4.2 准备

贮木场造材用电链锯的准备除满足 3.2 的规定外，作业前还应选好安全撤离通道和安全区。

4.3 作业

4.3.1 作业时应满足 3.3.1～3.3.10 的规定。

4.3.2 当被加工的原条距输送机的距离小于 1.5 m 时禁止作业。

4.3.3 造材前应先启动电链锯空转 1 min，检查运转以及润滑系统是否正常。

4.3.4 熔断保险丝或开关跳闸时，应立即进行检查。

4.3.5 作业时双脚应站稳，不应站在原条或原木下方及可能滚动的原条或原木上。

4.3.6 排除夹锯故障时，应特别注意辅助人员的安全。

4.3.7 在作业的过程中，应随时润滑和冷却锯木机构。

4.3.8 当原条即将锯断时，应注意木材的动向，锯断后迅速提起电链锯。

4.3.9 转移作业前应先关闭电链锯开关。

4.3.10 除满足 3.3.13 的规定外，下列情况也应立即切断电源：

a) 发现附近原条或原木移动时；

b) 造材夹锯时。

4.4 维修保养与贮存

贮木场造材用电链锯的维修保养和贮存按 3.4 的规定进行。

ICS 35.040
L 71

中华人民共和国国家标准

GB 17698—2010
代替 GB 17698—1999

信息技术 通用多八位编码字符集（CJK统一汉字） 15×16点阵字型

Information technology—Universal multiple-octet coded character set (CJK unified ideographs)—15×16 dot matrix font

2011-01-10 发布 2011-11-01 实施

中华人民共和国国家质量监督检验检疫总局
中国国家标准化管理委员会 发布

前　言

本标准的全部技术内容为强制性。

本标准规定的15×16点阵汉字字型是以《第一批异体字整理表》、《简化字总表》、《印刷通用汉字字形表》和《现代汉语通用字表》(见参考文献)为依据，按照现行汉字字形整理原则而设计。

本标准代替GB 17698—1999《信息技术　通用多八位编码字符集(I区)　汉字16点阵字型》。

本标准依据GB 13000中CJK统一汉字所提供的汉字字符，设计了汉字信息系统用15×16点阵字型。为了进一步提高字型质量和保证字型标准之间的协调统一，对GB 17698—1999中不正确的汉字字型进行了修正。

本标准的附录A和附录B是规范性附录。

本标准由中华人民共和国工业和信息化部提出。

本标准由全国信息技术标准化技术委员会(SAC/TC 28)归口。

本标准起草单位：中国电子技术标准化研究所、北京仓颉博雅信息技术有限公司、第二炮兵装备研究院第四研究所。

本标准起草人：翟广臣、王颜尊、周济萍、熊涛、代红、王啸、戴涌。

本标准历次版本发布情况为：

——GB 17698—1999。

引　　言

有关字型数据的授权转让使用事宜，字型标准数据的维护、更新及修订工作，统一由归口单位负责。

地址：北京市东城区安定门东大街 1 号(北京市 1101 信箱)
邮　　编：100007
电　　话：64007689　84029173
传　　真：64007681
E-mail：daihong@cesi.ac.cn

信息技术　通用多八位编码字符集（CJK 统一汉字）　15×16 点阵字型

1　范围

本标准规定了 GB 13000—2010 中 CJK 统一汉字的 15×16 点阵字型。

本标准主要适用于各种电子信息产品、各种数字化产品，也可用于其他有关设备。

2　规范性引用文件

下列文件中的条款通过本标准的引用而成为本标准的条款。凡是注日期的引用文件，其随后所有的修改单(不包括勘误的内容)或修订版均不适用于本标准，然而，鼓励根据本标准达成协议的各方研究是否可使用这些文件的最新版本。凡是不注日期的引用文件，其最新版本适用于本标准。

GB 13000—2010　信息技术　通用多八位编码字符集(UCS)(ISO/IEC 10646:2003,IDT)

3　术语和定义

下列术语和定义适用于本标准。

3.1

字形　glyph

一种可辨认的抽象的图形符号，它不依赖于任何特定的设计。

3.2

字型　font

具有同一基本设计的字形图像的集合，如：宋体。

3.3

点阵字型　dot matrix font

以点的集合来表现图形字符的型(形)。

3.4

字序　character order

图形字符在集合中按一定规则排列的次序。

4　点阵字型的排列次序

本标准汉字点阵字型的字序按 GB 13000—2010 中 CJK 统一汉字的字序排列。

5　标准数据的管理

为加强对电子信息技术产品用汉字字型标准数据的管理，保证本标准在实施中数据的一致性和正确性，有关字型数据的授权转让使用事宜，字型标准数据的维护、更新及修订工作，统一由归口单位负责。

6　点阵字型的表示方法

6.1　栅格

栅格由若干条等距离的垂直线与水平线相交叉而形成。

本标准规定的是 15×16 点阵字型,其栅格是横向 15 格,纵向 16 格。每个方格的中心定为点的中心位置。

栅格仅对构成点阵字型的各点进行定位,15×16 点阵栅格图如图 1 所示。

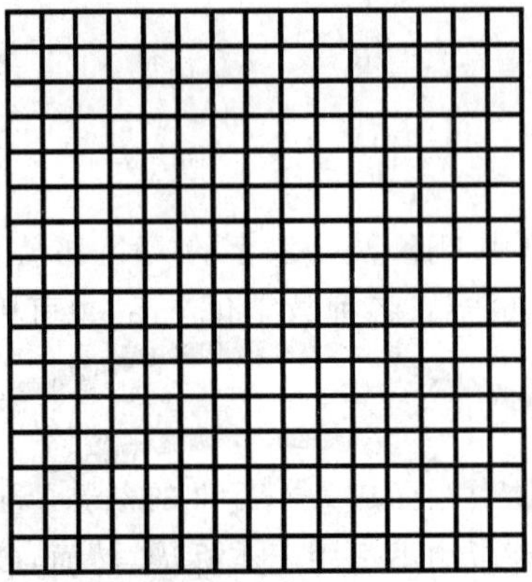

图 1　15×16 点阵栅格图

6.2　点

点是构成点阵字型的最小单位,以圆形表示,它是位于各方格内的黑色区域。

6.3　点阵字样

汉字点阵字型的字样,由置于栅格内的若干个点的集合来表示。汉字"永"的 15×16 点阵字样如图 2 所示。

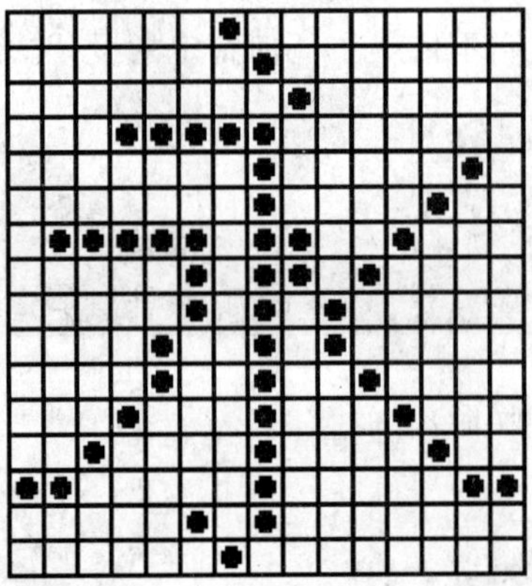

图 2　汉字"永"的 15×16 点阵字样

7　汉字点阵字型

7.1　字数

本标准依据 GB 13000—2010 中 CJK 统一汉字设计了 20 902 个汉字的 15×16 点阵字型。

7.2　汉字字型数据

汉字 15×16 点阵字型数据的表示,见附录 A。

7.3　减少笔画处理的汉字

在本标准中,有 1 195 个汉字作了减少笔画的处理,见附录 B。

7.4　汉字点阵字型表

本标准提供的 20 902 个 15×16 点阵字型如下:

	0	1	2	3	4	5	6	7	8	9	A	B	C	D	E	F
4E0	一	丁	丂	七	丄	丅	丆	万	丈	三	上	下	丌	不	与	丏
4E1	丐	丑	丒	专	且	丕	世	丗	丘	丙	业	丛	东	丝	丞	丟
4E2	丠	両	丢	丣	两	严	並	丧	丨	丩	个	丫	丬	中	丮	丯
4E3	丰	丱	串	丳	临	丵	丶	丷	丸	丹	为	主	丼	丽	举	丿
4E4	乀	乁	乂	乃	乄	久	乆	乇	么	义	乊	之	乌	乍	乎	乏
4E5	乐	乑	乒	乓	乔	乕	乖	乗	乘	乙	乚	乛	乜	九	乞	也
4E6	习	乡	乢	乣	乤	乥	书	乧	乨	乩	乪	乫	乬	乭	乮	乯
4E7	买	乱	乲	乳	乴	乵	乶	乷	乸	乹	乺	乻	乼	乽	乾	乿
4E8	亀	亁	亂	亃	亄	亅	了	亇	予	争	亊	事	二	亍	于	亏
4E9	亐	云	互	亓	五	井	亖	亗	亘	亙	亚	些	亜	亝	亞	亟
4EA	亠	亡	亢	亣	交	亥	亦	产	亨	亩	亪	享	京	亭	亮	亯
4EB	亰	亱	亲	亳	亴	亵	亶	亷	亸	亹	人	亻	亼	亽	亾	亿
4EC	什	仁	仂	仃	仄	仅	仆	仇	仈	仉	今	介	仌	仍	从	仏
4ED	仐	仑	仒	仓	仔	仕	他	仗	付	仙	仚	仛	仜	仝	仞	仟
4EE	仠	仡	仢	代	令	以	仦	仧	仨	仩	仪	仫	们	仭	仮	仯
4EF	仰	仱	仲	仳	仴	仵	件	价	仸	仹	仺	任	仼	份	仾	仿
4F0	伀	企	伂	伃	伄	伅	伆	伇	伈	伉	伊	伋	伌	伍	伎	伏
4F1	伐	休	伒	伓	伔	伕	伖	众	优	伙	会	伛	伜	伝	伞	伟
4F2	传	伡	伢	伣	伤	伥	伦	伧	伨	伩	伪	伫	伬	伭	伮	伯
4F3	估	伱	伲	伳	伴	伵	伶	伷	伸	伹	伺	伻	似	伽	伾	伿
4F4	佀	佁	佂	佃	佄	佅	但	佇	佈	佉	佊	佋	佌	位	低	住
4F5	佐	佑	佒	体	佔	何	佖	佗	佘	余	佚	佛	作	佝	佞	佟
4F6	你	佡	佢	佣	佤	佥	佦	佧	佨	佩	佪	佫	佬	佭	佮	佯
4F7	佰	佱	佲	佳	佴	併	佶	佷	佸	佹	佺	佻	佼	佽	佾	使

	0	1	2	3	4	5	6	7	8	9	A	B	C	D	E	F
4F8	侀	侁	侂	侃	侄	侅	來	侇	侈	侉	侊	例	侌	侍	侎	侏
4F9	侐	侑	侒	侓	侔	侕	侖	侗	侘	侙	侚	供	侜	依	侞	侟
4FA	侠	価	侢	侣	侤	侥	侦	侧	侨	侩	侪	侫	侬	侭	侮	侯
4FB	侰	侱	侲	侳	侴	侵	侶	侷	侸	侹	侺	侻	侼	侽	侾	便
4FC	俀	俁	係	促	俄	俅	俆	俇	俈	俉	俊	俋	俌	俍	俎	俏
4FD	俐	俑	俒	俓	俔	俕	俖	俗	俘	俙	俚	俛	俜	保	俞	俟
4FE	俠	信	俢	俣	俤	俥	俦	俧	俨	俩	俪	俫	俬	俭	修	俯
4FF	俰	俱	俲	俳	俴	俵	俶	俷	俸	俹	俺	俻	俼	俽	俾	俿
500	倀	倁	倂	倃	倄	倅	倆	倇	倈	倉	倊	個	倌	倍	倎	倏
501	倐	們	倒	倓	倔	倕	倖	倗	倘	候	倚	倛	倜	倝	倞	借
502	倠	倡	倢	倣	値	倥	倦	倧	倨	倩	倪	倫	倬	倭	倮	倯
503	倰	倱	倲	倳	倴	倵	倶	倷	倸	倹	债	倻	值	倽	倾	倿
504	偀	偁	偂	偃	偄	偅	偆	假	偈	偉	偊	偋	偌	偍	偎	偏
505	偐	偑	偒	偓	偔	偕	偖	偗	偘	偙	做	偛	停	偝	偞	偟
506	偠	偡	偢	偣	偤	健	偦	偧	偨	偩	偪	偫	偬	偭	偮	偯
507	偰	偱	偲	偳	側	偵	偶	偷	偸	偹	偺	偻	偼	偽	偾	偿
508	傀	傁	傂	傃	傄	傅	傆	傇	傈	傉	傊	傋	傌	傍	傎	傏
509	傐	傑	傒	傓	傔	傕	傖	傗	傘	備	傚	傛	傜	傝	傞	傟
50A	傠	傡	傢	傣	傤	傥	傦	傧	储	傩	傪	傫	催	傭	傮	傯
50B	傰	傱	傲	傳	傴	債	傶	傷	傸	傹	傺	傻	傼	傽	傾	傿
50C	僀	僁	僂	僃	僄	僅	僆	僇	僈	僉	僊	僋	僌	働	僎	像
50D	僐	僑	僒	僓	僔	僕	僖	僗	僘	僙	僚	僛	僜	僝	僞	僟
50E	僠	僡	僢	僣	僤	僥	僦	僧	僨	僩	僪	僫	僬	僭	僮	僯
50F	僰	僱	僲	僳	僴	僵	僶	僷	僸	價	僺	僻	僼	僽	僾	僿

	0	1	2	3	4	5	6	7	8	9	A	B	C	D	E	F
510	儀	儁	儂	儃	億	儅	儆	儇	儈	儉	儊	儋	儌	儍	儎	儏
511	儐	儑	儒	儓	儔	儕	儖	儗	儘	儙	儚	儛	儜	儝	儞	償
512	儠	儡	儢	儣	儤	儥	儦	儧	儨	儩	優	儫	儬	儭	儮	儯
513	儰	儱	儲	儳	儴	儵	儶	儷	儸	儹	儺	儻	儼	儽	儾	儿
514	兀	允	兂	元	兄	充	兆	兇	先	光	兊	克	兌	免	兎	兏
515	児	兑	兒	兓	兔	兕	兖	兗	兘	兙	党	兛	兜	兝	兞	兟
516	兠	兡	兢	兣	兤	入	兦	內	全	兩	兪	八	公	六	兮	兯
517	兰	共	兲	关	兴	兵	其	具	典	兹	兺	养	兼	兽	兾	兿
518	冀	冁	冂	冃	冄	内	円	冇	冈	冉	冊	冋	册	再	冎	冏
519	冐	冑	冒	冓	冔	冕	冖	冗	冘	写	冚	军	农	冝	冞	冟
51A	冠	冡	冢	冣	冤	冥	冦	冧	冨	冩	冪	冫	冬	冭	冮	冯
51B	冰	冱	冲	决	冴	况	冶	冷	冸	冹	冺	冻	冼	冽	冾	冿
51C	净	凁	凂	凃	凄	凅	准	凇	凈	凉	凊	凋	凌	凍	凎	减
51D	凐	凑	凒	凓	凔	凕	凖	凗	凘	凙	凚	凛	凜	凝	凞	凟
51E	几	凡	凢	凣	凤	凥	処	凧	凨	凩	凪	凫	凬	凭	凮	凯
51F	凰	凱	凲	凳	凴	凵	凶	凷	凸	凹	出	击	凼	函	凾	凿
520	刀	刁	刂	刃	刄	刅	分	切	刈	刉	刊	刋	刌	刍	刎	刏
521	刐	刑	划	刓	刔	刕	刖	列	刘	则	刚	创	刜	初	刞	刟
522	删	刡	刢	刣	判	別	刦	刧	刨	利	刪	别	刬	刭	刮	刯
523	到	刱	刲	刳	刴	刵	制	刷	券	刹	刺	刻	刼	刽	刾	刿
524	剀	剁	剂	剃	剄	剅	剆	則	剈	剉	削	剋	剌	前	剎	剏
525	剐	剑	剒	剓	剔	剕	剖	剗	剘	剙	剚	剛	剜	剝	剞	剟
526	剠	剡	剢	剣	剤	剥	剦	剧	剨	剩	剪	剫	剬	剭	剮	副
527	剰	剱	割	剳	剴	創	剶	剷	剸	剹	剺	剻	剼	剽	剾	剿

	0	1	2	3	4	5	6	7	8	9	A	B	C	D	E	F
528	劀	劁	劂	劃	劄	劅	劆	劇	劈	劉	劊	劋	劌	劍	劎	劏
529	劐	劑	劒	劓	劔	劕	劖	劗	劘	劙	劚	力	劜	劝	办	功
52A	加	务	劢	劣	劤	劥	劦	劧	动	助	努	劫	劬	劭	劮	劯
52B	劰	励	劲	劳	労	劵	劶	劷	劸	効	劺	劻	劼	劽	劾	势
52C	勀	勁	勂	勃	勄	勅	勆	勇	勈	勉	勊	勋	勌	勍	勎	勏
52D	勐	勑	勒	勓	勔	動	勖	勗	勘	務	勚	勛	勜	勝	勞	募
52E	勠	勡	勢	勣	勤	勥	勦	勧	勨	勩	勪	勫	勬	勭	勮	勯
52F	勰	勱	勲	勳	勴	勵	勶	勷	勸	勹	勺	勻	勼	勽	勾	勿
530	匀	匁	匂	匃	匄	包	匆	匇	匈	匉	匊	匋	匌	匍	匎	匏
531	匐	匑	匒	匓	匔	匕	化	北	匘	匙	匚	匛	匜	匝	匞	匟
532	匠	匡	匢	匣	匤	匥	匦	匧	匨	匩	匪	匫	匬	匭	匮	匯
533	匰	匱	匲	匳	匴	匵	匶	匷	匸	匹	区	医	匼	匽	匾	匿
534	區	十	卂	千	卄	卅	卆	升	午	卉	半	卋	卌	卍	华	协
535	卐	卑	卒	卓	協	单	卖	南	単	卙	博	卛	卜	卝	卞	卟
536	占	卡	卢	卣	卤	卥	卦	卧	卨	卩	卪	卫	卬	卭	卮	卯
537	印	危	卲	即	却	卵	卶	卷	卸	卹	卺	卻	卼	卽	卾	卿
538	厀	厁	厂	厃	厄	厅	历	厇	厈	厉	厊	压	厌	厍	厎	厏
539	厐	厑	厒	厓	厔	厕	厖	厗	厘	厙	厚	厛	厜	厝	厞	原
53A	厠	厡	厢	厣	厤	厥	厦	厧	厨	厩	厪	厫	厬	厭	厮	厯
53B	厰	厱	厲	厳	厴	厵	厶	厷	厸	厹	厺	去	厼	厽	厾	县
53C	叀	叁	参	參	叄	叅	叆	叇	又	叉	及	友	双	反	収	叏
53D	叐	发	叒	叓	叔	叕	取	受	变	叙	叚	叛	叜	叝	叞	叟
53E	叠	叡	叢	口	古	句	另	叧	叨	叩	只	叫	召	叭	叮	可
53F	台	叱	史	右	叴	叵	叶	号	司	叹	叺	叻	叼	叽	叾	叿

	0	1	2	3	4	5	6	7	8	9	A	B	C	D	E	F
540	吀	吁	吂	吃	各	吅	吆	吇	合	吉	吊	吋	同	名	后	吏
541	吐	向	吒	吓	吔	吕	吖	吗	吘	吙	吚	君	吜	吝	吞	吟
542	吠	吡	吢	吣	吤	吥	否	吧	吨	吩	吪	含	听	吭	吮	启
543	吰	吱	吲	吳	吴	吵	吶	吷	吸	吹	吺	吻	吼	吽	吾	吿
544	呀	呁	呂	呃	呄	呅	呆	呇	呈	呉	告	呋	呌	呍	呎	呏
545	呐	呑	呒	呓	呔	呕	呖	呗	员	呙	呚	呛	呜	呝	呞	呟
546	呠	呡	呢	呣	呤	呥	呦	呧	周	呩	呪	呫	呬	呭	呮	呯
547	呰	呱	呲	味	呴	呵	呶	呷	呸	呹	呺	呻	呼	命	呾	呿
548	咀	咁	咂	咃	咄	咅	咆	咇	咈	咉	咊	咋	和	咍	咎	咏
549	咐	咑	咒	咓	咔	咕	咖	咗	咘	咙	咚	咛	咜	咝	咞	咟
54A	咠	咡	咢	咣	咤	咥	咦	咧	咨	咩	咪	咫	咬	咭	咮	咯
54B	咰	咱	咲	咳	咴	咵	咶	咷	咸	咹	咺	咻	咼	咽	咾	咿
54C	哀	品	哂	哃	哄	哅	哆	哇	哈	哉	哊	哋	哌	响	哎	哏
54D	哐	哑	哒	哓	哔	哕	哖	哗	哘	哙	哚	哛	哜	哝	哞	哟
54E	哠	員	哢	哣	哤	哥	哦	哧	哨	哩	哪	哫	哬	哭	哮	哯
54F	哰	哱	哲	哳	哴	哵	哶	哷	哸	哹	哺	哻	哼	哽	哾	哿
550	唀	唁	唂	唃	唄	唅	唆	唇	唈	唉	唊	唋	唌	唍	唎	唏
551	唐	唑	唒	唓	唔	唕	唖	唗	唘	唙	唚	唛	唜	唝	唞	唟
552	唠	唡	唢	唣	唤	唥	唦	唧	唨	唩	唪	唫	唬	唭	售	唯
553	唰	唱	唲	唳	唴	唵	唶	唷	唸	唹	唺	唻	唼	唽	唾	唿
554	啀	啁	啂	啃	啄	啅	商	啇	啈	啉	啊	啋	啌	啍	啎	問
555	啐	啑	啒	啓	啔	啕	啖	啗	啘	啙	啚	啛	啜	啝	啞	啟
556	啠	啡	啢	啣	啤	啥	啦	啧	啨	啩	啪	啫	啬	啭	啮	啯
557	啰	啱	啲	啳	啴	啵	啶	啷	啸	啹	啺	啻	啼	啽	啾	啿

	0	1	2	3	4	5	6	7	8	9	A	B	C	D	E	F
558	喀	喁	喂	喃	善	喅	喆	喇	喈	喉	喊	喋	喌	喍	喎	喏
559	喐	喑	喒	喓	喔	喕	喖	喗	喘	喙	喚	喛	喜	喝	喞	喟
55A	喠	喡	喢	喣	喤	喥	喦	喧	喨	喩	喪	喫	喬	喭	單	喯
55B	喰	喱	喲	喳	喴	喵	営	喷	喸	喹	喺	喻	喼	喽	喾	喿
55C	嗀	嗁	嗂	嗃	嗄	嗅	嗆	嗇	嗈	嗉	嗊	嗋	嗌	嗍	嗎	嗏
55D	嗐	嗑	嗒	嗓	嗔	嗕	嗖	嗗	嗘	嗙	嗚	嗛	嗜	嗝	嗞	嗟
55E	嗠	嗡	嗢	嗣	嗤	嗥	嗦	嗧	嗨	嗩	嗪	嗫	嗬	嗭	嗮	嗯
55F	嗰	嗱	嗲	嗳	嗴	嗵	嗶	嗷	嗸	嗹	嗺	嗻	嗼	嗽	嗾	嗿
560	嘀	嘁	嘂	嘃	嘄	嘅	嘆	嘇	嘈	嘉	嘊	嘋	嘌	嘍	嘎	嘏
561	嘐	嘑	嘒	嘓	嘔	嘕	嘖	嘗	嘘	嘙	嘚	嘛	嘜	嘝	嘞	嘟
562	嘠	嘡	嘢	嘣	嘤	嘥	嘦	嘧	嘨	嘩	嘪	嘫	嘬	嘭	嘮	嘯
563	嘰	嘱	嘲	嘳	嘴	嘵	嘶	嘷	嘸	嘹	嘺	嘻	嘼	嘽	嘾	嘿
564	噀	噁	噂	噃	噄	噅	噆	噇	噈	噉	噊	噋	噌	噍	噎	噏
565	噐	噑	噒	噓	噔	噕	噖	噗	噘	噙	噚	噛	噜	噝	噞	噟
566	噠	噡	噢	噣	噤	噥	噦	噧	器	噩	噪	噫	噬	噭	噮	噯
567	噰	噱	噲	噳	噴	噵	噶	噷	噸	噹	噺	噻	噼	噽	噾	噿
568	嚀	嚁	嚂	嚃	嚄	嚅	嚆	嚇	嚈	嚉	嚊	嚋	嚌	嚍	嚎	嚏
569	嚐	嚑	嚒	嚓	嚔	嚕	嚖	嚗	嚘	嚙	嚚	嚛	嚜	嚝	嚞	嚟
56A	嚠	嚡	嚢	嚣	嚤	嚥	嚦	嚧	嚨	嚩	嚪	嚫	嚬	嚭	嚮	嚯
56B	嚰	嚱	嚲	嚳	嚴	嚵	嚶	嚷	嚸	嚹	嚺	嚻	嚼	嚽	嚾	嚿
56C	囀	囁	囂	囃	囄	囅	囆	囇	囈	囉	囊	囋	囌	囍	囎	囏
56D	囐	囑	囒	囓	囔	囕	囖	囗	囘	囙	囚	四	囜	囝	回	囟
56E	因	囡	团	団	囤	囥	囦	囧	囨	囩	囪	囫	囬	园	囮	囯
56F	困	囱	囲	図	围	囵	囶	囷	囸	囹	固	囻	囼	国	图	囿

	0	1	2	3	4	5	6	7	8	9	A	B	C	D	E	F
570	圀	圁	圂	圃	圄	圅	圆	圇	圈	圉	圊	國	圌	圍	圎	圏
571	圐	圑	園	圓	圔	圕	圖	圗	團	圙	圚	圛	圜	圝	圞	土
572	圠	圡	圢	圣	圤	圥	圦	圧	在	圩	圪	圫	圬	圭	圮	圯
573	地	圱	圲	圳	圴	圵	圶	圷	圸	圹	场	圻	圼	圽	圾	圿
574	址	坁	坂	坃	坄	坅	坆	均	坈	坉	坊	坋	坌	坍	坎	坏
575	坐	坑	坒	坓	坔	坕	坖	块	坘	坙	坚	坛	坜	坝	坞	坟
576	坠	坡	坢	坣	坤	坥	坦	坧	坨	坩	坪	坫	坬	坭	坮	坯
577	坰	坱	坲	坳	坴	坵	坶	坷	坸	坹	坺	坻	坼	坽	坾	坿
578	垀	垁	垂	垃	垄	垅	垆	垇	垈	垉	垊	型	垌	垍	垎	垏
579	垐	垑	垒	垓	垔	垕	垖	垗	垘	垙	垚	垛	垜	垝	垞	垟
57A	垠	垡	垢	垣	垤	垥	垦	垧	垨	垩	垪	垫	垬	垭	垮	垯
57B	垰	垱	垲	垳	垴	垵	垶	垷	垸	垹	垺	垻	垼	垽	垾	垿
57C	埀	埁	埂	埃	埄	埅	埆	埇	埈	埉	埊	埋	埌	埍	城	埏
57D	埐	埑	埒	埓	埔	埕	埖	埗	埘	埙	埚	埛	埜	埝	埞	域
57E	埠	埡	埢	埣	埤	埥	埦	埧	埨	埩	埪	埫	埬	埭	埮	埯
57F	埰	埱	埲	埳	埴	埵	埶	執	埸	培	基	埻	埼	埽	埾	埿
580	堀	堁	堂	堃	堄	堅	堆	堇	堈	堉	堊	堋	堌	堍	堎	堏
581	堐	堑	堒	堓	堔	堕	堖	堗	堘	堙	堚	堛	堜	堝	堞	堟
582	堠	堡	堢	堣	堤	堥	堦	堧	堨	堩	堪	堫	堬	堭	堮	堯
583	堰	報	堲	堳	場	堵	堶	堷	堸	堹	堺	堻	堼	堽	堾	堿
584	塀	塁	塂	塃	塄	塅	塆	塇	塈	塉	塊	塋	塌	塍	塎	塏
585	塐	塑	塒	塓	塔	塕	塖	塗	塘	塙	塚	塛	塜	塝	塞	塟
586	塠	塡	塢	塣	塤	塥	塦	塧	塨	塩	塪	填	塬	塭	塮	塯
587	塰	塱	塲	塳	塴	塵	塶	塷	塸	塹	塺	塻	塼	塽	塾	塿

	0	1	2	3	4	5	6	7	8	9	A	B	C	D	E	F
588	墀	墁	墂	境	墄	墅	墆	墇	墈	墉	墊	墋	墌	墍	墎	墏
589	墐	墑	墒	墓	墔	墕	墖	増	墘	墙	墚	墛	墜	墝	增	墟
58A	墠	墡	墢	墣	墤	墥	墦	墧	墨	墩	墪	墫	墬	墭	墮	墯
58B	墰	墱	墲	墳	墴	墵	墶	墷	墸	墹	墺	墻	墼	墽	墾	墿
58C	壀	壁	壂	壃	壄	壅	壆	壇	壈	壉	壊	壋	壌	壍	壎	壏
58D	壐	壑	壒	壓	壔	壕	壖	壗	壘	壙	壚	壛	壜	壝	壞	壟
58E	壠	壡	壢	壣	壤	壥	壦	壧	壨	壩	壪	士	壬	壭	壮	壯
58F	声	壱	売	壳	壴	壵	壶	壷	壸	壹	壺	壻	壼	壽	壾	壿
590	夀	夁	夂	夃	处	夅	夆	备	夈	変	夊	夋	夌	复	夎	夏
591	夐	夑	夒	夓	夔	夕	外	夗	夘	夙	多	夛	夜	夝	夞	够
592	夠	夡	夢	夣	夤	夥	夦	大	夨	天	太	夫	夬	夭	央	夯
593	夰	失	夲	夳	头	夵	夶	夷	夸	夹	夺	夻	夼	夽	夾	夿
594	奀	奁	奂	奃	奄	奅	奆	奇	奈	奉	奊	奋	奌	奍	奎	奏
595	奐	契	奒	奓	奔	奕	奖	套	奘	奙	奚	奛	奜	奝	奞	奟
596	奠	奡	奢	奣	奤	奥	奦	奧	奨	奩	奪	奫	奬	奭	奮	奯
597	奰	奱	奲	女	奴	奵	奶	奷	奸	她	奺	奻	奼	好	奾	奿
598	妀	妁	如	妃	妄	妅	妆	妇	妈	妉	妊	妋	妌	妍	妎	妏
599	妐	妑	妒	妓	妔	妕	妖	妗	妘	妙	妚	妛	妜	妝	妞	妟
59A	妠	妡	妢	妣	妤	妥	妦	妧	妨	妩	妪	妫	妬	妭	妮	妯
59B	妰	妱	妲	妳	妴	妵	妶	妷	妸	妹	妺	妻	妼	妽	妾	妿
59C	姀	姁	姂	姃	姄	姅	姆	姇	姈	姉	姊	始	姌	姍	姎	姏
59D	姐	姑	姒	姓	委	姕	姖	姗	姘	姙	姚	姛	姜	姝	姞	姟
59E	姠	姡	姢	姣	姤	姥	姦	姧	姨	姩	姪	姫	姬	姭	姮	姯
59F	姰	姱	姲	姳	姴	姵	姶	姷	姸	姹	姺	姻	姼	姽	姾	姿

	0	1	2	3	4	5	6	7	8	9	A	B	C	D	E	F
5A0	娀	威	娂	娃	娄	娅	娆	娇	娈	娉	娊	娋	娌	娍	娎	娏
5A1	娐	娑	娒	娓	娔	娕	娖	娗	娘	娙	娚	娛	娜	娝	娞	娟
5A2	娠	娡	娢	娣	娤	娥	娦	娧	娨	娩	娪	娫	娬	娭	娮	娯
5A3	娰	娱	娲	娳	娴	娵	娶	娷	娸	娹	娺	娻	娼	娽	娾	娿
5A4	婀	婁	婂	婃	婄	婅	婆	婇	婈	婉	婊	婋	婌	婍	婎	婏
5A5	婐	婑	婒	婓	婔	婕	婖	婗	婘	婙	婚	婛	婜	婝	婞	婟
5A6	婠	婡	婢	婣	婤	婥	婦	婧	婨	婩	婪	婫	婬	婭	婮	婯
5A7	婰	婱	婲	婳	婴	婵	婶	婷	婸	婹	婺	婻	婼	婽	婾	婿
5A8	媀	媁	媂	媃	媄	媅	媆	媇	媈	媉	媊	媋	媌	媍	媎	媏
5A9	媐	媑	媒	媓	媔	媕	媖	媗	媘	媙	媚	媛	媜	媝	媞	媟
5AA	媠	媡	媢	媣	媤	媥	媦	媧	媨	媩	媪	媫	媬	媭	媮	媯
5AB	媰	媱	媲	媳	媴	媵	媶	媷	媸	媹	媺	媻	媼	媽	媾	媿
5AC	嫀	嫁	嫂	嫃	嫄	嫅	嫆	嫇	嫈	嫉	嫊	嫋	嫌	嫍	嫎	嫏
5AD	嫐	嫑	嫒	嫓	嫔	嫕	嫖	嫗	嫘	嫙	嫚	嫛	嫜	嫝	嫞	嫟
5AE	嫠	嫡	嫢	嫣	嫤	嫥	嫦	嫧	嫨	嫩	嫪	嫫	嫬	嫭	嫮	嫯
5AF	嫰	嫱	嫲	嫳	嫴	嫵	嫶	嫷	嫸	嫹	嫺	嫻	嫼	嫽	嫾	嫿
5B0	嬀	嬁	嬂	嬃	嬄	嬅	嬆	嬇	嬈	嬉	嬊	嬋	嬌	嬍	嬎	嬏
5B1	嬐	嬑	嬒	嬓	嬔	嬕	嬖	嬗	嬘	嬙	嬚	嬛	嬜	嬝	嬞	嬟
5B2	嬠	嬡	嬢	嬣	嬤	嬥	嬦	嬧	嬨	嬩	嬪	嬫	嬬	嬭	嬮	嬯
5B3	嬰	嬱	嬲	嬳	嬴	嬵	嬶	嬷	嬸	嬹	嬺	嬻	嬼	嬽	嬾	嬿
5B4	孀	孁	孂	孃	孄	孅	孆	孇	孈	孉	孊	孋	孌	孍	孎	孏
5B5	子	孑	孒	孓	孔	孕	孖	字	存	孙	孚	孛	孜	孝	孞	孟
5B6	孠	孡	孢	季	孤	孥	学	孧	孨	孩	孪	孫	孬	孭	孮	孯
5B7	孰	孱	孲	孳	孴	孵	孶	孷	學	孹	孺	孻	孼	孽	孾	孿

	0	1	2	3	4	5	6	7	8	9	A	B	C	D	E	F
5B8	宀	宁	宂	它	宄	宅	宆	宇	守	安	宊	宋	完	宍	宎	宏
5B9	宐	宑	宒	宓	宔	宕	宖	宗	官	宙	定	宛	宜	宝	实	実
5BA	宠	审	客	宣	室	宥	宦	宧	宨	宩	宪	宫	宬	宭	宮	宯
5BB	宰	宱	宲	害	宴	宵	家	宷	宸	容	宺	宻	宼	宽	宾	宿
5BC	寀	寁	寂	寃	寄	寅	密	寇	寈	寉	寊	寋	富	寍	寎	寏
5BD	寐	寑	寒	寓	寔	寕	寖	寗	寘	寙	寚	寛	寜	寝	寞	察
5BE	寠	寡	寢	寣	寤	寥	實	寧	寨	審	寪	寫	寬	寭	寮	寯
5BF	寰	寱	寲	寳	寴	寵	寶	寷	寸	对	寺	寻	导	寽	対	寿
5C0	尀	封	専	尃	射	尅	将	將	專	尉	尊	尋	尌	對	導	小
5C1	尐	少	尒	尓	尔	尕	尖	尗	尘	尙	尚	尛	尜	尝	尞	尟
5C2	尠	尡	尢	尣	尤	尥	尦	尧	尨	尩	尪	尫	尬	尭	尮	尯
5C3	尰	就	尲	尳	尴	尵	尶	尷	尸	尹	尺	尻	尼	尽	尾	尿
5C4	局	屁	层	屃	屄	居	屆	屇	屈	屉	届	屋	屌	屍	屎	屏
5C5	屐	屑	屒	屓	屔	展	屖	屗	屘	屙	屚	屛	屜	屝	属	屟
5C6	屠	屡	屢	屣	層	履	屦	屧	屨	屩	屪	屫	屬	屭	屮	屯
5C7	屰	山	屲	屳	屴	屵	屶	屷	屸	屹	屺	屻	屼	屽	屾	屿
5C8	岀	岁	岂	岃	岄	岅	岆	岇	岈	岉	岊	岋	岌	岍	岎	岏
5C9	岐	岑	岒	岓	岔	岕	岖	岗	岘	岙	岚	岛	岜	岝	岞	岟
5CA	岠	岡	岢	岣	岤	岥	岦	岧	岨	岩	岪	岫	岬	岭	岮	岯
5CB	岰	岱	岲	岳	岴	岵	岶	岷	岸	岹	岺	岻	岼	岽	岾	岿
5CC	峀	峁	峂	峃	峄	峅	峆	峇	峈	峉	峊	峋	峌	峍	峎	峏
5CD	峐	峑	峒	峓	峔	峕	峖	峗	峘	峙	峚	峛	峜	峝	峞	峟
5CE	峠	峡	峢	峣	峤	峥	峦	峧	峨	峩	峪	峫	峬	峭	峮	峯
5CF	峰	峱	峲	峳	峴	峵	島	峷	峸	峹	峺	峻	峼	峽	峾	峿

	0	1	2	3	4	5	6	7	8	9	A	B	C	D	E	F
5D0	崀	崁	崂	崃	崄	崅	崆	崇	崈	崉	崊	崋	崌	崍	崎	崏
5D1	崐	崑	崒	崓	崔	崕	崖	崗	崘	崙	崚	崛	崜	崝	崞	崟
5D2	崠	崡	崢	崣	崤	崥	崦	崧	崨	崩	崪	崫	崬	崭	崮	崯
5D3	崰	崱	崲	崳	崴	崵	崶	崷	崸	崹	崺	崻	崼	崽	崾	崿
5D4	嵀	嵁	嵂	嵃	嵄	嵅	嵆	嵇	嵈	嵉	嵊	嵋	嵌	嵍	嵎	嵏
5D5	嵐	嵑	嵒	嵓	嵔	嵕	嵖	嵗	嵘	嵙	嵚	嵛	嵜	嵝	嵞	嵟
5D6	嵠	嵡	嵢	嵣	嵤	嵥	嵦	嵧	嵨	嵩	嵪	嵫	嵬	嵭	嵮	嵯
5D7	嵰	嵱	嵲	嵳	嵴	嵵	嵶	嵷	嵸	嵹	嵺	嵻	嵼	嵽	嵾	嵿
5D8	嶀	嶁	嶂	嶃	嶄	嶅	嶆	嶇	嶈	嶉	嶊	嶋	嶌	嶍	嶎	嶏
5D9	嶐	嶑	嶒	嶓	嶔	嶕	嶖	嶗	嶘	嶙	嶚	嶛	嶜	嶝	嶞	嶟
5DA	嶠	嶡	嶢	嶣	嶤	嶥	嶦	嶧	嶨	嶩	嶪	嶫	嶬	嶭	嶮	嶯
5DB	嶰	嶱	嶲	嶳	嶴	嶵	嶶	嶷	嶸	嶹	嶺	嶻	嶼	嶽	嶾	嶿
5DC	巀	巁	巂	巃	巄	巅	巆	巇	巈	巉	巊	巋	巌	巍	巎	巏
5DD	巐	巑	巒	巓	巔	巕	巖	巗	巘	巙	巚	巛	巜	川	州	巟
5DE	巠	巡	巢	巣	巤	工	左	巧	巨	巩	巪	巫	巬	巭	差	巯
5DF	巰	己	已	巳	巴	巵	巶	巷	巸	巹	巺	巻	巼	巽	巾	巿
5E0	帀	币	市	布	帄	帅	帆	帇	师	帉	帊	帋	希	帍	帎	帏
5E1	帐	帑	帒	帓	帔	帕	帖	帗	帘	帙	帚	帛	帜	帝	帞	帟
5E2	帠	帡	帢	帣	帤	帥	带	帧	帨	帩	帪	師	帬	席	帮	帯
5E3	帰	帱	帲	帳	帴	帵	帶	帷	常	帹	帺	帻	帼	帽	帾	帿
5E4	幀	幁	幂	幃	幄	幅	幆	幇	幈	幉	幊	幋	幌	幍	幎	幏
5E5	幐	幑	幒	幓	幔	幕	幖	幗	幘	幙	幚	幛	幜	幝	幞	幟
5E6	幠	幡	幢	幣	幤	幥	幦	幧	幨	幩	幪	幫	幬	幭	幮	幯
5E7	幰	幱	干	平	年	幵	并	幷	幸	幹	幺	幻	幼	幽	幾	广

	0	1	2	3	4	5	6	7	8	9	A	B	C	D	E	F
5E8	庀	庁	庂	広	庄	庅	庆	庇	庈	庉	床	庋	庌	庍	庎	序
5E9	庐	庑	庒	库	应	底	庖	店	庘	庙	庚	庛	府	庝	庞	废
5EA	庠	庡	庢	庣	庤	庥	度	座	庨	庩	庪	庫	庬	庭	庮	庯
5EB	庰	庱	庲	庳	庴	庵	庶	康	庸	庹	庺	庻	庼	庽	庾	庿
5EC	廀	廁	廂	廃	廄	廅	廆	廇	廈	廉	廊	廋	廌	廍	廎	廏
5ED	廐	廑	廒	廓	廔	廕	廖	廗	廘	廙	廚	廛	廜	廝	廞	廟
5EE	廠	廡	廢	廣	廤	廥	廦	廧	廨	廩	廪	廫	廬	廭	廮	廯
5EF	廰	廱	廲	廳	廴	廵	延	廷	廸	廹	建	廻	廼	廽	廾	廿
5F0	开	弁	异	弃	弄	弅	弆	弇	弈	弉	弊	弋	弌	弍	弎	式
5F1	弐	弑	弒	弓	弔	引	弖	弗	弘	弙	弚	弛	弜	弝	弞	弟
5F2	张	弡	弢	弣	弤	弥	弦	弧	弨	弩	弪	弫	弬	弭	弮	弯
5F3	弰	弱	弲	弳	弴	張	弶	強	弸	弹	强	弻	弼	弽	弾	弿
5F4	彀	彁	彂	彃	彄	彅	彆	彇	彈	彉	彊	彋	彌	彍	彎	彏
5F5	彐	彑	归	当	彔	录	彖	彗	彘	彙	彚	彛	彜	彝	彞	彟
5F6	彠	彡	形	彣	彤	彥	彦	彧	彨	彩	彪	彫	彬	彭	彮	彯
5F7	彰	影	彲	彳	彴	彵	彶	彷	彸	役	彺	彻	彼	彽	彾	彿
5F8	往	征	徂	徃	径	待	徆	徇	很	徉	徊	律	後	徍	徎	徏
5F9	徐	徑	徒	従	徔	徕	徖	得	徘	徙	徚	徛	徜	徝	從	徟
5FA	徠	御	徢	徣	徤	徥	徦	徧	徨	復	循	徫	徬	徭	微	徯
5FB	徰	徱	徲	徳	徴	徵	徶	德	徸	徹	徺	徻	徼	徽	徾	徿
5FC	忀	忁	忂	心	忄	必	忆	忇	忈	忉	忊	忋	忌	忍	忎	忏
5FD	忐	忑	忒	忓	忔	忕	忖	志	忘	忙	忚	忛	応	忝	忞	忟
5FE	忠	忡	忢	忣	忤	忥	忦	忧	忨	忩	忪	快	忬	忭	忮	忯
5FF	忰	忱	忲	忳	忴	念	忶	忷	忸	忹	忺	忻	忼	忽	忾	忿

	0	1	2	3	4	5	6	7	8	9	A	B	C	D	E	F
600	怀	态	怂	怃	怄	怅	怆	怇	怈	怉	怊	怋	怌	怍	怎	怏
601	怐	怑	怒	怓	怔	怕	怖	怗	怘	怙	怚	怛	怜	思	怞	怟
602	怠	怡	怢	怣	怤	急	怦	性	怨	怩	怪	怫	怬	怭	怮	怯
603	怰	怱	怲	怳	怴	怵	怶	怷	怸	怹	怺	总	怼	怽	怾	怿
604	恀	恁	恂	恃	恄	恅	恆	恇	恈	恉	恊	恋	恌	恍	恎	恏
605	恐	恑	恒	恓	恔	恕	恖	恗	恘	恙	恚	恛	恜	恝	恞	恟
606	恠	恡	恢	恣	恤	恥	恦	恧	恨	恩	恪	恫	恬	恭	恮	息
607	恰	恱	恲	恳	恴	恵	恶	恷	恸	恹	恺	恻	恼	恽	恾	恿
608	悀	悁	悂	悃	悄	悅	悆	悇	悈	悉	悊	悋	悌	悍	悎	悏
609	悐	悑	悒	悓	悔	悕	悖	悗	悘	悙	悚	悛	悜	悝	悞	悟
60A	悠	悡	悢	患	悤	悥	悦	悧	您	悩	悪	悫	悬	悭	悮	悯
60B	悰	悱	悲	悳	悴	悵	悶	悷	悸	悹	悺	悻	悼	悽	悾	悿
60C	惀	惁	惂	惃	惄	情	惆	惇	惈	惉	惊	惋	惌	惍	惎	惏
60D	惐	惑	惒	惓	惔	惕	惖	惗	惘	惙	惚	惛	惜	惝	惞	惟
60E	惠	惡	惢	惣	惤	惥	惦	惧	惨	惩	惪	惫	惬	惭	惮	惯
60F	惰	惱	惲	想	惴	惵	惶	惷	惸	惹	惺	惻	惼	惽	惾	惿
610	愀	愁	愂	愃	愄	愅	愆	愇	愈	愉	愊	愋	愌	愍	愎	意
611	愐	愑	愒	愓	愔	愕	愖	愗	愘	愙	愚	愛	愜	愝	愞	感
612	愠	愡	愢	愣	愤	愥	愦	愧	愨	愩	愪	愫	愬	愭	愮	愯
613	愰	愱	愲	愳	愴	愵	愶	愷	愸	愹	愺	愻	愼	愽	愾	愿
614	慀	慁	慂	慃	慄	慅	慆	慇	慈	慉	慊	態	慌	慍	慎	慏
615	慐	慑	慒	慓	慔	慕	慖	慗	慘	慙	慚	慛	慜	慝	慞	慟
616	慠	慡	慢	慣	慤	慥	慦	慧	慨	慩	慪	慫	慬	慭	慮	慯
617	慰	慱	慲	慳	慴	慵	慶	慷	慸	慹	慺	慻	慼	慽	慾	慿

	0	1	2	3	4	5	6	7	8	9	A	B	C	D	E	F
618	憀	憁	憂	憃	憄	憅	憆	憇	憈	憉	憊	憋	憌	憍	憎	憏
619	憐	憑	憒	憓	憔	憕	憖	憗	憘	憙	憚	憛	憜	憝	憞	憟
61A	憠	憡	憢	憣	憤	憥	憦	憧	憨	憩	憪	憫	憬	憭	憮	憯
61B	憰	憱	憲	憳	憴	憵	憶	憷	憸	憹	憺	憻	憼	憽	憾	憿
61C	懀	懁	懂	懃	懄	懅	懆	懇	懈	應	懊	懋	懌	懍	懎	懏
61D	懐	懑	懒	懓	懔	懕	懖	懗	懘	懙	懚	懛	懜	懝	懞	懟
61E	懠	懡	懢	懣	懤	懥	懦	懧	懨	懩	懪	懫	懬	懭	懮	懯
61F	懰	懱	懲	懳	懴	懵	懶	懷	懸	懹	懺	懻	懼	懽	懾	懿
620	戀	戁	戂	戃	戄	戅	戆	戇	戈	戉	戊	戋	戌	戍	戎	戏
621	成	我	戒	戓	戔	戕	或	戗	战	戙	戚	戛	戜	戝	戞	戟
622	戠	戡	戢	戣	戤	戥	戦	戧	戨	戩	截	戫	戬	戭	戮	戯
623	戰	戱	戲	戳	戴	戵	户	戶	戸	戹	戺	戻	戼	戽	戾	房
624	所	扁	扂	扃	扄	扅	扆	扇	扈	扉	扊	手	扌	才	扎	扏
625	扐	扑	扒	打	扔	払	扖	扗	托	扙	扚	扛	扜	扝	扞	扟
626	扠	扡	扢	扣	扤	扥	扦	执	扨	扩	扪	扫	扬	扭	扮	扯
627	扰	扱	扲	扳	扴	扵	扶	扷	扸	批	扺	扻	扼	扽	找	承
628	技	抁	抂	抃	抄	抅	抆	抇	抈	抉	把	抋	抌	抍	抎	抏
629	抐	抑	抒	抓	抔	投	抖	抗	折	抙	抚	抛	抜	抝	択	抟
62A	抠	抡	抢	抣	护	报	抦	抧	抨	抩	抪	披	抬	抭	抮	抯
62B	抰	抱	抲	抳	抴	抵	抶	抷	抸	抹	抺	抻	押	抽	抾	抿
62C	拀	拁	拂	拃	拄	担	拆	拇	拈	拉	拊	拋	拌	拍	拎	拏
62D	拐	拑	拒	拓	拔	拕	拖	拗	拘	拙	拚	招	拜	拝	拞	拟
62E	拠	拡	拢	拣	拤	拥	拦	拧	拨	择	拪	拫	括	拭	拮	拯
62F	拰	拱	拲	拳	拴	拵	拶	拷	拸	拹	拺	拻	拼	拽	拾	拿

	0	1	2	3	4	5	6	7	8	9	A	B	C	D	E	F
630	挀	持	挂	挃	挄	挅	挆	指	挈	按	挊	挋	挌	挍	挎	挏
631	挐	挑	挒	挓	挔	挕	挖	挗	挘	挙	挚	挛	挜	挝	挞	挟
632	挠	挡	挢	挣	挤	挥	挦	挧	挨	挩	挪	挫	挬	挭	挮	振
633	挰	挱	挲	挳	挴	挵	挶	挷	挸	挹	挺	挻	挼	挽	挾	挿
634	捀	捁	捂	捃	捄	捅	捆	捇	捈	捉	捊	捋	捌	捍	捎	捏
635	捐	捑	捒	捓	捔	捕	捖	捗	捘	捙	捚	捛	捜	捝	捞	损
636	捠	捡	换	捣	捤	捥	捦	捧	捨	捩	捪	捫	捬	捭	据	捯
637	捰	捱	捲	捳	捴	捵	捶	捷	捸	捹	捺	捻	捼	捽	捾	捿
638	掀	掁	掂	掃	掄	掅	掆	掇	授	掉	掊	掋	掌	掍	掎	掏
639	掐	掑	排	掓	掔	掕	掖	掗	掘	掙	掚	掛	掜	掝	掞	掟
63A	掠	採	探	掣	掤	接	掦	控	推	掩	措	掫	掬	掭	掮	掯
63B	掰	掱	掲	掳	掴	掵	掶	掷	掸	掹	掺	掻	掼	掽	掾	掿
63C	揀	揁	揂	揃	揄	揅	揆	揇	揈	揉	揊	揋	揌	揍	揎	描
63D	提	揑	插	揓	揔	揕	揖	揗	揘	揙	揚	換	揜	揝	揞	揟
63E	揠	握	揢	揣	揤	揥	揦	揧	揨	揩	揪	揫	揬	揭	揮	揯
63F	揰	揱	揲	揳	援	揵	揶	揷	揸	揹	揺	揻	揼	揽	揾	揿
640	搀	搁	搂	搃	搄	搅	搆	搇	搈	搉	搊	搋	搌	損	搎	搏
641	搐	搑	搒	搓	搔	搕	搖	搗	搘	搙	搚	搛	搜	搝	搞	搟
642	搠	搡	搢	搣	搤	搥	搦	搧	搨	搩	搪	搫	搬	搭	搮	搯
643	搰	搱	搲	搳	搴	搵	搶	搷	搸	搹	携	搻	搼	搽	搾	搿
644	摀	摁	摂	摃	摄	摅	摆	摇	摈	摉	摊	摋	摌	摍	摎	摏
645	摐	摑	摒	摓	摔	摕	摖	摗	摘	摙	摚	摛	摜	摝	摞	摟
646	摠	摡	摢	摣	摤	摥	摦	摧	摨	摩	摪	摫	摬	摭	摮	摯
647	摰	摱	摲	摳	摴	摵	摶	摷	摸	摹	摺	摻	摼	摽	摾	摿

	0	1	2	3	4	5	6	7	8	9	A	B	C	D	E	F
648	撀	撁	撂	撃	撄	撅	撆	撇	撈	撉	撊	撋	撌	撍	撎	撏
649	撐	撑	撒	撓	撔	撕	撖	撗	撘	撙	撚	撛	撜	撝	撞	撟
64A	撠	撡	撢	撣	撤	撥	撦	撧	撨	撩	撪	撫	撬	播	播	撯
64B	撰	撱	撲	撳	撴	撵	撶	撷	撸	撹	撺	撻	撼	撽	撾	撿
64C	擀	擁	擂	擃	擄	擅	擆	擇	擈	擉	擊	擋	擌	操	擎	擏
64D	擐	擑	擒	擓	擔	擕	擖	擗	擘	擙	據	擛	擜	擝	擞	擟
64E	擠	擡	擢	擣	擤	擥	擦	擧	擨	擩	擪	擫	擬	擭	擮	擯
64F	擰	擱	擲	擳	擴	擵	擶	擷	擸	擹	擺	擻	擼	擽	擾	擿
650	攀	攁	攂	攃	攄	攅	攆	攇	攈	攉	攊	攋	攌	攍	攎	攏
651	攐	攑	攒	攓	攔	攕	攖	攗	攘	攙	攚	攛	攜	攝	攞	攟
652	攠	攡	攢	攣	攤	攥	攦	攧	攨	攩	攪	攫	攬	攭	攮	支
653	攰	攱	攲	攳	攴	攵	收	攷	攸	改	攺	攻	攼	攽	放	政
654	敀	敁	敂	敃	敄	故	敆	敇	效	敉	敊	敋	敌	敍	敎	敏
655	敐	救	敒	敓	敔	敕	敖	敗	敘	教	敚	敛	敜	敝	敞	敟
656	敠	敡	敢	散	敤	敥	敦	敧	敨	敩	敪	敫	敬	敭	敮	敯
657	数	敱	敲	敳	整	敵	敶	敷	數	敹	敺	敻	敼	敽	敾	敿
658	斀	斁	斂	斃	斄	斅	斆	文	斈	斉	斊	斋	斌	斍	斎	斏
659	斐	斑	斒	斓	斔	斕	斖	斗	斘	料	斚	斛	斜	斝	斞	斟
65A	斠	斡	斢	斣	斤	斥	斦	斧	斨	斩	斪	斫	斬	断	斮	斯
65B	新	斱	斲	斳	斴	斵	斶	斷	斸	方	斺	斻	於	施	斾	斿
65C	旀	旁	旂	旃	旄	旅	旆	旇	旈	旉	旊	旋	旌	旍	旎	族
65D	旐	旑	旒	旓	旔	旕	旖	旗	旘	旙	旚	旛	旜	旝	旞	旟
65E	无	旡	既	旣	旤	日	旦	旧	旨	早	旪	旫	旬	旭	旮	旯
65F	旰	旱	旲	旳	旴	旵	时	旷	旸	旹	旺	旻	旼	旽	旾	旿

	0	1	2	3	4	5	6	7	8	9	A	B	C	D	E	F
660	昀	昁	昂	昃	昄	昅	昆	昇	昈	昉	昊	昋	昌	昍	明	昏
661	昐	昑	昒	易	昔	昕	昖	昗	昘	昙	昚	昛	昜	昝	昞	星
662	映	昡	昢	昣	昤	春	昦	昧	昨	昩	昪	昫	昬	昭	昮	是
663	昰	昱	昲	昳	昴	昵	昶	昷	昸	昹	昺	昻	昼	昽	显	昿
664	晀	晁	時	晃	晄	晅	晆	晇	晈	晉	晊	晋	晌	晍	晎	晏
665	晐	晑	晒	晓	晔	晕	晖	晗	晘	晙	晚	晛	晜	晝	晞	晟
666	晠	晡	晢	晣	晤	晥	晦	晧	晨	晩	晪	晫	晬	晭	普	景
667	晰	晱	晲	晳	晴	晵	晶	晷	晸	晹	智	晻	晼	晽	晾	晿
668	暀	暁	暂	暃	暄	暅	暆	暇	暈	暉	暊	暋	暌	暍	暎	暏
669	暐	暑	暒	暓	暔	暕	暖	暗	暘	暙	暚	暛	暜	暝	暞	暟
66A	暠	暡	暢	暣	暤	暥	暦	暧	暨	暩	暪	暫	暬	暭	暮	暯
66B	暰	暱	暲	暳	暴	暵	暶	暷	暸	暹	暺	暻	暼	暽	暾	暿
66C	曀	曁	曂	曃	曄	曅	曆	曇	曈	曉	曊	曋	曌	曍	曎	曏
66D	曐	曑	曒	曓	曔	曕	曖	曗	曘	曙	曚	曛	曜	曝	曞	曟
66E	曠	曡	曢	曣	曤	曥	曦	曧	曨	曩	曪	曫	曬	曭	曮	曯
66F	曰	曱	曲	曳	更	曵	曶	曷	書	曹	曺	曻	曼	曽	曾	替
670	最	朁	朂	會	朄	朅	朆	朇	月	有	朊	朋	朌	服	朎	朏
671	朐	朑	朒	朓	朔	朕	朖	朗	朘	朙	朚	望	朜	朝	朞	期
672	朠	朡	朢	朣	朤	朥	朦	朧	木	朩	未	末	本	札	朮	术
673	朰	朱	朲	朳	朴	朵	朶	朷	朸	朹	机	朻	朼	朽	朾	朿
674	杀	杁	杂	权	杄	杅	杆	杇	杈	杉	杊	杋	杌	杍	李	杏
675	材	村	杒	杓	杔	杕	杖	杗	杘	杙	杚	杛	杜	杝	杞	束
676	杠	条	杢	杣	杤	来	杦	杧	杨	杩	杪	杫	杬	杭	杮	杯
677	杰	東	杲	杳	杴	杵	杶	杷	杸	杹	杺	杻	杼	杽	松	板

	0	1	2	3	4	5	6	7	8	9	A	B	C	D	E	F
678	枀	极	枂	枃	构	枅	枆	枇	枈	枉	枊	枋	枌	枍	枎	枏
679	析	枑	枒	枓	枔	枕	枖	林	枘	枙	枚	枛	果	枝	枞	枟
67A	枠	枡	枢	枣	枤	枥	枦	枧	枨	枩	枪	枫	枬	枭	枮	枯
67B	枰	枱	枲	枳	枴	枵	架	枷	枸	枹	枺	枻	枼	枽	枾	枿
67C	柀	柁	柂	柃	柄	柅	柆	柇	柈	柉	柊	柋	柌	柍	柎	柏
67D	某	柑	柒	染	柔	柕	柖	柗	柘	柙	柚	柛	柜	柝	柞	柟
67E	柠	柡	柢	柣	柤	查	柦	柧	柨	柩	柪	柫	柬	柭	柮	柯
67F	柰	柱	柲	柳	柴	柵	柶	柷	柸	柹	柺	査	柼	柽	柾	柿
680	栀	栁	栂	栃	栄	栅	栆	标	栈	栉	栊	栋	栌	栍	栎	栏
681	栐	树	栒	栓	栔	栕	栖	栗	栘	栙	栚	栛	栜	栝	栞	栟
682	栠	校	栢	栣	栤	栥	栦	栧	栨	栩	株	栫	栬	栭	栮	栯
683	栰	栱	栲	栳	栴	栵	栶	样	核	根	栺	栻	格	栽	栾	栿
684	桀	桁	桂	桃	桄	桅	框	桇	案	桉	桊	桋	桌	桍	桎	桏
685	桐	桑	桒	桓	桔	桕	桖	桗	桘	桙	桚	桛	桜	桝	桞	桟
686	桠	桡	桢	档	桤	桥	桦	桧	桨	桩	桪	桫	桬	桭	桮	桯
687	桰	桱	桲	桳	桴	桵	桶	桷	桸	桹	桺	桻	桼	桽	桾	桿
688	梀	梁	梂	梃	梄	梅	梆	梇	梈	梉	梊	梋	梌	梍	梎	梏
689	梐	梑	梒	梓	梔	梕	梖	梗	梘	梙	梚	梛	梜	條	梞	梟
68A	梠	梡	梢	梣	梤	梥	梦	梧	梨	梩	梪	梫	梬	梭	梮	梯
68B	械	梱	梲	梳	梴	梵	梶	梷	梸	梹	梺	梻	梼	梽	梾	梿
68C	检	棁	棂	棃	棄	棅	棆	棇	棈	棉	棊	棋	棌	棍	棎	棏
68D	棐	棑	棒	棓	棔	棕	棖	棗	棘	棙	棚	棛	棜	棝	棞	棟
68E	棠	棡	棢	棣	棤	棥	棦	棧	棨	棩	棪	棫	棬	棭	森	棯
68F	棰	棱	棲	棳	棴	棵	棶	棷	棸	棹	棺	棻	棼	棽	棾	棿

	0	1	2	3	4	5	6	7	8	9	A	B	C	D	E	F
690	椀	椁	椂	椃	椄	椅	椆	椇	椈	椉	椊	椋	椌	植	椎	椏
691	椐	椑	椒	椓	椔	椕	椖	椗	椘	椙	椚	椛	検	椝	椞	椟
692	椠	椡	椢	椣	椤	椥	椦	椧	椨	椩	椪	椫	椬	椭	椮	椯
693	椰	椱	椲	椳	椴	椵	椶	椷	椸	椹	椺	椻	椼	椽	椾	椿
694	楀	楁	楂	楃	楄	楅	楆	楇	楈	楉	楊	楋	楌	楍	楎	楏
695	楐	楑	楒	楓	楔	楕	楖	楗	楘	楙	楚	楛	楜	楝	楞	楟
696	楠	楡	楢	楣	楤	楥	楦	楧	楨	楩	楪	楫	楬	業	楮	楯
697	楰	楱	楲	楳	楴	極	楶	楷	楸	楹	楺	楻	楼	楽	楾	楿
698	榀	榁	概	榃	榄	榅	榆	榇	榈	榉	榊	榋	榌	榍	榎	榏
699	榐	榑	榒	榓	榔	榕	榖	榗	榘	榙	榚	榛	榜	榝	榞	榟
69A	榠	榡	榢	榣	榤	榥	榦	榧	榨	榩	榪	榫	榬	榭	榮	榯
69B	榰	榱	榲	榳	榴	榵	榶	榷	榸	榹	榺	榻	榼	榽	榾	榿
69C	槀	槁	槂	槃	槄	槅	槆	槇	槈	槉	槊	構	槌	槍	槎	槏
69D	槐	槑	槒	槓	槔	槕	槖	槗	様	槙	槚	槛	槜	槝	槞	槟
69E	槠	槡	槢	槣	槤	槥	槦	槧	槨	槩	槪	槫	槬	槭	槮	槯
69F	槰	槱	槲	槳	槴	槵	槶	槷	槸	槹	槺	槻	槼	槽	槾	槿
6A0	樀	樁	樂	樃	樄	樅	樆	樇	樈	樉	樊	樋	樌	樍	樎	樏
6A1	樐	樑	樒	樓	樔	樕	樖	樗	樘	標	樚	樛	樜	樝	樞	樟
6A2	樠	模	樢	樣	樤	樥	樦	樧	樨	権	横	樫	樬	樭	樮	樯
6A3	樰	樱	樲	樳	樴	樵	樶	樷	樸	樹	樺	樻	樼	樽	樾	樿
6A4	橀	橁	橂	橃	橄	橅	橆	橇	橈	橉	橊	橋	橌	橍	橎	橏
6A5	橐	橑	橒	橓	橔	橕	橖	橗	橘	橙	橚	橛	橜	橝	橞	機
6A6	橠	橡	橢	橣	橤	橥	橦	橧	橨	橩	橪	橫	橬	橭	橮	橯
6A7	橰	橱	橲	橳	橴	橵	橶	橷	橸	橹	橺	橻	橼	橽	橾	橿

	0	1	2	3	4	5	6	7	8	9	A	B	C	D	E	F
6A8	檀	檁	檂	檃	檄	檅	檆	檇	檈	檉	檊	檋	檌	檍	檎	檏
6A9	檐	檑	檒	檓	檔	檕	檖	檗	檘	檙	檚	檛	檜	檝	檞	檟
6AA	檠	檡	檢	檣	檤	檥	檦	檧	檨	檩	檪	檫	檬	檭	檮	檯
6AB	檰	檱	檲	檳	檴	檵	檶	檷	檸	檹	檺	檻	檼	檽	檾	檿
6AC	櫀	櫁	櫂	櫃	櫄	櫅	櫆	櫇	櫈	櫉	櫊	櫋	櫌	櫍	櫎	櫏
6AD	櫐	櫑	櫒	櫓	櫔	櫕	櫖	櫗	櫘	櫙	櫚	櫛	櫜	櫝	櫞	櫟
6AE	櫠	櫡	櫢	櫣	櫤	櫥	櫦	櫧	櫨	櫩	櫪	櫫	櫬	櫭	櫮	櫯
6AF	櫰	櫱	櫲	櫳	櫴	櫵	櫶	櫷	櫸	櫹	櫺	櫻	櫼	櫽	櫾	櫿
6B0	欀	欁	欂	欃	欄	欅	欆	欇	欈	欉	權	欋	欌	欍	欎	欏
6B1	欐	欑	欒	欓	欔	欕	欖	欗	欘	欙	欚	欛	欜	欝	欞	欟
6B2	欠	次	欢	欣	欤	欥	欦	欧	欨	欩	欪	欫	欬	欭	欮	欯
6B3	欰	欱	欲	欳	欴	欵	欶	欷	欸	欹	欺	欻	欼	欽	款	欿
6B4	歀	歁	歂	歃	歄	歅	歆	歇	歈	歉	歊	歋	歌	歍	歎	歏
6B5	歐	歑	歒	歓	歔	歕	歖	歗	歘	歙	歚	歛	歜	歝	歞	歟
6B6	歠	歡	止	正	此	步	武	歧	歨	歩	歪	歫	歬	歭	歮	歯
6B7	歰	歱	歲	歳	歴	歵	歶	歷	歸	歹	歺	死	歼	歽	歾	歿
6B8	殀	殁	殂	殃	殄	殅	殆	殇	殈	殉	殊	残	殌	殍	殎	殏
6B9	殐	殑	殒	殓	殔	殕	殖	殗	殘	殙	殚	殛	殜	殝	殞	殟
6BA	殠	殡	殢	殣	殤	殥	殦	殧	殨	殩	殪	殫	殬	殭	殮	殯
6BB	殰	殱	殲	殳	殴	段	殶	殷	殸	殹	殺	殻	殼	殽	殾	殿
6BC	毀	毁	毂	毃	毄	毅	毆	毇	毈	毉	毊	毋	毌	母	毎	每
6BD	毐	毑	毒	毓	比	毕	毖	毗	毘	毙	毚	毛	毜	毝	毞	毟
6BE	毠	毡	毢	毣	毤	毥	毦	毧	毨	毩	毪	毫	毬	毭	毮	毯
6BF	毰	毱	毲	毳	毴	毵	毶	毷	毸	毹	毺	毻	毼	毽	毾	毿

	0	1	2	3	4	5	6	7	8	9	A	B	C	D	E	F
6C0	氀	氁	氂	氃	氄	氅	氆	氇	氈	氉	氊	氋	氌	氍	氎	氏
6C1	氐	民	氒	氓	气	氕	氖	気	氘	氙	氚	氛	氜	氝	氞	氟
6C2	氠	氡	氢	氣	氤	氥	氦	氧	氨	氩	氪	氫	氬	氭	氮	氯
6C3	氰	氱	氲	氳	水	氵	氶	氷	永	氹	氺	氻	氼	氽	氾	氿
6C4	汀	汁	求	汃	汄	汅	汆	汇	汈	汉	汊	汋	汌	汍	汎	汏
6C5	汐	汑	汒	汓	汔	汕	汖	汗	汘	汙	汚	汛	汜	汝	汞	江
6C6	池	污	汢	汣	汤	汥	汦	汧	汨	汩	汪	汫	汬	汭	汮	汯
6C7	汰	汱	汲	汳	汴	汵	汶	汷	汸	汹	決	汻	汼	汽	汾	汿
6C8	沀	沁	沂	沃	沄	沅	沆	沇	沈	沉	沊	沋	沌	沍	沎	沏
6C9	沐	沑	沒	沓	沔	沕	沖	沗	沘	沙	沚	沛	沜	沝	沞	沟
6CA	沠	没	沢	沣	沤	沥	沦	沧	沨	沩	沪	沫	沬	沭	沮	沯
6CB	沰	沱	沲	河	沴	沵	沶	沷	沸	油	沺	治	沼	沽	沾	沿
6CC	泀	況	泂	泃	泄	泅	泆	泇	泈	泉	泊	泋	泌	泍	泎	泏
6CD	泐	泑	泒	泓	泔	法	泖	泗	泘	泙	泚	泛	泜	泝	泞	泟
6CE	泠	泡	波	泣	泤	泥	泦	泧	注	泩	泪	泫	泬	泭	泮	泯
6CF	泰	泱	泲	泳	泴	泵	泶	泷	泸	泹	泺	泻	泼	泽	泾	泿
6D0	洀	洁	洂	洃	洄	洅	洆	洇	洈	洉	洊	洋	洌	洍	洎	洏
6D1	洐	洑	洒	洓	洔	洕	洖	洗	洘	洙	洚	洛	洜	洝	洞	洟
6D2	洠	洡	洢	洣	洤	津	洦	洧	洨	洩	洪	洫	洬	洭	洮	洯
6D3	洰	洱	洲	洳	洴	洵	洶	洷	洸	洹	洺	活	洼	洽	派	洿
6D4	浀	流	浂	浃	浄	浅	浆	浇	浈	浉	浊	测	浌	浍	济	浏
6D5	浐	浑	浒	浓	浔	浕	浖	浗	浘	浙	浚	浛	浜	浝	浞	浟
6D6	浠	浡	浢	浣	浤	浥	浦	浧	浨	浩	浪	浫	浬	浭	浮	浯
6D7	浰	浱	浲	浳	浴	浵	浶	海	浸	浹	浺	浻	浼	浽	浾	浿

	0	1	2	3	4	5	6	7	8	9	A	B	C	D	E	F
6D8	涀	涁	涂	涃	涄	涅	涆	涇	消	涉	涊	涋	涌	涍	涎	涏
6D9	涐	涑	涒	涓	涔	涕	涖	涗	涘	涙	涚	涛	涜	涝	涞	涟
6DA	涠	涡	涢	涣	涤	涥	润	涧	涨	涩	涪	涫	涬	涭	涮	涯
6DB	涰	涱	液	涳	涴	涵	涶	涷	涸	涹	涺	涻	涼	涽	涾	涿
6DC	淀	淁	淂	淃	淄	淅	淆	淇	淈	淉	淊	淋	淌	淍	淎	淏
6DD	淐	淑	淒	淓	淔	淕	淖	淗	淘	淙	淚	淛	淜	淝	淞	淟
6DE	淠	淡	淢	淣	淤	淥	淦	淧	淨	淩	淪	淫	淬	淭	淮	淯
6DF	淰	深	淲	淳	淴	淵	淶	混	淸	淹	淺	添	淼	淽	淾	淿
6E0	渀	渁	渂	渃	渄	清	渆	渇	済	渉	渊	渋	渌	渍	渎	渏
6E1	渐	渑	渒	渓	渔	渕	渖	渗	渘	渙	渚	減	渜	渝	渞	渟
6E2	渠	渡	渢	渣	渤	渥	渦	渧	渨	温	渪	渫	測	渭	渮	港
6E3	渰	渱	渲	渳	渴	渵	渶	渷	游	渹	渺	渻	渼	渽	渾	渿
6E4	湀	湁	湂	湃	湄	湅	湆	湇	湈	湉	湊	湋	湌	湍	湎	湏
6E5	湐	湑	湒	湓	湔	湕	湖	湗	湘	湙	湚	湛	湜	湝	湞	湟
6E6	湠	湡	湢	湣	湤	湥	湦	湧	湨	湩	湪	湫	湬	湭	湮	湯
6E7	湰	湱	湲	湳	湴	湵	湶	湷	湸	湹	湺	湻	湼	湽	湾	湿
6E8	満	溁	溂	溃	溄	溅	溆	溇	溈	溉	溊	溋	溌	溍	溎	溏
6E9	源	溑	溒	溓	溔	溕	準	溗	溘	溙	溚	溛	溜	溝	溞	溟
6EA	溠	溡	溢	溣	溤	溥	溦	溧	溨	溩	溪	溫	溬	溭	溮	溯
6EB	溰	溱	溲	溳	溴	溵	溶	溷	溸	溹	溺	溻	溼	溽	溾	溿
6EC	滀	滁	滂	滃	滄	滅	滆	滇	滈	滉	滊	滋	滌	滍	滎	滏
6ED	滐	滑	滒	滓	滔	滕	滖	滗	滘	滙	滚	滛	滜	滝	滞	滟
6EE	滠	满	滢	滣	滤	滥	滦	滧	滨	滩	滪	滫	滬	滭	滮	滯
6EF	滰	滱	滲	滳	滴	滵	滶	滷	滸	滹	滺	滻	滼	滽	滾	滿

	0	1	2	3	4	5	6	7	8	9	A	B	C	D	E	F
6F0	漀	漁	漂	漃	漄	漅	漆	漇	漈	漉	漊	漋	漌	漍	漎	漏
6F1	漐	漑	漒	漓	演	漕	漖	漗	漘	漙	漚	漛	漜	漝	漞	漟
6F2	漠	漡	漢	漣	漤	漥	漦	漧	漨	漩	漪	漫	漬	漭	漮	漯
6F3	漰	漱	漲	漳	漴	漵	漶	漷	漸	漹	漺	漻	漼	漽	漾	漿
6F4	潀	潁	潂	潃	潄	潅	潆	潇	潈	潉	潊	潋	潌	潍	潎	潏
6F5	潐	潑	潒	潓	潔	潕	潖	潗	潘	潙	潚	潛	潜	潝	潞	潟
6F6	潠	潡	潢	潣	潤	潥	潦	潧	潨	潩	潪	潫	潬	潭	潮	潯
6F7	潰	潱	潲	潳	潴	潵	潶	潷	潸	潹	潺	潻	潼	潽	潾	潿
6F8	澀	澁	澂	澃	澄	澅	澆	澇	澈	澉	澊	澋	澌	澍	澎	澏
6F9	澐	澑	澒	澓	澔	澕	澖	澗	澘	澙	澚	澛	澜	澝	澞	澟
6FA	澠	澡	澢	澣	澤	澥	澦	澧	澨	澩	澪	澫	澬	澭	澮	澯
6FB	澰	澱	澲	澳	澴	澵	澶	澷	澸	澹	澺	澻	澼	澽	澾	澿
6FC	激	濁	濂	濃	濄	濅	濆	濇	濈	濉	濊	濋	濌	濍	濎	濏
6FD	濐	濑	濒	濓	濔	濕	濖	濗	濘	濙	濚	濛	濜	濝	濞	濟
6FE	濠	濡	濢	濣	濤	濥	濦	濧	濨	濩	濪	濫	濬	濭	濮	濯
6FF	濰	濱	濲	濳	濴	濵	濶	濷	濸	濹	濺	濻	濼	濽	濾	濿
700	瀀	瀁	瀂	瀃	瀄	瀅	瀆	瀇	瀈	瀉	瀊	瀋	瀌	瀍	瀎	瀏
701	瀐	瀑	瀒	瀓	瀔	瀕	瀖	瀗	瀘	瀙	瀚	瀛	瀜	瀝	瀞	瀟
702	瀠	瀡	瀢	瀣	瀤	瀥	瀦	瀧	瀨	瀩	瀪	瀫	瀬	瀭	瀮	瀯
703	瀰	瀱	瀲	瀳	瀴	瀵	瀶	瀷	瀸	瀹	瀺	瀻	瀼	瀽	瀾	瀿
704	灀	灁	灂	灃	灄	灅	灆	灇	灈	灉	灊	灋	灌	灍	灎	灏
705	灐	灑	灒	灓	灔	灕	灖	灗	灘	灙	灚	灛	灜	灝	灞	灟
706	灠	灡	灢	灣	灤	灥	灦	灧	灨	灩	灪	火	灬	灭	灮	灯
707	灰	灱	灲	灳	灴	灵	灶	灷	灸	灹	灺	灻	灼	災	灾	灿

	0	1	2	3	4	5	6	7	8	9	A	B	C	D	E	F
708	炀	炁	炂	炃	炄	炅	炆	炇	炈	炉	炊	炋	炌	炍	炎	炏
709	炐	炑	炒	炓	炔	炕	炖	炗	炘	炙	炚	炛	炜	炝	炞	炟
70A	炠	炡	炢	炣	炤	炥	炦	炧	炨	炩	炪	炫	炬	炭	炮	炯
70B	炰	炱	炲	炳	炴	炵	炶	炷	炸	点	為	炻	炼	炽	炾	炿
70C	烀	烁	烂	烃	烄	烅	烆	烇	烈	烉	烊	烋	烌	烍	烎	烏
70D	烐	烑	烒	烓	烔	烕	烖	烗	烘	烙	烚	烛	烜	烝	烞	烟
70E	烠	烡	烢	烣	烤	烥	烦	烧	烨	烩	烪	烫	烬	热	烮	烯
70F	烰	烱	烲	烳	烴	烵	烶	烷	烸	烹	烺	烻	烼	烽	烾	烿
710	焀	焁	焂	焃	焄	焅	焆	焇	焈	焉	焊	焋	焌	焍	焎	焏
711	焐	焑	焒	焓	焔	焕	焖	焗	焘	焙	焚	焛	焜	焝	焞	焟
712	焠	無	焢	焣	焤	焥	焦	焧	焨	焩	焪	焫	焬	焭	焮	焯
713	焰	焱	焲	焳	焴	焵	然	焷	焸	焹	焺	焻	焼	焽	焾	焿
714	煀	煁	煂	煃	煄	煅	煆	煇	煈	煉	煊	煋	煌	煍	煎	煏
715	煐	煑	煒	煓	煔	煕	煖	煗	煘	煙	煚	煛	煜	煝	煞	煟
716	煠	煡	煢	煣	煤	煥	煦	照	煨	煩	煪	煫	煬	煭	煮	煯
717	煰	煱	煲	煳	煴	煵	煶	煷	煸	煹	煺	煻	煼	煽	煾	煿
718	熀	熁	熂	熃	熄	熅	熆	熇	熈	熉	熊	熋	熌	熍	熎	熏
719	熐	熑	熒	熓	熔	熕	熖	熗	熘	熙	熚	熛	熜	熝	熞	熟
71A	熠	熡	熢	熣	熤	熥	熦	熧	熨	熩	熪	熫	熬	熭	熮	熯
71B	熰	熱	熲	熳	熴	熵	熶	熷	熸	熹	熺	熻	熼	熽	熾	熿
71C	燀	燁	燂	燃	燄	燅	燆	燇	燈	燉	燊	燋	燌	燍	燎	燏
71D	燐	燑	燒	燓	燔	燕	燖	燗	燘	燙	燚	燛	燜	燝	燞	營
71E	燠	燡	燢	燣	燤	燥	燦	燧	燨	燩	燪	燫	燬	燭	燮	燯
71F	燰	燱	燲	燳	燴	燵	燶	燷	燸	燹	燺	燻	燼	燽	燾	燿

	0	1	2	3	4	5	6	7	8	9	A	B	C	D	E	F
720	爀	爁	爂	爃	爄	爅	爆	爇	爈	爉	爊	爋	爌	爍	爎	爏
721	爐	爑	爒	爓	爔	爕	爖	爗	爘	爙	爚	爛	爜	爝	爞	爟
722	爠	爡	爢	爣	爤	爥	爦	爧	爨	爩	爪	爫	爬	爭	爮	爯
723	爰	爱	爲	爳	爴	爵	父	爷	爸	爹	爺	爻	爼	爽	爾	爿
724	牀	牁	牂	牃	牄	牅	牆	片	版	牉	牊	牋	牌	牍	牎	牏
725	牐	牑	牒	牓	牔	牕	牖	牗	牘	牙	牚	牛	牜	牝	牞	牟
726	牠	牡	牢	牣	牤	牥	牦	牧	牨	物	牪	牫	牬	牭	牮	牯
727	牰	牱	牲	牳	牴	牵	牶	牷	牸	特	牺	牻	牼	牽	牾	牿
728	犀	犁	犂	犃	犄	犅	犆	犇	犈	犉	犊	犋	犌	犍	犎	犏
729	犐	犑	犒	犓	犔	犕	犖	犗	犘	犙	犚	犛	犜	犝	犞	犟
72A	犠	犡	犢	犣	犤	犥	犦	犧	犨	犩	犪	犫	犬	犭	犮	犯
72B	犰	犱	犲	犳	犴	犵	状	犷	犸	犹	犺	犻	犼	犽	犾	犿
72C	狀	狁	狂	狃	狄	狅	狆	狇	狈	狉	狊	狋	狌	狍	狎	狏
72D	狐	狑	狒	狓	狔	狕	狖	狗	狘	狙	狚	狛	狜	狝	狞	狟
72E	狠	狡	狢	狣	狤	狥	狦	狧	狨	狩	狪	狫	独	狭	狮	狯
72F	狰	狱	狲	狳	狴	狵	狶	狷	狸	狹	狺	狻	狼	狽	狾	狿
730	猀	猁	猂	猃	猄	猅	猆	猇	猈	猉	猊	猋	猌	猍	猎	猏
731	猐	猑	猒	猓	猔	猕	猖	猗	猘	猙	猚	猛	猜	猝	猞	猟
732	猠	猡	猢	猣	猤	猥	猦	猧	猨	猩	猪	猫	猬	猭	献	猯
733	猰	猱	猲	猳	猴	猵	猶	猷	猸	猹	猺	猻	猼	猽	猾	猿
734	獀	獁	獂	獃	獄	獅	獆	獇	獈	獉	獊	獋	獌	獍	獎	獏
735	獐	獑	獒	獓	獔	獕	獖	獗	獘	獙	獚	獛	獜	獝	獞	獟
736	獠	獡	獢	獣	獤	獥	獦	獧	獨	獩	獪	獫	獬	獭	獮	獯
737	獰	獱	獲	獳	獴	獵	獶	獷	獸	獹	獺	獻	獼	獽	獾	獿

	0	1	2	3	4	5	6	7	8	9	A	B	C	D	E	F
738	玀	玁	玂	玃	玄	玅	玆	率	玈	玉	玊	王	玌	玍	玎	玏
739	玐	玑	玒	玓	玔	玕	玖	玗	玘	玙	玚	玛	玜	玝	玞	玟
73A	玠	玡	玢	玣	玤	玥	玦	玧	玨	玩	玪	玫	玬	玭	玮	环
73B	现	玱	玲	玳	玴	玵	玶	玷	玸	玹	玺	玻	玼	玽	玾	玿
73C	珀	珁	珂	珃	珄	珅	珆	珇	珈	珉	珊	珋	珌	珍	珎	珏
73D	珐	珑	珒	珓	珔	珕	珖	珗	珘	珙	珚	珛	珜	珝	珞	珟
73E	珠	珡	珢	珣	珤	珥	珦	珧	珨	珩	珪	珫	珬	班	珮	珯
73F	珰	珱	珲	珳	珴	珵	珶	珷	珸	珹	珺	珻	珼	珽	現	珿
740	琀	琁	琂	球	琄	琅	理	琇	琈	琉	琊	琋	琌	琍	琎	琏
741	琐	琑	琒	琓	琔	琕	琖	琗	琘	琙	琚	琛	琜	琝	琞	琟
742	琠	琡	琢	琣	琤	琥	琦	琧	琨	琩	琪	琫	琬	琭	琮	琯
743	琰	琱	琲	琳	琴	琵	琶	琷	琸	琹	琺	琻	琼	琽	琾	琿
744	瑀	瑁	瑂	瑃	瑄	瑅	瑆	瑇	瑈	瑉	瑊	瑋	瑌	瑍	瑎	瑏
745	瑐	瑑	瑒	瑓	瑔	瑕	瑖	瑗	瑘	瑙	瑚	瑛	瑜	瑝	瑞	瑟
746	瑠	瑡	瑢	瑣	瑤	瑥	瑦	瑧	瑨	瑩	瑪	瑫	瑬	瑭	瑮	瑯
747	瑰	瑱	瑲	瑳	瑴	瑵	瑶	瑷	瑸	瑹	瑺	瑻	瑼	瑽	瑾	瑿
748	璀	璁	璂	璃	璄	璅	璆	璇	璈	璉	璊	璋	璌	璍	璎	璏
749	璐	璑	璒	璓	璔	璕	璖	璗	璘	璙	璚	璛	璜	璝	璞	璟
74A	璠	璡	璢	璣	璤	璥	璦	璧	璨	璩	璪	璫	璬	璭	璮	璯
74B	環	璱	璲	璳	璴	璵	璶	璷	璸	璹	璺	璻	璼	璽	璾	璿
74C	瓀	瓁	瓂	瓃	瓄	瓅	瓆	瓇	瓈	瓉	瓊	瓋	瓌	瓍	瓎	瓏
74D	瓐	瓑	瓒	瓓	瓔	瓕	瓖	瓗	瓘	瓙	瓚	瓛	瓜	瓝	瓞	瓟
74E	瓠	瓡	瓢	瓣	瓤	瓥	瓦	瓧	瓨	瓩	瓪	瓫	瓬	瓭	瓮	瓯
74F	瓰	瓱	瓲	瓳	瓴	瓵	瓶	瓷	瓸	瓹	瓺	瓻	瓼	瓽	瓾	瓿

	0	1	2	3	4	5	6	7	8	9	A	B	C	D	E	F
750	甀	甁	甂	甃	甄	甅	甆	甇	甈	甉	甊	甋	甌	甍	甎	甏
751	甐	甑	甒	甓	甔	甕	甖	甗	甘	甙	甚	甛	甜	甝	甞	生
752	甠	甡	產	産	甤	甥	甦	甧	用	甩	甪	甫	甬	甭	甮	甯
753	田	由	甲	申	甴	电	甶	男	甸	甹	町	画	甼	甽	甾	甿
754	畀	畁	畂	畃	畄	畅	畆	畇	畈	畉	畊	畋	界	畍	畎	畏
755	畐	畑	畒	畓	畔	畕	畖	畗	畘	留	畚	畛	畜	畝	畞	畟
756	畠	畡	畢	畣	畤	略	畦	畧	畨	畩	番	畫	畬	畭	畮	畯
757	異	畱	畲	畳	畴	畵	當	畷	畸	畹	畺	畻	畼	畽	畾	畿
758	疀	疁	疂	疃	疄	疅	疆	疇	疈	疉	疊	疋	疌	疍	疎	疏
759	疐	疑	疒	疓	疔	疕	疖	疗	疘	疙	疚	疛	疜	疝	疞	疟
75A	疠	疡	疢	疣	疤	疥	疦	疧	疨	疩	疪	疫	疬	疭	疮	疯
75B	疰	疱	疲	疳	疴	疵	疶	疷	疸	疹	疺	疻	疼	疽	疾	疿
75C	痀	痁	痂	痃	痄	病	痆	症	痈	痉	痊	痋	痌	痍	痎	痏
75D	痐	痑	痒	痓	痔	痕	痖	痗	痘	痙	痚	痛	痜	痝	痞	痟
75E	痠	痡	痢	痣	痤	痥	痦	痧	痨	痩	痪	痫	痬	痭	痮	痯
75F	痰	痱	痲	痳	痴	痵	痶	痷	痸	痹	痺	痻	痼	痽	痾	痿
760	瘀	瘁	瘂	瘃	瘄	瘅	瘆	瘇	瘈	瘉	瘊	瘋	瘌	瘍	瘎	瘏
761	瘐	瘑	瘒	瘓	瘔	瘕	瘖	瘗	瘘	瘙	瘚	瘛	瘜	瘝	瘞	瘟
762	瘠	瘡	瘢	瘣	瘤	瘥	瘦	瘧	瘨	瘩	瘪	瘫	瘬	瘭	瘮	瘯
763	瘰	瘱	瘲	瘳	瘴	瘵	瘶	瘷	瘸	瘹	瘺	瘻	瘼	瘽	瘾	瘿
764	癀	癁	療	癃	癄	癅	癆	癇	癈	癉	癊	癋	癌	癍	癎	癏
765	癐	癑	癒	癓	癔	癕	癖	癗	癘	癙	癚	癛	癜	癝	癞	癟
766	癠	癡	癢	癣	癤	癥	癦	癧	癨	癩	癪	癫	癬	癭	癮	癯
767	癰	癱	癲	癳	癴	癵	癶	癷	癸	癹	発	登	發	白	百	癿

	0	1	2	3	4	5	6	7	8	9	A	B	C	D	E	F
768	皀	皁	皂	皃	的	皅	皆	皇	皈	皉	皊	皋	皌	皍	皎	皏
769	皐	皑	皒	皓	皔	皕	皖	皗	皘	皙	皚	皛	皜	皝	皞	皟
76A	皠	皡	皢	皣	皤	皥	皦	皧	皨	皩	皪	皫	皬	皭	皮	皯
76B	皰	皱	皲	皳	皴	皵	皶	皷	皸	皹	皺	皻	皼	皽	皾	皿
76C	盀	盁	盂	盃	盄	盅	盆	盇	盈	盉	益	盋	盌	盍	盎	盏
76D	盐	监	盒	盓	盔	盕	盖	盗	盘	盙	盚	盛	盜	盝	盞	盟
76E	盠	盡	盢	監	盤	盥	盦	盧	盨	盩	盪	盫	盬	盭	目	盯
76F	盰	盱	盲	盳	直	盵	盶	盷	相	盹	盺	盻	盼	盽	盾	盿
770	眀	省	眂	眃	眄	眅	眆	眇	眈	眉	眊	看	県	眍	眎	眏
771	眐	眑	眒	眓	眔	眕	眖	眗	眘	眙	眚	眛	眜	眝	眞	真
772	眠	眡	眢	眣	眤	眥	眦	眧	眨	眩	眪	眫	眬	眭	眮	眯
773	眰	眱	眲	眳	眴	眵	眶	眷	眸	眹	眺	眻	眼	眽	眾	眿
774	着	睁	睂	睃	睄	睅	睆	睇	睈	睉	睊	睋	睌	睍	睎	睏
775	睐	睑	睒	睓	睔	睕	睖	睗	睘	睙	睚	睛	睜	睝	睞	睟
776	睠	睡	睢	督	睤	睥	睦	睧	睨	睩	睪	睫	睬	睭	睮	睯
777	睰	睱	睲	睳	睴	睵	睶	睷	睸	睹	睺	睻	睼	睽	睾	睿
778	瞀	瞁	瞂	瞃	瞄	瞅	瞆	瞇	瞈	瞉	瞊	瞋	瞌	瞍	瞎	瞏
779	瞐	瞑	瞒	瞓	瞔	瞕	瞖	瞗	瞘	瞙	瞚	瞛	瞜	瞝	瞞	瞟
77A	瞠	瞡	瞢	瞣	瞤	瞥	瞦	瞧	瞨	瞩	瞪	瞫	瞬	瞭	瞮	瞯
77B	瞰	瞱	瞲	瞳	瞴	瞵	瞶	瞷	瞸	瞹	瞺	瞻	瞼	瞽	瞾	瞿
77C	矀	矁	矂	矃	矄	矅	矆	矇	矈	矉	矊	矋	矌	矍	矎	矏
77D	矐	矑	矒	矓	矔	矕	矖	矗	矘	矙	矚	矛	矜	矝	矞	矟
77E	矠	矡	矢	矣	矤	知	矦	矧	矨	矩	矪	矫	矬	短	矮	矯
77F	矰	矱	矲	石	矴	矵	矶	矷	矸	矹	矺	矻	矼	矽	矾	矿

	0	1	2	3	4	5	6	7	8	9	A	B	C	D	E	F
780	砀	码	砂	砃	砄	砅	砆	砇	砈	砉	砊	砋	砌	砍	砎	砏
781	砐	砑	砒	砓	研	砕	砖	砗	砘	砙	砚	砛	砜	砝	砞	砟
782	砠	砡	砢	砣	砤	砥	砦	砧	砨	砩	砪	砫	砬	砭	砮	砯
783	砰	砱	砲	砳	破	砵	砶	砷	砸	砹	砺	砻	砼	砽	砾	砿
784	础	硁	硂	硃	硄	硅	硆	硇	硈	硉	硊	硋	硌	硍	硎	硏
785	硐	硑	硒	硓	硔	硕	硖	硗	硘	硙	硚	硛	硜	硝	硞	硟
786	硠	硡	硢	硣	硤	硥	硦	硧	硨	硩	硪	硫	硬	硭	确	硯
787	硰	硱	硲	硳	硴	硵	硶	硷	硸	硹	硺	硻	硼	硽	硾	硿
788	碀	碁	碂	碃	碄	碅	碆	碇	碈	碉	碊	碋	碌	碍	碎	碏
789	碐	碑	碒	碓	碔	碕	碖	碗	碘	碙	碚	碛	碜	碝	碞	碟
78A	碠	碡	碢	碣	碤	碥	碦	碧	碨	碩	碪	碫	碬	碭	碮	碯
78B	碰	碱	碲	碳	碴	碵	碶	碷	碸	碹	確	碻	碼	碽	碾	碿
78C	磀	磁	磂	磃	磄	磅	磆	磇	磈	磉	磊	磋	磌	磍	磎	磏
78D	磐	磑	磒	磓	磔	磕	磖	磗	磘	磙	磚	磛	磜	磝	磞	磟
78E	磠	磡	磢	磣	磤	磥	磦	磧	磨	磩	磪	磫	磬	磭	磮	磯
78F	磰	磱	磲	磳	磴	磵	磶	磷	磸	磹	磺	磻	磼	磽	磾	磿
790	礀	礁	礂	礃	礄	礅	礆	礇	礈	礉	礊	礋	礌	礍	礎	礏
791	礐	礑	礒	礓	礔	礕	礖	礗	礘	礙	礚	礛	礜	礝	礞	礟
792	礠	礡	礢	礣	礤	礥	礦	礧	礨	礩	礪	礫	礬	礭	礮	礯
793	礰	礱	礲	礳	礴	礵	礶	礷	礸	礹	示	礻	礼	礽	社	礿
794	祀	祁	祂	祃	祄	祅	祆	祇	祈	祉	祊	祋	祌	祍	祎	祏
795	祐	祑	祒	祓	祔	祕	祖	祗	祘	祙	祚	祛	祜	祝	神	祟
796	祠	祡	祢	祣	祤	祥	祦	祧	票	祩	祪	祫	祬	祭	祮	祯
797	祰	祱	祲	祳	祴	祵	祶	祷	祸	祹	祺	祻	祼	祽	祾	禄

	0	1	2	3	4	5	6	7	8	9	A	B	C	D	E	F
798	禀	禁	禂	禃	禄	禅	禆	禇	禈	禉	禊	禋	禌	禍	禎	福
799	禐	禑	禒	禓	禔	禕	禖	禗	禘	禙	禚	禛	禜	禝	禞	禟
79A	禠	禡	禢	禣	禤	禥	禦	禧	禨	禩	禪	禫	禬	禭	禮	禯
79B	禰	禱	禲	禳	禴	禵	禶	禷	禸	禹	禺	离	禼	禽	禾	禿
79C	秀	私	秂	秃	秄	秅	秆	秇	秈	秉	秊	秋	秌	种	秎	秏
79D	秐	科	秒	秓	秔	秕	秖	秗	秘	秙	秚	秛	秜	秝	秞	租
79E	秠	秡	秢	秣	秤	秥	秦	秧	秨	秩	秪	秫	秬	秭	秮	积
79F	称	秱	秲	秳	秴	秵	秶	秷	秸	秹	秺	移	秼	秽	秾	秿
7A0	稀	稁	稂	稃	稄	稅	稆	稇	稈	稉	稊	程	稌	稍	税	稏
7A1	稐	稑	稒	稓	稔	稕	稖	稗	稘	稙	稚	稛	稜	稝	稞	稟
7A2	稠	稡	稢	稣	稤	稥	稦	稧	稨	稩	稪	稫	稬	稭	種	稯
7A3	稰	稱	稲	稳	稴	稵	稶	稷	稸	稹	稺	稻	稼	稽	稾	稿
7A4	穀	穁	穂	穃	穄	穅	穆	穇	穈	穉	穊	穋	穌	積	穎	穏
7A5	穐	穑	穒	穓	穔	穕	穖	穗	穘	穙	穚	穛	穜	穝	穞	穟
7A6	穠	穡	穢	穣	穤	穥	穦	穧	穨	穩	穪	穫	穬	穭	穮	穯
7A7	穰	穱	穲	穳	穴	穵	究	穷	穸	穹	空	穻	穼	穽	穾	穿
7A8	窀	突	窂	窃	窄	窅	窆	窇	窈	窉	窊	窋	窌	窍	窎	窏
7A9	窐	窑	窒	窓	窔	窕	窖	窗	窘	窙	窚	窛	窜	窝	窞	窟
7AA	窠	窡	窢	窣	窤	窥	窦	窧	窨	窩	窪	窫	窬	窭	窮	窯
7AB	窰	窱	窲	窳	窴	窵	窶	窷	窸	窹	窺	窻	窼	窽	窾	窿
7AC	竀	竁	竂	竃	竄	竅	竆	竇	竈	竉	竊	立	竌	竍	竎	竏
7AD	竐	竑	竒	竓	竔	竕	竖	竗	竘	站	竚	竛	竜	竝	竞	竟
7AE	章	竡	竢	竣	竤	童	竦	竧	竨	竩	竪	竫	竬	竭	竮	端
7AF	竰	竱	竲	竳	竴	竵	競	竷	竸	竹	竺	竻	竼	竽	竾	竿

	0	1	2	3	4	5	6	7	8	9	A	B	C	D	E	F
7B0	笀	笁	笂	笃	笄	笅	笆	笇	笈	笉	笊	笋	笌	笍	笎	笏
7B1	笐	笑	笒	笓	笔	笕	笖	笗	笘	笙	笚	笛	笜	笝	笞	笟
7B2	笠	笡	笢	笣	笤	笥	符	笧	笨	笩	笪	笫	第	笭	笮	笯
7B3	笰	笱	笲	笳	笴	笵	笶	笷	笸	笹	笺	笻	笼	笽	笾	笿
7B4	筀	筁	筂	筃	筄	筅	筆	筇	筈	等	筊	筋	筌	筍	筎	筏
7B5	筐	筑	筒	筓	答	筕	策	筗	筘	筙	筚	筛	筜	筝	筞	筟
7B6	筠	筡	筢	筣	筤	筥	筦	筧	筨	筩	筪	筫	筬	筭	筮	筯
7B7	筰	筱	筲	筳	筴	筵	筶	筷	筸	筹	筺	筻	筼	筽	签	筿
7B8	简	箁	箂	箃	箄	箅	箆	箇	箈	箉	箊	箋	箌	箍	箎	箏
7B9	箐	箑	箒	箓	箔	箕	箖	算	箘	箙	箚	箛	箜	箝	箞	箟
7BA	箠	管	箢	箣	箤	箥	箦	箧	箨	箩	箪	箫	箬	箭	箮	箯
7BB	箰	箱	箲	箳	箴	箵	箶	箷	箸	箹	箺	箻	箼	箽	箾	箿
7BC	節	篁	篂	篃	範	篅	篆	篇	篈	築	篊	篋	篌	篍	篎	篏
7BD	篐	篑	篒	篓	篔	篕	篖	篗	篘	篙	篚	篛	篜	篝	篞	篟
7BE	篠	篡	篢	篣	篤	篥	篦	篧	篨	篩	篪	篫	篬	篭	篮	篯
7BF	篰	篱	篲	篳	篴	篵	篶	篷	篸	篹	篺	篻	篼	篽	篾	篿
7C0	簀	簁	簂	簃	簄	簅	簆	簇	簈	簉	簊	簋	簌	簍	簎	簏
7C1	簐	簑	簒	簓	簔	簕	簖	簗	簘	簙	簚	簛	簜	簝	簞	簟
7C2	簠	簡	簢	簣	簤	簥	簦	簧	簨	簩	簪	簫	簬	簭	簮	簯
7C3	簰	簱	簲	簳	簴	簵	簶	簷	簸	簹	簺	簻	簼	簽	簾	簿
7C4	籀	籁	籂	籃	籄	籅	籆	籇	籈	籉	籊	籋	籌	籍	籎	籏
7C5	籐	籑	籒	籓	籔	籕	籖	籗	籘	籙	籚	籛	籜	籝	籞	籟
7C6	籠	籡	籢	籣	籤	籥	籦	籧	籨	籩	籪	籫	籬	籭	籮	籯
7C7	籰	籱	籲	米	籴	籵	籶	籷	籸	籹	籺	类	籼	籽	籾	籿

	0	1	2	3	4	5	6	7	8	9	A	B	C	D	E	F
7C8	粀	粁	粂	粃	粄	粅	粆	粇	粈	粉	粊	粋	粌	粍	粎	粏
7C9	粐	粑	粒	粓	粔	粕	粖	粗	粘	粙	粚	粛	粜	粝	粞	粟
7CA	粠	粡	粢	粣	粤	粥	粦	粧	粨	粩	粪	粫	粬	粭	粮	粯
7CB	粰	粱	粲	粳	粴	粵	粶	粷	粸	粹	粺	粻	粼	粽	精	粿
7CC	糀	糁	糂	糃	糄	糅	糆	糇	糈	糉	糊	糋	糌	糍	糎	糏
7CD	糐	糑	糒	糓	糔	糕	糖	糗	糘	糙	糚	糛	糜	糝	糞	糟
7CE	糠	糡	糢	糣	糤	糥	糦	糧	糨	糩	糪	糫	糬	糭	糮	糯
7CF	糰	糱	糲	糳	糴	糵	糶	糷	糸	糹	糺	系	糼	糽	糾	糿
7D0	紀	紁	紂	紃	約	紅	紆	紇	紈	紉	紊	紋	紌	納	紎	紏
7D1	紐	紑	紒	紓	純	紕	紖	紗	紘	紙	級	紛	紜	紝	紞	紟
7D2	素	紡	索	紣	紤	紥	紦	紧	紨	紩	紪	紫	紬	紭	紮	累
7D3	細	紱	紲	紳	紴	紵	紶	紷	紸	紹	紺	紻	紼	紽	紾	紿
7D4	絀	絁	終	絃	組	絅	絆	絇	絈	絉	絊	絋	経	絍	絎	絏
7D5	結	絑	絒	絓	絔	絕	絖	絗	絘	絙	絚	絛	絜	絝	絞	絟
7D6	絠	絡	絢	絣	絤	絥	給	絧	絨	絩	絪	絫	絬	絭	絮	絯
7D7	絰	統	絲	絳	絴	絵	絶	絷	絸	絹	絺	絻	絼	絽	絾	絿
7D8	綀	綁	綂	綃	綄	綅	綆	綇	綈	綉	綊	綋	綌	綍	綎	綏
7D9	綐	綑	綒	經	綔	綕	綖	綗	綘	継	続	綛	綜	綝	綞	綟
7DA	綠	綡	綢	綣	綤	綥	綦	綧	綨	綩	綪	綫	綬	維	綮	綯
7DB	綰	綱	網	綳	綴	綵	綶	綷	綸	綹	綺	綻	綼	綽	綾	綿
7DC	緀	緁	緂	緃	緄	緅	緆	緇	緈	緉	緊	緋	緌	緍	緎	総
7DD	緐	緑	緒	緓	緔	緕	緖	緗	緘	緙	線	緛	緜	緝	緞	緟
7DE	締	緡	緢	緣	緤	緥	緦	緧	編	緩	緪	緫	緬	緭	緮	緯
7DF	緰	緱	緲	緳	練	緵	緶	緷	緸	緹	緺	緻	緼	緽	緾	緿

	0	1	2	3	4	5	6	7	8	9	A	B	C	D	E	F
7E0	縀	縁	縂	縃	縄	縅	縆	縇	縈	縉	縊	縋	縌	縍	縎	縏
7E1	縐	縑	縒	縓	縔	縕	縖	縗	縘	縙	縚	縛	縜	縝	縞	縟
7E2	縠	縡	縢	縣	縤	縥	縦	縧	縨	縩	縪	縫	縬	縭	縮	縯
7E3	縰	縱	縲	縳	縴	縵	縶	縷	縸	縹	縺	縻	縼	總	績	縿
7E4	繀	繁	繂	繃	繄	繅	繆	繇	繈	繉	繊	繋	繌	繍	繎	繏
7E5	繐	繑	繒	繓	織	繕	繖	繗	繘	繙	繚	繛	繜	繝	繞	繟
7E6	繠	繡	繢	繣	繤	繥	繦	繧	繨	繩	繪	繫	繬	繭	繮	繯
7E7	繰	繱	繲	繳	繴	繵	繶	繷	繸	繹	繺	繻	繼	繽	繾	繿
7E8	纀	纁	纂	纃	纄	纅	纆	纇	纈	纉	纊	纋	續	纍	纎	纏
7E9	纐	纑	纒	纓	纔	纕	纖	纗	纘	纙	纚	纛	纜	纝	纞	纟
7EA	纠	纡	红	纣	纤	纥	约	级	纨	纩	纪	纫	纬	纭	纮	纯
7EB	纰	纱	纲	纳	纴	纵	纶	纷	纸	纹	纺	纻	纼	纽	纾	线
7EC	绀	绁	绂	练	组	绅	细	织	终	绉	绊	绋	绌	绍	绎	经
7ED	绐	绑	绒	结	绔	绕	绖	绗	绘	给	绚	绛	络	绝	绞	统
7EE	绠	绡	绢	绣	绤	绥	绦	继	绨	绩	绪	绫	绬	续	绮	绯
7EF	绰	绱	绲	绳	维	绵	绶	绷	绸	绹	绺	绻	综	绽	绾	绿
7F0	缀	缁	缂	缃	缄	缅	缆	缇	缈	缉	缊	缋	缌	缍	缎	缏
7F1	缐	缑	缒	缓	缔	缕	编	缗	缘	缙	缚	缛	缜	缝	缞	缟
7F2	缠	缡	缢	缣	缤	缥	缦	缧	缨	缩	缪	缫	缬	缭	缮	缯
7F3	缰	缱	缲	缳	缴	缵	缶	缷	缸	缹	缺	缻	缼	缽	缾	缿
7F4	罀	罁	罂	罃	罄	罅	罆	罇	罈	罉	罊	罋	罌	罍	罎	罏
7F5	罐	网	罒	罓	罔	罕	罖	罗	罘	罙	罚	罛	罜	罝	罞	罟
7F6	罠	罡	罢	罣	罤	罥	罦	罧	罨	罩	罪	罫	罬	罭	置	罯
7F7	罰	罱	署	罳	罴	罵	罶	罷	罸	罹	罺	罻	罼	罽	罾	罿

	0	1	2	3	4	5	6	7	8	9	A	B	C	D	E	F
7F8	羀	羁	羂	羃	羄	羅	羆	羇	羈	羉	羊	羋	羌	羍	美	羏
7F9	羐	羑	羒	羓	羔	羕	羖	羗	羘	羙	羚	羛	羜	羝	羞	羟
7FA	羠	羡	羢	羣	群	羥	羦	羧	羨	義	羪	羫	羬	羭	羮	羯
7FB	羰	羱	羲	羳	羴	羵	羶	羷	羸	羹	羺	羻	羼	羽	羾	羿
7FC	翀	翁	翂	翃	翄	翅	翆	翇	翈	翉	翊	翋	翌	翍	翎	翏
7FD	翐	翑	習	翓	翔	翕	翖	翗	翘	翙	翚	翛	翜	翝	翞	翟
7FE	翠	翡	翢	翣	翤	翥	翦	翧	翨	翩	翪	翫	翬	翭	翮	翯
7FF	翰	翱	翲	翳	翴	翵	翶	翷	翸	翹	翺	翻	翼	翽	翾	翿
800	耀	老	耂	考	耄	者	耆	耇	耈	耉	耊	耋	而	耍	耎	耏
801	耐	耑	耒	耓	耔	耕	耖	耗	耘	耙	耚	耛	耜	耝	耞	耟
802	耠	耡	耢	耣	耤	耥	耦	耧	耨	耩	耪	耫	耬	耭	耮	耯
803	耰	耱	耲	耳	耴	耵	耶	耷	耸	耹	耺	耻	耼	耽	耾	耿
804	聀	聁	聂	聃	聄	聅	聆	聇	聈	聉	聊	聋	职	聍	聎	聏
805	聐	聑	聒	聓	联	聕	聖	聗	聘	聙	聚	聛	聜	聝	聞	聟
806	聠	聡	聢	聣	聤	聥	聦	聧	聨	聩	聪	聫	聬	聭	聮	聯
807	聰	聱	聲	聳	聴	聵	聶	職	聸	聹	聺	聻	聼	聽	聾	聿
808	肀	肁	肂	肃	肄	肅	肆	肇	肈	肉	肊	肋	肌	肍	肎	肏
809	肐	肑	肒	肓	肔	肕	肖	肗	肘	肙	肚	肛	肜	肝	肞	肟
80A	肠	股	肢	肣	肤	肥	肦	肧	肨	肩	肪	肫	肬	肭	肮	肯
80B	肰	肱	育	肳	肴	肵	肶	肷	肸	肹	肺	肻	肼	肽	肾	肿
80C	胀	胁	胂	胃	胄	胅	胆	胇	胈	胉	胊	胋	背	胍	胎	胏
80D	胐	胑	胒	胓	胔	胕	胖	胗	胘	胙	胚	胛	胜	胝	胞	胟
80E	胠	胡	胢	胣	胤	胥	胦	胧	胨	胩	胪	胫	胬	胭	胮	胯
80F	胰	胱	胲	胳	胴	胵	胶	胷	胸	胹	胺	胻	胼	能	胾	胿

	0	1	2	3	4	5	6	7	8	9	A	B	C	D	E	F
810	脀	脁	脂	脃	脄	脅	脆	脇	脈	脉	脊	脋	脌	脍	脎	脏
811	脐	脑	脒	脓	脔	脕	脖	脗	脘	脙	脚	脛	脜	脝	脞	脟
812	脠	脡	脢	脣	脤	脥	脦	脧	脨	脩	脪	脫	脬	脭	脮	脯
813	脰	脱	脲	脳	脴	脵	脶	脷	脸	脹	脺	脻	脼	脽	脾	脿
814	腀	腁	腂	腃	腄	腅	腆	腇	腈	腉	腊	腋	腌	腍	腎	腏
815	腐	腑	腒	腓	腔	腕	腖	腗	腘	腙	腚	腛	腜	腝	腞	腟
816	腠	腡	腢	腣	腤	腥	腦	腧	腨	腩	腪	腫	腬	腭	腮	腯
817	腰	腱	腲	腳	腴	腵	腶	腷	腸	腹	腺	腻	腼	腽	腾	腿
818	膀	膁	膂	膃	膄	膅	膆	膇	膈	膉	膊	膋	膌	膍	膎	膏
819	膐	膑	膒	膓	膔	膕	膖	膗	膘	膙	膚	膛	膜	膝	膞	膟
81A	膠	膡	膢	膣	膤	膥	膦	膧	膨	膩	膪	膫	膬	膭	膮	膯
81B	膰	膱	膲	膳	膴	膵	膶	膷	膸	膹	膺	膻	膼	膽	膾	膿
81C	臀	臁	臂	臃	臄	臅	臆	臇	臈	臉	臊	臋	臌	臍	臎	臏
81D	臐	臑	臒	臓	臔	臕	臖	臗	臘	臙	臚	臛	臜	臝	臞	臟
81E	臠	臡	臢	臣	臤	臥	臦	臧	臨	臩	自	臫	臬	臭	臮	臯
81F	臰	臱	臲	至	致	臵	臶	臷	臸	臹	臺	臻	臼	臽	臾	臿
820	舀	舁	舂	舃	舄	舅	舆	與	興	舉	舊	舋	舌	舍	舎	舏
821	舐	舑	舒	舓	舔	舕	舖	舗	舘	舙	舚	舛	舜	舝	舞	舟
822	舠	舡	舢	舣	舤	舥	舦	舧	舨	舩	航	舫	般	舭	舮	舯
823	舰	舱	舲	舳	舴	舵	舶	舷	舸	船	舺	舻	舼	舽	舾	舿
824	艀	艁	艂	艃	艄	艅	艆	艇	艈	艉	艊	艋	艌	艍	艎	艏
825	艐	艑	艒	艓	艔	艕	艖	艗	艘	艙	艚	艛	艜	艝	艞	艟
826	艠	艡	艢	艣	艤	艥	艦	艧	艨	艩	艪	艫	艬	艭	艮	良
827	艰	艱	色	艳	艴	艵	艶	艷	艸	艹	艺	艻	艼	艽	艾	艿

	0	1	2	3	4	5	6	7	8	9	A	B	C	D	E	F
828	芀	芁	节	芃	芄	芅	芆	芇	芈	芉	芊	芋	芌	芍	芎	芏
829	芐	芑	芒	芓	芔	芕	芖	芗	芘	芙	芚	芛	芜	芝	芞	芟
82A	芠	芡	芢	芣	芤	芥	芦	芧	芨	芩	芪	芫	芬	芭	芮	芯
82B	芰	花	芲	芳	芴	芵	芶	芷	芸	芹	芺	芻	芼	芽	芾	芿
82C	苀	苁	苂	苃	苄	苅	苆	苇	苈	苉	苊	苋	苌	苍	苎	苏
82D	苐	苑	苒	苓	苔	苕	苖	苗	苘	苙	苚	苛	苜	苝	苞	苟
82E	苠	苡	苢	苣	苤	若	苦	苧	苨	苩	苪	苫	苬	苭	苮	苯
82F	苰	英	苲	苳	苴	苵	苶	苷	苸	苹	苺	苻	苼	苽	苾	苿
830	茀	茁	茂	范	茄	茅	茆	茇	茈	茉	茊	茋	茌	茍	茎	茏
831	茐	茑	茒	茓	茔	茕	茖	茗	茘	茙	茚	茛	茜	茝	茞	茟
832	茠	茡	茢	茣	茤	茥	茦	茧	茨	茩	茪	茫	茬	茭	茮	茯
833	茰	茱	茲	茳	茴	茵	茶	茷	茸	茹	茺	茻	茼	茽	茾	茿
834	荀	荁	荂	荃	荄	荅	荆	荇	荈	草	荊	荋	荌	荍	荎	荏
835	荐	荑	荒	荓	荔	荕	荖	荗	荘	荙	荚	荛	荜	荝	荞	荟
836	荠	荡	荢	荣	荤	荥	荦	荧	荨	荩	荪	荫	荬	荭	荮	药
837	荰	荱	荲	荳	荴	荵	荶	荷	荸	荹	荺	荻	荼	荽	荾	荿
838	莀	莁	莂	莃	莄	莅	莆	莇	莈	莉	莊	莋	莌	莍	莎	莏
839	莐	莑	莒	莓	莔	莕	莖	莗	莘	莙	莚	莛	莜	莝	莞	莟
83A	莠	莡	莢	莣	莤	莥	莦	莧	莨	莩	莪	莫	莬	莭	莮	莯
83B	莰	莱	莲	莳	莴	莵	莶	获	莸	莹	莺	莻	莼	莽	莾	莿
83C	菀	菁	菂	菃	菄	菅	菆	菇	菈	菉	菊	菋	菌	菍	菎	菏
83D	菐	菑	菒	菓	菔	菕	菖	菗	菘	菙	菚	菛	菜	菝	菞	菟
83E	菠	菡	菢	菣	菤	菥	菦	菧	菨	菩	菪	菫	菬	菭	菮	華
83F	菰	菱	菲	菳	菴	菵	菶	菷	菸	菹	菺	菻	菼	菽	菾	菿

	0	1	2	3	4	5	6	7	8	9	A	B	C	D	E	F
840	萀	萁	萂	萃	萄	萅	萆	萇	萈	萉	萊	萋	萌	萍	萎	萏
841	萐	萑	萒	萓	萔	萕	萖	萗	萘	萙	萚	萛	萜	萝	萞	萟
842	萠	萡	萢	萣	萤	营	萦	萧	萨	萩	萪	萫	萬	萭	萮	萯
843	萰	萱	萲	萳	萴	萵	萶	萷	萸	萹	萺	萻	萼	落	萾	萿
844	葀	葁	葂	葃	葄	葅	葆	葇	葈	葉	葊	葋	葌	葍	葎	葏
845	葐	葑	葒	葓	葔	葕	葖	著	葘	葙	葚	葛	葜	葝	葞	葟
846	葠	葡	葢	董	葤	葥	葦	葧	葨	葩	葪	葫	葬	葭	葮	葯
847	葰	葱	葲	葳	葴	葵	葶	葷	葸	葹	葺	葻	葼	葽	葾	葿
848	蒀	蒁	蒂	蒃	蒄	蒅	蒆	蒇	蒈	蒉	蒊	蒋	蒌	蒍	蒎	蒏
849	蒐	蒑	蒒	蒓	蒔	蒕	蒖	蒗	蒘	蒙	蒚	蒛	蒜	蒝	蒞	蒟
84A	蒠	蒡	蒢	蒣	蒤	蒥	蒦	蒧	蒨	蒩	蒪	蒫	蒬	蒭	蒮	蒯
84B	蒰	蒱	蒲	蒳	蒴	蒵	蒶	蒷	蒸	蒹	蒺	蒻	蒼	蒽	蒾	蒿
84C	蓀	蓁	蓂	蓃	蓄	蓅	蓆	蓇	蓈	蓉	蓊	蓋	蓌	蓍	蓎	蓏
84D	蓐	蓑	蓒	蓓	蓔	蓕	蓖	蓗	蓘	蓙	蓚	蓛	蓜	蓝	蓞	蓟
84E	蓠	蓡	蓢	蓣	蓤	蓥	蓦	蓧	蓨	蓩	蓪	蓫	蓬	蓭	蓮	蓯
84F	蓰	蓱	蓲	蓳	蓴	蓵	蓶	蓷	蓸	蓹	蓺	蓻	蓼	蓽	蓾	蓿
850	蔀	蔁	蔂	蔃	蔄	蔅	蔆	蔇	蔈	蔉	蔊	蔋	蔌	蔍	蔎	蔏
851	蔐	蔑	蔒	蔓	蔔	蔕	蔖	蔗	蔘	蔙	蔚	蔛	蔜	蔝	蔞	蔟
852	蔠	蔡	蔢	蔣	蔤	蔥	蔦	蔧	蔨	蔩	蔪	蔫	蔬	蔭	蔮	蔯
853	蔰	蔱	蔲	蔳	蔴	蔵	蔶	蔷	蔸	蔹	蔺	蔻	蔼	蔽	蔾	蔿
854	蕀	蕁	蕂	蕃	蕄	蕅	蕆	蕇	蕈	蕉	蕊	蕋	蕌	蕍	蕎	蕏
855	蕐	蕑	蕒	蕓	蕔	蕕	蕖	蕗	蕘	蕙	蕚	蕛	蕜	蕝	蕞	蕟
856	蕠	蕡	蕢	蕣	蕤	蕥	蕦	蕧	蕨	蕩	蕪	蕫	蕬	蕭	蕮	蕯
857	蕰	蕱	蕲	蕳	蕴	蕵	蕶	蕷	蕸	蕹	蕺	蕻	蕼	蕽	蕾	蕿

	0	1	2	3	4	5	6	7	8	9	A	B	C	D	E	F
858	薀	薁	薂	薃	薄	薅	薆	薇	薈	薉	薊	薋	薌	薍	薎	薏
859	薐	薑	薒	薓	薔	薕	薖	薗	薘	薙	薚	薛	薜	薝	薞	薟
85A	薠	薡	薢	薣	薤	薥	薦	薧	薨	薩	薪	薫	薬	薭	薮	薯
85B	薰	薱	薲	薳	薴	薵	薶	薷	薸	薹	薺	薻	薼	薽	薾	薿
85C	藀	藁	藂	藃	藄	藅	藆	藇	藈	藉	藊	藋	藌	藍	藎	藏
85D	藐	藑	藒	藓	藔	藕	藖	藗	藘	藙	藚	藛	藜	藝	藞	藟
85E	藠	藡	藢	藣	藤	藥	藦	藧	藨	藩	藪	藫	藬	藭	藮	藯
85F	藰	藱	藲	藳	藴	藵	藶	藷	藸	藹	藺	藻	藼	藽	藾	藿
860	蘀	蘁	蘂	蘃	蘄	蘅	蘆	蘇	蘈	蘉	蘊	蘋	蘌	蘍	蘎	蘏
861	蘐	蘑	蘒	蘓	蘔	蘕	蘖	蘗	蘘	蘙	蘚	蘛	蘜	蘝	蘞	蘟
862	蘠	蘡	蘢	蘣	蘤	蘥	蘦	蘧	蘨	蘩	蘪	蘫	蘬	蘭	蘮	蘯
863	蘰	蘱	蘲	蘳	蘴	蘵	蘶	蘷	蘸	蘹	蘺	蘻	蘼	蘽	蘾	蘿
864	虀	虁	虂	虃	虄	虅	虆	虇	虈	虉	虊	虋	虌	虍	虎	虏
865	虐	虑	虒	虓	虔	處	虖	虗	虘	虙	虚	虛	虜	虝	虞	號
866	虠	虡	虢	虣	虤	虥	虦	虧	虨	虩	虪	虫	虬	虭	虮	虯
867	虰	虱	虲	虳	虴	虵	虶	虷	虸	虹	虺	虻	虼	虽	虾	虿
868	蚀	蚁	蚂	蚃	蚄	蚅	蚆	蚇	蚈	蚉	蚊	蚋	蚌	蚍	蚎	蚏
869	蚐	蚑	蚒	蚓	蚔	蚕	蚖	蚗	蚘	蚙	蚚	蚛	蚜	蚝	蚞	蚟
86A	蚠	蚡	蚢	蚣	蚤	蚥	蚦	蚧	蚨	蚩	蚪	蚫	蚬	蚭	蚮	蚯
86B	蚰	蚱	蚲	蚳	蚴	蚵	蚶	蚷	蚸	蚹	蚺	蚻	蚼	蚽	蚾	蚿
86C	蛀	蛁	蛂	蛃	蛄	蛅	蛆	蛇	蛈	蛉	蛊	蛋	蛌	蛍	蛎	蛏
86D	蛐	蛑	蛒	蛓	蛔	蛕	蛖	蛗	蛘	蛙	蛚	蛛	蛜	蛝	蛞	蛟
86E	蛠	蛡	蛢	蛣	蛤	蛥	蛦	蛧	蛨	蛩	蛪	蛫	蛬	蛭	蛮	蛯
86F	蛰	蛱	蛲	蛳	蛴	蛵	蛶	蛷	蛸	蛹	蛺	蛻	蛼	蛽	蛾	蛿

	0	1	2	3	4	5	6	7	8	9	A	B	C	D	E	F
870	蜀	蜁	蜂	蜃	蜄	蜅	蜆	蜇	蜈	蜉	蜊	蜋	蜌	蜍	蜎	蜏
871	蜐	蜑	蜒	蜓	蜔	蜕	蜖	蜗	蜘	蜙	蜚	蜛	蜜	蜝	蜞	蜟
872	蜠	蜡	蜢	蜣	蜤	蜥	蜦	蜧	蜨	蜩	蜪	蜫	蜬	蜭	蜮	蜯
873	蜰	蜱	蜲	蜳	蜴	蜵	蜶	蜷	蜸	蜹	蜺	蜻	蜼	蜽	蜾	蜿
874	蝀	蝁	蝂	蝃	蝄	蝅	蝆	蝇	蝈	蝉	蝊	蝋	蝌	蝍	蝎	蝏
875	蝐	蝑	蝒	蝓	蝔	蝕	蝖	蝗	蝘	蝙	蝚	蝛	蝜	蝝	蝞	蝟
876	蝠	蝡	蝢	蝣	蝤	蝥	蝦	蝧	蝨	蝩	蝪	蝫	蝬	蝭	蝮	蝯
877	蝰	蝱	蝲	蝳	蝴	蝵	蝶	蝷	蝸	蝹	蝺	蝻	蝼	蝽	蝾	蝿
878	螀	螁	螂	螃	螄	螅	螆	螇	螈	螉	螊	螋	螌	融	螎	螏
879	螐	螑	螒	螓	螔	螕	螖	螗	螘	螙	螚	螛	螜	螝	螞	螟
87A	螠	螡	螢	螣	螤	螥	螦	螧	螨	螩	螪	螫	螬	螭	螮	螯
87B	螰	螱	螲	螳	螴	螵	螶	螷	螸	螹	螺	螻	螼	螽	螾	螿
87C	蟀	蟁	蟂	蟃	蟄	蟅	蟆	蟇	蟈	蟉	蟊	蟋	蟌	蟍	蟎	蟏
87D	蟐	蟑	蟒	蟓	蟔	蟕	蟖	蟗	蟘	蟙	蟚	蟛	蟜	蟝	蟞	蟟
87E	蟠	蟡	蟢	蟣	蟤	蟥	蟦	蟧	蟨	蟩	蟪	蟫	蟬	蟭	蟮	蟯
87F	蟰	蟱	蟲	蟳	蟴	蟵	蟶	蟷	蟸	蟹	蟺	蟻	蟼	蟽	蟾	蟿
880	蠀	蠁	蠂	蠃	蠄	蠅	蠆	蠇	蠈	蠉	蠊	蠋	蠌	蠍	蠎	蠏
881	蠐	蠑	蠒	蠓	蠔	蠕	蠖	蠗	蠘	蠙	蠚	蠛	蠜	蠝	蠞	蠟
882	蠠	蠡	蠢	蠣	蠤	蠥	蠦	蠧	蠨	蠩	蠪	蠫	蠬	蠭	蠮	蠯
883	蠰	蠱	蠲	蠳	蠴	蠵	蠶	蠷	蠸	蠹	蠺	蠻	蠼	蠽	蠾	蠿
884	血	衁	衂	衃	衄	衅	衆	衇	衈	衉	衊	衋	行	衍	衎	衏
885	衐	衑	衒	術	衔	衕	衖	街	衘	衙	衚	衛	衜	衝	衞	衟
886	衠	衡	衢	衣	衤	补	衦	衧	表	衩	衪	衫	衬	衭	衮	衯
887	衰	衱	衲	衳	衴	衵	衶	衷	衸	衹	衺	衻	衼	衽	衾	衿

	0	1	2	3	4	5	6	7	8	9	A	B	C	D	E	F
888	袀	袁	袂	袃	袄	袅	袆	袇	袈	袉	袊	袋	袌	袍	袎	袏
889	袐	袑	袒	袓	袔	袕	袖	袗	袘	袙	袚	袛	袜	袝	袞	袟
88A	袠	袡	袢	袣	袤	袥	袦	袧	袨	袩	袪	被	袬	袭	袮	袯
88B	袰	袱	袲	袳	袴	袵	袶	袷	袸	袹	袺	袻	袼	袽	袾	袿
88C	裀	裁	裂	裃	裄	装	裆	裇	裈	裉	裊	裋	裌	裍	裎	裏
88D	裐	裑	裒	裓	裔	裕	裖	裗	裘	裙	裚	裛	補	裝	裞	裟
88E	裠	裡	裢	裣	裤	裥	裦	裧	裨	裩	裪	裫	裬	裭	裮	裯
88F	裰	裱	裲	裳	裴	裵	裶	裷	裸	裹	裺	裻	裼	製	裾	裿
890	褀	褁	褂	褃	褄	褅	褆	複	褈	褉	褊	褋	褌	褍	褎	褏
891	褐	褑	褒	褓	褔	褕	褖	褗	褘	褙	褚	褛	褜	褝	褞	褟
892	褠	褡	褢	褣	褤	褥	褦	褧	褨	褩	褪	褫	褬	褭	褮	褯
893	褰	褱	褲	褳	褴	褵	褶	褷	褸	褹	褺	褻	褼	褽	褾	褿
894	襀	襁	襂	襃	襄	襅	襆	襇	襈	襉	襊	襋	襌	襍	襎	襏
895	襐	襑	襒	襓	襔	襕	襖	襗	襘	襙	襚	襛	襜	襝	襞	襟
896	襠	襡	襢	襣	襤	襥	襦	襧	襨	襩	襪	襫	襬	襭	襮	襯
897	襰	襱	襲	襳	襴	襵	襶	襷	襸	襹	襺	襻	襼	襽	襾	西
898	覀	要	覂	覃	覄	覅	覆	覇	覈	覉	覊	見	覌	覍	覎	規
899	覐	覑	覒	覓	覔	覕	視	覗	覘	覙	覚	覛	覜	覝	覞	覟
89A	覠	覡	覢	覣	覤	覥	覦	覧	覨	覩	親	覫	覬	覭	覮	覯
89B	覰	覱	覲	観	覴	覵	覶	覷	覸	覹	覺	覻	覼	覽	覾	覿
89C	觀	见	观	觃	规	觅	视	觇	览	觉	觊	觋	觌	觍	觎	觏
89D	觐	觑	角	觓	觔	觕	觖	觗	觘	觙	觚	觛	觜	觝	觞	觟
89E	觠	觡	觢	解	觤	觥	触	觧	觨	觩	觪	觫	觬	觭	觮	觯
89F	觰	觱	觲	觳	觴	觵	觶	觷	觸	觹	觺	觻	觼	觽	觾	觿

	0	1	2	3	4	5	6	7	8	9	A	B	C	D	E	F
8A0	言	訁	訂	訃	訄	訅	訆	訇	計	訉	訊	訋	訌	訍	討	訏
8A1	訐	訑	訒	訓	訔	訕	訖	託	記	訙	訚	訛	訜	訝	訞	訟
8A2	訠	訡	訢	訣	訤	訥	訦	訧	訨	訩	訪	訫	訬	設	訮	訯
8A3	訰	許	訲	訳	訴	訵	訶	訷	訸	訹	診	註	証	訽	訾	訿
8A4	詀	詁	詂	詃	詄	詅	詆	詇	詈	詉	詊	詋	詌	詍	詎	詏
8A5	詐	詑	詒	詓	詔	評	詖	詗	詘	詙	詚	詛	詜	詝	詞	詟
8A6	詠	詡	詢	詣	詤	詥	試	詧	詨	詩	詪	詫	詬	詭	詮	詯
8A7	詰	話	該	詳	詴	詵	詶	詷	詸	詹	詺	詻	詼	詽	詾	詿
8A8	誀	誁	誂	誃	誄	誅	誆	誇	誈	誉	誊	誋	誌	認	誎	誏
8A9	誐	誑	誒	誓	誔	誕	誖	誗	誘	誙	誚	誛	誜	誝	語	誟
8AA	誠	誡	誢	誣	誤	誥	誦	誧	誨	誩	說	誫	説	読	誮	誯
8AB	誰	誱	課	誳	誴	誵	誶	誷	誸	誹	誺	誻	誼	誽	誾	調
8AC	諀	諁	諂	諃	諄	諅	諆	談	諈	諉	諊	請	諌	諍	諎	諏
8AD	諐	諑	諒	諓	諔	諕	論	諗	諘	諙	諚	諛	諜	諝	諞	諟
8AE	諠	諡	諢	諣	諤	諥	諦	諧	諨	諩	諪	諫	諬	諭	諮	諯
8AF	諰	諱	諲	諳	諴	諵	諶	諷	諸	諹	諺	諻	諼	諽	諾	諿
8B0	謀	謁	謂	謃	謄	謅	謆	謇	謈	謉	謊	謋	謌	謍	謎	謏
8B1	謐	謑	謒	謓	謔	謕	謖	謗	謘	謙	謚	講	謜	謝	謞	謟
8B2	謠	謡	謢	謣	謤	謥	謦	謧	謨	謩	謪	謫	謬	謭	謮	謯
8B3	謰	謱	謲	謳	謴	謵	謶	謷	謸	謹	謺	謻	謼	謽	謾	謿
8B4	譀	譁	譂	譃	譄	譅	譆	譇	譈	證	譊	譋	譌	譍	譎	譏
8B5	譐	譑	譒	譓	譔	譕	譖	譗	識	譙	譚	譛	譜	譝	譞	譟
8B6	譠	譡	譢	譣	譤	譥	警	譧	譨	譩	譪	譫	譬	譭	譮	譯
8B7	議	譱	譲	譳	譴	譵	譶	護	譸	譹	譺	譻	譼	譽	譾	譿

	0	1	2	3	4	5	6	7	8	9	A	B	C	D	E	F
8B8	讀	讁	讂	讃	讄	讅	讆	讇	讈	讉	變	讋	讌	讍	讎	讏
8B9	讐	讑	讒	讓	讔	讕	讖	讗	讘	讙	讚	讛	讜	讝	讞	讟
8BA	讠	计	订	讣	认	讥	讦	讧	讨	让	讪	讫	讬	训	议	讯
8BB	记	讱	讲	讳	讴	讵	讶	讷	许	讹	论	讻	讼	讽	设	访
8BC	诀	证	诂	诃	评	诅	识	诇	诈	诉	诊	诋	诌	词	诎	诏
8BD	诐	译	诒	诓	诔	试	诖	诗	诘	诙	诚	诛	诜	话	诞	诟
8BE	诠	诡	询	诣	诤	该	详	诧	诨	诩	诪	诫	诬	语	诮	误
8BF	诰	诱	诲	诳	说	诵	诶	请	诸	诹	诺	读	诼	诽	课	诿
8C0	谀	谁	谂	调	谄	谅	谆	谇	谈	谉	谊	谋	谌	谍	谎	谏
8C1	谐	谑	谒	谓	谔	谕	谖	谗	谘	谙	谚	谛	谜	谝	谞	谟
8C2	谠	谡	谢	谣	谤	谥	谦	谧	谨	谩	谪	谫	谬	谭	谮	谯
8C3	谰	谱	谲	谳	谴	谵	谶	谷	谸	谹	谺	谻	谼	谽	谾	谿
8C4	豀	豁	豂	豃	豄	豅	豆	豇	豈	豉	豊	豋	豌	豍	豎	豏
8C5	豐	豑	豒	豓	豔	豕	豖	豗	豘	豙	豚	豛	豜	豝	豞	豟
8C6	豠	象	豢	豣	豤	豥	豦	豧	豨	豩	豪	豫	豬	豭	豮	豯
8C7	豰	豱	豲	豳	豴	豵	豶	豷	豸	豹	豺	豻	豼	豽	豾	豿
8C8	貀	貁	貂	貃	貄	貅	貆	貇	貈	貉	貊	貋	貌	貍	貎	貏
8C9	貐	貑	貒	貓	貔	貕	貖	貗	貘	貙	貚	貛	貜	貝	貞	貟
8CA	負	財	貢	貣	貤	貥	貦	貧	貨	販	貪	貫	責	貭	貮	貯
8CB	貰	貱	貲	貳	貴	貵	貶	買	貸	貹	貺	費	貼	貽	貾	貿
8CC	賀	賁	賂	賃	賄	賅	賆	資	賈	賉	賊	賋	賌	賍	賎	賏
8CD	賐	賑	賒	賓	賔	賕	賖	賗	賘	賙	賚	賛	賜	賝	賞	賟
8CE	賠	賡	賢	賣	賤	賥	賦	賧	賨	賩	質	賫	賬	賭	賮	賯
8CF	賰	賱	賲	賳	賴	賵	賶	賷	賸	賹	賺	賻	購	賽	賾	賿

	0	1	2	3	4	5	6	7	8	9	A	B	C	D	E	F
8D0	贀	贁	贂	贃	贄	贅	贆	贇	贈	贉	贊	贋	贌	贍	贎	贏
8D1	贐	贑	贒	贓	贔	贕	贖	贗	贘	贙	贚	贛	贜	贝	贞	负
8D2	贠	贡	财	责	贤	败	账	货	质	贩	贪	贫	贬	购	贮	贯
8D3	贰	贱	贲	贳	贴	贵	贶	贷	贸	费	贺	贻	贼	贽	贾	贿
8D4	赀	赁	赂	赃	资	赅	赆	赇	赈	赉	赊	赋	赌	赍	赎	赏
8D5	赐	赑	赒	赓	赔	赕	赖	赗	赘	赙	赚	赛	赜	赝	赞	赟
8D6	赠	赡	赢	赣	赤	赥	赦	赧	赨	赩	赪	赫	赬	赭	赮	赯
8D7	走	赱	赲	赳	赴	赵	赶	起	赸	赹	赺	赻	赼	赽	赾	赿
8D8	趀	趁	趂	趃	趄	超	趆	趇	趈	趉	越	趋	趌	趍	趎	趏
8D9	趐	趑	趒	趓	趔	趕	趖	趗	趘	趙	趚	趛	趜	趝	趞	趟
8DA	趠	趡	趢	趣	趤	趥	趦	趧	趨	趩	趪	趫	趬	趭	趮	趯
8DB	趰	趱	趲	足	趴	趵	趶	趷	趸	趹	趺	趻	趼	趽	趾	趿
8DC	跀	跁	跂	跃	跄	跅	跆	跇	跈	跉	跊	跋	跌	跍	跎	跏
8DD	跐	跑	跒	跓	跔	跕	跖	跗	跘	跙	跚	跛	跜	距	跞	跟
8DE	跠	跡	跢	跣	跤	跥	跦	跧	跨	跩	跪	跫	跬	跭	跮	路
8DF	跰	跱	跲	跳	跴	践	跶	跷	跸	跹	跺	跻	跼	跽	跾	跿
8E0	踀	踁	踂	踃	踄	踅	踆	踇	踈	踉	踊	踋	踌	踍	踎	踏
8E1	踐	踑	踒	踓	踔	踕	踖	踗	踘	踙	踚	踛	踜	踝	踞	踟
8E2	踠	踡	踢	踣	踤	踥	踦	踧	踨	踩	踪	踫	踬	踭	踮	踯
8E3	踰	踱	踲	踳	踴	踵	踶	踷	踸	踹	踺	踻	踼	踽	踾	踿
8E4	蹀	蹁	蹂	蹃	蹄	蹅	蹆	蹇	蹈	蹉	蹊	蹋	蹌	蹍	蹎	蹏
8E5	蹐	蹑	蹒	蹓	蹔	蹕	蹖	蹗	蹘	蹙	蹚	蹛	蹜	蹝	蹞	蹟
8E6	蹠	蹡	蹢	蹣	蹤	蹥	蹦	蹧	蹨	蹩	蹪	蹫	蹬	蹭	蹮	蹯
8E7	蹰	蹱	蹲	蹳	蹴	蹵	蹶	蹷	蹸	蹹	蹺	蹻	蹼	蹽	蹾	蹿

	0	1	2	3	4	5	6	7	8	9	A	B	C	D	E	F
8E8	躀	躁	躂	躃	躄	躅	躆	躇	躈	躉	躊	躋	躌	躍	躎	躏
8E9	躐	躑	躒	躓	躔	躕	躖	躗	躘	躙	躚	躛	躜	躝	躞	躟
8EA	躠	躡	躢	躣	躤	躥	躦	躧	躨	躩	躪	身	躬	躭	躮	躯
8EB	躰	躱	躲	躳	躴	躵	躶	躷	躸	躹	躺	躻	躼	躽	躾	躿
8EC	軀	軁	軂	軃	軄	軅	軆	軇	軈	軉	車	軋	軌	軍	軎	軏
8ED	軐	軑	軒	軓	軔	軕	軖	軗	軘	軙	軚	軛	軜	軝	軞	軟
8EE	軠	軡	転	軣	軤	軥	軦	軧	軨	軩	軪	軫	軬	軭	軮	軯
8EF	軰	軱	軲	軳	軴	軵	軶	軷	軸	軹	軺	軻	軼	軽	軾	軿
8F0	輀	輁	輂	較	輄	輅	輆	輇	輈	載	輊	輋	輌	輍	輎	輏
8F1	輐	輑	輒	輓	輔	輕	輖	輗	輘	輙	輚	輛	輜	輝	輞	輟
8F2	輠	輡	輢	輣	輤	輥	輦	輧	輨	輩	輪	輫	輬	輭	輮	輯
8F3	輰	輱	輲	輳	輴	輵	輶	輷	輸	輹	輺	輻	輼	輽	輾	輿
8F4	轀	轁	轂	轃	轄	轅	轆	轇	轈	轉	轊	轋	轌	轍	轎	轏
8F5	轐	轑	轒	轓	轔	轕	轖	轗	轘	轙	轚	轛	轜	轝	轞	轟
8F6	轠	轡	轢	轣	轤	轥	车	轧	轨	轩	轪	轫	转	轭	轮	软
8F7	轰	轱	轲	轳	轴	轵	轶	轷	轸	轹	轺	轻	轼	载	轾	轿
8F8	辀	辁	辂	较	辄	辅	辆	辇	辈	辉	辊	辋	辌	辍	辎	辏
8F9	辐	辑	辒	输	辔	辕	辖	辗	辘	辙	辚	辛	辜	辝	辞	辟
8FA	辠	辡	辢	辣	辤	辥	辦	辧	辨	辩	辪	辫	辬	辭	辮	辯
8FB	辰	辱	農	辳	辴	辵	辶	辷	辸	边	辺	辻	込	辽	达	辿
8FC	迀	迁	迂	迃	迄	迅	迆	过	迈	迉	迊	迋	迌	迍	迎	迏
8FD	运	近	迒	迓	返	迕	迖	迗	还	这	迚	进	远	违	连	迟
8FE	迠	迡	迢	迣	迤	迥	迦	迧	迨	迩	迪	迫	迬	迭	迮	迯
8FF	述	迱	迲	迳	迴	迵	迶	迷	迸	迹	迺	迻	迼	追	迾	迿

	0	1	2	3	4	5	6	7	8	9	A	B	C	D	E	F
900	退	送	适	逃	逄	逅	逆	逇	逈	选	逊	逋	逌	逍	逎	透
901	逐	逑	递	逓	途	逕	逖	逗	逘	這	通	逛	逜	逝	逞	速
902	造	逡	逢	連	逤	逥	逦	逧	逨	逩	逪	逫	逬	逭	逮	逯
903	逰	週	進	逳	逴	逵	逶	逷	逸	逹	逺	逻	逼	逽	逾	逿
904	遀	遁	遂	遃	遄	遅	遆	遇	遈	遉	遊	運	遌	遍	過	遏
905	遐	遑	遒	道	達	違	遖	遗	遘	遙	遚	遛	遜	遝	遞	遟
906	遠	遡	遢	遣	遤	遥	遦	遧	遨	適	遪	遫	遬	遭	遮	遯
907	遰	遱	遲	遳	遴	遵	遶	遷	選	遹	遺	遻	遼	遽	遾	避
908	邀	邁	邂	邃	還	邅	邆	邇	邈	邉	邊	邋	邌	邍	邎	邏
909	邐	邑	邒	邓	邔	邕	邖	邗	邘	邙	邚	邛	邜	邝	邞	邟
90A	邠	邡	邢	那	邤	邥	邦	邧	邨	邩	邪	邫	邬	邭	邮	邯
90B	邰	邱	邲	邳	邴	邵	邶	邷	邸	邹	邺	邻	邼	邽	邾	邿
90C	郀	郁	郂	郃	郄	郅	郆	郇	郈	郉	郊	郋	郌	郍	郎	郏
90D	郐	郑	郒	郓	郔	郕	郖	郗	郘	郙	郚	郛	郜	郝	郞	郟
90E	郠	郡	郢	郣	郤	郥	郦	郧	部	郩	郪	郫	郬	郭	郮	郯
90F	郰	郱	郲	郳	郴	郵	郶	郷	郸	郹	郺	郻	郼	都	郾	郿
910	鄀	鄁	鄂	鄃	鄄	鄅	鄆	鄇	鄈	鄉	鄊	鄋	鄌	鄍	鄎	鄏
911	鄐	鄑	鄒	鄓	鄔	鄕	鄖	鄗	鄘	鄙	鄚	鄛	鄜	鄝	鄞	鄟
912	鄠	鄡	鄢	鄣	鄤	鄥	鄦	鄧	鄨	鄩	鄪	鄫	鄬	鄭	鄮	鄯
913	鄰	鄱	鄲	鄳	鄴	鄵	鄶	鄷	鄸	鄹	鄺	鄻	鄼	鄽	鄾	鄿
914	酀	酁	酂	酃	酄	酅	酆	酇	酈	酉	酊	酋	酌	配	酎	酏
915	酐	酑	酒	酓	酔	酕	酖	酗	酘	酙	酚	酛	酜	酝	酞	酟
916	酠	酡	酢	酣	酤	酥	酦	酧	酨	酩	酪	酫	酬	酭	酮	酯
917	酰	酱	酲	酳	酴	酵	酶	酷	酸	酹	酺	酻	酼	酽	酾	酿

	0	1	2	3	4	5	6	7	8	9	A	B	C	D	E	F
918	醀	醁	醂	醃	醄	醅	醆	醇	醈	醉	醊	醋	醌	醍	醎	醏
919	醐	醑	醒	醓	醔	醕	醖	醗	醘	醙	醚	醛	醜	醝	醞	醟
91A	醠	醡	醢	醣	醤	醥	醦	醧	醨	醩	醪	醫	醬	醭	醮	醯
91B	醰	醱	醲	醳	醴	醵	醶	醷	醸	醹	醺	醻	醼	醽	醾	醿
91C	釀	釁	釂	釃	釄	釅	釆	采	釈	釉	释	釋	里	重	野	量
91D	釐	金	釒	釓	釔	釕	釖	釗	釘	釙	釚	釛	釜	針	釞	釟
91E	釠	釡	釢	釣	釤	釥	釦	釧	釨	釩	釪	釫	釬	釭	釮	釯
91F	釰	釱	釲	釳	釴	釵	釶	釷	釸	釹	釺	釻	釼	釽	釾	釿
920	鈀	鈁	鈂	鈃	鈄	鈅	鈆	鈇	鈈	鈉	鈊	鈋	鈌	鈍	鈎	鈏
921	鈐	鈑	鈒	鈓	鈔	鈕	鈖	鈗	鈘	鈙	鈚	鈛	鈜	鈝	鈞	鈟
922	鈠	鈡	鈢	鈣	鈤	鈥	鈦	鈧	鈨	鈩	鈪	鈫	鈬	鈭	鈮	鈯
923	鈰	鈱	鈲	鈳	鈴	鈵	鈶	鈷	鈸	鈹	鈺	鈻	鈼	鈽	鈾	鈿
924	鉀	鉁	鉂	鉃	鉄	鉅	鉆	鉇	鉈	鉉	鉊	鉋	鉌	鉍	鉎	鉏
925	鉐	鉑	鉒	鉓	鉔	鉕	鉖	鉗	鉘	鉙	鉚	鉛	鉜	鉝	鉞	鉟
926	鉠	鉡	鉢	鉣	鉤	鉥	鉦	鉧	鉨	鉩	鉪	鉫	鉬	鉭	鉮	鉯
927	鉰	鉱	鉲	鉳	鉴	鉵	鉶	鉷	鉸	鉹	鉺	鉻	鉼	鉽	鉾	鉿
928	銀	銁	銂	銃	銄	銅	銆	銇	銈	銉	銊	銋	銌	銍	銎	銏
929	銐	銑	銒	銓	銔	銕	銖	銗	銘	銙	銚	銛	銜	銝	銞	銟
92A	銠	銡	銢	銣	銤	銥	銦	銧	銨	銩	銪	銫	銬	銭	銮	銯
92B	銰	銱	銲	銳	銴	銵	銶	銷	銸	銹	銺	銻	銼	銽	銾	銿
92C	鋀	鋁	鋂	鋃	鋄	鋅	鋆	鋇	鋈	鋉	鋊	鋋	鋌	鋍	鋎	鋏
92D	鋐	鋑	鋒	鋓	鋔	鋕	鋖	鋗	鋘	鋙	鋚	鋛	鋜	鋝	鋞	鋟
92E	鋠	鋡	鋢	鋣	鋤	鋥	鋦	鋧	鋨	鋩	鋪	鋫	鋬	鋭	鋮	鋯
92F	鋰	鋱	鋲	鋳	鋴	鋵	鋶	鋷	鋸	鋹	鋺	鋻	鋼	鋽	鋾	鋿

	0	1	2	3	4	5	6	7	8	9	A	B	C	D	E	F
930	錀	錁	錂	錃	錄	錅	錆	錇	錈	錉	錊	錋	錌	錍	錎	錏
931	錐	錑	錒	錓	錔	錕	錖	錗	錘	錙	錚	錛	錜	錝	錞	錟
932	錠	錡	錢	錣	錤	錥	錦	錧	錨	錩	錪	錫	錬	錭	錮	錯
933	錰	錱	録	錳	錴	錵	錶	錷	錸	錹	錺	錻	錼	錽	錾	錿
934	鍀	鍁	鍂	鍃	鍄	鍅	鍆	鍇	鍈	鍉	鍊	鍋	鍌	鍍	鍎	鍏
935	鍐	鍑	鍒	鍓	鍔	鍕	鍖	鍗	鍘	鍙	鍚	鍛	鍜	鍝	鍞	鍟
936	鍠	鍡	鍢	鍣	鍤	鍥	鍦	鍧	鍨	鍩	鍪	鍫	鍬	鍭	鍮	鍯
937	鍰	鍱	鍲	鍳	鍴	鍵	鍶	鍷	鍸	鍹	鍺	鍻	鍼	鍽	鍾	鍿
938	鎀	鎁	鎂	鎃	鎄	鎅	鎆	鎇	鎈	鎉	鎊	鎋	鎌	鎍	鎎	鎏
939	鎐	鎑	鎒	鎓	鎔	鎕	鎖	鎗	鎘	鎙	鎚	鎛	鎜	鎝	鎞	鎟
93A	鎠	鎡	鎢	鎣	鎤	鎥	鎦	鎧	鎨	鎩	鎪	鎫	鎬	鎭	鎮	鎯
93B	鎰	鎱	鎲	鎳	鎴	鎵	鎶	鎷	鎸	鎹	鎺	鎻	鎼	鎽	鎾	鎿
93C	鏀	鏁	鏂	鏃	鏄	鏅	鏆	鏇	鏈	鏉	鏊	鏋	鏌	鏍	鏎	鏏
93D	鏐	鏑	鏒	鏓	鏔	鏕	鏖	鏗	鏘	鏙	鏚	鏛	鏜	鏝	鏞	鏟
93E	鏠	鏡	鏢	鏣	鏤	鏥	鏦	鏧	鏨	鏩	鏪	鏫	鏬	鏭	鏮	鏯
93F	鏰	鏱	鏲	鏳	鏴	鏵	鏶	鏷	鏸	鏹	鏺	鏻	鏼	鏽	鏾	鏿
940	鐀	鐁	鐂	鐃	鐄	鐅	鐆	鐇	鐈	鐉	鐊	鐋	鐌	鐍	鐎	鐏
941	鐐	鐑	鐒	鐓	鐔	鐕	鐖	鐗	鐘	鐙	鐚	鐛	鐜	鐝	鐞	鐟
942	鐠	鐡	鐢	鐣	鐤	鐥	鐦	鐧	鐨	鐩	鐪	鐫	鐬	鐭	鐮	鐯
943	鐰	鐱	鐲	鐳	鐴	鐵	鐶	鐷	鐸	鐹	鐺	鐻	鐼	鐽	鐾	鐿
944	鑀	鑁	鑂	鑃	鑄	鑅	鑆	鑇	鑈	鑉	鑊	鑋	鑌	鑍	鑎	鑏
945	鑐	鑑	鑒	鑓	鑔	鑕	鑖	鑗	鑘	鑙	鑚	鑛	鑜	鑝	鑞	鑟
946	鑠	鑡	鑢	鑣	鑤	鑥	鑦	鑧	鑨	鑩	鑪	鑫	鑬	鑭	鑮	鑯
947	鑰	鑱	鑲	鑳	鑴	鑵	鑶	鑷	鑸	鑹	鑺	鑻	鑼	鑽	鑾	鑿

	0	1	2	3	4	5	6	7	8	9	A	B	C	D	E	F
948	钀	钁	钂	钃	钄	钅	钆	钇	针	钉	钊	钋	钌	钍	钎	钏
949	钐	钑	钒	钓	钔	钕	钖	钗	钘	钙	钚	钛	钜	钝	钞	钟
94A	钠	钡	钢	钣	钤	钥	钦	钧	钨	钩	钪	钫	钬	钭	钮	钯
94B	钰	钱	钲	钳	钴	钵	钶	钷	钸	钹	钺	钻	钼	钽	钾	钿
94C	铀	铁	铂	铃	铄	铅	铆	铇	铈	铉	铊	铋	铌	铍	铎	铏
94D	铐	铑	铒	铓	铔	铕	铖	铗	铘	铙	铚	铛	铜	铝	铞	铟
94E	铠	铡	铢	铣	铤	铥	铦	铧	铨	铩	铪	铫	铬	铭	铮	铯
94F	铰	铱	铲	铳	铴	铵	银	铷	铸	铹	铺	铻	铼	铽	链	铿
950	销	锁	锂	锃	锄	锅	锆	锇	锈	锉	锊	锋	锌	锍	锎	锏
951	锐	锑	锒	锓	锔	锕	锖	锗	锘	错	锚	锛	锜	锝	锞	锟
952	锠	锡	锢	锣	锤	锥	锦	锧	锨	锩	锪	锫	锬	锭	键	锯
953	锰	锱	锲	锳	锴	锵	锶	锷	锸	锹	锺	锻	锼	锽	锾	锿
954	镀	镁	镂	镃	镄	镅	镆	镇	镈	镉	镊	镋	镌	镍	镎	镏
955	镐	镑	镒	镓	镔	镕	镖	镗	镘	镙	镚	镛	镜	镝	镞	镟
956	镠	镡	镢	镣	镤	镥	镦	镧	镨	镩	镪	镫	镬	镭	镮	镯
957	镰	镱	镲	镳	镴	镵	镶	長	镸	镹	镺	镻	镼	镽	镾	长
958	門	閁	閂	閃	閄	閅	閆	閇	閈	閉	閊	開	閌	閍	閎	閏
959	閐	閑	閒	間	閔	閕	閖	閗	閘	閙	閚	閛	閜	閝	閞	閟
95A	閠	閡	関	閣	閤	閥	閦	閧	閨	閩	閪	閫	閬	閭	閮	閯
95B	閰	閱	閲	閳	閴	閵	閶	閷	閸	閹	閺	閻	閼	閽	閾	閿
95C	闀	闁	闂	闃	闄	闅	闆	闇	闈	闉	闊	闋	闌	闍	闎	闏
95D	闐	闑	闒	闓	闔	闕	闖	闗	闘	闙	闚	闛	關	闝	闞	闟
95E	闠	闡	闢	闣	闤	闥	闦	闧	门	闩	闪	闫	闬	闭	问	闯
95F	闰	闱	闲	闳	间	闵	闶	闷	闸	闹	闺	闻	闼	闽	闾	闿

	0	1	2	3	4	5	6	7	8	9	A	B	C	D	E	F
960	阀	阁	阂	阃	阄	阅	阆	阇	阈	阉	阊	阋	阌	阍	阎	阏
961	阐	阑	阒	阓	阔	阕	阖	阗	阘	阙	阚	阛	阜	阝	阞	队
962	阠	阡	阢	阣	阤	阥	阦	阧	阨	阩	阪	阫	阬	阭	阮	阯
963	阰	阱	防	阳	阴	阵	阶	阷	阸	阹	阺	阻	阼	阽	阾	阿
964	陀	陁	陂	陃	附	际	陆	陇	陈	陉	陊	陋	陌	降	陎	陏
965	限	陑	陒	陓	陔	陕	陖	陗	陘	陙	陚	陛	陜	陝	陞	陟
966	陠	陡	院	陣	除	陥	陦	陧	陨	险	陪	陫	陬	陭	陮	陯
967	陰	陱	陲	陳	陴	陵	陶	陷	陸	陹	険	陻	陼	陽	陾	陿
968	隀	隁	隂	隃	隄	隅	隆	隇	隈	隉	隊	隋	隌	隍	階	随
969	隐	隑	隒	隓	隔	隕	隖	隗	隘	隙	隚	際	障	隝	隞	隟
96A	隠	隡	隢	隣	隤	隥	隦	隧	隨	隩	險	隫	隬	隭	隮	隯
96B	隰	隱	隲	隳	隴	隵	隶	隷	隸	隹	隺	隻	隼	隽	难	隿
96C	雀	雁	雂	雃	雄	雅	集	雇	雈	雉	雊	雋	雌	雍	雎	雏
96D	雐	雑	雒	雓	雔	雕	雖	雗	雘	雙	雚	雛	雜	雝	雞	雟
96E	雠	雡	離	難	雤	雥	雦	雧	雨	雩	雪	雫	雬	雭	雮	雯
96F	雰	雱	雲	雳	雴	雵	零	雷	雸	雹	雺	電	雼	雽	雾	雿
970	需	霁	霂	霃	霄	霅	霆	震	霈	霉	霊	霋	霌	霍	霎	霏
971	霐	霑	霒	霓	霔	霕	霖	霗	霘	霙	霚	霛	霜	霝	霞	霟
972	霠	霡	霢	霣	霤	霥	霦	霧	霨	霩	霪	霫	霬	霭	霮	霯
973	霰	霱	露	霳	霴	霵	霶	霷	霸	霹	霺	霻	霼	霽	霾	霿
974	靀	靁	靂	靃	靄	靅	靆	靇	靈	靉	靊	靋	靌	靍	靎	靏
975	靐	靑	青	靓	靔	靕	靖	靗	靘	静	靚	靛	靜	靝	非	靟
976	靠	靡	面	靣	靤	靥	靦	靧	靨	革	靪	靫	靬	靭	靮	靯
977	靰	靱	靲	靳	靴	靵	靶	靷	靸	靹	靺	靻	靼	靽	靾	靿

	0	1	2	3	4	5	6	7	8	9	A	B	C	D	E	F
978	鞀	鞁	鞂	鞃	鞄	鞅	鞆	鞇	鞈	鞉	鞊	鞋	鞌	鞍	鞎	鞏
979	鞐	鞑	鞒	鞓	鞔	鞕	鞖	鞗	鞘	鞙	鞚	鞛	鞜	鞝	鞞	鞟
97A	鞠	鞡	鞢	鞣	鞤	鞥	鞦	鞧	鞨	鞩	鞪	鞫	鞬	鞭	鞮	鞯
97B	鞰	鞱	鞲	鞳	鞴	鞵	鞶	鞷	鞸	鞹	鞺	鞻	鞼	鞽	鞾	鞿
97C	韀	韁	韂	韃	韄	韅	韆	韇	韈	韉	韊	韋	韌	韍	韎	韏
97D	韐	韑	韒	韓	韔	韕	韖	韗	韘	韙	韚	韛	韜	韝	韞	韟
97E	韠	韡	韢	韣	韤	韥	韦	韧	韨	韩	韪	韫	韬	韭	韮	韯
97F	韰	韱	韲	音	韴	韵	韶	韷	韸	韹	韺	韻	韼	韽	韾	響
980	頀	頁	頂	頃	頄	項	順	頇	須	頉	頊	頋	頌	頍	頎	頏
981	預	頑	頒	頓	頔	頕	頖	頗	領	頙	頚	頛	頜	頝	頞	頟
982	頠	頡	頢	頣	頤	頥	頦	頧	頨	頩	頪	頫	頬	頭	頮	頯
983	頰	頱	頲	頳	頴	頵	頶	頷	頸	頹	頺	頻	頼	頽	頾	頿
984	顀	顁	顂	顃	顄	顅	顆	顇	顈	顉	顊	顋	題	額	顎	顏
985	顐	顑	顒	顓	顔	顕	顖	顗	願	顙	顚	顛	顜	顝	類	顟
986	顠	顡	顢	顣	顤	顥	顦	顧	顨	顩	顪	顫	顬	顭	顮	顯
987	顰	顱	顲	顳	顴	页	顶	顷	顸	项	顺	须	顼	顽	顾	顿
988	颀	颁	颂	颃	预	颅	领	颇	颈	颉	颊	颋	颌	颍	颎	颏
989	颐	频	颒	颓	颔	颕	颖	颗	题	颙	颚	颛	颜	额	颞	颟
98A	颠	颡	颢	颣	颤	颥	颦	颧	風	颩	颪	颫	颬	颭	颮	颯
98B	颰	颱	颲	颳	颴	颵	颶	颷	颸	颹	颺	颻	颼	颽	颾	颿
98C	飀	飁	飂	飃	飄	飅	飆	飇	飈	飉	飊	飋	飌	飍	风	飏
98D	飐	飑	飒	飓	飔	飕	飖	飗	飘	飙	飚	飛	飜	飝	飞	食
98E	飠	飡	飢	飣	飤	飥	飦	飧	飨	飩	飪	飫	飬	飭	飮	飯
98F	飰	飱	飲	飳	飴	飵	飶	飷	飸	飹	飺	飻	飼	飽	飾	飿

	0	1	2	3	4	5	6	7	8	9	A	B	C	D	E	F
990	餀	餁	餂	餃	餄	餅	餆	餇	餈	餉	養	餋	餌	餍	餎	餏
991	餐	餑	餒	餓	餔	餕	餖	餗	餘	餙	餚	餛	餜	餝	餞	餟
992	餠	餡	餢	餣	餤	餥	餦	餧	館	餩	餪	餫	餬	餭	餮	餯
993	餰	餱	餲	餳	餴	餵	餶	餷	餸	餹	餺	餻	餼	餽	餾	餿
994	饀	饁	饂	饃	饄	饅	饆	饇	饈	饉	饊	饋	饌	饍	饎	饏
995	饐	饑	饒	饓	饔	饕	饖	饗	饘	饙	饚	饛	饜	饝	饞	饟
996	饠	饡	饢	饣	饤	饥	饦	饧	饨	饩	饪	饫	饬	饭	饮	饯
997	饰	饱	饲	饳	饴	饵	饶	饷	饸	饹	饺	饻	饼	饽	饾	饿
998	馀	馁	馂	馃	馄	馅	馆	馇	馈	馉	馊	馋	馌	馍	馎	馏
999	馐	馑	馒	馓	馔	馕	首	馗	馘	香	馚	馛	馜	馝	馞	馟
99A	馠	馡	馢	馣	馤	馥	馦	馧	馨	馩	馪	馫	馬	馭	馮	馯
99B	馰	馱	馲	馳	馴	馵	馶	馷	馸	馹	馺	馻	馼	馽	馾	馿
99C	駀	駁	駂	駃	駄	駅	駆	駇	駈	駉	駊	駋	駌	駍	駎	駏
99D	駐	駑	駒	駓	駔	駕	駖	駗	駘	駙	駚	駛	駜	駝	駞	駟
99E	駠	駡	駢	駣	駤	駥	駦	駧	駨	駩	駪	駫	駬	駭	駮	駯
99F	駰	駱	駲	駳	駴	駵	駶	駷	駸	駹	駺	駻	駼	駽	駾	駿
9A0	騀	騁	騂	騃	騄	騅	騆	騇	騈	騉	騊	騋	騌	騍	騎	騏
9A1	騐	騑	騒	験	騔	騕	騖	騗	騘	騙	騚	騛	騜	騝	騞	騟
9A2	騠	騡	騢	騣	騤	騥	騦	騧	騨	騩	騪	騫	騬	騭	騮	騯
9A3	騰	騱	騲	騳	騴	騵	騶	騷	騸	騹	騺	騻	騼	騽	騾	騿
9A4	驀	驁	驂	驃	驄	驅	驆	驇	驈	驉	驊	驋	驌	驍	驎	驏
9A5	驐	驑	驒	驓	驔	驕	驖	驗	驘	驙	驚	驛	驜	驝	驞	驟
9A6	驠	驡	驢	驣	驤	驥	驦	驧	驨	驩	驪	驫	马	驭	驮	驯
9A7	驰	驱	驲	驳	驴	驵	驶	驷	驸	驹	驺	驻	驼	驽	驾	驿

	0	1	2	3	4	5	6	7	8	9	A	B	C	D	E	F
9A8	骀	骁	骂	骃	骄	骅	骆	骇	骈	骉	骊	骋	验	骍	骎	骏
9A9	骐	骑	骒	骓	骔	骕	骖	骗	骘	骙	骚	骛	骜	骝	骞	骟
9AA	骠	骡	骢	骣	骤	骥	骦	骧	骨	骩	骪	骫	骬	骭	骮	骯
9AB	骰	骱	骲	骳	骴	骵	骶	骷	骸	骹	骺	骻	骼	骽	骾	骿
9AC	髀	髁	髂	髃	髄	髅	髆	髇	髈	髉	髊	髋	髌	髍	髎	髏
9AD	髐	髑	髒	髓	體	髕	髖	髗	高	髙	髚	髛	髜	髝	髞	髟
9AE	髠	髡	髢	髣	髤	髥	髦	髧	髨	髩	髪	髫	髬	髭	髮	髯
9AF	髰	髱	髲	髳	髴	髵	髶	髷	髸	髹	髺	髻	髼	髽	髾	髿
9B0	鬀	鬁	鬂	鬃	鬄	鬅	鬆	鬇	鬈	鬉	鬊	鬋	鬌	鬍	鬎	鬏
9B1	鬐	鬑	鬒	鬓	鬔	鬕	鬖	鬗	鬘	鬙	鬚	鬛	鬜	鬝	鬞	鬟
9B2	鬠	鬡	鬢	鬣	鬤	鬥	鬦	鬧	鬨	鬩	鬪	鬫	鬬	鬭	鬮	鬯
9B3	鬰	鬱	鬲	鬳	鬴	鬵	鬶	鬷	鬸	鬹	鬺	鬻	鬼	鬽	鬾	鬿
9B4	魀	魁	魂	魃	魄	魅	魆	魇	魈	魉	魊	魋	魌	魍	魎	魏
9B5	魐	魑	魒	魓	魔	魕	魖	魗	魘	魙	魚	魛	魜	魝	魞	魟
9B6	魠	魡	魢	魣	魤	魥	魦	魧	魨	魩	魪	魫	魬	魭	魮	魯
9B7	魰	魱	魲	魳	魴	魵	魶	魷	魸	魹	魺	魻	魼	魽	魾	魿
9B8	鮀	鮁	鮂	鮃	鮄	鮅	鮆	鮇	鮈	鮉	鮊	鮋	鮌	鮍	鮎	鮏
9B9	鮐	鮑	鮒	鮓	鮔	鮕	鮖	鮗	鮘	鮙	鮚	鮛	鮜	鮝	鮞	鮟
9BA	鮠	鮡	鮢	鮣	鮤	鮥	鮦	鮧	鮨	鮩	鮪	鮫	鮬	鮭	鮮	鮯
9BB	鮰	鮱	鮲	鮳	鮴	鮵	鮶	鮷	鮸	鮹	鮺	鮻	鮼	鮽	鮾	鮿
9BC	鯀	鯁	鯂	鯃	鯄	鯅	鯆	鯇	鯈	鯉	鯊	鯋	鯌	鯍	鯎	鯏
9BD	鯐	鯑	鯒	鯓	鯔	鯕	鯖	鯗	鯘	鯙	鯚	鯛	鯜	鯝	鯞	鯟
9BE	鯠	鯡	鯢	鯣	鯤	鯥	鯦	鯧	鯨	鯩	鯪	鯫	鯬	鯭	鯮	鯯
9BF	鯰	鯱	鯲	鯳	鯴	鯵	鯶	鯷	鯸	鯹	鯺	鯻	鯼	鯽	鯾	鯿

	0	1	2	3	4	5	6	7	8	9	A	B	C	D	E	F
9C0	鰀	鰁	鰂	鰃	鰄	鰅	鰆	鰇	鰈	鰉	鰊	鰋	鰌	鰍	鰎	鰏
9C1	鰐	鰑	鰒	鰓	鰔	鰕	鰖	鰗	鰘	鰙	鰚	鰛	鰜	鰝	鰞	鰟
9C2	鰠	鰡	鰢	鰣	鰤	鰥	鰦	鰧	鰨	鰩	鰪	鰫	鰬	鰭	鰮	鰯
9C3	鰰	鰱	鰲	鰳	鰴	鰵	鰶	鰷	鰸	鰹	鰺	鰻	鰼	鰽	鰾	鰿
9C4	鱀	鱁	鱂	鱃	鱄	鱅	鱆	鱇	鱈	鱉	鱊	鱋	鱌	鱍	鱎	鱏
9C5	鱐	鱑	鱒	鱓	鱔	鱕	鱖	鱗	鱘	鱙	鱚	鱛	鱜	鱝	鱞	鱟
9C6	鱠	鱡	鱢	鱣	鱤	鱥	鱦	鱧	鱨	鱩	鱪	鱫	鱬	鱭	鱮	鱯
9C7	鱰	鱱	鱲	鱳	鱴	鱵	鱶	鱷	鱸	鱹	鱺	鱻	鱼	鱽	鱾	鱿
9C8	鲀	鲁	鲂	鲃	鲄	鲅	鲆	鲇	鲈	鲉	鲊	鲋	鲌	鲍	鲎	鲏
9C9	鲐	鲑	鲒	鲓	鲔	鲕	鲖	鲗	鲘	鲙	鲚	鲛	鲜	鲝	鲞	鲟
9CA	鲠	鲡	鲢	鲣	鲤	鲥	鲦	鲧	鲨	鲩	鲪	鲫	鲬	鲭	鲮	鲯
9CB	鲰	鲱	鲲	鲳	鲴	鲵	鲶	鲷	鲸	鲹	鲺	鲻	鲼	鲽	鲾	鲿
9CC	鳀	鳁	鳂	鳃	鳄	鳅	鳆	鳇	鳈	鳉	鳊	鳋	鳌	鳍	鳎	鳏
9CD	鳐	鳑	鳒	鳓	鳔	鳕	鳖	鳗	鳘	鳙	鳚	鳛	鳜	鳝	鳞	鳟
9CE	鳠	鳡	鳢	鳣	鳤	鳥	鳦	鳧	鳨	鳩	鳪	鳫	鳬	鳭	鳮	鳯
9CF	鳰	鳱	鳲	鳳	鳴	鳵	鳶	鳷	鳸	鳹	鳺	鳻	鳼	鳽	鳾	鳿
9D0	鴀	鴁	鴂	鴃	鴄	鴅	鴆	鴇	鴈	鴉	鴊	鴋	鴌	鴍	鴎	鴏
9D1	鴐	鴑	鴒	鴓	鴔	鴕	鴖	鴗	鴘	鴙	鴚	鴛	鴜	鴝	鴞	鴟
9D2	鴠	鴡	鴢	鴣	鴤	鴥	鴦	鴧	鴨	鴩	鴪	鴫	鴬	鴭	鴮	鴯
9D3	鴰	鴱	鴲	鴳	鴴	鴵	鴶	鴷	鴸	鴹	鴺	鴻	鴼	鴽	鴾	鴿
9D4	鵀	鵁	鵂	鵃	鵄	鵅	鵆	鵇	鵈	鵉	鵊	鵋	鵌	鵍	鵎	鵏
9D5	鵐	鵑	鵒	鵓	鵔	鵕	鵖	鵗	鵘	鵙	鵚	鵛	鵜	鵝	鵞	鵟
9D6	鵠	鵡	鵢	鵣	鵤	鵥	鵦	鵧	鵨	鵩	鵪	鵫	鵬	鵭	鵮	鵯
9D7	鵰	鵱	鵲	鵳	鵴	鵵	鵶	鵷	鵸	鵹	鵺	鵻	鵼	鵽	鵾	鵿

	0	1	2	3	4	5	6	7	8	9	A	B	C	D	E	F
9D8	鶀	鶁	鶂	鶃	鶄	鶅	鶆	鶇	鶈	鶉	鶊	鶋	鶌	鶍	鶎	鶏
9D9	鶐	鶑	鶒	鶓	鶔	鶕	鶖	鶗	鶘	鶙	鶚	鶛	鶜	鶝	鶞	鶟
9DA	鶠	鶡	鶢	鶣	鶤	鶥	鶦	鶧	鶨	鶩	鶪	鶫	鶬	鶭	鶮	鶯
9DB	鶰	鶱	鶲	鶳	鶴	鶵	鶶	鶷	鶸	鶹	鶺	鶻	鶼	鶽	鶾	鶿
9DC	鷀	鷁	鷂	鷃	鷄	鷅	鷆	鷇	鷈	鷉	鷊	鷋	鷌	鷍	鷎	鷏
9DD	鷐	鷑	鷒	鷓	鷔	鷕	鷖	鷗	鷘	鷙	鷚	鷛	鷜	鷝	鷞	鷟
9DE	鷠	鷡	鷢	鷣	鷤	鷥	鷦	鷧	鷨	鷩	鷪	鷫	鷬	鷭	鷮	鷯
9DF	鷰	鷱	鷲	鷳	鷴	鷵	鷶	鷷	鷸	鷹	鷺	鷻	鷼	鷽	鷾	鷿
9E0	鸀	鸁	鸂	鸃	鸄	鸅	鸆	鸇	鸈	鸉	鸊	鸋	鸌	鸍	鸎	鸏
9E1	鸐	鸑	鸒	鸓	鸔	鸕	鸖	鸗	鸘	鸙	鸚	鸛	鸜	鸝	鸞	鸟
9E2	鸠	鸡	鸢	鸣	鸤	鸥	鸦	鸧	鸨	鸩	鸪	鸫	鸬	鸭	鸮	鸯
9E3	鸰	鸱	鸲	鸳	鸴	鸵	鸶	鸷	鸸	鸹	鸺	鸻	鸼	鸽	鸾	鸿
9E4	鹀	鹁	鹂	鹃	鹄	鹅	鹆	鹇	鹈	鹉	鹊	鹋	鹌	鹍	鹎	鹏
9E5	鹐	鹑	鹒	鹓	鹔	鹕	鹖	鹗	鹘	鹙	鹚	鹛	鹜	鹝	鹞	鹟
9E6	鹠	鹡	鹢	鹣	鹤	鹥	鹦	鹧	鹨	鹩	鹪	鹫	鹬	鹭	鹮	鹯
9E7	鹰	鹱	鹲	鹳	鹴	鹵	鹶	鹷	鹸	鹹	鹺	鹻	鹼	鹽	鹾	鹿
9E8	麀	麁	麂	麃	麄	麅	麆	麇	麈	麉	麊	麋	麌	麍	麎	麏
9E9	麐	麑	麒	麓	麔	麕	麖	麗	麘	麙	麚	麛	麜	麝	麞	麟
9EA	麠	麡	麢	麣	麤	麥	麦	麧	麨	麩	麪	麫	麬	麭	麮	麯
9EB	麰	麱	麲	麳	麴	麵	麶	麷	麸	麹	麺	麻	麼	麽	麾	麿
9EC	黀	黁	黂	黃	黄	黅	黆	黇	黈	黉	黊	黋	黌	黍	黎	黏
9ED	黐	黑	黒	黓	黔	黕	黖	黗	默	黙	黚	黛	黜	黝	點	黟
9EE	黠	黡	黢	黣	黤	黥	黦	黧	黨	黩	黪	黫	黬	黭	黮	黯
9EF	黰	黱	黲	黳	黴	黵	黶	黷	黸	黹	黺	黻	黼	黽	黾	黿

	0	1	2	3	4	5	6	7	8	9	A	B	C	D	E	F
9F0	鼀	鼁	鼂	鼃	鼄	鼅	鼆	鼇	鼈	鼉	鼊	鼋	鼌	鼍	鼎	鼏
9F1	鼐	鼑	鼒	鼓	鼔	鼕	鼖	鼗	鼘	鼙	鼚	鼛	鼜	鼝	鼞	鼟
9F2	鼠	鼡	鼢	鼣	鼤	鼥	鼦	鼧	鼨	鼩	鼪	鼫	鼬	鼭	鼮	鼯
9F3	鼰	鼱	鼲	鼳	鼴	鼵	鼶	鼷	鼸	鼹	鼺	鼻	鼼	鼽	鼾	鼿
9F4	齀	齁	齂	齃	齄	齅	齆	齇	齈	齉	齊	齋	齌	齍	齎	齏
9F5	齐	齑	齒	齓	齔	齕	齖	齗	齘	齙	齚	齛	齜	齝	齞	齟
9F6	齠	齡	齢	齣	齤	齥	齦	齧	齨	齩	齪	齫	齬	齭	齮	齯
9F7	齰	齱	齲	齳	齴	齵	齶	齷	齸	齹	齺	齻	齼	齽	齾	齿
9F8	龀	龁	龂	龃	龄	龅	龆	龇	龈	龉	龊	龋	龌	龍	龎	龏
9F9	龐	龑	龒	龓	龔	龕	龖	龗	龘	龙	龚	龛	龜	龝	龞	龟
9FA	龠	龡	龢	龣	龤	龥										

附　录　A
（规范性附录）
汉字 15×16 点阵字型数据

A.1　汉字 15×16 点阵字型数据的表示

本标准中，汉字的字型由点阵数据表示，每个字型的点阵数据为 15×16（横行点数×纵列点数），共 240 个二进制位，32 个字节。

A.2　汉字 15×16 点阵字型数据的记录格式

15×16 点阵字型数据的 32 个字节排列次序是以 0 字节开始至 31 字节结束，均用十六进制表示，每行 2 个字节（最后一位补 0），记录格式如下：

行数	列数															
	0	1	2	3	4	5	6	7	8	9	10	11	12	13	14	15
0	0 字节								1 字节							0
1	2 字节								3 字节							0
2																0
⋮	⋮								⋮							⋮
14																0
15	30 字节								31 字节							0

A.3　汉字 15×16 点阵字型数据举例

长 957F	治 6CBB	久 4E45	安 5B89
08 00	00 40	04 00	00 40
08 10	20 40	04 00	20 40
08 20	10 80	04 00	10 80
08 40	11 10	07 E0	11 10
08 80	82 08	08 20	82 08
09 00	47 FC	08 20	47 FC
08 00	40 04	10 40	40 04
FF FE	10 00	20 40	10 00
0A 00	13 F8	40 80	13 F8
09 00	22 08	00 80	22 08
08 80	E2 08	01 40	E2 08
08 40	22 08	02 40	22 08
09 20	22 08	04 20	22 08
0A 18	22 08	08 10	22 08
0C 06	23 F8	30 08	23 F8
08 00	02 08	C0 06	02 08

附 录 B
（规范性附录）
减省笔画处理的汉字

本标准中有些汉字笔画较多，因 15×16 点阵字型受栅格数的限制，不能完整地表现这些字的笔画，故在保留原字型特征的基础上，进行了必要的减省笔画处理。

减省笔画处理的汉字属非规范字，只限于在本标准和有关的电子信息设备中使用，不得在正式印刷出版物中出现。本标准中减省笔画处理的汉字共 1 195 个，如下所示：

4EB6	4EB9	50F5	5103	5113	511F	5122	5125	512A	5133	5136	513D	513E	51AA	51DF	5283
亶	亹	僵	儃	儓	償	儢	儥	優	儳	儶	儽	儾	冪	凟	劃
亶	亹	僵	儃	儓	償	儢	儥	優	儳	儶	儽	儾	冪	凟	劃
5293	5296	529A	52EF	52F4	52F6	5331	5335	5336	5337	53B4	53B5	53E0	5617	5673	568A
劓	劖	劚	勯	勴	勶	匱	匵	匶	匷	厴	厵	叠	嘗	噳	嚊
劓	劖	劚	勯	勴	勶	匱	匵	匶	匷	厴	厵	叠	嘗	噳	嚊
5690	5698	56A2	56A7	56B5	56B9	56BD	56C2	56C4	56C6	56C8	56CA	56D0	56D1	56D2	56D3
嚐	嚘	嚢	嚧	嚵	嚹	嚽	囂	囄	囆	囈	囊	囐	囑	囒	囓
嚐	嚘	嚢	嚧	嚵	嚹	嚽	囂	囄	囆	囈	囊	囐	囑	囒	囓
56D4	56D5	5715	5716	571A	571D	571E	58AE	58AF	58BC	58C3	58C7	58D3	58DA	58DC	58DD
囔	囕	圕	圖	圚	圝	圞	墮	墯	墼	壃	壇	壓	壚	壜	壝
囔	囕	圕	圖	圚	圝	圞	墮	墯	墼	壃	壇	壓	壚	壜	壝
58DF	58E9	58EA	5901	5910	596E	5AFF	5B17	5B2E	5B2F	5B31	5B36	5B39	5B3B	5B44	5B48
壟	壩	壪	夁	夐	奮	嫿	嬗	嬮	嬯	嬱	嬶	嬹	嬻	孄	孈
壟	壩	壪	夁	夐	奮	嫿	嬗	嬮	嬯	嬱	嬶	嬹	嬻	孄	孈
5B4E	5B4F	5BE0	5BE6	5BF3	5BF6	5BF7	5C35	5C62	5C68	5C69	5C6B	5C6C	5C6D	5D9E	5DA5
孎	孏	寠	實	寳	寶	寷	尵	屢	屨	屩	屫	屬	屭	嶞	嶥
孎	孏	寠	實	寳	寶	寷	尵	屢	屨	屩	屫	屬	屭	嶞	嶥
5DC2	5DC3	5DC9	5DCC	5DCE	5DD3	5DD4	5DD6	5DD8	5DD9	5DDA	5E5A	5E6B	5E71	5EC8	5ED4
巂	巃	巉	巌	巎	巓	巔	巖	巘	巙	巚	幚	幫	幱	廈	廔
巂	巃	巉	巌	巎	巓	巔	巖	巘	巙	巚	幚	幫	幱	廈	廔
5EE9	5EEA	5EEC	5EED	5EF2	5F4A	5F4E	5F4F	5F59	5F5A	616E	6182	6199	61BB	61C3	61D5
廩	廪	廬	廭	廲	彊	彎	彏	彙	彚	慮	憂	憙	憻	懃	懕
廩	廪	廬	廭	廲	彊	彎	彏	彙	彚	慮	憂	憙	憻	懃	懕
61DB	61EE	61EF	6203	6204	6205	6206	6207	6479	6483	6489	64AA	64C4	64C5	64CA	64E1
懛	懮	懯	戃	戄	戅	戆	戇	摹	撃	撉	撪	擄	擅	擊	擡
懛	懮	懯	戃	戄	戅	戆	戇	摹	撃	撉	撪	擄	擅	擊	擡
64E4	64EA	64FE	6504	650E	6514	6519	651C	651F	6521	6523	6525	6529	652A	652B	652C
擤	擪	擾	攄	攎	攔	攙	攜	攟	攡	攣	攥	攩	攪	攫	攬
擤	擪	擾	攄	攎	攔	攙	攜	攟	攡	攣	攥	攩	攪	攫	攬

652E	657B	6595	6596	65B8	65DC	665D	6688	66A0	66C1	66C7	66DF	66E1	66E5	66E6	66E9
攮	敻	斕	斖	斸	旜	晝	暈	暠	曁	曇	曟	曡	曥	曦	曩
66ED	66EF	69C0	6A50	6A7F	6A80	6A83	6A95	6AAF	6ABF	6AC3	6ACB	6ACC	6AD6	6ADC	6ADD
曭	曯	槀	橐	橿	檀	檃	檕	檯	檿	櫃	櫋	櫌	櫖	櫜	櫝
6AE8	6AFD	6B03	6B04	6B0C	6B13	6B14	6B16	6B17	6B18	6B19	6B1B	6B1C	6B1D	6B1F	6BAD
櫨	櫽	欃	欄	欌	欓	欔	欖	欗	欘	欙	欛	欜	欝	欟	殭
6BB0	6BCA	6BDA	6C07	6C08	6C0A	6C0C	6C0E	6C30	6C31	6F85	6F9E	6FB6	6FC5	6FDE	7000
殰	毊	毚	氇	氈	氊	氌	氎	氰	氱	澅	澞	澶	濅	濞	瀀
7006	7018	7022	702A	703A	7043	704B	704E	7057	7059	705A	705B	705C	705E	705F	7060
瀆	瀘	瀢	瀪	瀺	灃	灋	灎	灗	灙	灚	灛	灜	灞	灟	灠
7061	7062	7063	7064	7065	7067	7068	7069	706A	71F2	71FE	7210	7214	721B	7221	7223
灡	灢	灣	灤	灥	灧	灨	灩	灪	燲	燾	爐	爔	爛	爡	爣
7224	7225	7226	7228	7229	7234	7258	72A1	72A2	72A7	72A9	72AA	7376	7379	737B	737C
爤	爥	爦	爨	爩	爴	牘	犡	犢	犧	犩	犪	獶	獹	獻	獼
7383	7497	74AE	74C4	74C7	74CA	74D0	74D3	74D7	74D9	74DB	750C	7517	756B	7575	757A
玃	璗	璮	瓄	瓇	瓊	瓐	瓓	瓗	瓙	瓛	甌	甗	畫	畵	畺
7582	7585	7586	7589	758A	75F2	763B	7651	765B	765D	765F	7662	7668	766A	766E	766F
疂	疅	疆	疉	疊	痲	瘻	癑	癛	癝	癟	癢	癨	癪	癮	癯
7673	7674	7675	76BD	76BE	76E7	76EB	76ED	77BD	77CD	77CE	77CF	77D1	77D5	77D7	77D8
癳	癴	癵	皽	皾	盧	盫	盭	瞽	矍	矎	矏	矑	矕	矗	矘

77DA	77E1	790A	7913	791F	7927	7928	792E	7931	79B4	7A3E	7A52	7A69	7AB4	7AB6	7AC1
矚	矡	礊	礓	礟	礧	礨	礮	礱	禴	稾	穒	穩	窴	窶	竁
矚	矡	礊	礓	礟	礧	礨	礮	礱	禴	稾	穒	穩	窴	窶	竁
7AC3	7AC7	7AC8	7AC9	7B90	7BB0	7BDD	7BDF	7BE2	7BF9	7BFF	7C00	7C0D	7C1F	7C23	7C25
竃	竇	竈	竉	箐	箰	篝	篟	篢	篹	篿	簀	簍	簟	簣	簥
竃	竇	竈	竉	箐	箰	篝	篟	篢	篹	篿	簀	簍	簟	簣	簥
7C3C	7C44	7C46	7C47	7C49	7C4C	7C51	7C54	7C57	7C5A	7C5D	7C5E	7C60	7C63	7C64	7C66
簼	籄	籆	籇	籉	籌	籑	籔	籗	籚	籝	籞	籠	籣	籤	籦
簼	籄	籆	籇	籉	籌	籑	籔	籗	籚	籝	籞	籠	籣	籤	籦
7C67	7C69	7C6A	7C6B	7C6D	7C6F	7C70	7C71	7C72	7CE7	7CF3	7CF7	7E4B	7E63	7E64	7E6B
籧	籩	籪	籫	籭	籯	籰	籱	籲	糧	糳	糷	繋	繣	繤	繫
籧	籩	籪	籫	籭	籯	籰	籱	籲	糧	糳	糷	繋	繣	繤	繫
7E6D	7E6E	7E75	7E82	7E8B	7E8C	7E8D	7E91	7E94	7E97	7E99	7E9B	7E9C	7E9D	7E9E	7F30
繭	繮	繵	纂	纋	續	纍	纑	纔	纗	纙	纛	纜	纝	纞	缰
繭	繮	繵	纂	纋	續	纍	纑	纔	纗	纙	纛	纜	纝	纞	缰
7F4A	7F4D	7F4E	7F4F	7F7F	7F83	7FB6	7FB9	7FF5	8030	8071	8072	807B	807E	818F	819A
罊	罍	罎	罏	罿	羃	羶	羹	翵	耰	聱	聲	聻	聾	膏	膚
罊	罍	罎	罏	罿	羃	羶	羹	翵	耰	聱	聲	聻	聾	膏	膚
81BA	81BB	81DA	81DD	81DF	81E1	81F1	81FA	8263	826B	826C	8277	84E6	84F3	8513	8516
膺	膻	臚	臝	臟	臡	臱	臺	艣	艫	艬	艷	蓦	蓳	蔓	蔖
膺	膻	臚	臝	臟	臡	臱	臺	艣	艫	艬	艷	蓦	蓳	蔓	蔖
851E	8536	8548	855E	8562	857D	8591	8593	85A7	85AB	85B2	85B5	85B9	85C1	85C4	85C6
蔞	蔶	蕈	蕞	蕢	蕽	薑	薓	薧	薫	薲	薵	薹	藁	藄	藆
蔞	蔶	蕈	蕞	蕢	蕽	薑	薓	薧	薫	薲	薵	薹	藁	藄	藆
85D1	85D6	85D8	85DA	85EA	85EB	85EC	85F3	85FA	85FC	85FF	8606	8609	860E	8612	8618
藑	藖	藘	藚	藪	藫	藬	藳	藺	藼	藿	蘆	蘉	蘎	蘒	蘘
藑	藖	藘	藚	藪	藫	藬	藳	藺	藼	藿	蘆	蘉	蘎	蘒	蘘
861F	8621	8622	8627	862D	862F	8630	8632	8634	8638	863B	863D	8641	8642	8645	8646
蘟	蘡	蘢	蘧	蘭	蘯	蘰	蘲	蘴	蘸	蘻	蘽	虁	虂	虅	虆
蘟	蘡	蘢	蘧	蘭	蘯	蘰	蘲	蘴	蘸	蘻	蘽	虁	虂	虅	虆

8649	864A	864B	864C	865C	865E	866A	87D7	87DA	87E9	87FA	87FF	8806	881D	8822	8825
虉	虊	虋	虌	虜	虞	虪	蟗	蟚	蟩	蟺	蟿	蠆	蠝	蠢	蠥
虉	虊	虋	虌	虜	虞	虪	蟗	蟚	蟩	蟺	蟿	蠆	蠝	蠢	蠥
8826	8827	882A	882D	8839	883C	883D	883E	883F	884B	892D	8962	8963	8969	8972	8974
蠦	蠧	蠪	蠭	蠹	蠼	蠽	蠾	蠿	衋	褭	襢	襣	襩	襲	襴
蠦	蠧	蠪	蠭	蠹	蠼	蠽	蠾	蠿	衋	褭	襢	襣	襩	襲	襴
897A	897C	897D	8986	8988	898A	89A7	89B1	89BA	89BD	89BF	89F1	89F3	89F7	89FA	89FC
襺	襼	襽	覆	覈	覊	覧	覱	覺	覽	覿	觱	觳	觷	觺	觼
襺	襼	襽	覆	覈	覊	覧	覱	覺	覽	覿	觱	觳	觷	觺	觼
89FF	8A5F	8AC5	8B07	8B08	8B26	8B29	8B37	8B3A	8B3D	8B4D	8B60	8B65	8B66	8B6C	8B76
觿	詟	諅	謇	謈	謦	謩	謷	謺	謽	譍	譠	譥	警	譬	譶
觿	詟	諅	謇	謈	謦	謩	謷	謺	謽	譍	譠	譥	警	譬	譶
8B7B	8B7C	8B7D	8B80	8B82	8B84	8B86	8B89	8B8B	8B8F	8B90	8B91	8B92	8B97	8B9B	8B9C
譻	譼	譽	讀	讂	讄	讆	讉	讋	讏	讐	讑	讒	讗	讛	讜
譻	譼	譽	讀	讂	讄	讆	讉	讋	讏	讐	讑	讒	讗	讛	讜
8B9E	8B9F	8C44	8C52	8C53	8C54	8C9C	8CE1	8CE3	8CE8	8CEE	8CF7	8CFD	8D00	8D01	8D04
讞	讟	豄	豒	豓	豔	貜	賡	賣	賨	賮	賷	賽	贀	贁	贄
讞	讟	豄	豒	豓	豔	貜	賡	賣	賨	賮	賷	賽	贀	贁	贄
8D05	8D07	8D0B	8D0F	8D12	8D13	8D14	8D15	8D16	8D17	8D18	8D19	8D1B	8D1C	8DB2	8E54
贅	贇	贋	贏	贒	贓	贔	贕	贖	贗	贘	贙	贛	贜	趲	蹔
贅	贇	贋	贏	贒	贓	贔	贕	贖	贗	贘	贙	贛	贜	趲	蹔
8E89	8E97	8E9B	8E9D	8EA8	8EA9	8EAA	8EC9	8EEC	8F29	8F42	8F5A	8F5D	8F5F	8F60	8F64
躉	躗	躛	躝	躨	躩	躪	軉	軬	輩	轂	轚	轝	轟	轠	轤
躉	躗	躛	躝	躨	躩	躪	軉	軬	輩	轂	轚	轝	轟	轠	轤
8F65	9071	907A	907D	9085	908A	908D	908E	912A	913E	9145	9141	917E	918E	9190	91A2
轥	遱	遺	遽	邅	邊	邍	邎	鄪	鄾	酅	酁	酾	醎	醐	醢
轥	遱	遺	遽	邅	邊	邍	邎	鄪	鄾	酅	酁	酾	醎	醐	醢
91A3	91A7	91AA	91AF	91B1	91B2	91B4	91B5	91BA	91BB	91BC	91BD	91BE	91BF	91C1	91C2
醣	醧	醪	醯	醱	醲	醴	醵	醺	醻	醼	醽	醾	醿	釁	釂
醣	醧	醪	醯	醱	醲	醴	醵	醺	醻	醼	醽	醾	醿	釁	釂

91C3	91C4	91C5	91CF	91D0	93CA	93E8	941C	9428	942A	944B	944E	9458	945C	945F	9462
釃	釄	釅	量	釐	鏊	鏨	鐜	鐨	鐪	鑋	鑎	鑘	鑜	鑟	鑢
釃	釄	釅	量	釐	鏊	鏨	鐜	鐨	鐪	鑋	鑎	鑘	鑜	鑟	鑢
946A	9470	9471	9474	9476	9478	947E	947F	9480	9481	9482	9483	9484	9575	95B6	95C3
鑪	鑰	鑱	鑴	鑶	鑸	鑾	鑿	钀	钁	钂	钃	钄	镵	閶	闃
鑪	鑰	鑱	鑴	鑶	鑸	鑾	鑿	钀	钁	钂	钃	钄	镵	閶	闃
95C5	95C8	95D0	95E0	95E3	95E5	95E6	95E7	96B3	96DF	96E7	9705	970B	970C	9723	9724
闅	闈	闐	闠	闣	闥	闦	闧	隳	雟	雧	霅	霋	霌	霣	霤
闅	闈	闐	闠	闣	闥	闦	闧	隳	雟	雧	霅	霋	霌	霣	霤
9725	9727	9728	9729	972B	972C	972D	972E	9730	9731	9733	9735	9736	9737	9738	973B
霥	霧	霨	霩	霫	霬	霭	霮	霰	霱	霳	霵	霶	霷	霸	霻
霥	霧	霨	霩	霫	霬	霭	霮	霰	霱	霳	霵	霶	霷	霸	霻
973D	973E	973F	9740	9741	9742	9744	9747	974A	974B	974C	974D	974E	974F	9750	9768
霽	霾	霿	靀	靁	靂	靄	靇	靊	靋	靌	靍	靎	靏	靐	靨
霽	霾	霿	靀	靁	靂	靄	靇	靊	靋	靌	靍	靎	靏	靐	靨
978C	9797	97A4	97AA	97B6	97B7	97C1	97C7	97CA	97CF	97E5	97FE	97FF	986B	9870	9871
鞌	鞗	鞤	鞪	鞶	鞷	韁	韇	韊	韏	韥	韾	響	顫	顰	顱
鞌	鞗	鞤	鞪	鞶	鞷	韁	韇	韊	韏	韥	韾	響	顫	顰	顱
9872	98A4	98AE	98B2	98B4	98B5	98B6	98B7	98B8	98B9	98BA	98BB	98BC	98BD	98BE	98BF
顲	颤	颮	颲	颴	颵	颶	颷	颸	颹	颺	颻	颼	颽	颾	颿
顲	颤	颮	颲	颴	颵	颶	颷	颸	颹	颺	颻	颼	颽	颾	颿
98C0	98C1	98C2	98C3	98C4	98C5	98C6	98C7	98C8	98C9	98CA	98CB	98CC	98CD	98DD	994F
飀	飁	飂	飃	飄	飅	飆	飇	飈	飉	飊	飋	飌	飍	飝	饏
飀	飁	飂	飃	飄	飅	飆	飇	飈	飉	飊	飋	飌	飍	飝	饏
9954	9955	9957	9958	995C	995E	9962	9995	99A8	99AB	99B3	99BA	99C0	99C4	99C5	99C6
饔	饕	饗	饘	饜	饞	饢	馕	馨	馫	馳	馺	駀	駄	駅	駆
饔	饕	饗	饘	饜	饞	饢	馕	馨	馫	馳	馺	駀	駄	駅	駆
99C9	99CA	99D9	99DA	99DC	99DE	99DF	99E0	99E2	99E3	99E5	99E7	99EA	99EB	99ED	99EE
駉	駊	駙	駚	駜	駞	駟	駠	駢	駣	駥	駧	駪	駫	駭	駮
駉	駊	駙	駚	駜	駞	駟	駠	駢	駣	駥	駧	駪	駫	駭	駮

99EF	99F0	99F1	99F2	99F3	99F4	99F5	99F6	99F7	99F8	99F9	99FA	99FC	99FE	99FF	9A00
駯	駰	駱	駲	駳	駴	駵	駶	駷	駸	駹	駺	駼	駾	駿	騀
9A03	9A04	9A05	9A06	9A07	9A08	9A09	9A0A	9A0B	9A0C	9A0D	9A0E	9A0F	9A10	9A11	9A12
騃	騄	騅	騆	騇	騈	騉	騊	騋	騌	騍	騎	騏	騐	騑	騒
9A13	9A14	9A15	9A17	9A18	9A19	9A1A	9A1B	9A1C	9A1D	9A1E	9A1F	9A20	9A21	9A22	9A23
験	騔	騕	騗	騘	騙	騚	騛	騜	騝	騞	騟	騠	騡	騢	騣
9A24	9A25	9A26	9A27	9A28	9A29	9A2A	9A2B	9A2C	9A2E	9A2F	9A30	9A31	9A32	9A33	9A34
騤	騥	騦	騧	騨	騩	騪	騫	騬	騮	騯	騰	騱	騲	騳	騴
9A35	9A36	9A37	9A38	9A39	9A3A	9A3B	9A3C	9A3D	9A3E	9A3F	9A40	9A41	9A42	9A43	9A44
騵	騶	騷	騸	騹	騺	騻	騼	騽	騾	騿	驀	驁	驂	驃	驄
9A45	9A46	9A47	9A48	9A49	9A4A	9A4B	9A4C	9A4D	9A4E	9A4F	9A50	9A51	9A52	9A53	9A54
驅	驆	驇	驈	驉	驊	驋	驌	驍	驎	驏	驐	驑	驒	驓	驔
9A55	9A56	9A57	9A58	9A59	9A5A	9A5B	9A5C	9A5D	9A5E	9A5F	9A60	9A61	9A62	9A63	9A64
驕	驖	驗	驘	驙	驚	驛	驜	驝	驞	驟	驠	驡	驢	驣	驤
9A65	9A66	9A67	9A68	9A69	9A6A	9A6B	9AD7	9AE5	9AE6	9AE9	9AF1	9AF2	9AF3	9AF4	9AF6
驥	驦	驧	驨	驩	驪	驫	髗	髥	髦	髩	髱	髲	髳	髴	髶
9AFA	9AFB	9AFC	9AFE	9B00	9B02	9B03	9B04	9B05	9B07	9B08	9B09	9B0A	9B0B	9B0C	9B0E
髺	髻	髼	髾	鬀	鬂	鬃	鬄	鬅	鬇	鬈	鬉	鬊	鬋	鬌	鬎
9B10	9B11	9B12	9B13	9B14	9B15	9B16	9B17	9B18	9B19	9B1A	9B1B	9B1C	9B1D	9B1E	9B1F
鬐	鬑	鬒	鬓	鬔	鬕	鬖	鬗	鬘	鬙	鬚	鬛	鬜	鬝	鬞	鬟

9B20	9B21	9B22	9B23	9B24	9B2E	9B30	9B31	9B33	9B36	9B39	9B3B	9B58	9B59	9BEF	9BF3
鬠	鬡	鬢	鬣	鬤	鬮	鬰	鬱	鬳	鬶	鬹	鬻	魘	魙	鯯	鯳
鬠	鬡	鬢	鬣	鬤	鬮	鬰	鬱	鬳	鬶	鬹	鬻	魘	魙	鯯	鯳

9BFB	9C04	9C14	9C24	9C32	9C33	9C35	9C38	9C50	9C56	9C5C	9C5F	9C61	9C63	9C64	9C68
鯻	鰄	鰔	鰤	鰲	鰳	鰵	鰸	鱐	鱖	鱜	鱟	鱡	鱣	鱤	鱨
鯻	鰄	鰔	鰤	鰲	鰳	鰵	鰸	鱐	鱖	鱜	鱟	鱡	鱣	鱤	鱨

9C6D	9C73	9C75	9C77	9C78	9C7B	9CCC	9CD8	9CE3	9CF5	9CF8	9D0C	9D0D	9D22	9D26	9D37
鱭	鱳	鱵	鱷	鱸	鱻	鳌	鳘	鳣	鳵	鳸	鴌	鴍	鴢	鴦	鴷
鱭	鱳	鱵	鱷	鱸	鱻	鳌	鳘	鳣	鳵	鳸	鴌	鴍	鴢	鴦	鴷

9D3B	9D3D	9D40	9D46	9D49	9D57	9D5D	9D5E	9D5F	9D61	9D65	9D69	9D6C	9D70	9D75	9D77
鴻	鴽	鵀	鵆	鵉	鵗	鵝	鵞	鵟	鵡	鵥	鵩	鵬	鵰	鵵	鵷
鴻	鴽	鵀	鵆	鵉	鵗	鵝	鵞	鵟	鵡	鵥	鵩	鵬	鵰	鵵	鵷

9D79	9D7A	9D7D	9D7E	9D8C	9D91	9D92	9D96	9D98	9DA3	9DA6	9DA9	9DAD	9DAF	9DB1	9DB3
鵹	鵺	鵽	鵾	鶌	鶑	鶒	鶖	鶘	鶣	鶦	鶩	鶭	鶯	鶱	鶳
鵹	鵺	鵽	鵾	鶌	鶑	鶒	鶖	鶘	鶣	鶦	鶩	鶭	鶯	鶱	鶳

9DB4	9DB5	9DB8	9DBC	9DBF	9DC0	9DC1	9DC7	9DC8	9DC9	9DCA	9DCC	9DD0	9DD3	9DD4	9DD5
鶴	鶵	鶸	鶼	鶿	鷀	鷁	鷇	鷈	鷉	鷊	鷌	鷐	鷓	鷔	鷕
鶴	鶵	鶸	鶼	鶿	鷀	鷁	鷇	鷈	鷉	鷊	鷌	鷐	鷓	鷔	鷕

9DD6	9DD7	9DD8	9DD9	9DDF	9DE1	9DE2	9DE5	9DE6	9DE9	9DEA	9DEB	9DEE	9DF0	9DF2	9DF8
鷖	鷗	鷘	鷙	鷟	鷡	鷢	鷥	鷦	鷩	鷪	鷫	鷮	鷰	鷲	鷸
鷖	鷗	鷘	鷙	鷟	鷡	鷢	鷥	鷦	鷩	鷪	鷫	鷮	鷰	鷲	鷸

9DF9	9DFA	9DFB	9DFD	9DFE	9DFF	9E01	9E02	9E03	9E04	9E06	9E07	9E09	9E0A	9E0C	9E0D
鷹	鷺	鷻	鷽	鷾	鷿	鸁	鸂	鸃	鸄	鸆	鸇	鸉	鸊	鸌	鸍
鷹	鷺	鷻	鷽	鷾	鷿	鸁	鸂	鸃	鸄	鸆	鸇	鸉	鸊	鸌	鸍

9E0E	9E10	9E11	9E12	9E13	9E14	9E15	9E16	9E17	9E19	9E1D	9E1E	9E66	9E6B	9E6F	9E70
鸎	鸐	鸑	鸒	鸓	鸔	鸕	鸖	鸗	鸙	鸝	鸞	鹦	鹫	鹯	鹰
鸎	鸐	鸑	鸒	鸓	鸔	鸕	鸖	鸗	鸙	鸝	鸞	鹦	鹫	鹯	鹰

9E79	9E7D	9E85	9E86	9E8C	9E8D	9E8E	9E8F	9E90	9E91	9E94	9E95	9E96	9E98	9E99	9E9A
鹹	鹽	麅	麆	麌	麍	麎	麏	麐	麑	麔	麕	麖	麘	麙	麚
鹹	鹽	麅	麆	麌	麍	麎	麏	麐	麑	麔	麕	麖	麘	麙	麚

9E9B	9E9C	9E9D	9E9E	9EA0	9EA1	9EA2	9EA3	9EA4	9EB7	9EC2	9ECC	9EE8	9EEC	9EF3	9EF4
麛	麜	麝	麞	麠	麡	麢	麣	麤	麷	黂	黌	黨	黬	黳	黴
9EF6	9EF7	9EF8	9F01	9F02	9F03	9F04	9F05	9F07	9F08	9F09	9F0A	9F0C	9F0D	9F12	9F15
黶	黷	黸	鼁	鼂	鼃	鼄	鼅	鼇	鼈	鼉	鼊	鼌	鼍	鼒	鼕
9F18	9F19	9F1A	9F1B	9F1C	9F1D	9F1E	9F1F	9F3A	9F3B	9F3C	9F3D	9F3E	9F3F	9F40	9F41
鼘	鼙	鼚	鼛	鼜	鼝	鼞	鼟	鼺	鼻	鼼	鼽	鼾	鼿	齀	齁
9F42	9F43	9F44	9F45	9F46	9F47	9F48	9F49	9F4E	9F4F	9F78	9F79	9F7E	9F8F	9F91	9F92
齂	齃	齄	齅	齆	齇	齈	齉	齎	齏	齸	齹	齾	龏	龑	龒
9F94	9F95	9F96	9F97	9F98	9F9E	9FA1	9FA2	9FA3	9FA4	9FA5					
龔	龕	龖	龗	龘	龞	龡	龢	龣	龤	龥					

参 考 文 献

［1］ 第一批异体字整理表.中华人民共和国文化部，中国文字改革委员会.1955 年 12 月 22 日.

［2］ 简化字总表.中国文字改革委员会，中华人民共和国文化部，中华人民共和国教育部.1964 年 3 月 7 日(1986 年 10 月 10 日国家语言文字工作委员会重新发表).

［3］ 印刷通用汉字字形表.中华人民共和国文化部，中国文字改革委员会.1965 年 1 月 30 日.

［4］ 现代汉语通用字表.国家语言文字工作委员会，中华人民共和国新闻出版署.1988 年 3 月 25 日.

ICS 47.020.60
U 60

中华人民共和国国家标准

GB/T 17755—2010/IEC 60092-354:2003
代替 GB/T 17755—1999

船用额定电压为 6 kV(U_m=7.2 kV)至 30 kV(U_m=36 kV)的单芯及三芯挤包实心绝缘电力电缆

Single-and three-core power cables with extruded solid insulation for rated voltages 6 kV (U_m=7.2 kV) up to 30 kV (U_m=36 kV) in ships

(IEC 60092-354:2003,IDT)

2010-09-02 发布　　2011-02-01 实施

中华人民共和国国家质量监督检验检疫总局
中国国家标准化管理委员会　发布

前　言

本标准等同采用 IEC 60092-354:2003《船用电气设备　第 354 部分:额定电压为 6 kV(U_m=7.2 kV)至 30 kV(U_m=36 kV)的单芯及多芯挤包实心绝缘电力电缆》。

本标准等同翻译 IEC 60092-354:2003。

为便于使用,本标准做了下列编辑性修改:

a)“IEC 60092 的本部分”一词改为“本标准”;

b) 用小数点“.”代替作为小数点的逗号“,”;

c) 删除国际标准的前言;

d) 为了与现有国家标准的系列标准一致,将标准名称改为《船用额定电压为 6 kV(U_m=7.2 kV)至 30 kV(U_m=36 kV)的单芯及三芯挤包实心绝缘电力电缆》;

e) 对于 IEC 60092-354:2003 引用的国际标准中,有被等同采用为我国标准的本部分用引用我国标准代替国际标准,其余未有等同采用为我国标准的,在标准中均被直接引用;

f) 删去第 1 章与第 4 章注中的“由 TC 18 考虑”;

g) 因原标准有误,将表 1 注内的“(见 11.1)”改为“(见 11.2)”;

h) 表 7 中“85 ℃”改为“90 ℃”。

本标准代替 GB/T 17755—1999《额定电压为 6 kV、10 kV 及 15 kV 挤包绝缘单芯和三芯船用电力电缆》。

本标准与原标准的相比,主要有以下变化:

a) 额定电压由原来的“6 kV、10 kV 及 15 kV“改为“6 kV、10 kV、15 kV、20 kV 及 30 kV”;

b) 导体的标称截面积,由单芯电缆最大截面积为“630 mm^2”改为“1 000 mm^2”;

c) 将第 7 章“标志的连续性”中的“270 mm”改为“275 mm”;

d) 改变了工频试验电压值;

e) 删去了原标准中的 17.1。

本标准由中国船舶重工集团公司提出。

本标准由全国海洋船标准技术委员会(SAC/TC 12)归口。

本标准起草单位:中国船舶重工集团公司第七〇四研究所、南洋电缆集团、上海南洋电材有限公司、常州八益电缆有限公司。

本标准主要起草人:郑芳霖、乐懿、黄友领、唐月芳、陈文刚、刘长洲、周叙元、夏泳楠。

本标准于 1999 年首次发布。

船用额定电压为6 kV(U_m=7.2 kV)至30 kV(U_m=36 kV)的单芯及三芯挤包实心绝缘电力电缆

1 范围

本标准适用于拟固定敷设的挤包实心绝缘、导体及线芯屏蔽、额定电压为3.6/6(7.2) kV、6/10(12) kV、8.7/15(17.5) kV、12/20(24) kV和18/30(36) kV(见第4章)的船舶及近海装置电力电缆。船用电力电缆的最高额定电压为8.7/15(17.5) kV。

各种类型的电力电缆见第8章。除非本标准另有规定,其结构要求和试验方法应符合IEC 60092-350的规定。

本标准的目的是:

——对以下电缆实施标准化:该电缆如按IEC 60092-350要求进行敷设,其安全性和可靠性均得以保障;

——对此类与安全直接或间接有关的电缆,制定标准的生产要求和特性;

——规定了试验方法,以检查是否符合这些要求。

注1:仅涉及有径向场的电缆。

注2:IEC 61892-4,移动式和固定式近海设施 电气装置 第4部分:电缆。

2 规范性引用文件

下列文件中的条款通过本标准的引用而成为本标准的条款。凡是注日期的引用文件,其随后所有的修改单(不包括勘误的内容)或修订版均不适用于本标准,然而,鼓励根据本标准达成协议的各方研究是否可使用这些文件的最新版本。凡是不注日期的引用文件,其最新版本适用于本标准。

GB/T 2951(所有部分) 电缆和光缆绝缘和护套材料通用试验方法(idt IEC 60811)

GB/T 3956—1997 电缆的导体(IEC 60228:1978,IDT)

GB/T 13029.1—2003 船舶电气装置 低压电力系统用电缆的选择和安装(IEC 60092-352:1997,IDT)

GB/T 17556 船用电力和通信电缆护套材料(GB/T 17556—2010,IEC 60092-359:1999,Electrical installations in ships—Part 359:Sheathing materials for shipboard power and telecommunication cables,IDT)

GB/T 17557 船舶、近海装置用电力、控制、仪表通信及数据电缆的绝缘材料(GB/T 17557—2010,IEC 60092-351:2004 Electrical installations in ships—Part 351:Insulating materials for shipboard and offshore units,power,control,instrumentation,telecommunication and data cables,IDT)

GB/T 18380.33—2008 电缆和光缆在火焰条件下的燃烧试验 第33部分:垂直安装的成束电线电缆火焰垂直蔓延试验 A类(IEC 60332-3-22:2000,IDT)

IEC 60038:2002 标准电压

IEC 60092-350 船舶电气设备 第350部分:船舶及近海装置用动力、控制和仪器仪表电缆的一般结构和试验方法

IEC 60230 电缆及其附件的脉冲试验

IEC 60885-2 电缆的电气试验方法 第2部分:局部放电试验

3 术语和定义

IEC 60092-350 确立的术语和定义适用于本标准。

4 额定电压

本标准规定电缆的标称额定电压 $U_0/U(U_m)$ 如下：

$U_0/U(U_m)$=3.6/6(7.2)kV、6/10(12)kV、8.7/15(17.5)kV、12/20(24)kV、18/30(36)kV(有效值)

在以上的电缆的电压代号中：

U_0 为设计的电缆的导体和地或金属护套之间的额定工频电压；

U 为设计的电缆的导体之间的额定工频电压；

U_m 为设备可能采用的“最高系统电压”的最大值(见 IEC 60038)。

亦可参见 GB/T 13029.1—2003。

注：亦可参见 IEC 61892-4。

5 绝缘混合物类型

绝缘混合物应为 GB/T 17557 中规定的 EPR、HF EPR、HEPR、HF HEPR、XLPE 及 HF XLPE。

6 护套混合物类型

护套混合物及其代号应按 GB/T 17556 的规定。

7 标志

7.1 产地标志

电缆应具有打印或凸印在护套上的产地(制造商名称或商标)、额定电压(U_0/U)及结构(电力电缆的线芯数及截面积)的连续标志。

另外，还允许含有标志线或打印带。如在外护套上加编织铠装，则应在编织层下插入标志线或打印带。

示例：“厂名或商标”6/10 kV 3×70

7.2 连续性

制造厂名和商标的标志应连续：即任一标志的末端与后续标志的始端之间的距离不应超过下列数值：

550 mm，如标志设于外护套上，或 275 mm，其他情况。

7.3 耐久性

打印的标志应具有耐久性，并按 17.1 对此进行检查。

7.4 清晰度

制造厂名和商标的标志应清晰。

7.5 三芯电缆线芯识别

电缆线芯应具有适当的识别方法。每根线芯应能容易地与电缆中的其他线芯区别开。

8 一般要求

电缆应是单芯或三芯径向场电缆，其结构如下：铜导体、导体的半导电屏蔽、绝缘、绝缘的半导电屏蔽及金属屏蔽、缆芯(指三芯电缆)。允许的护套和编织层的类型及其组合如下：

a) 由 GB/T 17556 所列任一种材料组成单一护套；

b) 由 GB/T 17556 所列任一种材料组成内护套及外护套；

c) 由 GB/T 17556 所列任一种材料组成单一护套，护套外有金属编织层；

d) 一层内护套、一层金属铠装、一层由 GB/T 17556 所列任一种材料组成的外护套；

e) 一层铜线编织层包覆在内护层上，外有由 GB/T 17556 所列任一种材料组成的单一外护套。

当外护套为硫化材料时，不宜采用热塑性内护套。

注：当电缆敷设在易腐蚀的场所时，例如，露天甲板、潮湿场所、电池舱，制冷间等，应在编织层（如存在）外加一护套，除非编织层本身耐腐蚀。

9 导体

材料、金属镀层、导体的类别应符合 IEC 60092-350 的规定。

导体形状应是非紧压或紧压的绞合圆形，并应符合 GB/T 3956—1997 中第 2 类导体的规定。

为便于敷设，亦可使用第 5 类导体，采用该导体的电缆在使用中不可重复弯曲。

注：如采用第 5 类导体电缆，用户应仔细核定适用的载流量，它可能低于有相同截面的第 2 类导体电缆的载流量。

3.6/6(7.2)kV、6/10(12)kV、8.7/15(17.5)kV、12/20(24)kV 及 18/30(36)kV 电缆的最小截面积分别应为 10 mm^2、16 mm^2、25 mm^2、35 mm^2 和 50 mm^2。

10 绝缘

10.1 材料

绝缘应为第 5 章规定的其中一种挤包实心绝缘材料。

10.2 绝缘的电气和非电气性能

应符合 GB/T 17557 的规定。

10.3 绝缘厚度

10.3.1 绝缘平均厚度应不小于表 1 对每一种额定电压和导体截面规定的标称值。

10.3.2 任一点的厚度可小于规定的标称值，但不应小于规定标称值的 90%－0.1 mm。

10.3.3 导体上或绝缘上的半导电屏蔽的厚度，不应计入绝缘厚度。

表 1 绝缘的标称厚度

<table>
<tr><th rowspan="2">导体标称截面
mm²</th><th colspan="5">额定电压 $U_0/U(U_m)$ 时绝缘的标称厚度</th></tr>
<tr><th>3.6/6(7.2)kV
mm</th><th>6/10(12)kV
mm</th><th>8.7/15(17.5)kV
mm</th><th>12/20(24)kV
mm</th><th>18/30(36)kV
mm</th></tr>
<tr><td>10</td><td rowspan="5">2.5</td><td>—</td><td>—</td><td>—</td><td>—</td></tr>
<tr><td>16</td><td rowspan="8">3.4</td><td>—</td><td>—</td><td>—</td></tr>
<tr><td>25</td><td rowspan="7">4.5</td><td>—</td><td>—</td></tr>
<tr><td>35</td><td rowspan="6">5.5</td><td>—</td></tr>
<tr><td>50～185</td><td rowspan="5">8.0</td></tr>
<tr><td>240</td><td>2.6</td></tr>
<tr><td>300</td><td>2.8</td></tr>
<tr><td>400</td><td>3.0</td></tr>
<tr><td>500～1 000</td><td>3.2</td></tr>
<tr><td colspan="6">注：不宜采用小于表列数值的导体截面，如需采用，应以导体屏蔽（见 11.2）使导体直径增加，或增加绝缘厚度，以使在试验电压下绝缘上的最大电应力，不超过按表列最小导体尺寸进行计算所得数值。</td></tr>
</table>

11 线芯屏蔽

11.1 一般要求

在单芯或三芯电缆中的单根线芯屏蔽，应由导体屏蔽和绝缘屏蔽组成。

11.2 导体屏蔽

导体屏蔽应为非金属，应由可放在半导电带表面的挤包半导电混合物组成。挤包半导电混合物应与绝缘牢固粘合。

11.3 绝缘屏蔽

a) 绝缘屏蔽应由非金属的半导电层与金属层复合而成；

b) 非金属屏蔽层应直接挤包在每根线芯的绝缘上，应由粘合型或可剥离型半导电混合物组成；

注：半导电带或混合料可包覆在每根线芯上或线芯组合上。

c) 金属层应包覆在每根线芯上，并应符合第12章的要求。

12 金属屏蔽

12.1 结构

金属屏蔽应由一根或多根带子组成，或由编织层或线的同心层组成，或由带与线组合而成。

12.2 要求

确定金属屏蔽的尺寸、物理和电气要求时，应考虑到其他要求(如国家和主管机构的法规和标准)，包括故障时承载的电流值。

13 成缆和填充

三芯电缆的线芯应绞合成缆，并按IEC 60092-350的规定用填料或内护层填满空隙。

14 内护层

14.1 一般要求

内护层应挤包而成。有关材料和性能应符合IEC 60092-350的规定。

采用18.4e)项规定的试验，检验是否符合要求。

14.2 内护层的厚度

挤包的内护层厚度的近似值列于表2。

表2 内护层近似厚度

缆芯的假定直径 mm		挤包内护层的厚度 近似值 mm
>	≤	
—	25	1.0
25	35	1.2
35	45	1.4
45	60	1.6
60	80	1.8
80	—	2.0

注：计算假定直径时，参见IEC 60092-350的附录A和附录B。

15 非金属护套

15.1 护套材料的电气性能和非电气性能

护套应由 GB/T 17556 规定的任一种材料挤包而成。

15.2 护套厚度

外护套和内护套(如存在)厚度是相应护套的内径的函数,其假定直径按 IEC 60092-350 附录 A 和附录 B 的方法计算。其公式为:

a) 有铠装和无铠装单层护套电缆:

$t_1=0.04D+0.8$ mm,最小厚度为 1.0 mm。

(此处 D 为护套下的假定直径。)

b) 无铠装的双层护套电缆:

——内护套 $t_1=0.025D+0.6$ mm,最小厚度为 0.8 mm;

——外护套 $t_2=0.025D+0.9$ mm,最小厚度为 1.0 mm。

c) 有铠装的双层护套电缆:

——内护套 $t_1=0.04D+0.8$ mm,最小厚度为 1.0 mm;

——外护套 $t_2=0.025D+0.6$ mm,最小厚度为 0.8 mm。

厚度的平均值和任一点的厚度,应符合 IEC 60092-350 的规定。

15.3 外护套的颜色

护套应为红色,除客户有要求外。

16 金属铠装

16.1 金属铠装的类型

木标准规定了下列金属铠装的类型:

a) 编织铠装;

b) 圆线或扁线铠装;

c) 双带铠装。

16.2 材料和结构

16.2.1 铠装的材料和结构要求应按 IEC 60092-350 的规定。

16.2.2 选择铠装材料时必须特别考虑发生腐蚀的可能性。

16.2.3 用于交流电路的单芯电缆的铠装,应由非磁性材料组成。在特殊场合,如当电缆应用于直流电路时,亦可采用磁性材料。

16.3 铠装的应用

铠装层不应粘连内护套,也不应粘连外护套。

16.4 铠装线和铠装带尺寸

圆型铠装线的标称直径、铠装带及扁线的标称厚度应不小于下述各条及表 3 和表 4 列出的数值:

a) 无论采用何种金属,编织丝的标称直径应为:

——如编织层下的电缆假定直径不超过 30 mm,标称直径应为 0.3 mm;

——如编织层下的电缆假定直径大于 30 mm,标称直径应不小于 0.4 mm。

b) 圆型铠装线的直径应不小于表 3 列出的数值。

c) 铠装带的厚度应不小于表 4 列出的数值。

d) 扁铠装线的标称厚度为 0.8 mm。

表 3 铠装线直径

铠装下的假定直径 mm		铠装线直径 mm
>	≤	
—	10	0.8
10	15	1.25
15	25	1.6
25	35	2.0
35	60	2.5
60	—	3.15

表 4 铠装带厚度

铠装下的假定直径 mm		铠装带厚度 mm	
>	≤	镀锌钢	铝合金
—	30	0.2	0.5
30	70	0.5	
70	—	0.8	0.8

16.5 圆线或扁线铠装

圆型式扁型铠装应符合下列要求：

a) 线铠装应紧密，即相邻线之间的间隙应最小。如必要，在扁钢线铠装及圆钢线铠装上，可疏绕螺旋带，该螺旋带由最小标称厚度为 0.3 mm 的镀锌钢带组成。

此类钢带的公差应符合 IEC 60092-350 的规定。

b) 在铠装下的电缆直径如小于 15 mm，不应采用扁线铠装。

16.6 金属带铠装

金属带铠装应分两层螺旋状绕包，使外层金属带的近似中间部分覆盖内层金属带的间隙。各金属带相邻匝的间隙，不应超过金属带宽度的 50%。

16.7 编织丝铠装

编织丝铠装应符合下列要求：

a) 编织层的编织密度应符合 IEC 60092-350 的规定；

b) 编织层下的假定直径应采用 IEC 60092-350 附录 A 的方法计算。

17 特殊试验

17.1 标志的耐久性

用一块浸水的棉绒或布，在制造商的名称或商标的标志上和线芯的颜色上轻擦 10 次，以检查是否符合 7.3 的要求。

18 成品电缆试验

此类试验可按 IEC 60092-350 的相关条款。

绝缘与护套的试验方法可按 GB/T 2951 的相关部分。

18.1 **例行试验**

成品电缆应进行下列例行试验：

a) 导体电阻的测量(见 IEC 60092-350)。

b) 局部放电试验：

局部放电试验应按 IEC 60885-2 执行。

施加电压在 $1.73U_0$ 时，其局部放电量应不大于 5 pC。

c) 高压试验(见 IEC 60092-350)，工频试验电压值列于表 5。

表 5 工频试验电压

额定电压 U_0	3.6	6.0	8.7	12	18
试验电压有效值	12.5	21	30.5	42	63

18.2 **特殊试验**

18.2.1 成品电缆应进行下列特殊试验：

a) 导体检查(见 IEC 60092-350)；

b) 电缆尺寸检查(见 IEC 60092-350)；

c) 交联/热固性混合料的热延伸试验(见 IEC 60092-350)；

d) 热塑性混合料的低温试验(见 IEC 60092-350)；

e) 编织层的编织密度(见 IEC 60092-350)；

f) 电气试验。

18.2.2 试验应在成品电缆的试样上进行，试样在测试端间的长度至少为 5 m。

18.2.3 在室温下，在各导体与金属屏蔽之间，应施加 4 h 的工频电压($4U_0$)。

18.2.4 试验电压应逐渐增加至规定值，并维持 4 h，绝缘不应被击穿。

18.3 **型式试验(电气性能)**

型式试验应按下列要求进行：

a) 型式试验按 18.3.1 的要求，应在长 10 m～15 m 的成品电缆试样段上进行；

b) 除了 18.3.2 的规定之外，18.3.1 列出的所有试验应依次在同一试样上进行；

c) 在三芯电缆中，应对所有线芯进行各项试验或测量。

18.3.1 **试验顺序**

试验的正常顺序应为：

a) 局部放电试验(见 18.3.3)；

b) 弯曲试验加局部放电试验。在 $1.73U_0$ 时应记录放电量(见 18.3.4)；

c) $\tan\delta$ 与电压关系试验(见 18.3.5)；

d) $\tan\delta$ 与温度关系的试验(见 18.3.6)；

e) 热循环试验加局部放电试验。在 $1.73U_0$ 时应记录放电量(见 18.3.7)；

f) 耐冲击电压试验，后接工频电压试验(见 18.3.8)；

g) 4 h 电压试验(见 18.3.2 和表 5)。

18.3.2 **特殊规定**

18.3.1c)和 d)的试验，可在与 18.3.1 作正常顺序试验的试样不同的试样上进行。

18.3.3 **局部放电试验**

18.3.3.1 局部放电试验应按 IEC 60885-2 执行。

18.3.3.2 应测量并记录在 $1.73U_0$ 时的放电量，该数值应不大于 5 pC。

18.3.4 **弯曲试验**

弯曲试验按下列要求进行：

a) 在室温下，试样应在试验圆柱体(如电缆盘的筒体)上绕至少一整圈，然后解绕。再将试样在相反方向上重复以上过程。

这种循环操作应做三次。

b) 圆柱体的直径应为：

——单芯电缆：$20(d+D)\pm5\%$；

——三芯电缆：$15(d+D)\pm5\%$；

式中：D 为电缆试样的实测外径(mm)；

d 为导体的实测直径(mm)。

c) 本试验结束后应进行局部放电测量，并应符合 18.3.3 的要求。

18.3.5 tanδ 与电压关系试验

tanδ 与电压关系试验按下列要求进行：

a) 按 18.3.4 的 a)项和 b)项对试样进行弯曲试验后，在环境温度下，取 $0.5U_0$、U_0 及 $2U_0$ 的工频交流电压，测量试样的介质损耗角正切；

b) 测量值应不超过表 6 的规定值。

表 6 tanδ 与电压的关系

项 目	EPR、HF EPR HEPR、HF HEPR	XLPE HF XLPE
电压为 U_0 时，tanδ 的最大值($\times10^{-4}$)	200	40
电压为 $0.5U_0$ 至 $2U_0$，tanδ 的最大增量($\times10^{-4}$)	25	20

18.3.6 tanδ 与温度关系试验

tanδ 与温度关系试验按下列要求进行：

a) 成品电缆试样应采用下列的一种方法加热；在各种方法中，导体温度可通过测量导体电阻或通过放在液体槽或烘箱中或在屏蔽层表面的温度计来测定。应将试样置于液体加热槽或烘箱中，或应将加热电流通过绝缘的金属屏蔽层。

应逐渐加温，直到导体温度达到 GB/T 17557 中规定的最高额定温度。

b) 按上述的规定温度，在 2 kV 的工频交流电压下，测量介质损耗角正切。

c) 测量值应符合表 7 要求。

表 7 tanδ 与温度的关系

项 目	EPR、HF EPR HEPR、HF HEPR	XLPE HF XLPE
在环境温度下的最大 tanδ($\times10^{-4}$)	200	40
在额度温度(90 ℃)下的最大 tanδ($\times10^{-4}$)	400	80

18.3.7 热循环试验加局部放电试验

热循环试验加局部放电试验按下列要求进行：

a) 试样在经受上述试验后，应置于试验室的地面上，用交流电流通过导体加热，直到导体温度达到并稳定在比绝缘在正常运行时的最高额定温度高 10 ℃。

对于多芯电缆，加热电流应通过所有导体。

应施加至少 2 h 的加热电流，然后在空气中至少自然冷却 4 h。

该循环应再重复 2 次。

b) 在第 3 次循环后，试样应按 18.3.3 进行局部放电试验，并应符合该条的要求。

18.3.8 耐冲击电压试验，后接工频电压试验

耐冲击电压试验后接工频电压试验按下列要求进行：

a) 试验应在试样的导体温度比绝缘最高额定运行温度高 5 ℃时进行，应按 IEC 60230 的程序施加冲击电压；

b) 电缆应承受 10 次正电压 10 次负电压冲击而不击穿。相关的冲击电压值应符合表 8 的规定。

表 8 耐冲击电压

额定电压 U_0/kV	3.6	6.0	8.7	12	18
试验电压/kV_p	60	75	95	125	170

c) 在上述 a)项和 b)项的试验之后，电缆试样应在室温下经受 15 min 的工频电压试验（在每一线芯）。

试验电压值应为 18.1 的 c)项的规定值。

绝缘不应发生击穿。

18.4 型式试验（非电气性能）

a) 绝缘厚度测量；

b) 护套厚度测量；

c) 绝缘的非电气特性；

d) 护套的非电气特性；

e) 成品电缆的试样的附加老化试验；

注：以上 a)至 e)项，见 IEC 60092-350。

f) 成束阻燃试验（见 GB/T 18380.33—2008），除非在产品标准中另有规定，电缆应在紧密排列方式下进行试验。

参 考 文 献

［1］ IEC 60092-353 船用电气设备 第353部分:额定电压为1 kV及3 kV的单芯及多芯挤包实心绝缘非径向场的电力电缆.

［2］ IEC 60502-2 额定电压为1 kV(U_m=1.2 kV)到30 kV(U_m=36 kV)的挤包绝缘电力电缆及附件 第2部分:额定电压为6 kV(U_m=7.2 kV)到30 kV(U_m=36 kV)的电缆.

ICS 27.200
J 73

中华人民共和国国家标准

GB/T 17758—2010
代替 GB/T 17758—1999

单元式空气调节机

Unitary air conditioners

2010-09-26 发布

2011-02-01 实施

中华人民共和国国家质量监督检验检疫总局
中国国家标准化管理委员会 发布

前 言

本标准修订 GB/T 17758—1999《单元式空气调节机》。与 GB/T 17758—1999 相比，主要变化如下：

——增加制冷综合部分负荷性能系数 IPLV(C)、制冷季节能效比 SEER 和全年性能系数 APF 的定义。

——试验工况中增加超低温运行工况(见表 C.1)。

——增加性能系数最低限定值的要求(见表 3)。

——增加单元式空气调节机综合性能系数 IPLV(C)的试验和计算，包括部分负荷名义工况、部分负荷曲线图，部分负荷性能系数的计算式及计算示例。

——增加单元式空气调节机季节能源消耗的试验和计算(见附录 C)。

本标准实施之日起，代替 GB/T 17758—1999。

本标准的附录 A、附录 B、附录 C、附录 D 是规范性附录。

本标准由中国机械工业联合会提出。

本标准由全国冷冻空调设备标准化技术委员会(SAC/TC 238)归口。

本标准负责起草单位：合肥通用机械研究院、清华大学、南京五洲制冷集团有限公司、珠海格力电器股份有限公司、广东省吉荣空调设备公司、上海三菱电机·上菱空调机电器有限公司、艾默生环境优化技术(苏州)有限公司、大金空调(上海)有限公司。

本标准参加起草单位：特灵空调系统(江苏)有限公司、大连三洋压缩机有限公司、深圳麦克维尔空调有限公司、约克广州空调冷冻设备有限公司、广东美的商用空调设备有限公司、青岛海信日立空调系统有限公司、宁波奥克斯电气有限公司、广东申菱空调设备有限公司、青岛海尔空调电子有限公司、合肥通用环境技术控制有限责任公司、浙江欣晖制冷设备有限公司、大连三洋空调机有限公司。

本标准主要起草人：樊高定、史敏、张秀平、石文星、谭来仔、张龙、赵薰、童杏生、文茂华、史剑春、张维加、秦妍、周鸿钧、旷平章、田明力、王志刚、董云达、易新文、国德防、钟瑜、姚欣忠、毕建坤。

本标准由全国冷冻空调设备标准化技术委员会负责解释。

本标准所代替的历次版本发布情况为：

——GB/T 17758—1999。

单元式空气调节机

1 范围

本标准规定了单元式空气调节机(以下简称“空调机”)的术语和定义、型式和基本参数、要求、试验、检验规则、标志、包装、运输和贮存等。

本标准适用于名义制冷量大于等于7 000 W的单元式空气调节机。

2 规范性引用文件

下列文件中的条款通过本标准的引用而成为本标准的条款。凡是注日期的引用文件,其随后所有的修改单(不包括勘误的内容)或修订版均不适用于本标准,然而,鼓励根据本标准达成协议的各方研究是否可使用这些文件的最新版本。凡是不注日期的引用文件,其最新版本适用于本标准。

GB/T 191 包装储运图示标志(GB/T 191—2008,ISO 780:1997,MOD)

GB/T 2828.1—2003 计数抽样检验程序 第1部分:按接收质量限(AQL)检索的逐批检验抽样计划(ISO 2859-1:1999,IDT)

GB/T 3785—1983 声级计的电、声性能及测试方法

GB/T 5773 容积式制冷压缩机性能试验方法(GB/T 5773—2004,ISO 917:1989,MOD)

GB/T 6388 运输包装收发货标志

GB/T 13306 标牌

GB/T 18430.1 蒸气压缩循环冷水(热泵)机组 第1部分:工业或商业用及类似用途的冷水(热泵)机组

GB/T 18836 风管送风式空调(热泵)机组(GB/T 18836—2002,ISO 13253:1995,NEQ)

GB/T 18837 多联式空调(热泵)机组

GB/T 19409 水源热泵机组(GB/T 19409—2003,ISO 13256:1998,NEQ)

GB/T 19411 除湿机

GB/T 19413 计算机和数据处理机房用单元式空调机组

GB/T 19569 洁净手术室用空调机组

GB/T 19842 轨道车辆空调机组

GB/T 20108 低温单元式空调机组

GB/T 20738 屋顶式空调机组

GB 25130 单元式空气调节机 安全要求

JB/T 7249 制冷设备 术语

3 术语和定义

JB/T 7249确立的以及下列术语和定义适用于本标准。

3.1

单元式空气调节机 unitary air conditioners

一种向封闭空间、房间或区域直接提供经过处理空气的设备。它主要包括制冷系统以及空气循环

和净化装置，还可以包括加热、加湿和通风装置。

3.1.1

风管送风式空调(热泵)机组　ducted air-conditioning(heat pump)units

一种通过风管向密闭空间、房间或区域直接提供集中处理空气的设备。它主要包括制冷系统以及空气循环和净化装置，还可以包括加热、加湿和通风装置。

3.1.2

多联式空调(热泵)机组　multi-connected air-condition(heat pump)unit

一台或数台风冷室外机可连接数台不同或相同型式、容量的直接蒸发式室内机构成单一制冷循环系统，它可以向一个或数个区域直接提供处理后的空气。

3.1.3

水源热泵机组　water-source heat pumps

一种采用循环流动于共用管路的水、从水井、湖泊或河流中抽取的水或在地下盘管中循环流动的水为冷(热)源，制取冷(热)风或冷(热)水的设备；包括一个使用侧换热设备、压缩机、热源侧换热设备，具有单制冷或制冷和制热功能。水源热泵机组按使用侧换热设备的形式分为冷热风型水源热泵机组和冷热水型水源热泵机组，按冷(热)源类型分为水环式水源热泵机组、地下水式水源热泵机组和地下环路式水源热泵机组。

3.1.4

除湿机　dehumidifiers

一种向密闭空间、房间或区域提供空气湿度处理的设备。

3.1.5

计算机和数据处理机房用单元式空调机组　unitary air-conditioners for computer and data processing room

一种向机房等提供诸如空气循环(大风量)、空气净化、冷却(全年提供)、再加热及湿度控制的单元式空气调节机。

3.1.6

洁净手术室用空调机组　air conditioning unit for clean operating room

一种向洁净手术室和为其服务的区域或其他类似的有生物控制要求场所直接提供处理空气的专用设备。它主要包括空气循环和过滤净化装置，不但包括制冷系统、加热、加湿、净化和通风装置，同时还应包括控制微生物滋生的特别措施。

3.1.7

轨道车辆空调机组　air-conditioning units for railbound vehicles

一种向机车、铁道车辆、轻轨车辆、地铁车辆的客室、工作间提供经过处理的空气的设备。它主要包括制冷系统以及加热(或无加热)、通风装置。

3.1.8

低温单元式空调机组　lowtemperature unitary air conditioners

用于低温工况(5 ℃～18 ℃)下向封闭空间内提供处理空气的设备。它主要包括制冷系统以及空气循环和空气过滤装置，还可以包括加热、加湿装置。

3.1.9

屋顶式空气调节机组　rooftop air conditioning unit

一种安装于屋顶上并通过风管向密闭空间、房间或区域直接提供集中处理空气的设备。它主要包括制冷系统以及空气循环和净化装置,还可以包括加热、加湿和通风装置。

3.2

热泵　heat pump

通过转换制冷系统制冷剂流向,从室外环境介质吸热并向室内放热,使室内空气升温的制冷系统。

3.3

制冷(热)量　cooling(heating)capacity

在规定的制冷(热)能力试验条件下,空调机单位时间内从(向)封闭空间、房间或区域除去(送入)的热量总和,单位:W。

3.4

制冷(热)消耗功率　cooling(heating)power input

在规定的制冷(热)能力试验条件下,空调机运行时所消耗的总功率,单位:W。

3.5

制冷能效比(EER)　energy efficiency ratio

在规定的制冷能力试验条件下,空调机制冷量与制冷消耗功率之比,其值用 W/W 表示。

3.6

制热性能系数(COP)　coefficient of performance

在规定的制热能力试验条件下,空调机制热量与制热消耗功率之比,其值用 W/W 表示。

3.7

制热用电加热器　electrical heating devices used for heating

只用电加热方法进行制热的电加热器及用温度开关等(因室内、室外温度等因素而动作的开关)转换用热泵和电加热器进行制热的电加热器(包括后安装的电加热器)。

3.8

制热辅助电加热器　additional electrical heating devices used for heating

与热泵一起使用进行制热的电加热器(包括后安装的电加热器)。

3.9

空气焓差法　air enthalpy difference method

一种测定空调机制冷(热)能力的方法,见附录 A。它对空调机的进风参数、出风参数以及循环风量进行测量,用测出的风量与进风、出风焓差的乘积确定空调机的制冷(热)量。

3.10

送风量　discharge airflow

在规定的风量试验条件下,空调机单位时间内向封闭空间、房间或区域送入的空气量,单位 m^3/h。

3.11

标准风量　standard airflow

将送风量换算成大气压力为 101.325 kPa、温度为 20 ℃、密度为 1.204 kg/m^3 标准条件下的风量,单位 m^3/h。

3.12

制冷综合部分负荷性能系数(IPLV(C))　refrigerating integrated part load value

一个按附录 B 中所述方法试验和计算的描述部分负荷制冷效率的值,其值用 W/W 表示。

3.13

制冷季节能效比(SEER)　seasonal energy efficiency ratio

在制冷季节中,空调机进行制冷运行时从室内除去的热量总和与消耗的电量总和之比,按附录 C

中所述方法试验和计算的值，其值用 W/W 表示。

3.14

制热季节能效比(HSPF)　heating seasonal performance factor

在制热季节中，空调机进行制热运行时向室内送入的热量总和与消耗的电量总和之比。按附录 C 中所述方法试验和计算的值，其值用 W/W 表示。

3.15

全年性能系数(APF)　annual performance factor

在制冷季节及制热季节中，空调机进行制冷(热)运行时从室内除去的热量及向室内送入的热量总和与同一期间内消耗的电量总和之比。按附录 C 中所述方法试验和计算的值，其值用 W/W 表示。

3.16

定容型空调机 single capacity air conditioner

除负荷的变动引起压缩机电机的偏差导致的变化外，容量不发生变化的空调机。

3.17

非定容型空调机 non-single capacity contioner

不符合 3.16 的其他空调机。

4　型式、型号和基本参数

4.1　型式

4.1.1　按功能分为：单冷型、热泵型、恒温恒湿型。

4.1.2　按冷凝器的冷却方式分为：水冷式、风冷式。

4.1.3　按加热方式分为：电加热、热泵制热。

4.1.4　按结构型式分为：整体型、分体型。

4.1.5　按送风型式分为：直接吹出型、接风管型。

4.1.6　按空调机能力调节特性分为：定容型、非定容型。

4.2　型号

空调机型号的编制可由制造商自行确定，但型号中应体现本标准名义工况下空调机的制冷量。

4.3　基本参数

4.3.1　空调机的电源为额定电压 220 V 单相或 380 V 三相交流电，额定频率 50 Hz。

4.3.2　空调机在下列条件下应能正常工作：

4.3.2.1　风冷式

a)　热泵型空调机环境温度：−7 ℃～43 ℃。

b)　单冷型空调机环境温度：18 ℃～43 ℃。

c)　恒温恒湿型空调机环境温度：18 ℃～43 ℃。

4.3.2.2　水冷式

制冷运行时，水冷式空调机冷凝器的进水温度应不超过 34 ℃。

4.3.3　空调机的工况参数按下述内容确定。

a)　水冷式空调机的工况参数见附录 B。

b)　风冷式空调机的工况参数见附录 C。

c)　其他试验工况见表 1。

表 1　其他试验工况

单位为摄氏度

<table>
<tr><th colspan="2" rowspan="3">试验条件</th><th colspan="2" rowspan="2">室内侧入口空气状态</th><th colspan="4">室外侧状态</th></tr>
<tr><th colspan="2">风冷式
（入口空气状态）</th><th colspan="2">水冷式
（进、出水温度状态）</th></tr>
<tr><th>干球温度</th><th>湿球温度</th><th>干球温度</th><th>湿球温度</th><th>进水温度</th><th>出水温度</th></tr>
<tr><td rowspan="3">制冷试验</td><td>最大运行</td><td>32</td><td>23</td><td>43</td><td>26[a]</td><td>34</td><td>—[b]</td></tr>
<tr><td>凝露、凝结水排除能力</td><td>27</td><td>24</td><td>27</td><td>24[a]</td><td rowspan="2">—[b]</td><td>27</td></tr>
<tr><td>低温运行</td><td>21</td><td>15</td><td rowspan="2">21</td><td>15[a]</td><td>21</td></tr>
<tr><td rowspan="2">制热试验</td><td>最大运行</td><td>27</td><td>—</td><td>15</td><td rowspan="4">—</td><td rowspan="4">—</td></tr>
<tr><td>融霜</td><td rowspan="3">20</td><td>15 以下[c]</td><td>2</td><td>1</td></tr>
<tr><td colspan="2">电加热器制热</td><td>—</td><td rowspan="2">—</td><td rowspan="2">—</td></tr>
<tr><td colspan="2">风量[d]</td><td>16</td></tr>
<tr><td rowspan="3">恒温恒湿试验</td><td>名义制冷</td><td>23</td><td>17</td><td>35</td><td>24[a]</td><td>30</td><td>35</td></tr>
<tr><td>最大运行</td><td>30</td><td>18</td><td>43</td><td>26[a]</td><td>34</td><td>—[b]</td></tr>
<tr><td>低温运行</td><td>21</td><td>15</td><td>21</td><td>15[a]</td><td>—[b]</td><td>21</td></tr>
</table>

[a] 适应于湿球温度影响室外侧换热的装置（利用水的潜热作为室外侧换热器的热源装置）；

[b] 采用名义制冷试验条件确定的水量；

[c] 适应于湿球温度影响室内侧换热的装置；

[d] 风量测量时机外静压的波动应在测定时间内稳定在规定静压的±10%以内，但是规定静压少于 98 Pa 时应取±9.8 Pa。

4.3.4　现场不接风管的空调机，机外静压为 0 Pa；接风管的空调机应标称机外静压。

5　要求

5.1　一般要求

5.1.1　空调机应符合本标准的要求，并应按规定程序批准的图样和技术文件制造。

5.1.2　特殊型式空调机的要求：

a)　风管送风式空调（热泵）机组应符合 GB/T 18836 的规定。

b)　多联式空调（热泵）机组应符合 GB/T 18837 的规定。

c)　冷热风型水源热泵机组应符合 GB/T 19409 的规定。

d)　除湿机应符合 GB/T 19411 的规定。

e)　计算机和数据处理机房用单元式空调机组应符合 GB/T 19413 的规定。

f)　洁净手术室用空调机组应符合 GB/T 19569 的规定。

g)　轨道车辆空调机组应符合 GB/T 19842 的规定。

h)　低温单元式空调机组应符合 GB/T 20108 的规定。

i)　屋顶式空调机组应符合 GB/T 20738 的规定。

5.2　安全要求

空调机的安全要求应符合 GB 25130《单元式空气调节机　安全要求》的规定。

5.3　性能要求

5.3.1　制冷系统密封性能

按 6.3.1 方法试验时，空调机制冷系统各部分不应有制冷剂泄漏。

5.3.2 运转

按6.3.2方法试验，所测空调机的电流、电压、输入功率等参数应符合设计要求。

5.3.3 制冷量

按6.3.3方法试验时，空调机的实测制冷量不应小于其名义制冷量的95%。

5.3.4 制冷消耗功率

按6.3.4方法试验时，空调机的实测制冷消耗功率不应大于名义制冷消耗功率的110%。水冷式空调机制冷量每300 W增加10 W作为冷却水系统水泵和冷却水塔风机的功率消耗。

5.3.5 制热量

按6.3.5方法试验时，空调机的实测制热量不应小于其名义制热量的95%。

5.3.6 制热消耗功率

按6.3.6方法试验时，空调机的实测制热消耗功率不应大于其名义制热消耗功率的110%。

5.3.7 电加热器制热消耗功率

按6.3.7方法试验时，空调机电加热器的实测制热消耗功率要求为：每种电加热器的消耗功率允差应为电加热器名义消耗功率的－10%～＋5%。

5.3.8 最大运行制冷

a) 按6.3.8方法试验时，空调机各部件不应损坏，空调机应能正常运行；

b) 空调机在最大运行制冷运行期间，过载保护器不应跳开；

c) 当空调机停机3 min后，再启动连续运行1 h，但在启动运行的最初5 min内允许过载保护器跳开，其后不允许动作；在运行的最初5 min内过载保护器不复位时，在停机不超过30 min复位的，应连续运行1 h；

d) 对于手动复位的过载保护器，在最初5 min内跳开的，并应在跳开10 min后使其强行复位，应能够再连续运行1 h。

5.3.9 最大运行制热

a) 按6.3.9方法试验时，空调机各部件不应损坏，空调机应能正常运行；

b) 空调机在最大运行制热运行期间，过载保护器不应跳开；

c) 当空调机停机3 min后，再启动连续运行1 h，但在启动运行的最初5 min内允许过载保护器跳开，其后不允许动作；在运行的最初5 min内过载保护器不复位时，在停机不超过30 min内复位的，应连续运行1 h；

d) 对于手动复位的过载保护器，在最初5 min内跳开的，并应在跳开10 min后使其强行复位，应能够再连续运行1 h。

注：上述试验中，为防止室内热交换器过热而使电机开、停的自动复位的过载保护装置周期性动作，可视为空调机连续运行。

5.3.10 低温运行

按6.3.10方法试验时，空调机启动10 min后，再进行4 h运行中，安全装置不应跳开，蒸发器的迎风面表面凝结的冰霜面积不应大于蒸发器迎风面积的50%。

注1：空调机运行期间，允许防冻结的可自动复位装置动作。

注2：蒸发器迎风表面结霜面积目视不易看出时，可通过风量（风量下降不超过初始风量的25%）进行判断。

5.3.11 凝露

按6.3.11方法试验时，空调机室内机箱体外表面不应有凝露水滴下，室内送风不应带有水滴。

5.3.12 凝结水排除能力

按6.3.12方法试验时，空调机室内机应具有排除凝结水的能力，不应有水从空调机中溢出或吹出。

5.3.13 自动融霜

按6.3.13方法试验时，融霜所需总时间不应超过试验总时间的20%；在除霜周期中，室内机的送风温度低于18 ℃的持续时间不应超过1 min。融霜周期结束时，室外侧的空气温度升高不应大于5 ℃；如果需要可以使用热泵空调机内的辅助制热或按制造厂的规定。

5.3.14 噪声

按6.3.14测量空调机的噪声，噪声测定值不应大于明示值+3 dB(A)，且不应超过表2的规定。

注：空调机在全消声室测试的噪声值须注明“在全消声室测试”等字样，其符合性判定以半消声室测试为准。

表2 噪声限值(声压级)

名义制冷量(热)量/W	空调机的室内机噪声/dB(A)		空调机的室外机/dB(A)
	接风管	不接风管	
>7 000～10 000	53	52	62
>10 000～14 000	56	55	63
>14 000～28 000	65	63	67
>28 000～50 000	69	67	70
>50 000～80 000	71	69	73
>80 000～100 000	74	72	76
>100 000～150 000	77		79
>150 000～200 000	80	—	82
>200 000	按供货合同要求		按供货合同要求
注：整体式水冷式空调机按室内机考核噪声。			

5.3.15 采用水冷冷凝器的空调机在规定的各工况运行时，通过空调机的水压压降不应大于105 kPa。

5.3.16 热泵型空调机的热泵名义制热量不应低于其名义制冷量。

5.3.17 性能系数

5.3.17.1 制冷季节能效比(SEER)

单冷型风冷式空调机的制冷季节能效比不应小于明示值的95%，且不应小于表3的数值。

5.3.17.2 制冷综合部分负荷性能系数(IPLV(C))

水冷式空调机的制冷综合部分负荷性能系数不应小于明示值的95%，且不应小于表3的数值；其制冷非标准部分负荷性能系数不应小于明示值的95%。

5.3.17.3 全年性能系数(APF)

热泵型风冷式空调机的全年性能系数不应小于明示值的95%，且不应小于表3的数值。

表3 性能系数

单位为瓦每瓦

类型			SEER	APF	IPLV(C)
风冷式	单冷型	不接风管	2.6	—	—
		接风管	2.3		
	热泵型	不接风管	—	2.4	
		接风管		2.1	
水冷式		不接风管		—	3.2
		接风管			2.9

6 试验

6.1 试验条件

6.1.1 空调机制冷量和制热量试验及性能系数试验的试验装置见附录A。

6.1.2 试验工况见 4.3.3,按空调机相应工况进行试验。

6.1.3 仪器仪表的一般规定

试验用仪器仪表应经法定计量检验部门检定合格,并在有效期内。

6.1.4 仪器仪表的型式及准确度

试验用仪器仪表的型式及准确度应符合表 4 的规定。

表 4 仪器仪表的型式及准确度

类别	型式	准确度
温度测量仪表	水银玻璃温度计、电阻温度计、热电偶	空气温度 ±0.1 ℃ 水温 ±0.1 ℃ 制冷剂温度 ±1.0 ℃
流量测量仪表	记录式、指示式、积算式	测量流量的±1.0%
制冷剂压力测量仪表	压力表、变送器	测量压力的±2.0%
空气压力测量仪表	气压表、气压变送器	静压差 ±2.45 Pa
电量测量仪表	指示式	0.5 级精度
	积算式	1.0 级精度
质量测量仪表		测定质量的±1.0%
转速仪表	机械式、电子式	测定转速的±1.0%
气压测量仪表(大气压力)	气压表、气压变送器	大气压读数的±0.1%
时间测量仪表	秒表	测定经过时间的±0.2%
噪声测量仪[a]	声级计	

[a] 噪声测量应使用Ⅰ型或Ⅰ型以上的声级计。

6.1.5 空调机进行制冷试验(名义制冷、最大运行、凝露、低温运行)和制热试验(名义制热、最大运行)时,试验工况参数的读数允差应符合表 5 的规定。

表 5 制冷试验和制热试验工况参数的读数允差

单位为摄氏度

项目	室内侧入口空气状态		室外侧状态			
			风冷式(入口空气状态)		水冷式(进、出水温度状态)	
	干球温度	湿球温度	干球温度	湿球温度	进水温度	出水温度
最大变动幅度	±1.0	±0.5	±1.0	±0.5	±0.5	±0.5
平均变动幅度	±0.3	±0.2	±0.3	±0.2	±0.3	±0.3

6.1.6 空调机进行制热试验(低温和融霜)试验时,试验工况的参数允差应符合表 6 的规定。

表 6 制热低温和融霜试验工况参数的读数允差

单位为摄氏度

项目	室内侧空气状态		室外侧空气状态			
	干球温度		干球温度		湿球温度	
	热泵时	融霜时	热泵时	融霜时	热泵时	融霜时
最大变动幅度	±2.0	±2.5	±2.0	±5.0	±1.0	±2.5
平均变动幅度	±0.5	±1.5	±0.5	±1.5	±0.3	±1.0

6.1.7 空调机进行风量试验时,试验工况的参数允差应符合表 7 的规定。

表 7 风量试验工况参数的读数允差

单位为摄氏度

项目	室内侧空气状态	
	干球温度	湿球温度
最大变动幅度	±3.0	±2.0
平均变动幅度	±2.0	±1.0

6.2 试验要求

6.2.1 空调机所有试验应按铭牌上的额定电压和额定频率进行。

6.2.2 风冷式空调机应在制造厂规定的室外风量下进行试验。试验时，应连接所有辅助元件(包括进风百叶窗和工厂制造的管路及附件)，并且符合制造厂安装要求。

6.2.3 分体式空调机室内机组与室外机组的连接应按制造厂提供全部管长或制冷量小于等于 14 000 W 的空调机连接管长为 5.0 m、大于 14 000 W 的空调机连接管长为 7.5 m 进行试验(按较长者进行)。连接管在室外部分的长度不应少于 3.0 m，室内部分的隔热和安装要求按产品使用说明书进行。

6.3 试验方法

6.3.1 制冷系统密封性能试验

空调机的制冷系统在正常的制冷剂充灌量下，制冷量小于等于 28 000 W 的空调机，用灵敏度为 1×10^{-6} Pa·m³/s 的制冷剂检漏仪进行检验；制冷量大于 28 000 W 的空调机，用灵敏度为 1×10^{-5} Pa·m³/s 的制冷剂检漏仪进行检验。

6.3.2 运转试验

空调机应在接近名义制冷工况的条件下连续运行，分别测量空调机的输入功率，运转电流和进、出风温度。检查安全保护装置的灵敏度和可靠性，检验温度、电器等控制元件的动作是否正常。

6.3.3 制冷量试验

按 4.3.3 规定的名义制冷工况和附录 A 规定的方法进行试验。

6.3.4 制冷消耗功率试验

在 6.3.3 试验的同时，测定空调机的输入功率和运转电流。

6.3.5 制热量试验

按 4.3.3 规定的名义制热工况和附录 A 规定的方法进行试验。

6.3.6 热泵制热消耗功率试验

在 6.3.5 试验的同时，测定空调机的输入功率和运转电流。

6.3.7 电加热器制热消耗功率试验

a) 空调机在名义制热工况下运行，在热泵制热量测定达到稳定后，测定辅助电加热器的输入功率。

b) 在电加热器制热工况下，空调机制冷系统不运行，将电加热器开关处于最大耗电状态下，测得其输入功率。

6.3.8 最大运行制冷试验

在额定频率和额定电压下，按表 1 规定的最大运行制冷工况运行稳定后连续运行 1 h；然后停机 3 min(此间电压上升不超过 3%)，再启动运行 1 h。

6.3.9 最大运行制热试验

在额定频率和额定电压下，按表 1 规定的最大运行制热工况运行稳定后连续运行 1 h；然后停机 3 min(此间电压上升不超过 3%)，再启动运行 1 h。

6.3.10 低温运行试验

在不违反制造厂规定下，将空调机室内机的温度控制器、风机速度、风门和导向隔栅调到最易使蒸发器结冰和结霜的状态，达到表 1 规定的低温试验工况后进行下列试验：

a) 空气流通试验：空调机启动并运行 4 h。

b) 滴水试验:将室内机回风口遮住完全阻止空气流通后运行 6 h,使蒸发器盘管风路被霜完全阻塞,停机后去除遮盖物至冰霜完全融化,再使风机以最高速度运行 5 min。

6.3.11 室内机凝露试验

在不违反制造厂规定下,将空调机室内机的温度控制器、风机速度、风门和导向隔栅调到最易凝水状态进行制冷运行,达到表 1 规定的凝露试验工况后,连续运行 4 h。

6.3.12 凝结水排除能力试验

将空调机的温度控制器、风机速度、风门和导向格栅调到最易凝水状态,在接水盘注满水即达到排水口流水后,按表 1 规定的凝露试验工况运行,当接水盘的水位稳定后,再连续运行 4 h。

注:非甩水型空调机接水盘的水不必注满。

6.3.13 自动融霜试验

将装有自动融霜装置的空调机的温度控制器、风机速度(分体式室内风机高速、室外风机低速)、风门和导向隔栅调到最易使室外侧换热器结霜的状态,按表 1 规定的热泵自动融霜试验工况运行稳定后,连续运行两个完整的融霜周期或连续运行 3 h(试验总时间从首次融霜周期结束时开始),3 h 后首次出现融霜周期结束为止,应取其长者。

6.3.14 噪声试验

在额定频率和额定电压下,按附录 D 测量空调机噪声。

6.3.15 制冷季节能效比试验

按附录 C 规定的制冷工况、试验和计算方法得出空调机制冷季节能效比。

6.3.16 制冷综合部分负荷性能系数

按附录 B 规定的制冷部分负荷工况、试验和计算方法得出空调机制冷综合部分负荷性能系数。

6.3.17 全年性能系数试验

按附录 C 规定的制冷和制热工况、试验和计算方法得出空调机全年性能系数。

7 检验规则

7.1 出厂检验

每台空调机应做出厂检验,检验项目应按表 8 的规定。

7.2 抽样检验

7.2.1 空调机应从出厂检验合格的产品中抽样,检验项目和试验方法应按表 8 的规定。

7.2.2 抽样方法按 GB/T 2828.1 进行。逐批检验的抽检项目、批量、抽样方案、检查水平及合格质量水平等由制造厂质量检验部门自行决定。

7.3 型式检验

7.3.1 新产品或定型产品作重大改进,第一台产品应做型式检验,检验项目按表 8 的规定。

7.3.2 型式试验时间不应少于试验方法中规定的时间,运行时如有故障在故障排除后应重新检验。

表 8 检验项目

<table>
<tr><th>序号</th><th>项目</th><th>出厂检验</th><th>抽样检验</th><th>型式检验</th><th>技术要求</th><th>试验方法</th></tr>
<tr><td>1</td><td>一般检查</td><td rowspan="9">△</td><td rowspan="9">△</td><td rowspan="9">△</td><td>5.1</td><td rowspan="3">视检</td></tr>
<tr><td>2</td><td>标志</td><td>8.1</td></tr>
<tr><td>3</td><td>包装</td><td>8.2</td></tr>
<tr><td>4</td><td>介电强度[a]</td><td rowspan="4">GB 25130</td><td rowspan="4">GB 25130</td></tr>
<tr><td>5</td><td>泄漏电流[a]</td></tr>
<tr><td>6</td><td>接地电阻</td></tr>
<tr><td>7</td><td>防触电保护</td></tr>
<tr><td>8</td><td>制冷系统密封</td><td>5.3.1</td><td>6.3.1</td></tr>
<tr><td>9</td><td>运转</td><td>5.3.2</td><td>6.3.2</td></tr>
</table>

表 8（续）

序号	项　　目	出厂检验	抽样检验	型式检验	技术要求	试验方法
10	制冷量				5.3.3	6.3.3
11	制冷消耗功率				5.3.4	6.3.4
12	制热量				5.3.5	6.3.5
13	制热消耗功率				5.3.6	6.3.6
14	电热装置制热消耗功率		△		5.3.7	6.3.7
15	噪声				5.3.14	6.3.14
16	制冷季节能效比(SEER)				5.3.17.1	6.3.15
17	综合制冷性能系数(IPLV(C))				5.3.17.2	6.3.16
18	全年性能系数(APF)				5.3.17.3	6.3.17
19	最大运行制冷	—		△	5.3.8	6.3.8
20	最大运行制热				5.3.9	6.3.9
21	低温工况				5.3.10	6.3.10
22	凝露				5.3.11	6.3.11
23	凝结水排除能力				5.3.12	6.3.12
24	自动融霜		—		5.3.13	6.3.13
25	防水					
26	堵转				GB 25130	GB 25130
27	机械安全					
28	发热					

[a] 该项目进行出厂检验时，可在常温状态下进行试验，进行型式检验和抽样检验时，应在环境干球温度 27 ℃和湿球温度 26 ℃下进行试验。

注：“△”为需检项目，“—”为不检项目。

8　标志、包装、运输和贮存

8.1　标志

8.1.1　每台空调机应在明显部位固定永久性铭牌，铭牌应符合 GB/T 13306 的规定。铭牌上应标示下列内容：

a）制造厂的名称；

b）产品型号和名称；

c）主要技术性能参数(制冷量、制热量、制冷剂代号及其充注量、制冷季节能效比、综合制冷性能系数、全年性能系数、电压、电流、频率、相数、总功率和质量)；

注：若配备了辅助电加热器的热泵型空调机，则在“制热量”和“总功率”数值的后面加一括号，在括号内标明电加热器的名义功率值。

d）产品出厂编号；

e）制造年月。

8.1.2　空调机上应有标明运行状态的标志，如通风机旋转方向的箭头、指示仪表和控制按钮的标记等。

8.1.3　出厂文件

每台空调机上应随带下列技术文件：

8.1.3.1 产品合格证，内容包括：

a) 产品型号和名称；

b) 产品出厂编号；

c) 检验员签字或印章；

d) 检验日期。

8.1.3.2 产品说明书，内容包括：

a) 产品型号和名称、适用范围、执行标准、接风管型空调机的空气动力特性曲线和噪声；

b) 产品的结构示意图、制冷系统图、电路图及接线图；

c) 备件目录和必要的易损零件图；

d) 安装说明和要求；

e) 使用说明、维修和保养注意事项。

8.1.3.3 装箱单

8.2 包装

8.2.1 空调机在包装前应进行清洁处理。制冷量小于 40 000 W 的空调机应充注额定量制冷剂；制冷量大于或等于 40 000 W 的空调机可充入额定量的制冷剂，也可充入干燥氮气，压力可控制在 0.03 MPa～0.1 MPa 范围内。各部件应清洁、干燥，易锈部件应涂防锈剂。

8.2.2 空调机应外套塑料袋或防潮纸并应固定在箱内，以免运输中受潮和发生机械损伤。

8.2.3 空调机包装箱上应有下列标志：

a) 制造单位名称；

b) 产品型号和名称；

c) 净质量、毛质量；

d) 外形尺寸；

e) "小心轻放"、"向上"、"怕湿"和堆放层数等。有关包装、储运标志应符合 GB/T 6388 和 GB/T 191 的有关规定。

8.3 运输和贮存

8.3.1 空调机在运输和贮存过程中不应碰撞、倾斜、雨雪淋袭。

8.3.2 空调机应贮存在干燥通风良好的仓库中。

附 录 A
（规范性附录）
单元式空气调节机制冷（热）量的试验方法

A.1 试验方法

A.1.1 本附录规定了以下五种试验方法：

a） 室内侧空气焓差法；

b） 室外侧空气焓差法；

c） 压缩机标定法；

d） 制冷剂流量计法；

e） 室外水侧量热计法。

A.1.2 试验方法的适用范围

A.1.2.1 制冷(热)量小于 40 000 W 的空调机应采用室内空气焓差法与另一种方法同时测试。

A.1.2.2 制冷(热)量等于或大于 40 000 W 的空调机至少应采用一种规定的试验方法进行试验。在进行制冷量测试时，如未采用室内侧空气焓差法，应按 A.6 和 A.8 的规定同时测定室内空气流量和潜热制冷量。

A.2 空气焓差法

A.2.1 制冷量是通过测定空调机进、出口的空气干、湿球温度和空气流量确定。

A.2.2 制冷量小于 40 000 W 的空调机的室内侧试验应采用本方法；大于等于 40 000 W 的空调机的室内侧试验也可采用本方法。在满足 A.2.8 的附加要求后，本方法还可用于制冷(热)量小于 40 000 W 的空调机的室外侧试验。压缩机单独通风的空调机用室外空气焓差法试验时应按 A.2.8.2 的规定。分体式室外侧热交换的空调机用室外侧空气焓差法试验时应按 A.2.9.3 和 A.2.10.3 所允许的管路漏热损失进行修正。

A.2.3 试验装置采用下列布置：

a) 风洞式空气焓差法布置原理图见图 A.1。

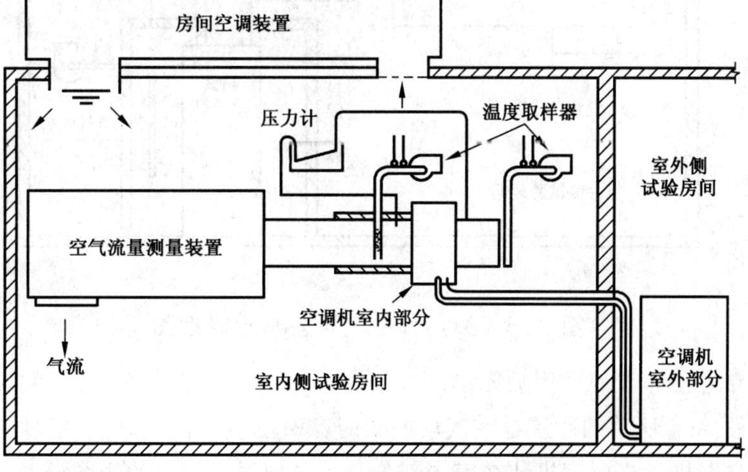

图 A.1 风洞式空气焓差法布置原理图

b) 环路式空气焓差法布置原理图见图 A.2。

测试环路应密闭，各处的空气渗漏量应不超过空气流量测试值的 1%，空调机周围的空气干球温度应保持在测试所要求的进口干球温度值的±3 ℃之内。

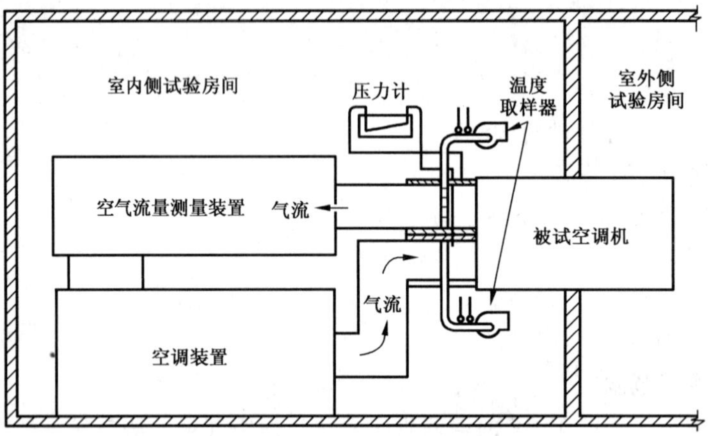

图 A.2 环路式空气焓差法布置原理图

c) 量热计空气焓差法布置原理图见图 A.3。

图中的封闭体应制成密封和隔热的，进入的空气在空调机与封闭壳体之间应能自由循环，壳体和空调机任何部位之间的距离应不小于 150 mm，封闭壳体的空气入口位置应远离空调机的空气进口。空气流量测量装置处在封闭壳体中的部位应隔热。

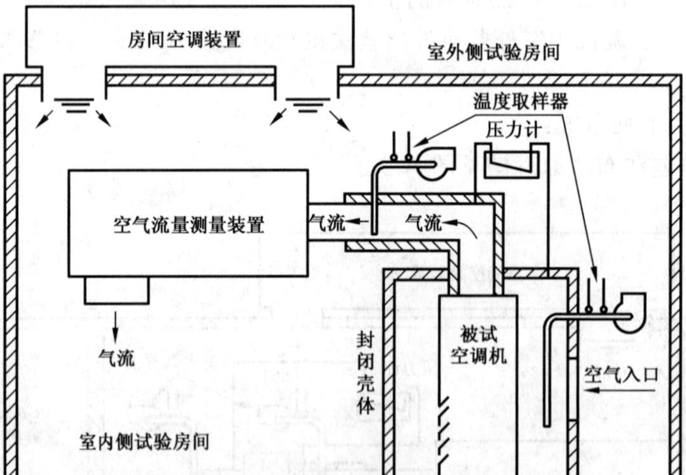

图 A.3 量热计空气焓差布置原理图

d) 房间空气焓差法布置原理图见图 A.4。

e) 图 A.1～图 A.4 所示的布置是空气焓差法的各种使用场合，不代表某种布置仅适用于图中所示型式的空调机。当压缩机装在室内部分并系单独通风时应使用图 A.3 所示的封闭壳体。

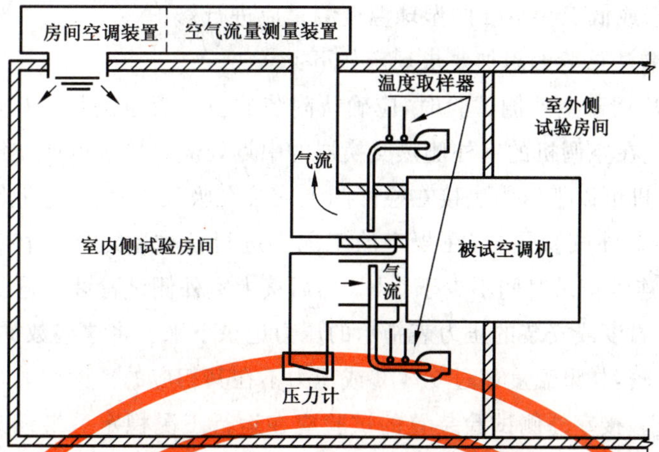

图 A.4 房间空气焓差法布置原理图

A.2.4 试验房间应按实际使用情况满足 A.9.1 的规定。

A.2.5 空气流量测量装置应按 A.6 的规定。

A.2.6 机外静压测量应按 A.7 的规定。

A.2.7 温度测量规定如下：

A.2.7.1 测量风管内的温度应在横截面的各相等分格的中心处进行，所取位置不少于 3 处或使用合适的混合器或取样器。风管内典型的混合器和取样器见图 A.5。测量处的空调机之间的连接管应隔热，通过连接管的漏热量应不超过被测量制冷量的 1.0%。

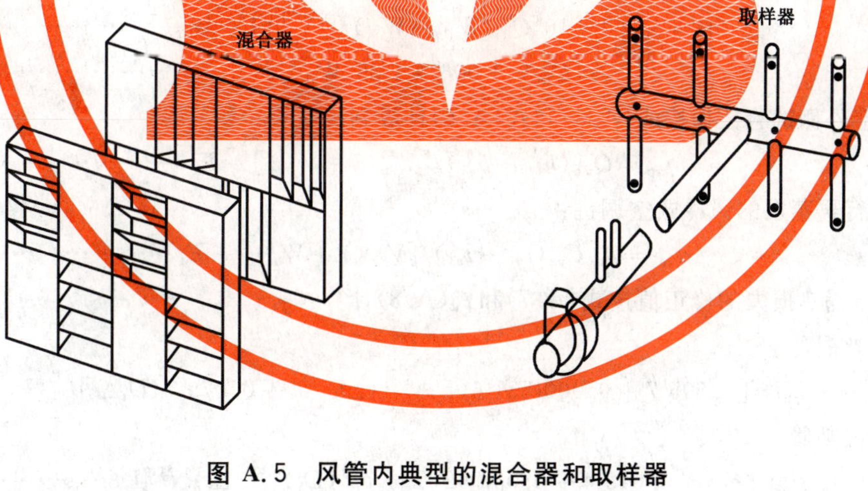

图 A.5 风管内典型的混合器和取样器

A.2.7.2 室内侧空气入口处的温度应在空调机空气入口处至少取 3 个等距离的位置或采用同等效果的取样方法进行测量。温度测量仪表或取样器的位置应离空调机的空气入口 150 mm。

A.2.7.3 室外侧空气入口处的温度测量应满足下列条件：

a) 室外侧空气入口处的温度测量应在室外侧热交换器周围至少取 3 点，测量点的空气温度不应受室外部分排出空气的影响。

b) 温度测量仪表或取样器的位置应离室外侧热交换器的表面 600 mm。

c) 测出的温度应是室外部分周围温度的代表值，试验中室外部分周围所规定的试验温度应尽可能地模拟实际使用中的状况。

A.2.7.4 经过湿球温度测量仪表的空气流速应为5 m/s左右。在空气进口和出口处的温度测量用同样的流速，空气流速高于或低于5 m/s的湿球温度测量应进行修正。

A.2.8 室外侧空气焓差法试验的附加要求规定如下：

A.2.8.1 当空气焓差法用于室外侧试验时，应确认附装的空气流量测量装置不会改变被试空调机的性能，否则应进行修正。在空调机的室外侧热交换器的中点处应焊接热电偶，对配有膨胀阀并且对充注制冷剂量不敏感的空调机可以把压力表接在检修阀上或接在吸气管和排气管上。首先，把空调机接上室内侧试验装置但不接室外试验装置，在规定的工况下进行预试验运行。在运行的工况稳定后每隔10 min记录一次数据，连续记录时间不少于1 h。然后接上室外侧试验装置进行试验，再次取得稳定后将焊接的热电偶指示的温度或安装的压力表指示的压力记录下来。将这些数据的平均值和预试验记录的数据的平均值进行比较，如果温度超过0.3 ℃或压力不在其相应的范围内时，则应调整室外空气流量直到达到上述要求为止。接室外侧试验装置的试验应在运行工况稳定后继续进行1 h，这一期间内的室内侧试验结果应与不接室外侧装置时的预试验结果一致，其相差不超过2.0%。以上要求对空调机的制冷循环和制热循环均适用。

A.2.8.2 空调机中的压缩机若和室外气流进行通风，考虑压缩机的热辐射应采用量热计空气焓差法布置(图A.3)。

A.2.8.3 在室外侧空气流量按A.2.8.1的规定进行调整后，制冷(热)量计算应采用调整后的空气流量。但在预试验期间记录的室外侧风机输入功率应作为计算时的依据。

A.2.9 制冷量的计算

A.2.9.1 用室内侧试验数据按式(A.1)～式(A.4)计算制冷量、显热制冷量和潜热制冷量：

$$q_{tci}=Q_{mi}(h_{a1}-h_{a2})/[V'_n(1+W_n)] \quad\cdots\cdots(A.1)$$

$$q_{sci}=Q_{mi}C_{pa}(t_{a1}-t_{a2})/[V'_n(1+W_n)] \quad\cdots\cdots(A.2)$$

$$q_{lci}=2.47\times10^6Q_{mi}(W_{i1}-W_{i2})/[V'_n(1+W_n)] \quad\cdots\cdots(A.3)$$

$$C_{pa}=1\,006+1\,860W_{i1} \quad\cdots\cdots(A.4)$$

A.2.9.2 用室外侧试验数据按式(A.5)和式(A.6)计算制冷量：

$$q_{tco}=Q_{mo}(h_{a4}-h_{a3})/[V'_n(1+W_n)]-E_t \quad\cdots\cdots(A.5)$$

对于不进行再蒸发的风冷式空调机：

$$q_{tco}=Q_{mo}C_{pa}(t_{a4}-t_{a3})/[V'_n(1+W_n)]-E_t \quad\cdots\cdots(A.6)$$

A.2.9.3 管路漏热损失的修正值按式(A.7)和式(A.8)计算：

a) 对于光铜管

$$q_L=[0.605\,7+0.000\,531\,6(D_t)^{0.75}(\Delta t)^{1.25}+0.079\,74D_t\Delta t]L \quad\cdots\cdots(A.7)$$

b) 对于隔热管

$$q_L=[0.615\,4+0.030\,92(T_h)^{-0.33}(D_t)^{0.75}(\Delta t)^{1.25}]L \quad\cdots\cdots(A.8)$$

为取得6%的热平衡，管路漏热损失修正值应按代数相加，计入室外侧制冷量或制热量中。

A.2.10 制热量的计算规定如下：

A.2.10.1 用室内侧试验数据按式(A.9)计算制热量：

$$q_{thi}=Q_{mi}C_{pa}(t_{a2}-t_{a1})/[V'_n(1+W_n)] \quad\cdots\cdots(A.9)$$

A.2.10.2 用室外侧试验数据按式(A.10)计算制热量：

$$q_{tho}=Q_{mo}(h_{a3}-h_{a4})/[V'_n(1+W_n)+E_t] \quad\cdots\cdots(A.10)$$

A.2.10.3 为取得6%的热平衡，管路漏热损失的修正值应计入制热量计算中。

A.3 压缩机标定法见图A.6

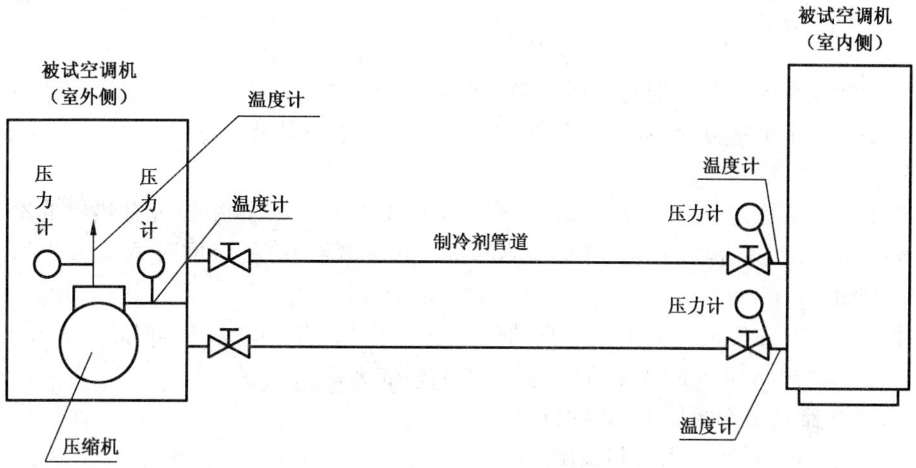

图A.6 压缩机标定法

A.3.1 制冷(热)量按以下方法确定：

a) 根据测量进入和离开空调机室内侧的制冷剂参数，以及同一形式的压缩机在相同工况下试验结果求得的制冷剂流量确定，当离开蒸发器的制冷剂过热度小于6 ℃时，制冷(热)量应采用量热器直接测量法。

b) 当压缩机运行工况和空调机的试验工况相同时，由量热器直接测量法确定制冷(热)量。

A.3.2 本方法不适用于下列空调机的试验：

a) 配有一个处于室内气流中且无隔热的室外侧水冷热交换器的空调机。

b) 压缩机处于室内气流中且无隔热时，不采用量热器直接测量法确定制冷(热)量。

A.3.3 制冷剂参数的测量规定

A.3.3.1 空调机应在规定的试验工况下运行，进入和离开室内侧以及进入和离开压缩机的制冷剂的温度和压力每隔10 min测量一次。取七组读数，试验允差应在A.10.2规定范围之内。室内侧采用空气焓差法时，读数应在这一试验中读取。

A.3.3.2 配有膨胀阀并对制冷剂充注量不敏感的空调机，其测定制冷剂压力的压力表可以接在制冷剂管路上。

A.3.3.3 对制冷剂充注量敏感的空调机，应在试验后测定制冷剂的压力。试验中，温度通过焊在每个室内侧或室外侧热交换器回路的U型弯头中点处的热电偶测量。对水冷室外侧热交换器，温度通过焊在不受蒸气过热及液体过冷影响点上的热电偶测量。试验后把压力表接入管路中，再将空调机抽真空，并按铭牌规定的种类和数量注入制冷剂。并使空调机在试验工况下运行，根据工况参数增减制冷剂，使热电偶测得的温度的复示差值不超过0.3 ℃，进入和离开压缩机的制冷剂蒸气温度的复示差值不超过2.0 ℃，进入节流装置的复示差值不超过0.6 ℃，即可测定运行压力。

A.3.3.4 制冷剂温度应采用焊在管路适当位置上的热电偶测量。

A.3.3.5 整个试验过程中，热电偶不应移动、更换或受干扰。

A.3.3.6 进入和离开压缩机的制冷剂蒸气的温度和压力应尽可能在远离压缩机进口和出口处测量，但最远距离应不超过250 mm，如果在标定中装有换向阀，则应在离阀250 mm处的管路上测量。

A.3.4 压缩机标定法

A.3.4.1 根据GB/T 5773规定方法的一种，由预先决定的进入和离开压缩机的制冷剂的压力和温度，通过压缩机的标定确定制冷剂流量。

A.3.4.2 标定试验时，压缩机和换向阀(如使用的情况下)的环境温度与空调机试验工况的环境温度应相同，空气流向也应相同。

A.3.4.3 在采用第二制冷剂量热器法、满液式制冷剂量热器法或干式制冷量热器法等方法时，制冷剂流量按式(A.11)计算：

$$W_r = q/(h_{g1} - h_{f1}) \qquad \cdots\cdots (A.11)$$

A.3.4.4 气体制冷剂流量计法能直接得出制冷剂流量。

A.3.4.5 制冷量和制热量分别按 A.3.6 和 A.3.7 的规定进行计算。

A.3.5 制热量的直接测定

A.3.5.1 对于压缩机标定试验，制热循环中蒸发器过热不到 6 ℃时，用作为量热器的冷凝器的换热量确定制冷剂流量。采用一台经隔热以防止漏热的水冷式冷凝器，冷凝器可与 A.3.4 中所列的任何一种量热器法一起使用。

A.3.5.2 本方法只有在冷凝器向周围漏热的计算值小于压缩机制冷量 2%时才可使用。

A.3.5.3 标定试验按 A.3.4 的规定进行，应记录下列数据：

a) 进入冷凝器的制冷剂压力和温度；
b) 离开冷凝器的制冷剂压力和温度；
c) 进入和离开冷凝器的水温；
d) 冷凝器周围的环境温度；
e) 冷凝器的冷却水量；
f) 暴露在环境中的冷凝器夹套表面的平均温度。

A.3.5.4 制冷剂流量按式(A.12)计算：

$$W_r = [W_w C_{pw}(t_2 - t_1) + AU_a(t_c - t_a)]/(h_{g2} - h_{f2}) \qquad \cdots\cdots (A.12)$$

A.3.5.5 制热量按 A.3.7 的规定进行计算。

A.3.6 制冷量的计算

A.3.6.1 对于蒸发器过热等于或超过 6 ℃的试验，用压缩机标定法按式(A.13)计算制冷量：

$$q_{te} = W_r(h_{r2} - h_{r1}) - E_i \qquad \cdots\cdots (A.13)$$

A.3.6.2 对于蒸发器过热不到 6.0 ℃的试验，用压缩机标定法按式(A.14)计算制冷量：

$$q_{te} = q_e + AU_a(t_r - t_a) - E_i \qquad \cdots\cdots (A.14)$$

A.3.7 制热量的计算

用压缩机标定法按式(A.15)计算制热量：

$$q_{th} = W_r(h_{r1} - h_{r2}) + E_i \qquad \cdots\cdots (A.15)$$

A.4 制冷剂流量计法见图 A.7

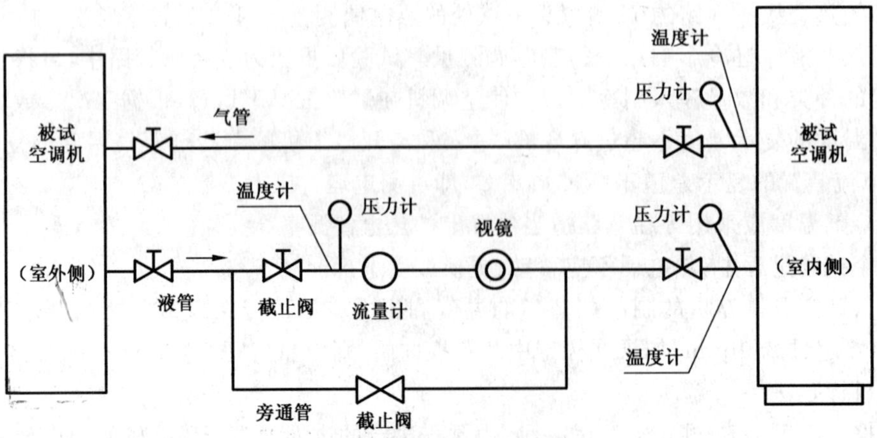

图 A.7 制冷剂流量计法

A.4.1 根据制冷剂焓值的变化和流量确定制冷(热)量。焓值的变化由室内侧进口和出口的制冷剂压力和温度确定,流量由液体管路中的流量计测定。

A.4.2 本方法适用于对制冷剂充注量不敏感,安装程序中包括现场连接制冷剂管路的空调机试验。

A.4.3 本方法不适用于流量计出口的制冷剂液体过冷度小于 2.0 ℃,室内侧热交换器出口的蒸气过热度小于 6.0 ℃的空调机试验。

A.4.4 制冷剂流量的测量

A.4.4.1 制冷剂流量用积算式流量计测量,流量计接在液体管路中,并在制冷剂控制元件的上流侧。该流量计大小的选择,应按其压力降不超过产生 2.0 ℃温度变化的相应蒸气压力变化值。

A.4.4.2 测量温度和压力仪表和视镜应紧连在流量计的下流侧,以确定制冷剂液体的过冷程度;若过冷度为 2.0 ℃并在离开流量计的液体中无任何蒸气气泡,则认为过冷已足够。流量计装在液体管路中垂直的向下环管的底部,以利用液体产生的静压。

A.4.4.3 在试验结束时,从空调机中将循环的制冷剂和油的混合液取出样品,并按 GB/T 5773 测量混合液的含油百分比,测出的总流量根据油的循环量进行修正。

A.4.5 制冷剂温度和压力的测量

进入空调机室内侧热交换器的制冷剂温度和压力测量仪表应安装在流量计的下流侧。离开室内侧热交换器的制冷剂为气态时,温度测量仪表应安装在管道的中心处。

A.4.6 制冷量的计算

用制冷剂流量计法按式(A.16)计算制冷量:

$$q_{tco} = XV_{r}\rho(h_{r2} - h_{r1}) - E_{i} \qquad \cdots\cdots(A.16)$$

A.4.7 制热量的计算

用制冷剂流量法按式(A.17)计算制冷量:

$$q_{tco} = XV_{r}\rho(h_{r2} - h_{r1}) + E_{i} \qquad \cdots\cdots(A.17)$$

A.5 室外水侧量热计法见图 A.8

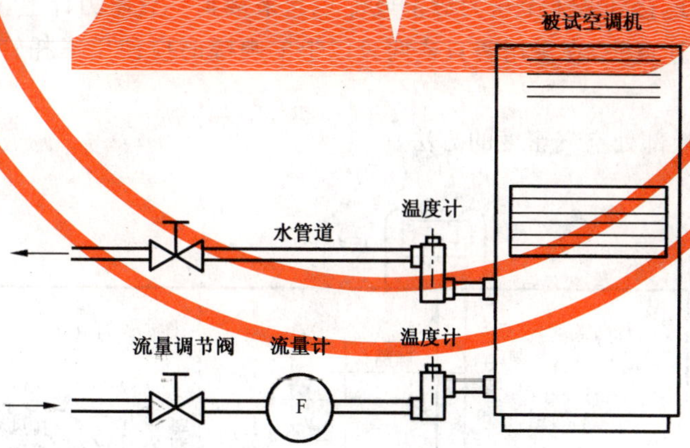

图 A.8 室外水侧量热计法

A.5.1 根据进出室外侧热交换器的水温变化和水流量确定制冷(热)量。

A.5.2 本方法适用于整体式和分体式水冷空调机。分体式水冷空调机的室外侧热交换器应隔热或采用效果相当于 25 mm 厚的玻璃纤维材料隔热。本方法不适用于压缩机和室外气流进行通风的空调机。

A.5.3 水流量的测量

室外侧热交换器的水流量采用 6.1.3 规定的流量计进行测定。

A.5.4 温度的测量

进口和出口处的水温采用 6.1.3 规定的仪表在空调机的连接处测量。

A.5.5　制冷量的计算

用室外水侧量热计法按式(A.18)计算制冷量：

$$q_{tco} = W_w C_{pw}(t_{w2} - t_{w1}) - E_t \quad \cdots\cdots\cdots\cdots\cdots\cdots\cdots\cdots\cdots\cdots\cdots\cdots\cdots\cdots(\text{A.18})$$

A.5.6　制热量的计算

用室外水侧量热计法按式(A.19)计算制冷量：

$$q_{tco} = W_w C_{pw}(t_{w2} - t_{w1}) + E_t \quad \cdots\cdots\cdots\cdots\cdots\cdots\cdots\cdots\cdots\cdots\cdots\cdots\cdots\cdots(\text{A.19})$$

A.5.7　内连接管的管路热损失修正

对于分体式水冷空调机，制冷(热)量应根据内连接管的管路漏热进行修正(见 A.2.9.3)。

A.6　空气流量的测量

A.6.1　空气流量按 A.6.3 规定的喷嘴装置进行测量，不采用空气流量直接测量法时(见 A.1.2.2)，室内侧空气流量按 A.6.6 进行计算。

A.6.2　制冷量等于或大于 117 500 W 的空调机，室内侧空气流量按 A.6.7 进行测量。

A.6.3　喷嘴装置

A.6.3.1　装置按图 A.9，由一个隔板分开的进风室和排风室组成，在隔板上装一只或几只喷嘴。空气从被试空调机出来经过风管进入进风室，通过喷嘴排入试验房间或用风管回到空调机进口。

A.6.3.2　喷嘴装置及其与空调机进口的连接应密封，渗漏空气量应不超过被测空气流量的 1.0%。

A.6.3.3　喷嘴中心之间的距离应不小于较大的一个喷嘴喉径的 3 倍，从任一喷嘴的中心到最邻近的风室或进风室板壁的距离应不小于该喷嘴喉径的 1.5 倍。

A.6.3.4　扩散挡板在进风室中的安装位置应在隔板的上风侧，其距离至少为最大喷嘴喉径的 1.5 倍；在排风室中的安装位置应在隔板的下风侧，其距离至少为最大喷嘴喉径的 2.5 倍。

A.6.3.5　应安装一台变风量的排风机和排风室相连接以进行静压调整。

A.6.3.6　通过一只或几只喷嘴的静压降采用一只或几只压力计测量，压力计的一端接到装在进风室内壁上并与壁齐平的静压接口上，另一端接到装在排风室内壁上并与壁齐平的静压接口上。应将每一室中的若干个接口并联地接到若干个压力计上或汇集起来接到一只压力计上，按图 A.9 也可用毕托管测量离开喷嘴后气流的速度头，在采用两只或两只以上的喷嘴时应使用毕托管测出每一喷嘴的气流速度头。

A.6.3.7　应提供确定喉部处空气密度的方法。

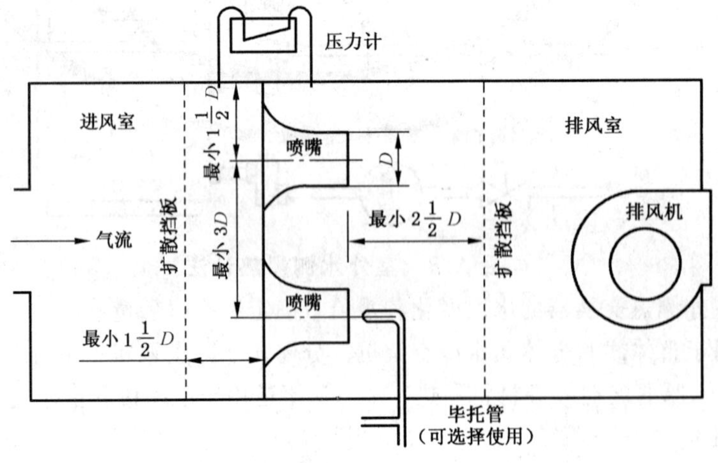

注：扩散挡板应当有均匀的穿孔，穿孔面积约为流道面积的 40%。

图 A.9　喷嘴装置安装示意图

A.6.4 喷嘴

A.6.4.1 喷嘴使用时的喉部风速应大于 15 m/s,但应小于 35 m/s。

A.6.4.2 喷嘴按图 A.10 的结构制造,按 A.6.3 的规定进行安装,使用时不需进行校准。喉径等于或大于 127 mm 的喷嘴流量系数可定为 0.99,需要更精密的数据和喉径小于 127 mm 的喷嘴流量系数按表 A.1 的规定,或对喷嘴进行校准。

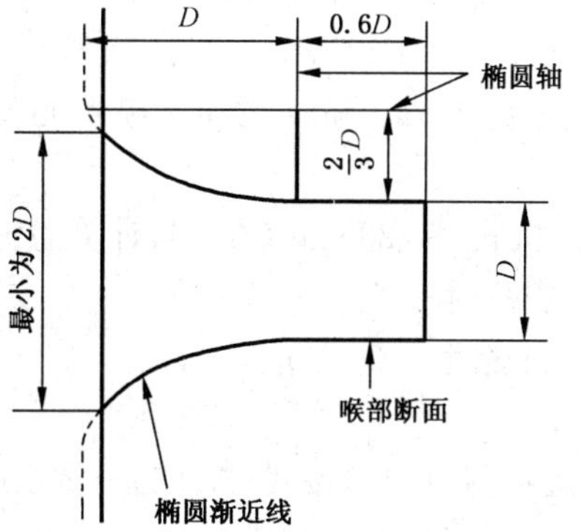

图 A.10 喷嘴装置结构示意图

表 A.1 喷嘴流量系数

雷诺数 N_{Re}	流量系数 C
50 000	0.97
100 000	0.98
150 000	
200 000	0.99
250 000	
300 000	
400 000	
500 000	

雷诺数按式(A.20)计算:

$$N_{Re} = fV_a D_a \quad \cdots\cdots(A.20)$$

温度系数 f 由表 A.2 确定。

表 A.2 温度系数

温度/℃	温度系数 f
−6.7	78.2
4.44	72.0
15.6	67.4
26.7	62.8
37.8	58.1
48.9	55.0
60.0	51.9
71.1	48.8

A.6.4.3 喷嘴的面积通过测量其直径确定，准确度为±0.2%。直径测量在喷嘴喉部的两个平面上进行，一个在出口处，另一个在靠近圆弧的直线段，每个平面沿喷嘴四周取四个直径，直径之间相隔约45°。

A.6.5 计算

A.6.5.1 通过单个喷嘴的空气流量按式(A.21)、式(A.22)计算：

$$Q_{mi}=1.414CA_a(p_v V'_n)^{0.5} \quad\cdots\cdots(A.21)$$

$$V'_n=101\ 325V_n/[(1+W_n)p_n] \quad\cdots\cdots(A.22)$$

A.6.5.2 使用多个喷嘴时，总空气流量按A.6.5.1的单个喷嘴的流量和计算。

A.6.6 空气流量的计算法

不采用空气流量直接测量法时，按式(A.23)、式(A.24)计算空气流量：

$$\text{制冷时}\quad Q_i=q_{tci}V_i/(h_{a1}-h_{a2}) \quad\cdots\cdots(A.23)$$

$$\text{制热时}\quad Q_i=q_{tci}V_i/(h_{a2}-h_{a1}) \quad\cdots\cdots(A.24)$$

A.6.7 空气流量间接测量法的计算

A.6.7.1 采用空气流量间接测量法见图A.11，按式(A.25)～式(A.27)计算室内侧空气流量：

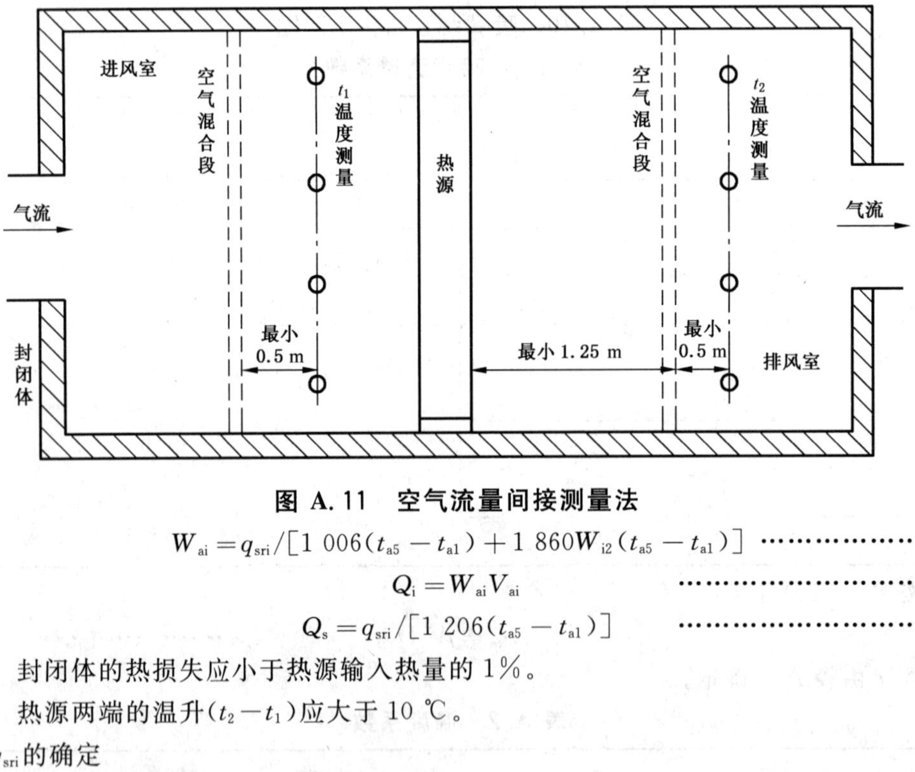

图A.11 空气流量间接测量法

$$W_{ai}=q_{sri}/[1\ 006(t_{a5}-t_{a1})+1\ 860W_{i2}(t_{a5}-t_{a1})] \quad\cdots\cdots(A.25)$$

$$Q_i=W_{ai}V_{ai} \quad\cdots\cdots(A.26)$$

$$Q_s=q_{sri}/[1\ 206(t_{a5}-t_{a1})] \quad\cdots\cdots(A.27)$$

A.6.7.1.1 封闭体的热损失应小于热源输入热量的1%。

A.6.7.1.2 热源两端的温升(t_2-t_1)应大于10 ℃。

A.6.7.2 q_{sri}的确定

a) 使用电加热器进行再加热：

$$q_{sri}=\text{输入加热器的电功率} \quad\cdots\cdots(A.28)$$

b) 使用蒸气盘管进行再加热：

$$q_{sri}=W_k(h_{k1}-h_{k2}) \quad\cdots\cdots(A.29)$$

A.7 静压的测定

A.7.1 配有风机和单个空气出口的空调机

A.7.1.1 接风管空调机的机外静压测量装置按图A.12，不管风管空调机的机外静压测量装置按图A.13。在空调机空气出口处安装一只短的静压箱，空气通过静压箱进入空气流量测量装置(不采用空气流量直接测量法时，进入一合适的风门装置)，静压箱的横截面尺寸应等于空调机出口的尺寸。

A.7.1.2 测量机外静压的压力计的一端应接至排气静压箱的四个取压接口的箱外连通管，每个接口均位于静压箱各壁面的中心位置，与空调机空气出口的距离为出口平均横截面尺寸的两倍。采用进口风管的空调机，另一端应接至位于进口风管各壁面中心位置的管外连通管；不用风管的空调机，另一端应和周围大气相通，进口风管的横截面尺寸应等于空调机进口的尺寸。

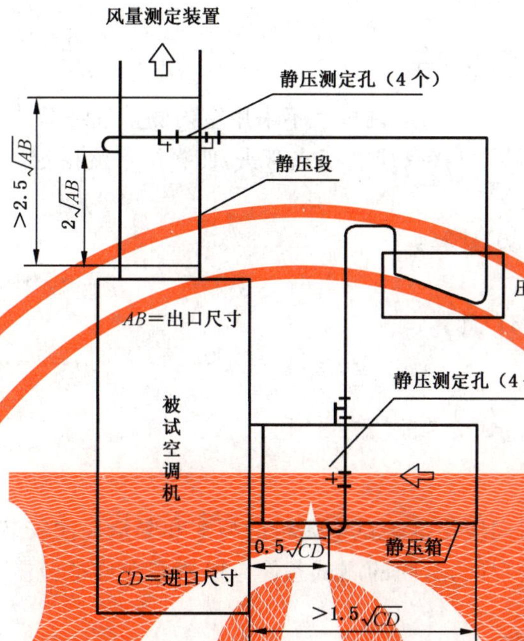

图 A.12 接风管空调机外静压测量装置

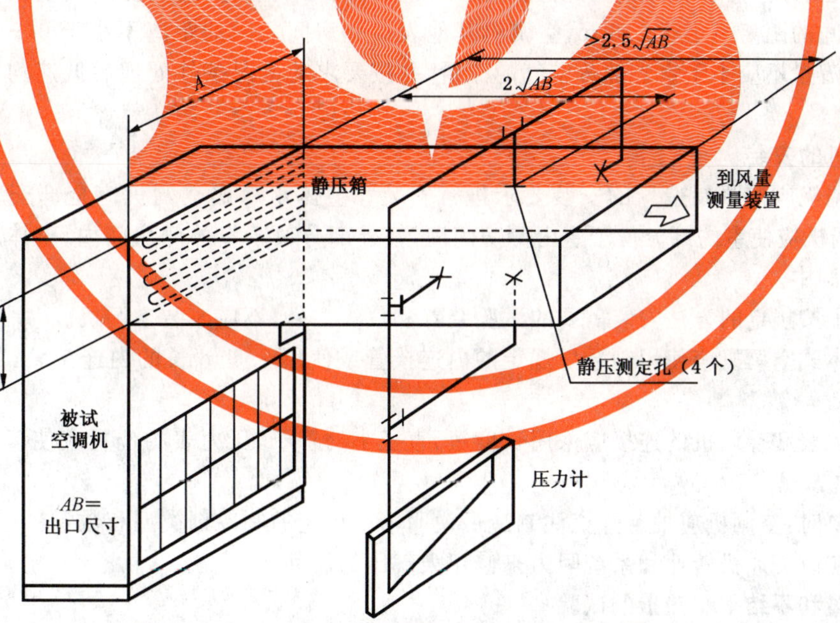

图 A.13 不接风管空调机机外静压测量装置

A.7.2 配有风机和多个空气出口的空调机

在每个空气出口上装一个符合图 A.12 或图 A.13 的短静压箱，空气通过静压箱进入一个共用风管段，然后进入空气流量测量装置(不采用空气流量直接测量法时，进入一合适的风门装置)。在每个静压箱进入共用风管段的平面上分别装一个可调节的限流器，平衡每个静压箱中的静压，多个送风机使用单个空气出口的空调机按 A.7.1.1 的要求使用一个静压箱进行试验。

A.7.3 静压测定的一般要求

A.7.3.1 取压接口用直径为 6 mm 的短管制作，短管中心应与静压箱外表面上直径为 1 mm 的孔同心。孔的边口不应有毛刺和其他不规则的表面。

A.7.3.2 静压箱和风管段、空调机以及空气测量装置的连接处应密封，不应漏气。在空调机出口和温度测量仪表之间应隔热，防止漏热。

A.8 凝结水的测量和潜热制冷量的计算

A.8.1 制冷量等于或大于 40 000 W 的空调机在不采用室内侧空气焓差法试验时，应根据测得的凝结水量确定潜热制冷量。凝结水排出口接头应装存水弯头，使凝结水流稳定。

A.8.2 计算

A.8.2.1 潜热制冷量按式(A.30)计算：

$$q_{\mathrm{lci}} = 2.47 \times 10^{6} W_{\mathrm{c}} \qquad \cdots\cdots\cdots\cdots(\mathrm{A}.30)$$

A.8.2.2 显热制冷量按式(A.31)计算：

$$q_{\mathrm{sc}} = q_{\mathrm{tci}} - q_{\mathrm{lci}} \qquad \cdots\cdots\cdots\cdots(\mathrm{A}.31)$$

A.9 试验的准备及进行

A.9.1 试验室的要求

A.9.1.1 需要一间还是两间房间应根据被试空调机的型式和制造厂的安装说明而定。

A.9.1.2 应有一间室内侧试验房间，房间的测试条件应保持在允许的范围内，试验时空调机附近的空气流速不应超过 2.5 m/s。

A.9.1.3 风冷型和分体式水冷型空调机的试验需要一间室外侧试验房间，房间应有足够的容积，使空气循环和正常运行时有相同的条件。房间除安装要求的尺寸关系外，应使房间和空调机室外部分有空气排出一侧之间的距离不小于 1.8 m，空调机其他表面和房间之间的距离不小于 0.9 m。房间空调装置处理空气的流量不应小于室外部分空气的流量，并按要求的工况条件处理后低速均匀送回室外侧试验房间。

A.9.2 空调机的安装

A.9.2.1 空调机应按照制造厂的安装要求进行安装。整体水冷式空调机应全部安装在室内侧房间内；分体式空调机应使室内部分位于室内侧房间内，室外部分位于室外侧房间内，整体风冷式空调机应安装在墙的孔洞中。

A.9.2.2 除了按规定的方法安装需要的试验装置和仪表之外，不应改装空调机。

A.9.2.3 分体式空调机应使用制造厂规定的内连接管或使用 7.5 m 长的内连接管，其中至少 3 m 位于室外侧房间。

A.9.2.4 压力表和空调机的连接应采用长度短、直径小的管子，压力表的位置应使读数不受管子中流体压头的影响。

A.9.2.5 需要时，空调机应抽空并充注制造厂说明书中规定的制冷剂类型和数量。

A.9.2.6 不应改变风机转速和系统阻力来修正大气压的波动。

A.9.3 制冷量和不结霜制热量的试验

A.9.3.1 房间空调装置和被试空调机应进行不少于 1 h 的运行，工况稳定后记录数据。每隔 10 min 记录一次，直至连续 7 次的试验数据的允差在 A.10.2 规定范围内。

A.9.3.2 当采用室外侧空气焓差法时，A.9.3.1 的要求适用于 A.2.8 的不接室外侧试验装置的试验。采用压缩机标定法时，A.9.3.1 的要求适用于空调机的试验和压缩机标定试验。

A.9.3.3 在某些制热工况下，空调机的室外侧热交换器上有少量积霜，应区别整个试验期间的不结霜运行和结霜运行。对于不结霜试验，要求室内和室外空气出口温度允差在表 A.3 规定的不结霜允差之内。当结霜超出允许范围时，应采用融霜区的制热量试验程序。

表 A.3 试验运行工况允差

<table>
<tr><th colspan="4" rowspan="3">读　数</th><th colspan="3">试验运行工况允差
（观察范围）</th><th colspan="3">试验运行工况允差
（平均值与规定的试验工况的波值）</th></tr>
<tr><th rowspan="2">制冷和不结霜制热</th><th colspan="2">结霜制热</th><th rowspan="2">制冷和不结霜制热</th><th colspan="2">结霜制热</th></tr>
<tr><th>制热期间</th><th>融霜期间</th><th>制热期间</th><th>融霜期间</th></tr>
<tr><td rowspan="4">室外空气温度</td><td rowspan="2">干球</td><td>进口</td><td rowspan="11">℃</td><td rowspan="2">±1.0</td><td>±2.0</td><td>±5.0</td><td>±0.3</td><td>±0.5</td><td>±1.5</td></tr>
<tr><td>出口</td><td>—</td><td>—</td><td>—</td><td>—</td><td>—</td></tr>
<tr><td rowspan="2">湿球</td><td>进口</td><td rowspan="2">±0.5</td><td>±1.0</td><td>±2.5</td><td>±0.2</td><td>±0.3</td><td>±1.0</td></tr>
<tr><td>出口</td><td>—</td><td>—</td><td>—</td><td>—</td><td>—</td></tr>
<tr><td rowspan="4">室内空气温度</td><td rowspan="2">干球</td><td>进口</td><td rowspan="2">±1.0</td><td>±2.0</td><td>a</td><td>±0.3</td><td>±0.5</td><td>±1.5</td></tr>
<tr><td>出口</td><td rowspan="7">—</td><td>—</td><td>—</td><td rowspan="10">—</td><td rowspan="10">—</td></tr>
<tr><td rowspan="2">湿球</td><td>进口</td><td rowspan="2">±0.5</td><td rowspan="9">—</td><td rowspan="2">±0.2</td></tr>
<tr><td>出口</td></tr>
<tr><td colspan="3">冷凝器冷却水温</td><td>±0.3</td><td>±0.1</td></tr>
<tr><td colspan="3">饱和制冷剂吸入温度</td><td>2</td><td>0.3</td></tr>
<tr><td colspan="3">无其他规定的液温</td><td>0.3</td><td>0.1</td></tr>
<tr><td colspan="3">机外静压</td><td>Pa</td><td>12.5</td><td>5</td></tr>
<tr><td colspan="3">电压</td><td rowspan="3">%</td><td rowspan="3">2</td><td>2</td><td>—</td></tr>
<tr><td colspan="3">液体流量</td><td rowspan="2">—</td><td rowspan="2"></td></tr>
<tr><td colspan="3">喷嘴压力降的读数</td></tr>
<tr><td colspan="10">[a] 如果室内风机停止，则不适用。</td></tr>
</table>

A.9.4 融霜区的制热量试验

A.9.4.1 在融霜循环运行中，不能有效地采用室外侧空气焓差法、压缩机标定法或制冷剂流量法进行确定制热量所需数据的测量。允许根据室内空气回路的测量值确定制热量。试验中被试空调机不应有干扰室外气流的连接装置。在没有改变被试空调机或房间空调装置的空气流量时，室内气流应连续。融霜控制元件停止室内风机时，应同时切断由房间空调装置到室内侧热交换器的气流。为了测定输入被试空调机的电功率应使用积算式电功率表。

A.9.4.2 房间空调装置和被试空调机应进行不少于 1 h 的运行，工况稳定后记录数据，被试空调机由于融霜控制元件的动作导致的工况波动除外。融霜时房间空调装置的正常运行受到影响，按表 A.3 规定较宽的“融霜期间”允差进行试验。

A.9.4.3 被试空调机应进行 3 h 的试验运行。在试验结束时如果被试空调机正在融霜则融霜循环应完成，每隔 10 min 记录一次数据(A.9.3.1)。为了准确地确定融霜循环的起始和结束以及室内气流的时间-温度特性曲线(室内风机运转时)、输入被试空调机的电功率，在融霜循环过程中应连续记录试验数据。

A.10 应记录的试验数据及允差

A.10.1 应记录的试验数据按表 A.4。采用某试验方法时，该试验方法一栏中下标有“△”的项应测量。

A.10.2 试验允差的规定

A.10.2.1 试验过程中，所有观察的参数应在表 A.3 规定的“试验运行工况允差”之内。

A.10.2.2 试验过程中，计算用的参数的最大允许波动值在表 A.3 规定的“试验测试工况允差”之内。

A.10.2.3 当波动值超过规定时，试验数据应作废。

表 A.4　应记录的试验数据

<table>
<tr><th>记录项目</th><th>单位</th><th>室内侧空气焓差法</th><th>室外侧空气焓差法</th><th>压缩机标定法</th><th>制冷剂流量法</th><th>室外水侧量热计法</th><th>凝结水和间接空气流量测量法</th></tr>
<tr><td>日期</td><td rowspan="2">—</td><td colspan="2" rowspan="13">△</td><td colspan="3" rowspan="8">△</td><td rowspan="14">△</td></tr>
<tr><td>观察者</td></tr>
<tr><td>大气压</td><td>kPa</td></tr>
<tr><td>空调机铭牌数据</td><td rowspan="2">—</td></tr>
<tr><td>时间</td></tr>
<tr><td>输入空调机的功率[a]</td><td>W</td></tr>
<tr><td>使用的电压</td><td>V</td></tr>
<tr><td>频率</td><td>Hz</td></tr>
<tr><td>室内侧的机外静压</td><td>Pa</td><td colspan="2" rowspan="10">—</td><td rowspan="19">—</td></tr>
<tr><td>风机转速</td><td>r/min</td></tr>
<tr><td>进入空调机的空气干球温度</td><td rowspan="4">℃</td></tr>
<tr><td>进入空调机的空气湿球温度</td></tr>
<tr><td>离开空调机的空气干球温度</td></tr>
<tr><td>离开空调机的空气湿球温度</td><td>b</td><td>c</td></tr>
<tr><td>喷嘴喉部直径</td><td>mm</td><td colspan="2" rowspan="9">△</td><td rowspan="16">—</td></tr>
<tr><td>喷嘴喉部的动压或喷嘴两端的静压差</td><td>Pa</td></tr>
<tr><td>喷嘴喉部处的温度</td><td>℃</td></tr>
<tr><td>喷嘴前的静压力</td><td>Pa</td></tr>
<tr><td>冷凝压力或温度</td><td>kPa</td><td rowspan="7">△</td><td rowspan="9">△</td></tr>
<tr><td>蒸发压力或温度</td><td>℃</td></tr>
<tr><td>进入换向阀的低压侧制冷剂蒸气温度</td><td rowspan="5">℃</td></tr>
<tr><td>进入压缩机的制冷剂蒸气温度</td></tr>
<tr><td>离开压缩机的制冷剂蒸气温度</td></tr>
<tr><td>离开换向阀的高压侧制冷剂蒸气温度</td><td rowspan="14">—</td><td rowspan="8">—</td></tr>
<tr><td>确定渗漏系数的制冷剂温度或表面温度</td></tr>
<tr><td>制冷剂-油流量</td><td>m³/s</td><td rowspan="6">—</td></tr>
<tr><td>制冷剂与油混合物的重量比</td><td>—</td></tr>
<tr><td>室外侧热交换器水流量</td><td>kg/s</td><td rowspan="4">—</td><td rowspan="3">△</td></tr>
<tr><td>进入室外侧热交换器水温</td><td rowspan="2">℃</td></tr>
<tr><td>离开室外侧热交换器水温</td></tr>
<tr><td>凝结水流量</td><td>kg/s</td><td rowspan="7">—</td><td>△</td></tr>
<tr><td>室内侧制冷剂液体温度</td><td rowspan="4">℃</td><td rowspan="4">d</td><td colspan="2">△</td><td rowspan="6">—</td></tr>
<tr><td>室外侧制冷剂液体温度</td><td colspan="2">d</td></tr>
<tr><td>室内侧制冷剂蒸气温度</td><td colspan="2" rowspan="3">△</td></tr>
<tr><td>室外侧制冷剂蒸气温度</td></tr>
<tr><td>室内侧制冷剂蒸气压力</td><td>kPa</td><td rowspan="2">—</td></tr>
<tr><td>其他数据</td><td></td><td>e</td><td>f</td></tr>
</table>

a 总输入功率和输入空调机部件的功率。
b 仅在制冷量测量中需要。
c 干式热交换器则不需要。
d 仅在调整管路漏热时需要。
e 需要的其他数据见 A.3。
f 需要的其他数据见 A.4。

A.11 试验结果

A.11.1 试验结果应定量地表示出被试空调机对空气产生的效果，对于给定的试验工况试验结果应表示：

a) 制冷量，W；

b) 显热制冷量，W；

c) 潜热制冷量，W；

d) 制热量，W；

e) 标准工况下的室内侧空气流量，m^3/s；

f) 室内侧气流的机外静压，Pa；

g) 输入被试空调机的总功率或输入各部件的功率，W。

A.11.2 采用两种试验方法时，制冷(热)量应是两种试验方法同时进行时室内侧测得的数据。两种方法所得制冷(热)量之差应在6%之内。采用压缩机标定法时，“同时进行”指取得压缩机标定试验工况。

A.11.3 对制冷工况试验采用两种方法时，显热制冷量和潜热制冷量由室内侧试验决定。

A.11.4 空调机在融霜循环时的制热量是根据室内空气回路的空气焓差法确定的，由空气流量和整个试验期间按时间平均的室内空气升温(融霜时为温降)确定。如果在融霜期间内室内风机停止，在风机停止这段时间内的制热量应认为等于零，这一段时间应计入为获取室内气流平均温升的总试验期内。没发生融霜的空调机的制热量是整个试验期内的累计热量，发生融霜的空调机的制热量是试验期内完整循环总数的累计热量。一个完整循环包括一个制热期和一个从融霜开始到融霜终结的融霜期。输入空调机的电功率根据整个试验期的总的电功率决定。

A.11.5 制冷(热)量由试验结果确定，在试验工况允许波动范围之内不作修正，对标准大气压的偏差按A.11.6的规定进行修正。

A.11.6 试验时大气压低于101 kPa时，大气压读数每低3.5 kPa制冷(热)量可增加0.8%。

A.11.7 空气焓值应根据饱和温度和标准大气压的偏差进行修正。

A.11.8 式(A.1)～式(A.31)中各符号的含义如下：

AU_a——漏热系数，W/℃；

A_a——喷嘴面积，m^2；

C——流量系数；

C_{pa}——空气的比热(对于1 kg干空气组成的湿空气)，J/ kg·℃；

D_a——喷嘴的喉径，mm；

D_t——制冷剂管子直径，mm；

E_i——向被试空调机室内侧输入的电功率，W；

E_t——输入空调机的总功率，W；

f——温度系数；

h_{a1}——进入室内侧空气的焓(对于1 kg干空气组成的湿空气)，J/kg；

h_{a2}——离开室内侧空气的焓(对于1 kg干空气组成的湿空气)，J/kg；

h_{a3}——进入室外侧空气的焓(对于1 kg干空气组成的湿空气)，J/kg；

h_{a4}——离开室外侧空气的焓(对于1 kg干空气组成的湿空气)，J/kg；

h_{g1}——规定工况下，进入压缩机的制冷剂蒸气的焓，J/kg；

h_{g2}——进入冷凝器的制冷剂蒸气的焓，J/kg；

h_{f1}——离开压缩机的制冷剂蒸气压力相对应的饱和温度的液体制冷剂的焓，J/kg；

h_{f2}——离开冷凝器的制冷剂液体的焓，J/kg；

h_{r1}——进入室内侧的制冷剂的焓，J/kg；

h_{r2}——离开室内侧的制冷剂的焓,J/kg;

h_{k1}——进入蒸气盘管水蒸气的焓,J/kg;

h_{k2}——离开蒸气盘管凝结液体的焓,J/kg;

L——制冷剂管路的长度,m;

N_{Re}——雷诺数;

ρ——制冷剂密度,kg/m^3;

p_V——喷嘴喉部的动压或通过喷嘴的静压差,Pa;

p_n——喷嘴前的静压力,Pa;

q——按 GB/T 5773 确定的压缩机制冷量,W;

q_e——输入量热器的热量,W;

q_{sci}——显热制冷量(室内侧数据),W;

q_{sc}——显热制冷量;

q_{sri}——显热再加热量(室内侧数据),W;

q_{te}——用压缩机标定法试验求得的制冷量,W;

q_{tci}——制冷量(室内侧数据),W;

q_{lci}——潜热制冷量(室内侧数据),W;

q_{tco}——制冷量(室外侧数据),W;

q_{thi}——制热量(室内侧数据),W;

q_{tho}——制热量(室外侧数据),W;

q_L——内连接管的管路漏热损失,W;

q_{th}——用压缩机标定法试验求得的热量,W;

Q_{mi}——室内空气流量测量值,m^3/s;

Q_{mo}——室外空气流量测量值,m^3/s;

Q_i——室内空气流量计算值,m^3/s;

Q_{ai}——室内侧质量流量(对于 1 kg 干空气组成的湿空气),kg /s;

Q_s——标准状况下的空气流量,m^3/s;

t_{a1}——进入室内侧的空气干球温度,℃;

t_{a2}——离开室内侧的空气干球温度,℃;

t_{a3}——进入室外侧的空气干球温度,℃;

t_{a4}——离开室外侧的空气干球温度,℃;

t_{a5}——离开再加热盘管的空气干球温度,℃;

t_1——进入冷凝器的水温,℃;

t_2——离开冷凝器的水温,℃;

t_a——周围温度,℃;

t_c——蒸发器、冷凝器的表面温度,℃;

t_r——量热计表面温度,℃;

t_{w1}——进入室外侧热交换器的水温,℃;

t_{w2}——离开室外侧热交换器的水温,℃;

T_h——内连接管的隔热层厚度,mm;

Δt——制冷剂和周围环境之间的平均温差,℃;

V_r——制冷剂-油混合物的流量,m^3/s;

V_a——喷嘴处空气的流速,m/s;

V'_n——喷嘴处空气的比容,m^3/kg;

V_n——在喷嘴进口处的干湿球温度下，并在标准大气时空气的比容(对于 1 kg 干空气组成的湿空气)，m^3/kg；
V_i——进入室内侧空气的比容(对于 1 kg 干空气组成的湿空气)，m^3/kg；
V_{ai}——离开室内侧的比容(对于 1 kg 干空气组成的湿空气)，m^3/kg；
W_{ai}——室内空气流量；
W_n——喷嘴处空气的含湿量(对于 1 kg 干空气组成的湿空气)，kg/kg；
W_c——凝结水流量，kg/s；
W_{i1}——进入室内侧空气的含湿量(对于 1 kg 干空气组成的湿空气)，kg/kg；
W_{i2}——离开室内侧空气的含湿量(对于 1 kg 干空气组成的湿空气)，kg/kg；
W_h——蒸汽、凝结液体的质量流量，kg/s；
W_k——凝结液体的质量流量，kg/s；
W_r——由量热器法压缩机侧计算的制冷剂流量，kg/s；
W_w——水流量，kg/s；
X——制冷剂与制冷剂-油混合物的重量比。

附 录 B
（规范性附录）
单元式空气调节机综合部分负荷性能系数的试验和计算

本附录规定了水冷单元式空气调节机的制冷综合部分负荷性能系数的试验和计算。

B.1 术语和定义

B.1.1

部分负荷性能系数 part load value(PLV)

用一个单一数值表示空调机的部分负荷效率指标，它基于空调机部分负荷的 EER，按空调机在各种负荷下运行时间的加权因素计算得出。

B.1.2

综合部分负荷性能系数 integrated part load value(IPLV)

用一个单一数值表示空调机的部分负荷效率指标，基于表 B.2 规定的 IPLV 工况下空调机部分负荷的 EER，按空调机在各种负荷下运行时间的加权因素，通过计算式(B.1)获得。

B.1.3

非标准部分负荷性能系数 Non-Standard Part Load Value(NPLV)

用一个单一数值表示空调机的部分负荷效率指标，基于表 B.2 规定的 NPLV 工况下空调机部分负荷的 EER，按空调机在特定负荷下运行时间的加权因素，通过计算式(B.1)获得。

$$\text{IPLV(或 NPLV)} = 2.3\% \times A + 41.5\% \times B + 46.1\% \times C + 10.1\% \times D \quad \cdots\cdots (\text{B.1})$$

式中：

A=100%负荷时的 EER，W/W；

B=75%负荷时的 EER，W/W；

C=50%负荷时的 EER，W/W；

D=25%负荷时的 EER，W/W。

注：部分负荷百分数计算基准是指名义制冷量(明示值)。

B.2 试验工况

B.2.1 水冷式空调机试验工况除应符合表 1 的规定，还应符合表 B.1 和表 B.2 的规定。

表 B.1 名义工况

试验条件	室内侧入口空气状态		水冷式冷凝器进水温度和流量状态		
	干球温度/℃	湿球温度/℃	进水温度/℃	单位名义制冷量流量/$m^3/(h \cdot kW)$	污垢系数/$(m^2 \cdot ℃)/kW$
名义制冷	27	19	30	0.215	0.043

表 B.2 部分负荷工况

试验条件		室内侧入口空气状态		水冷式冷凝器进水温度和流量状态		
		干球温度/℃	湿球温度/℃	进水温度/℃	流量/(m^3/h)	污垢系数/$(m^2 \cdot ℃)/kW$
IPLV	100%负荷工况	27	19	30	b	0.043
	75%负荷工况			26		
	50%负荷工况			23		
	25%负荷工况			19		

表 B.2（续）

试验条件		室内侧入口空气状态		水冷式冷凝器进水温度和流量状态		
		干球温度/℃	湿球温度/℃	进水温度/℃	流量/(m^3/h)	污垢系数/(m^2·℃)/kW
NPLV	100%负荷工况	27	19	选定的进水温度	选定的流量	指定的污垢系数
	75%负荷工况			a		
	50%负荷工况					
	25%负荷工况					

[a] 部分负荷的进水温度必须在15.5 ℃至选定的100%负荷进水温度之间按负荷百分比线形变化，保留一位小数。

[b] 各部分负荷工况的流量必须保持和名义制冷时的流量一致。

B.2.2 空调机水侧污垢系数修正温差的计算方法按GB/T 18430.1—2007附录C的规定。

B.3 部分负荷性能

B.3.1 综合部分负荷性能

B.3.1.1 空调机应按表B.2规定的IPLV部分负荷工况测定100%、75%、50%和25%负荷点的EER，并按式(B.1)计算其综合部分负荷性能系数IPLV。

B.3.1.2 若空调机不能按B.3.1.1规定的IPLV工况正常运行，则可以按以下规定进行。

B.3.1.2.1 若空调机不能在75%、50%或25%负荷点运行，可以使空调机在按表B.2规定的IPLV工况条件以其他部分负荷点运行，测量各个负荷点的EER，并在点与点之间用直线连接，绘出部分负荷曲线图。此时可从曲线图通过内插法来计算空调机75%、50%或25%负荷点的EER，但不得使用外插法。

B.3.1.2.2 若空调机不能卸载到25%、50%或75%负荷点：

a) 若空调机无法卸载到25%负荷点但可以卸载到低于50%负荷点，则其75%和50%负荷点的EER按B.3.1.2.1规定进行，空调机最小能力应按表B.2规定的25%负荷IPLV工况条件运行，测试最小能力负荷点的EER，然后按式(B.2)计算25%负荷点的EER。

b) 若空调机无法卸载到50%负荷点但可以卸载到低于75%负荷点，则其75%的EER按B.3.1.1或B.3.1.2.1规定进行，空调机最小能力应按表B.2规定的50%、25%负荷IPLV工况条件运行，测试最小能力负荷点的EER，然后按式(B.2)计算50%和25%负荷点的EER。

c) 若空调机无法卸载到75%负荷点，空调机最小能力应按表B.2规定的75%、50%和25%负荷IPLV工况条件运行，测试最小能力负荷点的EER，然后按式(B.2)计算75%、50%和25%负荷点的EER。

$$\text{EER}=\frac{Q_m}{C_D P_m} \quad \cdots\cdots\cdots\cdots(\text{B.2})$$

式中：

Q_m——实测制冷量，单位为瓦(W)；

P_m——实测输入总功率，单位为瓦(W)；

C_D——衰减系数，由式(B.3)计算。是由于空调机无法达到最小负荷，压缩机循环停机引起。

$$C_D=(-0.13LF)+1.13 \quad \cdots\cdots\cdots\cdots(\text{B.3})$$

式中：

LF——负荷系数，由式(B.4)计算：

$$LF=\frac{\left(\frac{LD}{100}\right)Q_{FL}}{Q_{PL}} \qquad \text{(B.4)}$$

LD——需要计算的负荷点；

Q_{FL}——名义制冷量(明示值)，单位为瓦(W)；

Q_{PL}——部分负荷制冷量(实测值)，单位为瓦(W)。

B.3.2 非标准部分负荷性能

必要时空调机应进行非标准部分负荷性能试验。

B.3.2.1 空调机应按表B.2规定的NPLV部分负荷工况测定100%、75%、50%和25%负荷点的EER，并按式(B.1)计算其非标准部分负荷性能系数NPLV。

B.3.2.2 若空调机不能按B.3.2.1规定的NPLV工况正常运行，则可以按以下规定进行。

B.3.2.2.1 若空调机不能在75%、50%或25%负荷点运行，可以使空调机在按表B.2规定的NPLV工况条件的其他部分负荷点运行，测量的各个负荷点的EER、在点与点之间用直线连接，绘出部分负荷曲线图。此时可从曲线图通过内插法来计算空调机75%、50%或25%负荷点的EER，但不得使用外插法。

B.3.2.2.2 若空调机不能卸载到25%、50%或75%负荷点：

a) 若空调机无法卸载到25%负荷点但可以卸载到低于50%负荷点，则其75%和50%负荷点的EER按B.3.2.2.1规定进行，空调机最小能力应按表B.2规定的25%负荷NPLV工况条件运行，测试最小能力负荷点的EER，然后按式(B.2)计算25%负荷点的EER。

b) 若空调机无法卸载到50%负荷点但可以卸载到低于75%负荷点，则其75%的EER按B.3.2.2.1规定进行，空调机最小能力应按表B.2规定的50%、25%负荷NPLV工况条件运行，测试最小能力负荷点的EER，然后按式(B.2)计算50%和25%负荷点的EER。

c) 若空调机无法卸载到75%负荷点，空调机最小能力应按表B.2规定的75%、50%和25%负荷NPLV工况条件运行，测试最小能力负荷点的EER，然后按式(B.2)计算75%、50%和25%负荷点的EER。

B.4 部分负荷性能试验要求

B.4.1 水冷式空调机冷却水流量为名义工况时流量。

B.4.2 空调机各负荷点的实测制冷量与名义制冷量的比值与各负荷值的偏差应小于等于±2%，可根据测量值直接计算各负荷点的EER；否则必须按插值法或按式(B.2)计算各负荷点的EER。

B.5 计算示例

B.5.1 一台满负荷名义制冷量为400 kW的空调机，其测试数据见表B.3。

表B.3 部分负荷测试数据

负荷步数	负荷	制冷量/kW	输入功率/kW	EER
3(满载)	100%	398	83.8	4.75
2[a]	72.3%	289	57.6	5.02
1[b]	39%	156	30.4	5.13
1[c]	40.5%	162	32.0	5.06

a 测试条件为按表B.2中75%负荷的工况条件；

b 最小负荷，测试条件为按表B.2中50%负荷的工况条件；

c 最小负荷，测试条件为表B.2中25%负载工况条件。

B.5.2 根据B.3.1.2.1，按表B.3中的数据绘制曲线见图.1，按内插法计算B点和C点的性能系数（见表B.4）。

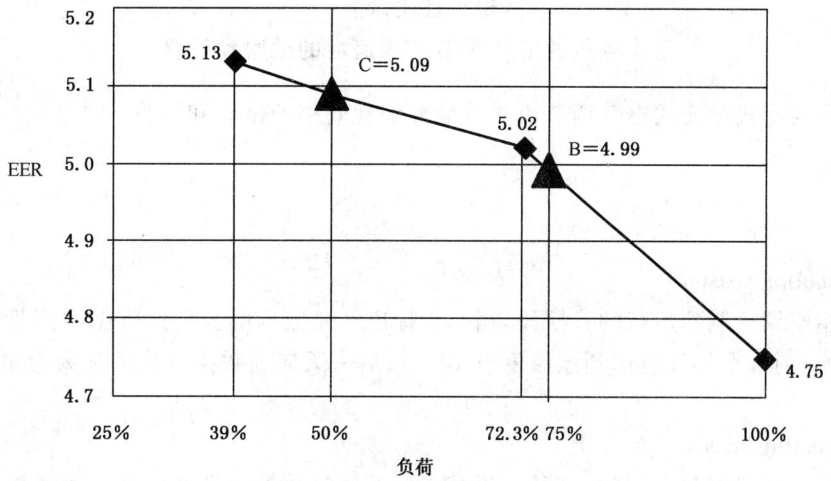

图 B.1 部分负荷性能曲线

表 B.4 各负荷点的 EER

部分负荷点	负荷	制冷量/kW	EER
A	100％	400	4.75
B	75％	300	4.99
C	50％	200	5.09

因为空调机无法卸载到25％负荷点，按B.3.1.2.2计算D点（25％负荷点）的EER：

$$LF=\frac{(0.25)\times(400)}{162}=0.62$$

$$C_D=(-0.13\times0.62)+1.13=1.05$$

$$EER=\frac{162}{1.05\times32}=4.82$$

根据A，B，C，D点的EER，计算制冷综合部分负荷性能系数如下：

IPLV＝2.3％×4.75＋41.5％×4.99＋46.1％×5.09＋10.1％×4.82＝5.01

附 录 C
（规范性附录）
单元式空气调节机季节能源消耗的试验和计算

本附录规定了风冷式单元式空气调节机季节能源消耗效率的试验和计算。

C.1 术语和定义

C.1.1

制冷季节 cooling season

制冷季节是指空调机制冷运行的日期段，当基于标准气象数据的日平均气温达到某一温度 tc 以上第 3 次的那天开始，到日平均气温达到该温度 tc 以上最后一天向前数第 3 次的那天为止为制冷季节。

C.1.2

制热季节 heating season

制热季节是指空调机制热运行的日期段，当基于标准气象数据的日平均气温达到某一温度 th 以下第 3 次的那天开始，到日平均气温达到该温度 th 以下最后一天向前数第 3 次的那天为止为制热季节。

C.1.3

制冷（热）量 cooling(heating) capacity

空调机以额定能力，在规定的制冷（热）能力试验条件下连续稳定制冷（热）运行时，单位时间内从（向）封闭空间、房间或区域内除去（送入）的热量总和，单位：W。

C.1.4

制冷（热）消耗功率 cooling(heating) power input

空调机以额定能力，在规定的制冷（热）能力试验条件下连续稳定制冷（热）运行时消耗的总功率，单位：W。

C.1.5

中间制冷（热）量 middle cooling(heating) capacity

空调机以发挥名义制冷（热）量的 1/2 能力，在规定的制冷（热）能力试验条件下连续稳定制冷（热）运行时，单位时间内从（向）封闭空间、房间或区域内除去（送入）的热量总和，单位：W。

注：中间制冷（热）量在名义制冷（热）量的 50%±5%范围内。当机器的最小能力超过名义制冷（热）量 55%时，以此时的数值为中间能力。

C.1.6

中间制冷（热）消耗功率 middle cooling(heating) power input

空调机以发挥名义制冷（热）量的 1/2 能力，在规定的制冷（热）能力试验条件下连续稳定制冷（热）运行时消耗的总功率，单位：W。

注：中间制冷（热）消耗功率的有效数值为 3 位数，当机器的最小能力超过名义制冷（热）量的 55%时，以此时数值为中间制冷（热）消耗功率。

C.1.7

最小制冷（热）量 minimal cooling(heating) capacity

空调机以最小能力，在规定的制冷（热）能力试验条件下连续稳定制冷（热）运行时，单位时间内从（向）封闭空间、房间或区域内除去（送入）的热量总和，单位：W。

C.1.8

最小制冷（热）消耗功率 minimal cooling(heating) power input

空调机以最小能力，在规定的制冷（热）能力试验条件下连续稳定制冷（热）运行时消耗的总功率，单位：W。

C.1.9

制冷负荷　cooling load

将空调机的制冷能力(名义制冷量)作为室外温度为35 ℃时建筑物的制冷负荷,连接此点与建筑物的制冷0负荷对应的室外温度点形成的直线,即为制冷负荷线。

C.1.10

制热负荷　heating load

制热负荷用与制冷负荷同样大小的建筑物来评价,由室外温度35 ℃时建筑物的制冷负荷与HCR的乘积计算出室外温度为0 ℃时建筑物的制热负荷,连接此点与建筑物的制热0负荷对应的室外温度点形成的直线,即为制热负荷线。

注:HCR是室外温度为0 ℃时建筑物的制热负荷与室外温度35 ℃时建筑物的制冷负荷之比。

C.1.11

制冷负荷系数(CLF)　cooling load factor

在同一温、湿度条件下,空调机制冷运行时,通过室内温度调节器的通(ON)、断(OFF)使空调机进行断续运行时,由ON时间与OFF时间构成的断续运行的1个周期内,从室内除去的热量和与之等周期时间内连续制冷运行时,从室内除去的热量之比。

C.1.12

制热负荷系数(HLF)　heating load factor

在同一温、湿度条件下,空调机制热运行时,通过室内温度调节器的通(ON)、断(OFF)使空调机进行断续运行时,由ON时间与OFF时间构成的断续运行的1个周期内,送入室内的热量和与之等周期时间内连续制热运行时,送入室内的热量之比。

C.1.13

部分负荷率(PLF)　part load factor

在同一温、湿度条件下,空调机进行断续运行时的能效比(性能系数)与进行连续运行时的能效比(性能系数)之比。

C.1.14

效率降低系数(C_D)　degradation coefficient

空调机由于进行断续运行而产生效率降低的系数,用C_D表示。

C.1.15

制冷季节总负荷(CSTL)　cooling seasonal total load

在制冷季节中,空调机从封闭空间、房间或区域内除去的热量总和,单位:Wh。

C.1.16

制热季节总负荷(HSTL)　heating seasonal total load

在制热季节中,空调机向封闭空间、房间或区域内送入的热量总和,单位:Wh。

C.1.17

制冷季节耗电量(CSTE)　cooling seasonal total energy

在制冷季节中,空调机进行制冷运行时所消耗的电量总和,单位:Wh。

C.1.18

制热季节耗电量(HSTE)　heating seasonal total energy

在制热季节中,空调机进行制热运行时所消耗的电量总和,单位:Wh。

C.1.19

全年耗电量(APC)　annual power consumption

制冷季节中的制冷季节耗电量与制热季节中的制热季节耗电量的总和,单位:Wh。

C.2 性能要求

5.3中除下述要求被替代外，其余均适用。

C.2.1 制冷性能

a) 制冷量

按C.3.3.1a)方法试验时，空调机的实测制冷量不应小于其名义制冷量的95%。

b) 制冷消耗功率

按C.3.3.1b)方法试验时，空调机的实测制冷消耗功率不应大于其名义制冷消耗功率的110%。

C.2.2 中间制冷性能

a) 中间制冷量

按C.3.3.2a)方法试验时，空调机的实测中间制冷量不应小于其名义中间制冷量的95%。

b) 中间制冷消耗功率

按C.3.3.2b)方法试验时，空调机的实测中间制冷消耗功率不应大于其名义中间制冷消耗功率的110%。

C.2.3 最小制冷性能

a) 最小制冷量

按C.3.3.3a)方法试验时，空调机的实测最小制冷量不应小于其名义最小制冷量的80%。

b) 最小制冷消耗功率

按C.3.3.3b)方法试验时，空调机的实测最小制冷消耗功率不应大于其名义最小制冷消耗功率的125%。

C.2.4 制热性能

a) 制热量

按C.3.3.4a)方法试验时，空调机的实测制热量不应小于其名义制热量的95%。

b) 制热消耗功率

按C.3.3.4b)方法试验时，空调机的实测制热消耗功率不应大于其名义制热消耗功率的110%。

C.2.5 中间制热性能

a) 中间制热量

按C.3.3.5a)方法试验时，空调机的实测中间制热量不应小于其名义中间制热量的95%。

b) 中间制热消耗功率

按C.3.3.5b)方法试验时，空调机的实测中间制热消耗功率不应大于其名义中间制热消耗功率的110%。

C.2.6 最小制热性能

a) 最小制热量

按C.3.3.6a)方法试验时，空调机的实测最小制热量不应小于其名义最小制热量的80%。

b) 最小制热消耗功率

按C.3.3.6b)方法试验时，空调机的实测最小制热消耗功率不应大于其名义最小制热消耗功率的125%。

C.2.7 低温制热性能

a) 低温制热量

按C.3.3.7a)方法试验时，空调机的实测低温制热量不应小于其名义低温制热量的95%。

b) 低温制热消耗功率

按C.3.3.7b)方法试验时，空调机的实测低温制热消耗功率不应大于其名义低温制热消耗功率的 115%。

C.2.8 超低温制热性能

a) 超低温制热量

按 C.3.3.8a)方法试验时,空调机的实测超低温制热量不应小于其名义超低温制热量的 95%。

b) 超低温制热消耗功率

按 C.3.3.8b)方法试验时,空调机的实测超低温制热消耗功率不应大于其名义超低温制热消耗功率的 115%。

C.3 试验

C.3.1 试验条件

C.3.1.1 空调机试验工况除应符合表 1 的规定,还应符合表 C.1 的规定。

表 C.1 试验工况 单位为摄氏度

<table>
<tr><th rowspan="2">试验条件</th><th colspan="2">室内侧入口空气状态</th><th colspan="2">室外侧入口空气状态</th></tr>
<tr><th>干球温度</th><th>湿球温度</th><th>干球温度</th><th>湿球温度</th></tr>
<tr><td>名义制冷</td><td rowspan="4">27</td><td rowspan="2">19</td><td>35</td><td>24[a]</td></tr>
<tr><td>低温制冷</td><td rowspan="3">29</td><td>19[a]</td></tr>
<tr><td>低湿制冷</td><td rowspan="2"><16[b]</td><td rowspan="2">—</td></tr>
<tr><td>断续制冷</td></tr>
<tr><td>名义制热</td><td rowspan="4">20</td><td rowspan="2">—</td><td rowspan="2">7</td><td rowspan="2">6</td></tr>
<tr><td>断续制热</td></tr>
<tr><td>低温制热</td><td rowspan="2"><15[b]</td><td>2</td><td>1</td></tr>
<tr><td>超低温制热</td><td>−8.5</td><td>−9.5</td></tr>
<tr><td colspan="5">a 适应于湿球温度影响室外侧换热的装置(利用水的潜热作为室外侧换热器的热源装置);
b 适应于湿球温度影响室内侧换热的装置。</td></tr>
</table>

C.3.1.2 空调机试验工况参数的读数允差除应符合表 5 和表 6 规定,还应符合表 C.2 的规定。

表 C.2 试验工况参数的读数允差 单位为摄氏度

<table>
<tr><th rowspan="2" colspan="2">项 目</th><th colspan="2">室内侧入口空气状态</th><th colspan="2">室外侧入口空气状态</th></tr>
<tr><th>干球温度</th><th>湿球温度</th><th>干球温度</th><th>湿球温度</th></tr>
<tr><td rowspan="2">名义制冷、名义制热、低温制热</td><td>最大变动幅度</td><td>±1.0</td><td>±0.5[a]</td><td>±1.0</td><td>±0.5</td></tr>
<tr><td>平均变动幅度</td><td>±0.3</td><td>±0.2[a]</td><td>±0.3</td><td>±0.2</td></tr>
<tr><td rowspan="2">低温制冷、低湿制冷</td><td>最大变动幅度</td><td>±0.5</td><td>±0.3[a]</td><td>±0.5</td><td>±0.3[a]</td></tr>
<tr><td>平均变动幅度</td><td>±0.3</td><td>±0.2[a]</td><td>±0.3</td><td>±0.2[a]</td></tr>
<tr><td rowspan="2">断续制冷、断续制热</td><td>最大变动幅度</td><td>±1.5</td><td rowspan="2">—</td><td>±1.5</td><td>±1.0[b]</td></tr>
<tr><td>平均变动幅度</td><td>±0.5</td><td>±0.5</td><td>±0.5[b]</td></tr>
<tr><td rowspan="2">超低温制热</td><td>最大变动幅度</td><td>±2.0</td><td>±1.5</td><td>±2.0</td><td>±1.0</td></tr>
<tr><td>平均变动幅度</td><td>±0.5</td><td>±0.5</td><td>±0.5</td><td>±0.3</td></tr>
<tr><td colspan="6">a 低湿制冷试验不适用;
b 断续制冷试验不适用。</td></tr>
<tr><td colspan="6">注:不稳定状态的热泵制热量试验按照 6.1.6 的表 6 融霜工况。</td></tr>
</table>

C.3.2 试验要求

6.2规定的要求及下述要求均适用于本附录。

C.3.2.1 空调机应在规定的频率和电压下运行，除由于空调机启动或停止的负荷变动外，电源电压的偏差不应大于规定电压±2%，电源频率的偏差不应大于规定频率的±1%。

C.3.3 试验方法

C.3.3.1 制冷性能试验

a) 制冷量试验

按6.3.3方法进行试验，空调机以额定能力，在名义制冷工况和规定条件下，连续稳定运行1 h后进行测试。

b) 制冷消耗功率试验

按6.3.3方法测试空调机制冷量的同时，测定空调机的输入功率和运转电流。

C.3.3.2 中间制冷性能试验

a) 中间制冷量试验

按6.3.3方法进行试验，空调机以发挥名义制冷量的1/2能力，在名义制冷工况和规定条件下，连续稳定运行1 h后进行测试。

b) 中间制冷消耗功率试验

按6.3.3方法测试空调机中间制冷量的同时，测定空调机的输入功率和运转电流。

注1：当空调机无法准确测试中间制冷能力时，空调机按6.3.3的方法进行试验，在表C.1的名义制冷工况条件下，测试一个大于中间制冷能力和一个小于中间制冷能力的制冷量和制冷消耗功率，并通过插值的方法计算中间制冷量和中间制冷消耗功率。

注2：当空调机的最小制冷能力超过名义制冷量55%的场合，测试最小能力的制冷量和制冷消耗功率。

C.3.3.3 最小制冷性能试验

a) 最小制冷量试验

按6.3.3方法进行试验，空调机以最小能力，在名义制冷工况和规定条件下，连续稳定运行1 h后进行测试。

b) 最小制冷消耗功率试验

按6.3.3方法测试空调机最小制冷量的同时，测定空调机的输入功率和运转电流。

C.3.3.4 制热性能试验

a) 制热量试验

按6.3.5方法进行试验，空调机以额定能力，在名义制热工况和规定条件下，连续稳定运行1h后进行测试。

b) 制热消耗功率试验

按6.3.5方法测试空调机制热量的同时，测定空调机的输入功率和运转电流。

C.3.3.5 中间制热性能试验

a) 中间制热量试验

按6.3.5方法进行试验，空调机以发挥名义制热量的1/2能力，在名义制热工况和规定条件下，连续稳定运行1 h后进行测试。

b) 中间制热消耗功率试验

按6.3.5方法测试中间制热量的同时，测定空调机的输入功率和运转电流。

注1：当空调机无法准确测试中间制热能力时，空调机按6.3.5的方法进行试验，在表C.1的名义制热工况条件下，

测试一个大于中间制热能力和一个小于中间制热能力的制热量和制热消耗功率，并通过插值的方法计算中间制热量和中间制热消耗功率。

注 2：当空调机的最小制热能力超过名义制热量 55％的场合，测试最小能力的制热量和制热消耗功率。

C.3.3.6 最小制热性能试验

a) 最小制热量试验

按 6.3.5 方法进行试验，空调机以最小能力，在名义制热工况和规定条件下，连续稳定运行 1 h 后进行测试。

b) 最小制热消耗功率试验

按 6.3.5 方法测试空调机最小制热量的同时，测定空调机的输入功率和运转电流。

C.3.3.7 低温制热性能试验

a) 低温制热量试验

按 6.3.5 和 A.9.4 方法进行试验，空调机以最大能力，在表 C.1 的低温制热工况和规定条件下(辅助电加热装置的电路断开)，连续稳定运行后进行测试。

b) 低温制热消耗功率试验

按 6.3.5 和 A.9.4 方法测试空调低温制热量的同时，测定空调机的输入功率和运转电流。

C.3.3.8 超低温制热性能试验

a) 超低温制热量试验

按 6.3.5 和 A.9.4 方法进行试验，空调机以额定能力，在表 C.1 的超低温制热工况和规定条件下，连续稳定运行后进行测试。

1) 供试机运行达到平衡后再运行 30 min 之后的 20 min 期间进行测试，并将其换算为小时制热能力；

2) 测定时间间隔为 10 s 以内。

b) 超低温制热消耗功率试验

按 6.3.5 和附录 A.9.4 方法测试空调机低温制热量的同时，测定空调机的输入功率和运转电流。

C.3.3.9 低温制冷试验

按 6.3.3 方法进行试验，空调机以额定能力，在低温制冷工况和规定条件下，连续稳定运行 1 h 后进行测试。

C.3.3.10 低湿制冷试验

按 6.3.3 方法进行试验，定容型空调机以额定能力，在低湿制冷工况和规定条件下，连续稳定运行 1 h 后进行测试。非定容型空调机以最小能力，在低湿制冷工况和规定条件下，连续稳定运行 1 h 后进行测试。

C.3.3.11 断续制冷试验

按 6.3.3 方法进行试验，空调机在断续制冷工况和下述条件下进行测试：

a) 空调机按断续运行周期的规定，反复进行断续制冷运行 1 h 以上，达到平衡后再连续进行断续运行 3 个周期后进行测试；

b) 空调机的压缩机循环地“开机”和“停机”时，其冷凝器侧的所有通风设备也必须循环地“开机”和“停机”，室内通风设备也必须随机组一起安装的自动控制器进行循环地“开机”和“停机”。对装有室内风机延迟的空调机，允许风机延迟停止；

c) 空调机测试时必须测量一个或几个断续运行周期内累积时间的制冷量，同时测量同一个或几个断续运行周期内累积时间的耗电量，其中累积时间是压缩机“开机”时间或者装有风机时间延迟时由于风机延时而延长的“开机”时间；

d) 断续运行周期为：空调机开始运行至下一个运行开始，定容型空调机断续运行时间为开机 6 min，停机 24 min；非定容型空调机断续运行时间为运行 12 min，停止 48 min；

e) 非定容型空调机以最小能力运行。

C.3.3.12 断续制热试验

按 6.3.5 方法进行试验，空调机在断续制热工况和下述条件下进行测试：

a) 空调机按断续运行周期的规定，反复进行断续制冷运行 1 h 以上，达到平衡后再连续进行断续运行 3 个周期后进行测试；

b) 空调机的压缩机循环地“开机”和“停机”时，其冷凝器侧的所有通风设备也必须循环地“开机”和“停机”，室内通风设备也必须随空调机一起安装的自动控制器进行循环地“开机”和“停机”。对装有室内风机延迟的空调机，允许风机延迟停止；

c) 空调机测试时必须测量一个或几个断续运行周期内累积时间的制热量，同时测量同一个或几个断续运行周期内累积时间的耗电量，其中累积时间是压缩机“开机”时间或者装有风机时间延迟时由于风机延时而延长的“开机”时间；

d) 断续运行周期为：空调机开始运行至下一个运行开始，定容型空调机断续运行时间为开机 12 min，停机 18 min；非定容型空调机断续运行时间为运行 24 min，停止 36 min；

e) 非定容型空调机以最小能力运行。

C.3.3.13 由第三方检测机构进行制冷量，中间制冷量，最小制冷量以及制热量，中间制热量，最小制热量试验时，空调机制造商须提供空调机各能力点的设定方法，以确保第三方进行试验。

C.4 标志

8.1 中除下述内容需增加外，其余均适用。

C.4.1 除标示出制冷量、输入功率外，还应标出制冷量范围（最大制冷量和最小制冷量）、输入功率范围（最大制冷输入功率和最小制冷输入功率），中间制冷量、中间制冷输入功率。

C.4.2 除标示出制热量、输入功率外，还应标出制热量范围（最大制热量和最小制热量）、输入功率范围（最大制热输入功率和最小制热输入功率），中间制热量、中间制热输入功率，低温制热量、低温输入功率。

C.5 全年性能系数 APF 的计算

C.5.1 空调机全年性能系数（APF）的计算以南京作为代表城市，以租赁商铺为代表建筑类型计算，其他城市及建筑类型参照执行。

C.5.2 空调机在制冷季节需要制冷的各温度发生时间见表 C.3，在制热季节需要制热的各温度发生时间见表 C.4。

表 C.3 制冷季节需要制冷的各温度发生时间

地区	制冷季节温度区间 jc	1	2	3	4	5	6	7	8	9	10	11	12	13	14	15	16	17	18	19	制冷总小时数/h	加权平均外温/℃
	对应的室外温度 t_{jc}/℃	22	23	24	25	26	27	28	29	30	31	32	33	34	35	36	37	38	39	40		
	制冷季节	制冷季节需要制冷的各温度发生时间 n_{jc}(小时数)(h)																				
办公建筑																						
北京	5月6日～9月24日	56	55	83	85	77	78	77	78	58	47	41	39	23	10	3	1	0	0	0	811	27.4
长春	5月23日～8月31日	63	52	74	79	56	38	49	28	12	10	2	7	2	0	0	0	0	0	0	472	25.5
长沙	4月27日～10月17日	87	85	98	119	95	72	67	81	60	70	56	45	32	11	7	8	1	0	0	994	27.3
成都	5月2日～10月13日	105	100	115	88	95	67	55	51	49	35	20	17	2	0	0	0	0	0	0	799	25.9
重庆	4月8日～10月20日	98	102	106	96	109	80	73	71	61	46	50	43	26	29	9	3	0	0	0	1 002	27.1
大连	5月31日～9月21日	108	115	109	108	79	82	26	19	7	0	0	0	0	0	0	0	0	0	0	653	24.6
福州	3月30日～11月20日	96	98	96	95	98	109	108	122	130	110	92	48	39	27	15	2	0	0	0	1 285	27.9
广州	3月3日～11月25日	81	100	135	176	158	155	147	139	128	126	97	65	43	23	2	0	0	0	0	1 575	27.6
贵阳	4月14日～10月23日	113	96	115	108	87	75	59	31	26	8	6	1	0	0	0	0	0	0	0	725	25.2
哈尔滨	6月9日～8月26日	54	40	45	51	60	42	32	29	22	18	9	0	0	0	0	0	0	0	0	402	25.9
海口	1月11日～12月29日	149	127	152	167	150	184	195	184	214	151	129	95	43	4	0	0	0	0	0	1 944	27.6
杭州	4月2日～10月24日	119	97	90	80	85	92	94	85	61	58	53	50	32	31	13	1	0	0	0	1 041	27.3
合肥	4月29日～11月1日	100	97	101	98	96	86	60	67	65	64	52	41	33	21	8	1	0	0	0	990	27.2
呼和浩特	5月28日～8月28日	48	47	59	54	50	47	53	41	15	17	12	1	4	0	0	0	0	0	0	448	26.1
济南	4月13日～10月11日	53	78	105	98	101	94	98	97	93	55	36	35	16	11	9	1	0	0	0	980	27.3
昆明	4月17日～9月13日	108	96	75	61	41	14	7	2	1	0	0	0	0	0	0	0	0	0	0	405	23.8
拉萨	不需供冷	0	0	0	0	0	0	0	0	0	0	0	0	0	0	0	0	0	0	0	0	0.0
兰州	5月3日～9月6日	59	50	58	49	49	51	44	43	17	17	13	4	7	0	0	0	0	0	0	461	26.1
南昌	4月30日～10月23日	81	104	77	97	85	78	79	77	76	60	64	59	53	29	16	8	0	0	0	1 043	27.8
南京	5月8日～10月13日	81	65	73	81	79	81	81	82	68	70	59	54	48	18	6	1	0	0	0	947	27.8

表 C.3（续）

地区	制冷季节温度区间 jc	1	2	3	4	5	6	7	8	9	10	11	12	13	14	15	16	17	18	19	制冷总小时数/h	加权平均外温/℃
	对应的室外温度 t_{jc}/℃	22	23	24	25	26	27	28	29	30	31	32	33	34	35	36	37	38	39	40		
	制冷季节	制冷季节需要制冷的各温度发生时间 n_{jc}（小时数）(h)																				
办公建筑																						
南宁	1月1日～11月27日	94	102	124	156	176	162	141	144	136	111	103	62	26	16	3	0	0	0	0	1 556	27.5
上海	4月29日～10月14日	118	105	119	100	90	89	92	79	56	58	31	14	12	4	6	0	0	0	0	973	26.4
沈阳	5月23日～9月4日	46	44	54	72	72	68	65	58	41	30	13	6	1	0	0	0	0	0	0	570	26.6
石家庄	4月29日～9月26日	47	80	73	87	98	84	95	75	71	47	42	24	12	10	10	6	1	2	1	865	27.4
太原	5月2日～9月2日	64	70	82	72	71	63	81	64	42	13	15	7	0	0	0	0	0	0	0	644	26.1
天津	5月12日～9月26日	46	55	87	105	120	100	70	74	51	42	32	21	11	5	2	0	0	0	0	821	26.9
乌鲁木齐	5月9日～9月11日	53	53	45	42	41	45	42	34	26	26	20	8	3	2	1	0	3	0	0	444	26.5
武汉	3月30日～11月2日	75	96	61	81	100	95	105	93	68	63	56	52	38	23	16	10	6	0	0	1 038	27.9
西安	4月29日～9月20日	65	55	66	75	73	60	58	61	71	60	44	35	20	18	6	4	0	0	0	771	27.6
西宁	7月20日～7月31日	2	5	4	3	1	3	4	1	2	0	0	0	0	0	0	0	0	0	0	25	25.5
厦门	4月9日～11月21日	81	86	106	122	144	165	159	136	117	94	66	31	12	2	0	0	0	0	0	1 321	27.2
银川	5月25日～9月2日	44	61	71	41	56	47	62	37	37	31	13	10	0	0	0	0	0	0	0	510	26.4
郑州	5月4日～9月23日	54	71	74	74	72	80	87	75	73	54	54	37	15	24	9	2	0	0	0	855	27.7
租赁商铺																						
北京	5月6日～9月24日	88	95	146	146	166	164	170	152	116	98	57	48	26	11	4	1	0	0	0	1 488	27.3
长春	5月23日～8月31	114	107	143	148	99	74	70	40	21	15	4	7	2	0	0	0	0	0	0	844	25.3
长沙	4月27-10月17日	162	153	176	178	175	156	154	158	120	126	102	78	57	30	14	13	2	0	0	1 854	27.4
成都	5月2日～10月13日	163	162	194	185	192	159	144	121	103	62	28	21	5	0	0	0	0	0	0	1 539	26.1
重庆	4月8日～10月20日	179	186	180	176	182	146	151	151	137	112	102	84	59	45	14	3	0	0	0	1 907	27.3
大连	5月31日～9月21日	198	200	190	190	133	128	31	19	7	0	0	0	0	0	0	0	0	0	0	1 096	24.5
福州	3月30日～11月20日	154	180	174	176	209	195	229	239	227	175	136	101	59	33	23	5	1	0	0	2 316	27.8
广州	3月3日～11月25日	158	199	285	324	296	280	282	263	259	226	165	109	70	26	2	0	0	0	0	2 944	27.4
贵阳	4月14日～10月23日	190	199	230	213	182	162	120	62	45	13	8	1	0	0	0	0	0	0	0	1 425	25.2

表 C.3（续）

地区	制冷季节温度区间 jc	1	2	3	4	5	6	7	8	9	10	11	12	13	14	15	16	17	18	19	制冷总小时数/h	加权平均外温/℃
	对应的室外温度 t_{jc}/℃	22	23	24	25	26	27	28	29	30	31	32	33	34	35	36	37	38	39	40		
	制冷季节	制冷季节需要制冷的各温度发生时间 n_{jc}（小时数）(h)																				
租赁商铺																						
哈尔滨	6月9日～8月26日	112	81	83	88	102	84	54	42	35	24	12	0	0	0	0	0	0	0	0	717	25.6
海口	1月11日～12月29日	235	247	265	318	345	350	380	349	345	233	190	141	63	5	1	0	0	0	0	3 467	27.4
杭州	4月2日～10月24日	203	192	183	180	178	167	171	138	114	98	97	81	46	49	17	1	0	0	0	1 915	27.1
合肥	4月29日～11月1日	188	166	165	187	198	182	146	152	127	112	93	69	52	31	9	1	0	0	0	1 878	27.1
呼和浩特	5月28日～8月28日	91	96	109	115	107	99	91	65	25	29	17	3	4	0	0	0	0	0	0	851	25.9
济南	4月13日～10月11日	121	141	165	175	189	197	178	168	154	108	74	55	31	18	16	1	0	0	0	1 791	27.2
昆明	4月17日～9月13日	232	190	146	109	52	18	9	2	1	0	0	0	0	0	0	0	0	0	0	759	23.6
拉萨	不需供冷	0	0	0	0	0	0	0	0	0	0	0	0	0	0	0	0	0	0	0	0	—
兰州	5月3日～9月6日	107	112	114	114	106	98	35	77	51	45	20	6	7	0	0	0	0	0	0	942	26.0
南昌	4月30日～10月23日	132	162	169	171	150	143	141	134	157	141	132	107	81	43	21	10	2	1	0	1 897	27.9
南京	5月8日～10月13日	148	150	144	157	141	148	139	148	128	131	116	83	65	24	6	1	0	0	0	1 729	27.5
南宁	1月1日～11月27日	158	191	215	237	281	310	310	310	272	220	174	102	45	20	3	0	0	0	0	2 848	27.6
上海	4月29日～10月14日	211	194	204	187	181	177	171	159	108	79	43	23	17	7	6	0	0	0	0	1 767	26.3
沈阳	5月23日～9月4日	92	84	119	139	138	139	114	96	64	39	16	6	1	0	0	0	0	0	0	1 047	26.2
石家庄	4月29日～9月26日	79	122	147	158	181	180	183	159	140	98	79	42	20	14	11	7	1	2	1	1 624	27.4
太原	5月2日～9月2日	123	131	154	126	145	121	142	106	62	25	19	11	2	0	0	0	0	0	0	1 167	26.0
天津	5月12日～9月26日	90	105	158	182	199	202	166	142	107	82	53	35	13	5	2	0	0	0	0	1 541	26.9
乌鲁木齐	5月9日～9月11日	83	97	102	109	104	109	94	76	67	71	45	19	15	9	9	2	3	0	0	1 014	27.0
武汉	3月30日～11月2日	122	154	122	154	174	174	213	177	141	135	111	94	77	48	26	18	10	0	0	1 950	28.0
西安	4月29日～9月20日	108	109	119	130	132	139	131	124	148	125	101	57	31	26	12	5	0	0	0	1 497	27.7
西宁	7月20日～7月31日	5	11	11	5	9	12	7	2	2	0	0	0	0	0	0	0	0	0	0	64	25.4
厦门	4月9日～11月21日	155	185	219	240	292	309	238	222	193	144	106	52	17	4	1	1	0	0	0	2 408	27.0
银川	5月25日～9月2日	99	120	142	110	127	116	117	74	66	44	15	12	0	0	0	0	0	0	0	1 042	26.1
郑州	5月4日～9月23日	108	111	106	133	150	154	175	156	154	125	103	67	30	29	12	3	0	0	0	1 616	27.8

表 C.4 制热季节需要制热的各温度发生时间

地区	制热季节温度区间 jh	1	2	3	4	5	6	7	8	9	10	11	12	13	14	15	16	17	18	19	20	21	22	23	24	25	26	27	28	制热总小时数/h	加权平均外温/℃
	对应的室外温度 t_{jh}/℃	12	11	10	9	8	7	6	5	4	3	2	1	0	−1	−2	−3	−4	−5	−6	−7	−8	−9	−10	−11	−12	−13	−14	−15		
	制热季节	制热季节需要制热的各温度发生时间 n_{jh}(小时数)(h)																													
办公建筑(只考虑大于−15 ℃的制热小时数)																															
北京	10月29日～4月2日	37	51	41	37	40	53	66	63	54	57	59	58	54	55	56	41	39	34	26	21	19	17	12	8	6	1	1	0	1 006	2.2
长春	10月3日～5月7日	23	38	39	41	42	37	36	50	46	35	42	30	45	36	51	53	42	37	51	52	50	53	35	74	49	62	50	30	1 229	−2.4
长沙	11月20日～3月17日	52	57	65	84	85	58	71	75	52	47	25	27	37	5	3	1	0	0	0	0	0	0	0	0	0	0	0	0	744	6.7
成都	12月3日～3月9号	31	42	62	71	99	103	92	64	43	19	14	6	6	0	0	0	0	0	0	0	0	0	0	0	0	0	0	0	652	7.3
重庆	11月29日～3月11日	37	79	137	87	119	96	44	16	11	1	2	0	0	0	0	0	0	0	0	0	0	0	0	0	0	0	0	0	629	8.7
大连	10月29日～4月19日	30	35	45	38	40	35	42	64	74	80	82	69	58	56	49	76	56	41	20	19	19	28	20	27	11	7	2	0	1 123	1.1
福州	12月23日～3月21日	72	76	82	73	41	21	7	5	0	0	0	0	0	0	0	0	0	0	0	0	0	0	0	0	0	0	0	0	377	9.9
广州	不需要供暖	0	0	0	0	0	0	0	0	0	0	0	0	0	0	0	0	0	0	0	0	0	0	0	0	0	0	0	0	0	—
贵阳	10月29日～3月28日	52	66	72	70	95	97	95	72	58	62	44	31	26	10	6	0	0	0	0	0	0	0	0	0	0	0	0	0	856	6.5
哈尔滨	10月2日～5月4日	18	21	25	42	31	30	36	40	41	47	39	32	37	30	37	38	45	40	25	33	50	41	40	47	66	69	48	57	1 105	−3.2
海口	不需要供暖	0	0	0	0	0	0	0	0	0	0	0	0	0	0	0	0	0	0	0	0	0	0	0	0	0	0	0	0	0	—
杭州	11月19日～3月18日	50	63	65	72	85	89	90	62	70	37	27	6	15	17	5	0	0	0	0	0	0	0	0	0	0	0	0	0	753	6.9
合肥	11月10日～3月26日	26	54	45	74	86	82	69	69	64	70	52	48	61	25	24	9	2	0	0	0	0	0	0	0	0	0	0	0	860	5.3
呼和浩特	10月3日～4月28日	24	30	51	32	40	38	41	48	51	45	54	47	48	48	42	48	54	48	54	65	71	71	52	38	42	34	33	31	1 280	−2.0
济南	11月5日～3月28日	29	37	40	60	59	52	69	59	64	83	44	54	47	34	41	22	19	22	13	11	7	4	2	2	1	0	0	0	875	3.7
昆明	11月14日～3月4日	48	49	59	58	46	51	39	44	23	20	13	16	13	2	3	1	0	0	0	0	0	0	0	0	0	0	0	0	485	7.4
拉萨	1月3日～12月29日	140	126	142	99	101	96	113	100	75	91	68	75	64	65	61	54	45	45	35	30	20	13	8	5	1	1	0	0	1 673	4.3
兰州	10月12日～4月13日	26	35	36	34	57	63	54	65	60	77	64	62	59	69	61	48	50	45	55	39	29	23	29	16	7	8	3	4	1 178	0.9
南昌	11月26日～3月28日	47	65	92	85	90	97	74	90	57	43	21	11	4	10	3	0	0	0	0	0	0	0	0	0	0	0	0	0	789	7.2
南京	11月16日～3月25日	31	32	37	54	77	85	87	91	73	66	59	45	42	17	13	5	8	4	0	0	0	0	0	0	0	0	0	0	826	5.2

表 C.4（续）

地区	制热季节温度区间 jh	1	2	3	4	5	6	7	8	9	10	11	12	13	14	15	16	17	18	19	20	21	22	23	24	25	26	27	28	制热总小时数/h	加权平均外温/℃
	对应的室外温度 t_{jh}/℃	12	11	10	9	8	7	6	5	4	3	2	1	0	−1	−2	−3	−4	−5	−6	−7	−8	−9	−10	−11	−12	−13	−14	−15		
	制热季节	制热季节需要制热的各温度发生时间 n_{jh}（小时数）(h)																													
办公建筑（只考虑大于−15 ℃的制热小时数）																															
南宁	1月13日～1月15日	0	1	3	1	4	1	0	0	0	0	0	0	0	0	0	0	0	0	0	0	0	0	0	0	0	0	0	0	10	8.9
上海	11月27日～3月22日	54	39	66	83	77	64	68	72	60	61	39	21	24	8	7	5	4	0	0	0	0	0	0	0	0	0	0	0	752	6.4
沈阳	10月13日～4月15日	33	36	56	46	39	43	31	44	42	39	42	33	52	60	41	52	34	81	58	41	49	53	35	29	23	26	18	19	1 155	−0.8
石家庄	10月30日～3月29日	29	28	36	37	48	56	65	59	66	67	68	59	64	68	56	47	36	27	20	16	13	5	4	3	1	0	0	0	978	2.5
太原	10月20日～4月12日	43	53	51	59	71	70	82	79	75	71	67	66	48	51	41	41	34	33	33	26	19	17	14	12	7	7	5	3	1 178	2.5
天津	11月5日～3月29日	20	13	30	38	38	42	49	55	73	55	68	60	69	58	57	46	37	36	32	21	21	10	7	4	2	0	0	0	941	1.6
乌鲁木齐	9月27日～4月23日	22	33	28	38	37	32	40	28	41	38	28	33	42	34	54	44	50	58	77	72	77	94	78	71	42	41	28	20	1 280	−3.1
武汉	11月10日～3月18日	48	64	70	74	62	91	92	62	53	52	47	38	19	20	7	2	1	0	0	0	0	0	0	0	0	0	0	0	802	6.4
西安	11月6日～3月26日	26	33	37	29	37	44	48	71	86	89	87	75	68	48	41	39	22	18	16	7	0	0	0	0	0	0	0	0	921	3.1
西宁	9月19日～5月23日	36	62	52	60	61	58	68	71	62	70	78	68	60	64	64	54	60	44	50	50	45	41	36	38	32	22	24	23	1 453	0.1
厦门	12月22日～2月28日	46	44	46	33	10	10	3	4	1	3	0	0	0	0	0	0	0	0	0	0	0	0	0	0	0	0	0	0	200	10.0
银川	10月12日～2月28日	19	31	25	40	55	54	51	52	44	47	50	62	63	71	71	71	54	55	40	39	27	27	21	30	18	16	8	5	1 146	0.0
郑州	11月6日～3月27日	34	44	66	63	84	91	88	88	57	50	47	57	55	37	23	20	12	5	7	5	2	0	0	0	0	0	0	0	935	4.9
租赁商铺（只考虑大于−15 ℃的制热小时数）																															
北京	10月29日～4月2日	66	83	73	83	83	105	120	116	100	108	117	108	122	115	119	82	70	51	40	35	29	21	8	5	3	0	0	0	1 862	2.5
长春	10月3日～5月7日	63	62	62	78	78	58	63	79	80	60	79	79	87	65	96	74	84	68	83	88	94	101	81	120	104	126	88	78	2 278	−2.7
长沙	11月20日～3月17日	95	106	127	176	163	111	113	125	88	79	58	41	48	5	1	0	0	0	0	0	0	0	0	0	0	0	0	0	1 336	6.9
成都	12月3日～3月9号	56	67	95	140	201	233	186	114	52	20	11	5	1	0	0	0	0	0	0	0	0	0	0	0	0	0	0	0	1 181	7.5
重庆	11月29日～3月11日	96	175	232	182	237	133	68	25	8	2	1	0	0	0	0	0	0	0	0	0	0	0	0	0	0	0	0	0	1 159	9.0
大连	10月29日～4月19日	50	60	82	68	73	68	77	97	122	125	154	128	117	116	100	115	122	102	53	38	48	48	40	40	20	4	0	0	2 067	0.9
福州	12月23日～3月21日	131	118	140	138	101	38	5	0	0	0	0	0	0	0	0	0	0	0	0	0	0	0	0	0	0	0	0	0	671	9.9
广州	不需要供暖	0	0	0	0	0	0	0	0	0	0	0	0	0	0	0	0	0	0	0	0	0	0	0	0	0	0	0	0	0	—

表 C.4（续）

地区	制热季节温度区间 jh	1	2	3	4	5	6	7	8	9	10	11	12	13	14	15	16	17	18	19	20	21	22	23	24	25	26	27	28	制热总小时数/h	加权平均外温/℃
	对应的室外温度 t_{jh}/℃	12	11	10	9	8	7	6	5	4	3	2	1	0	−1	−2	−3	−4	−5	−6	−7	−8	−9	−10	−11	−12	−13	−14	−15		
	制热季节	制热季节需要制热的各温度发生时间 n_{jh}（小时数）(h)																													
租赁商铺（只考虑大于−15 ℃的制热小时数）																															
贵阳	10月29日～3月28日	96	117	132	152	160	156	167	132	126	81	53	52	33	18	7	0	0	0	0	0	0	0	0	0	0	0	0	0	1 482	6.8
哈尔滨	10月2日～5月4日	32	27	38	58	44	58	69	71	68	77	79	83	82	66	78	78	72	57	54	62	81	83	82	98	116	109	88	101	2 011	−3.4
海口	不需要供暖	0	0	0	0	0	0	0	0	0	0	0	0	0	0	0	0	0	0	0	0	0	0	0	0	0	0	0	0	0	—
杭州	11月19日～3月18日	73	123	123	130	149	163	154	127	142	83	45	21	22	15	3	0	0	0	0	0	0	0	0	0	0	0	0	0	1 373	6.9
合肥	11月10日～3月26日	61	101	87	155	154	138	120	158	134	141	107	74	90	40	19	3	0	0	0	0	0	0	0	0	0	0	0	0	1 582	5.7
呼和浩特	10月3日～4月28日	46	54	74	64	71	68	74	67	83	91	100	88	105	104	96	106	108	101	101	104	115	128	99	101	85	71	55	34	2 393	−2.1
济南	11月5日～3月28日	53	69	72	94	106	105	129	114	134	162	90	111	97	68	67	41	40	40	24	11	8	4	1	2	0	0	0	0	1 642	3.8
昆明	11月14日～3月4日	110	130	125	118	82	76	53	57	32	18	16	21	13	4	0	0	0	0	0	0	0	0	0	0	0	0	0	0	855	8.3
拉萨	1月3日～12月29日	255	223	212	168	182	171	205	177	158	159	124	131	100	95	73	64	51	47	34	27	15	13	4	2	1	0	0	0	2 691	5.1
兰州	10月12日～4月13日	51	68	70	68	104	125	110	134	127	143	118	134	135	119	104	89	82	74	75	53	38	30	32	12	8	6	4	4	2 117	1.7
南昌	11月26日～3月28日	70	115	148	153	163	173	168	149	99	65	37	21	11	12	6	1	1	0	0	0	0	0	0	0	0	0	0	0	1 392	7.1
南京	11月16日～3月25日	66	66	65	96	127	149	156	159	173	135	101	79	66	25	24	7	3	2	0	0	0	0	0	0	0	0	0	0	1 499	5.4
南宁	1月13日～1月15日	2	2	6	12	13	1	0	0	0	0	0	0	0	0	0	0	0	0	0	0	0	0	0	0	0	0	0	0	36	9.0
上海	11月27日～3月22日	88	79	115	155	138	117	123	150	122	110	61	30	33	18	16	4	1	0	0	0	0	0	0	0	0	0	0	0	1 360	6.5
沈阳	10月13日～4月15日	54	61	89	74	65	79	70	88	85	76	102	84	104	98	78	83	69	111	118	110	89	108	69	63	41	38	42	32	2 180	−1.0
石家庄	10月30日～3月29日	64	58	67	82	97	92	101	93	115	136	137	119	142	151	103	76	49	27	33	27	12	4	2	2	0	0	0	0	1 789	2.8
太原	10月20日～4月12日	68	78	87	104	122	125	157	154	136	132	138	129	103	114	88	84	61	54	41	35	28	24	13	13	2	6	3	0	2 099	2.9
天津	11月5日～3月29日	37	38	58	68	72	77	87	96	116	101	132	144	138	112	111	102	66	51	41	34	32	22	7	5	0	0	0	0	1 747	1.8
乌鲁木齐	9月27日～4月23日	50	61	61	62	60	45	65	57	74	70	57	58	64	73	94	80	95	114	149	116	145	160	140	123	76	65	57	47	2 318	−3.1
武汉	11月10日～3月18日	84	123	144	163	134	150	167	131	108	96	67	62	36	24	7	2	0	0	0	0	0	0	0	0	0	0	0	0	1 498	6.6
西安	11月6日～3月26日	52	53	68	67	79	99	102	120	137	135	159	138	138	109	75	52	40	18	10	3	0	0	0	0	0	0	0	0	1 654	3.4
西宁	9月19日～5月23日	108	108	117	124	112	106	121	121	121	127	133	125	123	123	136	111	115	107	89	92	73	55	44	45	34	23	26	15	2 634	1.1
厦门	12月22日～2月28日	72	88	88	68	34	18	5	4	4	3	0	0	0	0	0	0	0	0	0	0	0	0	0	0	0	0	0	0	384	9.9
银川	10月12日～2月28日	39	58	67	82	110	106	97	107	92	85	103	114	109	136	148	130	118	105	78	69	41	38	24	23	16	10	10	2	2 117	0.8
郑州	11月6日～3月27日	56	79	108	113	139	160	170	146	147	117	112	109	92	69	37	30	9	1	3	1	1	0	0	0	0	0	0	0	1 699	5.1

C.5.3 各类建筑物的 HCR 值见表 C.5。

表 C.5 建筑物的 HCR 值

建筑类型	HCR 值
办公建筑	0.70
租赁商铺	0.80

C.5.4 各类建筑物的制冷或制热 0 负荷对应的室外温度见表 C.6。

表 C.6 各类建筑 0 负荷对应的室外温度

单位为摄氏度

建筑类型	建筑物的制冷 0 负荷对应的室外温度	建筑物的制热 0 负荷对应的室外温度
办公建筑	21	13
租赁商铺		

C.5.5 按我国营业、工作时间和使用习惯，租赁商铺和办公建筑一周内各天的空调机使用时间见表 C.7。

表 C.7 一周内各天空调机的运行时段

项　目	租赁商铺(商店)	办公建筑(办公室)
一周的运行天数	7 天(星期一～星期日)	5 天(星期一～星期五)
一天内的运行时段	9:00～22:00	8:00～18:00

C.5.6 季节总负荷的计算

C.5.6.1 制冷季节总负荷(CSTL)按式(C.1)、式(C.2)、式(C.3)计算：

$$\text{CSTL}=\sum_{jc=1}^{m}BL_{c}(t_{jc})\cdot n_{jc}+\sum_{jc=m+1}^{19}\Phi_{cr2}(t_{jc})\cdot n_{jc} \qquad \cdots\cdots(\text{C.1})$$

$$BL_{c}(t_{jc})=\Phi_{cr2a}\cdot\frac{t_{jc}-t_{ca}}{35-t_{ca}} \qquad \cdots\cdots(\text{C.2})$$

$$\Phi_{cr2}(t_{jc})=\Phi_{cr2}+\frac{\Phi_{cr2(29)}-\Phi_{cr2}}{35-29}\cdot(35-t_{jc}) \qquad \cdots\cdots(\text{C.3})$$

C.5.6.2 制热季节总负荷(HSTL)按式(C.4)、式(C.5)计算：

$$\text{HSTL}=\sum_{jh=1}^{28}BL_{h}(t_{jh})\cdot n_{jh} \qquad \cdots\cdots(\text{C.4})$$

$$BL_{h}(t_{jh})=\text{HCR}\cdot\frac{t_{ah}-t_{jh}}{t_{ah}}\cdot\Phi_{cr2a} \qquad \cdots\cdots(\text{C.5})$$

C.5.7 季节能源消耗的计算

C.5.7.1 季节能效比和全年性能系数

C.5.7.1.1 制冷季节能效比(SEER)按式(C.6)计算：

$$\text{SEER}=\frac{\text{CSTL}}{\text{CSTE}} \qquad \cdots\cdots(\text{C.6})$$

C.5.7.1.2 制热季节能效比(HSPF)按式(C.7)计算：

$$\text{HSPF}=\frac{\text{HSTL}}{\text{HSTE}} \qquad \cdots\cdots(\text{C.7})$$

C.5.7.1.3 全年耗电量(APC)按式(C.8)计算：

$$\text{APC}=\text{CSTE}+\text{HSTE} \qquad \cdots\cdots(\text{C.8})$$

C.5.7.1.4 全年性能系数(APF)按式(C.9)计算：

$$\text{APF}=\frac{\text{CSTL}+\text{HSTL}}{\text{CSTE}+\text{HSTE}} \qquad \cdots\cdots(\text{C.9})$$

C.5.7.2 定容型空调机制冷季节耗电量(CSTE)的计算

定容型空调机的制冷季节耗电量按式(C.10)进行计算,计算所用的性能参数见表C.8,制冷季节需要制冷的各温度发生时间见表C.3,建筑物的制冷负荷、空调机的制冷量及制冷消耗功率的关系见图C.1。

表 C.8 各试验条件下的性能参数

试验条件	制 冷 量	制冷消耗功率
制冷性能	Φ_{cr2a}(名义制冷量的明示值)	—
	Φ_{cr2}(实测制冷量)	P_{c2}(实测制冷消耗功率)
低温制冷[a]	$\Phi_{cr2(29)}$(实测低温制冷量)	$P_{c2(29)}$(实测低温制冷消耗功率)

[a] 按表C.1中规定的低温制冷工况。

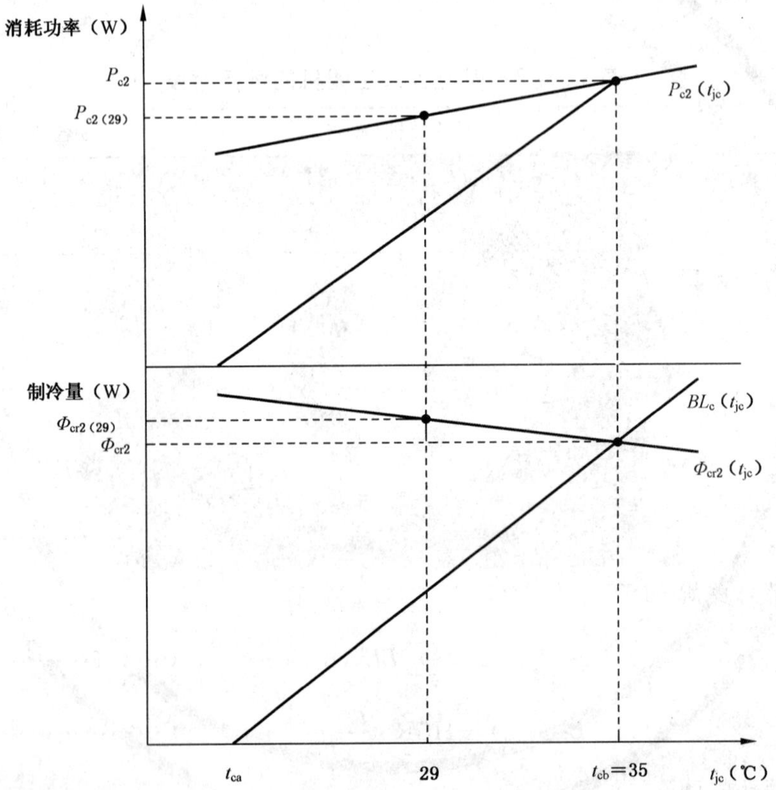

注:t_{ca}——建筑物的制冷0负荷对应的室外温度,按C.5.4规定;

t_{cb}——建筑物的制冷负荷与空调机的制冷量达到均衡时的室外温度。

图 C.1 建筑物的制冷负荷、空调机的制冷量及制冷消耗功率的关系(定容型)

$$CSTE=\sum_{jc=1}^{19}P_c(t_{jc})=\sum_{jc=1}^{19}\frac{X_D(t_{jc})\cdot P_{c2}(t_{jc})}{PLF_D(t_{jc})}\cdot n_{jc} \quad\cdots\cdots(C.10)$$

$$X_D(t_{jc})=\frac{BL_c(t_{jc})}{\Phi_{cr2}(t_{jc})} \quad\cdots\cdots(C.11)$$

当 $BL_c(t_{jc})\geqslant\Phi_{cr2}(t_{jc})$时,$X_D(t_{jc})=1$;

$$P_{c2}(t_{jc})=P_{c2}+\frac{P_{c2(29)}-P_{c2}}{35-29}\cdot(35-t_{jc}) \quad\cdots\cdots(C.12)$$

$$PLF_D(t_{jc})=1-C_D\cdot[1-X_D(t_{jc})] \quad\cdots\cdots(C.13)$$

式中：$C_D = 0.25$ 或按式(C.14)计算：

$$C_D = \frac{1 - \dfrac{\Phi_{cr(cyc)}/P_{c(cyc)}}{\Phi_{cr(dry)}/P_{c(dry)}}}{1 - \Phi_{cr(cyc)}/\Phi_{cr(dry)}} = \frac{1 - \dfrac{EER_{c(cyc)}}{EER_{c(dry)}}}{1 - CLF} \quad \cdots\cdots\cdots (C.14)$$

C.5.7.3　定容型空调机制热季节耗电量(HSTE)的计算

定容型空调机的制热季节耗电量按式(C.15)计算，计算所用的性能参数见表C.9，制热季节需要制冷的各温度发生时间见表C.4，建筑物的制热负荷、空调机的制热量及制热消耗功率的关系见图C.2。

表 C.9　各试验条件下的性能参数

试验条件	制　热　量	制热消耗功率
制热性能	Φ_{cr2a}(名义制冷量的明示值)	—
	Φ_{hr}(实测制热量)	P_{hr}(实测制热消耗功率)
低温制热	Φ_{def}(实测低温制热量)	P_{def}(实测低温制热消耗功率)
超低温制热[a] (−8.5 ℃)	$\Phi_{hr(-8.5)} = 0.601\Phi_{hr}$(计算值)	$P_{hr(-8.5)} = 0.801P_{hr}$(计算值)

[a] 计算HSPF时可选择表中计算值，或选择按表C.1超低温制热工况试验的实测值。

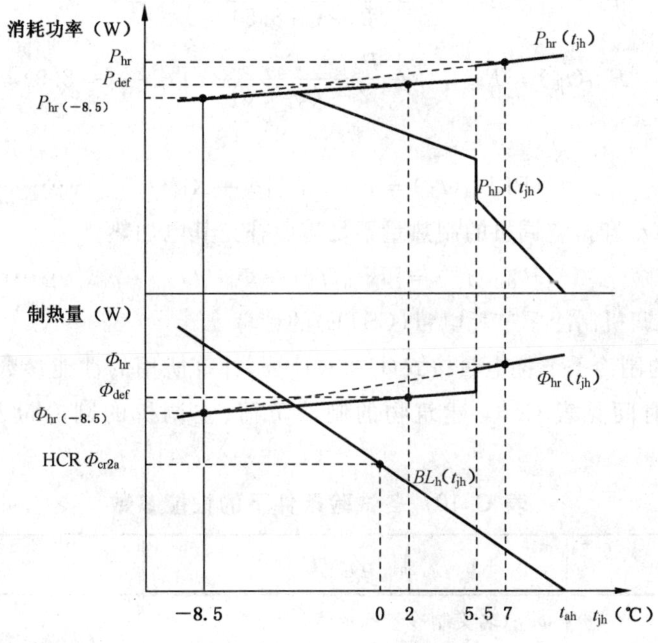

注：t_{ah}——建筑物的制热0负荷对应的室外温度，按C.5.4规定。

图 C.2　建筑物的制热负荷、空调机的制热量及制热消耗功率的关系(定容型)

$$HSTE = \sum_{jh=1}^{28} P_{hD}(t_{jh}) + \sum_{jh=1}^{28} P_{RHD}(t_{jh}) \quad \cdots\cdots\cdots (C.15)$$

C.5.7.3.1　空调机在不结霜温度区域($t_{jh} \geqslant 5.5$ ℃或 $t_{jh} \leqslant -8.5$ ℃)运行

$$P_{hD}(t_{jh}) = \frac{X_D(t_{jh}) \cdot P_{hr}(t_{jh})}{PLF_D(t_{jh})} \cdot n_{jh} \quad \cdots\cdots\cdots (C.16)$$

$$X_D(t_{jh}) = \frac{BL_h(t_{jh})}{\Phi_{hr}(t_{jh})} \quad \cdots\cdots\cdots (C.17)$$

当 $BL_h(t_{jh}) \geqslant \Phi_{hr}(t_{jh})$ 时，$X_D(t_{jh})=1$；

$$\Phi_{hr}(t_{jh}) = \Phi_{hr(-8.5)} + \frac{\Phi_{hr} - \Phi_{hr(-8.5)}}{7-(-8.5)} \cdot [t_{jh} - (-8.5)] \quad \text{(C.18)}$$

$$P_{hr}(t_{jh}) = P_{hr(-8.5)} + \frac{P_{hr} - P_{hr(-8.5)}}{7-(-8.5)} \cdot [t_{jh} - (-8.5)] \quad \text{(C.19)}$$

$$\mathrm{PLF}_D(t_{jh}) = 1 - C_D \cdot [1 - X_D(t_{jh})] \quad \text{(C.20)}$$

式中：$C_D=0.25$ 或按式(C.21)计算：

$$C_D = \frac{1-\dfrac{\Phi_{hr(cyc)}/P_{hr(cyc)}}{\Phi_{chr}/P_{chr}}}{1-\Phi_{hr(cyc)}/\Phi_{chr}} = \frac{1-\dfrac{\mathrm{COP}_{hr(cyc)}}{\mathrm{COP}_{chr}}}{1-\mathrm{HLF}} \quad \text{(C.21)}$$

当 $BL_h(t_{jh}) > \Phi_{hr}(t_{jh})$ 时，空调机的制热量不足需要补充其电加热；

$$P_{RHD}(t_{jh}) = [BL_h(t_{jh}) - \Phi_{hr}(t_{jh})] \cdot n_{jh} \quad \text{(C.22)}$$

C.5.7.3.2 空调机在结霜温度区域(-8.5 ℃$<t_{jh}<5.5$ ℃)运行

$$P_{hD}(t_{jh}) = \frac{X_{Df}(t_{jh}) \cdot P_{def}(t_{jh})}{\mathrm{PLF}_{Df}(t_{jh})} \cdot n_{jh} \quad \text{(C.23)}$$

$$X_{Df}(t_{jh}) = \frac{BL_h(t_{jh})}{\Phi_{def}(t_{jh})} \quad \text{(C.24)}$$

$$\Phi_{def}(t_{jh}) = \Phi_{hr(-8.5)} + \frac{\Phi_{def} - \Phi_{hr(-8.5)}}{2-(-8.5)} \cdot [t_{jh} - (-8.5)] \quad \text{(C.25)}$$

$$P_{def}(t_{jh}) = P_{hr(-8.5)} + \frac{P_{def} - P_{hr(-8.5)}}{2-(-8.5)} \cdot [t_{jh} - (-8.5)] \quad \text{(C.26)}$$

$$\mathrm{PLF}_{Df}(t_{jh}) = 1 - C_D \cdot [1 - X_{Df}(t_{jh})] \quad \text{(C.27)}$$

当 $BL_h(t_{jh}) > \Phi_{def}(t_{jh})$ 时，空调机的制热量不足需要补充其电加热；

$$P_{RHD}(t_{jh}) = [BL_h(t_{jh}) - \Phi_{def}(t_{jh})] \cdot n_{jh} \quad \text{(C.28)}$$

C.5.7.4 非定容型空调机制冷季节耗电量(CSTE)的计算

非定容型空调机的制冷季节耗电量按式(C.29)计算，计算所用的性能参数见表 C.10，制冷季节需要制冷的各温度发生时间见表 C.3，建筑物的制冷负荷、空调机的制冷量及制冷消耗功率的关系见图 C.3。

表 C.10 各试验条件下的性能参数

试验条件	制 冷 量	制冷消耗功率
制冷性能	Φ_{cr2a}(名义制冷量标示值) Φ_{cr2}(实测制冷量)	P_{c2}(实测制冷消耗功率)
	Φ_{crm}(实测中间制冷量)	P_{cm}(实测中间制冷消耗功率)
	Φ_{min}(实测最小制冷量)	P_{min}(实测最小制冷消耗功率)
低温制冷[a]	$\Phi_{cr2(29)}$(实测低温制冷量)	$P_{c2(29)}$(实测低温制冷消耗功率)
	$\Phi_{crm(29)}$(实测低温中间制冷量)	$P_{cm(29)}$(实测低温中间制冷消耗功率)
	$\Phi_{min(29)}$(实测低温最小制冷量)	$P_{min(29)}$(实测低温最小制冷消耗功率)

[a] 按表 C.1 中规定的低温制冷工况。

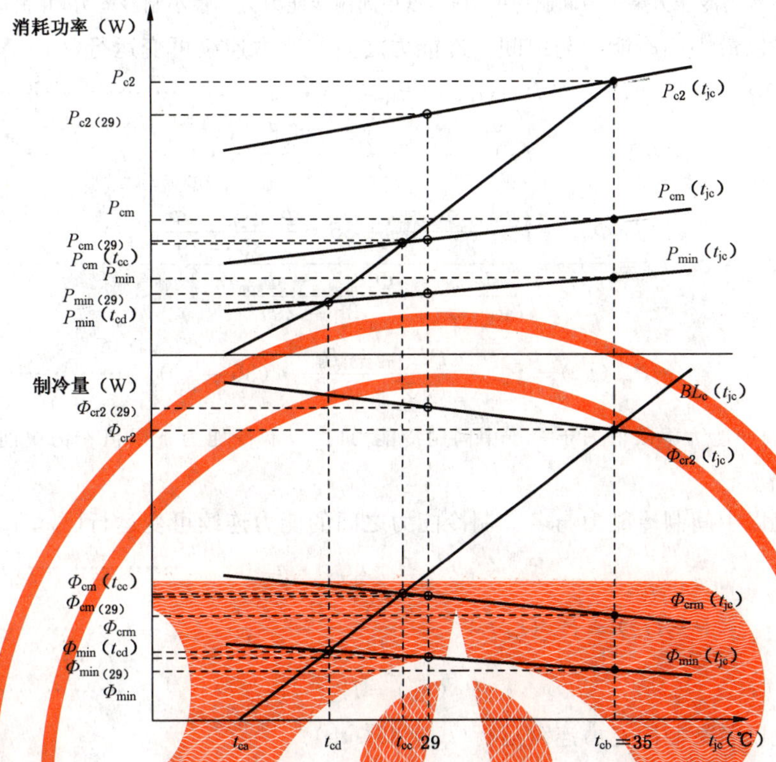

注:t_{ca}——建筑物的制冷 0 负荷对应的室外温度,按 C.5.4 规定;

t_{cb}——建筑物的制冷负荷与空调机的制冷量达到均衡时的室外温度;

t_{cc}——建筑物的制冷负荷与空调机的中间制冷量达到均衡时的室外温度;

t_{cd}——建筑物的制冷负荷和空调机的最小制冷量达到均衡时的室外温度。

图 C.3 建筑物的制冷负荷、空调机的制冷量及制冷消耗功率的关系(非定容型)

$$CSTE=\sum_{jc=1}^{n}P_{min}(t_{jc})+\sum_{jc=n+1}^{k}P_{clm}(t_{jc})+\sum_{jc=k+1}^{m}P_{cm2}(t_{jc})+\sum_{jc=m+1}^{19}P_{c2}(t_{jc}) \quad\cdots\cdots(C.29)$$

C.5.7.4.1 空调机以最小制冷能力断续运行($t_{jc}\leqslant t_{cd}$)

$$P_{min}(t_{jc})=\frac{X_B(t_{jc})\cdot P_{min}(t_{jc})}{PLF_B(t_{jc})}\cdot n_{jc} \quad\cdots\cdots(C.30)$$

$$PLF_B(t_{jc})=1-C_D\cdot[1-X_B(t_{jc})] \quad\cdots\cdots(C.31)$$

$$X_B(t_{jc})=\frac{BL_c(t_{jc})}{\Phi_{min}(t_{jc})}=\frac{\Phi_{cr2a}\cdot\dfrac{t_{jc}-t_{ca}}{35-t_{ca}}}{\Phi_{min}+\dfrac{\Phi_{min(29)}-\Phi_{min}}{35-29}\cdot(35-t_{jc})} \quad\cdots\cdots(C.32)$$

$$P_{min}(t_{jc})=P_{min}(t_{ca})+\frac{P_{min}(t_{cd})-P_{min}(t_{ca})}{t_{cd}-t_{ca}}\cdot(t_{jc}-t_{ca}) \quad\cdots\cdots(C.33)$$

$$P_{min}(t_{ca})=P_{min}+\frac{P_{min(29)}-P_{min}}{35-29}\cdot(35-t_{ca}) \quad\cdots\cdots(C.34)$$

$$t_{cd}=\frac{\Phi_{min}+t_{ca}\cdot\dfrac{\Phi_{cr2a}}{35-t_{ca}}+35\cdot\dfrac{\Phi_{min(29)}-\Phi_{min}}{35-29}}{\dfrac{\Phi_{cr2a}}{35-t_{ca}}+\dfrac{\Phi_{min(29)}-\Phi_{min}}{35-29}} \quad\cdots\cdots(C.35)$$

$$P_{min}(t_{cd}) = P_{min} + \frac{P_{min(29)} - P_{min}}{35 - 29} \cdot (35 - t_{cd}) \quad \cdots\cdots (C.36)$$

注：若空调机的最小制冷能力等于中间制冷能力时，以中间制冷能力为其最小制冷能力，并根据式(C.30)计算。

C.5.7.4.2 空调机以最小制冷能力与中间制冷能力之间的能力连续可变运行($t_{cd} \leqslant t_{jc} \leqslant t_{cc}$)

$$P_{clm}(t_{jc}) = P_{clm}(t_{jc}) \cdot n_{jc} \quad \cdots\cdots (C.37)$$

$$P_{clm}(t_{jc}) = P_{min}(t_{cd}) + \frac{P_{cm}(t_{cc}) - P_{min}(t_{cd})}{t_{cc} - t_{cd}} \cdot (t_{jc} - t_{cd}) \quad \cdots\cdots (C.38)$$

$$t_{cc} = \frac{\Phi_{crm} + t_{ca} \cdot \dfrac{\Phi_{cr2a}}{35 - t_{ca}} + 35 \cdot \dfrac{\Phi_{crm(29)} - \Phi_{crm}}{35 - 29}}{\dfrac{\Phi_{cr2a}}{35 - t_{ca}} + \dfrac{\Phi_{crm(29)} - \Phi_{crm}}{35 - 29}} \quad \cdots\cdots (C.39)$$

$$P_{cm}(t_{cc}) = P_{cm} + \frac{P_{cm(29)} - P_{cm}}{35 - 29} \cdot (35 - t_{cc}) \quad \cdots\cdots (C.40)$$

注：若空调机的制冷能力下限值大于等于中间制冷能力时，以制冷能力下限值作为中间制冷能力，并根据式(C.37)计算。

C.5.7.4.3 空调机以中间制冷能力与名义制冷能力之间的能力连续可变运行($t_{cc} \leqslant t_{jc} \leqslant t_{cb} = 35$)

$$P_{cm2}(t_{jc}) = P_{cm2}(t_{jc}) \cdot n_{jc} \quad \cdots\cdots (C.41)$$

$$P_{cm2}(t_{jc}) = P_{cm}(t_{cc}) + \frac{P_{c2}(t_{cb}) - P_{cm}(t_{cc})}{t_{cb} - t_{cc}} \cdot (t_{jc} - t_{cc}) \quad \cdots\cdots (C.42)$$

$$P_{c2}(t_{cb}) = P_{c2} \quad \cdots\cdots (C.43)$$

C.5.7.4.4 空调机以名义制冷能力连续运行($t_{cb} = 35 \leqslant t_{jc}$)

$$P_{c2}(t_{jc}) = P_{c2}(t_{jc}) \cdot n_{jc} \quad \cdots\cdots (C.44)$$

C.5.7.5 非定容型空调机制热季节耗电量(HSTE)的计算

非定容型空调机的制热季节耗电量按式(C.45)计算，计算所用的性能参数见表 C.11，制热季节需要制冷的各温度发生时间见表 C.4，建筑物的制热负荷、空调机的制热量及制热消耗功率的关系见图 C.4。

表 C.11 各试验条件下的性能参数

试验条件	制 热 量	制热消耗功率
制热性能	Φ_{hr}(实测制热量)	P_{hr}(实测制热消耗功率)
	Φ_{hm}(实测中间制热量)	P_{hm}(实测中间制热消耗功率)
	$\Phi_{h\,min}$(实测最小制热量)	$P_{h\,min}$(实测最小制热消耗功率)
低温制热[a]	Φ_{def}(实测低温制热量)	P_{def}(实测低温制热消耗功率)
	$\Phi_{h3(2)} = 1.12\Phi_{def}$(计算值)	$P_{h3(2)} = 1.06P_{def}$(计算值)
超低温制热[a] (−8.5 ℃)	$\Phi_{h3(-8.5)} = 0.690\Phi_{h3(2)}$(计算值)	$P_{h3(-8.5)} = 0.856P_{h3(2)}$(计算值)
	$\Phi_{hr(-8.5)} = 0.601\Phi_{hr}$(计算值)	$P_{hr(-8.5)} = 0.801P_{hr}$(计算值)
	$\Phi_{hm(-8.5)} = 0.601\Phi_{hm}$(计算值)	$P_{hm(-8.5)} = 0.801P_{hm}$(计算值)
	$\Phi_{h\,min(-8.5)} = 0.601\Phi_{h\,min}$(计算值)	$P_{h\,min(-8.5)} = 0.801P_{h\,min}$(计算值)

[a] 计算 HSPF 时可选择表中计算值，或选择按表 C.1 超低温制热工况试验的实测值。

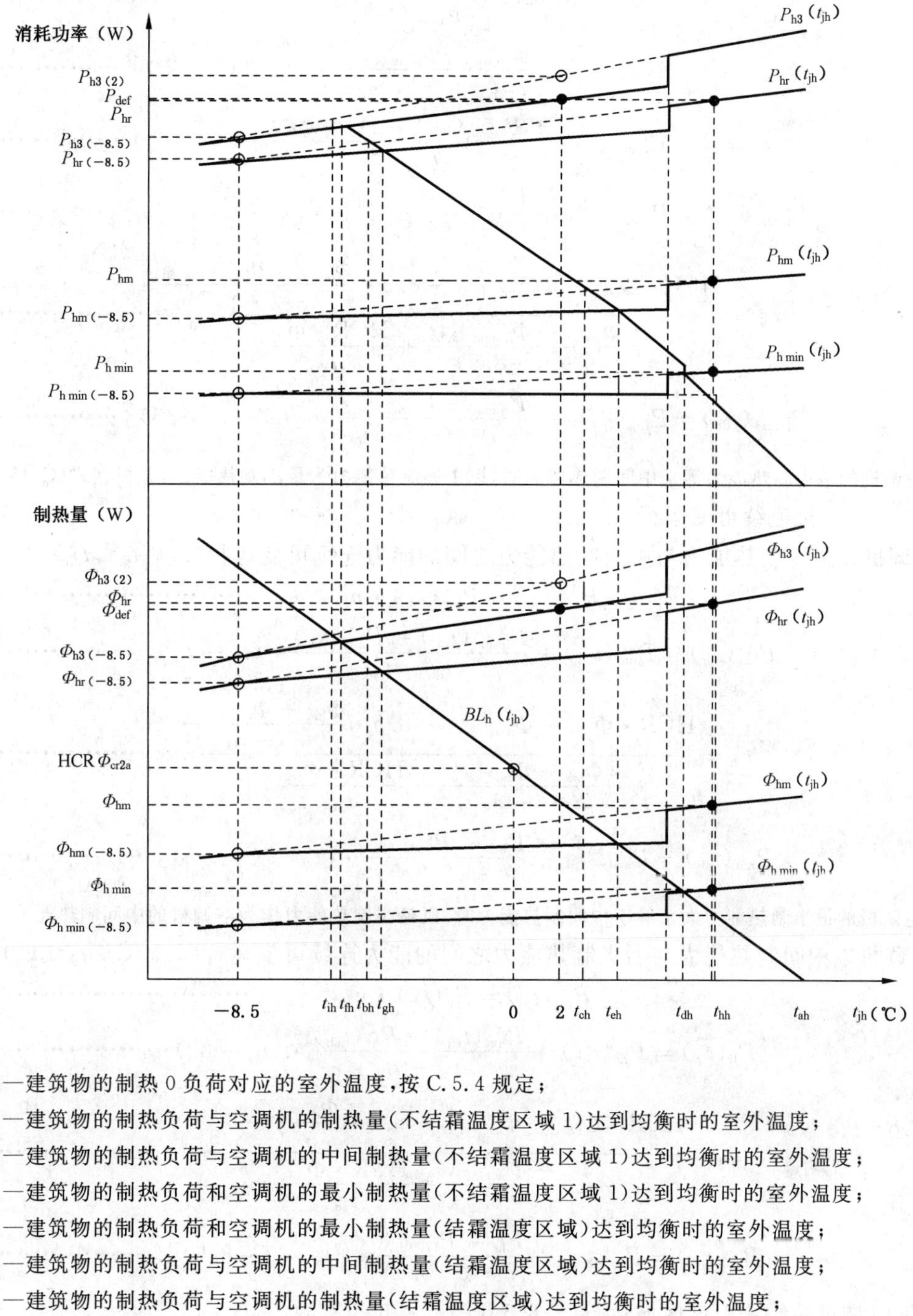

注：t_{ah}—建筑物的制热 0 负荷对应的室外温度，按 C.5.4 规定；

t_{bh}—建筑物的制热负荷与空调机的制热量(不结霜温度区域 1)达到均衡时的室外温度；

t_{ch}—建筑物的制热负荷与空调机的中间制热量(不结霜温度区域 1)达到均衡时的室外温度；

t_{dh}—建筑物的制热负荷和空调机的最小制热量(不结霜温度区域 1)达到均衡时的室外温度；

t_{hh}—建筑物的制热负荷和空调机的最小制热量(结霜温度区域)达到均衡时的室外温度；

t_{eh}—建筑物的制热负荷与空调机的中间制热量(结霜温度区域)达到均衡时的室外温度；

t_{gh}—建筑物的制热负荷与空调机的制热量(结霜温度区域)达到均衡时的室外温度；

t_{fh}—建筑物的制热负荷与空调机的最大制热量(结霜温度区域)达到均衡时的室外温度；

t_{ih}—建筑物的制热负荷与空调机的最大制热量(不结霜温度区域 2)达到均衡时的室外温度。

图 C.4 建筑物的制热负荷、空调机的制热量及制热消耗功率的关系(非定容型)

$$\mathrm{HSTE}=\sum_{jh=1}^{28}P_{hB}(t_{jh})+\sum_{jh=1}^{28}P_{RHB}(t_{jh}) \qquad (C.45)$$

C.5.7.5.1 空调机在不结霜温度区域 1($t_{jh}\geqslant5.5$ ℃)运行

C.5.7.5.1.1 空调机以最小制热能力断续运行($t_{jh}\geqslant t_{dh}$)

$$P_{hB}(t_{jh})=\frac{X_B(t_{jh})\cdot P_{h\,min}(t_{jh})}{\mathrm{PLF}_B(t_{jh})}\cdot n_{jh} \qquad (C.46)$$

$$PLF_B(t_{jh})=1-C_D\cdot[1-X_B(t_{jh})] \quad\cdots\cdots(C.47)$$

$$X_B(t_{jh})=\frac{BL_h(t_{jh})}{\Phi_{h\,min}(t_{jh})} \quad\cdots\cdots(C.48)$$

$$\Phi_{h\,min}(t_{jh})=\Phi_{h\,min(-8.5)}+\frac{\Phi_{h\,min}-\Phi_{h\,min(-8.5)}}{7-(-8.5)}\cdot[t_{jh}-(-8.5)] \quad\cdots\cdots(C.49)$$

$$P_{h\,min}(t_{jh})=P_{h\,min}(t_{dh})+\frac{P_{h\,min}(t_{ah})-P_{h\,min}(t_{dh})}{t_{ah}-t_{dh}}\cdot(t_{jh}-t_{dh}) \quad\cdots\cdots(C.50)$$

$$P_{h\,min}(t_{ah})=P_{h\,min(-8.5)}+\frac{P_{h\,min}-P_{h\,min(-8.5)}}{7-(-8.5)}\cdot[t_{ah}-(-8.5)] \quad\cdots\cdots(C.51)$$

$$t_{dh}=\frac{HCR\cdot\Phi_{cr2a}-\Phi_{h\,min(-8.5)}-8.5\cdot\dfrac{\Phi_{h\,min}-\Phi_{h\,min(-8.5)}}{7-(-8.5)}}{\dfrac{\Phi_{h\,min}-\Phi_{h\,min(-8.5)}}{7-(-8.5)}+\dfrac{HCR\cdot\Phi_{cr2a}}{t_{ah}}} \quad\cdots\cdots(C.52)$$

$$P_{h\,min}(t_{dh})=P_{h\,min(-8.5)}+\frac{P_{h\,min}-P_{h\,min(-8.5)}}{7-(-8.5)}\cdot[t_{dh}-(-8.5)] \quad\cdots\cdots(C.53)$$

注：若空调机的最小制热能力等于中间制热能力时，以中间制热能力为最小制热能力，并根据式(C.46)计算。

C.5.7.5.1.2　空调机连续可变运行

a)　空调机以最小制热能力与中间制热能力之间的能力连续可变运行($t_{ch}\leqslant t_{jh}\leqslant t_{dh}$)

$$P_{hB}(t_{jh})=P_{hm}(t_{jh})\cdot n_{jh} \quad\cdots\cdots(C.54)$$

$$P_{hm}(t_{jh})=P_{hm}(t_{ch})+\frac{P_{h\,min}(t_{dh})-P_{hm}(t_{ch})}{t_{dh}-t_{ch}}\cdot(t_{jh}-t_{ch}) \quad\cdots\cdots(C.55)$$

$$t_{ch}=\frac{HCR\cdot\Phi_{cr2a}-\Phi_{hm(-8.5)}-8.5\cdot\dfrac{\Phi_{hm}-\Phi_{hm(-8.5)}}{7-(-8.5)}}{\dfrac{\Phi_{hm}-\Phi_{hm(-8.5)}}{7-(-8.5)}+\dfrac{HCR\cdot\Phi_{cr2a}}{t_{ah}}} \quad\cdots\cdots(C.56)$$

$$P_{hm}(t_{ch})=P_{hm(-8.5)}+\frac{P_{hm}-P_{hm(-8.5)}}{7-(-8.5)}\cdot[t_{ch}-(-8.5)] \quad\cdots\cdots(C.57)$$

注：若空调机的最小制热能力大于等于中间制热能力时，以最小制热能力作为空调机的中间制热能力。

b)　空调机以中间制热能力与名义制热能力之间的能力连续可变运行(5.5 ℃$\leqslant t_{jh}\leqslant t_{ch}$)

$$P_{hB}(t_{jh})=P_h(t_{jh})\cdot n_{jh} \quad\cdots\cdots(C.58)$$

$$P_h(t_{jh})=P_{hr}(t_{bh})+\frac{P_{hm}(t_{ch})-P_{hr}(t_{bh})}{t_{ch}-t_{bh}}\cdot(t_{jh}-t_{bh}) \quad\cdots\cdots(C.59)$$

$$t_{bh}=\frac{HCR\cdot\Phi_{cr2a}-\Phi_{hr(-8.5)}-8.5\cdot\dfrac{\Phi_{hr}-\Phi_{hr(-8.5)}}{7-(-8.5)}}{\dfrac{\Phi_{hr}-\Phi_{hr(-8.5)}}{7-(-8.5)}+\dfrac{HCR\cdot\Phi_{cr2a}}{t_{ah}}} \quad\cdots\cdots(C.60)$$

$$P_{hr}(t_{bh})=P_{hr(-8.5)}+\frac{P_{hr}-P_{hr(-8.5)}}{7-(-8.5)}\cdot[t_{bh}-(-8.5)] \quad\cdots\cdots(C.61)$$

C.5.7.5.2　空调机在结霜温度区域运行(−8.5 ℃$<t_{jh}<$5.5 ℃)

C.5.7.5.2.1　空调机以最小制热能力进行断续运行($t_{hh}\leqslant t_{jh}<$5.5 ℃)

$$P_{hB}(t_{jh})=\frac{X_{Bf}(t_{jh})\cdot P_{def\,min}(t_{jh})}{PLF_{Bf}(t_{jh})}\cdot n_{jh} \quad\cdots\cdots(C.62)$$

$$PLF_{Bf}(t_{jh})=1-C_D\cdot[1-X_{Bf}(t_{jh})] \quad\cdots\cdots(C.63)$$

$$X_{Bf}(t_{jh})=\frac{BL_h(t_{jh})}{\Phi_{def\,min}(t_{jh})} \quad\cdots\cdots(C.64)$$

$$\Phi_{def\,min}(t_{jh})=\Phi_{h\,min(-8.5)}+\frac{\dfrac{\Phi_{h\,min(2)}}{1.12}-\Phi_{h\,min(-8.5)}}{2-(-8.5)}\cdot[t_{jh}-(-8.5)] \quad\cdots\cdots(C.65)$$

$$P_{\text{def min}}(t_{jh})=P_{\text{def min}}(t_{hh})+\frac{P_{\text{def min}}(t_{ah})-P_{\text{def min}}(t_{hh})}{t_{ah}-t_{hh}}\cdot(t_{jh}-t_{hh}) \quad\cdots\cdots\cdots\cdots(\text{C.66})$$

$$P_{\text{def min}}(t_{ah})=P_{\text{h min}(-8.5)}+\frac{P_{\text{h min}(2)}/1.06-P_{\text{h min}(-8.5)}}{2-(-8.5)}\cdot[t_{ah}-(-8.5)] \quad\cdots\cdots\cdots(\text{C.67})$$

$$t_{hh}=\frac{\text{HCR}\cdot\Phi_{\text{cr2a}}-\Phi_{\text{h min}(-8.5)}-8.5\cdot\dfrac{\Phi_{\text{h min}(2)}/1.12-\Phi_{\text{h min}(-8.5)}}{2-(-8.5)}}{\dfrac{\Phi_{\text{h min}(2)}/1.12-\Phi_{\text{h min}(-8.5)}}{2-(-8.5)}+\dfrac{\text{HCR}\cdot\Phi_{\text{cr2a}}}{t_{ah}}} \quad\cdots\cdots\cdots\cdots(\text{C.68})$$

$$P_{\text{def min}}(t_{hh})=P_{\text{h min}(-8.5)}+\frac{\dfrac{P_{\text{h min}(2)}}{1.06}-P_{\text{h min}(-8.5)}}{2-(-8.5)}\cdot[t_{hh}-(-8.5)] \quad\cdots\cdots\cdots\cdots(\text{C.69})$$

C.5.7.5.2.2　空调机连续可变运行

a)　空调机以最小制热能力与中间制热能力之间的能力连续可变运行($t_{eh}\leqslant t_{jh}<t_{hh}$)

$$P_{hB}(t_{jh})=P_{\text{defm}}(t_{jh})\cdot n_{jh} \quad\cdots\cdots\cdots\cdots(\text{C.70})$$

$$P_{\text{defm}}(t_{jh})=P_{\text{defm}}(t_{eh})+\frac{P_{\text{def min}}(t_{hh})-P_{\text{defm}}(t_{eh})}{t_{hh}-t_{eh}}\cdot(t_{jh}-t_{eh}) \quad\cdots\cdots\cdots\cdots(\text{C.71})$$

$$t_{eh}=\frac{\text{HCR}\cdot\Phi_{\text{cr2a}}-\Phi_{\text{hm}(-8.5)}-8.5\cdot\dfrac{\Phi_{\text{hm}(2)}/1.12-\Phi_{\text{hm}(-8.5)}}{2-(-8.5)}}{\dfrac{\Phi_{\text{hm}(2)}/1.12-\Phi_{\text{hm}(-8.5)}}{2-(-8.5)}+\dfrac{\text{HCR}\cdot\Phi_{\text{cr2a}}}{t_{ah}}} \quad\cdots\cdots\cdots\cdots(\text{C.72})$$

$$P_{\text{defm}}(t_{eh})=P_{\text{hm}(-8.5)}+\frac{\dfrac{P_{\text{hm}(2)}}{1.06}-P_{\text{hm}(-8.5)}}{2-(-8.5)}\cdot[t_{eh}-(-8.5)] \quad\cdots\cdots\cdots\cdots(\text{C.73})$$

注：若空调机的制热量最小制热能力大于中间制热能力时，以最小制热能力作为中间制热能力。

b)　空调机以中间制热能力与名义制热能力之间的能力连续可变运行($t_{gh}<t_{jh}<t_{eh}$)

$$P_{hB}(t_{jh})=P_{\text{defh}}(t_{jh})\cdot n_{jh} \quad\cdots\cdots\cdots\cdots(\text{C.74})$$

$$P_{\text{defh}}(t_{jh})=P_{\text{defr}}(t_{gh})+\frac{P_{\text{defm}}(t_{eh})-P_{\text{defr}}(t_{gh})}{t_{eh}-t_{gh}}\cdot(t_{jh}-t_{gh}) \quad\cdots\cdots\cdots\cdots(\text{C.75})$$

$$t_{gh}=\frac{\text{HCR}\cdot\Phi_{\text{cr2a}}-\Phi_{\text{hr}(-8.5)}-8.5\cdot\dfrac{\Phi_{\text{hr}(2)}/1.12-\Phi_{\text{hr}(-8.5)}}{2-(-8.5)}}{\dfrac{\Phi_{\text{hr}(2)}/1.12-\Phi_{\text{hr}(-8.5)}}{2-(-8.5)}+\dfrac{\text{HCR}\cdot\Phi_{\text{cr2a}}}{t_{ah}}} \quad\cdots\cdots\cdots\cdots(\text{C.76})$$

$$P_{\text{defr}}(t_{gh})=P_{\text{hr}(-8.5)}+\frac{P_{\text{defr}(2)}-P_{\text{hr}(-8.5)}}{2-(-8.5)}\cdot[t_{gh}-(-8.5)] \quad\cdots\cdots\cdots\cdots(\text{C.77})$$

注：若空调机的最大制热能力与名义制热能力相等，以名义制热能力作为最大制热能力；

$$\Phi_{\text{defr}(2)}=\Phi_{\text{def}},P_{\text{defr}(2)}=P_{\text{def}}$$

c)　空调机以名义制热能力与最大制热能力之间的能力连续可变运行（$t_{fh}<t_{jh}\leqslant t_{gh}$）

$$P_{hB}(t_{jh})=P_{\text{defh2}}(t_{jh})\cdot n_{jh} \quad\cdots\cdots\cdots\cdots(\text{C.78})$$

$$P_{\text{defh2}}(t_{jh})=P_{\text{def3}}(t_{fh})+\frac{P_{\text{defr}}(t_{gh})-P_{\text{def3}}(t_{fh})}{t_{gh}-t_{fh}}\cdot(t_{jh}-t_{fh}) \quad\cdots\cdots\cdots\cdots(\text{C.79})$$

$$t_{fh}=\frac{\text{HCR}\cdot\Phi_{\text{cr2a}}-\Phi_{\text{h3}(-8.5)}-8.5\cdot\dfrac{\Phi_{\text{def}}-\Phi_{\text{h3}(-8.5)}}{2-(-8.5)}}{\dfrac{\Phi_{\text{def}}-\Phi_{\text{h3}(-8.5)}}{2-(-8.5)}+\dfrac{\text{HCR}\cdot\Phi_{\text{cr2a}}}{t_{ah}}} \quad\cdots\cdots\cdots\cdots(\text{C.80})$$

$$P_{\text{def3}}(t_{fh})=P_{\text{h3}(-8.5)}+\frac{P_{\text{def}}-P_{\text{h3}(-8.5)}}{2-(-8.5)}\cdot[t_{fh}-(-8.5)] \quad\cdots\cdots\cdots\cdots(\text{C.81})$$

注：若空调机的最大制热能力与名义制热能力相等，以名义制热能力作为最大制热能力；

$$\Phi_{\text{h3}(2)}=\Phi_{\text{hr}(2)},\Phi_{\text{h3}(-8.5)}=\Phi_{\text{hr}(-8.5)},P_{\text{h3}(2)}=P_{\text{hr}(2)},P_{\text{h3}(-8.5)}=P_{\text{hr}(-8.5)},t_{fh}=t_{gh}$$

C.5.7.5.2.3 空调机以最大制热能力进行连续运行($-8.5\ ℃ \leqslant t_{jh} \leqslant t_{fh}$)

$$P_{hB}(t_{jh}) = P_{defh3}(t_{jh}) \cdot n_{jh} \qquad \cdots\cdots (C.82)$$

$$P_{defh3}(t_{jh}) = P_{h3(-8.5)} + \frac{P_{def} - P_{h3(-8.5)}}{2-(-8.5)} \cdot [t_{jh} - (-8.5)] \qquad \cdots\cdots (C.83)$$

当 $BL_h(t_{jh}) > \Phi_{defh3}(t_{jh})$时,空调机的制热量不足需要补充其电加热;

$$P_{RHB}(t_{jh}) = [BL_h(t_{jh}) - \Phi_{defh3}(t_{jh})] \cdot n_{jh} \qquad \cdots\cdots (C.84)$$

$$\Phi_{defh3}(t_{jh}) = \Phi_{h3(-8.5)} + \frac{\Phi_{def} - \Phi_{h3(-8.5)}}{2-(-8.5)} \cdot [t_{jh} - (-8.5)] \qquad \cdots\cdots (C.85)$$

注:若空调机的最大制热能力与名义制热能力相等,以名义制热能力作为最大制热能力;

$\Phi_{h3(2)} = \Phi_{hr(2)}$, $\Phi_{h3(-8.5)} = \Phi_{hr(-8.5)}$, $P_{h3(2)} = P_{hr(2)}$, $P_{h3(-8.5)} = P_{hr(-8.5)}$, $t_{fh} = t_{gh}$

C.5.7.5.3 空调机在不结霜温度区域 2($t_{jh} \leqslant -8.5\ ℃$)运行

C.5.7.5.3.1 空调机连续可变运行

a) 空调机以中间制热能力与名义制热能力之间的能力连续可变运行($t_{bh} \leqslant t_{jh} \leqslant t_{ch}$)

$$P_{hB}(t_{jh}) = P_{h1}(t_{jh}) \cdot n_{jh} \qquad \cdots\cdots (C.86)$$

$$P_{h1}(t_{jh}) = P_{hr}(t_{bh}) + \frac{P_{hm}(t_{ch}) - P_{hr}(t_{bh})}{t_{ch} - t_{bh}} \cdot (t_{jh} - t_{bh}) \qquad \cdots\cdots (C.87)$$

b) 空调机以名义制热能力与最大制热能力之间的能力连续可变运行($t_{ih} < t_{jh} < t_{bh}$)

$$P_{hB}(t_{jh}) = P_{h2}(t_{jh}) \cdot n_{jh} \qquad \cdots\cdots (C.88)$$

$$P_{h2}(t_{jh}) = P_{h3}(t_{ih}) + \frac{P_{hr}(t_{bh}) - P_{h3}(t_{ih})}{t_{bh} - t_{ih}} \cdot (t_{jh} - t_{ih}) \qquad \cdots\cdots (C.89)$$

$$t_{ih} = \frac{\mathrm{HCR} \cdot \Phi_{cr2a} - \Phi_{h3(-8.5)} - 8.5 \cdot \dfrac{\Phi_{h3(2)} - \Phi_{h3(-8.5)}}{2-(-8.5)}}{\dfrac{\Phi_{h3(2)} - \Phi_{h3(-8.5)}}{2-(-8.5)} + \dfrac{\mathrm{HCR} \cdot \Phi_{cr2a}}{t_{ah}}} \qquad \cdots\cdots (C.90)$$

$$P_{h3}(t_{ih}) = P_{h3(-8.5)} + \frac{P_{h3(2)} - P_{h3(-8.5)}}{2-(-8.5)} \cdot [t_{ih} - (-8.5)] \qquad \cdots\cdots (C.91)$$

注:若空调机的最大制热能力与名义制热能力相等,以名义制热能力作为最大制热能力;

$\Phi_{h3(2)} = \Phi_{hr(2)}$, $\Phi_{h3(-8.5)} = \Phi_{hr(-8.5)}$, $P_{h3(2)} = P_{hr(2)}$, $P_{h3(-8.5)} = P_{hr(-8.5)}$, $t_{ih} = t_{bh}$

C.5.7.5.3.2 空调机以最大制热能力进行连续运行($t_{jh} < t_{ih}$)

$$P_{hB}(t_{jh}) = P_{h3}(t_{jh}) \cdot n_{jh} \qquad \cdots\cdots (C.92)$$

$$P_{h3}(t_{jh}) = P_{h3(-8.5)} + \frac{P_{h3(2)} - P_{h3(-8.5)}}{2-(-8.5)} \cdot [t_{jh} - (-8.5)] \qquad \cdots\cdots (C.93)$$

当 $BL_h(t_{jh}) > \Phi_{h3}(t_{jh})$时,空调机的制热量不足需要补充其电加热;

$$P_{RHB}(t_{jh}) = [BL_h(t_{jh}) - \Phi_{h3}(t_{jh})] \cdot n_{jh} \qquad \cdots\cdots (C.94)$$

$$\Phi_{h3}(t_{jh}) = \Phi_{h3(-8.5)} + \frac{\Phi_{h3(2)} - \Phi_{h3(-8.5)}}{2-(-8.5)} \cdot [t_{jh} - (-8.5)] \qquad \cdots\cdots (C.95)$$

注:若空调机的最大制热能力与名义制热能力相等,以名义制热能力作为最大制热能力;

$\Phi_{h3(2)} = \Phi_{hr(2)}$, $\Phi_{h3(-8.5)} = \Phi_{hr(-8.5)}$, $P_{h3(2)} = P_{hr(2)}$, $P_{h3(-8.5)} = P_{hr(-8.5)}$, $t_{ih} = t_{bh}$

C.6 式 C.1～式 C.95 中各符号的含义如下:

APC——全年耗电量,单位:Wh,按式(C.8)计算;

APF——全年性能系数,按式(C.9)计算;

$BL_c(t_{jc})$——室外温度 t_{jc}时建筑物的制冷负荷,单位:W,按式(C.2)计算;

$BL_h(t_{jh})$——室外温度 t_{jh}时建筑物的制热负荷,单位:W,按式(C.5)计算;

C_D——效率降低系数,其中:制冷运行时,可取 C_D=0.25 或按式(C.14)计算;制热运行时,可

取 C_D=0.25 或按式(C.21)计算；

CLF——制冷负荷系数，$\Phi_{cr(cyc)}$ 与 $\Phi_{cr(dry)}$ 的比值；

COP_{chr}——定容型空调机按 C.3.3.4 方法试验时的性能系数，非定容型空调机按 C.3.3.6 方法试验的性能系数，单位：W/W；

$COP_{hr(cyc)}$——空调机按 C.3.3.12 方法试验时的性能系数，单位：W/W；

CSTE——制冷季节耗电量，单位：Wh，其中：定容型空调机的制冷季节耗电量按式(C.10)计算；非定容型空调机的制冷季节耗电量按式(C.29)计算；

CSTL——制冷季节总负荷，单位：Wh，按式(C.1)计算；

$EER_{c(cyc)}$——空调机按 C.3.3.11 方法试验时的性能系数，单位：W/W；

$EER_{c(dry)}$——空调机按 C.3.3.10 方法试验时的性能系数，单位：W/W；

HCR——建筑物的 HCR，按 C.5.3 规定；

HLF——制热负荷系数，$\Phi_{hr(cyc)}$ 与 Φ_{chr} 的比值；

HSPF——制热季节能效比，按式(C.7)计算；

HSTE——制热季节耗电量，单位：Wh，其中：定容型空调机的制热季节耗电量按式(C.15)计算；非定容型空调机的制热季节耗电量按式(C.45)计算；

HSTL——制热季节总负荷，单位：Wh，按式(C.4)计算；

jc——制冷季节温度区间 1,2,3,……,17,18,19；

jh——制热季节温度区间 1,2,3,……,26,27,28；

k——室外温度 t_{jc} 最接近 t_{cc} 且 $\leqslant t_{cc}$ 的温度区间；

m——室外温度 t_{jc}=35 ℃的温度区间；

n——室外温度 t_{jc} 最接近 t_{cd} 且 $\leqslant t_{cd}$ 的温度区间；

n_{jc}——制冷季节需要制冷的各温度发生时间，单位：h，按 C.5.2 规定；

n_{jh}——制冷季节需要制热的各温度发生时间，单位：h，按 C.5.2 规定；

$P_c(t_{jc})$——室外温度 t_{jc} 时，空调机制冷的耗电量，单位：Wh；

$P_{c2}(t_{jc})$——空调机以名义制冷能力连续运行，室外温度 t_{jc} 时空调机制冷的耗电量，单位：Wh，按式(C.44)计算；

$P_{clm}(t_{jc})$——空调机以最小制冷能力与中间制冷能力之间的能力连续可变运行，室外温度 t_{jc} 时空调机制冷的耗电量，单位：Wh，按式(C.37)计算；

$P_{cm2}(t_{jc})$——空调机以中间制冷能力与名义制冷能力之间的能力连续可变运行，室外温度 t_{jc} 时空调机制冷的耗电量，单位：Wh，按式(C.41)计算；

$P_{hB}(t_{jh})$——室外温度 t_{jh} 时非定容型空调机制热的耗电量，单位：Wh，根据 C.5.7.5.1、C.5.7.5.2 及 C.5.7.5.3 计算；

$P_{hD}(t_{jh})$——室外温度 t_{jh} 时定容型空调机制热的耗电量，单位：Wh，空调机在不结霜温度区域运行时按式(C.16)计算，空调机在结霜温度区域运行时按式(C.23)计算；

$P_{min}(t_{jc})$——空调机以最小制冷能力断续运行，室外温度 t_{jc} 时空调机制冷的耗电量，单位：Wh，按式(C.30)计算；

$P_{RHB}(t_{jh})$——非定容型空调机制热量不足，室外温度 t_{jh} 时空调机电热装置的耗电量，单位：Wh，空调机在结霜温度区域运行时按式(C.84)计算，空调机在不结霜温度区域 2 运行时按式(C.94)计算；

$P_{RHD}(t_{jh})$——定容型空调机制热量不足，室外温度 t_{jh} 时空调机电热装置的耗电量，单位：Wh，空调机在不结霜温度区域运行时按式(C.22)计算，空调机在结霜温度区域运行时按式(C.28)计算；

$PLF_B(t_{jc})$——制冷季节时，室外温度 t_{jc} 时非定容型空调机的部分负荷率，按式(C.31)计算；

$PLF_B(t_{jh})$——制热季节时，非定容型空调机在不结霜温度区域1运行，室外温度 t_{jh} 时空调机的部分负荷率，按式(C.47)计算；

$PLF_{Bf}(t_{jh})$——制热季节时，非定容型空调机在结霜温度区域运行，室外温度 t_{jh} 时空调机的部分负荷率，按式(C.63)计算；

$PLF_D(t_{jc})$——制冷季节时，室外温度 t_{jc} 时定容型空调机的部分负荷率，按式(C.13)计算；

$PLF_D(t_{jh})$——制热季节时，定容型空调机在不结霜温度区域运行，室外温度 t_{jh} 时空调机的部分负荷率，按式(C.20)计算；

$PLF_{Df}(t_{jh})$——制热季节时，定容型空调机在结霜温度区域运行，室外温度 t_{jh} 时空调机的部分负荷率，按式(C.27)计算；

$P_{c(cyc)}$——空调机按C.3.3.11方法试验时的实测制冷消耗功率，单位：W；

$P_{c(dry)}$——空调机按C.3.3.10方法试验时的实测制冷消耗功率，单位：W；

P_{c2}——空调机按C.3.3.1方法试验时的实测制冷消耗功率，单位：W；

$P_{c2(29)}$——空调机按C.3.3.9方法试验时的实测低温制冷消耗功率，单位：W；

$P_{c2}(t_{cb})$——空调机以额定制冷能力运行，室外温度 $t_{cb}=35$ ℃时空调机的制冷消耗功率，单位：W，按式(C.43)计算；

$P_{c2}(t_{jc})$——室外温度 t_{jc} 时，空调机以额定制冷能力运行时的制冷消耗功率，单位：W，按式(C.12)计算；

P_{chr}——定容型空调机按C.3.3.4方法试验时的实测制热消耗功率，非定容型空调机按C.3.3.6方法试验的实测制热消耗功率，单位：W；

$P_{clm}(t_{jc})$——空调机以最小制冷能力与中间制冷能力之间的能力连续可变运行，室外温度 t_{jc} 时空调机的制冷消耗功率，单位：W，按式(C.38)计算；

P_{cm}——空调机按C.3.3.2方法试验时的实测中间制冷消耗功率，单位：W；

$P_{cm(29)}$——空调机按C.3.3.9方法试验时的实测低温中间制冷消耗功率，单位：W；

$P_{cm}(t_{cc})$——空调机以中间制冷能力运行，室外温度 t_{cc} 时空调机的制冷消耗功率，单位：W，按式(C.40)计算；

$P_{cm2}(t_{jc})$——空调机以中间制冷能力和名义制冷能力之间的能力连续可变运行，室外温度 t_{jc} 时空调机的制冷消耗功率，单位：W，按式(C.42)计算；

P_{def}——空调机按C.3.3.7方法试验时的实测低温制热消耗功率，单位：W；

$P_{def}(t_{jh})$——空调机在结霜温度区域运行，室外温度 t_{jh} 时空调机的制热消耗功率，单位：W，按式(C.26)计算；

$P_{defh3}(t_{fh})$——空调机在结霜温度区域以最大制热能力运行，室外温度 t_{fh} 时空调机的制热消耗功率，单位：W；按式(C.81)计算；

$P_{def3}(t_{jh})$——空调机在结霜温度区域以最大制热能力连续运行，室外温度 t_{jh} 时空调机的制热消耗功率，单位：W，按式(C.83)计算；

$P_{defh}(t_{jh})$——空调机在结霜温度区域以中间制热能力与名义制热能力之间的能力连续可变运行，室外温度 t_{jh} 时空调机的制热消耗功率，单位：W，按式(C.75)计算；

$P_{defh2}(t_{jh})$——空调机在结霜温度区域以名义制热能力与最大制热能力之间的能力连续可变运行，室外温度 t_{jh} 时空调机的制热消耗功率，单位：W，按式(C.79)计算；

$P_{defm}(t_{eh})$——空调机在结霜温度区域以中间制热能力运行，室外温度 t_{eh} 时空调机的制热消耗功率，单位：W，按式(C.73)计算；

$P_{defm}(t_{jh})$——空调机在结霜温度区域以最小制热能力与中间制热能力之间的能力连续可变运行，室外温度 t_{jh} 时空调机的制热消耗功率，单位：W，按式(C.71)计算；

$P_{def\ min}(t_{ah})$——空调机在结霜温度区域以最小制热能力运行，室外温度 t_{ah} 时空调机的制热消耗功率，单位：W，按式(C.67)计算；

$P_{def\ min}(t_{hh})$——空调机在结霜温度区域以最小制热能力运行，室外温度 t_{hh} 时空调机的制热消耗功率，单位：W，按式(C.69)计算；

$P_{def\ min}(t_{jh})$——空调机在结霜温度区域以最小制热能力运行，室外温度 t_{jh} 时空调机的制热消耗功率，单位：W，按式(C.66)计算；

$P_{defr(2)}$——空调机以名义制热能力运行，室外温度 2 ℃时空调机的制热消耗功率，单位：W；($P_{defr(2)}=0.935\ 81/1.06\cdot P_{hr}$)；

$P_{defr}(t_{gh})$——空调机在结霜温度区域以名义制热能力运行，室外温度 t_{gh} 时空调机的制热消耗功率，单位：W，按式(C.77)计算；

$P_{h}(t_{jh})$——空调机在不结霜温度区域 1 以中间制热能力与名义制热能力之间的能力连续可变运行，室外温度 t_{jh} 时空调机的制热消耗功率，单位：W，按式(C.59)计算；

$P_{h1}(t_{jh})$——空调机在不结霜温度区域 2 以中间制热能力与名义制热能力之间的能力连续可变运行，室外温度 t_{jh} 时空调机的制热消耗功率，单位：W，按式(C.87)计算；

$P_{h2}(t_{jh})$——空调机在不结霜温度区域 2 以名义制热能力与最大制热能力之间的能力连续可变运行，室外温度 t_{jh} 时空调机的制热消耗功率，单位：W，按式(C.89)计算；

$P_{h3(2)}$——空调机以最大制热能力运行，室外温度 2 ℃时空调机的低温制热消耗功率，单位：W；

$P_{h3(-8.5)}$——空调机以最大制热能力运行，空调机的超低温制热消耗功率，单位：W；

$P_{h3}(t_{ih})$——空调机在不结霜温度区域 2 以最大制热能力运行，室外温度 t_{ih} 时空调机的制热量，单位：W，按式(C.91)计算；

$P_{h3}(t_{jh})$——空调机在不结霜温度区域 2 以最大制热能力连续运行，室外温度 t_{jh} 时空调机的制热消耗功率，单位：W，按式(C.93)计算；

P_{hm}——空调机按 C.3.3.5 方法试验时的实测中间制热消耗功率，单位：W；

$P_{hm(2)}$——空调机以中间制热能力运行，室外温度 2 ℃时空调机的制热消耗功率，单位：W；$P_{hm(2)}=0.935\ 81P_{hm}$)；

$P_{hm(-8.5)}$——空调机以中间制热能力运行，空调机的超低温制热消耗功率，单位：W；

$P_{hm}(t_{ch})$——空调机在不结霜温度区域 1 以中间制热能力运行，室外温度 t_{ch} 时空调机的制热消耗功率，单位：W，按式(C.57)计算；

$P_{hm}(t_{jh})$——空调机在不结霜温度区域 1 以最小制热能力和中间制热能力之间的能力连续可变运行，室外温度 t_{jh} 时空调机的制热消耗功率，单位：W，按式(C.55)计算；

$P_{h\ min}$——空调机按 C.3.3.6 方法试验时的实测最小制热消耗功率，单位：W；

$P_{h\ min(2)}$——空调机以最小制热能力运行，室外温度 2 ℃时空调机的制热消耗功率，单位：W；$P_{h\ min(2)}=0.935\ 81\ P_{h\ min}$)；

$P_{h\ min(-8.5)}$——空调机以最小制热能力运行，空调机的超低温制热消耗功率，单位：W；

$P_{h\ min}(t_{ah})$——空调机在不结霜温度区域 1 以最小制热能力运行，室外温度 t_{ah} 时空调机的制热消耗功率，单位：W，按式(C.51)计算；

$P_{h\ min}(t_{dh})$——空调机在不结霜温度区域 1 以最小制热能力运行，室外温度 t_{dh} 时空调机的制热消耗功率，单位：W，按式(C.53)计算；

$P_{h\ min}(t_{jh})$——空调机在不结霜温度区域 1 以最小制热能力运行，室外温度 t_{jh} 时空调机的制热消耗功率，单位：W，按式(C.50)计算；

P_{hr}——空调机按 C.3.3.4 方法试验时的实测制热消耗功率，单位：W；

$P_{hr(-8.5)}$——空调机超低温制热消耗功率，单位：W；

$P_{hr(cyc)}$——空调机按 C.3.3.12 方法试验时的实测制热消耗功率，单位：W；

$P_{hr}(t_{bh})$——空调机在不结霜温度区域 1 以名义制热能力运行，室外温度 t_{bh} 时空调机的制热消耗功率，单位：W，按式(C.61)计算；

$P_{hr}(t_{jh})$——空调机在不结霜温度区域运行，室外温度 t_{jh} 时空调机的制热消耗功率，单位：W，按式(C.19)计算；

P_{min}——空调机按 C.3.3.3 方法试验时的实测最小制冷消耗功率，单位：W；

$P_{min(29)}$——空调机按 C.3.3.9 方法试验时的实测低温最小制冷消耗功率，单位：W；

$P_{min}(t_{ca})$——空调机以最小制冷能力运行，室外温度 t_{ca} 时空调机的制冷消耗功率，单位：W，按式(C.34)计算；

$P_{min}(t_{cd})$——空调机以最小制冷能力运行，室外温度 t_{cd} 时空调机的制冷消耗功率，单位：W，按式(C.36)计算；

$P_{min}(t_{jc})$——空调机以最小制冷能力运行，室外温度 t_{jc} 时空调机的制冷消耗功率，单位：W，按式(C.33)计算；

SEER——制冷季节能效比，按式(C.6)计算；

t_{ah}——建筑物的制热 0 负荷对应的室外温度，按 C.5.4 规定；

t_{bh}——建筑物的制热负荷与空调机的制热量(不结霜温度区域 1)达到均衡时的室外温度，按式(C.60)计算；

t_{ca}——建筑物的制冷 0 负荷对应的室外温度，按 C.5.4 规定；

t_{cb}——建筑物的制冷负荷与空调机的制冷量达到均衡时的室外温度，即 $t_{cb}=35$ ℃；

t_{cc}——建筑物的制冷负荷与空调机的中间制冷量达到均衡时的室外温度，按式(C.39)计算；

t_{cd}——建筑物的制冷负荷和空调机的最小制冷量达到均衡时的室外温度，按式(C.35)计算；

t_{ch}——建筑物的制热负荷与空调机的中间制热量(不结霜温度区域 1)达到均衡时的室外温度，按式(C.56)计算；

t_{dh}——建筑物的制热负荷和空调机的最小制热量(不结霜温度区域 1)达到均衡时的室外温度，按式(C.52)计算；

t_{eh}——建筑物的制热负荷与空调机的中间制热量(结霜温度区域)达到均衡时的室外温度，按式(C.72)计算；

t_{fh}——建筑物的制热负荷与空调机的最大制热量(结霜温度区域)达到均衡时的室外温度，按式(C.80)计算；

t_{gh}——建筑物的制热负荷与空调机的制热量(结霜温度区域)达到均衡时的室外温度，按式(C.76)计算；

t_{hh}——建筑物的制热负荷和空调机的最小制热量(结霜温度区域)达到均衡时的室外温度，按式(C.68)计算；

t_{ih}——建筑物的制热负荷与空调机的最大制热量(不结霜温度区域 2)达到均衡时的室外温度，按式(C.90)计算；

t_{jc}——各制冷季节温度区间对应的室外温度，按 C.5.2 规定；

t_{jh}——各制热季节温度区间对应的室外温度，按 C.5.2 规定；

$X_B(t_{jc})$——室外温度 t_{jc} 时，建筑物的制冷负荷与非定容型空调机的制冷量之比，按式(C.32)计算；

$X_B(t_{jh})$——非定容型空调机在不结霜温度区域 1 运行，室外温度 t_{jh} 时建筑物的制热负荷与空调机的制热量之比，按式(C.48)计算；

$X_{Bf}(t_{jh})$——非定容型空调机在结霜温度区域运行，室外温度 t_{jh} 时建筑物的制热负荷与空调机制热量之比，按式(C.64)计算；

$X_D(t_{jc})$——室外温度 t_{jc} 时，建筑物的制冷负荷与定容型空调机的制冷量之比，按式(C.11)计算；

$X_D(t_{jh})$——定容型空调机在不结霜温度区域运行，室外温度 t_{jh} 时建筑物的制热负荷与空调机的制热量之比，按式(C.17)计算；

$X_{Df}(t_{jh})$——定容型空调机在结霜温度区域运行，室外温度 t_{jh} 时建筑物的制热负荷与空调机的制热量之比，按式(C.24)计算；

Φ_{cr2}——空调机按 C.3.3.1 方法试验时的实测制冷量，单位：W；

$\Phi_{cr2(29)}$——空调机按 C.3.3.9 方法试验时的实测低温制冷量，单位：W；

$\Phi_{cr2}(t_{jc})$——室外温度 t_{jc}时空调机以额定能力运行时的制冷量，单位：W，按式(C.3)计算；

Φ_{cr2a}——空调机名义制冷量的明示值，单位：W；

Φ_{crm}——空调机按 C.3.3.2 方法试验时的实测中间制冷量，单位：W；

$\Phi_{crm(29)}$——空调机按 C.3.3.9 方法试验时的实测低温中间制冷量，单位：W；

Φ_{def}——空调机按 C.3.3.7 方法试验时的实测低温制热量，单位：W；

$\Phi_{def}(t_{jh})$——空调机在结霜温度区域运行，室外温度 t_{jh}时空调机的制热量，单位：W，按式(C.25)计算；

$\Phi_{def3}(t_{jh})$——空调机在结霜温度区域以最大制热能力连续运行，室外温度 t_{jh}时空调机的制热量，单位：W，按式(C.85)计算；

$\Phi_{def\ min}(t_{jh})$——空调机在结霜温度区域以最小制热能力运行，室外温度 t_{jh}时空调机的制热量，单位：W，按式(C.65)计算；

$\Phi_{h3(2)}$——空调机以最大制热能力运行，室外温度 2 ℃时空调机的低温制热量，单位：W；

$\Phi_{h3(-8.5)}$——空调机以最大制热能力运行，空调机的超低温制热量，单位：W；

$\Phi_{h3}(t_{jh})$——空调机以最大制热能力连续运行，室外温度 t_{jh}时空调机的制热量，单位：W，按式(C.95)计算；

Φ_{hm}——空调机按 C.3.3.5 方法试验时的实测中间制热量，单位：W；

$\Phi_{hm(2)}$——空调机以中间制热能力运行，室外温度 2 ℃时空调机的制热量，单位：W；($\Phi_{hm(2)}=0.871\ 29\Phi_{hm}$)；

$\Phi_{h\ min}$——空调机按 C.3.3.6 方法试验时的实测最小制热量，单位：W；

$\Phi_{h\ min(2)}$——空调机以最小制热能力运行，室外温度 2 ℃时空调机的制热量，单位：W；($\Phi_{h\ min(2)}=0.871\ 29\Phi_{h\ min}$)；

$\Phi_{h\ min(-8.5)}$——空调机以最小制热能力运行，空调机的超低温制热量，单位：W；

$\Phi_{h\ min}(t_{jh})$——空调机在不结霜温度区域 1 以最小制热能力运行，室外温度 t_{jh}时空调机的制热量，单位：W，按式(C.49)计算；

Φ_{hr}——空调机按 C.3.3.4 方法试验时的实测制热最，单位：W；

$\Phi_{hr(2)}$——空调机以名义制热能力运行，室外温度 2 ℃时空调机的制热量，单位：W；($\Phi_{hr(2)}=0.871\ 29\Phi_{hr}$)；

$\Phi_{hr(-8.5)}$——空调机超低温制热量，单位：W；

$\Phi_{hr}(t_{jh})$——空调机在不结霜温度区域运行，室外温度 t_{jh}时空调机的制热量，单位：W，按式(C.18)计算；

Φ_{min}——空调机按 C.3.3.3 方法试验时的实测最小制冷量，单位：W；

$\Phi_{min(29)}$——空调机按 C.3.3.9 方法试验时的实测低温最小制冷量，单位：W；

$\Phi_{min}(t_{jc})$——室外温度 t_{jc}时，空调机以最小制冷能力运行时的制冷量，单位：W；

Φ_{chr}——定容型空调机按 C.3.3.4 方法试验时的实测制热量，非定容型空调机按 C.3.3.6 方法试验的实测制热量，单位：W；

$\Phi_{cr(cyc)}$——空调机按 C.3.3.11 方法试验时的实测制冷量，单位：W；

$\Phi_{cr(dry)}$——空调机按 C.3.3.10 方法试验时的实测制冷量，单位：W；

$\Phi_{hr(cyc)}$——空调机按 C.3.3.12 方法试验时的实测制热量，单位：W。

附 录 D
（规范性附录）
单元式空气调节机噪声的试验方法

D.1 适应范围

本附录规定了空调机的噪声试验方法。

D.2 测定场所

测定场所应为反射平面上的半自由声场，被测空调机的噪声与背景噪声之差应为 8 dB 以上。

D.3 测量仪器

测试仪器应使用 GB/T 3785—1983 中规定的 1 型或 1 型以上的声级计，以及精度相当的其他测试仪器。

D.4 运行条件

空调机应按有关技术条件的要求安装在台架上。在额定电压、额定电频下稳定运行，运行条件应接近技术条件规定的制冷工况条件及制热工况条件。但分体式空调机在制冷循环的噪声可忽略不计的情况下，也可采用通风状态下测定室内机组噪声。对于带有调速装置的空调机，应分别测量各档的噪声。

D.5 测定位置

D.5.1 室内侧

在图 D.1～图 D.6 所示位置进行测量，空调机应调至最大噪声点的工况。

a) 对制冷量小于等于 28 000 W 的立柜式空调机，取出风口一个点测量，见图 D.1a)。

b) 对制冷量大于等于 28 000 W 的立柜式空调机，取出风口侧和侧面三个点进行测量，高度为 1 m，见图 D.1b)，测试结果取式(D.1)进行的三点读数的平均值。

$$\overline{LP}=10\lg\frac{1}{3}\left[\sum_{i=1}^{3}10^{0.1L_{pi}}\right] \qquad \cdots\cdots(D.1)$$

式中：

$\overline{LP}$——测量表面平均声压级，单位为分贝(dB)；

L_{pi}——第三测点的声压级，单位为分贝(dB)。

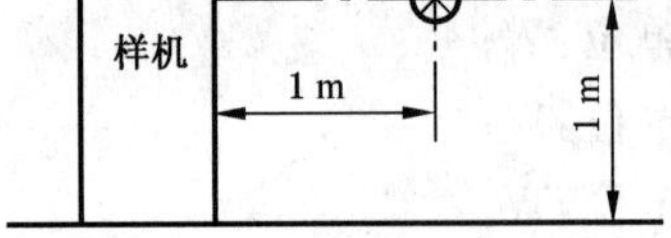

a) 立柜式

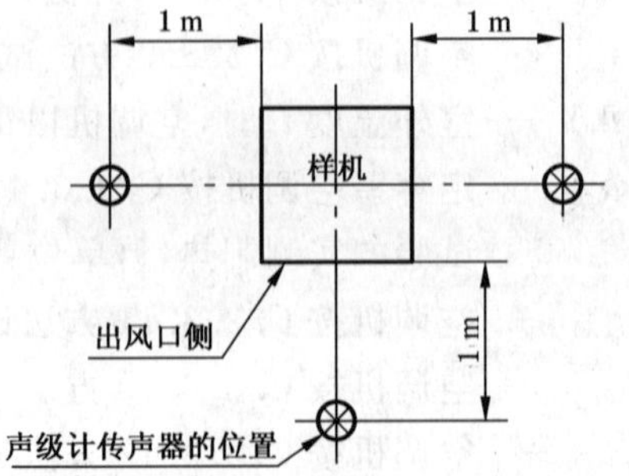

b) 立柜式

注：对带风管的机组，在排风侧连接带 2 m 长阻尼器的风道，加额定机外静压进行测定。

图 D.1 立柜式室内机

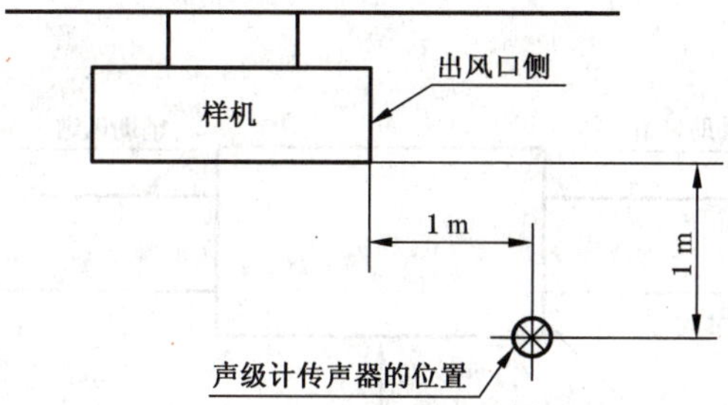

图 D.2　吊顶式室内机

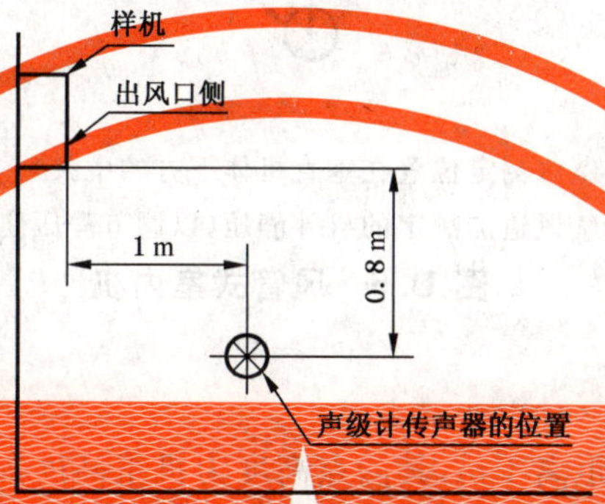

图 D.3　壁挂式室内机

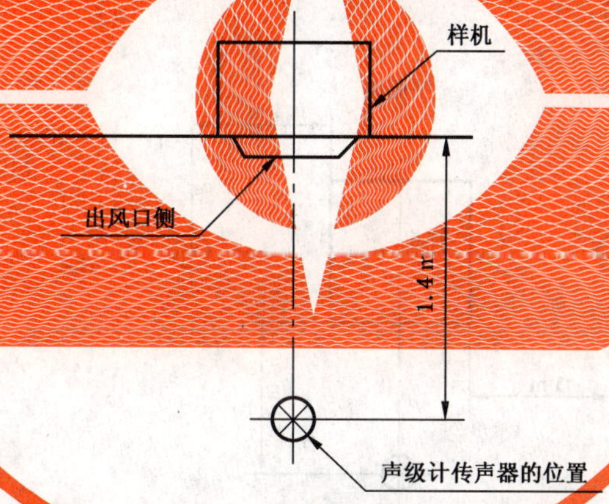

图 D.4　嵌入式室内机

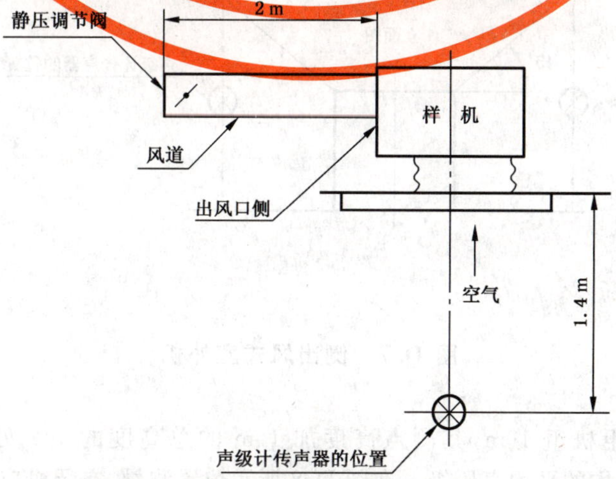

图 D.5　暗装式室内机

样机状态：在安装了吸入面板、吸气风道的状态下，为避免排风的影响，应接入一个 2 m 长的阻尾风道，给排风道加一个额定的机外静压。

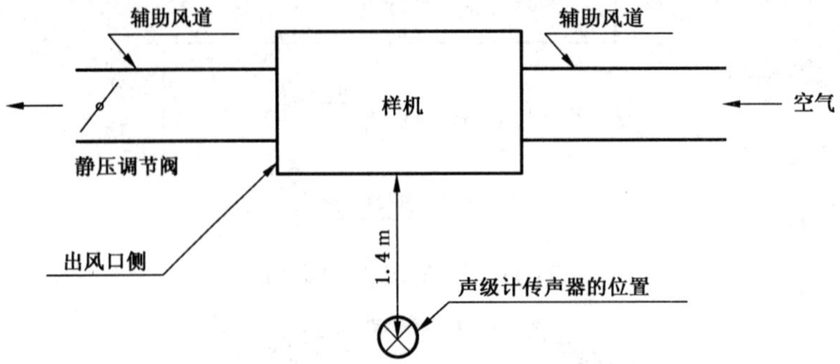

（测定位置在垂直机体下方的中央）

样机状态：分别在排风口中、进气风道加额定的机外静压，以调节静压使测定在不受影响的状态下进行。

图 D.6 风管式室内机

D.5.2 室外侧

a) 侧出风

距空调机正面和两侧面距离 1 m，其测点高度为机组高度加 1 m 的总高度的 1/2 处的三个测点，测试结果为按式(D.1)进行平均的平均声压级。在图 D.7 所示位置进行测量，空调机应调至最大噪声点的工况。

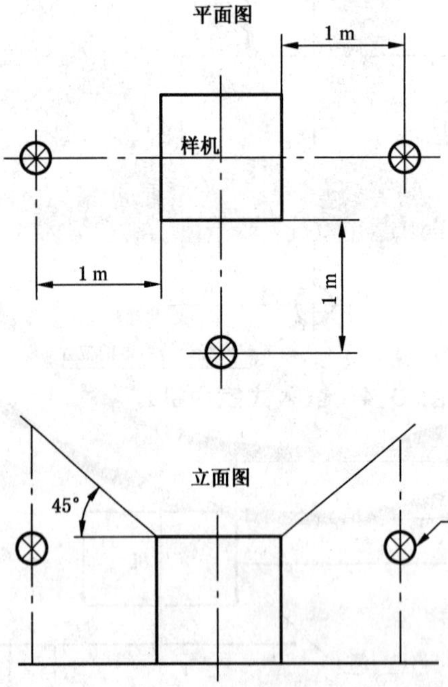

图 D.7 侧出风式室外机

b) 顶出风

在空调机四面距机组 1 m，其测点高度加 1 m 的总高度的 1/2 处四个测点，测试结果按式(D.1)进行平均的平均声压级。在图 D.8 所示位置测量，空调机应调至最大噪声工况。

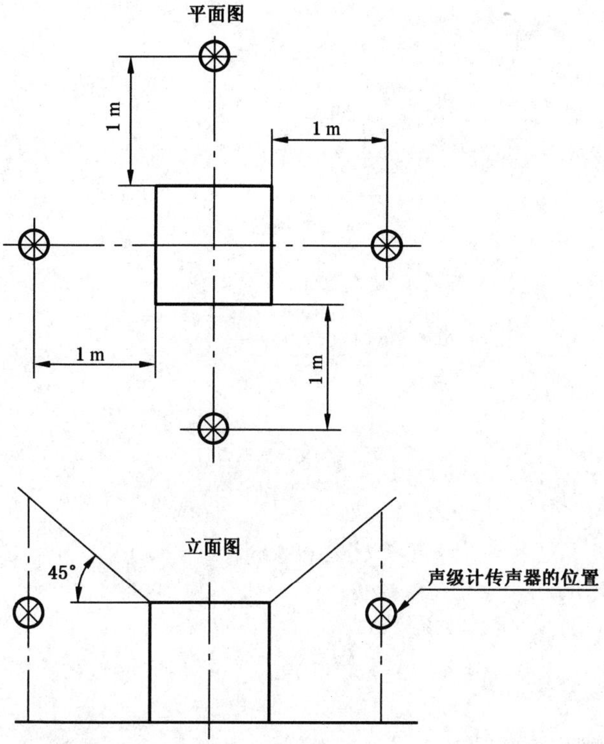

图 D.8　顶出风式室外机

D.6　测量方法

a)　在 D.4、D.5 规定的条件及位置下，测定空调机 A 声级，测定应在 D.4 规定的运行条件下进行测量。

b)　当风速大于 1 m/s 时，应使用风罩。

ICS 65.080
G 20

中华人民共和国国家标准

GB/T 17767.2—2010
代替 GB/T 17767.2—1999

有机-无机复混肥料的测定方法 第2部分:总磷含量

Determination of organic-inorganic compound fertilizers—
Part 2: Total phosphorus content

2010-06-30 发布　　2011-01-01 实施

中华人民共和国国家质量监督检验检疫总局
中国国家标准化管理委员会　发布

前　言

GB/T 17767《有机-无机复混肥料的测定方法》分为三个部分：

——第1部分：总氮含量；

——第2部分：总磷含量；

——第3部分：总钾含量。

本部分是GB/T 17767的第2部分。

本部分参照日本肥料分析法(1982)、美国公职分析家协会分析方法手册(AOAC)(1984)和原苏联国家标准ГОСТ 26717:1985以及ISO 6598:1984制定。

本部分代替GB/T 17767.2—1999《有机-无机复混肥料中总磷含量的测定》。

本版与前版的主要差异是：在标准的编排格式上进行了改写。

本部分由中国石油和化学工业协会提出。

本部分由全国肥料和土壤调理剂标准化技术委员会(SAC/TC 105)归口。

本部分起草单位：国家化肥质量监督检验中心(上海)。

本部分主要起草人：范宾、金昊坤。

本部分所代替标准的历次版本发布情况为：

——GB/T 17767.2—1999。

有机-无机复混肥料的测定方法 第2部分：总磷含量

1 范围

GB/T 17767 的本部分规定了有机-无机复混肥料总磷含量的测定方法。

本部分适用于各种有机肥料与化学肥料组成的有机-无机复混肥料，也适用于各种固体有机肥料的总磷含量的测定。

2 规范性引用文件

下列文件中的条款通过 GB/T 17767 的本部分的引用而成为本部分的条款。凡是注日期的引用文件，其随后所有的修改单(不包括勘误的内容)或修订版均不适用于本部分，然而，鼓励根据本部分达成协议的各方研究是否可使用这些文件的最新版本。凡是不注日期的引用文件，其最新版本适用于本部分。

GB/T 8571 复混肥料 实验室样品制备

HG/T 2843 化肥产品 化学分析中常用标准滴定溶液、标准溶液、试剂溶液和指示剂溶液

3 试剂和材料

警告——试剂中的过氧化氢、硝酸、高氯酸具有腐蚀性和氧化性，硫酸及其溶液、硝酸溶液和氨水溶液具有腐蚀性，相关操作应在通风橱内进行。本标准并未指出所有可能的安全问题，使用者有责任采取适当的安全和健康措施，并保证符合国家有关法规规定的条件。

本部分中所用试剂、溶液和水，在未注明规格和配制方法时，均应符合 HG/T 2843 的规定。

3.1 硫酸；

3.2 硝酸；

3.3 高氯酸；

3.4 过氧化氢；

3.5 五氧化二磷标准溶液：1 mL 溶液含有 1 mg P_2O_5，使用时稀释；

3.6 钒钼酸铵试剂

溶液 A：将 1.12 g 偏钒酸铵(NH_4VO_3)溶于 200 mL～300 mL 水中，加入 250 mL 硝酸；

溶液 B：将 27 g 钼酸铵[$(NH_4)_6Mo_7O_{24}\cdot 4H_2O$]溶于少量水中；

然后边搅拌溶液 A，边慢慢加入溶液 B，用水稀释至 1 L，混匀，贮藏在棕色瓶中。在保存过程中有沉淀生成时，不能再使用。

3.7 喹钼柠酮试剂；

3.8 酚酞指示剂：10 g/L；

3.9 氨水溶液：1＋1；

3.10 硫酸溶液：3＋97；

3.11 硝酸溶液：1＋1；

3.12 广泛 pH 试纸。

4 仪器、设备

4.1 通常实验室用仪器；

4.2 电热板；

4.3 干燥箱：能控制(180±2)℃；

4.4 1 500 W电炉；

4.5 玻璃坩埚式滤器：4号，容积30 mL；

4.6 分光光度计：带有1 cm光路长度的吸收池。

5 试样溶液的制备

做两份试料的平行测定。

5.1 实验室样品制备

按GB/T 8571规定制备实验室样品。试样制备时样品研磨至通过1 mm试验筛，若样品很难粉碎，可研磨至通过2 mm试验筛。选择5.2或5.3方法之一制备试液。

5.2 硝酸-高氯酸消煮法

总磷含量≤5%的试样(用钼黄分光光度法测定)，称取1 g；总磷含量>5%的试样(用磷钼酸喹啉重量法测定)，称取含有100 mg～200 mg五氧化二磷的试样，称准至0.000 2 g。将试样置于250 mL高型烧杯中，加入20 mL硝酸(3.2)，小心摇匀，在通风橱内用电热板加热至近干涸，稍冷后加入10 mL高氯酸，盖上表面皿，缓慢加热至冒高氯酸的白烟，继续加热直至溶液呈无色或浅色清液(注意不能蒸干!)。稍冷，加入50 mL水，在电热板上微微煮沸1 min～2 min。冷却至室温，定量转移至250 mL量瓶中，用水稀释至刻度，混匀。干过滤，弃去最初50 mL滤液。

5.3 硫酸-过氧化氢消煮法

试料称量同5.2。将试料置于500 mL锥形瓶中，加入20 mL硫酸(3.1)和3 mL过氧化氢，小心摇匀，静放12 h～15 h。然后再加入3 mL～5 mL过氧化氢，插上梨形漏斗，在通风橱内用1 500 W电炉缓慢加热至沸腾，继续加热保持30 min，取下；若溶液未澄清，稍冷后分次再加入3 mL过氧化氢，并分次消煮，直至溶液呈无色或浅色清液，继续加热10 min，冷却至室温。将消煮液移入250 mL量瓶中，用水稀释至刻度，混匀，干过滤，弃去最初50 mL滤液。

6 总磷含量测定

总磷含量≤5%，用钼黄分光光度法测定；总磷含量>5%，用磷钼酸喹啉重量法测定。

6.1 钒钼酸铵(钼黄)分光光度法

6.1.1 方法原理

在一定硝酸酸度下，正磷酸根与钼酸铵及偏钒酸铵作用，生成黄色的配合物$(NH_4)_3PO_4 \cdot NH_4VO_3 \cdot 16MoO_3$(钼黄)，在波长450 nm处，用1 cm吸收池进行分光光度法测定。

6.1.2 标准曲线绘制

将五氧化二磷标准溶液(3.5)稀释后，吸取1 mL含0.1 mg P_2O_5标准溶液0 mL、5 mL、10 mL、15 mL、20 mL和25 mL，相当于0～2 500 μg，置于50 mL量瓶中，稀释至约35 mL，加入10 mL钒钼酸铵试剂，用水稀释至刻度，混匀，静置30 min后，在波长450 nm处，用1 cm吸收池，以五氧化二磷含量为零的溶液作为参比溶液，用分光光度计测定标准比色溶液的吸光度。

以50 mL标准比色溶液中所含五氧化二磷的质量(以μg表示)为横坐标，相应的吸光度为纵坐标，作标准曲线图或用最小二乘方法求出标准曲线的斜率。

6.1.3 测定

根据试液的制备方法，按6.1.3.1或6.1.3.2方法之一进行测定。

6.1.3.1 吸取由5.2制得的试液若干毫升(五氧化二磷微克数在标准曲线范围内)，置于50 mL量瓶内，直接按6.1.2规定步骤，从“稀释至约35 mL”开始，至“静置30 min后”止，进行显色反应并测定试液的吸光度。

6.1.3.2 吸取由5.3制得的试液若干毫升(五氧化二磷微克数在标准曲线范围内),置于50 mL量瓶内,加入1~2滴酚酞指示液,用氨水溶液(3.9)和硫酸溶液(3.10)中和至无色,量瓶内放入一小片广泛pH试纸,用硫酸溶液继续中和至pH试纸为黄色为止。以下操作按6.1.2规定步骤,从"稀释至约35 mL"开始,至"静置30 min后"止,进行显色反应并测定试液的吸光度。

6.1.4 空白试验

除不加试料外,须与试样测定采用完全相同的试剂、用量和分析步骤,进行平行操作。

6.1.5 分析结果的表述

从标准曲线(6.1.2)上查出试液吸光度对应的五氧化二磷质量(μg)或用标准曲线斜率计算出试液吸光度对应的五氧化二磷质量(μg)。

总磷含量 w_1 以五氧化二磷(P_2O_5)质量分数(%)表示,按式(1)计算:

$$w_1 = \frac{(m_1 - m_2)}{m_0 \times (V_1/250) \times 10^6} \times 100 \quad \cdots\cdots(1)$$

式中:

m_1——从标准曲线上查得或由标准曲线斜率求得的五氧化二磷质量的数值,单位为微克(μg);

m_2——空白试验时,从标准曲线查得或由标准曲线斜率求得的五氧化二磷质量的数值,单位为微克(μg);

m_0——试料质量的数值,单位为克(g);

V_1——吸取试样溶液体积的数值,单位为毫升(mL);

250——试样溶液总体积的数值,单位为毫升(mL)。

计算结果表示到小数点后两位,取平行测定结果的算术平均值为测定结果。

6.1.6 允许差

平行测定和不同实验室测定结果的绝对差值应符合表1的要求。

表1

总磷含量(P_2O_5)/%	平行测定允许差/%	不同试验室测定允许差/%
≤1.0	0.05	0.1
>1.0~2.0	0.1	0.2
>2.0~5.0	0.2	0.4

6.2 磷钼酸喹啉重量法

6.2.1 方法原理

含磷溶液中的正磷酸根离子,在酸性介质中与喹钼柠酮试剂生成黄色磷钼酸喹啉沉淀[$(C_9H_7NH)_3PO_4 \cdot 12MoO_3 \cdot H_2O$],过滤、洗涤、干燥和称量所得沉淀,计算磷含量。

6.2.2 测定

吸取由5.2或5.3制得的试液25 mL(五氧化二磷质量在10 mg~20 mg),置于500 mL烧杯中,加入10 mL硝酸溶液(3.11),用水稀释至100 mL,加热至沸,沿杯壁加入35 mL喹钼柠酮试剂,盖上表面皿,在电热板上微沸1 min,或置于近沸水浴中保温至沉淀分层,取出烧杯,冷却至室温。

用预先在180 ℃±2 ℃干燥箱内干燥至恒量的玻璃坩埚式滤器过滤,先将上层清液滤完,然后倾泻洗涤1~2次,每次约用25 mL水,将沉淀移入滤器中,再用水洗涤,所用水共125 mL~150 mL,将沉淀连同滤器置于180 ℃±2 ℃干燥箱内,待温度达到180 ℃后干燥45 min,移入干燥器内,冷却至室温,称量。

6.2.3 空白试验

除不加试料外,须与试样测定采用完全相同的试剂、用量和分析步骤,进行平行操作。

6.2.4 分析结果的表述

总磷含量 w_2 以五氧化二磷(P_2O_5)质量分数(%)表示,按式(2)计算:

$$w_2 = \frac{(m_3 - m_4) \times 0.032\,07}{m_5 \times (V_2/250)} \times 100 \qquad \cdots\cdots(2)$$

式中：

m_3——磷钼酸喹啉沉淀的质量的数值，单位为克(g)；

m_4——空白试验时，所得的磷钼酸喹啉沉淀质量的数值，单位为克(g)；

0.032 07——磷钼酸喹啉质量换算为五氧化二磷质量的系数；

m_5——试料质量的数值，单位为克(g)；

V_2——吸取试样溶液体积的数值，单位为毫升(mL)；

250——试样溶液总体积的数值，单位为毫升(mL)。

计算结果表示到小数点后两位，取平行测定结果的算术平均值为测定结果。

6.2.5 允许差

平行测定结果的绝对差值不大于0.20%；

不同实验室测定结果的绝对差值不大于0.30%。

ICS 65.080
G 20

中华人民共和国国家标准

GB/T 17767.3—2010
代替 GB/T 17767.3—1999

有机-无机复混肥料的测定方法 第3部分:总钾含量

Determination of organic-inorganic compound fertilizers—Part 3: Total potassium content

2010-06-30 发布 2011-01-01 实施

中华人民共和国国家质量监督检验检疫总局
中国国家标准化管理委员会 发布

前　言

GB/T 17767《有机-无机复混肥料的测定方法》分为三个部分：

——第1部分：总氮含量；

——第2部分：总磷含量；

——第3部分：总钾含量。

本部分是GB/T 17767的第3部分。

本部分参照美国公职分析家协会分析方法手册（AOAC）（1984）、日本肥料分析方法（1982）、前苏联国家标准 ГОСТ 26718：1985以及ISO 5318：1983制定。

本部分代替GB/T 17767.3—1999《有机-无机复混肥料中总钾含量的测定》。

本版与前版的主要差异是：

——取消了加入甲醛以克服铵离子干扰的步骤；

——将四苯硼钾重量法中钾的计算公式进行了改写。

本部分由中国石油和化学工业协会提出。

本部分由全国肥料和土壤调理剂标准化技术委员会归口。

本部分起草单位：国家化肥质量监督检验中心（上海）。

本部分主要起草人：范宾、章明洪、张春晖。

本部分所代替标准的历次版本发布情况为：

——GB/T 17767.3—1999。

有机-无机复混肥料的测定方法
第3部分：总钾含量

1 范围

GB/T 17767 的本部分规定了有机-无机复混肥料中总钾含量的测定方法。

本部分适用于由有机肥料与化学肥料组成的有机-无机复混肥料，也适用于各种固体有机肥料的总钾含量的测定。

2 规范性引用文件

下列文件中的条款通过 GB/T 17767 的本部分的引用而成为本部分的条款。凡是注日期的引用文件，其随后所有的修改单(不包括勘误的内容)或修订版均不适用于本部分，然而，鼓励根据本部分达成协议的各方研究是否可使用这些文件的最新版本。凡是不注日期的引用文件，其最新版本适用于本部分。

GB/T 8571　复混肥料　实验室样品制备

HG/T 2843　化肥产品　化学分析常用标准滴定溶液、标准溶液、试剂溶液和指示剂溶液

3 试剂和材料

警告——试剂中的过氧化氢、硝酸、高氯酸具有腐蚀性和氧化性，硫酸和氢氧化钠溶液具有腐蚀性，相关操作应在通风橱内进行。本标准并未指出所有可能的安全问题，使用者有责任采取适当的安全和健康措施，并保证符合国家有关法规规定的条件。

本部分中所用试剂、溶液和水，在未注明规格和配制方法时，均应符合 HG/T 2843 的规定。

3.1　硫酸；

3.2　过氧化氢；

3.3　硝酸；

3.4　高氯酸；

3.5　四苯硼酸钠溶液沉淀剂：15 g/L；

3.6　四苯硼酸钠洗涤液：1.5 g/L；

3.7　乙二胺四乙酸二钠盐(EDTA)溶液：40 g/L；

3.8　氢氧化钠溶液：400 g/L；

3.9　酚酞：5 g/L 乙醇溶液，溶解 0.5 g 酚酞于 100 mL 95%(体积分数)乙醇中；

3.10　氧化钾标准贮备溶液：1.00 mg/mL。

称取 1.582 8 g 经 110 ℃烘 2 h 的氯化钾，用水溶解后定容于 1 L 量瓶中，混匀，该溶液 1 mL 含氧化钾(K_2O)1.00 mg，贮存于塑料瓶中；

3.11　氧化钾标准溶液：100 μg/mL

吸取 25.0 mL 氧化钾标准贮备溶液(3.10)于 250 mL 量瓶中，用水稀释至刻度，混匀，此溶液 1 mL 含氧化钾(K_2O)100 μg。

4 仪器、设备

4.1　通常实验室用仪器；

4.2 玻璃坩埚式滤器：4 号，容积 30 mL；

4.3 电热恒温干燥箱：温度能控制(120±5)℃；

4.4 火焰光度计。

5 试样溶液制备

做两份试料的平行测定。

按 GB/T 8571 规定制备实验室样品。试样制备时样品研磨至通过 1 mm 试验筛，若样品很难粉碎，可研磨至通过 2 mm 试验筛。

钾含量(K_2O)<2%的试样，采用火焰光度法测定，称取 2 g 试样；钾含量(K_2O)≥2%的试样，采用四苯硼钾重量法测定，当 2%≤钾含量(K_2O)<5%时称取 4 g 试样，钾含量(K_2O)≥5%时称取 2 g 试样，称准至 0.000 2 g，用下列方法之一制备试样溶液。

5.1 硝酸-高氯酸消煮法

将试样置于 250 mL 高型烧杯中，加入 20 mL 硝酸，小心摇匀，在通风橱内用电热板加热至近干涸，稍冷后加入 10 mL 高氯酸，盖上表面皿，缓慢加热至冒高氯酸的白烟，继续加热直至溶液呈无色或浅色清液(**注意不能蒸干!**)。冷却至室温，将消煮液移入 250 mL 量瓶中，用水稀释至刻度，混匀，干过滤，弃去最初 50 mL 滤液。

5.2 硫酸-过氧化氢消煮法

将试料置于 500 mL 锥形瓶中，加入 20 mL 浓硫酸和 3 mL～5 mL 过氧化氢，小心摇匀，静放 12 h～15 h，然后再加入 3 mL～5 mL 过氧化氢，插上梨形漏斗，在通风橱内用 1 500 W 电炉缓慢加热至沸腾，继续加热保持 30 min，取下；若溶液未澄清，稍冷后分次再加入 3 mL 过氧化氢，并分次消煮，直至溶液呈无色或浅色清液，继续加热 10 min，冷却至室温。将消煮液移入 250 mL 量瓶中，用水稀释至刻度，混匀，干过滤，弃去最初 50 mL 滤液。

6 分析步骤

做两份试料的平行测定。

6.1 四苯硼钾重量法

当试样中含氧化钾大于或等于 2%(质量分数)时，采用本方法。

6.1.1 方法原理

在弱碱性介质中，以四苯硼酸钠沉淀试样溶液中的钾离子。为了防止阳离子干扰，可预先加入适量的乙二胺四乙酸二钠盐(EDTA)，使阳离子与乙二胺四乙酸二钠络合。将沉淀过滤、干燥及称量。

6.1.2 试液处理

吸取上述滤液 25 mL，置入 200 mL 烧杯中，加 EDTA 溶液(3.7)20 mL(含阳离子较多时可加 40 mL)，加 2～3 滴酚酞溶液(3.9)，滴加氢氧化钠溶液(3.8)至红色出现时，再过量 1 mL，在良好的通风橱内缓慢加热煮沸 15 min，然后放置冷却或用流水冷却至室温，若红色消失，再用氢氧化钠溶液调至红色。

6.1.3 沉淀及过滤

在不断搅拌下，于试样溶液(6.1.2)中逐滴加入四苯硼酸钠沉淀剂(3.5)，加入量为每含 1 mg 氧化钾加四苯硼钠溶液(3.5)0.5 mL，并过量约 7 mL，继续搅拌 1 min，静置 15 min，用倾滤法将沉淀过滤于 120 ℃下预先恒量的 4 号玻璃坩埚式滤器(4.2)内，用洗涤溶液(3.6)洗涤沉淀 5～7 次，每次用量约 5 mL，最后用水洗涤 2 次，每次用量 5 mL。

6.1.4 干燥

将盛有沉淀的坩埚置入 120 ℃±5 ℃干燥箱中，干燥 1.5 h，然后放在干燥器内冷却至室温，称量。

注：坩埚洗涤时，若沉淀不易洗去，可用丙酮进一步清洗。

6.1.5 空白试验

除不加试料外，须与试样测定采用完全相同的试剂、用量和分析步骤，进行平行操作。

6.1.6 分析结果的表述

总钾含量 w_1，以氧化钾(K_2O)的质量分数计，数值以%表示，按式(1)计算：

$$w_1 = \frac{(m_2 - m_1) \times 0.1314}{m_0 \times (25/250)} \times 100 = \frac{(m_2 - m_1) \times 131.4}{m_0} \quad \cdots\cdots(1)$$

式中：

m_2——试液所得沉淀的质量的数值，单位为克(g)；

m_1——空白实验时所得沉淀的质量的数值，单位为克(g)；

0.131 4——四苯硼酸钾质量换算为氧化钾质量的系数；

m_0——试料质量的数值，单位为克(g)；

25——吸取试样溶液体积的数值，单位为毫升(mL)；

250——试样溶液总体积的数值，单位为毫升(mL)。

计算结果表示到小数点后两位，取平行测定结果的算术平均值作为测定结果。

6.1.7 允许差

平行测定和不同实验室测定结果的允许差值应符合表1要求。

表 1

钾的质量分数(以 K_2O 计)/%	平行测定允许差值/%	不同实验室测定允许差值/%
<10.0	0.20	0.40
10.0～20.0	0.30	0.60
>20.0	0.40	0.80

6.2 火焰光度法

当试样中含氧化钾小于2%时，采用本方法。

6.2.1 方法原理

待测液在火焰高温激发下，辐射出钾元素的特征光谱，其强度与溶液中钾的浓度成正比，从钾标准溶液所作的工作曲线上即可查出待测液的钾浓度。

6.2.2 空白溶液制备

除不加试料外，应用的试剂和操作步骤同第5章。

6.2.3 标准曲线绘制

吸取氧化钾标准溶液(3.11)0 mL、2.50 mL、5.00 mL、10.00 mL、15.00 mL、20.00 mL 分别置于6个50 mL 量瓶中，加入与吸取试样溶液等体积的空白溶液(6.2.2)，用水稀释至刻度，混匀，此系列溶液为1 mL 含氧化钾(K_2O)0 μg、5.00 μg、10.00 μg、20.00 μg、30.00 μg、40.00 μg 的标准溶液。在火焰光度计上，以空白溶液调节仪器零点，以标准溶液中最高浓度的溶液调节满度至80分度处。再依次由低浓度至高浓度测量其他标准溶液，记录仪器示值。根据氧化钾浓度和仪器示值绘制标准曲线或求出直线回归方程。氧化钾标准溶液系列的浓度可视仪器灵敏度做适当调整。

6.2.4 测定

吸取一定量的试样溶液[约含(K_2O)0.5 mg～2 mg]于50 mL 量瓶中，用水稀释至刻度，混匀，与氧化钾标准溶液系列同条件地在火焰光度计上测定，记录仪器示值，在工作曲线上查取浓度值。每测量3个样品后须用氧化钾标准溶液校正仪器。

6.2.5 分析结果的表述

总钾含量 w_2，以氧化钾(K_2O)质量分数(%)表示，按式(2)计算：

$$w_2 = \frac{\rho \times D \times 50}{m_3} \times 10^{-6} \times 100 \quad \cdots\cdots(2)$$

式中：

ρ——由标准曲线查得的试样溶液中氧化钾质量浓度的数值，单位为微克每毫升（μg/mL）；

D——分取倍数，定容体积的数值/分取体积的数值；

50——定容体积的数值，单位为毫升（mL）；

m_3——试料质量的数值，单位为克（g）；

10^{-6}——由 μg 换算为 g 的因数。

计算结果表示到小数点后两位，取平行测定结果的算术平均值作为测定结果。

6.2.6 允许差

平行测定和不同实验室测定结果的允许差值应符合表 2 要求。

表 2

钾含量（K_2O）/%	平行测定允许差值/%	不同实验室测定允许差值/%
<0.5	0.05	0.10
0.5～1.0	0.07	0.14
>1.0～2.0	0.10	0.20

ICS 53.100
P 97

中华人民共和国国家标准

GB/T 17771—2010/ISO 3449:2005
代替 GB/T 17771—1999

土方机械　落物保护结构试验室试验和性能要求

Earth-moving machinery—Falling-object protective structures—Laboratory tests and performance requirements

(ISO 3449:2005,IDT)

2010-12-23 发布　　2011-07-01 实施

中华人民共和国国家质量监督检验检疫总局
中国国家标准化管理委员会　发布

前　言

本标准等同采用 ISO 3449:2005《土方机械　落物保护结构　试验室试验和性能要求》(英文版)。

本标准等同翻译 ISO 3449:2005。

为便于使用，本标准作了下列编辑性修改：

——“本国际标准”一词改为“本标准”；

——用小数点“.”代替作为小数点的“,”；

——删除了国际标准前言；

——对 ISO 3449:2005 中引用的国际标准，用已被采用为我国的标准代替对应的国际标准。

本标准代替 GB/T 17771—1999《土方机械　落物保护结构　实验室试验和性能要求》。

本标准与 GB/T 17771—1999 相比主要变化如下：

——第 3 章中增加了若干术语和定义；

——修改或增加了本标准中的所有图例；

——对验收基准 I 和验收基准 II 的试验体直径重新进行了规定；

——增加了表 1“V 形缺口摆锤最小冲击强度”；

——取消了原附录 B，并将原附录 B 的部分内容合并到现附录 A。

本标准的附录 A 为规范性附录。

本标准由中国机械工业联合会提出。

本标准由全国土方机械标准化技术委员会(SAC/TC 334)归口。

本标准负责起草单位：天津工程机械研究院、天津移山工程机械有限公司、厦门厦工机械股份有限公司、湖南山河智能机械股份有限公司、广西柳工机械股份有限公司、厦门市产品质量监督检验院[国家场(厂)内机动车辆质量监督检验中心]。

本标准参加起草单位：三一重机有限公司、吉林大学工程装备实验中心。

本标准主要起草人：陈树巧、王荷芹、李蔚苹、黄志雄、林建荣、田力军、王一峰、朱传宝、成凯。

本标准所代替标准的历次版本发布情况为：

——GB/T 17771—1999。

引　　言

本标准给出了落物保护结构(FOPS)的性能基准。本标准也考虑了机器的不同类型和大小及在不同环境条件下的试验。本标准的目的是确保在不同尺寸和质量的落物情况下,司机能得到合理的保护。

落物保护结构的试验室试验是评价保护司机免受局部冲击穿透结构特性的一种方法,同时也是间接评价支承结构抗冲击载荷承载能力的一种方法。

本标准建立了一个统一的,可重复的载荷作用下鉴定FOPS性能的方法,并规定了该保护结构在标准试验体的性能要求。

对于挖掘机和具有挖掘机底盘机器的FOPS类似试验见GB/T 19932。

土方机械　落物保护结构 试验室试验和性能要求

1　范围

本标准规定了测量 GB/T 8498 中定义的驾乘式土方机械用落物保护结构(FOPS)特性的试验室试验,并给出了落物保护结构(FOPS)在典型试验中的性能要求。

本标准适用于与机器做成整体式或部件式的 FOPS。本标准不适用于土方回填压实机、挖掘机、压路机、挖沟机、吊管机及用于操作附属装置(如反铲附属装置)的附加座椅的 FOPS,或者额定功率小于 15 kW 的机器。

注:本标准可用于对滚翻保护结构和落物保护结构的制造商提供指导。

2　规范性引用文件

下列文件中的条款通过本标准的引用而成为本标准的条款。凡是注日期的引用文件,其随后所有的修改单(不包括勘误的内容)或修订版均不适用于本标准,然而,鼓励根据本标准达成协议的各方研究是否可使用这些文件的最新版本。凡是不注日期的引用文件,其最新版本适用于本标准。

GB/T 229　金属材料　夏比摆锤冲击试验方法(GB/T 229—2007,ISO 148-1:2006,Metallic materials—Charpy pendulum impact test—Part 1:Test method,MOD)

GB/T 3098.1—2000　紧固件机械性能　螺栓、螺钉和螺柱(idt ISO 898-1:1999)

GB/T 3098.2—2000　紧固件机械性能　螺母　粗牙螺纹(idt ISO 898-2:1992)

GB/T 8498　土方机械　基本类型　识别、术语和定义(GB/T 8498—2008,ISO 6165:2006,IDT)

GB/T 17772　土方机械　保护结构的实验室鉴定　挠曲极限量的规定(GB/T 17772—1999,idt ISO 3164:1995)

GB/T 17922　土方机械　翻车保护结构　试验室试验和性能要求(GB/T 17922—1999,idt ISO 3471:1994)

3　术语和定义

下列术语和定义适用于本标准。

3.1

落物保护结构(FOPS)　falling-object protective structure

在机器上安装的一组结构件,其布置是为了在有坠落物体(例如树木、岩石、小混凝土块、手工工具等)时,对司机提供适当保护。

3.2

滚翻保护结构(ROPS)　roll-over protective structure

在机器上安装的一组结构件,其主要目的是在机器滚翻时,使系着安全带的司机减少被压伤的可能性。

注:结构件包括所有次要机架、支撑、固定件、插座、螺栓、销钉、悬架或用来保护机架装置的缓冲器,但不包括与机架一体的安装设施。

3.3

挠曲极限量(DLV)　deflection-limiting volume

一位穿普通衣服并戴安全帽的高大男性坐姿尺寸的近似值。

注：见 GB/T 17772。

3.4

验收基准Ⅰ的冲击保护　level Ⅰ impact protection

机器在公路维修、环境美化及建筑工地作业时，能对来自小的坠落物体(如：砖块、小混凝土块、手工工具)冲击强度提供保护。

3.5

验收基准Ⅱ的冲击保护　level Ⅱ impact protection

机器在现场清理、拆除头顶上的障碍物或林场作业时，能对来自巨大的坠落物体(如：树木、岩石)冲击强度提供保护。

3.6

典型试验　representative test

一个试件的试验，试件的材料、尺寸和加工要求能代表生产的 FOPS。

4　通则

FOPS 可与司机室做成一体。

由于落物实际冲击引起了结构永久变形，即不可再恢复的结构变形，因此对 FOPS 总成试验一般来说是破坏性的试验。

基于机器的最终使用，冲击保护规定了两种验收基准：

a)　验收基准Ⅰ：能承受一圆形试验体从产生 1 365 J 能量的高度下落时产生的冲击，见图 1 a)和图 2 a)；

b)　验收基准Ⅱ：能承受一圆柱试验体从产生 11 600 J 能量的高度下落时产生的冲击，见图 1 b)和图 2 b)。

试验体的下落高度由其质量函数确定，见图 1。

注：在机器受到从上面撞击的情况下，符合以上基准的 FOPS 没有给出变形保护，可以认为侵入的保护在以上 a)和 b)的条件下是可以得到保证的。

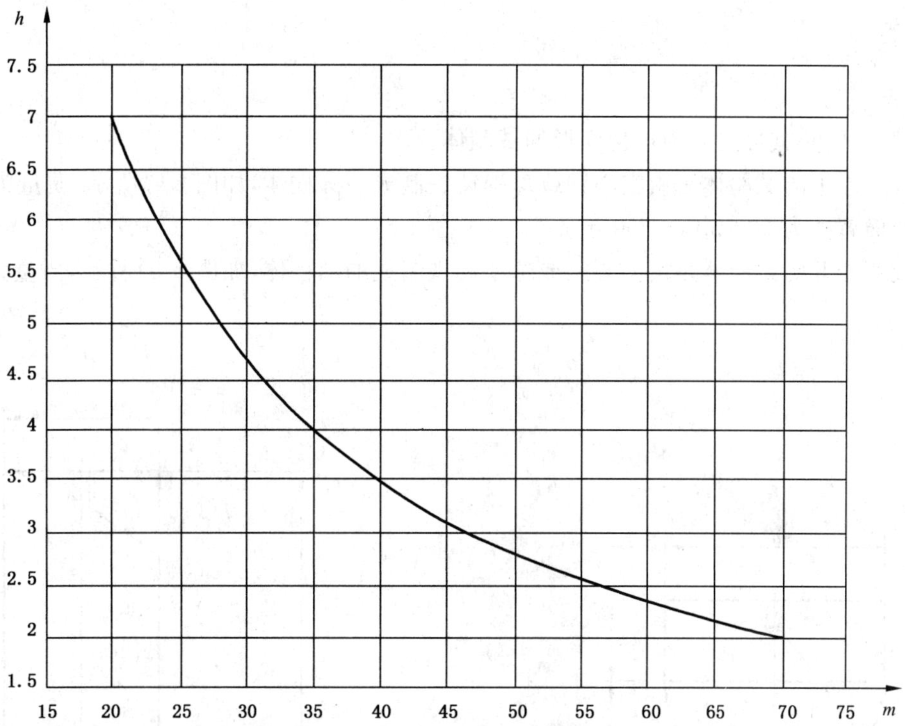

示例:45 kg×9.807 m/s^2×3.1 m≈1 365 J

a) 验收基准Ⅰ能量要求曲线

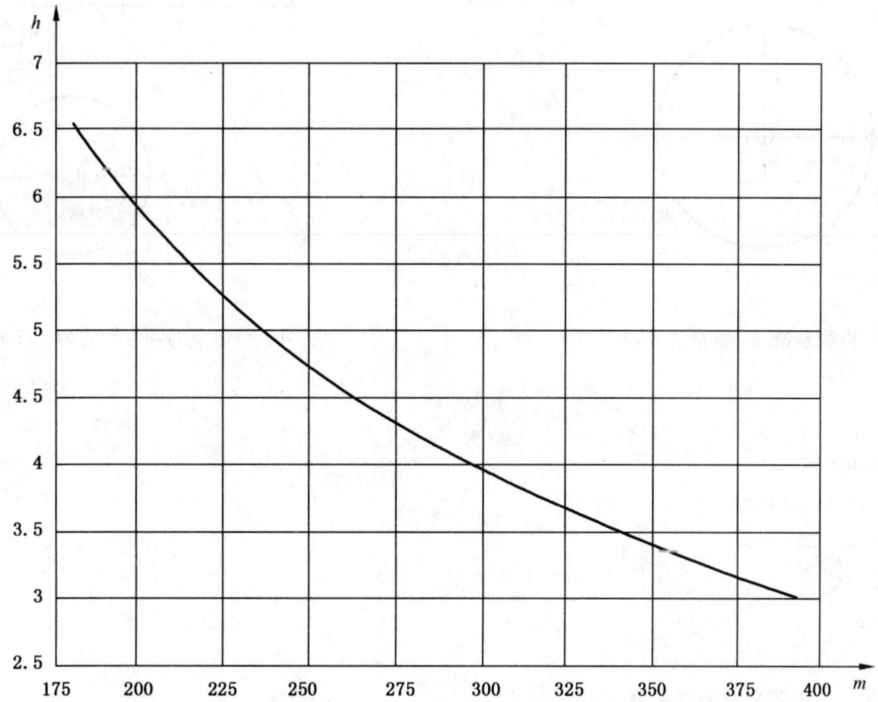

示例:227 kg×9.807 m/s^2×5.22 m≈11 600 J

b) 验收基准Ⅱ能量要求曲线

说明：

h——高度,单位为米(m)；

m——质量,单位为千克(kg)。

图 1 满足能量要求的试验体高度和质量关系曲线

5 试验室试验

5.1 试验设备

5.1.1 在试验中防止其冲击表面产生变形的试验体：

——验收基准Ⅰ的试验体是由实心钢或球墨铸铁制成的圆柱体，如图 2 a)所示，质量为 45 kg，接触的球面直径为 200 mm～250 mm；

——验收基准Ⅱ的试验体是由实心钢或球墨铸铁制成的圆柱体，如图 2 b)所示，质量为 227 kg。

单位为毫米

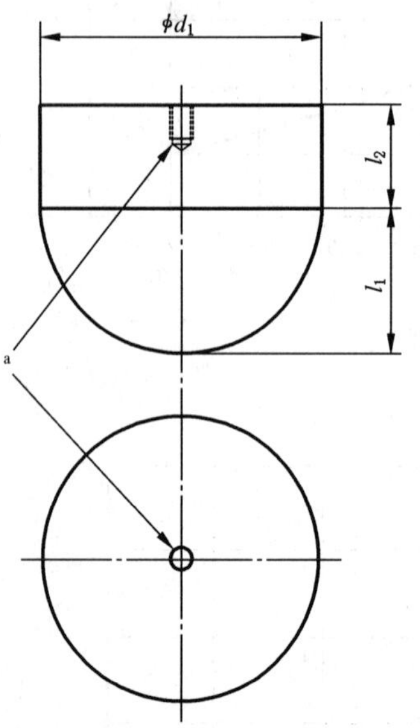

a) 验收基准Ⅰ：质量为 45 kg

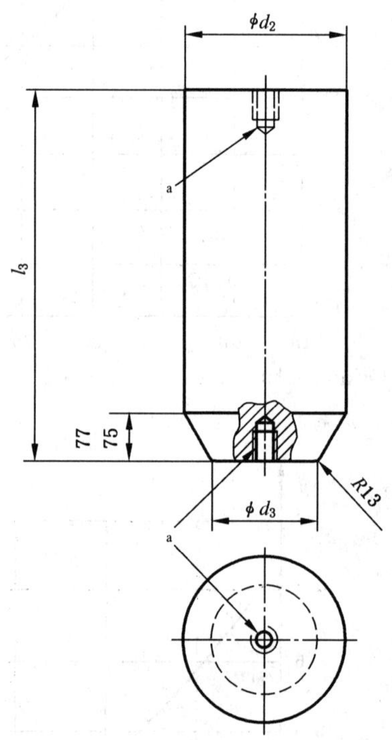

b) 验收基准Ⅱ：质量为 227 kg

说明：

d_1——204 mm；

d_2——255 mm～260 mm；

d_3——203 mm～204 mm；

l_1≈102 mm；

l_2≈109 mm；

l_3≈584 mm。

注 1：作为例子给出了尺寸的确切值。

注 2：所有的尺寸是可以任选的，根据试验体的质量乘以下落高度得出第 4 章 a)和 b)所提供的能量值。下落试验体的尺寸可根据提供的能量所需的质量和下落高度(如图 1 定义)来定。

[a] 螺孔可以用来安装吊环。

图 2 试验体示例

5.1.2 提供下列试验设备：

a) 提升试验体到所需高度的装置；

b) 释放试验体自由落下的装置，使其下落时不受阻碍；

c) 在试验时确定 FOPS 是否进入挠曲极限量(DLV)的装置。

确定 c)的方法可按 5.1.3 或 5.1.4。

5.1.3 用一种能显示 FOPS 穿透性的材料做成的垂直布置的 DLV 结构——可以在 FOPS 的下表面涂上黄油或其他合适的材料，用以显示这种侵入性。

DLV 的结构和定位应符合 GB/T 17772 的规定，它应牢固地固定在机器安装司机座椅的同一部位，并在整个试验中保持其位置不变。

5.1.4 合适的动态仪系统，动态测量精度为±5%，用于测量与 DLV 有关的 FOPS 变形量。

5.2 试验条件

5.2.1 试验台

待评定的 FOPS 应装在机架上，如同在实际的机器上使用一样。无需整台的机器，但 FOPS 的安装部分应与实际机架相同，试验台的垂直刚度不应小于符合 5.2.2 规定的机器实际刚度。

5.2.2 FOPS 安装在机器上

FOPS 安装在机器上时：

a) 机器可以安装由制造商规定的工作装置或附属装置；

b) 所有与地面接触的机具均应处于正常的运输位置；

c) 所有悬挂装置，包括充气轮胎，均应调到工作条件下，可调的悬挂装置应调到“最大刚度”的范围内；

d) 所有司机室构件，例如窗户、可拆的框板或非结构性的接头均应被拆掉，使它们不致增加 FOPS 的强度。

5.3 试验程序

5.3.1 FOPS

试验程序应按下列顺序执行：

a) 将试验体小头向下(验收基准Ⅱ)放置于 FOPS 上面的冲击位置。按图 3 所示三种情况的规定，该冲击位置应接近 DLV 顶部水平面或位于 DLV 顶部水平面的垂直投影范围内。根据下列每一种情况，对 FOPS 变形有重要影响的主要结构件均应予以关注：

1) 在 FOPS 主要的上部水平构件没有进入 DLV 垂直投影范围时，选择的试验体冲击位置应使产生的最大变形接近 DLV 顶部水平面，并且尽可能地靠近 FOPS 结构的形心，见图 3a)。

2) 在 FOPS 主要的上部水平构件进入 DLV 垂直投影范围和上方所有表面覆盖材料相同并且厚度均匀时，选择的试验体冲击位置应使产生的最大变形接近 DLV 顶部水平面(根据结构)的上方、部分上方或者相切位置，与形心的距离最短，且该位置位于 FOPS 任何上部结构件的区域外，见图 3b)。

3) 如果在 DLV 上方不同区域使用不同材料或不同厚度时，每块区域应分别进行冲击试验。为每个区域选择的试验体冲击位置应使产生的最大变形接近 DLV 顶部水平面的上方、部分上方或者相切位置，与形心的距离最短，但要在 FOPS 任何上部结构件的区域外。如果要在 FOPS 盖板上开口安装提供足够保护的设备或装置，则在进行试验时，应将该设备或装置安装好，见图 3c)。

b) 根据试验中 FOPS 的形式，垂直提升试验体到某一高度，该位置在 a)描述的上方，使之产生第 4 章 a)和 b)规定的能量。

c) 释放试验体，使之自由地落到 FOPS 上。

试验体自由落下，不一定按 a)规定的方式击中目标，因此给出下列要求：

——对于 FOPS 验收基准Ⅱ，试验体的小头开始冲击应落在半径为 200 mm 的圆内，该圆的中心应与 a)规定的试验体垂直中心线重合；

——对于 FOPS 验收基准Ⅰ，试验球面的冲击应落在半径为 100 mm 的圆内，该圆的中心应与 a) 规定的试验体垂直中心线重合；

——对于 FOPS 验收基准Ⅱ，在试验体和 FOPS 之间，首先接触的应是试验体小头或该端的圆角。

对于试验体回跳后的冲击位置或方式无限制。

5.3.2 整体式 FOPS/ROPS

对于整体式 FOPS/ROPS，如果两个结构均要评定，根据 5.3.1 的要求 FOPS 试验应先于 ROPS 试验(见 GB/T 17922)。允许去掉冲击凹痕或换掉 FOPS 的盖板。

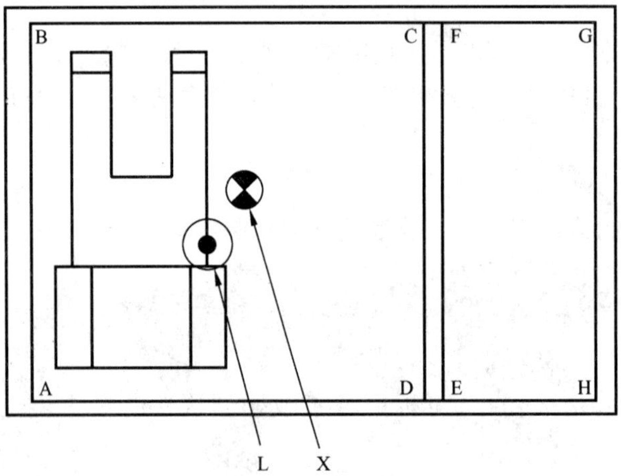

注：主要结构构件内 FOPS 的形心位于区域 A、B、C、D 里面。

a) 情况 1

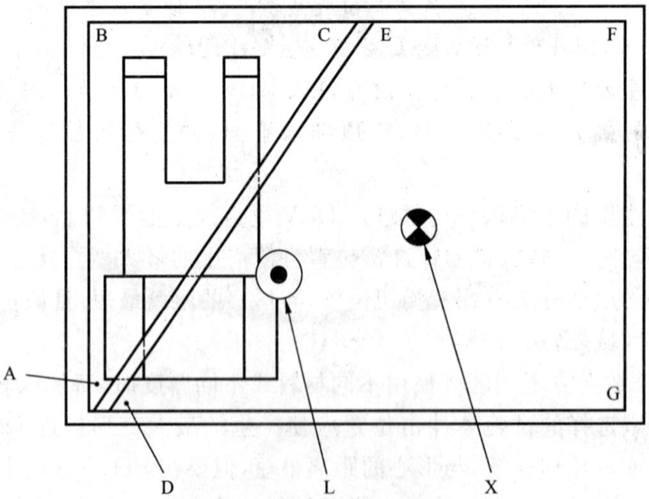

注：FOPS 区域 A、B、C 小于区域 D、E、F、G，同时 DLV 的垂直投影区域大于用 A、B、C 表示的截面区域。

b) 情况 2

图 3 试验冲击位置

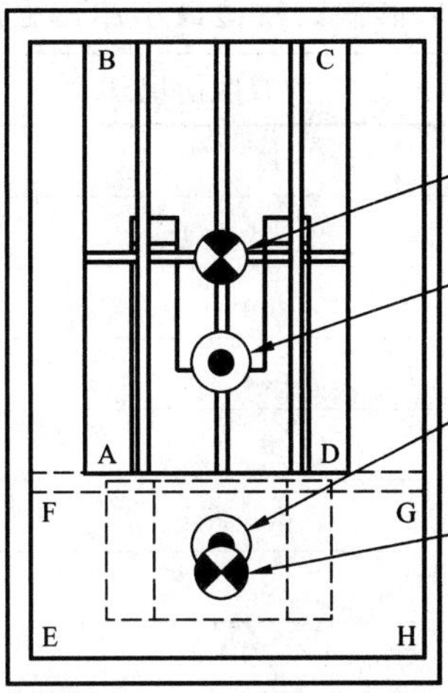

注：冲击位置 1 位于 FOPS 区域 A、B、C、D 内。冲击位置 2 位于 FOPS 区域 E、F、G、H 内。

c) 情况 3

说明：

X——FOPS 表面区域的形心；

L——冲击位置。

图 3（续）

6 性能要求

6.1 FOPS

FOPS 装置的保护特性应根据司机室或保护结构的耐冲击能力来评定。FOPS 应完全覆盖和重叠 DLV 的垂直投影。保护结构的任何部位在试验体最初或回弹冲击下不应穿入 DLV。如果试验体穿透 FOPS，则该 FOPS 就被认为是试验不合格。

6.2 整体式 FOPS/ROPS

凡是 ROPS 和 FOPS 共用的结构，FOPS 还应符合 GB/T 17922 规定的相应 ROPS 的性能要求。

整体式 FOPS/ROPS 的 FOPS 应符合 6.1 的规定。

6.3 材料基准

6.3.1 材料要求

除冲击要求外，确保 FOPS 的材料有一定的抗脆裂性。该性能和工作条件没有必要联系。如果制造 FOPS 结构件的所有原材料满足 6.3.2 和 6.3.3 给出的力学性能，则在试验设备温度上可通过试验体冲击验证材料要求。或者，所有结构件在等于或低于－18℃时，能通过试验体冲击验证材料要求。最大含碳量为 0.2 %、厚度小于 2.5 mm 的钢材应被视为满足 V 形缺口摆锤式冲击试验的要求。

6.3.2 螺栓和螺母

结构上所用螺栓的公制性能等级应符合 GB/T 3098.1—2000 中的 8.8 级、9.8 级或 10.9 级；螺母的公制性能等级应符合 GB/T 3098.2—2000 中的 8 级或 10 级。

6.3.3 结构件

FOPS 的结构件和与机架连接的支座应是钢制品，并应满足或超过表 1 规定的在－20 ℃或－30 ℃时的 V 形缺口摆锤(CVN)冲击强度。

注：V 形缺口摆锤试验主要是质量控制的验证，所表示的温度与工作条件没有直接关系。

在构成或焊接成 FOPS 以前，试样应从板材、管材或结构型材的原料纵向取样。管材或结构型材的试样应在最大尺寸一侧的中间切取，但不应切到焊缝(见 GB/T 229)。

表 1　V 形缺口摆锤最小冲击强度

试样尺寸/mm	−30 ℃时吸收能量/J	−20 ℃[b] 时吸收能量/J
10×10[a]	11	27.5
10×9	10	25
10×8	9.5	24
10×7.5[a]	9.5	24
10×7	9	22.5
10×6.7	8.5	21
10×6	8	20
10×5[a]	7.5	19
10×4	7	17.5
10×3.3	6	15
10×3	6	15
10×2.5[a]	5.5	14

[a] 为优先选用尺寸，试样尺寸不得小于材料允许的最大优先尺寸。

[b] −20 ℃时的能量要求应是−30 ℃规定值的 2.5 倍。其他影响冲击能量强度的因素有轧制方向、屈服强度、纹理方向和焊接等。当选择和使用钢材时才考虑这些因素。

7　标志

每个 FOPS 均应加注标记，当在结构上同时要满足 FOPS 和 ROPS 的性能要求时，应按GB/T 17922 的规定加贴 ROPS 的标志。

标记应是永久型的，并永久的固定在结构上。标记及其内容的尺寸应清晰易读。

标记应置于免受外界腐蚀、便于阅读的地方。

标记至少应提供下列内容：

a)　FOPS 的制造商名称和地址；

b)　如果有 FOPS 编号，应标记；

c)　与 FOPS 配套机器的制造商、型号或产品识别代码；

d)　FOPS 结构符合所有性能要求和验收基准的标准号；

e)　FOPS 的制造年度，对于机器附属装置单独提供。

整体式 FOPS/ROPS 标记应包括 a)和 c)的信息。

制造商可以提供其他认为合适的信息(如：安装、修理或更换等)。

8　试验结果的报告

试验报告应包括试验结果，标准的试验报告见附录 A。

附 录 A
（规范性附录）
标准试验报告

A.1 识别

A.1.1 机器

类型：

制造商：

型号：

产品识别代码：

机器机架零件号：

A.1.2 FOPS

制造商：

型号：

序列号(如果有)：

FOPS(可包括 ROPS)编号：

A.2 试验机构提供的资料

A.2.1 试验体的描述

试验性能验收基准：

质量______________________________kg

下落高度____________________________m

试验体尺寸(可包含略图)。

有关 DLV 显示冲击位置冲击点的文件。

A.2.2 照片

在进行试验之前，试验体和试验布置的一张照片。

在进行试验之后，根据需要提供 FOPS 结构的顶部与底部的图片。

A.2.3 试验结果

A.2.3.1 冲击试验

在 FOPS 结构的任何部位未穿入 DLV 及 FOPS 也未被试验体穿透的情况下，试验体施与的能量__________J

A.2.3.2 材料基准

进行试验时，FOPS 和机架构件应保持到__________℃

FOPS 和 ROPS(或 FOPS 盖板)装置的金属构件对 V 形缺口摆锤式冲击强度要求的验证：

螺栓和螺母性能等级要求的确认(见 6.3.2)：

A.3 结论

此试验达到(未达到)本标准(验收基准Ⅰ或Ⅱ)的最低性能要求。

试验日期______________________________

试验机构名称和地址____________________

试验人员签字__________________________

试验报告日期__________________________

参 考 文 献

[1] GB/T 19932—2005 土方机械 液压挖掘机 司机防护装置的试验室试验和性能要求(ISO 10262:1998,MOD).

中华人民共和国国家标准

GB 17779—2010

食品安全国家标准
食品添加剂　*L*-苏糖酸钙

2010-12-21 发布　　2011-02-21 实施

中华人民共和国卫生部　发布

前　言

本标准代替 GB 17779—1999《食品添加剂　*L*-苏糖酸钙》。

本标准与 GB 17779—1999 相比，主要变化如下：

——删除了重金属指标及试验方法，增加了铅指标及试验方法；

——将砷指标由 0.3 mg/kg 修改为 3 mg/kg；

——增加了氯化物指标及试验方法。

本标准的附录 A 和附录 B 为规范性附录。

本标准所代替标准的历次版本发布情况为：

——GB 17779—1999。

食品安全国家标准
食品添加剂　*L*-苏糖酸钙

1　范围

本标准适用于以抗坏血酸和钙盐为主要原料制得的食品添加剂 *L*-苏糖酸钙。

2　规范性引用文件

本标准中引用的文件对于本标准的应用是必不可少的。凡是注日期的引用文件，仅所注日期的版本适用于本标准。凡是不注日期的引用文件，其最新版本(包括所有的修改单)适用于本标准。

3　化学名称、分子式、结构式、相对分子质量

3.1　化学名称

2R,3S-2,3,4-三羟基丁酸钙(2∶1)

3.2　分子式

$C_8H_{14}CaO_{10}$

3.3　结构式

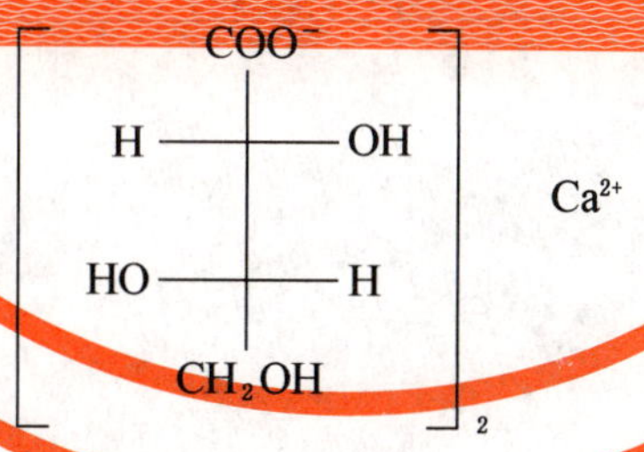

3.4　相对分子质量

310.27(按 2007 年国际相对原子质量)

4　技术要求

4.1　感官要求：应符合表 1 的规定。

表 1　感官要求

项　　目	要　　求	检验方法
色泽	白色	取适量样品置于清洁、干燥的试管中，在自然光线下，观察色泽和组织状态，嗅其气味
气味	无臭	
组织状态	微细颗粒状粉末	

4.2　理化指标：应符合表 2 的规定。

表 2　理化指标

项　　目		指　　标	检验方法
L-苏糖酸钙($C_8H_{14}CaO$，以干基计)，w/%	≥	98.00	附录 A 中 A.4
比旋光度 α_m(20 ℃，D)/[(°)·dm^2·kg^{-1}]		+13.0～+16.0	附录 A 中 A.5
pH(饱和溶液)		6.0～8.0	GB/T 9724
干燥减量，w/%	≤	1.5	附录 A 中 A.6
铅(Pb)/(mg/kg)	≤	2	GB 5009.12
砷(As)/(mg/kg)	≤	3	GB/T 5009.76
氯化物(以 Cl 计)，w/%	≤	0.5	附录 A 中 A.7

附 录 A
（规范性附录）
检 验 方 法

A.1 安全提示

本标准试验方法中使用的部分试剂具有毒性或腐蚀性，按相关规定操作，使用时需小心谨慎。若溅到皮肤上应立即用水冲洗，严重者应立即治疗。在使用挥发性酸时，要在通风橱中进行。

A.2 一般规定

本标准所用试剂除非另有说明，在分析中仅使用确认为分析纯的试剂和GB/T 6682—2008中规定的三级水。

试验方法中所用标准滴定溶液、杂质测定用标准溶液、制剂及制品，在没有注明其他要求时，均按GB/T 601、GB/T 602、GB/T 603之规定制备。

A.3 鉴别试验

A.3.1 试剂和材料

A.3.1.1 盐酸。

A.3.1.2 盐酸溶液：1+3。

A.3.1.3 草酸铵试液：35 g/L。

A.3.1.4 三氯化铁试液：90 g/L（现用现配）。

A.3.1.5 甲基红试液：0.5 g/L。

A.3.2 鉴别试验

A.3.2.1 草酸铵沉淀试验

A.3.2.1.1 方法原理

钙离子与草酸根反应，生成草酸钙沉淀，草酸钙不溶于乙酸，但可溶于盐酸。

A.3.2.1.2 分析步骤

称取约1 g实验室样品，精确至0.01 g，溶于50 mL水中，加2滴甲基红指示液，滴加盐酸至恰成酸性；加草酸铵溶液，即生成白色沉淀；分离，沉淀不溶于乙酸，但可溶于盐酸。

A.3.2.2 三氯化铁鉴别

A.3.2.2.1 方法原理

L-苏糖酸钙与三氯化铁试液反应，生成黄绿色复合物。

A.3.2.2.2 分析步骤

称取约0.1 g实验室样品，精确至0.01 g，加5 mL水溶解后，加三氯化铁溶液1滴，呈黄绿色。

A.3.2.3 红外光吸收谱鉴别

红外光谱图(光谱图见附录B),其特征峰波数为 3 100 cm^{-1}、1 599 cm^{-1}、1 433 cm^{-1}、1 383 cm^{-1}、1 262 cm^{-1}、1 223 cm^{-1}、1 022 cm^{-1}。

A.4 *L*-苏糖酸钙的测定

A.4.1 方法原理

在碱性条件下,以钙紫红素为指示剂,用乙二胺四乙酸二钠标准滴定液滴定样品(换算为干品)水溶液,根据二乙胺四乙酸二钠标准滴定液的用量,以 $C_8H_{14}CaO_{10}$ 计的含量。

A.4.2 试剂和材料

A.4.2.1 氢氧化钠溶液:$c(NaOH)=1\ mol/L$。

A.4.2.2 乙二胺四乙酸二钠标准滴定溶液:$c(EDTA)=0.05\ mol/L$。

A.4.2.3 钙紫红素指示剂:取 0.1 g 钙紫红素,加 10 g 无水硫酸钠,研磨均匀。

A.4.3 分析步骤

称取约 0.48 g 实验室样品,精确至 0.000 1 g,加 100 mL 水,微热溶解,放至室温,加 15 mL 氢氧化钠溶液,0.1 g 钙紫红素指示剂,用乙二胺四乙酸二钠标准滴定溶液滴定至溶液由紫红色转变为纯蓝色。

在测定的同时,按与测定相同的步骤,对不加实验室样品而相同数量的试剂溶液做空白试验。

A.4.4 结果计算

L-苏糖酸钙(以 $C_8H_{14}CaO_{10}$ 计)的质量分数 w_1,数值以%表示,按公式(A.1)计算:

$$w_1=\frac{(V-V_0)\times c\times M}{m\times(1-w_2)\times 1\ 000}\times 100\% \qquad \text{(A.1)}$$

式中:

V ——实验室样品消耗乙二胺四乙酸二钠标准滴定液(A.4.2.2)体积的数值,单位为毫升(mL);

V_0 ——空白试验消耗二乙胺四乙酸二钠标准滴定液(A.4.2.2)体积的数值,单位为毫升(mL);

c ——乙二胺四乙酸二钠标准滴定溶液浓度的准确数值,单位为摩尔每升(mol/L);

m ——实验室样品质量的数值,单位为克(g);

w_2 ——A.6 测得的 *L*-苏糖酸钙干燥减量的质量分数,%;

M ——*L*-苏糖酸钙的摩尔质量的数值,单位为克每摩尔(g/mol)($M=310.27$)。

取两次测定结果的算术平均值为测定结果,两次测定的绝对差值不大于 0.2%。

A.5 比旋光度的测定

A.5.1 分析步骤

称取约 1 g 实验室样品,准确至 0.000 1 g,加水微加热溶解,放至室温后,移至 100 mL 容量瓶中,用水稀释至刻度,摇匀,其他按 GB/T 613—2007 规定的方法进行。

A.5.2 结果计算

比旋光度 α_m(20 ℃,D)数值以(°)·dm^2·kg^{-1}表示,按公式(A.2)计算:

$$\alpha_m(20\ ℃, D) = \frac{\alpha}{l\rho_\alpha} \quad \cdots\cdots (A.2)$$

式中：

α ——测得的旋光角，单位为度(°)；

l ——旋光管的长度，单位为分米(dm)；

ρ_α——溶液中有效组分的质量浓度，单位为克每毫升(g/mL)。

A.6 干燥减量的测定

A.6.1 方法原理

干燥减量是指样品在规定条件下经干燥后所减失的质量，根据所减失的质量和取样量计算实验室样品干燥减量的百分率。

A.6.2 仪器和设备

恒温干燥箱。

A.6.3 测定方法

称取约 1 g 实验室样品，精确至 0.000 1 g，置与实验室样品相同条件下干燥至恒重的扁形称量瓶中，在 80 ℃±2 ℃干燥 2 h。

A.6.4 结果计算

L-苏糖酸钙干燥减量以质量分数 w_2 计，数值以%表示，按公式(A.3)计算：

$$w_2 = \frac{m_3 - m_1}{m_2 - m_1} \times 100\% \quad \cdots\cdots (A.3)$$

式中：

m_1——称量瓶的质量的数值，单位为克(g)；

m_2——称量瓶和干燥前实验室样品质量的数值，单位为克(g)；

m_3——称量瓶和干燥后实验室样品的质量的数值，单位为克(g)。

取两次测定结果的算术平均值为测定结果，两次测定的绝对差值不大于 0.05%。

A.7 氯化物的测定

A.7.1 试剂和材料

A.7.1.1 硝酸溶液：25→100。

A.7.1.2 硝酸银溶液：17 g/L。

A.7.1.3 氯化物(Cl)标准溶液：0.01 g/L。

A.7.2 分析步骤

称取约 0.4 g±0.01 g 实验室样品，置于 100 mL 容量瓶中，加入 20 mL 硝酸溶解，用水稀释至刻度，摇匀，即为实验室样品溶液。量取 5 mL±0.025 mL 实验室样品溶液置于 25 mL 比色管中，同时取 10 mL 氯化物标准溶液置于另一支 25 mL 比色管中，其他按 GB/T 9729 进行测定。

附 录 B
（规范性附录）
L-苏糖酸钙红外光谱图

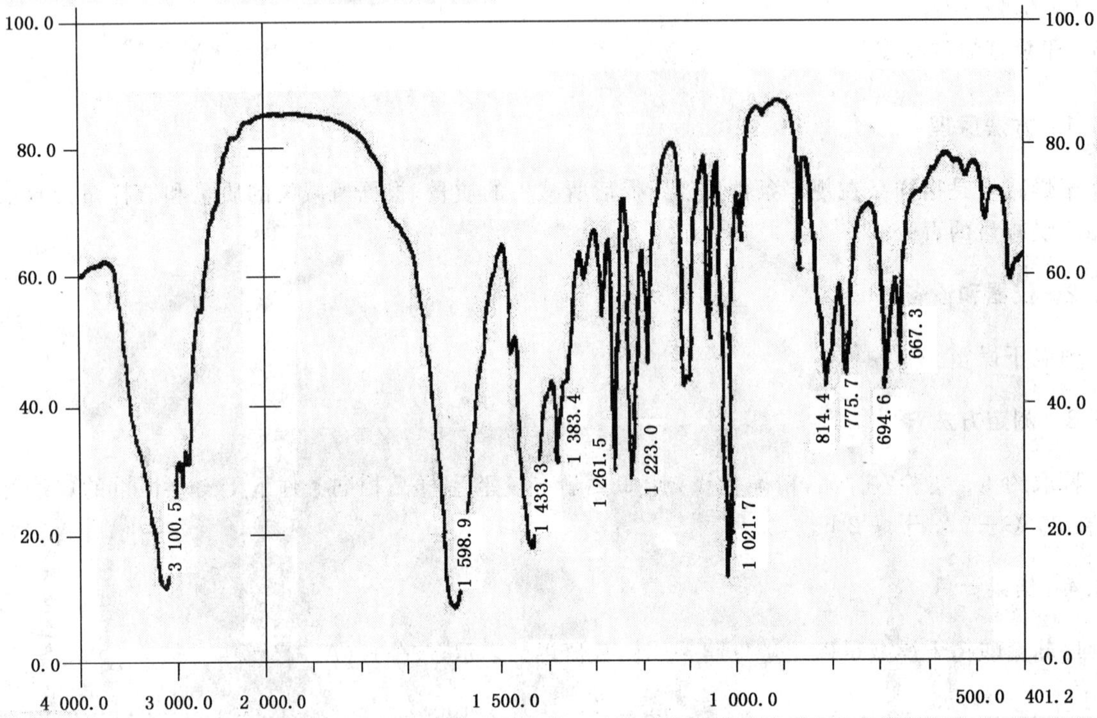

图 B.1 *L*-苏糖酸钙红外光谱图

ICS 77.150.30
H 62

中华人民共和国国家标准

GB/T 17793—2010
代替 GB/T 17793—1999

加工铜及铜合金板带材外形尺寸及允许偏差

Wrought copper and copper alloy plate, sheet and strip for general purposes—Dimensions and tolerances

2011-01-10 发布　　2011-10-01 实施

中华人民共和国国家质量监督检验检疫总局
中国国家标准化管理委员会　发布

前　言

本标准代替 GB/T 17793—1999《一般用途的加工铜及铜合金板带材　外形尺寸及允许偏差》。

本标准与 GB/T 17793—1999 相比，主要变化如下：

——修改了板、带材的可供牌号和规格范围：带材增加了 H63、H85、QSn8-0.3 和 BZn18-17 四个牌号，板材增加了 H85、HPb60-2、QSn8-0.3 和 BZn18-17 四个牌号；带材的下限由“0.05 mm”改为“大于 0.15 mm”；

——加严了厚度大于 5.0 mm、宽度不大于 1 250 mm 的纯铜、黄铜冷轧板的厚度允许偏差规定；

——对纯铜、黄铜带材的厚度允许偏差进行了重新分档，加严了宽度大于 700 mm～1 200 mm 部分的厚度允许偏差规定；

——对青铜、白铜带材的厚度允许偏差进行了重新分档，并修改了相应的厚度允许偏差；

——对板材的宽度允许偏差进行了重新分档，增加了卷纵剪的允许偏差，并加严了厚度大于12 mm 的剪切允许偏差规定；

——加严了板材平整度的规定；

——对带材侧边弯曲度进行了重新分档，增加了高精级，并修改了相应的侧边弯曲度。

本标准使用重新起草法参考日本工业标准 JIS H3100:2006《铜及铜合金薄板、厚板和带材》和 JIS H3110:2006《磷青铜和锌白铜薄板、厚板和带材》中尺寸允许偏差部分进行编制，与 JIS H3100:2006 和 JIS H3110:2006 的一致性程度为非等效。

本标准由全国有色金属标准化技术委员会(SAC/TC 243)归口。

本标准负责起草单位：中铝洛阳铜业有限公司、中国有色金属工业标准计量质量研究所。

本标准参加起草单位：中铝上海铜业有限公司。

本标准主要起草人：孟惠娟、陈少华、张香云、朱迎利、赵万花、邵胜忠、张健、傅红华。

本标准所代替标准的历次版本发布情况为：

——GB/T 17793—1999。

加工铜及铜合金板带材外形尺寸及允许偏差

1 范围

本标准规定了加工铜及铜合金板、带材的外形尺寸及允许偏差。

本标准适用于一般用途的加工铜及铜合金板、带材。

2 要求

2.1 牌号和规格

2.1.1 板材的牌号和对应的规格见表1。

2.1.2 带材的牌号和对应的规格见表2。

表1 板材的牌号和规格

牌号	状态	规格/mm			允许偏差的表编号			
		厚度	宽度	长度	厚度	宽度	长度	平整度
T2、T3、TP1、TP2、TU1、TU2、H96、H90、H85、H80、H70、H68、H65、H63、H62、H59、HPb59-1、HPb60-2、HSn62-1、HMn58-2	热轧	4.0～60.0	≤3 000	≤6 000	表3	表8	表10	表11
	冷轧	0.20～12.00			表4			
HMn55-3-1、HMn57-3-1、HAl60-1-1、HAl67-2.5、HAl66-6-3-2、HNi65-5	热轧	4.0～40.0	≤1 000	≤2 000	表3			
QSn6.5-0.1、QSn6.5-0.4、QSn4-3、QSn4-0.3、QSn7-0.2、QSn8-0.3	热轧	9.0～50.0	≤600	≤2 000	表3			
	冷轧	0.20～12.00			表5			
QAl5、QAl7、QAl9-2、QAl9-4	冷轧	0.40～12.00	≤1 000	≤2 000	表5			
QCd1	冷轧	0.50～10.00	200～300	800～1 500	表5			
QCr0.5、QCr0.5-0.2-0.1	冷轧	0.50～15.00	100～600	≥300	表5			
QMn1.5、QMn5	冷轧	0.50～5.00	100～600	≤1 500	表5			
QSi3-1	冷轧	0.50～10.00	100～1 000	≥500	表5			
QSn4-4-2.5、QSn4-4-4	冷轧	0.80～5.00	200～600	800～2 000	表5			
B5、B19、BFe10-1-1、BFe30-1-1、BZn15-20、BZn18-17	热轧	7.0～60.0	≤2 000	≤4 000	表3			
	冷轧	0.50～10.00	≤600	≤1 500	表5			
BAl6-1.5、BAl13-3	冷轧	0.50～12.00	≤600	≤1 500	表5			
BMn3-12、BMn40-1.5	冷轧	0.50～10.00	100～600	800～1 500	表5			

表 2　带材牌号和规格

牌　　号	厚度/mm	宽度/mm	允许偏差表的编号		
			厚度	宽度	侧边弯曲度
T2、T3、TU1、TU2、TP1、TP2、H96、H90、H85、H80、H70、H68、H65、H63、H62、H59	>0.15～<0.5	≤600	表 6	表 9	表 12
	0.5～3	≤1 200			
HPb59-1、HSn62-1、HMn58-2	>0.15～0.2	≤300			
	>0.2～2	≤550			
QAl5、QAl7、QAl9-2、QAl9-4	>0.15～1.2	≤300	表 7		
QSn7-0.2、QSn6.5-0.4、QSn6.5-0.1、QSn4-3、QSn4-0.3	>0.15～2	≤610			
QSn8-0.3	>0.15～2.6	≤610			
QSn4-4-4、QSn4-4-2.5	0.8～1.2	≤200			
QCd1、QMn1.5、QMn5、QSi3-1	>0.15～1.2	≤300			
BZn18-17	>0.15～1.2	≤610			
B5、B19、BZn15-20、BFe10-1-1、BFe30-1-1、BMn40-1.5、BMn3-12、BAl13-3、BAl6-1.5	>0.15～1.2	≤400			

2.2　外形尺寸允许偏差

2.2.1　厚度允许偏差

2.2.1.1　热轧板的厚度允许偏差应符合表 3 的规定。

表 3　热轧板的厚度允许偏差

单位为毫米

厚　度	宽　　度					
	≤500	>500～1 000	>1 000～1 500	>1 500～2 000	>2 000～2 500	>2 500～3 000
	厚度允许偏差，±					
4.0～6.0	—	0.22	0.28	0.40	—	—
>6.0～8.0	—	0.25	0.35	0.45	—	—
>8.0～12.0	—	0.35	0.45	0.60	1.00	1.30
>12.0～16.0	0.35	0.45	0.55	0.70	1.10	1.40
>16.0～20.0	0.40	0.50	0.70	0.80	1.20	1.50
>20.0～25.0	0.45	0.55	0.80	1.00	1.30	1.80
>25.0～30.0	0.55	0.65	1.00	1.10	1.60	2.00
>30.0～40.0	0.70	0.85	1.25	1.30	2.00	2.70
>40.0～50.0	0.90	1.10	1.50	1.60	2.50	3.50
>50.0～60.0	—	1.30	2.00	2.20	3.00	4.30
注：当要求单向允许偏差时，其值为表中数值的 2 倍。						

2.2.1.2　纯铜、黄铜冷轧板的厚度允许偏差应符合表 4 的规定。

表 4　纯铜、黄铜冷轧板的厚度允许偏差

单位为毫米

厚　度	宽　度																	
	≤400		>400～700		>700～1 000		>1 000～1 250		>1 250～1 500		>1 500～1 750		>1 750～2 000		>2 000～2 500		>2 500～3 000	
	厚度允许偏差，±																	
	普通级	高级	普通级	高级	普通级	高级	普通级	高级	普通级	高级	普通级	高级	普通级	高级	普通级	高级	普通级	高级
0.20～0.35	0.025	0.020	0.030	0.025	0.060	0.050	—	—	—	—	—	—	—	—	—	—	—	—
>0.35～0.50	0.030	0.025	0.040	0.030	0.070	0.060	0.080	0.070	—	—	—	—	—	—	—	—	—	—
>0.50～0.80	0.040	0.030	0.055	0.040	0.080	0.070	0.100	0.080	0.150	0.130	—	—	—	—	—	—	—	—
>0.80～1.20	0.050	0.040	0.070	0.055	0.100	0.080	0.120	0.100	0.160	0.150	—	—	—	—	—	—	—	—
>1.20～2.00	0.060	0.050	0.100	0.075	0.120	0.100	0.150	0.120	0.180	0.160	0.280	0.250	0.350	0.300	—	—	—	—
>2.00～3.20	0.080	0.060	0.120	0.100	0.150	0.120	0.180	0.150	0.220	0.200	0.330	0.300	0.400	0.350	0.500	0.400	—	—
>3.20～5.00	0.100	0.080	0.150	0.120	0.180	0.150	0.220	0.200	0.280	0.250	0.400	0.350	0.450	0.400	0.600	0.500	0.700	0.600
>5.00～8.00	0.130	0.100	0.180	0.150	0.230	0.180	0.260	0.230	0.340	0.300	0.450	0.400	0.550	0.450	0.800	0.700	1.000	0.800
>8.00～12.00	0.180	0.140	0.230	0.180	0.250	0.230	0.300	0.250	0.400	0.350	0.600	0.500	0.700	0.600	1.000	0.800	1.300	1.000

注：当要求单向允许偏差时，其值为表中数值的 2 倍。

2.2.1.3 青铜、白铜冷轧板的厚度允许偏差应符合表5的规定。

表5 青铜、白铜冷轧板的厚度允许偏差

单位为毫米

厚度	宽度								
	≤400			>400～700			>700～1 000		
	厚度允许偏差，±								
	普通级	较高级	高级	普通级	较高级	高级	普通级	较高级	高级
0.20～0.30	0.030	0.025	0.010	—	—	—	—	—	—
>0.30～0.40	0.035	0.030	0.020	—	—	—	—	—	—
>0.40～0.50	0.040	0.035	0.025	0.060	0.050	0.045	—	—	—
>0.50～0.80	0.050	0.040	0.030	0.070	0.060	0.050	—	—	—
>0.80～1.20	0.060	0.050	0.040	0.080	0.070	0.060	0.150	0.120	0.080
>1.20～2.00	0.090	0.070	0.050	0.110	0.090	0.080	0.200	0.150	0.100
>2.00～3.20	0.110	0.090	0.060	0.140	0.120	0.100	0.250	0.200	0.150
>3.20～5.00	0.130	0.110	0.080	0.180	0.150	0.120	0.300	0.250	0.200
>5.00～8.00	0.150	0.130	0.100	0.200	0.180	0.150	0.350	0.300	0.250
>8.00～12.00	0.180	0.150	0.110	0.230	0.220	0.180	0.450	0.400	0.300
>12.00～15.00	0.200	0.180	0.150	0.250	0.230	0.200	—	—	—
注：当要求单向允许偏差时，其值为表中数值的2倍。									

2.2.1.4 纯铜、黄铜带材的厚度允许偏差应符合表6的规定。

表6 纯铜、黄铜带材的厚度允许偏差

单位为毫米

厚度	宽度									
	≤200		>200～300		>300～400		>400～700		>700～1 200	
	厚度允许偏差，±									
	普通级	高级	普通级	高级	普通级	高级	普通级	高级	普通级	高级
>0.15～0.25	0.015	0.010	0.020	0.015	0.020	0.015	0.030	0.025	—	—
>0.25～0.35	0.020	0.015	0.025	0.020	0.030	0.025	0.040	0.030	—	—
>0.35～0.50	0.025	0.020	0.030	0.025	0.035	0.030	0.050	0.040	0.060	0.050
>0.50～0.80	0.030	0.025	0.040	0.030	0.040	0.035	0.060	0.050	0.070	0.060
>0.80～1.20	0.040	0.030	0.050	0.040	0.050	0.040	0.070	0.060	0.080	0.070
>1.20～2.00	0.050	0.040	0.060	0.050	0.060	0.050	0.080	0.070	0.100	0.080
>2.00～3.00	0.060	0.050	0.070	0.060	0.080	0.070	0.100	0.080	0.120	0.100
注：当要求单向允许偏差时，其值为表中数值的2倍。										

2.2.1.5 青铜、白铜带材厚度允许偏差应符合表 7 的规定。

表 7 青铜、白铜带材的厚度允许偏差

单位为毫米

厚度	宽度			
	≤400		>400～610	
	厚度允许偏差，±			
	普通级	高级	普通级	高级
>0.15～0.25	0.020	0.013	0.030	0.020
>0.25～0.40	0.025	0.018	0.040	0.030
>0.40～0.55	0.030	0.020	0.050	0.045
>0.55～0.70	0.035	0.025	0.060	0.050
>0.70～0.90	0.045	0.030	0.070	0.060
>0.90～1.20	0.050	0.035	0.080	0.070
>1.20～1.50	0.065	0.045	0.090	0.080
>1.50～2.00	0.080	0.050	0.100	0.090
>2.00～2.60	0.090	0.060	0.120	0.100

注：当要求单向允许偏差时，其值为表中数值的 2 倍。

2.2.2 宽度允许偏差

2.2.2.1 板材的宽度允许偏差应符合表 8 的规定。

表 8 板材的宽度允许偏差

单位为毫米

厚度	宽度							
	≤300	>300～700	≤1 000	>1 000～2 000	>2 000～3 000	≤1 000	>1 000～2 000	>2 000～3 000
	卷纵剪允许偏差		剪切允许偏差			锯切允许偏差		
0.20～0.35	±0.3	±0.6	$^{+3}_{0}$	—	—	—	—	—
>0.35～0.80	±0.4	±0.7	$^{+3}_{0}$	$^{+5}_{0}$	—	—	—	—
>0.80～3.00	±0.5	±0.8	$^{+5}_{0}$	$^{+10}_{0}$	—	—	—	—
>3.00～8.00	—	—	$^{+10}_{0}$	$^{+15}_{0}$	—	—	—	—
>8.00～15.00	—	—	$^{+10}_{0}$	$^{+15}_{0}$	$^{+1.2\%厚度}_{0}$	±2	±3	±5
>15.00～25.00	—	—	$^{+10}_{0}$	$^{+15}_{0}$	$^{+1.2\%厚度}_{0}$	±2	±3	±5
>25.00～60.00	—	—	—	—	—	±2	±3	±5

注 1：当要求单向允许偏差时，其值为表中数值的 2 倍。

注 2：厚度>15 mm 的热轧板，可不切边交货。

2.2.2.2 带材的宽度允许偏差应符合表 9 的规定。

表 9 带材的宽度允许偏差

单位为毫米

厚 度	宽 度			
	≤200	>200～300	>300～600	>600～1 200
	宽度允许偏差,±			
>0.15～0.50	0.2	0.3	0.5	0.8
>0.50～2.00	0.3	0.4	0.6	
>2.00～3.00	0.5	0.5	0.6	

2.2.3 长度允许偏差

板材的长度分定尺、倍尺和不定尺三种。定尺或倍尺应在不定尺范围内,其允许偏差应符合表 10 的规定。按倍尺供应的板材,应留有截断时的切口量,每一切口量为+5 mm。

表 10 板材的长度允许偏差

单位为毫米

厚 度	冷轧板(长度)				热轧板
	≤2 000	>2 000～3 500	>3 500～5 000	>5 000～7 000	
	长度允许偏差				
≤0.80	+10 0	+10 0	—	—	—
>0.80～3.00	+10 0	+15 0	—	—	—
>3.00～12.00	+15 0	+15 0	+20 0	+25 0	+25 0
>12.00～60.00	—				+30 0
注:厚度>15 mm 时的热轧板,可不切头交货。					

2.2.4 板材的平整度

板材应平直。允许有轻微的波浪,其平整度应符合表 11 的规定。

表 11 板材的平整度

厚度/mm	平整度/(mm/m),不大于
≤1.5	≤15
>1.5～5.0	≤10
>5.0	≤8

2.2.5 带材的侧边弯曲度

带材的外形应平直。允许有轻微的波浪,其侧边弯曲度应符合表 12 的规定。

表 12　带材的侧边弯曲度

宽度/mm	侧边弯曲度/(mm/m),不大于		
	普通级		高级
	厚度>0.15～0.60	厚度>0.60～3.0	所有厚度
6～9	9	12	5
>9～13	6	10	4
>13～25	4	7	3
>25～50	3	5	3
>50～100	2.5	4	2
>100～1 200	2	3	1.5

2.2.6　其他要求

带材和板材的边部应切齐,无裂边和卷边。板材切斜不应使宽度和长度超出其允许偏差。